DISQUISITIONES ARITHMETICAE

潘承彪 张明尧 译

图书在版编目(CIP)数据

算术探索/(德)高斯著;潘承彪,张明尧译. —哈尔滨:哈尔滨工业大学出版社,2011.8(2023.10 重印)
ISBN 978-7-5603-3409-7

Ⅰ.①算… Ⅱ.①高…②潘…③张… Ⅲ.①算术-研究 Ⅳ.①O121

中国版本图书馆 CIP 数据核字(2011)第 222809 号

策划编辑 刘培杰 张永芹
责任编辑 王勇钢
出版发行 哈尔滨工业大学出版社
社 址 哈尔滨市南岗区复华四道街 10 号 邮编 150006
传 真 0451-86414749
网 址 http://hitpress.hit.edu.cn
印 刷 哈尔滨市工大节能印刷厂
开 本 787mm×1092mm 1/16 印张 32 字数 739 千字
版 次 2011 年 12 月第 1 版 2023 年 10 月第 6 次印刷
书 号 ISBN 978-7-5603-3409-7
定 价 158.00 元

内容简介

《算术探索》是被誉为"数学王子"的德国大数学家高斯的第一部杰作,该书写于 1797 年,1801 年正式出版. 这是一部用拉丁文写成的巨著,是数论的最经典及最具权威性的著作. 在随后的 200 年时间中被翻译成多国文字,如德文、英文、俄文等.

这部著作在数学中的重要地位不亚于《圣经》在基督教中的地位,只有欧几里得的《几何原本》堪与之相比. 因为高斯有一句名言:"数学是科学的女皇,数论是数学的女皇."这部著作共七篇.

第一篇讨论一般的数的同余. 并首次引进了同余记号,这是现代数学中无处不在的等价和分类概念出现在代数中的最早的意义重大的例子.

第二篇讨论一次同余方程. 其中严格证明了算术基本定理.

第三篇讨论幂的同余式. 此篇详细讨论了高次同余式.

第四篇"二次同余方程"意义非同寻常. 因为其中给出了二次互反律的证明,有人统计到 21 世纪初,二次互反律的证明已经超过 200 种,其中柯西、雅可比、迪利克雷、艾森斯坦、刘维尔、库默尔、克罗内克、戴德金、瓦莱-布桑、希尔伯特、弗罗贝尼乌斯、斯蒂尔切斯、*M*·里斯、韦伊都给出了新证法,可见问题之重要.

第五篇是"二次型与二次不定方程"在这一篇中关于二次型的特征的研究,标志着群特征标理论的肇始,使高斯成为群论的先驱者之一.

第六篇把前面的理论应用到各种特殊情形,并引入了超越函数.

第七篇是"分圆方程",不少人认为此篇是《算术探索》的顶峰.

《算术探索》当时对于数学家也很难读,它曾被称为"七印封严之书"(这是西方人对难解之书喜用的词,近于中国人所谓的"天书",典出《圣经·启示录》第五章第一节:"我看见坐宝座的右手中有书卷,里外都写着书,用七印封严了")后来迪利克雷作了详细注释. 此书简洁完美的风格多少减慢了它的传播速度,而最终当富有才华的年轻人开始深入研读它时,由于出版商的破产,又买不到它了,甚至高斯最喜欢的学生艾森斯坦从未能拥有一本,有些学生不得不从头到尾抄录全书.

献给最尊敬的

Brunswick 和 Luneburg 公爵

Charles William Ferdinand 亲王殿下

最尊敬的亲王殿下:

您允许我用您最尊贵的名字为这著作增添光辉,这是我最大的荣幸.把这部著作呈献给**您**是我神圣的职责.最尊敬的亲王殿下,如果不是**您**的恩宠,我就不会迈入科学之门.如果不是**您**对我研究工作的不间断的资助,我就不可能全身心地从事我所热爱的数学研究.正是由于**您**天下无双的慷慨大度,才使得我不为他事烦心,能让自己有这么多年致力于富有成果的专心思考和研究,并最终为我提供了在这部书中写下我的部分研究成果的机会.当我最终准备好要将我的著作公诸于世时,又正是**您**独一无二的宽厚,才清除了不断延迟出版这一著作的所有障碍.**您**对我以及我的工作所给予的这样的恩施,使我只能以深情感激和默默敬佩之心铭记永思;对此我不可能奉献相应的报答.这不仅仅是因为我自己感到难以胜任这样的任务,更由于每一个人都知道**您**的异乎寻常的无私关怀赐予了所有献身于高深学科的人.众人皆知,对于那些通常被视为过于高深且远离日常生活的科学,**您**从来就没有把它们排除在**您**的保护和鼓励之外.**您**本人以**您**无上的智慧明察,这是为了在所有的科学之间建立联系,并关系到人类社会各方面的繁荣幸福所必需的根本保证.为此,作为表达我对**您**的最深敬意及我献身于最崇高的科学,我谨将本书奉献给**您**.最尊敬的亲王殿下,如果**您**认为这本书是值得**您**始终给予我的厚爱,那么我就可以祝贺自己,我的辛劳没有白费,并得到了超乎一切的无上荣光.

最尊敬的亲王殿下.
您最忠实的仆人
C. F. Gauss
1801 年 7 月于 **Brunswick**

本书说明

公认的数学经典名著，于1801年出版的Carl Friedrich Gauss的《*Disquisitiones Arithmeticae*》，原著是用拉丁文写的。Gauss在为该书写的序言中，一开始就明确说明"本书将只讨论高等算术"，同时指出"把所有关于整数间内在联系的一般研究归入"**高等算术**"，确定了"高等算术"的研究对象和内容，接着他说明了他写这本书的起因和不断探索的过程，介绍了在他以前这方面的研究状况，以及本书的内容。Gauss所说的"高等算术"就是"数论"。这一名著被公认为是数论作为数学的一个独立分支诞生的标志。因此，我们把本书的中文名译为《算术探索》。Gauss的原著现在很难见到了。

本书的法文译本于1807年出版。自19世纪60年代开始编辑出版Gauss全集（参看本书附录"27　高斯全集"）。第一卷就是《算术探索》，1870年出版了第二版，最后附有编者评注，对原著作了少许必要的编辑改动，这就是现在我们见到的《算术探索》的拉丁文版。第二卷是Gauss有关数论的其他工作，其第二版出版于1876年。1889年出版的德文译本，包含了《算术探索》和Gauss有关数论的其他工作。1959年出版的俄文译本是从德文译本翻译的，部分内容参考了拉丁文版，除了德文版的内容外，还有一个附录，包括И. М. Виноградов写的Gauss简介：《*Карл Фридрих Гаусс*》，以及Б. Н. Делоне写的《*Работы Гаусса по теории чисел*》，全面介绍了Gauss在数论方面的工作。《算术探索》的英文译本第一、二版分别于1966，1986年出版。后来还有《算术探索》的其他文字的译本出版。

为了翻译《*Disquisitiones Arithmeticae*》，我们收集了以上五种版本。当然，我们不能从拉丁原著直接翻译。经过比较我们认为从俄文译本翻译是最好的。遗憾的是没有翻译俄文版中的其他内容。

本书的献辞和第五篇由张明尧翻译，潘承彪翻译了序，第一、二、三、四、六和七篇。我们相互仔细校对了译文。为了对Gauss有一个较全面了解，由沈永欢撰写了传记："高斯——数学王者 科学巨人"，作为本书的附录，其中的"9　算术探索"就是介绍本书。

在《*Disquisitiones Arithmeticae*》中，Gauss原来有三类注：一是正文中的注，二是Gauss手写的注，三是书末的补记中的注。德文版和俄文版都把第一、二类注统一放在正文中,我们也这样处理。各版本对注记的处理都稍有差别,为此,沈永欢对照了这五种版本中注记的异同,以保证中文译本对注记的正确处理。

在翻译中我们发现,各版本间也有不一致,且各个版本都有极少的表述值得商榷,有的可能是印刷疏忽。对此我们三人尽可能通过比较五种版本,给出我们认为是正确的翻译。为了说明这些,以及方便读者理解,我们根据需要适当加了一些译注,按每篇编号,以右上标[1],[2],[3],…表示。所有译注都统一放在书末。不在同一篇引用译注时,以[X. y]表示第X(罗马数字)篇的第 y 个译注。

从有意翻译本书到现在全部交稿,已经有十多年了,对此深表歉意!我们谨对哈尔滨工业大学出版社,对本书的策划编辑刘培杰先生、张永芹女士,以及责任编辑王勇钢所做的十分有益的工作表示衷心感谢!

由于我们水平有限,翻译这样一本经典名著深感力不从心,缺点错误在所难免,请大家不吝指正。

沈永欢　潘承彪　张明尧

2011 年 9 月

◎ 序

本书所探索的内容是属于数学中研究整数的那一部分,在大多数情形将不讨论分数,而且从不涉及无理数(俄、德为"虚数"以后再加译注).通常所谓的不定分析或 *Diophantus* 分析,是讨论从满足一个不定方程的无穷多个解中去选出那些是整数或至少是有理数(通常还要求是正的)解的学问,它并不是彻底研究这一学科,而仅是这学科的十分特殊的一部分,它和这整个学科的关系差不多如同方程变形与解方程的学问(代数学)与整个分析学的关系一样.这就是说,如同所有涉及数量及它们之间的关系的一般性质的研究属于分析的领域一样,整数(及分数——在它们由整数确定的意义下)是算术研究的真正对象.然而,因为通常所说的算术很难超出记数与计算的技巧(即以确定的形式来表示数,例如十进位表示,以及对其进行算术运算),同时它还常常包含这样一些问题,它们或者与算术毫无关系(如对数理论),或者不仅对整数而且对任意的数量也有意义,所以这样来区分这两部份算术看来是适当的:把刚刚说到的这些称为初等算术,而把所有关于整数间内在联系的一般研究归入高等算术.本书将只讨论高等算术.

Euclid 在其《几何原本》的第七及其后几卷中,以古人所固有的优美而又严格讨论的论题就是属于高等算术,不过这些内容仅可看做是这学科的一个导引.全部用于讨论不定分析问题的 *Diphantus* 的名著包含了许多研究,由于它们的难度及他所用的精妙方法,特别是,考虑到只有很少的辅助工具可供他应用,这些研究激起了人们对作者的才智和洞察力的高度关注.然而,因为对这些问题要求创新性和灵巧性甚于需要深刻的原理.此外,这些问题过于特殊以及很难导致更为普遍性的结论,所以,把这本书看做是开创了一个数学迅速发展的时代,是由于它本身记录了代数学所特有的巧妙技巧的最早踪迹,而不是由于它以新的发现丰富了高等

算术. 主要的是由于近期的研究,虽然确实不多,但赢得了永恒的声誉,它们是属于 *P. de Fermat*, *L. Euler*, *L. Lagrange* 及 *A. M. Legendre*(以及另外少数几位),我们应当感谢他们开启了通向这一神圣科学宝藏的入口,并揭示了它所蕴含的宝藏是何等丰富. 但是,我不再在这里列举这些学者的一个又一个发现,因为它们可在 *Lagrange* 为 *Euler* 的《代数学》所加的附录的前言中,及 *Legendre* 最近的著作(我将立刻提到它)中找到;此外,这些发现中的许多也将在本书的相应之处加以引述.

本书的目的是介绍我在高等算术领域所做的探索与研究,早在五年前我就允诺要出版这本书,现在它包括了我在早前及在这一段时间所做的两部份工作. 为了避免有人感到奇怪,为什么本书的内容要追溯到许多最简单的原理,而且还要重新讨论许多已被其他人卓有成效地研究过的结果,我在此必须向读者说明:当我在 1795 年初开始转向这种探索时,我并不知道这一领域中近期的这些最新发现,同时用于得到我自己的结果的方法技巧都是我自己想出来的. 事情是这样的,在从事其它工作时我偶然发现了一个极不寻常的正确的算术命题(如果我没有记错的话,这就是本书第 108 目所说的那个定理),因为我认为不仅它本身是这样的漂亮,而且感觉到它还会与其他著名的重要结论有联系,所以我把自己的全部精力集中于去搞清楚它所依赖的原理并给出严格的证明. 当我在这方面最后取得成功后,我就被这些问题所深深地吸引而一发不可收拾了. 这样一来,在我接触到其他学者的类似研究工作之前,我就已经得到了一个又一个结论,从而完成了本书前四篇所介绍的绝大多数内容. 最后,当我有可能拜读这些天才人物的著作后,我才认识到我所深入思考的大部分内容都是早已知道的东西. 但是,这只是更增加了我的兴趣,并努力尝试沿着他们的足迹进一步去发展算术. 这就产生了不同的研究,其中的部分结果已被安排在第五、第六和第七篇中. 稍后,我开始考虑发表我努力所得的这些成果,并说服自己不要删去任何早期研究所得的成果,这是因为,首先,在那时还没有一本书把其他学者的工作收集在一起,而这些工作只是散见于一些学术研究机构的会报纪事中;其次,这些研究中的多数结果是全新的,且其中大多数结果还是用新方法讨论的;最后,所有的结果之间有着如此密切的联系,以致于如果不从一开始就重提前面的某些工作,后面的新成果就难以充分阐述清楚.

就在这时,出现了当时已经在高等算术领域做出了巨大贡献的 *Legendre* 的杰出著作《数论(*Essai d´une théorie des nombres*, *Paris*, *a. VI*)》,书中他不仅把到当时所发现的所有结果都收集在一起并加以系统整理,而且添加了许多他本人的新结果. 因为我过晚才见到这本书,当看到它时本书的大部分书稿已经完成并交给了出版商,所以当讨论类似的问题时,我就没有机会处处提到它了. 只是对该书的我认为是必要的若干部分在补记中给出某些注记,我期望这位通情达理的学者不会不注意到这些并以他的宽容和真诚对此给予善意的理解. (按法文本))

本书的出版在超过四年的时间里遇到了许多阻碍. 在这一段时间里,我不仅进一步继续过去已经开始进行的研究(当时为了避免本书篇幅过大,决定分离出这些研究,准备在另外的地方发表),而且也从事许多新的研究. 此外,有许多我过去只是稍有触及而当时觉得似乎不必详细讨论的问题(例如,第37目,第82目及其后各目和其他的若干目)也得到了进一步发展,并导致一些看来是值得发表的更一般的结论(参见补记中关于第306目的注记).最后,主要由于第五篇的内容使本书的篇幅变得大大超出我原来的预期,使我只得削减了最初打算写的不少内容,特别是删去了整个第八篇(在本书的若干处已经提到了该篇,它包含了任意次代数同余方程的一般讨论(俄)).在条件允许时,我将尽早地发表所有这些研究成果,它们容易构成与本书篇幅相当的一本书.

在多处困难的讨论中,我采用了综合性证明,且隐匿了导致这样的证明的分析,这样做主要是由于简洁性的要求,而这是我尽可能地力求做到的.

第七篇讨论的是分圆理论或正多边形理论,它本身不属于算术,但所涉及的那些原理无疑是唯一地依属于高等算术的.或许这会出乎数学家们的意料,但我希望他们对从这样的讨论导出的这些新结论会同样地感到高兴.

以上就是我要请读者注意的一些事情.至于此书本身的价值,不是我应加以判断的.我最大的愿望是,它会使得那些关心科学发展的人士感到高兴,不论是由于本书所提出的解法正是他们所一直寻求的,还是由于它开创了通向新探索的途径.

目　　录

第一篇 数的同余[1] 第1 ~ 12目

§1. 同余的数,模,剩余及非剩余 第1 ~ 3目

1.

若数 a 是数 b 和 c 的差的除数,则称 b 和 c 对于 a **同余**;在相反的情形,则称 b 和 c 对于 a **不同余**. 我们把数 a 称为**模**. 在第一种情形,数 b 和 c 中的每一个称为是它们中的另一个的**剩余**. 而在第二种情形,则称为是它们中的另一个的**非剩余**.

这些概念和符号可用于所有整数间的关系,无论是正的或负的整数①[2],但一定不能推广到分数. 例如, -9 和 $+16$ 对模5同余; -7 对模11是 $+15$ 的剩余,但对模3是 $+15$ 的非剩余. 因为0被任意数整除,所以对任意的模每个数都和它自己同余.

2.

给定的数 a 对模 m 的所有剩余由公式 $a+km$ 给出,其中 k 是任意整数. 由此可立即推出我们在下面要给出的定理中的大多数,当然一看就知道它们也能容易地直接证明.

此后,我们将用符号"≡"来表示数的同余关系,当必需要指出模时,在其后用括号写出模,例如, $-7\equiv 15 \pmod{11}$, $-16\equiv 9 \pmod 5$ ②[3].

3.

定理 **设给定 m 个相邻整数 $a, a+1, a+2, \cdots, a+m-1$,及某个整数 A. 那么,在这 m 个整数中有且仅有一个数对模 m 同余于 A.**

若 $\frac{a-A}{m}$ 是整数,则 $a\equiv A$;若它是分数,则设 k 是最接近它且大于它的整数(若这分数是负的,则是最接近它,且按绝对值来说是小于它的整数),这时, $A+km$ 将位于 a 和 $a+m$ 之间,因此这就是所要的数. 显见,所有的比 $\frac{a-A}{m}, \frac{a+1-A}{m}, \frac{a+2-A}{m}, \cdots$ 均位于

---

① 显见,模总是应取其绝对值,即不计正负号.

② 我采用这一符号是因为在同余和相等之间有很大相似之处. 基于同样的理由,Legendre 在他的著作(以后我们将经常引用)中,对同余就简单地采用了与相等一样的符号. 为了避免混淆,我没有仿效他,而作了区分.

$k-1$ 和 $k+1$ 之间,所以它们中不能有一个以上的整数.

§2　最小剩余　第4目

4.

这样一来,每个数在数组 $0,1,2,\cdots,m-1$ 及数组 $0,-1,-2,\cdots,-(m-1)$ 中对模 m 都恰有一个剩余,我们将称它们是**最小剩余**. 显然,如果 0 不是剩余,那么最小剩余总是有两个,一个为**正**一个为**负**. 如果它们的绝对值不相等,那么必有一个的绝对值小于 $\frac{m}{2}$;不然,它们的绝对值都等于 $\frac{m}{2}$. 因而,每个数总有一个剩余其绝对值不超过模的一半. 这个剩余称为**绝对最小剩余**[4].

例如,对于模 5, -13 的最小正剩余为 2(它也是绝对最小剩余),而 -3 是它的最小负剩余. 对于模 7, $+5$ 是它自身的最小正剩余,而 -2 是它的最小负剩余,也是**绝对最小剩余**.

§3　关于同余的若干基本定理　第5～11目

5.

引入这些概念后,我们来列出关于同余的一些十分显然的性质.

对合数模同余的两个数,一定对这个模的每一个除数也同余.

如果对同一个模,若干个数都同余于同样的数,那么,对这个模它们彼此都同余.

在下面这些定理中,我们总假定模是相同的.

同余的数有同样的最小剩余,不同余的数有不同的最小剩余.

6.

如果给定有限个数 $A,B,C,\cdots$,及另外同样多个数 $a,b,c,\cdots$,它们相应地都对某个模同余,即

$$A\equiv a, B\equiv b, C\equiv c,\cdots,$$

那么

$$A+B+C+\cdots\equiv a+b+c+\cdots.$$

若 $A\equiv a, B\equiv b$,则 $A-B\equiv a-b$.

7.

若 $A\equiv a$,则 $kA\equiv ka$.

如果 k 是正的,那么这只是上一目中的定理的一个简单特例,即取 $A=B=C=\cdots$,及 $a=b=c=\cdots$. 如果 k 是负的,那么 $-k$ 是正的,因而有 $-kA\equiv -ka$,由此推出 $kA\equiv ka$.

若 $A\equiv a, B\equiv b$,则有 $AB\equiv ab$.

因为，$AB \equiv Ab \equiv ab$.

8.

如果给定有限个数$A,B,C,\cdots$，及另外同样多个数$a,b,c,\cdots$，它们相应地都对某个模同余，即$A \equiv a, B \equiv b, C \equiv c,\cdots$，那么，这两组数的乘积也同余，即$ABC\cdots \equiv abc\cdots$.

从上一目可知，$AB \equiv ab$，同理推出$ABC \equiv abc$，以及任意有限多个都可以这样相乘.

如果所有的数$A,B,C,\cdots$均相等，以及相应的数$a,b,c,\cdots$亦均相等，那么可得下面**定理**：

若$A \equiv a$，及k是正整数，则有$A^k \equiv a^k$.

9.

设X是变数x的形如

$$Ax^a + Bx^b + Cx^c + \cdots$$

的代数函数，其中$A,B,C,\cdots$是任意整数，而$a,b,c,\cdots$是非负整数. 那么，若变数x所取的各个值都对某个模同余，则相应的函数X所取的各个值也都对这个模同余.

设f,g是x所取的同余的数. 那么，从上一目知$f^a \equiv g^a$及$Af^a \equiv Ag^a$，同理可得$Bf^b \equiv Bg^b$等. 因而有

$$Af^a + Bf^b + Cf^c + \cdots \equiv Ag^a + Bg^b + Cg^c + \cdots$$

证毕.

容易看出，应如何把这定理推广至多变数函数的情形.

10.

这样一来，如果变数x依次用全部整数代入，并把函数X的对应的值划归为它的最小剩余，那么，这些值将构成一个序列，这序列中在由相邻的m(m是模)项组成的一组值之后，将循环地重复出现同样的这些项，也就是说，这序列是以m项为周期，无穷多次重复所构成的. 例如，设$X = x^3 - 8x + 6$及$m = 5$，那么，对$x = 0,1,2,3,4,\cdots$，由X的值所得到的最小剩余是：1，4，3，4，3，1，4，…，其中开头的5个数1，4，3，4，3总是无穷多次重复；而如果这序列按反方向依次取值，即使x取负值，那么，将有同样的周期但这些项的次序相反. 由此显见，在整个序列中不会出现与这周期中的值不同的项.

11.

由于在上面这个例子中，$X \equiv 0$及$\equiv 2 \pmod 5$都不能成立，所以它更不能等于0或2. 因此，方程$x^3 - 8x + 6 = 0$和$x^3 - 8x + 4 = 0$都没有整数解，进而可知，它们都没有有理数解[5]. 更一般地，如果变数x的函数X有如下的形式

$$x^n + Ax^{n-1} + Bx^{n-2} + \cdots + N$$

其中$A,B,C,\cdots$是整数，n是正整数，那么，只要同余式$X \equiv 0$对某个模不能成立，方程$X = 0$(我们知道，所有的代数方程都能化为这样的形式)就没有有理根[5]. 这个十分显然

的判别法将在第八篇[6] 作更充分的讨论. 不过,从这个例子我们已经可以对这种讨论的用处得到一点自己的想法和理解.

§4 若干应用 第12目

12.

在算术研究中常用的许多结论都是基于本篇所讨论的定理,例如,判断给定的数能否被9,11,或其他整数**整除的法则**. **对模9** 所有10的方幂都同余于1. 所以,如果给定的数是形如 $a+10b+100c+\cdots$,那么,对模9它与数 $a+b+c+\cdots$ 有相同的最小剩余. 由此可知,若把一个数的十进表示中的各位数字相加,则这个和一定与所给的数有相同的最小剩余,因而,若前者能被9整除则后者也能被9整除,且反过来也对. 以上的讨论及法则对除数3同样成立. 此外,因为**对模11**,$100\equiv 1$,所以总有,$10^{2k}\equiv 1$,而$10^{2k+1}\equiv 10\equiv -1$,因此,形如 $a+10b+100c+\cdots$ 的数与数 $a-b+c-\cdots$ 对模11有相同的最小剩余. 由此就立即推出熟知的法则. 同理我们可容易地推得所有类似法则.

利用以上同样的论证,我们也能发现这样的基本原理,它常被推荐来作为**算术运算的检验法则**. 这就是,如果有一个数是由给定的若干个数通过加,减,乘,或乘幂等运算所得到的,那么,对于某个适当的模(通常是用9或11,因为,正如已经看到的,在十进制中容易求得其剩余),把给定的这些数分别用它们的最小剩余代替后再作同样的运算,这样所得到的数一定同余于原来所得到的数. 如果不是这样,则运算一定有错.

由于这些及其他类似的结论是熟知的,这里来细说它们将是多余的.

第二篇　一次同余方程　第 13 ~ 44 目

§5　关于素数、因数等的若干预备定理　第 13 ~ 25 目

13.

定理　**两个小于给定素数的正数的乘积不能被这个素数整除.**

设 p 是素数,正数 $a < p$. 这时可以断言,不存在小于 p 的正数 b,使得 $ab \equiv 0 \pmod p$.

证明　若定理不成立,则有正数 $b,c,d,\cdots$ 都小于 p,使得 $ab \equiv 0, ac \equiv 0, ad \equiv 0,\cdots \pmod p$. 设 b 是这些正数中的最小的,这样,在小于 b 的正数中没有一个具有所说的性质. 显然有 $b > 1$,因为若 $b = 1$,则由假设知 $ab = a < p$,所以不能被 p 整除. 由于 p 是不能被 b 整除的素数,它一定位于 b 的两个相邻倍数之间,设为 mb 和 $(m+1)b$. 设 $p - mb = b'$,b' 是小于 b 的正数. 因为根据假设有 $ab \equiv 0 \pmod p$,所以也有(根据第 7 目)$mab \equiv 0$,将它与 $ap \equiv 0$ 相减得到 $a(p - mb) = ab' \equiv 0$,即 b' 一定是 $b,c,d,\cdots$ 中的一个,但 b' 小于它们中的最小的,矛盾. 证毕.

14.

若 a 和 b 都不能被素数 p 整除,则乘积 ab 也不能被 p 整除.

设 α,β 分别是 a,b 对模 p 的最小正剩余,由假设知它们都不等于 0. 若 $ab \equiv 0 \pmod p$,则有 $\alpha\beta \equiv 0$,因为 $ab \equiv \alpha\beta$. 这和上面的定理矛盾.

虽然,Euclid 在他的《*Elements*(原本)》(Ⅶ,32) 中早已证明了这一定理,但我们不想在这里忽略它. 这首先是因为,现在的许多作者要么是常常忽略了这定理的证明,要么是给出了不能令人信服的论证;其次是因为,通过这个最简单的情形能使我们更容易地理解这一证明方法的实质,而这方法在以后要被用来解决更为困难得多的问题.

15.

若 $a,b,c,d,\cdots$ 都不能被素数 p 整除,则乘积 $abcd\cdots$ 也不能被 p 整除.

由上一目知,ab 不能被 p 整除,所以 abc 也不能被 p 整除,类似地可以推出 $abcd$ 也不能被 p 整除,等等.

16.

定理　每个合数只可能用唯一的一种方式分解为素因数的乘积.

证明　由基本知识可知,每个合数都可以分解为素因数的乘积[1];但是,多半不言而喻地想是它不能以其他不同的方式来分解则是毫无根据的. 设合数 $A = a^{\alpha}b^{\beta}c^{\gamma}\cdots$,其中 $a,b,c,\cdots$ 表示两两不同的素数,如果我们假定它还能以另外的方法分解为素因数的乘积,那么,首先容易看出,在第二组因数中不能出现除了 $a,b,c,\cdots$ 以外的其他的素数,因为由这些素数合成的数 A 不能被其他的素数整除. 而另一方面,在第二组因数中素数 a,$b,c,\cdots$ 一个也不能少,因为不然的话(根据上一目),这个不出现的素数将不能整除 A. 所以,这两种因数分解的差别仅可能是某个素数在它们中的一个中所出现的次数多于另一个. 设这样的素数是 p,它在一个分解式中出现 m 次,在另一个中出现 n 次,并假定 $m > n$. 现在,如果从每一组中都取出 n 个因数 p,那么,因数 p 将在一组中还有 $m-n$ 个,而在另一组中完全不出现. 这也就是说,数 $\frac{A}{p^n}$ 将有两个因数分解,在一个中没有因数 p,而在另一个中有 $m-n$ 个 p,这同我们上面所证明的结论矛盾.

17.

这样一来,如果合数 A 是数 $B,C,D,\cdots$ 的乘积,那么,显见,在 $B,C,D,\cdots$ 的素因数中不可能出现不是 A 的素因数,以及这些素因数中的每一个在 A 的分解中出现的次数一定和在 $B,C,D,\cdots$ 的分解中出现的次数的总和相等. 由此我们就得到了一个判断数 B 是否整除数 A 的判别法:B 一定整除 A,如果 B 没有不同于 A 的素因数,以及每个素因数在 B 中出现的次数不多于在 A 中出现的次数,那么 B 一定整除 A;如果这些条件有一个不成立,那么 B 就不整除 A.

由组合计数容易看出,若 $a,b,c,\cdots$ 是如前所述的两两不同的素数,以及

$$A = a^{\alpha}b^{\beta}c^{\gamma}\cdots$$

那么,A 的不同的除数(包括 1 和 A 本身) 的个数等于

$$(\alpha+1)(\beta+1)(\gamma+1)\cdots$$

18.

所以,如果 $A = a^{\alpha}b^{\beta}c^{\gamma}\cdots$,$K = k^{\kappa}l^{\lambda}m^{\mu}\cdots$,以及素数 $a,b,c,\cdots,k,l,m,\cdots$ 是各不相同的,那么除 1 以外 A 和 K 就没有别的公约数,即它们是互素的.

给定若干个数 $A,B,C,\cdots$,可按以下的方法来求它们的最大公约数:先写出这些数的素因数分解式,并从中取出那些为 $A,B,C,\cdots$ 所共有的素因数(若没有,则它们将没有除 1 以外的公共的约数);其次,记下这些素因数中的每一个在 $A,B,C,\cdots$ 中出现的次数,亦即记下每一个在 $A,B,C,\cdots$ 中的方幂数;最后,对每一个素因数选定它的方幂数是它在所有 $A,B,C,\cdots$ 中的方幂数中最小的,并作这些方幂的乘积. 这样所得到的数就是我们要求的最大公约数.

当我们要求最小公倍数时,可这样来做:先取出能整除 $A,B,C,\cdots$ 中任一数的所有素数;再对其中的每一个选定其方幂数是它在所有 $A,B,C,\cdots$ 中的方幂数中的最大的;最

后,作这些方幂的乘积. 这样所得到的就是我们要求的最小公倍数.

例 设 $A = 504 = 2^3 \times 3^2 \times 7, B = 2\,880 = 2^6 \times 3^2 \times 5, C = 864 = 2^5 \times 3^3$. 对于最大公约数,我们有因数 2,3,它们相应的方幂数分别为 3,2. 因此,最大公约数是 $2^3 \times 3^2 = 72$. 最小公倍数将是 $2^6 \times 3^3 \times 5 \times 7 = 60\,480$.

由于以上结论的证明是简单的,故略去. 此外,当没有给出 $A,B,C,\cdots$ 的因数分解时,我们由基本知识知道该如何去解决这些问题[2].

19.

若数 $a,b,c,\cdots$ 均和某个数 k 互素,则它们的乘积 $abc\cdots$ 亦和 k 互素.

因为,数 $a,b,c,\cdots$ 中没有一个数与 k 有公共的素因数,以及乘积 $abc\cdots$ 除了有 $a,b,c,\cdots$ 中的数的素因数外没有其他的素因数,所以,乘积 $abc\cdots$ 与 k 也没有公共的素因数. 因此,由上目知 $abc\cdots$ 与 k 互素.

若数 $a,b,c,\cdots$ 两两互素,且每个数均整除某个数 k,则它们的乘积 $abc\cdots$ 亦整除 k.

这容易从第 17,18 目推出. 这是因为,若 p 是乘积 $abc\cdots$ 中出现 π 次的素除数,则数 $a,b,c,\cdots$ 中的某一个数一定也包含这同一个除数 π 次. 由于这个数整除 k,所以,k 也包含 p,且至少 π 次. 同样的结论对乘积 $abc\cdots$ 的所有其他素除数也同样成立.

因此,**若两个数 m 和 n 分别对若干个两两互素的模 $a,b,c,\cdots$ 同余,则这两个数也对它们的乘积同余.**

因为,$m-n$ 被 $a,b,c,\cdots$ 中的每一个数整除,所以,也被它们的乘积整除.

最后,**若 a 与 b 互素且 ak 被 b 整除,则 k 也被 b 整除.**

因为,a 与 b 均整除 ak,所以,ab 也整除它,即 $\frac{ak}{ab} = \frac{k}{b}$ 是整数.

20.

设 $a,b,c,\cdots$ 是两两不同的素数. 若 $A = a^\alpha b^\beta c^\gamma\cdots$ 是某个数的方幂,比如说,$A = k^n$,则所有的指数 $\alpha,\beta,\gamma,\cdots$ 都被 n 整除.

数 k 除 $a,b,c,\cdots$ 外没有其他的素因数. 设因数 a 在 k 中出现 α' 次,那么,k^n 即 A 将包含这个因数 $n\alpha'$ 次,所以,$n\alpha' = \alpha$,即 $\frac{\alpha}{n}$ 是整数. 同理可证 $\frac{\beta}{n},\cdots$ 都是整数.

21.

若 $a,b,c,\cdots$ 两两互素,以及乘积 $abc\cdots$ 是某个数的方幂,例如,$abc\cdots = k^n$,则 $a,b,c,\cdots$ 中的每个数都是 n 次方幂数.

设 $a = l^\lambda m^\mu p^\pi\cdots$,这里 l,m,p 是不同的素数,由假设知它们中没有一个是 $b,c,\cdots$ 的因数. 所以,在乘积 $abc\cdots$ 中因数 l 将出现 λ 次,因数 m 将出现 μ 次,……. 因而,由上一目可知 $\lambda,\mu,\pi,\cdots$ 均被 n 整除,所以

$$\sqrt[n]{a} = l^{\frac{\lambda}{n}} m^{\frac{\mu}{n}} p^{\frac{\pi}{n}}\cdots$$

是整数. 这对 $b,c,\cdots$ 同样成立.

以上这些关于素数的结论是我们讨论的开始,下面将转入与我们的目标更紧密相关的主题.

22.

若数 a,b 均被 k 整除,且对与 k 互素的模 m 同余,则 $\frac{a}{k}$ 和 $\frac{b}{k}$ 也对这个模同余.

容易看出,$a-b$ 被 k 整除,以及由假设知,亦被 m 整除. 所以,由第19目可知,$\frac{a-b}{k}$ 被 m 整除,即 $\frac{a}{k}\equiv\frac{b}{k}(\bmod m)$.

若 m 和 k 的最大公约数为 e,而以上的其他条件不变,则 $\frac{a}{k}\equiv\frac{b}{k}(\bmod \frac{m}{e})$.

这时 $\frac{k}{e}$ 和 $\frac{m}{e}$ 互素. 因为 $a-b$ 被 k 和 m 整除,所以 $\frac{a-b}{e}$ 也被 $\frac{k}{e}$ 和 $\frac{m}{e}$ 整除,故而它亦被 $\frac{km}{e^2}$ 整除,即 $\frac{a-b}{k}$ 被 $\frac{m}{e}$ 整除,由此就推出 $\frac{a}{k}\equiv\frac{b}{k}(\bmod \frac{m}{e})$.

23.

若 a 与 m 互素,e 和 f 对模 m 不同余,则 ae 和 af 对模 m 不同余.

这只是上一目中定理的逆定理.

由此推出,如果把 a 乘以从0到 $m-1$ 中的每个整数,并把这些乘积都化为对模 m 的最小剩余,那么,这些最小剩余是两两不相等的. 因为,这些均小于 m 的剩余的个数等于 m,而从0到 $m-1$ 这 m 个数亦是这样,所以,这些数中的每一个均出现在这些剩余中.

24.

设 a,b 是给定的数,x 是未知数或变数. **对与 a 互素的模 m,可以使得表示式 $ax+b$ 同余于任意给定的数 m.**

设要与这表示式同余的数是 c,再设 $c-b$ 对模 m 的最小正剩余是 e. 从上一目可知,必有值 $x<m$ 使得乘积 ax 对模 m 的最小剩余是 e,设这个值为 v. 因此就有 $av\equiv e\equiv c-b$,所以,$av+b\equiv c(\bmod m)$.

25.

类似于等式那样,我们把表示两个量同余的表示式称为同余式;包含未知数的同余式[3] 称为是可解的,如果对未知数可以找到满足这个同余式的值(根). 因此,**可解**或**不可解**的同余方程[3] 的含意是清楚的.

最后,容易看出,在这里能像对方程一样来对同余方程进行区分. 下面将会遇到**超越**同余方程的例子;对于**代数**同余方程可按照同余方程中的未知数的最高次幂来分为一

次,**二次**,及**更高次**的同余方程[4]. 同样的,会遇到包含多个未知数的**同余方程组**,我们可以讨论它们的消元问题.

§6 一次同余方程的解 第 26 ~ 31 目

26.

由第 24 目可知,**当模与 a 互素时,一次同余方程 $ax+b\equiv c$ 总是可解的**. 如果 v 是 x 的一个合适的值,即这同余方程的一个根,那么,容易看出,所有对所说的模同余于 v 的数也都是根(第 9 目). 反之,容易看出,**它所有的根一定都彼此同余**;这是因为,若 t 是另一个根,则有 $av+b\equiv at+b$,所以,$av\equiv at$,进而得 $v\equiv t$(第 22 目). 由此推出:同余式 $x\equiv v\pmod m$ 给出了同余方程 $ax+b\equiv c$ 的全部解.

因为,找出使得 x 互相同余的同余方程的解是我们能够处理的,以及在这一点上同余的数是可以看做等价的,所以,我们将把所有这样的解称为是这个同余方程的一个解. 因此,如果我们的同余方程 $ax+b\equiv c$ 不允许有别的解,那么,我们就说它是唯一可解的,或说,它有且仅有一个根. 这样,例如,同余方程 $6x+5\equiv 13\pmod{11}$ 除了 $\equiv 5\pmod{11}$ 的根外没有别的根. 这一结论对于高次同余方程或未知数被乘以一个与模不互素的数的一次同余方程不成立.

27.

剩下的,还要对如何**具体求出这样的同余方程的解**再做某些讨论.

首先,我们注意到,当假定模与 a 互素时,形如 $ax+t\equiv u$ 的同余方程的解依赖于同余方程 $ax\equiv\pm 1$ 的解. 因为,若 $x\equiv r$ 满足后一同余方程,那么,$x\equiv\pm(u-t)r$ 就是前者的解. 如果我们以 b 表示模,那么,同余方程 $ax\equiv\pm 1$ 就等价于不定方程 $ax=by\pm 1$,而现今我们已经熟知如何去求解这样的不定方程[2]. 所以,这里只要给出求解这样的不定方程的算法.

如果量 $A,B,C,D,E,\cdots$ 按下述关系依赖于 $\alpha,\beta,\gamma,\delta,\cdots$

$$A=\alpha, B=\beta A+1, C=\gamma B+A, D=\delta C+B, E=\varepsilon D+C,\cdots,$$

那么,为简单起见,我们把这样的关系记为

$$A=[\alpha], B=[\alpha,\beta], C=[\alpha,\beta,\gamma], D=[\alpha,\beta,\gamma,\delta,],\cdots ①$$

假定现在给出了不定方程 $ax=by\pm 1$,这里 a,b 是正的. 我们假定 a 不小于 b,这是可

---

① 这种数量关系可以从更为一般的观点来加以讨论,这可能在某种场合会用到. 这里仅给出两个对现在的讨论有用的命题:

(1) $[\alpha,\beta,\gamma,\cdots,\lambda,\mu]\cdot[\beta,\gamma,\cdots,\lambda]-[\alpha,\beta,\gamma,\cdots,\lambda]\cdot[\beta,\gamma,\cdots,\lambda,\mu]=\pm 1$,这里,当 $\alpha,\beta,\gamma,\cdots,\lambda,\mu$ 的项数为偶时取上面的符号,为奇时取下面的符号.

(2) 数 $\alpha,\beta,\gamma,\cdots$ 的次序可以倒置,即有 $[\alpha,\beta,\gamma,\cdots,\lambda,\mu]=[\mu,\lambda,\cdots,\gamma,\beta,\alpha]$.

它们的证明毫无困难,这里略去.

以允许的. 如同在求两个数的最大公约数的熟知的算法中所做的一样,现在利用通常的除法我们可以得到一组等式

$$a=\alpha b+c,b=\beta c+d,c=\gamma d+e,\cdots,$$

使得$\alpha,\beta,\gamma,\cdots,c,d,e,\cdots$都是正整数,以及$b,c,d,e,\cdots$总是递减的,我们知道,这样做下去最后一定会得到等式

$$m=\mu n+1.$$

这样就得到

$$a=[n,\mu,\cdots,\gamma,\beta,\alpha],b=[n,\mu,\cdots,\gamma,\beta]$$

所以,若取

$$x=[\mu,\cdots,\gamma,\beta],y=[\mu,\cdots,\gamma,\beta,\alpha]$$

就会得到:$ax=by+1$,当$\alpha,\beta,\gamma,\cdots,\mu,n$的项数为偶;以及$ax=by-1$,当项数为奇.

28.

这种形式的不定方程的通解首先是由 Euler(*Comment. Petrop.* ,T. Ⅶ,p. 46)给出的[5]. 他所用的方法是在于以另外的变数来代替x,y,这是今日所熟知的. Lagrange 处理这个问题稍有不同. 正如他指出的,由连分数理论容易推出:如果分数$\frac{b}{a}$可表为连分数

$$\cfrac{1}{\alpha+\cfrac{1}{\beta+\cfrac{1}{\gamma+\cfrac{}{\ddots+\cfrac{1}{\mu+\cfrac{1}{n}}}}}}$$

以及删去最后的部分$\frac{1}{n}$后所得的连分数可还原为普通分数$\frac{x}{y}$,那么当a与b互素时,就有$ax=by\pm1$. 此外,从这两个方法可导出同样的算法. Lagrange 的研究可见 *Hist. de l'Ac. de Berlin*, *Anneé* 1767,*p*. 175,此外,还可见他为 Euler 的《*Algèbre*》的法译本所写的附录上,后者还包含他的其他研究.

29.

模与a不互素的同余方程$ax+t\equiv u$容易化为上面所讨论的情形. 设模为m,以及a,m的最大公约数为δ. 首先显见,满足模为m的这个同余方程的每个值x也一定满足模为δ的这个同余方程(第5目). 由于δ整除a,所以总有$ax\equiv0\pmod{\delta}$. 因而,所给的同余方程仅当$t\equiv u\pmod{\delta}$,即δ整除$t-u$时可解.

因此,若设$a=\delta e,m=\delta f,t-u=\delta k$,则$e$和$f$就互素,以及同余方程$\delta ex+\delta k\equiv0\pmod{\delta f}$就等价于同余方程$ex+k\equiv0\pmod{f}$,即任一满足后一个同余方程的值$x$一定

满足前一个同余方程,且反过来也对.清楚地说就是,当$\delta ex+\delta k$能被δf整除时$ex+k$就能被f整除,且反过来也对.上面已经看到如何求解同余方程$ex+k\equiv 0(\bmod f)$.所以,容易看出,如果v是其解x中的一个,那么$x\equiv v(\bmod f)$就给出了所给的同余方程的全部解.

30.

在模是合数的情形,利用下面的方法有时是方便的.

设模$=mn$,给出的同余方程是$ax\equiv b$.首先,对模m来解这个同余方程,且假定当$x\equiv v(\bmod \frac{m}{\delta})$时满足它,这里$\delta$是$a,m$的最大公约数.显见,满足模为$mn$的同余方程$ax\equiv b$的每个值$x$也一定满足模为$m$的这个同余方程,因而$x$可表为$v+\frac{m}{\delta}x'$,其中$x'$是一未知数;然而,反过来不成立,因为不是所有形如$v+\frac{m}{\delta}x'$的数都满足模为$mn$的这个同余方程.确定$x'$使得$v+\frac{m}{\delta}x'$是$ax\equiv b(\bmod mn)$的根的方法是去解同余方程$\frac{am}{\delta}x'+av\equiv b(\bmod mn)$,它等价于同余方程$\frac{a}{\delta}x'\equiv\frac{b-av}{m}(\bmod n)$.由此推出,求解任一对模为$mn$的一次同余方程可归结为去求解对模为$m$和$n$的两个同余方程.容易看出,如果$n$仍是两个因数的乘积,那么对模$n$的这个同余方程的解依赖于模为那些因数的两个同余方程的解.**一般地,任意合数模的同余方程的解依赖于模为这个合数的各个因数的那些同余方程的解.**如果这样做是合适的话,这些因数可取为素数.

例 若给出同余方程$19x\equiv 1(\bmod 140)$,则可先对模2求解,得$x\equiv 1(\bmod 2)$.设$x=1+2x'$,原同余方程变为$38x'\equiv -18(\bmod 140)$,它等价于同余方程$19x'\equiv -9(\bmod 70)$.若再对模2解这同余方程,就有$x'\equiv 1(\bmod 2)$,再设$x'=1+2x''$,它变为$38x''\equiv -28(\bmod 70)$或$19x''\equiv -14(\bmod 35)$.进而,对模5解这同余方程,得到$x''\equiv 4(\bmod 5)$.若设$x''=4+5x'''$,则它变为$95x'''\equiv -90(\bmod 35)$或$19x'''\equiv -18(\bmod 7)$.最后,由最后一个同余方程可解得$x'''\equiv 2(\bmod 7)$.若再设$x'''=2+7x''''$,就得到$x=59+140x''''$,所以,$x\equiv 59(\bmod 140)$是同余方程的全部解.

31.

如同方程$ax=b$的根能表为$\frac{b}{a}$的形式一样,我们把同余方程$ax\equiv b$的根也用符号$\frac{b}{a}$来表示,并标出这个同余方程的模以示区别.这样,例如,$\frac{19}{17}(\bmod 12)$就表示每一个$\equiv 11(\bmod 12)$的数①.一般地,从前面讨论可知,当a和c的最大公约数不能整除b时,

① 同样的,它也可表为$\frac{11}{1}(\bmod 12)$.

$\frac{b}{a}(\bmod c)$ 就没有任何真实的意义(如果你愿意这样做,那么,它只是一个假想的表示式). 除去这样的例外,表示式$\frac{b}{a}(\bmod c)$ 总是表示真实的值,且实际上有无穷多个;当 a 和 c 互素时,所有这些值都对模 c 同余;而当 a 和 c 的最大公约数为 δ 时,所有这些值都对模$\frac{c}{\delta}$ 同余.

对这样的表示式可以做与通常的分数十分相似的运算. 我们来给出若干性质,它们容易从以上的讨论推出.

1. 如果对于模 c 有 $a\equiv\alpha, b\equiv\beta$,那么,表示式$\frac{b}{a}(\bmod c)$ 和$\frac{\alpha}{\beta}(\bmod c)$ 是等价的.

2. $\frac{a\delta}{b\delta}(\bmod c\delta)$ 和$\frac{b}{a}(\bmod c)$ 是等价的.

3. 当 k 和 c 互素时,$\frac{ak}{bk}(\bmod c)$ 和$\frac{b}{a}(\bmod c)$ 是等价的.

我们还可举出许多其他类似的定理,但由于这并不困难且在以后用处不大,所以,我们转入其他的讨论.

§7 对若干个给定的模,求分别同余于给定的剩余的数的方法 第 32 ~ 36 目

32.

利用上面的讨论,可以容易地解决这样的问题:**求所有的数,它们对任意多个给定的模都分别有给定的剩余**,这在以后是经常会遇到的. 设 A,B 是两个给定的模. 我们要求这样的数 z,它对于这两个模分别同余于 a,b. 这时,所有这样的 z 的值一定是形如 $Ax+a$,其中 x 是未知数,且要满足 $Ax+a\equiv b(\bmod B)$. 如果 A,B 的最大公约数是 δ,那么,这同余方程的全部解就是 $x\equiv v(\bmod \frac{B}{\delta})$,或者,同样的可表为 $x=v+\frac{kB}{\delta}$,这里 k 是任意整数. 这样,式 $Av+a+\frac{kAB}{\delta}$ 就是全部的值 z,即 $z\equiv Av+a(\bmod \frac{kB}{\delta})$ 是这问题的全部解. 如果在模 A,B 外再增加第三个模 C,并对这个模要求满足 $z\equiv c$,那么显然我们可以用同样办法来做,因为前面两个条件已经合并为一个. 如果$\frac{AB}{\delta}$ 和 c 的最大公约数是 ε,以及同余方程 $\frac{AB}{\delta}x+Av+a\equiv c(\bmod C)$ 的解是 $x\equiv w(\bmod \frac{C}{\varepsilon})$,那么,$z\equiv\frac{ABw}{\delta}+Av+a(\bmod \frac{ABC}{\delta\varepsilon})$ 就给出了问题的全部解. 我们可看出$\frac{AB}{\delta}$ 和$\frac{ABC}{\delta\varepsilon}$ 分别是 A,B 和 A,B,C 的最小公倍数;由此容易证明:无论有多少个模 $A,B,C,\cdots$,如果它们的最小公倍数是 M,那么问题的全部解就有 $z\equiv r(\bmod M)$ 的形式. 但是,当这些辅助同余方程不是全部可解时,我们就可断定这

问题陷入了不可解的情形. 不过,当所有的数 $A,B,C,\cdots$ 是两两互素时,这样的情形显然不会发生.

例 设数 $A,B,C;a,b,c$ 分别是 504,35,16;17,-4,33. 这里的两个条件 $z\equiv 17(\bmod 504)$ 及 $z\equiv -4(\bmod 35)$ 等价于一个条件:$z\equiv 521(\bmod 2\,520)$. 然后,将其和条件 $z\equiv 33(\bmod 16)$ 相结合,最后就得到 $z\equiv 3\,041(\bmod 5\,040)$.

33.

熟知,如果所有的数 $A,B,C,\cdots$ 两两互素,那么它们的乘积就是它们的最小公倍数. 在这种情形,同余方程 $z\equiv a(\bmod A),z\equiv b(\bmod B),z\equiv c(\bmod C),\cdots$ 的全体就等价于一个同余方程 $z\equiv r(\bmod R)$,这里 R 是数 $A,B,C,\cdots$ 的乘积. 由此可知,单个条件 $z\equiv r(\bmod R)$ 可分解为多个条件,也就是说,不管以什么方式把 R 分解为两两互素的因数 $A,B,C,\cdots$ 的乘积,那么,下面这组条件:$z\equiv r(\bmod A),z\equiv r(\bmod B),z\equiv r(\bmod C),\cdots$ 就完全用尽了原来的单个条件. 这样的分析观察,不仅给了我们去发现可能存在的不可解性的一个简捷方法,而且也给了我们一个更为满意的漂亮算法.

34.

同上面一样,设给定的条件是 $z\equiv a(\bmod A),z\equiv b(\bmod B),z\equiv c(\bmod C),\cdots$. 把所有的模分别分解为这样的两两互素的因数的乘积:A 分解为 $A'A''A'''\cdots$;B 分解为 $B'B''B'''\cdots$;$\cdots$,其中的 $A',A'',\cdots;B',B'',\cdots;\cdots$,或者是素数或者是素数幂. 如果数 $A,B,C,\cdots$ 中的任意一个都已经是素数或素数幂,那么就不需再分解它. 显见,所提出的条件可代之以下面的条件

$$z\equiv a(\bmod A'),z\equiv a(\bmod A''),z\equiv a(\bmod A'''),\cdots$$
$$z\equiv b(\bmod B'),z\equiv b(\bmod B''),z\equiv b(\bmod B'''),\cdots$$
$$\vdots$$

如果所有的数 $A,B,C,\cdots$ 不是两两互素的,比如说,A 与 B 不互素,那么,显然 A 与 B 的素因数不能全不相同. 因此,在因数 $A',A'',A''',\cdots$ 中总有这样的一个因数,使得在因数 $B',B'',B''',\cdots$ 中必有一个因数或是等于它,或是它的倍数,或是它的除数. 如果 $A'=B'$ 那么,条件 $z\equiv a(\bmod A')$ 和 $z\equiv b(\bmod B')$ 应该是相同的,即应该有 $a\equiv b(\bmod A'$ 或 $B')$,所以,可去掉其中的一个. 然而,如果 $a\equiv b(\bmod A')$ 不成立,那么,这问题就无解. 如果 B' 是 A' 的倍数,那么,条件 $z\equiv a(\bmod A')$ 必需被包含在条件 $z\equiv b(\bmod B')$ 中,也就是说,从后者推出的 $z\equiv b(\bmod A')$ 必须与前者相同. 由此可知,只要条件 $z\equiv a(\bmod A')$ 与其他的条件不矛盾(若有矛盾则该问题无解),就可以把它去掉. 当利用这样的方法去掉所有的多余的条件后,从因数 $A',A'',A''',\cdots;B',B'',B''',\cdots;\cdots$ 中剩下的所有的模就是两两互素的. 这样,我们就能确定问题的可解性,并用前面所说的方法去求解.

35.

例 如果用前面的例子,就应该是 $z \equiv 17 \pmod{504}$, $\equiv -4 \pmod{35}$, 及 $\equiv 33 \pmod{16}$;这些条件可分解为

$$z \equiv 17 \pmod 8, \equiv 17 \pmod 9, \equiv 17 \pmod 7,$$
$$z \equiv -4 \pmod 5, \equiv -4 \pmod 7,$$
$$z \equiv 33 \pmod{16}.$$

其中可去掉的条件是 $z \equiv 17 \pmod 8$ 和 $z \equiv 17 \pmod 7$, 因为第一个被条件 $z \equiv 33 \pmod{16}$ 所包含,而第二个与 $z \equiv -4 \pmod 7$ 相同. 所以,留下的条件是

$$z \equiv 17 \pmod 9, z \equiv -4 \pmod 5, z \equiv -4 \pmod 7, z \equiv 33 \pmod{16}$$

由此可得,$z \equiv 3\,041 \pmod{5\,040}$.

还应该指出,在大多数情形以下的做法常常是方便的:分别把从同一个原始条件中所得到的那些剩下的条件重新组合在一起; 例如, 当条件 $z \equiv a \pmod{A'}$,$z \equiv a \pmod{A''}$,… 中的一些被去掉后,剩下的全部条件可被代之以 $z \equiv a$,其模为 A',A'',A''',… 中所有剩下的模的乘积. 例如,在我们例子中,条件 $z \equiv -4 \pmod 5$,$z \equiv -4 \pmod 7$ 可被代之以 $z \equiv -4 \pmod{35}$. 进而,由此可知,至今我们只是为了简化计算而去掉多余条件的做法,决不是无关紧要的. 但是,讨论这些细节或其他具体的技巧不是我们的目的,而且通过自己应用这方法要比在这里讲述更容易学到.

36.

当所有的模 $A,B,C,D,\cdots$ 两两互素时,利用下面的方法常常会更好. 确定一个数 α 它对模 A 同余于1,而对所有其余的模的乘积同余于0,这就是说,α 是 $BCD\cdots$ 乘以表示式 $\frac{1}{BCD\cdots} \pmod A$ 的一个值(在大多数情形总是取它们中的最小值为好)(见第 32 目). 类似地,设 $\beta \equiv 1 \pmod B$ 及 $\beta \equiv 0 \pmod{ACD\cdots}$,$\gamma \equiv 1 \pmod C$ 及 $\gamma \equiv 0 \pmod{ABD\cdots}$,…. 这样一来,如果我们要求 z 使得它对模 $A,B,C,D,\cdots$ 分别同余于 $a,b,c,d,\cdots$,那么,我们就可以取

$$z \equiv \alpha a + \beta b + \gamma c + \delta d + \cdots \pmod{ABCD\cdots}.$$

显见,$\alpha a \equiv a \pmod A$ 及所有其余的数 $\beta b,\gamma c,\cdots$ 都 $\equiv 0 \pmod A$,因此 $z \equiv a \pmod A$. 对其他的模可类似证明. 当我们要去解多个同样类型的问题,它们中的所有的模 $A,B,C,\cdots$ 保持不变,那么,这样的解法要比以前的更为可取;因为,这时 $\alpha,\beta,\gamma,\cdots$ 取同样的值. 这种应用出现于年代学中这样的问题:当给定了某年在十五年历,金号码及太阳活动周中的序数,要去确定它的儒略年份. [6] 在这里就可取 $A = 15, B = 19, C = 28$;因为,表示式 $\frac{1}{19 \times 28} \pmod{15}$ 或 $\frac{1}{532} \pmod{15}$ 的值可取13,所以,$\alpha = 6\,916$. 类似可得,β 等于4 200 及 γ 等于4 845. 因此,我们所求的数是 $6\,916a + 4\,200b + 4\,845c$ 的最小剩余,其中 a,b 和 c 分别是该年在十五年历,金号码和太阳活动周中的序数.

§8 多元线性同余方程组 第37目

37.

对于一个变数的一次同余方程我们已经说得够多了,下面应该来讨论有多个变数的一组同余方程. 如果我们完全严格地来处理每个细节,那么本节将变得极为冗长,所以,我们打算只讨论那些看来是值得注意的内容,我们的研究将限于作一些分析观察而把充分的阐述保留在另外适当场合.

1) 显然,与方程相似,在这里我们应要求这组同余方程的个数必须与要确定的未知数的个数一样多.

2) 这样,假定给出和未知数 $x,y,z,\cdots$ 的个数一样多的若干个同余方程

$$ax+by+cz+\cdots\equiv f(\bmod m),\qquad (A)$$
$$a'x+b'y+c'z+\cdots\equiv f',\qquad (A')$$
$$a''x+b''y+c''z+\cdots\equiv f'',\qquad (A'')$$
$$\vdots$$

现在,我们由方程组

$$b\xi+b'\xi'+b''\xi''+\cdots=0,$$
$$c\xi+c'\xi'+c''\xi''+\cdots=0,$$
$$\vdots$$

来确定数 $\xi,\xi',\xi'',\cdots$,而且所有这些数都是整数以及没有公约数[7]. 显然,由线性方程理论知,这是可能的. 类似地,我们再确定数 $\eta,\eta',\eta'',\cdots;\zeta,\zeta',\zeta'',\cdots;\cdots$,使得它们分别满足方程组

$$a\eta+a'\eta'+a''\eta''+\cdots=0,$$
$$c\eta+c'\eta'+c''\eta''+\cdots=0,$$
$$\vdots$$
$$a\zeta+a'\zeta'+a''\zeta''+\cdots=0,$$
$$b\zeta+b'\zeta'+b''\zeta''+\cdots=0,$$
$$\vdots$$

3) 如果将同余方程 $(A),(A'),(A''),\cdots$ 分别乘以 $\xi,\xi',\xi'',\cdots$ 后相加;再分别乘以 $\eta,\eta',\eta'',\cdots$ 后相加;……,那么,容易看出,就将相应地得到下面的一组同余方程

$$(a\xi+a'\xi'+a''\xi''+\cdots)x\equiv f\xi+f'\xi'+f''\xi''+\cdots,$$
$$(b\eta+b'\eta'+b''\eta''+\cdots)y\equiv f\eta+f'\eta'+f''\eta''+\cdots,$$
$$(c\zeta+c'\zeta'+c''\zeta''+\cdots)z\equiv f\zeta+f'\zeta'+f''\zeta''+\cdots,$$
$$\vdots$$

为简单起见,把它们记为

$$\sum(a\xi)x\equiv\sum(f\xi),\ \sum(b\eta)y\equiv\sum(f\eta),\ \sum(c\zeta)z\equiv\sum(f\zeta),\cdots.$$

现在需要区分若干种情形.

4）**第一**，当所有未知数的系数 $\sum(a\xi)$，$\sum(b\eta)$，… 均和这些同余方程的模 m 互素时，我们就能按照前面所说的方法来解它们，以及所给出的这些同余方程的全部解将由同余式 $x \equiv p(\bmod m)$，$y \equiv q(\bmod m)$，… 来给出①. 例如，给定一组同余方程

$$x + 3y + z \equiv 1, 4x + y + 5z \equiv 7, 2x + 2y + z \equiv 3(\bmod 8)$$

我们可求得 $\xi = 9$，$\xi' = 1$，$\xi'' = -14$，所以有 $-15x \equiv -26$，$x \equiv 6(\bmod 8)$. 同样可得，$15y \equiv -4$，$15z \equiv 1$，所以，$y \equiv 4$，$z \equiv 7(\bmod 8)$.

5）**第二**，当所有的系数 $\sum(a\xi)$，$\sum(b\eta)$，… 不是都和这模互素时，设 α，β，γ，… 分别是模 m 和 $\sum(a\xi)$，$\sum(b\eta)$，$\sum(c\zeta)$，… 的最大公约数. 显见，除非这些最大公约数分别整除 $\sum(f\xi)$，$\sum(f\eta)$，$\sum(f\zeta)$，…，否则这个问题是不可解的. 如果这些条件满足，那么，3）中的这组同余方程的全部解将由以下这组同余式所给出：$x \equiv p(\bmod \frac{m}{\alpha})$，$y \equiv q(\bmod \frac{m}{\beta})$，$z \equiv r(\bmod \frac{m}{\gamma})$，…；或者，换句话说，$x$ 有 α 个不同的值（即对模 m 不同余的值 $p, p + \frac{m}{\alpha}, \cdots, p + \frac{(\alpha - 1)m}{\alpha}$），$y$ 有 β 个不同的值，…… 满足所说的同余方程组；显然，所给的这组同余方程的全部解（如果确实有的话）将在它们中找到. 但是，反过来这结论不能成立. 因为，一般说来，不是 x 的全部值，y 的全部值，z 的全部值，…… 的所有组合都给出了问题的解，而只是它们中满足一个或多个限制性同余条件的那些组合给出了问题的解. 然而，由于以后并不需要这种问题的全部解，所以，我们在这里将不对它做更详细的研究，而满足于通过例子来实证这一原则.

设给定的同余方程组是

$$3x + 5y + z \equiv 4, 2x + 3y + 2z \equiv 7, 5x + y + 3z \equiv 6(\bmod 12).$$

在这里数 ξ, ξ', ξ''；η, η', η''；ζ, ζ', ζ'' 分别等于 $1, -2, 1$；$1, 1, -1$；$-13, 22, -1$，由此得 $4x \equiv -4$，$7y \equiv 5$，$28z \equiv 96$. 进而，由此得到：x 有 4 个值，即 $x \equiv 2, 5, 8, 11$；y 有 1 个值，即 $y \equiv 11$；以及 z 有 4 个值，即 $z \equiv 0, 3, 6, 9(\bmod 12)$. 为了知道哪些 x 的值和 z 的值的组合是可取的，我们只要在所给的这组同余方程中以 $2 + 3t$，11，$3u$ 分别代替 x, y, z，得到

$$57 + 9t + 3u \equiv 0, 30 + 6t + 6u \equiv 0, 15 + 15t + 9u \equiv 0(\bmod 12),$$

容易看出，它等价于

$$19 + 3t + u \equiv 0, 10 + 2t + 2u \equiv 0, 5 + 5t + 3u \equiv 0(\bmod 4).$$

由于其中的第一式应有 $u \equiv t + 1(\bmod 4)$，如果把这个值代入其他两个同余方程，那么可看出它们两个也都要被满足，由此推出，值 $x \equiv 2, 5, 8, 11$（这分别由设 $t = 0, 1, 2, 3$ 得到）必须分别与值 $z = 3, 6, 9, 0$ 相组合，这样，我们就得到了全部的四组解

---

① 应该指出，这一结论需要证明，虽然我们在这里省略了它. 事实上，从我们的分析仅能推出，未知数 $x, y, \cdots$ 的其他的值一定不是所给出的这组同余方程的解. 而从哪儿也不能推出，我们所指出的值一定满足这组同余方程. 因为，一般说来，这组同余方程可能根本没有解. 类似的错误推论也常常出现在线性方程理论中.

$$x \equiv 2,\quad 5,\quad 8,\quad 11 \pmod{12}$$
$$y \equiv 11,\quad 11,\quad 11,\quad 11$$
$$z \equiv 3,\quad 6,\quad 9,\quad 0$$

这样,由于这些讨论我们就完成了本篇的任务,不过我们还要添加若干基于类似的原理得到的定理,这些定理在以后我们经常要用到.

§9 若干不同的定理 第38 ~ 44目

38.

问题 **求小于给定的正数 A 且与它互素的正数的个数.**

为简便计,我们在给定的数之前加字母 φ 来表示小于它且同时与它互素的正数的个数. 这样,我们就是要求 $\varphi(A)$[8].

Ⅰ. **当 A 是素数时**,所有从 1 到 $A-1$ 的数显然都与 A 互素;所以,在这种情形

$$\varphi(A)=A-1.$$

Ⅱ. **当 A 是素数幂时**,设 $A=p^m$,那么除去被 p 整除的数外,所有其余的数均与 A 互素. 所以,在 p^m-1 个数中必须删去的数是:$p,2p,3p,\cdots,(p^{m-1}-1)p$;因此,剩下的数的个数是 $p^m-1-(p^{m-1}-1)$ 或 $p^{m-1}(p-1)$,所以

$$\varphi(p^m)=p^{m-1}(p-1).$$

Ⅲ. 利用下面的定理容易将其余的情形化为前两种情形:

如果 A 被分解为两两互素的因数 $M,N,P,\cdots$ 的乘积,那么

$$\varphi(A)=\varphi(M)\cdot\varphi(N)\cdot\varphi(P)\cdot\cdots.$$

证明如下. 设与 M 互素且小于 M 的数是 $m,m',m'',\cdots$;所以其个数等于 $\varphi(M)$. 同样地,设与 N 互素且小于 N 的数是 $n,n',n'',\cdots$;设与 P 互素且小于 P 的数是 $p,p',p'',\cdots$;$\cdots$,所以每一组的数的个数分别是 $\varphi(N),\varphi(P),\cdots$. 显见,所有与乘积 A 互素的数也与每个因数 $M,N,P,\cdots$ 互素,且反过来也成立(第19目);以及,所有对模 M 同余于数 $m,m',m'',\cdots$ 中的一个数的数将与 M 互素,且反过来也对;这对 $N,P,\cdots$ 也同样成立. 这样,问题就被归结为以下的形式,确定在小于 A 的数中有多少个数满足以下条件:对模 M 同余于 $m,m',m'',\cdots$ 中的一个数,对模 N 同余于 $n,n',n'',\cdots$ 中的一个数 …… 另一方面,由第32目可知,对模 $M,N,P,\cdots$ 中的每一个都有给定剩余的所有的数一定是对它们的乘积 A 是同余的. 因此,小于 A 且对模 $M,N,P,\cdots$ 都有给定剩余的数有且只有一个. 所以,我们所要求的个数就等于:$m,m',m'',\cdots$ 的各个值,$n,n',n'',\cdots$ 的各个值,$p,p',p'',\cdots$ 的各个值,$\cdots$,的全部组合数. 由组合理论易知,它等于

$$\varphi(M)\cdot\varphi(N)\cdot\varphi(P)\cdot\cdots.$$

Ⅳ. 容易看出,如何把这定理应用于我们要讨论的情形. 如果 A 被分解为素因数乘积,即表为 $a^\alpha b^\beta c^\gamma\cdots$,其中 $a,b,c,\cdots$ 是不同的素数,那么我们就有

$$\varphi(A)=\varphi(a^\alpha)\cdot\varphi(b^\beta)\cdot\varphi(c^\gamma)\cdot\cdots=a^{\alpha-1}(a-1)b^{\beta-1}(b-1)c^{\gamma-1}(c-1)\cdots,$$

或者,更简洁的可表为

$$\varphi(A) = A \cdot \frac{a-1}{a} \cdot \frac{b-1}{b} \cdot \frac{c-1}{c} \cdot \cdots.$$

例 设 $A = 60 = 2^2 \times 3 \times 5$,我们有 $\varphi(A) = \frac{1}{2} \times \frac{2}{3} \times \frac{4}{5} \times 60 = 16$. 与60互素的这些数是1,7,11,13,17,19,23,29,31,37,41,43,47,49,53,59.

这个问题的第一个解法见于Euler的工作《*Theoremata arithmetica nova methodo demonstrata*, *Comm. Nov. Ac. Petrop.*, Ⅷ, p. 74》,以后证明还重复出现于他的另一篇论文《*Speculationes circa quasdam insignes proprietates numerorum*, *Acta. Petrop.*, Ⅷ, p. 17》.

39.

如果函数 φ 被定义为:$\varphi(A)$ 表示与 A 互素且不大于它的数的个数,那么,显见,$\varphi(1)$ 将不等于0而等于1,而在其他情形没有任何改变. 采用这样的定义后,我们有下面的定理:

如果 $a, a', a'', \cdots$ 是 A 的全部除数(1和 A 本身不除外),那么有

$$\varphi(a) + \varphi(a') + \varphi(a'') + \cdots = A$$

例 如果 $A = 30$,那么,$\varphi(1) + \varphi(2) + \varphi(3) + \varphi(5) + \varphi(6) + \varphi(10) + \varphi(15) + \varphi(30) = 1 + 1 + 2 + 4 + 2 + 4 + 8 + 8 = 30$.

证明 将所有与 a 互素且不大于 a 的数乘以 $\frac{A}{a}$;同样地,将所有与 a' 互素且不大于 a' 的数乘以 $\frac{A}{a'}\cdots$. 对每个除数这样做后,我们就得到 $\varphi(a) + \varphi(a') + \varphi(a'') + \cdots$ 个均不大于 A 的正整数. 但是,注意到

1) 所有这些数是彼此不相等的. 事实上,所有由 A 的同一个除数生成的那些数显然是各不相等的. 如果从不同的除数 M, N 及两个分别与 M, N 互素的数 μ, ν,得到了相等的数,即如果有 $\frac{A}{M}\mu = \frac{A}{N}\nu$,那么就有 $\mu N = \nu M$. 如果假定 $M > N$(这是允许的),那么,因为 M 与 μ 互素及它整除 μN,所以它应该整除 N,即一个较大的数将整除一个较小的数,而这是不可能的.

2) 所有的数 $1, 2, 3, \cdots, A$ 一定全部被包含在这些数中. 设 t 是不大于 A 的任意一个正整数,及 δ 是 A, t 的最大公约数. 那么,$\frac{A}{\delta}$ 是 A 的除数且与 $\frac{t}{\delta}$ 互素. 所以,这个数 t 显然一定出现在由除数 $\frac{A}{\delta}$ 所生成的那些数中.

3) 由此就推出所有这些数的个数等于 A,所以

$$\varphi(a) + \varphi(a') + \varphi(a'') + \cdots = A$$

40.

如果数 $A, B, C, D, \cdots$ 的最大公约数是 μ,那么我们总能找到数 $a, b, c, d, \cdots$ 使得

$$aA + bB + cC + \cdots = \mu.$$

证明 首先讨论只有两个数A,B的情形,并设它们的最大公约数是λ. 那么,同余方程$Ax \equiv \lambda \pmod B$是可解的(第30目). 如果它的根$\equiv \alpha$,那么,假定$\frac{\lambda - A\alpha}{B} = \beta$,就得到$\alpha A + \beta B = \lambda$,这就是所要证的.

若有第三个数C,设λ'是λ,C的最大公约数,那么就能找到数k,γ,使得$k\lambda + \gamma C = \lambda'$,这样就有$k\alpha A + k\beta B + \gamma C = \lambda'$. 显见,$\lambda'$是$A$,$B$,$C$的公约数,且确实是它们中的最大的,因为,如果还有比λ'更大的公约数θ,那么,表示式$k\alpha \frac{A}{\theta} + k\beta \frac{B}{\theta} + k\gamma \frac{C}{\theta} = \frac{\lambda'}{\theta}$将是整数,即较大的数$\theta$将整除较小的数. 所以,只要取$k\alpha = a$,$k\beta = b$,$\gamma = c$,及$\lambda' = \mu$,就证明了所要的结论[9].

若有更多个数,我们可用同样的方法来处理.

如果数A,B,C,D,$\cdots$没有公约数[7],那么我们显然可得

$$aA + bB + cC + \cdots = 1.$$

41.

如果p是素数,以及有p个元素,这些元素可以任意地有多个是相同的,但不能全部相同,那么,这些元素的所有不同的排列的个数一定被p整除.

例 5个元素A,A,A,B,B有10个不同的排列.

定理的证明容易由熟知的排列理论给出. 因为,如果在这些元素中有a个元素是A,b个元素是B,c个元素是C,$\cdots$(数a,b,c,$\cdots$中的任一数均可为1),那么

$$a + b + c + \cdots = p$$

以及排列数等于

$$\frac{1 \times 2 \times 3 \times \cdots \times p}{1 \times 2 \times 3 \times \cdots \times a \times 1 \times 2 \times 3 \times \cdots \times b \times 1 \times 2 \times 3 \times \cdots \times c \times \cdots}$$

显然,这个分数的分子被分母整除,因为排列数一定是整数. 但是,分子能被p整除,而由小于p的因数所合成的分母不能被p整除(第15目). 所以,这个排列数被p整除(第19目).

然而,我希望下面给出的证明对一些读者来说不会是没有兴趣的.

考虑同样一些元素的两个排列. 如果它们的元素排列的次序的差别仅在于:在一个排列中的第一个元素出现在另一个排列的另外的一个位置上,而所有其余的元素,在这两个排列中仍按照相同的顺序排列在它的前后两边,这里假定一个排列中的第一个元素的前边的元素是它的最后一个元素,那么,我们就称这两个排列是相似排列①. 这样一来,在我们的例子中,排列$ABAAB$和$ABABA$是相似的,因为,在前一个排列中位于第一

① 如果把相似排列设想为表示在一个圆周上,使得最后一个元素与第一个元素相连,那么它们就没有任何差别,因为在圆周上没有一个位置可称为第一个或最后一个.

个,第二个,…… 位置的元素在后一个排列中分别位于第三个,第四个,…… 位置,所以,它们是按相同的顺序排列.

因为,每个排列是由 p 个元素构成,所以,通过把它的在第一个位置的元素分别放在第二个,第三个,…… 位置,就可得到与它相似的 $p-1$ 个排列. 显然,如果这些相似的排列没有两个是相同的,那么,排列数就被 p 整除,因为,排列数就等于 p 乘以所有互不相似的排列的个数.

现在假定有两个排列

$$PQ\cdots TV\cdots YZ, V\cdots YZPQ\cdots T,$$

它们中的后一个是通过向前移动前一个的元素而得到的. 进而再假定这两个排列是相同的,即 $P=V,\cdots$. 设在前一个排列中的第 1 项 P 是在后一个排列中的第 $n+1$ 项. 这样,在后一个排列中的第 $n+1$ 项和前一个排列中的第 1 项相同,第 $n+2$ 项和第 2 项相同 …… 而第 $2n+1$ 项及第 $3n+1$ 项 …… 又均和第 1 项相同,以及一般地,后一个排列中第 $kn+m$ 项和前一个排列中的第 m 项相同(当 $kn+m$ 大于 p 时,我们在这里可以假定元素列 $V\cdots YZPQ\cdots T$ 是不断地从头开始重复,或者,也可以把它看做是从 $kn+m$ 中减去小于它且在数值上最接近它的 p 的倍数之差). 因此,如果确定数 k 使得 $kn\equiv 1 \pmod p$,这是可以做到的,因为 p 是素数,那么就可推出:一般地有第 m 项和第 $m+1$ 项相同,或者说每一项和它的后一项相同即所有的项都相同,这和假设矛盾.

42.

如果两个函数

$$x^m + Ax^{m-1} + Bx^{m-2} + Cx^{m-3} + \cdots + N \qquad (P)$$

$$x^\mu + ax^{\mu-1} + bx^{\mu-2} + cx^{\mu-3} + \cdots + n \qquad (Q)$$

的系数 $A,B,C,\cdots,N;a,b,c,\cdots,n$ 都是有理数但不全是整数,以及 (P) 和 (Q) 的乘积等于

$$x^{m+\mu} + \mathfrak{A}x^{m+\mu-1} + \mathfrak{B}x^{m+\mu-2} + \cdots + \mathfrak{Z}$$

那么,所有的系数 $\mathfrak{A},\mathfrak{B},\cdots,\mathfrak{Z}$ 不可能全是整数①.

证明 把所有系数 $A,B,\cdots,a,b,\cdots$ 表为既约分数,并任选一素数 p,它整除这些分数的分母中的一个或多个. 如果假定 p 整除 (P) 的某个分数系数的分母,并以 p 去除 (Q),那么,在 $\frac{(Q)}{p}$ 的分数系数中显然至少有一个系数的分母以 p 作为其因数(例如,第一项的系数 $\frac{1}{p}$). 进而容易看出,在 (P) 中总有这样一项,它的分数系数的分母所含有的 p 的方幂大于所有在它前面的分数系数的分母所含有的 p 的方幂,且不小于所有在它后面的分数系数的分母所含有的 p 的方幂. 设这一项是 Gx^g,并设 G 的分母中的 p 的方幂等于 t. 在 $\frac{(Q)}{p}$ 中可找到类似的这样一项,设这一项是 Γx^γ,并设 Γ 的分母中的 p 的方幂等于

① 1797 年 7 月 22 日. ——Gauss 手写的注.

τ. 显然,$t+\tau$ 至少等于2. 现在我们来证明,在(P) 和(Q) 的乘积中 $x^{g+\gamma}$ 项的系数是分数,它的分母将有 p 的 $t+\tau-1$ 次幂.

设(P) 中在 Gx^g 前面的项是 $'Gx^{g+1}$,$''Gx^{g+2}$,…,及在其后面的项是 $G'x^{g-1}$,$G''x^{g-2}$,…;同样地,设$\frac{(Q)}{p}$ 中在 Γx^γ 前面的项是 $'\Gamma x^{\gamma+1}$,$''\Gamma x^{\gamma+2}$,…,及在其后面的项是 $\Gamma' x^{\gamma-1}$,$\Gamma'' x^{\gamma-2}$,…. 显见,在(P) 和$\frac{(Q)}{p}$ 的乘积中,$x^{g+\gamma}$ 项的系数等于

$$G\Gamma+'G\Gamma'+''G\Gamma''+\cdots+'\Gamma G'+''\Gamma G''+\cdots.$$

上式中的项 $G\Gamma$ 是分数,把它表为既约分数,其分母将含有 p 的 $t+\tau$ 次幂. 如果上式中的其他任意一项是分数,那么,它的既约形式中的分母一定只能含有较低次的 p 的幂,因为,这些分母中的每一项都是两个因数的乘积,而这两个因数,要么是其中的一个含有的 p 的方幂不大于 t,而另一个含有的 p 的方幂则小于 τ;要么是其中的一个含有的 p 的方幂不大于 τ,而另一个含有的 p 的方幂则小于 t. 因此,$G\Gamma$ 可表为$\frac{e}{fp^{t+\tau}}$,而其他所有的项的和可表为$\frac{e'}{f'p^{t+\tau-\delta}}$,其中 δ 是正数,及 e,f,f' 不含有因数 p;因此,整个和式就等于$\frac{ef'+e'fp^\delta}{ff'p^{t+\tau}}$,它的分子不能被 p 整除,所以,这个分数不可能简化后使其分母所含有的 p 的方幂比 $t+\tau$ 低. 这样一来,在(P) 和(Q) 的乘积中,$x^{g+\gamma}$ 项的系数等于

$$\frac{ef'+e'fp^\delta}{ff'p^{t+\tau-1}}$$

即其分母必含有 p 的 $t+\tau-1$ 次幂的一个**分数**. 定理证毕.

43.

***m* 次同余方程**

$$Ax^m+Bx^{m-1}+Cx^{m-2}+\cdots+Mx+N\equiv 0,$$

它的模是不能整除 *A* 的素数 *p*,不能有多于 *m* 种不同的解法,即它不能有多于 *m* 个对模 *p* 不同余的根(参看第25,26目).

假若这定理不成立,那么,就将有不同次数 $m,n,\cdots$ 的这样同余方程分别有多于 m,n,… 个根. 设其中最低的次数是 m. 这样,对所有较低次的这样的同余方程,我们所说定理是正确的. 因为,我们已经讨论过一次同余方程(第26目),所以,这里的 m 将大于或等于2. 设同余方程

$$Ax^m+Bx^{m-1}+Cx^{m-2}+\cdots+Mx+N\equiv 0$$

至少有 $m+1$ 个根 $x=\alpha,x=\beta,x=\gamma,\cdots$. 我们假定所有的数 $\alpha,\beta,\gamma,\cdots$ 都是正的且小于 p,以及 α 是其中的最小的. 在所给的同余方程中作替换 $x=y+\alpha$,假设它变为

$$A'y^m+B'y^{m-1}+C'y^{m-2}+\cdots+M'y+N'\equiv 0$$

显见,令 $y\equiv 0$,或 $y\equiv\beta-\alpha$,或 $y\equiv\gamma-\alpha$,… 都满足这同余方程,而且所有这些根是两两不同的,它们的个数等于 $m+1$. 但因 $y\equiv 0$ 是根,所以 p 整除 N'. 因此,m 个值 $\beta-\alpha$,$\gamma-\alpha$,… 中的每一个都将满足同余方程

$$y(A'y^{m-1}+B'y^{m-2}+C'y^{m-3}+\cdots+M')\equiv 0(\mathrm{mod}\ p).$$

由于这 m 个值都大于 0 小于 p,所以它们也都将满足

$$A'y^{m-1}+B'y^{m-2}+C'y^{m-3}+\cdots+M'\equiv 0(\mathrm{mod}\ p)(\text{第 22 目}),$$

即 $m-1$ 次同余方程

$$A'y^{m-1}+B'y^{m-2}+C'y^{m-3}+\cdots+M'\equiv 0(\mathrm{mod}\ p)$$

有 m 个根. 而这与我们的定理矛盾(显有 $A'=A$,所以满足不能被 p 整除的要求),因为,我们已经假定对所有次数小于 m 的这样的同余方程定理是成立的. 证毕.

44.

我们这里假定模 p 不整除最高次项的系数,但定理并不限于这一情形. 因为,如果首项系数,或许还有其他的系数,被 p 整除,那么,确实可以把这些项删去,这样,原同余方程就变为次数更低的同余方程,而这个同余方程的首项系数将不被 p 整除;仅在全部系数均被 p 整除的情形,这同余方程就将是一个恒等的同余式,其变数的值则完全不确定.

这个定理首先是由 Lagrange 提出和证明的(*Mém. de l'Ac. de Berlin*,*Année* 1768, p. 192). 它也见之于 Legendre 的论文"*Recherches d'Analyse indéterminée*,*Hist. de l'Ac. de Paris*,1785,p. 466". 在《*Comm. nov.* ,*Ac. Petrop.* XⅧ,p. 93》中,Euler 证明了同余方程 $x^n-1\equiv 0$ 不能有多于 n 个不同的根,虽然这只是一个特殊情形,但所用的方法能容易地用来处理所有的同余方程. 在这之前,在《*Comm. nov.* ,*Ac. Petrop.* Ⅴ,p. 6》中,*Euler* 还解决了一个更为特殊的情形,但这个方法不能用于一般情形. 在第八篇[Ⅰ.6] 中,我们还将给出另外的方法来证明这定理. 虽然,初看起来这些方法是多么不一样,但是,一个想要对这些证明作比较的内行,将会发现它们都是基于同样的原理. 然而,因为这个定理在此仅仅是作为一个备用的引理,以及对它完全的阐述不是本篇的内容,所以,我们将以后在合数模的情形再作专门的讨论.

第三篇 幂剩余 第45 ~ 93目

§10 首项为1的几何数列的各项的剩余组成周期序列 第45 ~ 48目

45.

定理 **在每个几何数列 $1,a,a^2,a^3,\cdots$ 中,除了首项1之外,还存在另外一项 a^t 对与 a 互素的模 p 同余于1,且指数 $t<p$.**

证明 因为模 p 和 a 互素,因而模 p 和 a 的任意次幂都互素,所以,这数列中的项均不 $\equiv 0(\bmod p)$,因此它们中的每一项必同余于数 $1,2,3,\cdots,p-1$ 中的一个.因为这些数的个数是 $p-1$,所以当我们从这数列中取出多于 $p-1$ 项时,显然它们的最小剩余不可能全不相同.因此,在项 $1,a,a^2,a^3,\cdots,a^{p-1}$ 中,至少可以找出两项彼此同余.可设 $a^m\equiv a^n$,$m>n$;两边除以 a^n 得到 $a^{m-n}\equiv 1$(第22目),这里 $m-n<p$ 且 >0.

例 在数列 $2,4,8,\cdots$ 中,对模13同余于1的第一项是 $2^{12}=4\ 096$.但是,对模23,在这同一个数列中,我们有 $2^{11}=2\ 048\equiv 1$.类似地,数5的6次幂15 625对模7同余于1,而对模11则是数5的5次幂3 125同余于1.因此,在某些情形,指数小于 $p-1$ 的方幂就已经同余于1,而在另一些情形,则必须到达 $p-1$ 次幂.

46.

如果继续考察这个同余于1的项的后面的数列中的项,则从开始起的同样的那些余数将会再次出现.这就是说,若 $a^t\equiv 1$,则将有 $a^{t+1}\equiv a,a^{t+2}\equiv a^2,\cdots$,直至其最小剩余又是1的项 a^{2t},然后,余数的周期将重新开始.这样一来,我们得到了由 t 个余数组成的周期,当一个周期结束后将从头开始再重复出现.同时,在整个数列中,不可能出现不在这周期中的余数.一般地,我们有 $a^{mt}\equiv 1$,及 $a^{mt+n}\equiv a^n$,在我们的符号下,这可表述为:**若 $r\equiv\rho(\bmod t)$,则 $a^r\equiv a^\rho(\bmod p)$.**

47.

只要知道了同余于1的方幂,由这个定理就得到了**一个求无论有多大指数的方幂的剩余的简单方法.** 例如,如果要求 $3^{1\ 000}$ 被13去除后所得的余数,那么,由 $3^3\equiv 1(\bmod 13)$ 可知 $t=3$,所以从 $1\ 000\equiv 1(\bmod 3)$ 就得到 $3^{1\ 000}\equiv 3(\bmod 13)$.

48.

如果 a^t 是同余于1的**最低次幂**(除了 $a^0=1$,这里不考虑这种情形)时,那么,从第45目的证明中容易看出,组成余数周期的所有的 t 项是互不同余的. 因此,第46目中的定理的逆定理亦成立,这就是:**若 $a^m \equiv a^n (\bmod p)$,则有 $m \equiv n (\bmod t)$**. 事实上,如果 m,n 对模 t 不同余,那么,它们的最小剩余 μ,ν 是不同的. 但若 $a^\mu \equiv a^m, a^\nu \equiv a^n$,则 $a^\mu \equiv a^\nu$,即不是小于 a^t 的所有方幂都是不同余的,这和我们的假设矛盾.

特别地,若 $a^k \equiv 1 (\bmod p)$,则 $k \equiv 0 (\bmod t)$,即 t 整除 k.

至此,我们仅讨论了任意与 a 互素的模. 现在,我们将专门讨论素数模,并在此基础上作更一般的研究.

首先讨论素数模　第49～81目

§11　当模为素数 p 时,周期的项数是 $p-1$ 的除数　第49目

49.

定理　***如果 p 是不整除 a 的素数,及 a^t 是对模 p 同余1的 a 的最低次幂,那么指数 t 要么等于 $p-1$,要么是这个数的因数.***

参看第45目中的例

证明　因为我们已经指出 t 或是等于 $p-1$ 或是小于 $p-1$,所以,我们只要证明在后一情形 t 总是 $p-1$ 的除数.

Ⅰ. 取所有的项 $1,a,a^2,a^3,\cdots,a^{t-1}$ 的最小正剩余,并记作 $\alpha,\alpha',\alpha'',\cdots$,这样就有,$\alpha=1,\alpha' \equiv a,\alpha'' \equiv a^2,\cdots$. 显见,所有这些剩余是互不相同的,因为,若有两项 a^m,a^n(假定 $m>n$)有相同的剩余,那么,就有 $a^{m-n} \equiv 1, m-n<t$,但这是不可能,因为由条件知,任何低于 a^t 的方幂都不同余于1. 进而,所有的数 $\alpha,\alpha',\alpha'',\cdots$ 都属于数列 $1,2,3,\cdots,p-1$,但没有取完这数列中的所有的数,因为 $t<p-1$. 以(A)表示由所有的数 $\alpha,\alpha',\alpha'',\cdots$ 组成的总体. 这样,(A)由 t 项组成.

Ⅱ. 我们从 $1,2,3,\cdots,p-1$ 中任取一不属于(A)的数 β,并以 β 乘以所有的数 $\alpha,\alpha',\alpha'',\cdots$,并以 $\beta,\beta',\beta'',\cdots$ 表示这些乘积的最小剩余,它们的个数也等于 t. 所有这些剩余不仅本身是互不相同的,而且也和所有的数 $\alpha,\alpha',\alpha'',\cdots$ 是互不相同的. 这是因为,如果第一个结论不成立,那么,将有 $\beta a^m \equiv \beta a^n$,两边除以 β 得到 $a^m \equiv a^n$,这和前面证明的结果矛盾;如果第二个结论不成立,那么,将有 $\beta a^m \equiv a^n$,因此,若 $m<n$,则 $\beta \equiv a^{n-m}$,即 β 同余于数 $\alpha,\alpha',\alpha'',\cdots$ 中的一个,这和假设矛盾;若 $n<m$,则两边乘以 a^{t-m},得到 $\beta a^t \equiv a^{t+n-m}$,注意到 $a^t \equiv 1$,即得 $\beta \equiv a^{t+n-m}$,这同样是不可能的. 以(B)表示由所有的数 $\beta,\beta',\beta'',\cdots$ 组成的总体,它的项数等于 t. 这样,在这两个总体(A)和(B)中已经有了数列 $1,2,3,\cdots,p-1$ 中的 $2t$ 个数. 如果(A)和(B)包含了所有这些数,那么,$\frac{p-1}{2}=t$,这就证明了

定理.

Ⅲ. 如果还有某些数不在(A) 和(B) 之中,那么,设其中之一是γ. 以γ乘以所有的数$\alpha,\alpha',\alpha'',\cdots$,记这些乘积的最小剩余是$\gamma,\gamma',\gamma'',\cdots$,并以$(C)$ 表示由所有这些剩余组成的总体. 这样,(C) 中也有数列$1,2,3,\cdots,p-1$中的t个数,它们不仅本身互不相同,而且也与(A) 和(B) 中的数亦都各不相目. 前两个断言可用 Ⅱ 中的同样的方法来证明. 第三个可这样来证:若有$\gamma a^m\equiv\beta a^n$,则相应于$m<n$或$n<m$,就分别有$\gamma\equiv\beta a^{n-m}$或$\gamma\equiv\beta a^{t+n-m}$成立;在这两种情形,$\gamma$ 总同余于(B) 中的一个数,这和假设矛盾. 这样,我们现在就有了数列$1,2,3,\cdots,p-1$中的$3t$个数,如果不再有数剩下,则有$\frac{p-1}{3}=t$,这就证明了定理.

Ⅳ. 如果还有另外的数存在,那么就需要用同样的方法来构造第四个数的总体$(D),\cdots$. 由于数$1,2,3,\cdots,p-1$的个数是有限的,显然,每次取出t个数,最终在有限次后这些数将恰好被取完. 所以,t是$p-1$的除数.

§12 Fermat 定理 第 50 ~ 51 目

50.

因为$\frac{p-1}{t}$是整数,所以,将同余式$a^t\equiv 1$两边自乘$\frac{p-1}{t}$次,就得到$a^{p-1}\equiv 1$,也就是,**当p是不整除a的素数时,差$a^{p-1}-1$总被p整除.**

这个定理,它在两个方面值得注意:一是它的优美,一是它的极为有用,按照数学中以发现者命名的习惯,它通常称为 Fermat 定理(见《*Fermatii Opera Mathematica*》,*Talosae*,1679,p. 163). 虽然,Fermat 声称有这定理的证明,但是,他并没有给出. 首先发表证明的是 Euler,在他的论文《*Theorematum quorundam ad numeros primos spectantium demonstratio*》(*Comm. Acad. Petrop.* T. Ⅷ) 中①. 证明是基于展开$(a+1)^p$,从展开式中的系数的形式容易看出,p总是整除$(a+1)^p-a^p-1$,因而,只要a^p-a被p整除,那么,$(a+1)^p-(a+1)$也一定被p整除. 因为,1^p-1总被p整除,所以,2^p-2也总被p整除,3^p-3也总被p整除,进而,一般地,a^p-a也总被p整除. 因此,若p不整除a,则$a^{p-1}-1$被p整除. 在 *Acta Erudit.* 1769,p. 109 中,杰出的 Lambert 给出了一个类似的证明. 但是,因为展开二项式的方幂的方法有些不合数论风格,Euler 又在 *Comment. nov. Petrop.* T. Ⅶ,p. 70 中给出了另一证明,它和我们在上一目中所给出的完全一样. 以后,我们还将给出其他的证明. 在这里,我们将基于和 Euler 的第一个证明相同的论证,再给出一个结果.

---

① 在更早的一篇论文(*Comm. Petr.* T. Ⅵ. p. 106) 中,他还没有得到这一结果. 在 Maupertuis 和 Konig 关于最小作用原理的著名论战中,有一次论争很奇怪地离了题,Konig 宣称他有一份 Leibniz 的手稿,其中有关于这个定理的证明,和 Euler 的证明十分相似(*Konig*,*Appel au public*,p. 106). 我们不想否定这一说法,但可以肯定的是,Leibniz 从未发表过他的发现(参看 *Hist. de l'Ac. de Prusse*,*Année* 1750,p. 530).

下面的定理对以后其他的研究将是有用的,而 Fermat 定理只是它的一个简单特例

51.

如果 p 是素数,那么多项式 $a+b+c+\cdots$ 的 p 次幂对模 p 同余于表达式 $a^p+b^p+c^p+\cdots$.

证明 显见多项式 $a+b+c+\cdots$ 的 p 次幂是由形如 $xa^\alpha b^\beta c^\gamma\cdots$ 的数组成,其中 $\alpha+\beta+\gamma+\cdots=p$,以及 x 是这样的 p 个元素的不同的排列的个数:它们是 $a,b,c,\cdots$ 分别出现 α 次,β 次,γ 次,$\cdots$. 在前面第 41 目中已经证明:除了所有这 p 个元素都是相同的情形外,即除了数 $\alpha,\beta,\gamma,\cdots$ 中的某个数等于 p,而其余的都等于 0 的情形外,这个数 x 一定被 p 整除. 由此推出,在 $(a+b+c+\cdots)^p$ 中的所有的项 $xa^\alpha b^\beta c^\gamma\cdots$,除了 $a^p,b^p,c^p,\cdots$ 之外均被 p 整除因为这里所讨论的是关于模 p 的同余,所以可以删去这些项,因此得到

$$(a+b+c+\cdots)^p\equiv a^p+b^p+c^p+\cdots$$

如果所有的量 $a,b,c,\cdots$ 都等于 1 且它们一共有 k 个,那么就得到上一目中的 $k^p\equiv k$.

§13 对应的周期的项数等于 $p-1$ 的给定的除数的数的个数 第 52 ~ 56 目

52.

因为除了 $p-1$ 的除数外,任意其他的数都不可能是使某个数的方幂同余于 1 的最小的指数,所以就产生了这样的问题:是不是 $p-1$ 的所有的除数都可以是这样的最小方幂;以及,如果我们取出所有不被 p 整除的数,并将它们按照使其方幂同余于 1 的最小指数来分类,那么对应于每个指数有多少个数. 这时,立即可以注意到这只要去考虑 1 到 $p-1$ 的所有整数. 事实上,彼此同余的数显然有同样的方幂使其同余于 1,所以,每个数和它的最小正剩余对应于同样的最小指数. 这样一来,我们应该把我们的注意力放在去确定数 $1,2,3,\cdots,p-1$ 在这一点上是如何依照数 $p-1$ 的每个因数来分布的. 设 d 是 $p-1$ 的一个除数(1 和 $p-1$ 本身必须考虑在内),为了简单起见,我们用 $\psi(d)$[1] 表示小于 p 的这样的正数的个数,在它的所有同余于 1 的方幂中 d 次幂是最小的.

53.

为使这一研究容易理解,我们先来讨论一个例子. 对 $p=19$,依照 18 的除数,数 $1,2,3,\cdots,18$ 的分布如下

1	1
2	18
3	7,11
6	8,12
9	4,5,6,9,16,17
18	2,3,10,13,14,15

因此,在这里有 $\psi(1)=1,\psi(2)=1,\psi(3)=2,\psi(6)=2,\psi(9)=6$,及 $\psi(18)=6$. 不难看出:每个指数所对应的数的个数等于不超过这指数且与它互素的数的个数,换句话说,至少在这一情形,按照第38目中的符号,有 $\psi(d)=\varphi(d)$ 成立. 下面我们来证明这一观察在一般情形下都成立.

Ⅰ. 如果有属于指数 d 的某一个数 a(即它的 d 次幂同余于1而所有的低次幂都不同余于1)[2],那么它的所有的方幂 $a^2,a^3,a^4,\cdots,a^d$,即它们的最小剩余将同样有第一个性质(即它们的 d 次幂都同余于1);再因为,这一点还可这样来表述:数 $a,a^2,a^3,a^4,\cdots,a^d$ 的最小剩余(它们是各不相同的)都是同余方程 $x^d\equiv 1$ 的根,而这个同余方程不能有多于 d 个根,所以,除了数 $a,a^2,a^3,a^4,\cdots,a^d$ 的最小剩余外,从1到 $p-1$ 之间的其他的数的 d 次幂显然一定不同余于1. 因此,所有属于指数 d 的数可在数 $a,a^2,a^3,a^4,\cdots,a^d$ 的最小剩余中来找出. 它们中的哪些是,以及有多少,我们可这样来确定:若 k 是与 d 互素的数,那么 a^k 的所有次数小于 d 的方幂都不同余于1. 这是因为,设 $\frac{1}{k}(\bmod d)\equiv m$(见第31目),就有 $a^{km}\equiv a$;因此,如果 a^k 的 e 次幂同余于1,$e<d$,那么,将有 $a^{kme}\equiv 1$,因而有 $a^e\equiv 1$,这和假设矛盾. 由此就推出,a^k 的最小剩余属于指数 d. 但是,若 k 与 d 有公约数 δ,那么,a^k 的最小剩余将不属于指数 d,因为,这时它的 $\frac{d}{\delta}$ 次幂已经同余于1(因为 $\frac{kd}{\delta}$ 被 d 整除,即 $\frac{kd}{\delta}\equiv 0(\bmod d)$,所以 $a^{\frac{kd}{\delta}}\equiv 1$). 这样,我们就证明了属于指数 d 的数的个数等于 $1,2,3,\cdots,d$ 中与 d 互素的数的个数. 但是,必须记住:这一结论依赖于存在一个数 a 属于指数 d 的假设. 所以,没有排除这样的可能性:存在一个指数,使得没有数属于它;因此,我们暂时只得到了这样的结论:要么 $\psi(d)=0$,要么 $\psi(d)=\varphi(d)$.

54.

Ⅱ. 设 $d,d',d'',\cdots$ 是数 $p-1$ 的全部除数. 因为,所有的数 $1,2,3,\cdots,p-1$ 是按这些除数来分类的,故有

$$\psi(d)+\psi(d')+\psi(d'')+\cdots=p-1$$

但在第39目中,我们证明了

$$\varphi(d)+\varphi(d')+\varphi(d'')+\cdots=p-1$$

以及,从上一目可推出 $\psi(d)$ 是等于或小于 $\varphi(d)$,但不能大于 $\varphi(d)$,同样的,这样的关系对 $\psi(d')$ 和 $\varphi(d')$,…,也都成立. 所以,如果在 $\psi(d),\psi(d'),\psi(d''),\cdots$ 中有一项或若干项是分别小于相应的 $\varphi(d),\varphi(d'),\varphi(d''),\cdots$ 中的项,那么上面的第一个和就不可能等于第二个和. 因此,我们最终证明了 ***$\psi(d)$ 总是等于 $\varphi(d)$***,而和量 $p-1$ 无关.

55.

上面的定理们一个特殊情形具有最大的价值,这就是,***总是存在这样的数,它的同余于1的最小次幂是 $p-1$***,而且这样的数的个数等于在1至 $p-1$ 之中与 $p-1$ 互素的数的个数. 因为,这个定理的证明不像初看起来那样显然,所以,由于这个定理的重要性,我们

将用与上面有所不同的方法再来给出它的一个证明. 此外,不同的方法通常十分有助于理解比较困难的问题. 将$p-1$分解为它的素因数乘积,设$p-1=a^{\alpha}b^{\beta}c^{\gamma}\cdots$,其中$a,b,c,\cdots$是不同的素数. 我们将**按下面的步骤来完成定理证明:**

Ⅰ. 总可以找到数A,它属于指数a^{α},以及同样地可找到数$B,C,\cdots$它们分别属于指数$b^{\beta},c^{\gamma},\cdots$;

Ⅱ. 所有的数$A,B,C,\cdots$的乘积(或这乘积的最小剩余)属于指数$p-1$.

它们的证明如下.

Ⅰ. 如果g是$1,2,3,\cdots,p-1$中的某个数,它不满足同余方程$x^{\frac{p-1}{a}}\equiv 1 \pmod p$,因为这个同余方程的次数小于$p-1$,所以这些数不可能都满足它,那么我断言,若以$h$表示数$g$的$\frac{p-1}{a^{\alpha}}$次幂,则$h$或它的最小剩余就属于指数$a^{\alpha}$.

事实上,容易看出,h的a^{α}次幂同余于g的$p-1$次幂,即同余于1,同时,h的$a^{\alpha-1}$次幂同余于g的$\frac{p-1}{a}$次幂,即不同余于1. 因而,h的$a^{\alpha-2},a^{\alpha-3},\cdots$次幂更不可能同余于1. 但是,同余于1的$h$的最小次幂的指数(即$h$所属的指数)必须整除$a^{\alpha}$(第48目). 再因为$a^{\alpha}$仅可能被它本身或$a$的更低的方幂所整除,所以$a^{\alpha}$一定是$h$所属的指数. 用类似的方法可证明存在这样的一些数,它们分别属于指数$b^{\beta},c^{\gamma},\cdots$. 这就证明了Ⅰ.

Ⅱ. 如果我们假设所有的数$A,B,C,\cdots$的乘积不属于指数$p-1$而属于一个更小的数t,那么,t整除$p-1$(第48目),即$\frac{p-1}{t}$是大于1的整数. 但是容易看出,这个商一定要么是素数$a,b,c,\cdots$中的一个,要么至少被它们中的一个整除(第17目),例如,假设被a整除,因对其他情形的证明是相同的. 这时,t整除$\frac{p-1}{a}$,因此乘积$ABC\cdots$的$\frac{p-1}{a}$次幂同余于1(第46目). 但是,由于每一个指数$b^{\beta},c^{\gamma},\cdots$(除$a^{\alpha}$外)都整除$\frac{p-1}{a}$,所以,所有的数$B,C,\cdots$(除$A$外)的$\frac{p-1}{a}$次幂显然都同余于1. 因而有

$$A^{\frac{p-1}{a}}B^{\frac{p-1}{a}}C^{\frac{p-1}{a}}\cdots\equiv A^{\frac{p-1}{a}}\equiv 1.$$

由此就推出A的指数应整除$\frac{p-1}{a}$(第48目),即$\frac{p-1}{a^{\alpha+1}}$是整数. 但是,$\frac{p-1}{a^{\alpha+1}}=\frac{b^{\beta}c^{\gamma}\cdots}{a}$不可能是整数(第15目);因此我们应得出结论,我们的假设是不能成立的,即乘积$ABC\cdots$确实是属于指数$p-1$. 这就证明了Ⅱ.

第二个证明看起来要比第一个证明长些,但是,第一个证明没有第二个证明那样直接明了.

56.

这个定理提供了一个明确有力的例子,表明更为细心谨慎在数论中常常是必要的,以使我们不要把实际上还没有证明的事预先当作是已经证明了. Lambert 在我们上面已提到的论文(*Acta Erudit*. 1769,p. 127)中,已经说到了这一定理,但是他没有想到要去说关于它的证明的必要性. 除了 Euler 的论文"*Demonstrationes circa residua ex divisione potestatum per numeros primos resultantia*, *Comment. nov. Petrop.* T. XⅧ,1773,p. 85 及以后"外,没有人想到要对此给出证明. 特别地,在论文的第 37 节中,他用了很长的篇幅谈到了这一证明的必要性. 但是,这位最精细的人所给出的证明中有两点不足之处. 一是在论文的第31节中,他默认了同余方程 $x^n \equiv 1$(用我们的符号来转述他的办法)确有 n 个不同的根,但此前只指出过它不能有多于 n 个根;二是只是通过归纳来推出第 34 节中的公式.

§14 原根,基,指标 第 57 目

57.

按照 Euler 的说法,我们称属于指数 $p-1$ 的数为**原根**. 这样,若 a 是原根,则方幂 a, $a^2, a^3, a^4, \cdots, a^{p-1}$ 的最小剩余是各不相同的;因而,容易推出在这些最小剩余中将出现1, $2, 3, \cdots, p-1$ 中的每一个数,因为这两组数有同样的个数. 这意味着任一不被 p 整除的数一定同余于 a 的某个方幂. 这一值得注意的性质是极为重要的,以及如同对数的引入简化了通常的算术运算那样,这一性质将能大大简化关于同余的算术运算. 我们可随意**选定某个原根 a 作为基或基数**,以及用它来表示所有不能被 p 整除的数,而且,**若 $a^e \equiv b \pmod p$,则我们就称 e 是数 b 的指标**[3]. 例如,如果对模 19 取原根 2 作为基,那么就有

数	1.	2.	3.	4.	5.	6.	7.	8.	9.	10.	11.	12.	13.	14.	15.	16.	17.	18
指标	0.	1.	13.	2.	16.	14.	6.	3.	8.	17.	12.	15.	5.	7.	11.	4.	10.	9

此外,对取定的基,每一个数显然有许多指标,但它们对模 $p-1$ 都是同余的,所以,当我们说到指标时,如同把对模 p 同余的数看做是等价的一样,把对模 $p-1$ 同余的指标看做是等价的.

§15 指标的运算 第 58 ~ 59 目

58.

有关指标的定理完全类似于有关对数的那些定理.

任意多个因数乘积的指标对模 $p-1$ 同余于各个因数的指标的和.

一个数的幂的指标对模 $p-1$ 同余于这个数的指标与幂指数的乘积.

由于这些定理十分简单,我们略去其证明.

从以上结论容易看出,如果我们要构造一张能给出所有的数关于不同的模的指标的

表,那么在表中我们可以略去所有大于该模的数及所有的合数.这样的表的一个例子可见本书末的表1[4].这表的第1列是从3到97的素数及素数幂,这些数是作为模;接着这每一个数在下一列中是选为它的基的数;随后依次列出各个素数的指标.同样的,在表的第一行列出了这些素数,使得我们能够容易正确地找到给定的素数关于给定的模所对应的指标.

例如,若$p=67$,及取12为基,则数60的指标

$$\equiv 2\text{Ind }2+\text{Ind }3+\text{Ind }5 \pmod{66} \equiv 58+9+39\equiv 40$$

59.

当a,b均不被p整除时,形如$\frac{a}{b}\pmod p$的表示式的值(见第31目)的指标对模$p-1$同余于分子a的指标与分母b的指标的差.

若c是这个表示式的任意一个值,那么有$bc\equiv a\pmod p$,因而有

$$\text{Ind }b+\text{Ind }c\equiv \text{Ind }a \pmod{p-1}$$

由此得

$$\text{Ind }c\equiv \text{Ind }a-\text{Ind }b$$

这样,如果我们有两张表,从一张表能找出任意整数关于任意素数模的指标,而从另一张表能得到属于一个给定指标的整数,那么,我们就能容易地解出所有的一次同余方程,因为它们能化为模为素数的同余方程(第30目).例如,若给定同余方程$29x+7\equiv 0\pmod{47}$则$x\equiv -\frac{7}{29}\pmod{47}$,因而有

$$\text{Ind }x\equiv \text{Ind }(-7)-\text{Ind }29\equiv \text{Ind }40-\text{Ind }29\equiv 15-43\equiv 18 \pmod{46}$$

而数3属于指标18.所以,$x\equiv 3\pmod{47}$.

但是,我们没有给出这第二张表,能用来代替它的另一张表我们将在第六篇中给出.

§16 同余方程$x^n\equiv A$的根 第60～68目

60.

类似于在第31目中我们表示一次同余方程的根那样,下面我们将用一个特殊符号来表示最简高次同余方程的根.正如方程$x^n=A$的根表为$\sqrt[n]{A}$一样,添加模后的表示式$\sqrt[n]{A}\pmod p$将表示同余方程$x^n\equiv A\pmod p$的任意一个根;我们将把它所能取到的对模p不同余的值称为是表示式$\sqrt[n]{A}\pmod p$所取的值,因为所有对模p同余的数是看做等价的(第26目).此外显见,若A,B对模p同余,那么,表示式$\sqrt[n]{A}\pmod p$和$\sqrt[n]{B}\pmod p$是等价的.

如果假定$\sqrt[n]{A}\equiv x\pmod p$,那么有$n\text{ Ind }x\equiv \text{Ind }A\pmod{p-1}$.根据上目的运算规则,从这个同余方程可得到$\text{Ind }x$所取的值,以及从这些值可得到相应的$x$的值.容易看出,$x$所取的值的个数将和同余方程$n\text{ Ind }x\equiv \text{Ind }A\pmod{p-1}$的根的个数相同.这样,

当 n 与 $p-1$ 互素时，$\sqrt[n]{A}$ 显然仅取一个值. 但当 n 与 $p-1$ 有最大公约数 δ 时，只要条件 δ 整除 Ind A 成立，Ind x 就将有 δ 个对模 $p-1$ 不同余的值，因而 $\sqrt[n]{A}$ 将有同样多个对模 p 不同余的值. 如果条件不成立，则 $\sqrt[n]{A}$ 将不表示真实的数值.

例 求表示式 $\sqrt[15]{11}\pmod{19}$ 的值. 为此要解同余方程 $15\ \mathrm{Ind}\ x\equiv \mathrm{Ind}\ 11\equiv 6\pmod{18}$，由此可求得三个值 $\mathrm{Ind}\ x\equiv 4,10,16\pmod{18}$. 相应的 x 的值是 6，9，$4\pmod{19}$.

61.

当我们有了必需的表以后，无论这个方法是如何简单快捷，我们都不能忘记这只是个间接方法. 因此，花费些精力去研究强有力的直接方法将是有意义的；但是，在这里我们将只考虑从上节可推出什么样的结论，而其他的讨论则需要更深入的研究，这些将放在第八篇[I.6]. 我们从最简单的情形 $A=1$ 开始，即要来求同余方程 $x^n\equiv 1\pmod p$ 的全部的根. 这样，如果取定任意一个原根作为基，那么这里应有 $n\ \mathrm{Ind}\ x\equiv 0\pmod{p-1}$. 如果 n 与 $p-1$ 互素，那么，这个同余方程仅有一个根，即 $\mathrm{Ind}\ x\equiv 0\pmod{p-1}$；所以，在这种情形，$\sqrt[n]{1}\pmod p$ 取唯一的一个值，即 $\equiv 1$. 如果 n 与 $p-1$ 有(最大)公约数 δ，那么同余方程 $n\ \mathrm{Ind}\ x\equiv 0\pmod{p-1}$ 的全部解是 $\mathrm{Ind}\ x\equiv 0\pmod{\frac{p-1}{\delta}}$(第29目)，即 Ind x 对模 $p-1$ 是同余于下面数中的任意一个

$$0,\frac{p-1}{\delta},\frac{2(p-1)}{\delta},\frac{3(p-1)}{\delta},\cdots,\frac{(\delta-1)(p-1)}{\delta},$$

也就是说，Ind x 取 δ 个对模 $p-1$ 互不同余的值；所以，在这种情形，x 也取 δ 个不同的(对模 p 互不同余的)值. 由此推出，表示式 $\sqrt[\delta]{1}$ 也取 δ 个不同的值，其指标恰好就是上面所指出的那些值. 所以，表示式 $\sqrt[\delta]{1}\pmod p$ 完全等同于 $\sqrt[n]{1}\pmod p$，即同余方程 $x^\delta\equiv 1\pmod p$ 和 $x^n\equiv 1\pmod p$ 有相同的根. 但是，当 δ 和 n 不相等时，前者的次数较低.

例 $\sqrt[15]{1}\pmod{19}$ 有三个值，因为 15 和 18 的最大公约数是 3，以及它们也是表示式 $\sqrt[3]{1}\pmod{19}$ 的值. 这些值是 1，7，11.

62.

因此，从这种简化我们得到了这样的好处：除了 n 是 $p-1$ 的除数之外，我们不需要去解任何其他形式的 $x^n\equiv 1$ 的同余方程. 稍后，我们将指出这种形式的同余方程总能进一步简化，然而，我们至今所得到的结论对推出这一点还是不足够的. 我们现在就能处理的仅有一种情形，即 $n=2$. 事实上，$+1$ 和 -1 显然给出了表示式 $\sqrt[2]{1}$ 的全部值，因为，它所取的值不可能多于 2 个，以及除了模等于 2 的情形外，$+1$ 和 -1 总是不同余的；而在这种情形可直接看出 $\sqrt[2]{1}$ 仅取 1 个值. 由此推出，当 m 与 $\frac{p-1}{2}$ 互素时，表示式 $\sqrt[2m]{1}$ 的值也是 $+1$

和 -1. 如果所讨论的模 p 使得$\frac{p-1}{2}$ 是素数，那么将总发生这样的情况（如果恰有 $p-1=2m$，那么所有的数 $1,2,3,\cdots,p-1$ 都是根）；例如，当 $p=3,5,7,11,23,47,59,83,107$ 等. 作为推论可得，无论取哪个原根为基，-1 的指标总是 $\equiv \frac{p-1}{2} \pmod{p-1}$. 这是因为 $2\ \mathrm{Ind}\ (-1) \equiv 0 \pmod{p-1}$，所以，$\mathrm{Ind}\ (-1)$ 或者 $\equiv 0$ 或者 $\equiv \frac{p-1}{2} \pmod{p-1}$；但是，0 总是 $+1$ 的指标，而 $+1$ 和 -1 总有不同的指标（除去情形 $p=2$，我们在这里不考虑这种情形）.

63.

在第60目已经证明：表示式$\sqrt[n]{A} \pmod p$ 要么有 δ 个不同的值，要么不表示任何数值，这里的 δ 是 n 与 $p-1$ 的最大公约数. 如同上面我们证明了$\sqrt[n]{A}$ 和$\sqrt[\delta]{A}$ 当 $A\equiv 1$ 时是相同的那样，现在，我们将更一般地证明，$\sqrt[n]{A}$ 总能划归为另一个形如$\sqrt[\delta]{B}$ 的表示式，使得它们是相同的. 我们以 x 表示我们的表示式的某个值，使得 $x^n \equiv A$. 现在，如果 t 是表示式 $\frac{\delta}{n} \pmod{p-1}$ 的某个值，由第 31 目容易看出它有真实的值，那么 $x^{tn} \equiv A^t$. 但由于$tn \equiv \delta \pmod{p-1}$，所以 $x^{tn} \equiv x^{\delta}$. 由此就得到 $x^{\delta} \equiv A^t$，因而$\sqrt[n]{A}$ 的任意一个值一定也是$\sqrt[\delta]{A^t}$ 的一个值. 这样一来，如果$\sqrt[n]{A}$ 有真实的值，那么它就完全和表示式$\sqrt[\delta]{A^t}$ 等价，因为这时后者有前者的所有的值以及除此之外没有其他的值[5]，虽然可能遇到$\sqrt[n]{A}$ 没有真实的值，而$\sqrt[\delta]{A^t}$ 仍然有真实的值.

例 如果要求表示式$\sqrt[21]{2} \pmod{31}$ 的值，那么由 21 和 30 的最大公约数是 3，及 3 是表示式$\frac{3}{21} \pmod{30}$ 的一个值可知，当$\sqrt[21]{2}$ 有真实的值时，它一定和表示式$\sqrt[3]{2^3}$ 或$\sqrt[3]{8}$ 的值相同；事实上，我们可以发现后者的全部值 2，10，19 也满足前者.

64.

为了避免做这种无益的试算，我们应该去寻找一个**规则，利用这个规则可以立即确定$\sqrt[n]{A}$ 是否有真实的值**. 如果有了一张指标表，那么问题是清楚的；因为从第 60 目可推出：如果 A 以任一原根为基的指标可被 δ 整除，那么它就有真实的值，而在相反的情形，就没有真实的值. 但是，即使不利用指标表我们仍能确定这一点. 设 A 的指标为 k. 若它被 δ 整除，则$\frac{k(p-1)}{\delta}$ 被 $p-1$ 整除，且反过来也对. 此外，$A^{\frac{p-1}{\delta}}$ 的指标为$\frac{k(p-1)}{\delta}$. 因此，如果$\sqrt[n]{A} \pmod p$ 有真实的值，那么 $A^{\frac{p-1}{\delta}}$ 将同余于1，而在相反的情形就不同余于 1[5]. 所以，在上目的例中，我们有 $2^{10}=1\ 024\equiv 1 \pmod{31}$，由此推出$\sqrt[21]{2} \pmod{31}$ 有真实的值. 这样一来，由此我们可以确信，$\sqrt[2]{-1} \pmod p$ 总有一对真实的值，如果 p 是 $4m+1$ 的形式；以及，它一定没有真实的值，如果 p 是 $4m+3$ 的形式，这是因为，$(-1)^{2m}=1$ 及 $(-1)^{2m+1}=-1$. 这一优美的定理通常表述为如下的形式：**当 p 是 $4m+1$ 形式的素数时，总能找到一个平方数 a^2 使得 a^2+1 被 p 整除；但当 p 是 $4m-1$ 形式的素数时，这样的平方数就不存在.** Euler 在论文"*Comm. nov. Acad. Petrop.* T. XVIII, 1773, p. 112"中就以这样的形式证明了这一定理. 更早得多，他于1760年给出过另一证明（《*Comm. nov.*》, T. V, p. 5）. 而在此前的一篇论文（*Comm. nov.* T. IV, p. 25）中，他还没有得到这一结论. 后来，Lagrange 在论文中（见《*Nouveaux Mem. de l'Ac. de Berlin A*, 1775, p. 342》）也给出了这定理的证明. 我们将在专门讨论这一问题的下一篇中给出另外的证明.

65.

在讨论了如何把所有的表示式 $\sqrt[n]{A}\pmod p$ 简化为一个 n 是 $p-1$ 的除数的这样的表示式，以及找到了能够确定它是否有真实的值的判别法之后，现在我们来对这样的表示式 $\sqrt[n]{A}\pmod p$，这里 n 是 $p-1$ 的除数，作若干详细的讨论. 首先，我们将指出这个表示式的所有不同的值之间有什么关系；其次，我们将讨论某种方法，利用它常能找出其中的一个值.

第一，如果 $A\equiv 1$ 及 r 是表示式 $\sqrt[n]{1}\pmod p$ 的任意一个值，即满足 $r^n\equiv 1\pmod p$，那么这个 r 的所有方幂也是这个表示式的值，而其中所取的不同的值的个数就等于 r 所属的指数（第48目）. 因而，如果 r 所取的值属于指数 n，那么方幂 $r, r^2, r^3, \cdots, r^n$（这里最后一个可取为1）就给出了表示式 $\sqrt[n]{1}\pmod p$ 的全部值. 这样，问题就变为怎样的辅助方法可用来求出这样的指数属于 n 的值 r，这将在第八篇[I.6]中作详细的讨论.

第二，如果 A 不同余于1，以及已知表示式 $\sqrt[n]{A}\pmod p$ 的一个值 z，那么其余的值可按下面的方法来求得. 如果表示式 $\sqrt[n]{1}$ 的全部值是（正如我们刚在已经指出的）

$$1, r, r^2, \cdots, r^{n-1},$$

那么表示式 $\sqrt[n]{A}$ 的全部值是

$$z, zr, zr^2, \cdots, zr^{n-1}.$$

事实上，所有这些值都满足同余方程 $x^n\equiv A$，这是因为，任取其中一个值，设为 $\equiv zr^k$，由 $r^n\equiv 1$ 及 $z^n\equiv A$，立即推出它的 n 次幂 $z^n r^{nk}$ 同余于 A；再从第23目容易推出所有这些值是两两不同的. 因此，表示式 $\sqrt[n]{A}$ 除了这 n 个值外，不能有其他的值. 所以，例如，若 z 是表示式 $\sqrt[2]{A}$ 的一个值，则它的另一个值就是 $-z$. 最后，从上面的讨论可得出这样的结论：我们不可能求出表示式 $\sqrt[n]{A}$ 的全部值，如果我们没有同时知道表示式 $\sqrt[n]{1}$ 的全部值.

66.

我们提出的第二个问题是要去指出：**在什么情形下可以直接确定表示式 $\sqrt[n]{A}\pmod p$ 的一个值**（当然，事先假定 n 是 $p-1$ 的除数）. 这种情形将出现在当它有某个值同余于 A 的一个方幂的时候；这不仅是经常会出现，而且立即要指出这样的考虑是正当的. ***若这样***

的值存在,设为 z,即 $z \equiv A^k$ 及 $A \equiv z^n \pmod p$,那么就有,$A \equiv A^{kn}$. 所以,如果能求得整数 k 使得 $A \equiv A^{kn}$,那么 A^k 就是我们所要求的值. 而这个条件等价于 $1 \equiv kn \pmod t$,其中 t 是 A 所属的指数(第46,48目). 为使这个同余式是可能的,必须 n 和 t 互素. 在这种情形就有 $k \equiv \frac{1}{n} \pmod t$;但是,如果 t 和 n 有公约数时[6],那么就不可能有一个值 z 同余于 A 的一个方幂.

67.

但是,因为对于这样的解法需要知道 t,所以,让我们来看看,当我们不知道 t 时,能怎样来继续做下去. 首先,如果 $\sqrt[n]{A} \pmod p$ 是有真正的值(这里我们总是这样假定),那么,t 显然必须整除 $\frac{p-1}{n}$. 这是因为,如果这个表示式的某个值等于 y,那么就有 $y^{p-1} \equiv 1$ 及 $y^n \equiv A \pmod p$. 如果再对后一个同余式的两边自乘 $\frac{p-1}{n}$ 次幂,我们就得到 $A^{\frac{p-1}{n}} \equiv 1$,所以,$\frac{p-1}{n}$ 被 t 整除(第48目). 若 $\frac{p-1}{n}$ 与 n 互素,则上一目中的同余方程,即 $kn \equiv 1$,对模 $\frac{p-1}{n}$ 也可解,以及对这个模满足同余方程的值 k,显然也满足同余方程 $kn \equiv 1 \pmod t$,因为模 t 整除 $\frac{p-1}{n}$(第5目). 在这种情形,我们的目的就达到了. 若 $\frac{p-1}{n}$ 与 n 不互素,则从 $\frac{p-1}{n}$ 中消去所有那些同时整除 n 的素因数. 这样,我们就得到了一个与 n 互素的数 $\frac{p-1}{nq}$,这里 q 表示所有被消去的素因数的乘积. 如果现在我们在上一目中加上的条件成立,即 t 与 n 互素,则 t 也与 q 互素,所以 t 整除 $\frac{p-1}{nq}$. 因此,如果我们解 $kn \equiv 1 \left(\bmod \frac{p-1}{nq}\right)$(因为 n 与 $\frac{p-1}{nq}$ 互素,所以它是可解的),那么,所得的值 k 也对模 t 满足这个同余方程,而这正是我们所要求的. 整个这个方法就在于去找出一个数来代替我们所不知道的数 t. 但是,我们必须记住,当 $\frac{p-1}{n}$ 与 n 不互素时,我们假定了上一目中的条件成立. 如果这条件不成立,那么,所有的结论就不成立;如果我们忽略了这一点,按照所给的步骤做下去,我们将得到一个值 z,它的 n 次幂不同余于 A,那么这就表明这个条件不成立,所以这个方法一般就不能应用.

68.

但是,即使在这种情形,做所说的这些步骤也常常是有好处的,而且研究这个不正确的值与真正的那些值之间的关系也是有价值的. 因此,假设我们按所说的步骤确定了 k

和 z 的值,但 z^n 不同余于 $A(\bmod p)$. 然后,如果我们仅能确定表示式 $\sqrt[n]{\frac{A}{z^n}}(\bmod p)$ 的所有的值,那么,它们中的每一个值乘以 z 后,我们就将能得到 $\sqrt[n]{A}$ 的所有的值. 这是因为,若 v 是 $\sqrt[n]{\frac{A}{z^n}}$ 的一个值,则有 $(vz)^n \equiv A$. 但是,表示式 $\sqrt[n]{\frac{A}{z^n}}$ 比 $\sqrt[n]{A}$ 要简单,因为 $\frac{A}{z^n}(\bmod p)$ 所属的指数通常是比 A 所属的指数要小. 更精确地说,如果 t 和 q 的最大公约数是 d,那么,$\frac{A}{z^n}(\bmod p)$ 属于指数 d,下面来证明这一点. 如果 z 以它的值代入,我们得到 $\frac{A}{z^n} \equiv \frac{1}{A^{kn-1}}(\bmod p)$. 但 $kn-1$ 被 $\frac{p-1}{nq}$ 整除及 $\frac{p-1}{n}$ 被 t 整除(见上一目),这就是说,$\frac{p-1}{nd}$ 被 $\frac{t}{d}$ 整除. 但 $\frac{t}{d}$ 和 $\frac{q}{d}$ 是互素的(根据条件),所以 $\frac{p-1}{nd}$ 也被 $\frac{tq}{d^2}$ 整除,或 $\frac{p-1}{nq}$ 被 $\frac{t}{d}$ 整除. 因而,$kn-1$ 被 $\frac{t}{d}$ 整除及 $(kn-1)d$ 被 t 整除. 由此就得到 $A^{(kn-1)d} \equiv 1(\bmod p)$,进而容易推出 $\frac{A}{z^n}$ 的 d 次幂同余于1. 容易证明 $\frac{A}{z^n}$ 不能属于任一小于 d 的指数,但由于这对我们的目的是不需要的,所以这里不予详述. 因此,除了 t 整除 q,所以 $d=t$,这唯一的一种情形外,我们确实总能使 $\frac{A}{z^n}(\bmod p)$ 所属的指数比 A 要小.

但是,得到了所属的指数比 A 所属的指数要小的 $\frac{A}{z^n}$ 后究竟有什么好处呢?那些能以 A 的地位出现的数大于那些能以 $\frac{A}{z^n}$ 的地位出现的数,以及如果我们应该对同一个模去得到形如 $\sqrt[n]{A}$ 的表示式,那么现在我们就有这样的优点,它们中的许多就可从同一的来源来导出. 例如,我们将总能至少定出表示式 $\sqrt[2]{A}(\bmod 29)$ 的一个值,只要我们知道了表示式 $\sqrt[2]{-1}(\bmod 29)$ 的值(它们是 ± 12). 实际上,从上一目容易看出,当 t 是奇数时,我们总能直接确定类似表示式的值,以及当 t 是偶数时就将有 $d=2$;但是,除了 -1 外,没有数属于指数2.

例 求 $\sqrt[3]{31}(\bmod 37)$ 的值. 这里 $p-1=36, n=3, \frac{p-1}{3}=12$,所以 $q=3$. 因为需要 $3k\equiv 1(\bmod 4)$,这只要取 $k=3$ 就成立. 由此得 $z\equiv 31^3(\bmod 37)\equiv 6$,以及,实际上我们得到 $6^3\equiv 31(\bmod 37)$ 成立. 如果已知表示式 $\sqrt[3]{1}(\bmod 37)$ 的值,那么就能确定表示式 $\sqrt[3]{31}$[7] 的其余的值. $\sqrt[3]{1}(\bmod 37)$ 的值是 1,10,26. 它们乘以 6,就得到其余两个值 $\equiv 8$, 23.

如果要求表示式 $\sqrt[2]{3}(\bmod 37)$ 的值,那么这里有 $n=2, \frac{p-1}{n}=18$,所以 $q=2$. 因为需要 $2k\equiv 1(\bmod 9)$,所以 $k\equiv 5(\bmod 9)$. 进而有 $z\equiv 3^5\equiv 21(\bmod 37)$. 但 21^2 不 $\equiv 3$ 而

是 $\equiv 34$. 不过,$\frac{3}{34}(\bmod 37)\equiv -1$ 以及$\sqrt[2]{-1}(\bmod 37)\equiv \pm 6$. 由此求得正确的值 $\pm 6\times 21\equiv \pm 15$.

关于如何寻求这样的表示式,这些大致就是我们在这里所能说的. 大家知道,直接方法往往是十分长的,不过,这个缺点不是所有数论中的直接方法所固有的,因此,为了不给出方法的解释和证明,我们就只能列出它们在这里能给出的那么多的结论. 遵循这样的考虑,在我们的问题中就不去详细地展开种种特殊技巧,有计算经验的人常常能自己发现它们.

§17 不同系统的指标间的关系 第 69 ~ 71 目

69.

现在,回过来讨论我们所说的原根. 我们已经证明:如果取定任意一个原根作为基,那么,所有其指标与 $p-1$ 互素的数也是原根,以及除了它们以外没有其他的原根,这样我们就同时知道了原根的个数(第 53 目). 一般说来,选用哪一个原根作为基是取决于我们的意愿,由此可见,如同对数计算一样,在这里可以有不同的系统①;现在,我们来考察它们之间有怎样的联系. 设 a,b 是两个原根,以及 m 是另外的某个数,再设,若取 a 作为基,则数 b 的指标 $\equiv \beta$,而 m 的指标 $\equiv \mu(\bmod p-1)$;若取 b 作为基,则 a 的指标 $\equiv \alpha$,而 m 的指标 $\equiv \nu(\bmod p-1)$. 这时有 $\alpha\beta\equiv 1(\bmod p-1)$. 这是因为,根据假设 $a^{\beta}\equiv b$,因此 $a^{\alpha\beta}\equiv b^{\alpha}\equiv a(\bmod p)$. 类似的推导可得 $\nu\equiv \alpha\mu$ 及 $\mu\equiv \beta\nu(\bmod p-1)$. 因此,如果我们有了一张以 a 为基的指标表,那么就能容易地把它转换成另一张以 b 为基的指标表. 因为,如果以 a 为基 b 的指标 $\equiv \beta$,那么,以 b 为基 a 的指标就 $\equiv \frac{1}{\beta}(\bmod p-1)$,以及如果将这个数乘以这张表中的所有指标,那么我们就得到了以 b 为基的所有指标.

70.

虽然,一个给定的数的指标会随着取不同的原根作为基而变化,但有一点是共同的,即每个指标与 $p-1$ 的最大公约数是一样的. 因为,如果给定的数以 a 为基的指标是 m,以 b 为基的指标是 n,以及我们假设这两个数与 $p-1$ 的最大公约数分别是不相等的 μ,ν,那么,必有一个较大,例如,$\mu>\nu$,因而 μ 将不能整除 n. 但是,如果当取 b 作为基时 a 的指标是 α,那么由上一目知 $n\equiv \alpha m(\bmod p-1)$,因此,$\mu$ 也整除 n,这与我们的假设矛盾.

一个给定的数的指标与 $p-1$ 的最大公约数不依赖于原根的选取,也可以从这个最大公约数等于$\frac{p-1}{t}$推出,这里 t 是这个我们讨论其指标的数所属的指数. 这是因为,若对

① 它们的不同之处在于:对于对数不同的系统有无穷多个,而在这里,仅有和原根个数一样多的不同的系统,因为彼此同余的基显然产生同样的系统.

任意的某个基的指标是 k，则 t 将是这样的最小整数(除0以外)，使得它和 k 的乘积是 $p-1$ 的倍数(见第48,58目)，即是表示式 $\frac{0}{k}\pmod{p-1}$ 除0以外的最小值；而从第29目不难推出 t 就等于 $p-1$ 被 k 与 $p-1$ 的最大公约数除[8].

71.

进而，容易证明，总是可以取到这样的基，使得属于指数 t 的数对这个基的指标是任意指定的这样一个数，只要它与 $p-1$ 的最大公约数等于 $\frac{p-1}{t}$. 为了简单起见，以 d 表示这个最大公约数，再设指定的指标 $\equiv dm$，以及当取某个原根 a 为基时所给的数的指标 $\equiv dn$. 易见，m，n 与 $\frac{p-1}{d}$ 即 t 互素. 这样，如果能取到 ε 使得它是表示式 $\frac{dn}{dm}\pmod{p-1}$ 的一个与 $p-1$ 互素的值，那么，a^{ε} 将是原根；进而，如果把它取作为基，那么所给的数的指标就有我们所要求的指标 dm(因为，$a^{\varepsilon dm}\equiv a^{dn}\equiv$ 所给的数). 表示式 $\frac{dn}{dm}\pmod{p-1}$ 有与 $p-1$ 互素的值的证明如下. 根据第31目的性质2，这个表示式等价于 $\frac{n}{m}\left(\bmod \frac{p-1}{d}\right)$ 或 $\frac{n}{m}\pmod{t}$，而这后一个表示式的所有的值都与 t 互素；实际上，如果某个值 e 与 t 有公约数[6]，那么，这个约数也整除 me 因而也整除 n，因为 me 对模 t 同余于 n. 但这与要求 n 与 t 互素的假设矛盾. 因此，如果 $p-1$ 的所有素除数均整除 t，那么表示式 $\frac{n}{m}\pmod{t}$ 的所有的值都与 $p-1$ 互素，以及这些值的个数 $=d$. 如果 $p-1$ 还有不整除 t 的素除数 $f,g,h,\cdots$，那么取表示式 $\frac{n}{m}\pmod{t}$ 的一个值 $\equiv e$. 这时，由于 $t,f,g,h,\cdots$ 是两两互素的，所以，一定能找到这样的数 ε，它对模 t 同余于 e，以及对模 $f,g,h,\cdots$ 分别同余于任意与相应的模互素的数(第32目). 这样的一个数一定不能被 $p-1$ 的任一素因数整除，即它与 $p-1$ 互素，这正是我们所要求的. 最后，从组合理论容易推出，这样的值的个数等于

$$\frac{p-1}{t}\cdot\frac{f-1}{f}\cdot\frac{g-1}{g}\cdot\frac{h-1}{h}\cdot\cdots$$

但为了不离题太远我们略去其证明. 就我们的目的来说，在任何情形下这都是不需要的.

§18 为特殊应用选取基 第72目

72.

虽然，一般说来选取哪一个原根作为基是完全没有差别，但是，在有些时候，一个基数可能比另一个有好处. 在表1中，当数10是原根时我们总是取它作为基；在另一些情形，我们总是这样来选取基，以使得数10的指标是所有可能的指标中的最小的，即等于

$\frac{p-1}{t}$,这里t是10所属的指数. 我们将在第六篇指出由于这样做会带来怎样的好处,在那里这张同样的表为了其他的目的将有新的应用. 不过,因为正如我们在上一目中看到的,在这里还可能留有某些选择的自由,所以为了确定起见,我们总是从满足上面所说条件的所有原根中选取最小的作为基. 例如,对$p=73$,这里$t=8$及$d=9$,a^{ε}有$\frac{72\times 2}{8\times 3}$,即6个值,它们是5,14,20,28,39,40. 我们选取其中最小的数5作为基.

§19 求原根的方法 第73 ~ 74目

73.

寻求原根的方法大部分是归结为用尝试法. 如果我们把在第55目中所阐述的和随后所说的关于解同余方程$x^n\equiv 1$的讨论结合起来,那么这就将几乎是应用直接方法所可能做到的一切. Euler在《*Opusc. Analyt.*》,T. Ⅰ,p. 152中承认,挑选出这样的数是极其困难的,以及它们的真正的本质应该列入数的最深刻的奥秘. 不过,用下面形式的尝试法它们可以相当容易地来确定. 富有经验的人知道如何运用各种特殊的方法来简化冗长乏味的计算;但是,通过实践要比给出理论性的指示能更迅速的学会这些.

1. 任意选取一个与p(我们总是用p来表示模)互素的数a(在大多数情形选取最小可能的数,例如2,这样计算常常是比较简单的). 再确定它的周期(第46目),即依次计算它的各次幂的最小剩余直至出现最小剩余等于1的幂a^t①;若$t=p-1$,则a是原根.

2. 如果$t<p-1$,那么选取另一个不包含在a的周期内的数b,以及用同样的方法找出它的周期. 若以u表示b所属的指数,则u不能等于t或是t的因数;这是因为,在任何一种情形都将有$b^t\equiv 1$,但由于a的周期中包含了所有其t次幂同余于1的数(第53目),所以这是不可能成立的. 如果$u=p-1$,则b将是原根;如果u不等于$p-1$,但它是t的倍数,那么,我们就得到了一个数,它属于更大的指数,因而我们就更接近于找到一个属于最大的指数的数的目标. 如果u既不等于$p-1$也不是t的倍数,那么,我们一定能找到一个数,它所属的指数大于t和u,即指数等于t和u的最小公倍数. 如果这个指数是y,那么y一定可表为两个互素的因数m和n的乘积,使得m整除t,n整除u②. 这样,若设a的$\frac{t}{m}$次幂$\equiv A$,b的$\frac{u}{n}$次幂$\equiv B \pmod p$,则乘积AB属于指数y;因为,显见A属于指数m,B属

---

① 并不需要知道这些方幂本身的值,因为每一个方幂的最小剩余可以容易地从前一个方幂的最小剩余来得到.

② 由第18目我们可看出如何毫无困难地来做到这一点. 把y分解为因数是不同的素数或不同的素数幂的乘积. 每一个因数将整除t或u(或同时整除两者). 对每个因数,按照它整除哪一个,来指定它属于t或u,如果同时整除两者,则可任意指定. 设所有指定属于t的因数的乘积是m,而其他的因数的乘积等于n. 显见,m整除t,n整除u,以及$mn=y$.

于指数 n,因此当 m 和 n 互素时乘积 AB 就属于指数 mn,这一点可以利用第 55 目中证明Ⅱ 的完全同样的方法来证明.

3. 如果 $y = p - 1$,则 AB 将是原根;如果不是,那么就像上面一样,需要再取另一个不出现于 AB 的周期中的数. 这样,它或者是一个原根,或者它所属的指数大于 y,或者至少可以利用它来得到一个其所属的指数大于 y 的数(如前一样). 由于我们通过重复这样的做法所得到的这些数是属于严格递增的指数,最后,我们一定会发现一个数,它属于最大的指数. 这个数就是原根.

74.

通过一个具体例子可使上面的做法更为清晰. 设 $p = 73$,我们来求它的原根. 首先,我们来试验数 2,它的周期是

1.　2.　4.　8.　16.　32.　64.　55.　37.　1.　⋯

0.　1.　2.　3.　4.　5.　6.　7.　8.　9.　⋯

因为 9 次方同余于 1,所以 2 不是原根. 我们再来试验另一个不出现在这周期中的数,例如,3. 它的周期是

1.　3.　9.　27.　8.　24.　72.　70.　64.　46.　65.　49.　1.　⋯

0.　1.　2.　3.　4.　5.　6.　7.　8.　9.　10.　11.　12.　⋯

所以,3 不是原根. 2 和 3 所属的指数(即是数 9 和 12)的最小公倍数是 36,它可表为上一目中所要求的因数 9 和 4 的乘积. 取 2 的 $\frac{9}{9}$ 次幂即 2,3 的 $\frac{12}{4} = 3$ 次幂,它们的乘积是 54,它属于指数 36. 最后,如果我们计算 54 的周期,以及再试验一个不出现在这周期中的数,例如,5,那么我们就发现这是一个原根.

§20　关于周期和原根的几个不同的定理　第 75 ~ 81 目

75.

在离开这一论题之前,我们将再介绍几个定理,因为它们的简洁是值得注意的.

任意一个数的周期中的所有项的乘积 $\equiv +1$,如果它们的项数,即该数所属的指数,是奇数;以及这乘积 $\equiv -1$,如果这个指数是偶数.

例　对模 13,5 的周期是由项 1,5,12,8 组成,它们的乘积 $480 \equiv -1 \pmod{13}$.

对这同样的模,3 的周期是由项 1,3,9 组成,它们的乘积 $27 \equiv 1 \pmod{13}$.

证明　如果该数所属的指数是 t,以及它的指标是 $\frac{p-1}{t}$,这只要选择适当的基(第 71 目)是总能做到的,那么,周期中的所有的项的乘积的指标是

$$\equiv (1 + 2 + \cdots + t - 1)\frac{p-1}{t} = \frac{(t-1)(p-1)}{2},$$

即 $\equiv 0 \pmod{p-1}$，当 t 是奇数；$\equiv \frac{p-1}{2} \pmod{p-1}$，当 t 是偶数. 在前一情形，这乘积 $\equiv 1 \pmod{p}$；而在后一情形，这乘积 $\equiv -1 \pmod{p}$（第 62 目）.

（Wilson 定理　第 76 ~ 78 目）

76.

如果上面定理中的数是原根，那么它的周期就包含所有的数 $1,2,\cdots,p-1$，所以，它们的乘积总是 $\equiv -1$（事实上，除 $p=2$ 这一情形外，$p-1$ 总是偶数，而当 $p=2$ 时，-1 和 $+1$ 是等价的）. 这个优美的定理通常表述为：**小于一个给定素数的所有正整数的乘积加 1 被这个素数整除**，它最先是由 Waring 所发表并被归属于 Wilson（*Meditationes algebraicae*, ed. 3, p. 380）. 但是，他们都不可能证明这个定理，Waring 承认证明它是很困难的，因为想不出表示素数的符号. 不过，在我们看来，推出类似的真理是要来自思想和概念而不是符号.

后来，Lagrange 给出了一个证明（*Nouv. Mém. de l'Académie de Berlin*, 1771）. 他的证明是通过考虑乘积

$$(x+1)(x+2)(x+3)\cdots(x+p-1)$$

的展开式中的系数. 如果把这个乘积表为

$$x^{p-1}+Ax^{p-2}+Bx^{p-3}+\cdots+Mx+N,$$

那么系数 $A,B,\cdots,M$ 均被 p 整除，而同时 $N=1\times2\times3\times\cdots\times(p-1)$. 当 $x=1$ 时，这个乘积被 p 整除；另一方面这个乘积 $\equiv 1+N \pmod{p}$，所以，$1+N$ 一定被 p 整除.

最后，Euler 在 *Opusc. Analyt.* T. 1, p. 329 中给出了证明，它与我们上面的证明相同. 由于如此杰出的人士都并不认为这个定理是不值得他们注意的，所以，使得我们有勇气再来添加另一个证明.

77.

如果两个数 a,b 的乘积对模 p 同余于 1，那么，遵循 Euler，我们就称这两个数是相伴的. 这样，由上一篇知，每个小于 p 的正数，在小于 p 的正数中有且仅有一个相伴数. 容易证明，在数 $1,2,3,\cdots,p-1$ 中，1 和 $p-1$ 是仅有的与自己相伴的数，因为这样的数是同余方程 $x^2\equiv 1$ 的根，这个同余方程是二次的，所以根不能多于两个，即仅有 1 和 $p-1$. 删去这两个数后，剩下的数 $2,3,\cdots,p-2$ 将是成对地两两相伴，这样它们的乘积就 $\equiv 1$. 因而，所有的数 $1,2,3,\cdots,p-1$ 的乘积 $\equiv p-1$ 或 $\equiv -1$.

例如，对 $p=13$，数 $2,3,\cdots,11$ 两两相伴如下：2 和 7；3 和 9；4 和 10；5 和 8；及 6 和 11，即 $2\times7\equiv1$；$3\times9\equiv1$；$\cdots$. 因此，$2\times3\times\cdots\times11\equiv1$，由此得 $1\times2\times3\times\cdots\times12\equiv-1$.

78.

Wilson 定理的一般形式可以表述为:**所有小于某个给定的数 A 且同时与 A 互素的数的乘积对模 A 同余于取正号或负号的1.** 同余于取负号的1,当 A 是形如 p^m 或 $2p^m$ 的数,这里 p 是不等于2的素数,此外,还有 $A=4$;而在所有其他的情形都得到 $+1$. Wilson 提出的定理包含在前一情形中. 例如,对 $A=15$,数 $1,2,4,7,8,11,13,14$ 的乘积 $\equiv 1 \pmod{15}$. 为了简单起见,我们略去其证明,而只是指出:除了同余方程 $x^2\equiv 1$ 能有多于两个根的情形外,它可以如同上一目那样来证明;而在有多于两个根的情形就需要某些特殊的讨论[9]. 如果考虑即将说到的关于非素数模的指标,利用如同在第 75 目中关于指标的讨论,我们也可以找到一个证明[10].

79.

现在我们回过来继续讨论(第 75 目)列出其他的定理.

任意数的周期的所有的项之和 $\equiv 0$. 如在第 75 目的例子中,$1+5+12+8\equiv 0 \pmod{13}$.

证明 如果我们所考虑其周期的数 $=a$,以及它所属的指数 $=t$,那么,这周期的所有项之和

$$\equiv 1+a+a^2+a^3+\cdots+a^{t-1}\equiv \frac{a^t-1}{a-1} \pmod p.$$

但是,$a^t-1\equiv 0$,所以,仅当 $a-1$ 不被 p 整除,即 a 不同余于1时,这个和 $\equiv 0$(第22目). 这样一来,我们应该把这一情形除外,如果我们愿意把这唯一的一项称为**周期**的话.

80.

除了 $p=3$ 的情形外,**所有原根的乘积 $\equiv 1$**;当 $p=3$ 时,仅有一个原根2.

证明 若取任意一个原根作为基,则所有原根的指标就是所有小于 $p-1$ 且与 $p-1$ 互素的数. 然而,这些数之和,即所有的原根乘积的指标,是 $\equiv 0 \pmod{p-1}$,所以,这个乘积 $\equiv 1 \pmod p$;实际上,容易看出,若 k 是与 $p-1$ 互素的数,则 $p-1-k$ 也与 $p-1$ 互素,因而,那些与 $p-1$ 互素的数之和是由其和被 $p-1$ 整除的这些数对所组成(除了情形 $p-1=2$,即 $p=3$ 之外,k 不可能等于 $p-1-k$,因为在所有其他的情形,$\frac{p-1}{2}$ 显然不与 $p-1$ 互素).

81.

所有原根的和或者 $\equiv 0$(当 $p-1$ 能被一个平方数整除);或者 $\equiv \pm 1 \pmod p$(当 $p-1$ 是不同素数的乘积;取正号,当素数的个数为偶;取负号,当个数为奇).

例1 对 $p=13$,所有的原根是 $2,6,7,11$,它们的和 $26\equiv 0 \pmod{13}$.

例 2　对 $p = 11$,所有的原根是 2,6,7,8,它们的和 $23 \equiv +1 \pmod{11}$.

例 3　对 $p = 31$,所有的原根是 3,11,12,13,17,21,22,24,它们的和 $123 \equiv -1 \pmod{31}$.

证明　我们在上面已经指出(第55目Ⅱ),如果 $p-1 = a^{\alpha} b^{\beta} c^{\gamma} \cdots$(其中 $a,b,c,\cdots$ 是不同的素数),及 $A,B,C,\cdots$ 是分别属于指数 $a^{\alpha}, b^{\beta}, c^{\gamma},\cdots$ 的某些整数,那么,乘积 $ABC\cdots$ 本身是原根. 容易证明,每个原根能够表为这种形式的乘积,而且这种表示形式是唯一的①.

由此推出,我们可以用这些乘积来代替原根. 但由于在这些乘积中必须去组合所有的 A 的值,所有的 B 的值,…,故由组合理论知,所有这些乘积之和就等于所有的 A 的值之和乘以所有的 B 的值之和,乘以所有的 C 的值之和,乘以 … 的乘积. 如果 $A,B,\cdots$ 的所有可能的值,分别被表为 $A,A',A'',\cdots,B,B',B'',\cdots,\cdots$,那么,所有的原根之和

$$\equiv (A + A' + A'' + \cdots)(B + B' + B'' + \cdots)\cdots$$

现在我断言:若指数 $\alpha = 1$,则和 $A + A' + A'' + \cdots \equiv -1 \pmod{p}$,而若指数 $\alpha > 1$,则和 $A + A' + A'' + \cdots \equiv 0 \pmod{p}$,以及对其余的指数 $\beta,\gamma,\cdots$ 亦有同样的结论. 如果我们证明了这些结论,那么很明显我们的定理是正确的. 因为,当 $p-1$ 能被一个平方数整除时,指数 $\alpha,\beta,\gamma,\cdots$ 中必有一个大于1,所以,同余于所有原根之和的乘积中必有一个因子 $\equiv 0$,因而,这乘积本身亦 $\equiv 0$. 但当 $p-1$ 不能被任一个平方数整除时,所有指数 $\alpha,\beta,\gamma,\cdots$ 就都等于1,因而,所有原根之和就同余于这样的一些因子的乘积:它们都同余于 -1,而这些因子的个数与数 $a,b,c,\cdots$ 的个数相等. 因此,按照它们的个数是偶或奇,这个和 $\equiv +1$ 或 -1. 下面我们来证明这些结论.

1. 如果 $\alpha = 1$,及 A 是属于指数 a 的一个数,那么,属于这个指数 a 的其余的所有的数是 $A^2, A^3, \cdots, A^{a-1}$. 由于

$$1 + A + A^2 + A^3 + \cdots + A^{a-1}$$

是完整的一个周期之和,所以 $\equiv 0$(第79目);因此

$$A + A^2 + A^3 + \cdots + A^{a-1} \equiv -1$$

2. 如果 $\alpha > 1$,及 A 是属于指数 a^{α} 的一个数,那么属于这个指数的其余的所有的数可这样来得到:从数 $A^2, A^3, A^4, \cdots, A^{a^{\alpha}-1}$ 中删去数 $A^a, A^{2a}, A^{3a}, \cdots$(见第53目). 所以,它们的和

$$\equiv 1 + A + A^2 + \cdots + A^{a^{\alpha}-1} - (1 + A^a + A^{2a} + \cdots + A^{a^{\alpha}-a})$$

即同余于两个周期[11]之差,所以 $\equiv 0$.

---

①　这就是确定数 $\mathfrak{a},\mathfrak{b},\mathfrak{c},\cdots$,使得(见第32目)$\mathfrak{a} \equiv 1 \pmod{a^{\alpha}}$ 及 $\equiv 0 \pmod{b^{\beta} c^{\gamma} \cdots}$;$\mathfrak{b} \equiv 1 \pmod{b^{\beta}}$ 及 $\equiv 0 \pmod{a^{\alpha} c^{\gamma} \cdots}$;…. 这时就有 $\mathfrak{a} + \mathfrak{b} + \mathfrak{c} + \cdots \equiv 1 \pmod{p-1}$(第19目). 若某个原根 r 要表示为乘积 $ABC\cdots$ 的形式,则可取 $A \equiv r^{\mathfrak{a}}, B \equiv r^{\mathfrak{b}}, C \equiv r^{\mathfrak{c}},\cdots$;这时,$A$ 属于指数 a^{α},B 属于指数 b^{β},…,以及 $A,B,C,\cdots$ 的乘积 $\equiv r \pmod{p}$. 容易看出,除了所指出的值之外,$A,B,C,\cdots$ 不可能取任何其他的值.

合数模的讨论　第82 ~ 93目

§21　模为素数幂　第82 ~ 89目

82.

至今,我们所作的全部讨论都是基于模是素数的假定. 剩下还要考虑取合数作为模的情形. 但是,因为在这里出现的定理不像在前面情形中那样优美,以及为了发现它们并不需要特殊的巧妙的技巧,而可以简单地应用前面所说的原理来推出,所以,详尽地去讨论所有的细节将是多余和乏味的. 因此,我们将只是简单地说明,什么是这种情形与上面的情形所共有的,什么是它与前面不同的.

83.

第45 ~ 48目中的定理已经对一般情形作了证明;而第49目的定理需要改为如下的形式:

若以f表示与数m互素且小于m的数的个数,即若$f=\varphi(m)$(第38目),那么对于给定的与m互素的数a,它的对模m同余于1的最低次幂的指数t,或是等于f或是这个数的一个因数.

第49目中的定理的证明在这种情形将仍然成立,只要我们以m代替p,以f代替$p-1$,以及取与m互素且小于m的数来代替$1,2,3,\cdots,p-1$. 所以我们把这些留给读者自己去做. 而我们在那里(第50,51目)所说的其余的论证,不用作大的改变就可以应用在这种情形. 但是,下面的定理(52目及以后),在素数幂的模与可以被若干个素数整除的模之间,则有极大的不同. 所以,我们要单独来考虑前一种形式的模.

84.

若模$m=p^n$,p是素数,则有$f=p^{n-1}(p-1)$(第38目). 如果现在把我们在第53,54目中所说的应用于这种情形,并像上一目一样做必要的改变,那么,就将发现在那里所说的每一点在这里仍然成立,只要我们首先证明:形如$x^t-1\equiv 0 \pmod{p^n}$的同余方程不能有多于t个不同的根. 我们已经在第43目中以一个更为一般的结论指出了这对素数模是成立的,但是,这个命题仅对素数模成立而不能用于这里的情形. 尽管如此,我们将用一个特殊的方法来证明这个定理对于这种特殊情形是成立的. 以后(第八篇[1,6])我们将更为容易地证明它.

85.

我们现在来证明下面的定理:

若t和$p^{n-1}(p-1)$的最大公约数是e,则同余方程$x^t-1\equiv 0 \pmod{p^n}$有e个不同的

根.

设 $e=kp^{\nu}$,这里 k 没有因数 p,因此,k 整除 $p-1$. 这样,模 p 的同余方程 $x^{t}\equiv 1$ 有 k 个不同的根. 若以 $A,B,C,\cdots$ 表示这些根,那么,对模 p^{n} 的同样的同余方程的每一个根一定对模 p 同余于数 $A,B,C,\cdots$ 中的一个. 现在我们来证明:同余方程 $x^{t}\equiv 1\pmod{p^{n}}$ 有 p^{ν} 个根对模 p 同余于 A,有同样多个根对模 p 同余于 $B,\cdots$. 由此就推出所有的根的个数等于 kp^{ν},即 e,这就是我们所断言的. 所说结论的证明步骤如下. **第一**,我们来证明:若 α 是一个根,它对模 p 同余于 A,那么

$$\alpha+p^{n-\nu},\alpha+2p^{n-\nu},\alpha+3p^{n-\nu},\cdots,\alpha+(p^{\nu}-1)p^{n-\nu}$$

也是根;**第二**,我们来证明:在对模 p 同余于 A 的数中,除了形如 $\alpha+hp^{n-\nu}$(h 表示任意整数)的数外,一定不是根,由此显然就推出,恰有 p^{ν} 个这样的根. 同样地,这结论对同余于 $B,C,\cdots$ 的根也成立;**第三**,我们将指出总能找到一个根,它对模 p 同余于 A.

86.

定理 *若 t 是上一目所说的数,它能被 p^{ν} 整除但不能被 $p^{\nu+1}$ 整除,那么*

$$(\alpha+hp^{\mu})^{t}-\alpha^{t}\equiv 0\pmod{p^{\mu+\nu}}\quad 及\quad \equiv\alpha^{t-1}hp^{\mu}t\pmod{p^{\mu+\nu+1}}.$$

当 $p=2$ 及同时 $\mu=1$ 时,定理的第二部分不成立.

利用二项式展开就能证明这定理,只要我们能指出所有在第二项以后的各项一定都能被 $p^{\mu+\nu+1}$ 整除. 不过,因为对这些系数的分母的讨论会导致某些困难,所以,我们用下面的方法来代替它.

首先,如果假定 $\mu>1$ 及 $\nu=1$,那么,因为

$$x^{t}-y^{t}=(x-y)(x^{t-1}+x^{t-2}y+x^{t-3}y^{2}+\cdots+y^{t-1}),$$

所以有

$$(\alpha+hp^{\mu})^{t}-\alpha^{t}=hp^{\mu}[(\alpha+hp^{\mu})^{t-1}+(\alpha+hp^{\mu})^{t-2}\alpha+\cdots+\alpha^{t-1}].$$

但是

$$\alpha+hp^{\mu}\equiv\alpha\pmod{p^{2}},$$

所以,$(\alpha+hp^{\mu})^{t-1},(\alpha+hp^{\mu})^{t-2}\alpha,\cdots$ 中的每一项都 $\equiv\alpha^{t-1}\pmod{p^{2}}$,以及它们的和 $\equiv t\alpha^{t-1}\pmod{p^{2}}$,即是 $t\alpha^{t-1}+Vp^{2}$ 的形式,其中 V 是某个整数. 因此,$(\alpha+hp^{\mu})^{t}-\alpha^{t}$ 将有如下的形式

$$\alpha^{t-1}hp^{\mu}t+Vhp^{\mu+2},$$

即

$$\equiv\alpha^{t-1}hp^{\mu}t\pmod{p^{\mu+2}}\quad 及\quad \equiv 0\pmod{p^{\mu+1}}.$$

这样,对这种情形就证明了定理.

如果现在仍假定 $\mu>1$,但对另外的一些值 ν 定理不成立,那么,就一定应该有一个界限值,使得定理一直到它总是成立的,而在它之后定理就可能会不成立. 设使得定理不成立的 ν 的最小值等于 φ. 这时容易看出,若 t 被 $p^{\varphi-1}$ 整除而不能被 p^{φ} 整除,则定理仍将成立,但若以 tp 代替 t,则定理不再成立. 所以,我们有

$$(\alpha+hp^{\mu})^{t}\equiv\alpha^{t}+\alpha^{t-1}hp^{\mu}t\pmod{p^{\mu+\varphi}}\ 或 =\alpha^{t}+\alpha^{t-1}hp^{\mu}t+up^{\mu+\varphi},$$

这里 u 是一个整数. 但是,因为定理对 $\nu=1$ 已被证明,所以有

$$(\alpha^{t}+\alpha^{t-1}hp^{\mu}t+up^{\mu+\varphi})^{p}\equiv\alpha^{tp}+\alpha^{tp-1}hp^{\mu+1}t+\alpha^{tp-t}up^{\mu+\varphi+1}(\bmod p^{\mu+\varphi+1}),$$

因此也得到

$$(\alpha+hp^{\mu})^{tp}\equiv\alpha^{tp}+\alpha^{tp-1}hp^{\mu}tp(\bmod p^{\mu+\varphi+1}),$$

即当以 tp 代 t 时定理成立,亦即当 $\nu=\varphi$ 时定理成立. 这与假设矛盾,因此,定理对所有的值 ν 都成立.

87.

还剩下的是要讨论情形 $\mu=1$. 利用完全类似于上一目中所用的方法,我们可以不用二项式定理来证明以下各式

$$(\alpha+hp)^{t-1}\equiv\alpha^{t-1}+\alpha^{t-2}(t-1)hp(\bmod p^{2}),$$
$$\alpha(\alpha+hp)^{t-2}\equiv\alpha^{t-1}+\alpha^{t-2}(t-2)hp,$$
$$\alpha^{2}(\alpha+hp)^{t-3}\equiv\alpha^{t-1}+\alpha^{t-2}(t-3)hp,$$
$$\vdots$$

因此,由它们的和所得到的多项式(其项数为 t) 是

$$\equiv t\alpha^{t-1}+\frac{(t-1)t}{2}\alpha^{t-2}hp(\bmod p^{2}).$$

但因为 t 被 p 整除,所以,除了 $p=2$ 外(这是上一目中指出的情形),在所有其余情形 $\frac{t(t-1)}{2}$ 也均被 p 整除. 这样,在其余情形,就有 $\frac{t(t-1)}{2}\alpha^{t-2}hp\equiv 0(\bmod p^{2})$,所以和上一目一样,所说的多项式 $\equiv t\alpha^{t-1}(\bmod p^{2})$. 其余部分的证明可用同样的方法来给出.

因此,除了情形 $p=2$ 之外,我们能证明总有以下结论成立

$$(\alpha+hp^{\mu})^{t}\equiv\alpha^{t}(\bmod p^{\mu+\nu}),$$

以及对每个模为比 $p^{\mu+\nu}$ 更高次的 p 的方幂,$(\alpha+hp^{\mu})^{t}$ 就不同余于 α^{t},这里假定 h 不能被 p 整除,以及 p^{ν} 是整除数 t 的 p 的最高次方幂.

由此,我们就立即推出在第 85 目中所提出要证明的第一和第二个结论,这就是

第一,若 $\alpha^{t}\equiv 1$,则有 $(\alpha+hp^{n-\nu})^{t}\equiv 1(\bmod p^{n})$;

第二,假若有某个数 α' 对模 p 同余于 A,因而也同余于 α,但对模 $p^{n-\nu}$ 不同余于 α,使得 α' 满足同余方程 $x^{t}\equiv 1(\bmod p^{n})$,以及设 $\alpha'=\alpha+lp^{\lambda}$,这里 l 不被 p 整除且 $\lambda<n-\nu$;这时,$(\alpha+lp^{\lambda})^{t}$ 对模 $p^{\lambda+\nu}$ 同余于 α^{t},而对 p 的更高次幂的模 p^{n} 则不同余于 α^{t}. 所以,实际上这样的 α' 不可能是同余方程 $x^{t}\equiv 1$ 的根.

88.

第三,我们应该来求同余方程 $x^{t}\equiv 1(\bmod p^{n})$ 的某个同余于 A 的根. 在这里我们仅将指出:当我们已经知道了对模 p^{n-1} 的这样的同余方程的一个根后,如何来做到这一点. 显然,这已经足够了,因为,A 是对模 p 的这样的同余方程的一个根,所以,我们可以从模 p 开始推到模 p^{2},进而依次推到随后的方幂.

因此,设α是同余方程$x^t\equiv 1(\mathrm{mod}\ p^{n-1})$的一个根,以及需要对模$p^n$来求这个同余方程的根.假设这个根$=\alpha+hp^{n-\nu-1}$,从上一目可知,它一定是这样的形式(随后我们将要单独考虑$\nu=n-1$的情形;但ν比$n-1$大是不可能的).这样,应该有

$$(\alpha+hp^{n-\nu-1})^t\equiv 1(\mathrm{mod}\ p^{n-1}).$$

但是

$$(\alpha+hp^{n-\nu-1})^t\equiv\alpha^t+\alpha^{t-1}htp^{n-\nu-1}(\mathrm{mod}\ p^n).$$

因而,如果可以确定这样的h,使得$1\equiv\alpha^t+\alpha^{t-1}htp^{n-\nu-1}(\mathrm{mod}\ p^n)$,或者使得$\frac{\alpha^t-1}{p^{n-1}}+\alpha^{t-1}h\frac{t}{p^\nu}$被$p$整除(因为由假设知,$1\equiv\alpha^t(\mathrm{mod}\ p^{n-1})$及$t$被$p^\nu$整除),那么,我们就将得到我们所要的根.而由上一篇知,这是显然能做到的,因为我们预先假定了t不能被高于p^ν的p的方幂所整除,所以$\alpha^{t-1}\frac{t}{p^\nu}$和$p$互素.

若$\nu=n-1$,即若t被p^{n-1}或更高的p的方幂所整除,则对模p满足同余方程$x^t\equiv 1$的每一个值A也将对模p^n满足这个同余方程.这是因为,若设$t=p^{n-1}\tau$,则有$t\equiv\tau(\mathrm{mod}\ p-1)$;故而,因为$A^t\equiv 1(\mathrm{mod}\ p)$,所以$A^\tau\equiv 1(\mathrm{mod}\ p)$.由此推出,若设$A^\tau=1+hp$,则有

$$A^t=(1+hp)^{p^{n-1}}\equiv 1(\mathrm{mod}\ p^n)(第87目).$$

89.

这样,我们在第57及以后各目中,利用定理:同余方程$x^t\equiv 1$不能有多于t个不同的根,所推出的所有结论,对于模为素数幂也仍然成立;以及如果我们把那些属于指数$p^{n-1}(p-1)$的数,即那些在其周期中包含了所有不被p整除的数,称为原根,那么,在这种情形就存在原根.进而,我们在上面关于指标及它们的应用,以及关于同余方程$x^t\equiv 1$的解所说的全部结论也能应用到这种情形.由于在这里没有任何困难,所以去重复所有这些结论是完全多余的.此外,我们已经指出如何能够从模p的同余方程$x^t\equiv 1$的根去得到对模p^n的这个同余方程的根.现在,我们应该对模为2的方幂的情形来补充若干讨论,在上面我们是把这种情形从讨论中除外的.

§22 模为2的方幂 第90～91目

90.

若取2的高于二次的某个方幂2^n作为模,则每个奇数的2^{n-2}次幂同余于1.

例如,$3^8=6\ 561\equiv 1(\mathrm{mod}\ 32)$.

因为,任意的奇数必为$1+4h$或$-1+4h$的形式,所以,立即得到这个命题(第86目中的定理).

这样一来,由于奇数对模2^n所属的指数一定是2^{n-2}的除数,所以每个奇数应该属于

下列指数中的一个 $1,2,4,8,\cdots,2^{n-2}$. 我们能够容易用下面的方法来确定它属于哪一个. 如果所给的这个数 $=4h\pm1$,及整除 h 的 2 的最高次幂的指数 $=m$(这里 m 可能 $=0$,即当 h 是奇数时),那么在 $n>m+2$ 的情形,所给的这个数所属的指数将 $=2^{n-m-2}$;但是,若 n 等于或小于 $m+2$,则所给的这个数 $\equiv\pm1$,因而它所属的指数将是1或2. 实际上,由第86目容易推出:每个形如 $\pm1+2^{m+2}k$ 的数(它等价于 $4h\pm1$ 的形式),自乘 2^{n-m-2} 次幂,对模 2^n 同余于1;若对它取2的较低次的幂,则不同余于1. 因此,每个形如 $8k+3$ 或 $8k+5$ 的数属于指数 2^{n-2}.

91.

从所说的就可推出,在这种情形不存在我们在前面利用这一术语的意义下所说的**原根**:不存在这样的数使得在其周期中包含了所有小于模且与模互素的数. 但是容易看出,在这里我们有某些类似的东西. 这就是,可以看出一个 $8k+3$ 型的数,其奇次幂也是 $8k+3$ 型的数,而其偶次幂则是 $8k+1$ 型的数,所以,它的任意次方幂没有一个是 $8k+5$ 或 $8k+7$ 型的数. 这样一来,由于 $8k+3$ 型的数的周期是由不同的 2^{n-2} 项组成,它们中的每一个是 $8k+3$ 或 $8k+1$ 型的数,以及小于模的这样的数也不多于 2^{n-2} 项,所以显然可推出,每个 $8k+1$ 或 $8k+3$ 型的数对模 2^n 同余于任意一个 $8k+3$ 型的数的某个方幂. 用类似的方法可以证明:$8k+5$ 型的数的周期包含了所有的 $8k+1$ 及 $8k+5$ 型的数. 因此,如果取一个 $8k+5$ 型的数作为基,那么,对所有 $8k+1$ 及 $8k+5$ 型的数取正号及对所有 $8k+3$ 及 $8k+7$ 型的数取负号后,它们就可得到一个真实的指标,而且,对模 2^{n-2} 同余的指标应看做是相同的[12]. 这一点将在表1中解释清楚,表1中对模16,32,64总取5作为基(对模8不需要表). 例如,数19是 $8n+3$ 型的数,所以必须取负号,并对模64有指标7,这就意味着 $5^7\equiv-19 \pmod{64}$. 如果我们要在 $8k+1$ 及 $8k+5$ 型的数前取负号及在 $8k+3$ 及 $8k+7$ 型的数前取正号,那么,就必须赋予它们以所谓的虚指标. 如果我们这样做,那么,指标的计算就可化为十分简单的运算. 但是,如果要求极其严格地来探讨这一点,那么将使我们离题太远,所以,我们把它留在另外的场合,即当我们有可能更仔细地考虑虚量理论时来讨论,就我们所知,至今还没有人提出关于这一课题的明确的处理方法. 有经验的人容易自己找到这种算法;不过,如果他只理解上面所说的原则,那么为了利用这张表他只需要不多的试验就可以,这就和有的人能运用对数而对近代的虚对数的研究一无所知一样.

§23 由若干个素数合成的模 第92 ~ 93目

92.

对于由若干个素数合成的模,几乎所有关于幂剩余的结论都可由一般的同余理论来推出. 但是,因为以后我们将更为详细的来指出如何能把任意的对若干个素数合成的模的同余式归结为对模为素数或素数幂的同余式,所以在这里我们不需要多停留在这一课题上. 我们只来指出,对于素数或素数幂的模成立的一个漂亮性质,这就是,一定存在这样的数,它的周期中包含所有与模互素的数,除了模是两倍的素数或两倍的素数幂的情形之外,在这里已经不再成立[13]. 这就是,如果模 m 可表为 $A^aB^bC^c\cdots$,其中 $A,B,C,\cdots$ 是不同的素数,进而,以 α 表示 $A^{a-1}(A-1)$,以 β 表示 $B^{b-1}(B-1)$,$\cdots$,以及最后设 z 是与 m 互素的数,那么就有 $z^\alpha\equiv 1(\bmod A^a)$,$z^\beta\equiv 1(\bmod B^b)$,$\cdots$. 现在,若 μ 是 $\alpha,\beta,\gamma,\cdots$ 的最小公倍数,则对所有的模 $A^a,B^b,\cdots$ 都有 $z^\mu\equiv 1$,所以对它们的乘积 m 也成立. 但是,除了 m 是两倍的素数或两倍的素数幂的情形外,$\alpha,\beta,\gamma,\cdots$ 的最小公倍数总是小于它们的乘积(因为数 $\alpha,\beta,\gamma,\cdots$ 不可能互素,这是由于一定有公约数2). 因此,不存在这样的周期,它包含的项数同与模互素且小于模的数的个数一样多,因为后者的个数等于 $\alpha,\beta,\gamma,\cdots$ 的乘积. 例如,对 $m=1\,001$,每一个与 m 互素的数的60次幂必同余于1,因为数6,10,12的最小公倍数是60. 在模是两倍的素数或两倍的素数幂的情形完全与模是素数或素数幂的情形相同.

93.

我们已经顺便提到了讨论这里的课题的其他数学家的有关工作. 那些希望对这些课题得到比我们在这里(为了简单起见)给出的内容更为详细认识的人,我们首先推荐Euler下面的论文,由于其清晰易懂及深刻的洞察力使得这位伟大的人物远远地超出了其他所有的学者:

Theoremata circa residua ex divisione potestatum relicta, *Comm. nov. Petrop.*, T. Ⅶ, p. 49 及其后;

Demonstrationes circa residua ex divisione potestatum per numeros primos resultantia, *Comm. nov. Petr.*, T. XⅧ, p. 85 及其后.

此外,还有他的著作《*Opusculis Analyticis*》, T. Ⅰ 中的论文5和8.

第四篇　二次同余方程　第 94 ~ 152 目

§24　二次剩余和非剩余　第 94 ~ 95 目

94.

定理　如果取某个数 m 作为模，那么，在数 $0,1,2,3,\cdots,m-1$ 中，当 m 是偶数时，同余于平方数的数的个数不多于 $\frac{1}{2}m+1$ 个；当 m 是奇数时，同余于平方数的数的个数不多于 $\frac{1}{2}m+\frac{1}{2}$ 个.

证明　因为，同余的数的平方显然也是同余的，所以，每个同余于平方数的数也同余于某个小于 m 的数的平方. 因此，我们只要考虑平方数 $0,1,4,9,\cdots,(m-1)^2$ 的最小剩余. 容易看出，$(m-1)^2\equiv 1,(m-2)^2\equiv 2^2,(m-3)^2\equiv 3^2,\cdots$，因而，当 m 是偶数时，平方数 $(\frac{1}{2}m-1)^2$ 与 $(\frac{1}{2}m+1)^2$，$(\frac{1}{2}m-2)^2$ 与 $(\frac{1}{2}m+2)^2,\cdots$ 的最小剩余相同；当 m 是奇数时，平方数 $(\frac{1}{2}m-\frac{1}{2})^2$ 与 $(\frac{1}{2}m+\frac{1}{2})^2$，$(\frac{1}{2}m-\frac{3}{2})^2$ 与 $(\frac{1}{2}m+\frac{3}{2})^2,\cdots$ 是同余的. 由此推出，当 m 是偶数时，除了与平方数 $0,1,4,9,\cdots,(\frac{1}{2}m)^2$ 中的数同余的数之外，没有其他的数同余于平方数；当 m 是奇数时，每个与平方数同余的数一定和 $0,1,4,9,\cdots,(\frac{1}{2}m-\frac{1}{2})^2$ 中的某个数同余. 所以，在第一种情形至多有 $\frac{1}{2}m+1$ 个不同的最小剩余，而在第二种情形至多有 $\frac{1}{2}m+\frac{1}{2}$ 个.

例　对于模 13，数 $0,1,2,3,\cdots,6$ 的平方的最小剩余是 $0,1,4,9,3,12,10$；而在此之后这些数以相反的次序出现 $10,12,3,\cdots$. 因此，如果一个数不与这些剩余中的一个同余，即如果它同余于 $2,5,6,7,8,11$ 中的一个，那么，它就不能同余于一个平方数.

对于模 15，可求出以下的剩余：$0,1,4,9,1,10,6,4$；而在此之后这些数以相反的次序出现. 因此，在这里可与某个平方数同余的剩余的个数，是小于 $\frac{1}{2}m+\frac{1}{2}$，因为这样的剩余仅有 $0,1,4,6,9,10$. 数 $2,3,5,7,8,11,12,13,14$ 及任意与它们同余的数都不可能对模 15 同余于一个平方数.

95.

由所说的就推出,**对每个模,所有的数可分为两类**:一类包含所有能与某个平方数同余的数,另一类包含所有不能与平方数同余的数. 我们把前一类称为是**取作为模的这个数的二次剩余**①,而把后一类称为是**取作为模的这个数的二次非剩余**,在不会混淆时,我们将简单地称它们为剩余和非剩余. 显然,只要对所有的数 $0,1,2,3,\cdots,m-1$,来区分这样的两类,因为同余的数属于同一类.

在这些研究中我们同样将从素数模开始;就连在没有特别提到这一点时,我们也总是默认这一假定. 同时,我们必须把素数 2 除外,就是说我们将只讨论**奇**素数.

§25 若模是素数,则在小于模的数中剩余的个数等于非剩余的个数 第 96 ~ 97 目

96.

若取素数 p 作为模,则在数 $1,2,3,\cdots,p-1$ 中,一半是二次剩余,另一半是二次非剩余,即有 $\frac{1}{2}(p-1)$ 个剩余和同样个数的非剩余.

容易证明,所有的平方数 $1,4,9,\cdots,\frac{1}{4}(p-1)^2$ 是互不同余的. 事实上,如果假设有 $r^2\equiv(r')^2\pmod p$,这里数 r,r' 不相等且均不大于 $\frac{1}{2}(p-1)$,那么,可设 $r>r'$,得到 $(r+r')(r-r')$ 是正的及被 p 整除. 但是,因数 $(r-r')$,$(r+r')$ 均小于 p,所以,我们的假设不能成立(第13目). 因此,在数 $1,2,3,\cdots,p-1$ 中有 $\frac{1}{2}(p-1)$ 个二次剩余,而且,除此之外不能再有别的二次剩余,因为,如果我们添上剩余 0,就得到 $\frac{1}{2}(p+1)$ 个二次剩余,但所有的剩余的个数不能大于这个数. 这样一来,其余的数就都是非剩余,因而它们的个数等于 $\frac{1}{2}(p-1)$.

因为 0 总是剩余,所以在我们的讨论中将总把 0 及被模整除的数除外. 这些情形本身是显然的,而考虑这些情形只会使定理变得冗长. 基于同样的理由我们也不考虑模 2.

---

① 就实际说,在这里我们对这些术语赋予了不同于至今所用的含意. 这就是当 $r\equiv a^2\pmod m$ 时,我们应该说 r 是平方数 a^2 对模 m 的剩余;但为了简单起见,在本篇中我们将总把 r 称为是**数 m 本身的**二次剩余,不用担心这会引起误会,因为,从现在起,当且仅当说到**最小剩余**时,我们才在"同余的数" 的意义上使用术语"剩余",而在这种情形不可能产生任何疑义.

97.

由于在本篇中将证明的许多结论也能够利用上一篇中的基本原理来推出,以及用不同的方法去发现同样的事实并不是无益的,所以我们将不断地指出这种联系. 容易看出:所有同余于平方数的数有**偶指标**,以及所有不同余于平方数的数有**奇指标**. 而且,因为 $p-1$ 是偶数,所以偶指标的个数与奇指标的个数相同,即各有 $\frac{1}{2}(p-1)$ 个,因此也推出剩余和非剩余的个数相同.

例

模	剩　余
3	1
5	1,4
7	1,2,4
11	1,3,4,5,9
13	1,3,4,9,10,12
17	1,2,4,8,9,13,15,16
⋮	⋮

小于这些模的其余的数是非剩余.

§26　合数是否是给定素数的剩余或非剩余的问题依赖于它的因数的性质　第 98 ~ 99 目

98.

定理　**素数 p 的两个二次剩余的乘积是剩余;一个剩余和一个非剩余的乘积是非剩余;以及两个非剩余的乘积是剩余.**

证明　Ⅰ. 设 A,B 分别是由平方数 a^2,b^2 得到的剩余,即 $A\equiv a^2$,$B\equiv b^2$;这时,乘积 AB 将同余于数 ab 的平方,即是剩余.

Ⅱ. 若 A 是剩余,比如 $A\equiv a^2$,而 B 是非剩余,则 AB 将是非剩余. 这是因为,如果我们假定 $AB\equiv k^2$,及 $\frac{k}{a}(\mathrm{mod}\ p)\equiv b$,那么就将有 $a^2B\equiv a^2b^2$,因此 $B\equiv b^2$,即,与我们的假设相反,B 是剩余,.

另一证明. 如果对在 $1,2,3,\cdots,p-1$ 中的所有剩余(这些剩余的个数等于 $\frac{1}{2}(p-1)$ 个)都乘以 A,那么所有的乘积都是二次剩余且两两互不同余. 现在,如果以非剩余 B 乘 A,那么,这乘积将不同余于我们在上面所得到的这些乘积中的任一个. 因此,如果它是一个二次剩余,那么,我们就将有 $\frac{1}{2}(p+1)$ 个互不同余的剩余,而且它们之中不包括 0. 但这和第 96 目矛盾.

Ⅲ. 如果 A,B 是非剩余,那么将 A 乘以数 $1,2,3,\cdots,p-1$ 中所有的剩余,由Ⅱ知,我们得到了$\frac{1}{2}(p-1)$个互不同余的非剩余. 但是,这些乘积中没有一个同余于乘积AB. 因此,如果它是非剩余,我们就将有$\frac{1}{2}(p+1)$个互不同余的非剩余,这和第96目矛盾.

利用上一篇中的原理还能更容易地推出这些定理. 这是因为,剩余的指标总是偶数而非剩余的指标总是奇数,所以,两个剩余或两个非剩余的乘积的指标是偶数,因此这乘积本身是剩余. 相反的,剩余和非剩余的乘积的指标是奇数,因此这乘积本身是非剩余.

这两个证明方法均可用来证明下面的定理:

当数a和b均是剩余或非剩余时,表示式$\frac{a}{b}(\mathrm{mod}\ p)$的值是剩余;相反的,当数$a$和$b$中一个是剩余而另一个是非剩余时,它是非剩余.

这定理也可用上面的定理来推出.

99.

一般地,当所有的因数都是剩余,以及当其中的非剩余的个数为偶时,任意多个因数的乘积是一个剩余;如果因数中的非剩余的个数为奇,那么乘积是一个非剩余. 因此,只要我们知道各个因数的情况,就容易判断一个合数是否是一个剩余. 因此,我们在表2中只列出了素数. 这张表是这样构造的:在表的左边的第一列给出了模①,在顶部的一行依次列出了各个素数[1];当后者中的一个数是某个模的剩余时,就在这个数所在的列与这个模所在的行的相交的位置上标以一个短划'-',而当素数[1]不是这个模的剩余时,这对应的位置就空着.

§27　合数模　第100～105目

100.

在转入更困难的课题之前,我们还需要对非素数模的情形补充几点.

如果取素数p(我们假定p不等于2)的任意次幂p^n作为模,那么在所有小于p^n且不被p整除的数中,有一半是剩余,而另一半是非剩余,即两者的个数都等于$\frac{1}{2}(p-1)p^{n-1}$.

这是因为,如果r是剩余,那么它将同余于某个不大于模的一半的数的平方(见第94目). 容易看出,有$\frac{1}{2}(p-1)p^{n-1}$个数不被p整除且小于模的一半,因此,只需要证明所有这些数的平方是互不同余的,即给出了不同的二次剩余. 如果有两个不被p整除且小于模的一半的数a,b的平方是同余的,那么,$a^2-b^2=(a-b)(a+b)$应被p^n整除(我们同时假定$a>b$,这是合理的). 但是,这仅可能出现在以下两种情形:或者数$(a-b)$,

① 我们将马上指出为何能不需要合数模.

$(a+b)$ 中的一个被 p^n 整除,而这是不可能的,因为两者都 $< p^n$;或者它们中的一个被 p^m 整除而另一个被 p^{n-m} 整除,即它们均被 p 整除,而这也是不可能的,事实上这显然意味着这两个数的和与差,即 $2a$ 与 $2b$ 将都被 p 整除,因此 a 与 b 也都将被 p 整除,这和假设矛盾.最后,由此推出,在所有不被 p 整除且小于模的数中,有 $\frac{1}{2}(p-1)p^{n-1}$ 个是剩余,而剩下的数是非剩余,也有相同的个数. 如同在第 97 目中一样,通过考虑指标也能证明这定理.

101.

每一个不被 p 整除的数,若它是 p 的剩余,则也是 p^n 的剩余;若它是 p 的非剩余,则也是 p^n 的非剩余.

定理的第二部分是显然成立的. 因此,如果第一部分是错的,那么在所有小于 p^n 且同时不被 p 整除的数中,p 的剩余要比 p^n 的剩余多,即多于 $\frac{1}{2}(p-1)p^{n-1}$ 个. 但是,不难看出,在所说的这些数中数 p 的剩余的个数显然恰好等于 $\frac{1}{2}(p-1)p^{n-1}$.

同样地,容易求出对模 p^n 同余于给定的剩余的平方数,只要我们已经知道对模 p 同余于这个剩余的一个平方数.

这就是,如果有某个平方数 a^2,它对模 p^μ 同余于给定的剩余 A,那么,用下面的方法就能找到对模 p^ν 同余于 A 的平方数(这里我们假定 $\nu>\mu$ 但 $\nu\leqslant 2\mu$). 假定所要找的平方数的根等于 $\pm a+xp^\mu$,因为容易看出,这就是它应当有的形式. 这时,应该有 $a^2\pm 2axp^\mu+x^2p^{2\mu}\equiv A\pmod{p^\nu}$,或者,因为 $\nu\leqslant 2\mu$,应该有 $A-a^2\equiv\pm 2axp^\mu\pmod{p^\nu}$. 如果 $A-a^2=p^\mu d$, 那么 x 就是表示式 $\pm\frac{d}{2a}\pmod{p^{\nu-\mu}}$ 的值, 这表示式等价于表示式 $\pm\frac{A-a^2}{2ap^\mu}\pmod{p^\nu}$.

这样一来,如果给出了对模 p 同余于 A 的平方数,那么就能找到对模 p^2 同余于 A 的平方数;从而往后可推到模 p^4,再往后推到模 p^8,等等.

例 如果给出了剩余6,它对模5同余于1的平方,那么我们就可求出平方数 9^2 对模 25 同余于它,进而求出 16^2 对模 125 同余于它,等等.

102.

注意到被 p 整除的数的平方显然被 p^2 整除,因此,所有被 p 整除但不被 p^2 整除的数是 p^n 的非剩余[2]. 一般地,如果给定数 p^kA,A 不被 p 整除,那么需要区分以下情形:

1) 当 $k\geqslant n$ 时,我们有 $p^kA\equiv 0\pmod{p^n}$,即所给的数是剩余.

2) 当 $k<n$ 且是奇数时,p^kA 是非剩余.

这是因为,如果有 $p^kA=p^{2\kappa+1}A\equiv s^2\pmod{p^n}$,那么,$s^2$ 将被 $p^{2\kappa+1}$ 整除,而这仅当 $p^{\kappa+1}$ 整除 s 才可能成立. 但这时 s^2 也被 $p^{2\kappa+2}$ 整除,所以(因为 $2\kappa+2$ 显然不大于 n)$p^{2\kappa+2}$ 也将整除 $p^{2\kappa+1}A$,即 p 整除 A,这和假设矛盾.

3) 当 $k < n$ 且是偶数时, $p^k A$ 是 p^n 的剩余或非剩余要依赖于 A 是 p 的剩余或非剩余. 这是因为,如果 A 是 p 的剩余,那么它将是模 p^{n-k} 的剩余. 但是,若 $A \equiv a^2 (\bmod p^{n-k})$,则 $Ap^k \equiv a^2 p^k (\bmod p^n)$ 以及 $a^2 p^k$ 是平方数. 如果 A 是 p 的非剩余,那么 $p^k A$ 不可能是 p^n 的剩余. 事实上,如果有 $p^k A \equiv a^2 (\bmod p^n)$ 成立,那么 a^2 一定应被 p^k 整除. 所以,它们的商是一个平方数,且对模 p^{n-k} 同余于 A,因而也对模 p 同余于 A,即 A 是 p 的二次剩余. 但这和假设矛盾.

103.

因为在上面我们把 $p = 2$ 的情形除外,所以现在我们应该专门对此说几句. 如果数 2 是模,那么每个数都是剩余,没有非剩余. 如果模等于 4,那么所有 $4k + 1$ 型的奇数是剩余,而所有 $4k + 3$ 型的奇数是非剩余. 最后,如果模等于 8 或 2 的更高次幂,那么所有 $8k + 1$ 型的奇数是剩余,而所有其他的奇数,即 $8k + 3, 8k + 5, 8k + 7$ 型的数都是非剩余. 这定理的最后一部分可由以下结论来推出:每一个奇数,无论是 $4k + 1$ 还是 $4k - 1$ 型,其平方总是 $8k + 1$ 型的. 第一部分的证明如下:

1) 如果两个数的和或差被 2^{n-1} 整除,那么这两个数的平方对模 2^n 同余. 因为,若其中一个数 $= a$,那么,另一个数就有 $2^{n-1}h \pm a$ 的形式,以及它的平方 $\equiv a^2 (\bmod 2^n)$.

2) 每一个是模 2^n 的平方剩余的奇数,同余于一个小于 2^{n-2} 的奇数的平方. 这就是,设给定的数同余于平方数 a^2,及 $a \equiv \pm\alpha (\bmod 2^{n-1})$,这里 α 不超过这个模的一半(第 4 目);这样就有 $a^2 \equiv \alpha^2$. 因而所给的数就 $\equiv \alpha^2$. 显然, a 与 α 都是奇数,且 $\alpha < 2^{n-2}$.

3) 所有小于 2^{n-2} 的奇数的平方对 2^n 互不同余. 事实上,设 r 和 s 是两个这样的数. 如果它们的平方对 2^n 同余,那么 $(r - s)(r + s)$ 被 2^n 整除(假定 $r > s$). 但是容易看出,数 $r - s, r + s$ 不能同时被 4 整除,所以,如果它们中的一个仅被 2 整除,那么,为了使得乘积被 2^n 整除,另一个就应被 2^{n-1} 整除. 但是,这是不可能的,因为它们中的每一个都小于 2^{n-2}.

4) 最后,如果把这些平方数都化为它们的**最小正剩余**,那么我们就得到了 2^{n-3} 个小于模的不同的二次剩余①,以及它们都是 $8k + 1$ 型的数. 但是,因为在小于模的数中恰好有 2^{n-3} 个 $8k + 1$ 型的数,所以,所有这些数应该在所指出的剩余中. 这就是所要证明的.

为了求出一个平方数使其对模 2^n 同余于一个给定的 $8k + 1$ 型的数,可以用类似于第 101 目中的方法(也可参看第 88 目). 最后,对于偶数,我们在第 102 目中对一般情形所说的每一件事情在这里都成立.

104.

当 A 是模 p^n 的剩余时,关于表示式 $V \equiv \sqrt{A} (\bmod p^n)$ 所取的不同的值(即对模不同余的值)的个数,从前面的讨论容易推出以下结论. (和以前一样,我们假定 p 是素数,以及

① 因为小于 2^{n-2} 的奇数个数有 2^{n-3} 个.

为简单起见包括 $n=1$ 的情形.)

Ⅰ. 若 A 不被 p 整除,那么,当 $p=2,n=1$ 时,V 有1 个值,即 $V=1$;当 p 是奇数,以及 $p=2,n=2$ 时,V 有2 个值,即若它们中的一个 $\equiv v$,则另一个 $\equiv -v$;当 $p=2,n>2$ 时,V 有4 个值,即若它们中的一个 $\equiv v$,则其他的是 $\equiv -v,2^{n-1}+v,2^{n-1}-v$.

Ⅱ. 若 A 被 p 整除但不被 p^n 整除,则设整除 A 的 p 的最高次幂是 $p^{2\mu}$(显见,它的指数应是偶数),以及设 $A=ap^{2\mu}$. 显然,这时 V 的所有的值都被 p^{μ} 整除,以及由此相除所得的所有的商是表示式 $V'\equiv\sqrt{a}\pmod{p^{n-2\mu}}$ 的值. 这样,只要将表示式 V' 位于 0 到 $p^{n-\mu}$ 之间的所有的值都乘以 p^{μ},就可以得到 V 的所有的不同的值. 因此,V 的值可表为以下形式:

$$vp^{\mu},vp^{\mu}+p^{n-\mu},vp^{\mu}+2p^{n-\mu},\cdots,vp^{\mu}+(p^{\mu}-1)p^{n-\mu},$$

其中未知数 v 取表示式 V' 的所有**不同的**值,因此,相应于 V' 的值的个数是1,2 或4(见情形 Ⅰ),V 的值的个数是 $p^{\mu},2p^{\mu}$ 或 $4p^{\mu}$.

Ⅲ. 若 A 被 p^n 整除,则容易看出,如果相应于 n 是偶或奇分别设 $n=2m$ 或 $n=2m-1$,那么 V 的值是且仅是所有被 p^m 整除的数. 因此,$0,p^m,2p^m,\cdots,(p^{n-m}-1)p^m$ 就给出了所有彼此不同的值,其个数是 p^{n-m}.

105.

剩下的情形是由若干个不同素数合成的模 m. 如果 $m=abc\cdots$,其中 $a,b,c,\cdots$ 是表示不同的素数或不同的素数幂,那么,首先显见,若 n 是模 m 的剩余,则它也是所有的模 $a,b,c,\cdots$ 的剩余,因此,n 显然是 m 的非剩余,只要它是数 $a,b,c,\cdots$ 中的一个的非剩余. 但是,反过来,若 n 是所有数 $a,b,c,\cdots$ 的剩余,则它也是它们的乘积 m 的剩余. 这是因为,如果我们假定对应于模 $a,b,c,\cdots$ 分别有 $n\equiv A^2,B^2,C^2,\cdots$,那么,由第 32 目可求得这样的数 N,它对应于模 $a,b,c,\cdots$ 分别同余于 $A,B,C,\cdots$,而对这个数 N,对所有这些模有 $n\equiv N^2$ 成立,因此这对它们的乘积 m 也成立. 因为容易看出,把数 A 即表示式 $\sqrt{n}\pmod{a}$ 的每一个值,与数 B 的每一个值,与数 C 的每一个值,$\cdots$ 相组合,我们就得到数 N 即表示式 $\sqrt{n}\pmod{m}$ 的一个值,以及从不同的组合就得到 N 的不同的值,而从所有可能的组合得到所有可能的值 N,所以,N 的所有不同的值的个数就等于数 $A,B,C,\cdots$ 的值的个数的乘积,在上一目中我们已经学会了确定这些个数.

进而显见,如果已知表示式 $\sqrt{n}\pmod{m}$ 即 N 的值,那么它也将同时是所有 $A,B,C,\cdots$ 的值,然而因为,根据上一目知道,由它可以推出这些量的所有的值,所以,由此推出,从 N 的一个值就可以得到所有其余的值.

例　设模等于315,试问46 是剩余还是非剩余. 315 的素除数是3,5,7,以及46 是它们中的每一个的剩余,所以它也是315 的剩余. 进而因为,$46\equiv 1$ 和 $\equiv 64\pmod 9$;$\equiv 1$ 和 $\equiv 16\pmod 5$;$\equiv 4$ 和 $\equiv 25\pmod 7$,所以,对模 315 同余于46 的所有平方数的根是 19,26,44,89,226,271,289,296.

§28　给定的数是给定素数模的剩余或非剩余的一般判别法　第106目

106.

从上面的结论可以推出，只要我们能够判定**给定的素数**是**给定的素数模**的剩余或非剩余，那么所有其他的情形就能归结于此. 因此，我们应该把我们的注意集中于为了得到解决这一问题的准确的判别准则. 但是，在开始这一研究之前，我们要来先证明一个从上一篇推出的判别法，虽然它几乎没有什么实际用处，但是由于它的简单和一般性值得在此提出.

每一个不能被素数 $2m+1$ 整除的数 A 是这个素数的剩余或非剩余，依赖于有 $A^m \equiv +1$ 或 $-1 \pmod{2m+1}$ 成立.

这就是，如果在某一系统中数 A 对模 $2m+1$ 的指标是 a，那么，a 是偶数，当 A 是 $2m+1$ 的剩余，以及 a 是奇数，当 A 是 $2m+1$ 的非剩余. 而 A^m 的指标等于 ma，它 $\equiv 0$ 或 $m \pmod{2m}$ 依 a 是偶数或奇数而定. 由此推出，在前一情形 A^m 将 $\equiv +1$，而在后一情形它将 $\equiv -1 \pmod{2m+1}$（参看第57，62目）.

例　3是数13的剩余，因为 $3^6 \equiv 1 \pmod{13}$；反之，2是模13的非剩余，因为 $2^6 \equiv -1 \pmod{13}$.

但是，即使我们所检验的数并不太大，由于所涉及的计算量，就立即可发现这一判别法实际上是无用的.

以给定的数为其剩余或非剩余的素数的讨论　第107～150目

107.

于是对给定的模，容易确定是它的剩余或非剩余的所有的数. 事实上，如果给定的模 $=m$，那么只要去找出不超过 m 的一半的数的平方，或者甚至只要去找出对模 m 同余于这些平方数的数（实际上还有更方便的方法），以及所有对模 m 同余于所得的数中的任意一个的数是剩余，而所有对模 m 不同余于所得的数中的任意一个的数是非剩余. 但是，它的反问题：**对给定某个数，去确定所有以它为剩余或非剩余的数**，是十分困难的. 解决上一目中提出的问题依赖于这个问题的解决，现在我们将从最简单的情形开始来研究这个问题.

§29　剩余 -1　第108～111目

108.

定理　**-1 是所有 $4n+1$ 型素数的剩余，以及是所有 $4n+3$ 型素数的非剩余.**

例 从数 2,5,4,12,6,9,23,11,27,34,22⋯ 的平方可发现,-1 分别是 5,13,17,29,37,41,53,61,73,89,97⋯ 的剩余;相反的,它是数 3,7,11,19,23,31,43,47,9,67,71,79,83⋯ 的非剩余.

在第64目的最后我们提到了这一定理,其证明容易从第106目推出.因为,对于一个 $4n+1$ 型的素数我们有 $(-1)^{2n}\equiv 1$,而对于一个 $4n+3$ 型的素数我们有 $(-1)^{2n+1}\equiv -1$. 这一证明和第64目的相同.但是,由于这一定理的优美与有用,以另外的方法再来证明它并非多余的.

109.

我们以字母 C 表示素数 p 的所有小于 p 但不包含0的剩余组成的总体.因为这些剩余的个数总是等于$\frac{p-1}{2}$,所以,它显然是偶数,当 p 是 $4n+1$ 型;以及是奇数,当 p 是 $4n+3$ 型.类似于第77目(那里是对任意数说的),**我们将把其乘积 $\equiv 1(\bmod p)$ 的两个剩余称为是相伴的剩余**;实际上,若 r 是剩余则$\frac{1}{r}(\bmod p)$ 显然也是模 p 的剩余.因为同一个剩余在 C 中不能有多个相伴剩余,所以,C 中的所有剩余显然可分为若干个组,其中每一组包含一对相伴剩余.如果没有一个剩余是它自己的相伴剩余,即每一组均有一对不同的剩余,那么所有的剩余的个数将是这样的组的个数的两倍;但是如果有某些剩余是它自己的相伴剩余,即有某些组仅包含一个剩余,或者你喜欢的话,也可以说有某些组包含了两个相同的剩余,我们把这样的组的个数记作 a,其余的组的个数记作 b,那么 C 中所有的剩余的个数等于 $a+2b$. 因此,若 p 是 $4n+1$ 型,则 a 是偶数;以及若 p 是 $4n+3$ 型,则 a 是奇数.但是,在小于 p 的数中,除了1和 $p-1$ 外,没有和自己相伴的剩余(见第77目),而1显然一定是剩余.所以,在前一情形 $p-1$(或者同样地说 -1)应该是剩余,而在后一情形应该是非剩余,因为如若不然,在前一情形就有 $a=1$,而在后一情形却有 $a=2$,而这是不可能的.

110.

这个证明应归功于 Euler,他大体上给出了这个定理的第一个证明(*Opusc. Analyt.*, T. Ⅰ, p. 135).容易看出,这个证明和我们的 Wilson 定理的第二个证明(第77目)所基于的原理十分类似.如果依据这个定理,那么上面的证明就会变得更简单.因为在数 $1,2,3,\cdots,p-1$ 中有$\frac{p-1}{2}$个模 p 的二次剩余及同样多个非剩余,所以,非剩余的个数将是偶数当 p 是 $4n+1$ 型,是奇数当 p 是 $4n+3$ 型.这样一来,在前一情形,所有的数 $1,2,3,\cdots,p-1$ 的乘积将是一个剩余;而在后一情形,将是一个非剩余(第99目).但是,这个乘积总是 $\equiv -1(\bmod p)$;因此,在前一情形,-1 是一个剩余;而在后一情形,是一个非剩余.

111.

从所说的可推出,若 r 是 $4n+1$ 型素数的剩余,那么 $-r$ 也是这个素数的剩余;相反的,这样的数的所有非剩余取负号后也仍是非剩余①. 在 $4n+3$ 型素数的情形有相反的结论成立:当改变正负号后,剩余变为非剩余,以及反过来也对(见第98目).

最后,从上面的所有讨论,容易得到以下的一般规则:**-1 是所有既不能被4也不能被任一 $4n+3$ 型素数整除的数的剩余,以及是所有其他的数的非剩余**(参见103及105目).

§30 剩余 $+2$ 和 -2 第112～116目

112.

我们来考虑剩余 $+2$ 和 -2.

如果我们从表2来收集以 $+2$ 为剩余的所有素数,那么将得到7,17,23,31,41,47,71,73,79,89,97. 我们注意到在这些数中没有一个是 $8n+3$ 或 $8n+5$ 型的.

所以,让我们来察看一下,这一归纳出来的结论是否可以确信.

首先,我们注意到每个 $8n+3$ 或 $8n+5$ 型的合数一定有 $8n+3$ 或 $8n+5$ 型的素因数;因为,仅由 $8n+1$ 或 $8n+7$ 型的素因数,显然,不能合成除了 $8n+1$ 或 $8n+7$ 型之外的其他的数. 因此,如果我们的归纳对一般情形也成立,那么 $+2$ 将不应该是 $8n+3$ 或 $8n+5$ 型的数的剩余. 现在能肯定的是:没有一个小于100的这种类型的数以 $+2$ 为其剩余. 如果我们假定在这个界限之外有这样的数,那么设它们中的最小的数等于 t;这样一来,t 是 $8n+3$ 或 $8n+5$ 型的数,以及 $+2$ 是 t 的剩余,同时是所有小于 t 的这种类型的数的非剩余. 若设 $2\equiv a^2 \pmod t$,则总可以认为 a 是小于 t 的奇数(因为 a 至少有两个小于 t 的正值且其和等于 t,所以其中一个为偶另一个为奇. 参看第104,105目). 如果这个条件满足,及 $a^2=2+tu$,即 $tu=a^2-2$,那么 a^2 将是 $8n+1$ 型,所以 tu 是 $8n-1$ 型,因而,相应于 t 是 $8n+5$ 或 $8n+3$ 型的,u 将是 $8n+3$ 或 $8n+5$ 型的. 但是,从等式 $a^2=2+tu$ 可推出,$2\equiv a^2 \pmod u$,即2也是数 u 的剩余. 但是容易看出,$u<t$,因此 t 不是我们的归纳结论不成立的最小的数,这和我们假设矛盾. 由此,显然推出,由归纳所发现的结论事实上总是成立的.

如果将此与第111目中得到的定理相结合,那么就得到下述定理:

Ⅰ. 对于所有 $8n+3$ 型素数,$+2$ 是非剩余,而 -2 是剩余.

Ⅱ. 对于所有 $8n+5$ 型素数,$+2$ 和 -2 均是非剩余.

113.

类似的,从表2我们找到②以 -2 为其二次剩余的素数是:3,11,17,19,41,43,59,67,

---

① 所以,就此而言,当我们说到某个数是一个 $4n+1$ 型数的剩余或非剩余时,我们可以完全不计所讨论的数的正负号,或者说我们可用双重符号 ±.

② 把 -2 看做是 $+2$ 和 -1 的乘积来讨论(参见第111目).

73,83,89,97. 因为这些数中没有一个是 $8n+5$, $8n+7$ 型的,所以我们应来研究这一归纳结论是否一般也成立. 如同在上一目中所指出的一样:每个型如 $8n+5$ 或 $8n+7$ 的合数必有一个 $8n+5$ 或 $8n+7$ 型的素因数,因此,如果我们的归纳对一般情形成立,那么就没有一个 $8n+5$ 或 $8n+7$ 型的数以 -2 为其剩余. 如果假定这样的数存在,那么设它们中的最小的等于 t,及 $-2=a^2-tu$. 同时,如前一样,如果假是 a 为小于 t 的奇数,那么相应于 t 是 $8n+7$ 或 $8n+5$ 型,u 将是 $8n+5$ 或 $8n+7$ 型. 但从 $a^2+2=tu$ 及 $a<t$,容易推出 u 也小于 t. 最后,-2 也将是 u 的剩余,即 t 将不是使我们的归纳结论不成立的最小的数,这和假设矛盾. 因此,-2 必是所有 $8n+5$ 或 $8n+7$ 型的数的非剩余.

如果将此与第 111 目的定理相结合,那么就得到下述定理:

Ⅰ. 对于所有 $8n+5$ 型素数,-2 和 $+2$ 均是非剩余,这我们已在上一目中证明.

Ⅱ. 对于所有 $8n+7$ 型素数,-2 是非剩余,而 $+2$ 是剩余.

事实上,在两个证明的每一个中,我们也可以取 a 为偶数;这时我们必须区分 a 是 $4n+2$ 型或 $4n$ 型这两种情形. 这样,以后的推导就和前面一样,没有任何困难.

114.

还剩下一种情形,即当素数是 $8n+1$ 型. 上节的方法在这里不适用,需要特殊巧妙的方法.

如果对 $8n+1$ 型的素数模 a 是它的一个原根,那么 $a^{4n}\equiv -1 \pmod{8n+1}$(第 62 目),而这个同余式也可表为 $(a^{2n}+1)^2\equiv 2a^{2n} \pmod{8n+1}$ 的形式,或 $(a^{2n}-1)^2\equiv -2a^{2n} \pmod{8n+1}$ 的形式. 由此推出 $2a^{2n}$ 和 $-2a^{2n}$ 都是 $8n+1$ 的剩余. 再因为 a^{2n} 是不能被模整除的平方数,所以 $+2$ 和 -2 也都是剩余(第 98 目)①.

115.

再添加**这个定理的另外的证明**,将不是无益的;这一证明与前一证明的关系如同第 108 目的定理的第二个证明(第 109 目)与第一个证明(第 108 目)的关系一样. 当透彻地了解了这些问题后,就容易明白,在这里和在那里的两个证明都不是像它们初看起来有那样的不同.

Ⅰ. 对于任意一个 $4m+1$ 型的素数模,在小于模的数 $1,2,3,\cdots,4m$ 中,有 m 个数能同余于一个四次方数,而其余 $3m$ 个数则都不能同余于一个四次方数.

虽然这容易从上一篇的那些原理推出,但是即使没有它们这也不难证明. 事实上,我们已经证明 -1 总是这样一个模的二次剩余. 这样一来,如果 $f^2\equiv -1$,那么对任意不能被模整除的数 z,4 个数 $+z$, $-z$, $+fz$, $-fz$(它们显然是互不同余的)的 4 次方将彼此同余. 此外显见,任意一个与这 4 个数均不同余的数的 4 次方不能同余于它们的 4 次方(不

---

① 更简单的证明如下:因为 $(a^{3n}-a^n)^2=2+(a^{4n}+1)(a^{2n}-2)$ 及 $(a^{3n}+a^n)^2=-2+(a^{4n}+1)(a^{2n}+2)$,所以有 $\sqrt{2}\equiv\pm(a^{3n}-a^n)$ 及 $\sqrt{-2}\equiv\pm(a^{3n}+a^n) \pmod{8n+1}$. ——Gauss 手写的注.

然,四次同余方程 $x^4 \equiv z^4$ 将有多于 4 个根,这和第 43 目矛盾). 由此容易推出:由数 1,2,3,…,4m 的 4 次方仅能给出 m 个互不同余的数,以及在同样的这些数中有 m 个数同余于这些 4 次方,而其他的数则不能同余于一个 4 次方数.

Ⅱ. 对于 $8n+1$ 型的素数模, -1 同余于某个 4 次方数(-1 称为是这个素数的**四次剩余**).

这是因为,所有小于 $8n+1$ 的四次剩余(0 除外) 的个数 $=2n$,即是偶数. 进而容易证明,若 r 是 $8n+1$ 的四次剩余,则表达式 $\frac{1}{r}\pmod{8n+1}$ 的值也是四次剩余. 因此,正如我们在第 109 目中将所有的二次剩余分组一样,可以将所有的四次剩余作同样的分组. 而余下部分的论证就可以完全按照那里所用的同样的方法来进行.

Ⅲ. 设 $g^4 \equiv -1$,及 h 是表示式 $\frac{1}{g}\pmod{8n+1}$ 的值. 这时有(因为 $gh \equiv 1$)

$$(g \pm h)^2 = g^2 + h^2 \pm 2gh \equiv g^2 + h^2 \pm 2$$

但是,$g^4 \equiv -1$,由此得 $-h^2 \equiv g^4h^2 \equiv g^2$,即 $g^2+h^2 \equiv 0$ 及 $(g \pm h)^2 \equiv \pm 2$,因此,$+2$ 和 -2 都是 $8n+1$ 的二次剩余.

116.

最后,综上所述,我们容易得到以下的一般规则:

$+2$ 是每个这样的数的剩余,它不能被 4 及不能被任意的 $8n+3$ 或 $8n+5$ 型素数整除,以及是所有其他的数的非剩余(例如,所有 $8n+3$ 或 $8n+5$ 型的数,无论它们是素数还是合数);

-2 是每个这样的数的剩余,它不能被 4 及不能被任意的 $8n+5$ 或 $8n+7$ 型素数整除,以及是所有其他的数的非剩余.

睿智的 Fermat(*Op. Mathem.*,p. 168) 已经知道了这些漂亮的定理,但是对这些自称已经得到的结论他从未宣布过证明. 后来,Euler 对证明作过一些无效的探索;第一个严格的证明是由 Lagrange 给出的(*Nouv. Mém. de l'Acad. de Berlin*,1775,p. 349,351). 看来,Euler 在写他的论文(发表在 *Opusc. Analyt.*,T. I,p. 259) 时还不知道这个证明.

§31 剩余 +3 和 −3 第 117 ~ 120 目

117.

现在我们来讨论剩余 $+3$ 和 -3,先从第二个开始.

从表 2 可知, -3 是以下素数的剩余:3,7,13,19,31,37,43,61,67,73,79,97,其中没有一个是 $6n+5$ 型的. 我们用下面的方法来证明,即使在此表之外也没有一个这种形式的素数以 -3 为剩余. 首先,任意一个 $6n+5$ 型的合数必有一个同样形式的素因数. 因此,如果到某一界限没有一个 $6n+5$ 型的素数以 -3 为剩余,那么到这一界限也没有一个这样的合数能有这一性质. 假如在我们的表外有这样的数,那么设它们中的最小的等于 t 以

及 $-3=a^2-tu$. 现在,如果我们取 a 是偶数且小于 t,那么将有 $u<t$ 及 -3 是 u 的剩余. 但是,如果 a 是 $6n\pm2$ 型,那么 tu 将是 $6n+1$ 型,因此 u 是 $6n+5$ 型. 然而,这是不可能的,因为根据我们的假定 t 是使我们的归纳假设不成立的最小的这种数. 同样,如果 a 是 $6n$ 型,那么 tu 将是 $36n+3$ 型,因此,$\frac{1}{3}tu$ 将是 $12n+1$ 型,而 $\frac{1}{3}u$ 将是 $6n+5$ 型. 但显见 -3 是 $\frac{1}{3}u$ 的剩余及 $\frac{1}{3}u<t$,而这是不可能的. 所以,-3 显然不是任意一个 $6n+5$ 型数的剩余.

因为,每个 $6n+5$ 型的数一定是 $12n+5$ 或 $12n+11$ 型的数,以及前一类数包含在 $4n+1$ 型的数中,后一类数包含在 $4n+3$ 型的数中,所以我们有下面的定理:

Ⅰ. 对每一个 $12n+5$ 型素数,-3 和 $+3$ 都是非剩余.

Ⅱ. 对每一个 $12n+11$ 型素数,-3 是非剩余,而 $+3$ 是剩余.

118.

从表 2 可找到以 $+3$ 为剩余的数是:3,11,13,23,37,47,59,61,71,73,83,97;这些数没有一个是 $12n+5$ 或 $12n+7$ 型的. 我们能利用第 112,113 和 117 目中所用的同样的方法来证明:在所有 $12n+5$,$12n+7$ 型的数中没有一个数以 $+3$ 为其剩余,所以我们略去详细推导. 结合第 111 目,就有下面的定理:

Ⅰ. 对每一个 $12n+5$ 型素数,$+3$ 和 -3 都是非剩余(这我们已在上目中得到).

Ⅱ. 对每一个 $12n+7$ 型素数,$+3$ 是非剩余,而 -3 是剩余.

119.

然而,对于 $12n+1$ 型的数利用这种方法不能得知任何信息,因此,对它的讨论要用特殊的方法. 通过归纳容易看出 $+3$ 和 -3 是所有这种形式的素数的剩余. 此外,显然只需证明 -3 是剩余,因为由此可推出 $+3$ 一定也是剩余(第 111 目). 然而,我们将证明一个更一般的结论,即 **-3 是每一个 $3n+1$ 型素数的剩余.**

设 p 是这样一个素数,以及对模 p 数 a 是属于指数 3(因为 3 整除 $p-1$,所以由第 54 目易知存在这样的数). 这时有 $a^3\equiv1 \pmod p$,也就是 a^3-1 即 $(a^2+a+1)(a-1)$ 被 p 整除. 但显见 a 不能 $\equiv1 \pmod p$,因为 1 属于指数 1,所以 $(a-1)$ 不能被 p 整除,而 a^2+a+1 被 p 整除. 因此,$4a^2+4a+4$ 也被 p 整除,即 $(2a+1)^2\equiv-3 \pmod p$,所以 -3 是 p 的剩余.

顺便指出,显然这一证明(它和前面的那些证明是无关的)也包含了 $12n+7$ 型素数,而这已经在上一目中讨论过了.

还可以指出的是,我们也能够用类似于第 109 和 105 目中的方法来做这种讨论,为了简单起见这里就不说了.

120.

从以上结论容易推出下面的定理(见第102,103,105目).

Ⅰ. -3是所有既不能被8,不能被9也不能被任一$6n+5$型素数整除的数的剩余,以及是所有其他数的非剩余.

Ⅱ. $+3$是所有既不能被4,不能被9也不能被任一$12n+5$或$12n+7$型素数整除的数的剩余,以及是所有其他数的非剩余.

特别要指出的是下面的特殊情形:

-3是所有$3n+1$型素数的剩余,或者,同样可以说,**-3是所有的是数3的剩余的素数的剩余**;以及,**-3是所有$6n+5$型素数的非剩余**,或者说,**-3是除了数2以外的所有$3n+2$型素数**,即所有的**是数3的非剩余的素数的非剩余**. 所有其他的情形可容易地由此推出.

Fermat(*Opera Wallisii*,T. Ⅱ,p. 857)已经知道这些与剩余$+3$和-3有关的定理,而第一个给出证明的是Euler(*Comm. Nov. Petr.* ,T. Ⅷ,p. 105及以后). 所以使人特别感到奇怪的是,虽然关于剩余$+2$和-2的定理的证明是基于类似的方法,但它们却躲开了Euler的注意. 亦可参看Lagrange的评述(*Nouv. Mém. de l'Ac. de Berlin*,p. 352).

§32 剩余$+5$和-5 第121～123目

121.

通过归纳的方法我们发现,$+5$不是任意一个$5n+2$或$5n+3$型的奇数,即任意一个是5的非剩余的奇数的剩余. 下面来证明这一规则没有例外. 假设使这一规则不成立的数(如果这样的数的确是存在的话)中的最小数等于t,它是5的非剩余,同时5是t的剩余. 进而设$a^2=5+tu$,这里a是小于t的偶数. 这时,u是小于t的奇数,而$+5$是u的剩余. 若5不整除a则它也不整除u;但显见tu是5的剩余,而因为t是5的非剩余,所以u也是5的非剩余. 这样一来,就存在一个数5的奇的非剩余,$+5$是它的剩余且它小于t. 但这和我们的假设矛盾. 若5整除a,则设$a=5b$及$u=5v$,我们就有$tv\equiv-1\equiv 4 \pmod 5$,即$tv$是数5的剩余. 进而,证明就被归结为第一种情形.

122.

因此,**$+5$和-5都是所有这样的素数的非剩余,它们同时是5的非剩余及$4n+1$型,即所有$20n+13$或$20n+17$型的素数;对于所有$20n+3$或$20n+7$型的素数,$+5$是非剩余,而-5是剩余.**

用完全类似的方法,可以证明:-5是所有$20n+11$,$20n+13$,$20n+17$,$20n+19$型的素数的非剩余. 容易看出,由此可推出,$+5$是所有$20n+11$或$20n+19$型的素数的剩余,以及所有$20n+13$或$20n+17$型的素数的非剩余. 因为,除了2及5(±5是它们的剩余)之外,任意一个素数一定属于$20n+1,3,7,9,11,13,17,19$型中之一,所以,除了$20n+1$或$20n+9$型之外,我们显然已经能够对所有其余类型的素数解决我们的问题.

123.

通过归纳的方法容易发现，**+5 和 −5 是所有 $20n+1$ 或 $20n+9$ 型素数的剩余.** 如果这总是成立，那么我们就有一个漂亮的定理，即，**+5 是所有这样的素数的剩余，它们是数 5 的剩余**（因为这些数可表为 $5n+1$ 或 $5n+4$ 型，即 $20n+1,9,11,19$ 型中的一类，而对于其中的第 3 及第 4 类，这一事实我们已经证明），以及 **+5 是所有这样的奇素数的非剩余，它们是数 5 的非剩余**，这在上面已经证明. 显见，这个定理足以用来判断 +5（因而，判断 −5，只要把它看做 +5 和 −1 的乘积）是否是任一给定数的剩余或非剩余. 最后，我们要注意观察这一定理与第 120 目中讨论剩余 −3 的定理之间的类似之处.

然而，要证明这一归纳出来的结论不是很容易. 如果给出某个 $20n+1$ 型素数，或更一般地，$5n+1$ 型素数，那么可以用类似于第 114 和 119 目中的方法来解决这问题. 这就是，如果 a 是任意一个对模 $5n+1$ 属于指数 5 的数（由上篇推出存在这样的数），那么有 $a^5\equiv 1$ 即 $(a-1)(a^4+a^3+a^2+a+1)\equiv 0 \pmod{5n+1}$. 但因为不能有 $a\equiv 1$ 即不能有 $a-1\equiv 0$，所以必有 $a^4+a^3+a^2+a+1\equiv 0$. 因此也有 $4(a^4+a^3+a^2+a+1)=(2a^2+a+2)^2-5a^2\equiv 0$，即 $5a^2$ 是 $5n+1$ 的剩余，这就等于说 5 也是剩余，因为 a^2 是剩余且不能被 $5n+1$ 整除（实际上，由 $a^5\equiv 1$ 知 a 不能被 $5n+1$ 整除）.

对给出的是 $5n+4$ 型素数的情形，证明要求更深的辅助技巧. 但是，因为可用以解决这一问题的定理将在以后表述为更一般的形式，所以在这里我们只是简略地直接叙述它们.

Ⅰ. 如果 p 是素数，及 b 是 p 的一个给定的二次非剩余，那么不管 x 取什么值，表达式

$$A=\frac{(x+\sqrt{b})^{p+1}-(x-\sqrt{b})^{p+1}}{\sqrt{b}}$$

（显见，当它展开后不包含无理项）的值将总能被 p 整除. 这就是，考察在展开 A 后所得到的系数，容易看出：从第二项（包含在内）起直到倒数第二项（包含在内），所有的系数均被 p 整除，因此有

$$A\equiv 2(p+1)(x^p+xb^{\frac{p-1}{2}}) \pmod p.$$

但因为 b 是模 p 的非剩余，所以 $b^{\frac{p-1}{2}}\equiv -1 \pmod p$（第 106 目），而 x^p 总是 $\equiv x$（根据上篇），因此，$A\equiv 0$.

Ⅱ. 同余方程 $A\equiv 0 \pmod p$ 对变数 x 的次数是 p，以及所有的数 $0,1,2,\cdots,p-1$ 都是它的根. 如果现在取 e 是数 $p+1$ 的一个除数，那么表达式

$$\frac{(x+\sqrt{b})^{e}-(x-\sqrt{b})^{e}}{\sqrt{b}}$$

（把它记为 B）展开后不包含无理项，变数 x 的次数是 $e-1$，以及由最初等分析可知（作为多项式）A 被 B 整除. 现在我断言：x 将有 $e-1$ 个值，使它们代入式 B 后，B 被 p 整除. 为此，如果设 $A\equiv BC$，那么在 C 中 x 的次数是 $p-e+1$，因此，同余方程 $C\equiv 0 \pmod p$ 不能有多于 $p-e+1$ 个根. 由此容易推出，在 $0,1,2,\cdots,p-1$ 中剩下的所有 $e-1$ 个数将是同余方程 $B\equiv 0$ 的根.

Ⅲ. 现在假定 p 是 $5n+4$ 型, $e=5$, b 是模 p 的非剩余,以及选取数 a 使得

$$\frac{(a+\sqrt{b})^5-(a-\sqrt{b})^5}{\sqrt{b}}$$

被 p 整除. 这个表达式等于

$$10a^4+20a^2b+2b^2=2[(b+5a^2)^2-20a^4],$$

所以, $(b+5a^2)^2-20a^4$ 也被 p 整除,即 $20a^4$ 是模 p 的剩余. 但是,因为 $4a^4$ 是剩余且不被 p 整除(实际上,显见 a 不被 p 整除),所以 5 也是模 p 的剩余,这就是所要证的.

由此推出,本目开始所提出的定理总是成立的.

还应指出,这两种情形的证明我们应归功于 Lagrange(*Mém. de l'Ac. de Berlin*,1775,第 352 页及以后).

§33　剩余 +7 和 −7　第 124 目

124.

用类似的方法能证明: **−7 是每个这样的数的非剩余,它是数 7 的非剩余.**

通过归纳同样可推断: **−7 是每个这样的素数的剩余,它是数 7 的剩余.**

然而,至今还没有人对此给出严格的证明. 但是,对于数 7 的那些 $4n-1$ 型的剩余是容易证明的. 事实上,从上一目的方法已经完全可确定我们能证明, +7 总是这种素数的非剩余,因而 −7 是这种素数的剩余. 但这只是前进了一小步,因为其余的情形不能用这种方法来处理. 仅还有一种情形可以用类似于第 119,123 目中的方法来讨论. 这就是,如果 p 是 $7n+1$ 型素数,及 a 对模 p 属于指数 7,那么容易看出表达式

$$\frac{4(a^7-1)}{a-1}=(2a^3+a^2-a-2)^2+7(a^2+a)^2$$

总被 p 整除,因而 $-7(a^2+a)^2$ 是模 p 的剩余. 但平方数 $(a^2+a)^2$ 是 p 的剩余且同时不被 p 整除;这是因为,我们假定 a 属于指数 7,所以它既不 $\equiv 0$ 也不 $\equiv 1 \pmod p$,即 a 和 $a+1$ 均不能被 p 整除,故平方数 $(a+1)^2a^2$ 也不被 p 整除. 这样一来, −7 显然也是 p 的剩余,这就是所要证明的. 但是, $7n+2$ 或 $7n+4$ 型的素数不能用至今所考虑过的任意一种方法来处理. 上面的证明也是首先由 Lagrange 在其同一著作(见第 123 目最后)中发现的. 以后,在第七篇中,我们将证明一般的表达式 $\frac{4(x^p-1)}{x-1}$ 总能化为 $X^2\mp pY^2$ 的形式(当 p 是 $4n+1$ 型素数时取上面的符号, p 是 $4n+3$ 型素数时取下面的符号),这里 X, Y 是 x 的整有理函数. 对大于 7 的 p,Lagrange 没有作这种分析(见第 123 目最后所引著作的,第 352 页).

§34　为一般讨论做准备　第 125 ~ 129 目

125.

因为至今所用的方法都不足以给出一般的证明,现在我们将提出另外一个方法,它

没有这种缺陷.我们从一个定理开始,它的证明一直被忽略了,虽然初看起来它的正确性好像是那样显然,以至于某些人认为它是不需要证明的.这个定理表述如下:**除了正的平方数以外,任意一个数一定是某个素数的非剩余**.然而,由于我们只是打算利用这个定理作为辅助工具来证明其他一些命题,所以在这里仅将讨论为此目的所需要的那些情形.其余情形的正确性将在以后给出.现在我们将证明:**每个 $4n+1$ 型素数,无论是取正号还是取负号①,一定是某个素数的非剩余**,同时(若给定的数 >5),它可取为是小于给定的素数本身的素数.

首先,如果对给定的 $4n+1$ 型素数 p,它需取负号(我们可认为 $p>17$,因为 -13 是 3 的非剩余,-17 是 5 的非剩余),那么设 $2a$ 是大于 $\sqrt{p}$ 的第一个偶数;容易看出,总有 $4a^2<2p$ 即 $4a^2-p<p$.但 $4a^2-p$ 是 $4n+3$ 型的,而 $+p$ 是数 $4a^2-p$ 的剩余(因为 $p\equiv 4a^2 \pmod{4a^2-p}$).因此,如果 $4a^2-p$ 是素数,那么 $-p$ 就是它的非剩余;如果它不是素数,那么它一定有一个 $4n+3$ 型的素因数,因为 $+p$ 也是这个因数的剩余,所以 $-p$ 是它的非剩余.

其次,关于应取正号的素数,我们将分两种情形来讨论.首先假设 p 是 $8n+5$ 型素数.如果 a 是任意小于 $\sqrt{\frac{p}{2}}$ 的正数,那么 $8n+5-2a^2$ 将是 $8n+5$ 或 $8n+3$ 型(相应于 a 是偶或奇)的正数,所以,它一定被某个 $8n+3$ 或 $8n+5$ 型的素数整除,因为任意多个 $8n+1$ 和 $8n+7$ 型的数的乘积不可能有 $8n+3$ 或 $8n+5$ 型.如果所说的素因数等于 q,那么就有 $8n+5\equiv 2a^2 \pmod{q}$.但 2 是数 q 的非剩余(第 112 目),所以 $2a^2$ 和 $8n+5$ 也都是数 q 非剩余②.

126.

然而,对每个取正号的 $8n+1$ 型素数总是某个小于它的素数的非剩余,我们不能用这种简单的技巧来证明.但是,由于这一事实具有非凡的重要性,所以我们不能略去其严格的证明,即使这证明有点长.我们从下面的引理开始.

引理 **设有两个数列**(这两个数列的项数相同还是不相同是无关紧要的)

(Ⅰ) $A,B,C,\cdots,$

(Ⅱ) $A',B',C',\cdots.$

如果具有这样的性质:若 p 表示至少整除第二个数列中的一项的素数或素数幂,则在第一个数列中被 p 整除的项数至少和第二个数列中被 p 整除的项数一样多.那么,我断言(Ⅰ)中所有数的乘积一定被(Ⅱ)中所有数的乘积整除.

例 如果(Ⅰ)由数 12,18,15 组成,而(Ⅱ)由数 3,4,5,6,9 组成,那么这时有数 $p=2,4,3,9,5$,在(Ⅰ)中相应地有 2,1,3,2,1 项被 p 整除,而在(Ⅱ)中相应地有 2,1,3,

① 当然,$+1$ 必须除外.

② 第 98 目.显见,a^2 是 q 的剩余且不被 q 整除,若不然素数 p 将被 q 整除,这不可能.

1,1 项被 p 整除.(Ⅰ)中所有项的乘积等于 9 720,它被(Ⅱ)中所有项的乘积 3 240 整除.

证明 如果(Ⅰ)中所有项的乘积等于 Q,(Ⅱ)中所有项的乘积等于 Q',那么,每个 Q' 的素除数显然一定也是 Q 的除数. 我们来证明,Q' 的每个素因数在 Q 中的指数至少和其在的 Q' 中的指数一样大. 如果设 p 是这样的一个除数,在数列(Ⅰ)中有 a 项被 p 整除,b 项被 p^2 整除,c 项被 p^3 整除,…,而字母 $a',b',c',\cdots$ 对数列(Ⅱ)表示类似的含义,那么,容易看出,在 Q 中 p 的指数是 $a+b+c+\cdots$,以及在 Q' 中 p 的指数是 $a'+b'+c'+\cdots$. 根据假设,a' 一定不大于 a,b' 一定不大于 b,…,所以 $a'+b'+c'+\cdots$ 一定不大于 $a+b+c+\cdots$. 因此,没有素数能在 Q' 中有比在 Q 中更大的指数,所以 Q 被 Q' 整除(第 17 目).

127.

引理 **在数列 $1,2,3,4,\cdots,n$ 中,被任一整数 h 整除的项数,不能多于在具有相同项数的数列 $a,a+1,a+2,a+3,\cdots,a+n-1$ 中,被 h 整除的项数.**

容易看出,当 n 是 h 的倍数时,每个数列中都有 $\frac{n}{h}$ 项被 h 整除;当 n 不是 h 的倍数时,设 $n=eh+f,f<h$;这时,在第一个数列中有 e 项被 h 整除,而在第二个数列中将有 e 或 $e+1$ 项被 h 整除.

作为一个附加的结果,由此可推出形数理论中熟知的定理,即

$$\frac{a(a+1)(a+2)\cdots(a+n-1)}{1\times 2\times 3\times\cdots\times n}$$

总是整数. 但是,如果我们没有弄错的话,到目前为止还没有人直接证明它.

最后,这引理的更一般的形式可表述如下:

在数列 $a,a+1,a+2,a+3,\cdots,a+n-1$ 中,对模 h 同余于给定的数 r 的项数,至少与在数列 $1,2,3,4,\cdots,n$ 中,被 h 整除的项数一样多.

128.

定理 **如果 a 是任一 $8n+1$ 型数,p 是任一与 a 互素且以 $+a$ 为其剩余的数,以及 m 是任意的数,那么我断言:相应于 m 是偶或奇,在数列**

$$a,\frac{1}{2}(a-1),2(a-4),\frac{1}{2}(a-9),2(a-16),\cdots,2(a-m^2)\text{ 或 }\frac{1}{2}(a-m^2)$$

中,被 p 整除的项数至少与数列

$$1,2,3,\cdots,2m+1$$

中被 p 整除的项数一样多.

我们以(Ⅰ)表示第一个数列,以(Ⅱ)表示第二个数列.

证明 Ⅰ. 若 $p=2$,则除第一项外,p 整除(Ⅰ)中所有的项,即有 m 项;在(Ⅱ)中也有同样多的项被 p 整除.

Ⅱ. 如果 p 是奇数,或是奇数的 2 倍或 4 倍,以及 $a\equiv r^2\pmod p$,那么在数列

$$-m,-(m-1),-(m-2),\cdots,+m$$

(它和(Ⅱ)的项数相同,我们将其表示为(Ⅲ))中,对模 p 同余于 r 的项数至少和数列(Ⅱ)中被 p 整除的项数一样多(根据上一目). 但是,在数列(Ⅲ)的这样的项中,不存在一对数只是正负号不同而绝对值相同①. 同时,这样的项中的每一项将对应于数列(Ⅰ)中的被 p 整除的一项. 这就是说,如果 $\pm b$ 是数列(Ⅲ)中对模 p 同余于 r 的某一项,那么 $a-b^2$ 将被 p 整除. 因而,若 b 是偶数,则数列(Ⅰ)中的项 $2(a-b^2)$ 将被 p 整除. 若 b 是奇数,则项 $\frac{1}{2}(a-b^2)$ 将被 p 整除;实际上,显然 $\frac{a-b^2}{p}$ 是偶整数,因为 $a-b^2$ 被 8 整除而 p 至多被 4 整除(根据假设 a 是 $8n+1$ 型数,奇数的平方 b^2 具有同样的形式,所以它们的差是 $8n$ 型数). 最后,由此就推出,在数列(Ⅰ)中被 p 整除的项数和数列(Ⅲ)中对模 p 同余于 r 的项数一样多,即等于或大于数列(Ⅱ)中被 p 整除的项数.

Ⅲ. 如果 p 是 $8n$ 型数,及 $a \equiv r^2 \pmod{2p}$(实际上,因为根据假定 a 是数 p 的剩余,所以容易看出,它也是 $2p$ 的剩余[3]),那么在数列(Ⅲ)中对 p 同余于 r 的项数至少和数列(Ⅱ)中被 p 整除的项数一样多,以及前者中所有这些项的绝对值均各不相等. 但是,对其中的每一项都有(Ⅰ)中被 p 整除的一项与之对应. 因为,若 $+b$ 或 $-b \equiv r \pmod{p}$,则有 $b^2 \equiv r^2 \pmod{2p}$②,所以项 $\frac{1}{2}(a-b^2)$ 被 p 整除. 因此,数列(Ⅰ)中被 p 整除的项数至少和数列(Ⅱ)中被 p 整除的项数一样多.

129.

定理　若 a 是 $8n+1$ 型素数,则必有某个小于 $2\sqrt{a}+1$ 的素数使得 a 是它的非剩余.

证明　假设 a 是所有小于 $2\sqrt{a}+1$ 的素数的剩余,如果这是可能的话. 容易看出,这时 a 将是所有小于 $2\sqrt{a}+1$ 的合数的剩余(根据一个给定的数是否是一个合数的剩余或非剩余的判别法则,第 105 目). 如果小于 $\sqrt{a}$ 的数中的最大整数等于 m,那么在数列

(Ⅰ) $a, \frac{1}{2}(a-1), 2(a-4), \frac{1}{2}(a-9), 2(a-16), \cdots, 2(a-m^2)$ 或 $\frac{1}{2}(a-m^2)$ 中,

被小于 $2\sqrt{a}+1$ 的任意一个数整除的项数至少和在数列

(Ⅱ) $$1,2,3,\cdots,2m+1$$

中被这个数整除的项数一样多(根据上一目). 由此推出,(Ⅰ)中所有项的乘积被(Ⅱ)中所有项的乘积整除(第 126 目). 前者等于 $a(a-1)(a-4)\cdots(a-m^2)$ 或这个乘积的一半(相应于 m 是偶或奇). 因而,乘积 $a(a-1)(a-4)\cdots(a-m^2)$ 显然被(Ⅱ)中所有

---

① 因为,若 $r \equiv -f \equiv +f \pmod{p}$,则 $2f$ 将被 p 整除,所以 $2a$ 也被 p 整除(因为 $f^2 \equiv a \pmod{p}$). 除非 $p=2$ 这是不可能的,因为根据假设 a 和 p 互素. 而情形 $p=2$ 我们已经单独讨论过了.

② 因为 $b^2-r^2=(b-r)(b+r)$ 由两个因数合成,其中一个被 p 整除(根据假设),另一个被 2 整除(因为 b 和 r 均为奇数),所以 b^2-r^2 被 $2p$ 整除.

项的乘积整除,而因为(Ⅱ)中所有的项均和 a 互素,所以(Ⅰ)中除 a 以外的所有项的乘积也将被(Ⅱ)中所有项的乘积整除. 但(Ⅱ)中所有项的乘积可表为以下形式:

$$(m+1)[(m+1)^2-1][(m+1)^2-4]\cdots[(m+1)^2-m^2].$$

因此

$$\frac{1}{m+1}\cdot\frac{a-1}{(m+1)^2-1}\cdot\frac{a-4}{(m+1)^2-4}\cdots\frac{a-m^2}{(m+1)^2-m^2}$$

将是一个整数,虽然它是一些小于 1 的分数的乘积;这是因为 $\sqrt{a}$ 一定是无理数,所以 $m+1>\sqrt{a}$ 以及 $(m+1)^2>a$. 由此就推出我们的假设不能成立.

但因 a 显然 >9,所以 $2\sqrt{a}+1<a$,因此一定存在一个素数 $<a$ 使得 a 是它的非剩余.

§35 用归纳方法来发现一般的(基本)定理及由其推出的结论 第 130 ~ 134 目

130.

我们已经严格证明了:每个 $4n+1$ 型素数,无论对它取正号还是负号,都一定是某个比它小的素数的非剩余①,现在我们马上要从这样的观点来更详细更一般地比较素数:何时它们中的一个是另一个的剩余或非剩余.

上面我们已经严格证明:-3 和 $+5$ 是所有这样的素数的剩余或非剩余,它们分别是 3 和 5 的剩余或非剩余.

从讨论以下的数我们可以发现:-7, -11, $+13$, $+17$, -19, -23, $+29$, -31, $+37$, $+41$, -43, -47, $+53$, -59 等各自是所有这样的素数的剩余或非剩余,它们取正号,分别是所指出的数的剩余或非剩余. 这一讨论能够容易地借助于表 2 来完成.

稍加注意就可以看出,在这些素数中,对 $4n+1$ 型素数是取正号,而对 $4n+3$ 型素数是取负号.

131.

我们将马上来证明,由归纳所发现的这一事实一般也成立②. 但是,在此之前,要在假定这定理成立的条件下,先指出可由它推出的所有结论. 这定理本身我们表述如下:

若 p 是 $4n+1$(或 $4n+3$)型素数,则 $+p$(或 $-p$)是每个这样的素数的剩余或非剩余,这个素数取正号,是 p 的剩余或非剩余.

---

① 我们发现这个证明是在 1796 年 4 月 8 日. ——Gauss 手写的注.

② 通过归纳发现基本定理是在 1795 年 3 月. 得到第一个证明,即本篇中的证明,是在 1796 年 4 月. ——Gauss 手写的注.

因为关于二次剩余的几乎所有结论都是基于这一定理，所以称其为**基本定理**应该是可以接受的，从现在开始我们就将用这一术语.

为了用尽可能简单的公式来表述我们的结论，我们以字母 $a,a',a'',\cdots$ 表示 $4n+1$ 型素数，以字母 $b,b',b'',\cdots$ 表示 $4n+3$ 型素数，再以字母 $A,A',A'',\cdots$ 表示任意的 $4n+1$ 型数，以字母 $B,B',B'',\cdots$ 表示任意的 $4n+3$ 型数. 最后，在两个量之间放置字母 R 表示前者是后者的剩余，而放置字母 N 将表示相反的意义. 例如，$+5R11$，$\pm 2N5$ 就表示 $+5$ 是 11 的剩余，而 $+2$ 和 -2 是 5 的非剩余. 现在，如果把基本定理和第 111 目中的那些定理相结合，那么我们就能容易推出以下定理.

	如果	则有
1	$\pm aRa'$	$\pm a'Ra$
2	$\pm aNa'$	$\pm a'Na$
3	$\left.\begin{matrix}+aRb\\-aNb\end{matrix}\right\}$	$\pm bRa$
4	$\left.\begin{matrix}+aNb\\-aRb\end{matrix}\right\}$	$\pm bNa$
5	$\pm bRa$	$\left\{\begin{matrix}+aRb\\-aNb\end{matrix}\right.$
6	$\pm bNa$	$\left\{\begin{matrix}+aNb\\-aRb\end{matrix}\right.$
7	$\left.\begin{matrix}+bRb'\\-bNb'\end{matrix}\right\}$	$\left\{\begin{matrix}+b'Nb\\-b'Rb\end{matrix}\right.$
8	$\left.\begin{matrix}+bNb'\\-bRb'\end{matrix}\right\}$	$\left\{\begin{matrix}+b'Rb\\-b'Nb\end{matrix}\right.$

132.

上表列出了比较两个素数时可能出现的所有情形；下面是关于任意数之间的关系，但它们的证明并不显然.

	如果	则有
9	$\pm aRA$	$\pm ARa$
10	$\pm bRA$	$\left\{\begin{matrix}+ARb\\-ANb\end{matrix}\right.$
11	$+aRB$	$\pm BRa$
12	$-aRB$	$\pm BNa$
13	$+bRB$	$\left\{\begin{matrix}-BRb\\+BNb\end{matrix}\right.$
14	$-bRB$	$\left\{\begin{matrix}+BRb\\-BNb\end{matrix}\right.$

因为所有这些定理的证明基于同样的原理,所以它们不需要全部详细给出;作为一个例子我们将给出定理9的证明.一般地,我们可看出,每个$4n+1$型数,要么没有$4n+3$型的因数,要么这样的因数有2个、或4个,或…,即这样的因数(其中可以有相等的)的个数总是偶数;而每个$4n+3$型数总是包含奇数个$4n+3$型的因数(即有1个,3个,或5个…).$4n+1$型的因数的个数仍是不确定的.

定理9的证明如下:设A是素因数$a',a'',a''',\cdots,b,b',b'',\cdots$的乘积,因数$b,b',b'',\cdots$的个数为偶(或者不存在,这情形也一样).若$a$是$A$的剩余,则它也是每个因数$a',a'',a''',\cdots,b,b',b'',\cdots$的剩余.由上目的定理1和3知,这些因数中的每一个也都是a的剩余,所以它们的乘积A是a的剩余.$-A$也一样是a的剩余.如果$-a$是A的剩余,因而它也是每个因数$a',a'',\cdots,b,b',\cdots$的剩余,那么,每个因数$a',a'',\cdots$都是$a$的剩余,而每个因数$b,b',\cdots$都是$a$的非剩余.但是,因为后者的个数为偶,所以所有因数的乘积,即A,是a的剩余,因而$-A$也是a的剩余.

133.

我们还要推广我们的研究.考虑任意两个互素的,本身带任意符号的奇数P和Q①.我们先不考虑数P的正负号,并将其分解为素因数,以及以p表示其中以Q为其非剩余的因数的个数.如果以Q为其非剩余的某个素数在P的因数中出现若干次,那么它也被重复计数同样多次.类似的,设q是以P为其非剩余的Q的素因数的个数.这样,我们将发现数p和q彼此间有某种联系,这种联系依赖于数P和Q的性质.也就是说,如果数p,q中的一个是偶或奇,那么由数P和Q的型式将能指出另一个数是偶还是奇.这种联系由下面的表指出.

数p和q同时是偶或奇,如果数P,Q有以下型式:

1. $+A,\quad +A'$
2. $+A,\quad -A'$
3. $+A,\quad +B$
4. $+A,\quad -B$
5. $-A,\quad -A'$
6. $+B,\quad -B'$

反之,数p和q中的一个为偶另一个为奇,当数P,Q有以下型式:

7. $-A,\quad +B$
8. $-A,\quad -B$
9. $+B,\quad +B'$
10. $-B,\quad -B'$②

① 1796年4月29日.

② 设$l=1$,如果P,Q均$\equiv 3 \pmod 4$;其他情形设$l=0$.再设$m=1$,如果P,Q均为负;其他情形设$m=0$.那么,这种关系与$l+m$有关.

例　设所给的数是 -55 和 $+1\ 197$,这是第4种情形. 这里1 197是55的唯一的一个素因数,即数5的非剩余. 但 -55 是数1 197的三个素因数,即数3,3,19的非剩余.

若 P 和 Q 都是素数,则这些定理就变为我们在第131目中所讨论的定理. 这就是,p 和 q 都不能大于1;因此如果假定当 p 是偶数时,它一定 $=0$,即 Q 是数 P 的剩余;而当 p 是奇数时,则 Q 是数 P 的非剩余,且反过来也这样. 这样一来,如果把 A,B 改记为 a,b,那么从第8种情形就推出:若 $-a$ 是数 b 的剩余或非剩余,则 $-b$ 是数 a 的非剩余或剩余,这和第131目的结论3和4相同.

一般地,显见,仅当 $p=0$ 时,Q 可能是数 P 的剩余;因此,若 p 是奇数,则 Q 一定是模 P 的非剩余.

由此也可毫无困难地推出上一目中的定理.

我们马上就会明白,这种一般性的讨论决不是臆想的徒劳无益的议论,因为没有这样的引导,基本定理的证明几乎是不能完成的.

134.

我们现在开始来推导这些定理.

Ⅰ. 如前一样,我们将 P,不计它的正负号,看做是已被分解成素因数,以及再对 Q 用任意方式作同样的分解,但是这里要考虑 Q 的正负号. 然后,将第一个分解中的各个因数与第二个分解中的各个因数进行组合. 这样,若以 s 表示所有这样的组合的个数:在这种组合中 Q 的因数是 P 的因数的非剩余,则 p 和 s 将同时为偶或同时为奇. 这是因为,如果 P 的素因数是 $f,f',f'',\cdots$,以及如果在 Q 所分解成的各个因数中,有 m 个模 f 的非剩余,m' 个模 f' 的非剩余,m'' 个模 f'' 的非剩余,…,那么,显然有

$$s=m+m'+m''+\cdots,$$

而 p 是指数 $m,m',m'',\cdots$ 中是奇数的数的个数. 因此,当 p 是偶时 s 是偶,p 是奇时 s 是奇.

Ⅱ. 不管 Q 以什么方式分解因数,这总是成立的. 现在,我们转向特殊情形. 首先讨论这样的情形:数中的一个,P,是正的,及另一个 Q 是 $+A$ 型或 $-B$ 型. 将 P,Q 分解为素因数,对 P 的每个因数取正号,以及对 Q 的每个因数相应于它们是 a 型或 b 型而取正号或负号;这时,正如所要求的,Q 显然将是 $+A$ 型或 $-B$ 型. 将 P 的各个因数与 Q 的各个因数进行组合,以及和前面一样,以 s 表示所有这样的组合的个数:在这种组合中使得 Q 的因数是 P 的因数的非剩余,以及类似地,以 t 表示所有这样的组合的个数:在这种组合中使得 P 的因数是 Q 的因数的非剩余. 这样,从基本定理可推出:第一类组合与第二类组合是相同的,所以 $s=t$. 最后,从我们刚才所证明的结论可推出 $p\equiv s \pmod 2$,$q\equiv t \pmod 2$,所以 $p\equiv q \pmod 2$.

因此,我们就得到了第133目的定理1,3,4和6.

其他的定理可用同样的方法直接证明,但它们要求一种新的考虑. 然而,用下面的方法,就能容易地从前面的结论推出它们.

Ⅲ. 我们再用 P,Q 表示任意两个互素的奇数,以 p,q 分别表示 P,Q 的这样的素因数个数:它们相应的是以 Q 或 P 为其非剩余. 最后,设 p' 是 P 的这样的素因数个数:$-Q$ 是

其非剩余(如果 Q 本身是负的,那么 $-Q$ 显然是正数). 现将 P 的所有素因数分为四种情形,即

(1) Q 为其剩余的型为 a 的因数;

(2) Q 为其剩余的型为 b 的因数,设这些因数的个数为 χ;

(3) Q 为其非剩余的型为 a 的因数,设这些因数的个数为 ψ;

(4) Q 为其非剩余的型为 b 的因数,设这些因数的个数为 ω.

容易看出, $p=\psi+\omega, p'=\chi+\psi$.

这样,若 P 是 $\pm A$ 型,则 $\chi+\omega$ 是偶数,因而 $\chi-\omega$ 也是偶数;因此 $p'=p+\chi-\omega\equiv p \pmod 2$;若 P 是 $\pm B$ 型,则由类似的计算可知,数 p,p' 对模 2 不同余.

Ⅳ. 我们来把所指出的结论用于各个情形. 首先,若 P 和 Q 均是 $+A$ 型,则从定理 1 知 $p\equiv q \pmod 2$. 但是,另一方面 $p'\equiv p \pmod 2$,所以也有 $p'\equiv q \pmod 2$,这与定理 2 相同. 类似地,若 P 是 $-A$ 型, Q 是 $+A$ 型,则由刚证明的定理 2 可得 $p\equiv q \pmod 2$. 因为 $p'\equiv p$,由此也推出 $p'\equiv q$. 因此也就证明了定理 5.

用同样的方法,从定理 3 可推出定理 7,从定理 4 或 7 可推出定理 8,从定理 6 可推出定理 9,以及从定理 6 亦可推出定理 10.

§36 基本定理的严格证明 第 135 ~ 144 目

135.

虽然在上一目中并没有证明第 133 目中的定理,但我们指出了:从基本定理的正确性可推出它们的正确性,而至今我们仅假定基本定理成立. 但从我们所用的方法可清楚地看出:只要基本定理对这些数的素因数之间的所有组合都成立,这些定理对数 P,Q 就成立,即使在一般的情形基本定理并不成立. 现在来证明基本定理. 我们以下面的表述开始.

我们将说基本定理到某个数 M 成立,如果它对任意两个均不大于 M 的素数都成立.

类似地,当我们说第 131,132 及 133 目中的定理到某个上界成立时,将作同样的理解. 容易看出,如果证明了基本定理到某个上界成立,那么,所说的这些定理到这个上界也都成立.

136.

通过直接检查,容易肯定基本定理对小的数成立,用这样的方法可以确定一个上界使得基本定理到这个上界一定成立. 假定已经作了这种检查,而且把这种检查进行到哪里是完全没有差别的;比如说,只要确定到数 5 这个定理成立就足够了;而这马上就可以看出,因为 $+5N3$ 及 $\pm 3N5$.

如果基本定理一般说不成立,那么将有这样的上界 T,使得至此基本定理成立,但对下一个数 $T+1$ 它就不成立. 按另一种方式,这也可说成是:存在两个素数,其中大的一个就是 $T+1$,使得它们和基本定理的断言矛盾,但是,对任意两个素数,只要它们均比 $T+1$

小,定理就成立;由此可推出:第 131,132 及 133 目中的定理也将到上界 T 都成立. 但是,我们立刻要来指出这个假定是不可能成立的. 为此,要相应于不同的可能性:即对于数 $T+1$ 的型式,以及小于 $T+1$ 的这样的素数的型式,来证明它与 $T+1$ 所组成的一对与定理的结论矛盾. 我们要区分以下的各种情形(同时以 p 表示所说的这种素数).

若 $T+1$ 和 p 均为 $4n+1$ 型,则基本定理将不成立,如果以下两种情形有一成立:

$$\text{同时有} \quad \pm p\,R(T+1) \quad \text{及} \quad \pm(T+1)N\,p,$$

或者

$$\text{同时有} \quad \pm p\,N(T+1) \quad \text{及} \quad \pm(T+1)R\,p.$$

若 $T+1$ 和 p 均为 $4n+3$ 型,那么基本定理将不成立,如果

$$\text{同时有} \quad +p\,R(T+1) \quad \text{及} \quad -(T+1)N\,p$$

(或可把它转化为 同时有 $-p\,N(T+1)$ 及 $+(T+1)R\,p$),

或者

$$\text{同时有} \quad +p\,N(T+1) \quad \text{及} \quad -(T+1)R\,p$$

(或可把它转化为 同时有 $-p\,R(T+1)$ 及 $+(T+1)N\,p$).

若 $T+1$ 是 $4n+1$ 型,p 为 $4n+3$ 型,那么基本定理将不成立,如果

同时有 $\pm p\,R(T+1)$ 及 $+(T+1)N\,p$(或 $-(T+1)R\,p$),

或者

同时有 $\pm p\,N(T+1)$ 及 $-(T+1)N\,p$(或 $+(T+1)R\,p$).

若 $T+1$ 是 $4n+3$ 型,p 为 $4n+1$ 型,那么基本定理将不成立,如果

同时有 $+p\,R(T+1)$(即 $-p\,N(T+1)$) 及 $\pm(T+1)N\,p$,

或者

同时有 $+p\,N(T+1)$(即 $-p\,R(T+1)$) 及 $\pm(T+1)R\,p$.

如果能证明这八种情形没有一种可能出现,那么我们因此就显然推出:基本定理的正确性是没有任何上界限制的. 现在我们立即来给出这个证明. 但因其中的某些情形依赖于另一些情形,所以我们不能按它们在这里列出的次序来给出.

137.

第一种情形. 如果 $T+1(=a)$ 是 $4n+1$ 型,p 也有同样的型式,此外,还有 $\pm pRa$,那么就不可能有 $\pm aNp$. 这就是原来第一种情形所讨论的.

设 $+p\equiv e^2 \pmod a$,其中 e 是偶数且小于 a(这总是能取到的). 这时要分为两种情形.

Ⅰ. 若 e 不能被 p 整除,则设 $e^2=p+af$;这时,f 是 $4n+3$ 型正数(即 B 型),它小于 a 且不能被 p 整除. 进而有 $e^2\equiv p \pmod f$,即 pRf,所以由第 132 目的定理 11(我们有权应用它,因为 p 和 f 都小于 a,所以对它们这些定理成立)知,$\pm f\,R\,p$. 但是,我们也有 $\pm af\,R\,p$,由此推出 $\pm a\,R\,p$.

Ⅱ. 若 e 被 p 整除,则设 $e=gp$ 及 $e^2=p+aph$,即 $pg^2=1+ah$. 这时,h 是 $4n+3$ 型(B 型) 且与 p 和 g^2 均互素. 进而,有 $pg^2\,R\,h$,所以也有 $p\,R\,h$,由此推出(根据第 132 目的

定理 11) $\pm h\ R\ p$. 但是,因为 $-ah \equiv 1 \pmod p$,所以也有 $-ah\ R\ p$;由此推出 $\mp a\ R\ p$.

138.

第二种情形. 如果 $T+1(=a)$ 是 $4n+1$ 型,p 是 $4n+3$ 型,以及有 $\pm p\ R(T+1)$,那么就不能有 $+(T+1)N\ p$ 或 $-(T+1)R\ p$. 这就是原来第五种情形所讨论的.

如上,设 $e^2=p+fa$,这里 e 是偶数且 $<a$.

Ⅰ. 若 e 不能被 p 整除,则 f 也不能被 p 整除. 此外,f 是小于 a 的 $4n+1$ 型正数(即 A 型). 进而有 $+p\ R\ f$,所以 $+f\ R\ p$(第 132 目的定理 10). 但是,还有 $+fa\ R\ p$,因而推出 $+a\ R\ p$ 或 $-a\ N\ p$.

Ⅱ. 若 e 被 p 整除,则设 $e=gp$ 及 $f=ph$. 所以有 $g^2p=1+ah$. 此外,h 是 $4n+3$ 型正数(即 B 型),且与 p 和 g^2 均互素. 进而有 $+g^2p\ R\ h$,所以 $+p\ R\ h$. 因此得 $-h\ R\ p$(第 132 目的定理 13). 但是,我们还有 $-ha\ R\ p$,从而得 $+a\ R\ p$ 和 $-a\ N\ p$.

139.

第三种情形. 如果 $T+1(=a)$ 是 $4n+1$ 型,p 也有同样的型式,以及 $\pm p\ N\ a$,那么不能有 $\pm a\ R\ p$(这是原来第二种情形).

任意取一个小于 a 的素数,使得 $+a$ 是它的非剩余,我们先前已经证明这样的素数是存在的(第 125,129 目). 但是,在这里我们必须分别讨论这素数是 $4n+1$ 型或 $4n+3$ 型两种情形,因为我们并没有证明存在这样的两种型式的素数.

Ⅰ. 设所说的素数是 $4n+1$ 型及等于 a'. 这时有 $\pm a'N\ a$(第 131 目),因而有 $\pm a'pRa$. 这样一来,可设 $e^2 \equiv a'p \pmod a$,这里 e 是小于 a 的偶数. 现在,需要再分为四种情形来讨论.

1. 若 e 既不能被 p 也不能被 a' 整除,则设 $e^2=a'p\ \pm af$,而且要选择符号使得 f 为正. 这时,f 就小于 a,且 f 与 a' 和 p 都互素,以及当取上面的符号时 f 是 $4n+3$ 型,当取下面的符号时 f 是 $4n+1$ 型. 为简单起见,我们以 $[x,y]$ 来表示 y 的这样的素因数的个数:它以 x 为其非剩余. 因为 $a'p\ R\ f$,所以 $[a'p,f]=0$. 因此,$[f,a'p]$ 是偶数(第 133 目的定理 1,3),即等于 0 或 2. 因此,f 或者是数 a',p 中每一个的剩余,或者是这两个数中每一个的非剩余. 然而,第一种情形是不可能的,因为,$\pm af$ 是 a' 的剩余及 $\pm aN\ a'$(根据假设),由此就推出 $\pm f\ N\ a'$. 这就意味着,f 一定是数 a',p 中每一个的非剩余. 但是,由于 $\pm af\ R\ p$,故有 $\pm a\ N\ p$,这就是所要证明的.

2. 若 e 被 p 整除但不被 a' 整除,则设 $e=gp$ 及 $g^2p=a'\ \pm ah$,而且要选择符号使得 h 为正. 这时,h 就小于 a,且 h 与 a',g 和 p 都互素,以及当取上面的符号时 h 是 $4n+3$ 型,当取下面的符号时 h 是 $4n+1$ 型. 将等式 $g^2p=a'\ \pm ah$ 分别乘以 p 和 a',就容易推出下述关系式:

$$(\alpha)\ pa'\ R\ h;(\beta)\ \pm ahp\ R\ a';(\gamma)\ aa'h\ R\ p.$$

从(α) 可推出 $[pa',h]=0$,因此 $[h,pa']$ 为偶(第 133 目定理 1,3),即 h 或者同时是两个数 p,a' 的非剩余,或者同时是剩余. 在第一种情形,从(β) 推出 $\pm ap\ N\ a'$,以及因为由假

设 $\pm a\ N\ a'$，就得到 $\pm p\ R\ a'$. 由于 p, a' 都小于 $T+1$，所以基本定理对数 p, a' 成立，因而推得 $\pm a'\ R\ p$. 由此及 $h\ N\ p$，从(γ) 就推得 $\pm a\ N\ p$，这就是所要证明的. 在第二种情形，从(β) 推出 $\pm ap\ R\ a'$，所以有 $\pm p\ N\ a'$，$\pm a'\ N\ p$，最后，由此及 $h\ R\ p$，从(γ) 就推出 $\pm a\ N\ p$，这就是所要证明的.

3. 如果 e 被 a' 整除但不被 p 整除，那么证明几乎同上一情形完全一样，不会出现任何新的困难.

4. 如果 e 同时被 a' 和 p 整除，因而它也被乘积 $a'p$ 整除(实际上，我们可以认为 a', p 是不同的，因为，不然的话，我们想要证明的 $a\ N\ p$，已经包含在假设 $a\ N\ a'$ 中了)，那么设 $e = ga'p$ 及 $g^2a'p = 1 \pm ah$. 这时，h 就小于 a，且 h 与 a' 和 p 都互素，以及当取上面的符号时 h 是 $4n+3$ 型，当取下面的符号时 h 是 $4n+1$ 型. 容易看出，从后一等式可推出下面的关系式：

$$(\alpha)\ a'p\ R\ h, (\beta)\ \pm ah\ R\ a', (\gamma)\ \pm ah\ R\ p.$$

从关系(α)，它同第二种情形中的(α) 相同，同那里一样，可推出要么同时有 $h\ R\ p$ 和 $h\ R\ a'$，要么同时有 $h\ N\ p$ 和 $h\ N\ a'$. 但是，在第一种情形，由于关系(β) 将推出 $a\ R\ a'$，这和假设矛盾. 所以，必有 $h\ N\ p$，因此由(γ) 也得到 $a\ N\ p$.

Ⅱ. 当所说的素数是 $4n+3$ 型时，证明是同上面的如此相似，以致给出它看来是多余的. 对希望由自己来完成这一证明(这是我们所强力建议的) 的人来说，我们只是指出，在得到等式 $e^2 = bp \pm af$(这里 b 表示所说的素数) 后，为了更清晰的获得证明应该分别讨论这两个符号.

140.

第四种情形. 如果 $T+1(=a)$ 是 $4n+1$ 型，p 是 $4n+3$ 型，以及 $\pm p\ N\ a$，那么不能有 $+a\ R\ p$ 或 $-a\ N\ p$(原来的第六种情形).

这个结论的证明完全类似于第三种情形，为简单起见我们略去它.

141.

第五种情形. 如果 $T+1(=b)$ 是 $4n+3$ 型，p 有同样的型式，以及有 $+p\ R\ b$ 或 $-p\ N\ b$，那么不能有 $+b\ R\ p$ 或 $-b\ N\ p$(原来的第三种情形).

设 $p \equiv e^2 \pmod{b}$，e 为偶且小于 b.

Ⅰ. 若 e 不能被 p 整除，则设 $e^2 = p + bf$. 这时，f 是小于 b 的正数，与 p 互素且是 $4n+3$ 型. 进而有 $p\ R\ f$ 成立，因此，根据第 132 目定理 13 有 $-f\ R\ p$. 由此及 $+bf\ R\ p$，就推出 $-b\ R\ p$，所以 $+b\ N\ p$.

Ⅱ. 若 e 被 p 整除，则设 $e = pg$ 及 $g^2p = 1 + bh$. 这时，h 是 $4n+1$ 型且与 p 互素，进而有 $p \equiv g^2p^2 \pmod{h}$，因此有 $p\ R\ h$. 由此得 $+h\ R\ p$(第 132 目定理 10)，由此及 $-bh\ R\ p$ 就推出 $-b\ R\ p$ 或 $+b\ N\ p$.

142.

第六种情形. 如果 $T+1(=b)$ 是 $4n+3$ 型, p 是 $4n+1$ 型, 及 $p\,R\,b$, 那么不能有 $\pm b\,N\,p$(原来的第七种情形).

它的证明和上面的完全类似,故略去.

143.

第七种情形. 如果 $T+1(=b)$ 是 $4n+3$ 型, p 有同样的型式, 以及 $+p\,N\,b$ 或 $-p\,R\,b$, 那么不能有 $+b\,N\,p$ 或 $-b\,R\,p$(原来的第四种情形).

设 $-p\equiv e^2 \pmod b$, e 为偶且小于 b.

Ⅰ. 若 e 不能被 p 整除,则设 $-p=e^2-bf$. 这时 f 是 $4n+1$ 型正数,与 p 互素且小于 b(实际上,显然 e 不大于 $b-1$,及 $p<b-1$,因此 $bf=e^2+p<b^2-b$,即 $f<b-1$). 进而,有 $-p\,R\,f$,所以有 $+f\,R\,p$(第 132 目定理 10),而由此及 $+bf\,R\,p$,就推出 $+b\,R\,p$ 或 $-b\,N\,p$.

Ⅱ. 若 e 被 p 整除,则设 $e=pg$ 及 $g^2p=-1+bh$. 这时, h 是 $4n+3$ 型正数,与 p 互素且小于 b. 进而,有 $-p\,R\,h$,因此得 $+h\,R\,p$(第 132 目定理 14),由此及 $bh\,R\,p$,就推出 $+b\,R\,p$ 或 $-b\,N\,p$.

144.

第八种情形. 如果 $T+1(=b)$ 是 $4n+3$ 型, p 是 $4n+1$ 型, 以及 $+p\,N\,b$ 或 $-p\,R\,b$, 那么不能有 $\pm b\,R\,p$(原来的最后一种情形).

它的证明与上面情形是一样的.

§37 用类似方法证明第 114 目中的定理 第 145 目

145.

在以上的证明中我们总是取数 e 的值为偶数(第 137 ~ 144 目);要指出的是我们也能利用奇数值,但是这将会引出更多种的情形需要去分别讨论. 如果有兴趣于这些研究的自己愿意花些功夫去研究这些情况,那么这决不是没必要的付出,他将会发现这是十分有益并会从中找到乐趣. 此外,与剩余 $+2$ 和 -2 有关的那些定理,这时应该是假定已经知道的. 但由于我们的证明没有利用这些定理,因此我们得到了证明它们的新方法①,这样做将不是没有意义的,因为这个方法要比上面用以证明 ± 2 是任一 $8n+1$ 型素数的剩余的方法更为直接. 我们将假定其他的情形(关于 $8n+3$, $8n+5$, 及 $8n+7$ 型素数的情形)已经用上面的方法给出了证明,而这个定理仅是由归纳方法所发现的;通过下面进一步的讨论,我们将证明这个由归纳所得的结论实际上是正确的.

---

① 1797 年 2 月 4 日. ——Gauss 手写的注.

如果 ± 2 不是所有 $8n+1$ 型素数的剩余,那么,假设以 $+2$ 或 -2 为其非剩余的最小的这种素数等于 a,这样,对所有小于 a 的这种素数定理都成立. 现在取某个小于的 $\frac{a}{2}$ 素数,使 a 为其非剩余(从第 129 目容易看出这样的素数是存在的). 如果它等于 p,那么由基本定理知 $p\ N\ a$. 因而有 $\pm 2p\ R\ a$. 设 $e^2 \equiv 2p \pmod{a}$,这里 e 为小于的 a 奇数. 这时需要区分两种情形来讨论.

Ⅰ. 若 e 不能被 p 整除,则设 $e^2 = 2p + aq$. 这时,q 是小于 a 的 $8n+7$ 或 $8n+3$ 型(相应于 p 是 $4n+1$ 或 $4n+3$ 型)的正数,且不能被 p 整除. 现在把 q 的所有素因数分为四类:$8n+1$ 型素因数有 e 个[4],$8n+3$ 型素因数有 f 个,$8n+5$ 型素因数有 g 个,及 $8n+7$ 型素因数有 h 个;再设第一类的所有因数的乘积等于 E,以及第二、三及四类的所有因数的乘积分别等于 F,G,及 H①. 这样做之后,我们**首先**来讨论 p 是 $4n+1$ 型及 q 是 $8n+7$ 型的情形. 这时,容易看出有 $2\ R\ E$,$2\ R\ H$,因此有 $p\ R\ E$,$p\ R\ H$,以及最后由此推得 $E\ R\ p$,$H\ R\ p$. 此外,2 是每个型为 $8n+3$ 或 $8n+5$ 型因数的非剩余,所以 p 也是;因而每个这样的因数将是数 p 的非剩余. 由此容易推出,当 $f+g$ 是偶数时,FG 是 p 的剩余,当 $f+g$ 是奇数时,FG 是 p 的非剩余. 但是,$f+g$ 不能是奇数;这是因为,讨论所有可能的情形后可以确信,不管各个 e,f,g,h 是怎样,如果 $f+g$ 是奇数,那么 $EFGH$ 即 q 将是 $8n+3$ 或 $8n+5$ 型,这与假设矛盾. 由此得到 $FG\ R\ p$,$EFGH\ R\ p$,或 $q\ R\ p$,以及最后,由于 $aq\ R\ p$,由此就推出 $a\ R\ p$,这与假设矛盾. **其次**,若 p 是 $4n+3$ 型,则用类似的方法可证明 $p\ R\ E$,因此有 $E\ R\ p$,$-p\ R\ F$,由此推出 $F\ R\ p$,$g+h$ 是偶数,故得 $GH\ R\ p$,以及最后由此推出 $q\ R\ p$,$a\ R\ p$,这与假设矛盾.

Ⅱ. 当 e 被 p 整除时,可用类似的方法给出证明. 有技巧的数学家(本目也是为他们而写的)将能毫无困难地去完成这证明. 为简单起见我们略去它.

§38 一般问题的解法 第 146 目

146.

利用基本定理及关于剩余 -1 和 ± 2 的定理,对于给定的素数就总能确定任意给定的数是它的剩余还是非剩余. 但是,为了把上面得到的所有结论综合在一起,在这里再给以另一种形式的表述,这对解决下面的问题不是无益的.

问题 任意给出两个数 P,Q,确定 Q 是模 P 的剩余还是非剩余.

解 Ⅰ. 设 $P = a^\alpha b^\beta c^\gamma \cdots$,其中 $a,b,c,\cdots$ 表示不相等的正的(因为 P 可以认为是正的)素数. 为简单起见,我们在这里将把 x 是模 y 的剩余还是非剩余,简称为数 x 对数 y 的**关系**. 这样一来,Q 对 P 的关系就依赖于 Q 对 a^α,Q 对 b^β,$\cdots$ 的关系(第 105 目).

Ⅱ. 为了确定 Q 对 a^α(对另外的对 $Q,b^\beta,\cdots$,是同样的)的关系,必须区分两种情形.

1. 如果 Q 被 a 整除,则设 $Q = Q'a^e$,其中 Q' 不被 a 整除. 这时,若 $e=\alpha$ 或 $e>\alpha$,则

---

① 当没有因数属于某一类时,就以 1 来代替相应的乘积.

有 $Q\ R\ a^{\alpha}$;若 $e<\alpha$ 且为奇,则有 $Q\ N\ a^{\alpha}$;最后,若 $e<\alpha$ 且为偶,则 Q 对 a^{α} 的关系将和 Q' 对 $a^{\alpha-e}$ 的关系相同. 因此,这种情形就被归结为以下的情形:

2. Q 不被 a 整除. 这时要再区分两种情形.

(**A**) $a=2$. 这时,当 $\alpha=1$ 时总有 $Q\ R\ a^{\alpha}$;若 $\alpha=2$,则 Q 需有 $4n+1$ 型;最后,若 $\alpha=3$ 或 >3,则 Q 应有 $8n+1$ 型. 如果这些条件满足,那么有 $Q\ R\ a^{\alpha}$.

(**B**) a 是任一其他的素数. 这时 Q 对 a^{α} 的关系将和 Q 对 a 的关系相同(见第101目).

Ⅲ. 任意数 Q 对(奇)素数 a 的关系由下面的方法来确定. 若 $Q>a$,则以 Q 对于模 a 的最小正剩余①来代替 Q. 这个剩余对 a 的关系和数 Q 对 a 的关系相同.

进而,把 Q 或替代它的数分解为素因数 $p,p',p'',\cdots$,当 Q 为负时,它们中还要添加因数 -1. 这样,Q 对 a 的关系显然与各个因数对 a 的关系有关. 这就是说,若在这些因数中有 $2m$ 个是 a 的非剩余,则有 $Q\ R\ a$;若它们中有 $2m+1$ 个是 a 的非剩余,则有 $Q\ N\ a$. 还容易看出,如果在因数 $p,p',p'',\cdots$ 中,有2个,4个,6个,或一般的 $2k$ 个相等,那么就全然可以把它们删除.

Ⅳ. 如果在因数 $p,p',p'',\cdots$ 中出现 -1 和2,那么它们对 a 的关系可由第108,112,113,114 目来确定. 而其他的因数对 a 的关系依赖于 a 对这些因数的关系(基本定理和第131 目的定理). 如果它们中的一个是 p,那么可以确信(如同前面对数 Q 和 a 一样来讨论数 a 和 p,这里数 Q 和 a 分别比数 a 和 p 要大):或者 a 对 p 的关系可由第108 ~ 114 目来确定(这就是,如果 a 对模 p 的最小剩余没有奇的素因数),或者这关系还依赖于 p 对某个小于它的素数的关系. 这对其他因数 $p',p'',\cdots$ 同样成立. 容易看出,继续进行这样的运算,我们最后将得到这样的一些数,它们的关系可利用第108 ~ 114 目的定理来确定. 通过例子能更清楚地理解这一过程.

例 确定数 $+453$ 对 1 236 的关系. 我们有 $1\ 236=4\times3\times103$. 由 **Ⅱ.2**(**A**) 知 $+453\ R\ 4$;由 **Ⅱ.1** 知 $+453\ R\ 3$. 这样一来,剩下只要来确定 $+453$ 对103 的关系. 这关系与 $+41(\equiv453 \pmod{103})$ 对 103 的关系一样. 后者与103 对41 或 -20 对41 的关系一样(基本定理). 但是, $-20\ R\ 41$;这是由于 $-20=-1\times2\times2\times5$; $-1\ R\ 41$(第108 目); 及 $+5\ R\ 41$,因为 $41\equiv1$ 是5 的剩余(基本定理). 由此推出, $+453\ R\ 103$,以及最后得到 $+453\ R\ 1\ 236$. 事实上,我们有 $453\equiv297^2 \pmod{1\ 236}$.

§39 以给定的数为其剩余或非剩余的全体素数的线性表示式 第147 ~ 150 目

147.

如果任意给定一个数 A,那么可以给出确定的**公式**,它包含了所有与 A 互素且以 A 为

① 剩余与第4 目的意义相同. 通常取绝对最小剩余更好些.

其剩余的数,也就是包含了 $x^2 - A$ 型的数(这里 x^2 表示任一平方数)的所有可能的**除数**①. 为简单起见,我们将只考虑与 A 互素的奇除数,因为其他的容易归结为这种情形.

首先,设 A 是 $4n+1$ 型素数取正号,或是,$4n-1$ 型素数取负号. 这时,由基本定理知,所有是 A 的剩余且取正号的素数,将是 $x^2 - A$ 的除数;以及所有是 A 的非剩余的素数(2除外,它总是一个除数)将不是 $x^2 - A$ 的除数. 将所有小于 A 的 A 的剩余(0除外)记为 $r, r', r'', \cdots$,所有非剩余记为 $n, n', n'', \cdots$. 这样,每个素数,它属于型 $Ak+r, Ak+r', Ak+r'', \cdots$ 中的一个,将是 $x^2 - A$ 的除数;而每个素数,它属于型 $Ak+n, Ak+n', Ak+n'', \cdots$ 中的一个,将不是 $x^2 - A$ 的除数,这里 k 表示任意整数. 我们将把这第一组中的型称做是**表示式 $x^2 - A$ 的除数型**,而第二组中的型称做是**表示式 $x^2 - A$ 的非除数型**. 显然,每一组中型的个数都是 $\frac{1}{2}(A-1)$. 进而,如果 B 是一个奇合数,及 $A\,R\,B$,那么 B 的所有素因数,因而 B 本身,都将属于第一组的一个型中. 因此,每一个属于非除数型的奇数将不是 $x^2 - A$ 的除数. 然而,这个结论反过来不成立;这是因为,如果奇合数 B 是表示式 $x^2 - A$ 的非除数,那么 B 的素因数中一定有若干个是非除数,但是,如果这样的素因数有偶数个,那么 B 本身将属于某个除数型(见第99目).

例 对 $A=-11$,由所说的方法可推出,表示式 x^2+11 的除数型是 $11k+1,3,4,5,9$;而非除数型是 $11k+2,6,7,8,10$. 因此,-11 是属于后一组型的所有奇数的非剩余,以及是属于前一组型的所有素数的剩余.

对于任意的数 A,关于表示式 $x^2 - A$ 的除数与非除数都有这样的型存在. 但是,容易看出,我们只要讨论那些没有平方因数的值 A;这是因为,若 $A = a^2A'$,则所有 $x^2 - A$ 的除数②显然也是 $x^2 - A'$ 的除数,这对非除数也成立. 我们将区分三种情形:(1)A 是 $+(4n+1)$ 或 $-(4n-1)$ 型;(2)A 是 $-(4n+1)$ 或 $+(4n-1)$ 型;(3)A 是偶数,即是 $\pm(4n+2)$ 型.

148.

第一种情形,A 是 $+(4n+1)$ 或 $-(4n-1)$ 型. 将 A 分解素因数,且在那些 $(4n+1)$ 型的素因数前加正号,及在那些 $(4n-1)$ 型的素因数前加负号(这不会改变乘积,即乘积仍等于 A). 设这些因数是 $a, b, c, d, \cdots$. 进而,把所有小于 A 且与 A 互素的数分为两类,第一类是所有这样的数:它或者不是 $a, b, c, d, \cdots$ 中任意一个数的非剩余,或者是其中2个数的非剩余,或者是其中4个数的非剩余,或者,一般地,是其中偶数个数的非剩余;第二类是所有这样的数:它是 $a, b, c, d, \cdots$ 中的1个数的非剩余,或者是其中3个数的非剩余,或者,一般地,是其中奇数个数的非剩余. 第一类记为 $r, r', r'', \cdots$,第二类记为 $n, n', n'', \cdots$. 这样,$Ak+r, Ak+r', Ak+r'', \cdots$ 将是表示式 $x^2 - A$ 的除数型,$Ak+n, Ak+n', Ak+n'', \cdots$ 将是表示式 $x^2 - A$ 的非除数型(即**除2以外的每个素数将是表示式 $x^2 - A$ 的除**

① 这些数将被简称为**表示式 $x^2 - A$ 的除数**;说到**非除数**时其意义显然是清楚的.

② 因为除数是与 A 互素的.

数或非除数相应于它是属于第一类或第二类的型中的一个). 事实上,如果 p 是取正号的素数,它是数 $a,b,c,\cdots$ 中的一个的剩余或非剩余,那么,这个数将是 p 的剩余或非剩余(基本定理). 所以,如果在数 $a,b,c,\cdots$ 中有 m 个数以 p 为其非剩余,那么它们中将有 m 个是数 p 的非剩余. 因此,如果 p 是属于第一类的型中的一个,那么 m 将是偶数,及 $A\ R\ p$;而如果它属于第二类的型中的一个,那么 m 将是奇数,及 $A\ N\ p$.

例 设 $A=+105=(-3)\times(+5)\times(-7)$. 这时,数 $r,r',r'',\cdots$ 是下面这些数:1,4,16,46,64,79(它们不是数3,5,7中任一个的非剩余);26,41,59,89,101,104(数3,7的非剩余);13,52,73,82,97,103(数5,7的非剩余). 数 $n,n',n'',\cdots$ 是下面这些数:11,29,44,71,74,86;22,37,43,58,67,88;19,31,34,61,76,94;17,38,47,62,68,83. 最前面的6个数是3的非剩余,其次的6个数是5的非剩余,接着的是7的非剩余,以及最后的那些同时是这3个数的非剩余.

由组合理论及第32,96目容易推出,数 $r,r',r'',\cdots$ 的个数等于

$$t\left(1+\frac{l(l-1)}{1\times 2}+\frac{l(l-1)(l-2)(l-3)}{1\times 2\times 3\times 4}+\cdots\right),$$

而数 $n,n',n'',\cdots$ 的个数等于

$$t\left(l+\frac{l(l-1)(l-2)}{1\times 2\times 3}+\frac{l(l-1)\cdots(l-4)}{1\times 2\times 3\times 4\times 5}+\cdots\right),$$

其中 l 表示数 $a,b,c,\cdots$ 的个数

$$t=2^{-l}(a-1)(b-1)(c-1)\cdots,$$

以及这两个级数一直写到不再能写下去为止.(实际上,有 t 个数是所有数 $a,b,c,\cdots$ 的非剩余,有 $\frac{t\times l\times(l-1)}{1\times 2}$ 个数是它们中的2个的非剩余,等等;但是,为了必须简单起见,不允许我们详细地给出其证明). 每个级数①的和都等于 2^{l-1}. 这可以从分别组合级数

$$1+(l-1)+\frac{(l-1)(l-2)}{1\times 2}+\cdots$$

的项来得到:对第一个级数,把它的第二和第三项相加,第四和第五项相加,…;而对第二个级数,把它的第一和第二项相加,第三和第四项相加,…. 所以,表示式 x^2-A 的除数型和非除数型的个数一样多,即是

$$\frac{1}{2}(a-1)(b-1)(c-1)\cdots.$$

149.

第二和第三种情形可以一起讨论. 在这里总能假定 A 等于 $(-1)Q$,或 $(+2)Q$,或 $(-2)Q$,其中 Q 是我们在上一目中所讨论的 $+(4n+1)$ 或 $-(4n-1)$ 型数. 一般地,设 $A=\alpha Q$,使得 $\alpha=-1$ 或等于 ± 2. 这时,A 将是所有这样的数的剩余,它们都同以 α 和 Q 为

① 以后将不计因数 t.

其剩余或非剩余；以及 A 将是所有这样的数的非剩余，它们都只以数 α, Q 中一个为其非剩余. 由此容易推出表示式 $x^2 - A$ 的除数型和非除数型. 若 $\alpha = -1$，则将所有小于 $4A$ 且与其互素的数分为两类：归入第一类的是这样的数，它属于表示式 $x^2 - Q$ 的某个除数型且同时是 $4n+1$ 型，以及它是属于 $x^2 - Q$ 的某个非除数型且同时是 $4n+3$ 型；所有其他的数归入第二类. 如果第一类中的数是 $r, r', r'', \cdots$，第二类中的数是 $n, n', n'', \cdots$，那么，A 是所有属于任意一个 $4Ak+r, 4Ak+r', 4Ak+r'', \cdots$ 型中的素数的剩余；以及 A 是所有属于任意一个 $4Ak+n, 4Ak+n', \cdots$ 型中的素数的非剩余. 若 $\alpha = \pm 2$，则将所有小于 $8Q$ 且与其互素的数分为两类：归入第一类的是所有这样的数，它是属于表示式 $x^2 - Q$ 的某个除数型且同时是 $8n+1$ 或 $8n+7$ 型（在取上面的符号的情形），或是 $8n+3$ 或 $8n+5$ 型（在取下面的符号的情形），以及所有这样的数，它是属于表示式 $x^2 - Q$ 的某个非除数型且同时是 $8n+3$ 或 $8n+5$ 型（在取上面的符号的情形），或是 $8n+1$ 或 $8n+7$ 型（在取下面的符号的情形）；所有其他的数归入第二类. 这时，如果第一类中的数是 $r, r', r'', \cdots$，第二类中的数是 $n, n', n'', \cdots$，那么，$\pm 2Q$ 将是所有属于任意一个 $8Qk+r, 8Qk+r', 8Qk+r'', \cdots$ 型中的素数的剩余；以及是所有属于任意一个 $8Qk+n, 8Qk+n', 8Qk+n'', \cdots$ 型中的素数的非剩余. 同样容易证明，在这里表示式 $x^2 - A$ 的除数型和非除数型的个数相同.

例 利用这个方法我们可以推出，$+10$ 是所有属于任一 $40k+1, 3, 9, 13, 27, 31, 37, 39$ 型中的素数的剩余；所以也是所有属于任一 $40k+7, 11, 17, 19, 21, 23, 29, 33$ 型中的素数的非剩余.

150.

这些型具有许多值得注意的性质，这里我们仅指出其中的一个. 如果 B 是与 A 互素的合数，以及 B 的素因数中有 $2m$ 个属于表示式 $x^2 - A$ 的非除数型，那么 B 将属于这个表示式的一个除数型；如果有奇数个 B 的素因数属于表示式 $x^2 - A$ 的非除数型，那么 B 将属于一个非除数型. 我们将略去这一并不困难的证明. 由此就可推出，不仅是每个素数，而且，每个与 A 互素且属于某个非除数型的奇合数，它本身也是非除数；这是因为这样的数必须有一个素因数是非除数.

§40 其他数学家关于这些研究的工作 第 151 目

151.

毫无疑问，在这领域中，基本定理应该认为是最为优美的发现，至今还没有人以我们上面所给出的简洁形式介绍过它. 更为令人惊奇的是因为，Euler 已经知道了其他一些定理，这些定理可以由它推出，以及同样的由这些定理也能容易地导出它. 他知道，存在这样一些型，它们包含了表示式 $x^2 - A$ 的所有素除数，以及存在另一些型，它们包含了表示式 $x^2 - A$ 的所有是素数的非除数，而且所有第一种的型不同于所有第二种的型，他还指出了找这样的型的方法;但是他所有企图给出证明的努力都没有成功,他只是通过归纳成功地对他发现的结论的真实性给出了较高的信任度. 确实,在他题为 *Novae demonstrationes circa divisores numerorum formae* x^2+my^2 的论文(他在1775年11月20日送交圣彼得堡科学院,并在这位杰出的数学家去世后发表于该院的《*Nova Acta*》第一卷)中,从第47页及其后可以看出,看来他认为他已经完成了证明;但是,他不知不觉地犯了一个错误,因为在第65页他**预先默认了**这种除数型与非除数型的存在性①,由此就可毫无困难地推测出这些型应该是**什么样的**;可是,作为所说的假设的根据,他所用的方法是难以适用的. 在另一篇文章 *De criteriis aequationis* $fx^2+gy^2=hz^2$ *utrumque resolutionem admittat necne*, *Opusc. Analyt.* T. Ⅰ. (这里f,g,h是给定的,而x,y,z是未知数)中,他通过归纳发现,如果这方程对$h=s$的一个值可解,那么它对所有的对模$4fg$同余于s的值也可解,只要这个值是素数;基于这个定理就能容易地证明所说的假设. 但是,他做了所有努力也没有能得到这个定理的证明②. 这是不值得奇怪的,因为在我们看来这一切都必须从基本定理开始. 这个定理的正确性将从我们在下篇中所阐述的结论自动推出.

在 Euler 之后,著名的 Legendre 在其名著(《*Rechereches d'analyse indéterminée*》,*Hist. de l'Acad. des Sc.* ,1785,第465页及其后)中,致力于研究同样的问题. 他得到了与基本定理本质上同样的定理(第465页),这就是:如果p,q是两个正的素数,那么,方幂$p^{\frac{q-1}{2}}$,$q^{\frac{p-1}{2}}$分别对模q,p的绝对最小剩余,当p,q中至少有一个是$4n+1$型时,两者将同为$+1$或同为-1;当p,q均是$4n+3$型时,这两个绝对最小剩余中的一个为$+1$而另一个为-1(第516页). 根据第106目,由此可推出:p对q的关系与q对p的关系(按照第146目的意义),当p,q中至少有一个是$4n+1$型时是相同的;当p,q均是$4n+3$型时是相反的. 这个定理包含在第131目的那些定理中,它也可从第133目的定理1,3,9推出;同样的,由此也可推出基本定理. Legendre 也试图给出一个证明,由于这个证明极为巧妙我们将在下篇详细地来讨论. 但是,因为他预先假定了许多没有证明的东西(正如他自己在《*Nous avons supposé seulement*…》的第520页中所承认的),其中的一些结论至今还没有被人证明,而其中有一些结论,就我们判断,不借助于基本定理本身的帮助是无法证明的,所以他的路看来是走不通的,因此我们的证明应该认为是第一个. 而且,以后我们还要给出这个最重要定理的另外两个证明,它们完全不同于前面的证明,且彼此亦不相同.

---

① 就是说一定存在小于$4A$且各不相同的数$r,r',r'',\cdots;n,n',n'',\cdots$,使得所有$x^2-A$的素除数属于型$Ak+r$,$Ak+r',\cdots$之一,以及所有为素数的非除数属于型$Ak+n,Ak+n',\cdots$之一(这里$k$表示任意整数).

② 正如他自己在我们所引文章的第216页中承认的:“这最漂亮定理的证明仍然在寻找,即使在这么长时间有这么多人对它作了无益的研究…….任何一个能成功找到这样的证明的人毫无疑问的一定是最杰出的.”这位伟大的智者以极大的热忱寻求这个定理以及一些只是基本定理的特殊情形的证明,我们还可以在其他许多地方看到,例如,《*Opusc. Analyt.*》(见《*Additamentum ad. Diss.*》,Ⅷ,T. I 和 diss. XⅢ,T. Ⅱ),以及我们已经提到的发表在《*Comment. Ac. Petrop.*》上的许多文章.

§41 一般形式的二次同余方程 第152目

152.

至此,我们已经讨论了最简同余方程 $x^2 \equiv A(\bmod m)$,并指出了如何去解决是否可解的问题. 从第105目可知,**寻求这些根本身**是被归结为 m 是素数或素数幂的情形,而后者,根据第101目,同样可被归结为 m 是素数的情形. 关于最后这一情形,在第61目及其后几目的讨论中包括了几乎所有可用直接方法推出的结论,我们还将在第五,第八篇[I.6]中作有关的讨论. 一般说来,如果应用这些直接方法,我们将发现在大多数情形要比应用间接方法冗长得多得多,这些间接方法我们将在第六篇讨论;因此,它们之所以值得注意不是因为实用上的有效性而是由于它们的美.

任意的二次同余方程容易被归结为最简同余方程. 如果给出了要对模 m 来解的同余方程

$$ax^2 + bx + c \equiv 0,$$

那么,它等价于同余方程

$$4a^2x^2 + 4abx + 4ac \equiv 0(\bmod 4am),$$

即每个满足其中一个同余方程的数一定满足另一个. 第二个同余方程可表为

$$(2ax + b)^2 \equiv b^2 - 4ac(\bmod 4am),$$

以及由此可找出所有小于 $4am$ 的 $2ax+b$ 的值,如果它们存在的话. 如果我们以 $r, r', r'', \cdots$ 表这些值,那么所给的同余方程的全部解可由以下这些同余方程的解来得到

$$2ax \equiv r - b, 2ax \equiv r' - b, \cdots(\bmod 4am),$$

如何求解它们我们已在第二篇中给出. 但是,我们注意到利用各种技巧可简化解法,例如,代替所给的同余方程可找到另一个与它等价的同余方程

$$a'x^2 + 2b'x + c' \equiv 0,$$

其中 a' 整除 m;为了简短起见,这里不允许我们来作更仔细的讨论,在下一篇我们还要遇到这些问题.

第五篇　二次型和二次不定方程

第 153 ~ 307 目

§42　研究计划;型的定义及符号　第 153 目

153.

在本章中我们要专门来研究形如

$$ax^2 + 2bxy + cy^2$$

的两个变数的函数,其中 a,b,c 是给定的整数. 我们将把这种函数称为**二次型**,或者简称为**型**. 这项研究在求解两个变数的二次不定方程的通解这一著名问题时达到了自己的巅峰(这些变数只取整数值或有理数值). 的确,这个问题已经被 Lagrange 所解决,而与型的性质有关的许多结论,其中一部分由像 Euler 这样伟大的数学家所首先发现. 另一部分在被 Fermat 发现之后也被这样的数学家所证明. 然而,在对型的性质仔细加以研究时,我们发现了如此众多新的结果,这使得我们感到有必要对整个这一对象重新做一番研究. 这一方面是因为上述数学家们发现的结果零星散落在不同的地方,只有少数人对此有了解;此外是因为我们所用的方法在大多数情形是我们自创的,最后也因为如果不对前人的发现做出新的表述,我们所发现的结果也就难以为他人所理解. 不过,毫无疑问的是,在这个问题中仍有许多惊人的结果尚未被发现,这需要其他人运用自己的智慧来解决. 不过,我们总是会在本书适当的地方对最为重要的性质的发现历史予以指示.

当我们对变数 x,y 不加关注时,就用符号 (a,b,c) 来表示型 $ax^2 + 2bxy + cy^2$. 这样一来,这一表示式就表示三个被加项的和,即:给定的数 a 与一个任意的未知数的平方的乘积;数 b 与这个未知数以及另外一个未知数的乘积的两倍;以及最后是数 c 与第二个未知数的平方的乘积. 例如,$(1,0,2)$ 表示一个平方数与另一个平方数的两倍之和. 此外,如果仅仅注意**被加项自身**,型 (a,b,c) 和 (c,b,a) 表示的是相同的东西;然而,如果我们关注被加项的**次序**,它们却是不相同的. 因此我们需要仔细区分它们. 由此观察带来的裨益,我们将会在以后看得愈加清楚.

§43　数的表示;行列式　第 154 目

154.

我们称一个给定的数可以由给定的型表示,是指如果能找到变数的某组整数值,使

得型所取的值等于给定的数. 我们有下面的

定理 **如果数 M 可以由型 (a,b,c) 表示,且实现这一表示的变数之值互素,那么 b^2-ac 必为数 M 的一个二次剩余.**

证明 设变数的值为 m,n,即

$$am^2+2bmn+cn^2=M.$$

选取数 μ,ν 使有 $\mu m+\nu n=1$(第40目). 则将括号展开不难指出有

$$(am^2+2bmn+cn^2)(a\nu^2-2b\mu\nu+c\mu^2)=$$
$$[\mu(mb+nc)-\nu(ma+nb)]^2-(b^2-ac)(m\mu+n\nu)^2,$$

也即

$$M(a\nu^2-2b\mu\nu+c\mu^2)=[\mu(mb+nc)-\nu(ma+nb)]^2-(b^2-ac),$$

于是有

$$b^2-ac\equiv[\mu(mb+nc)-\nu(ma+nb)]^2\pmod M,$$

即 b^2-ac 是 M 的二次剩余.

以后我们将会看到,型 (a,b,c) 的性质按照一种特殊的方式依赖于数 b^2-ac 的性质. 我们把数 b^2-ac 称为型 (a,b,c) 的**行列式**.

§44 数 M 由型 (a,b,c) 来表示时所属的表示式 $\sqrt{b^2-ac}\pmod M$ 的值 第155～156目

155.

正如我们所指出的

$$\mu(mb+nc)-\nu(ma+nb)$$

将是表示式

$$\sqrt{b^2-ac}\pmod M$$

的值. 但显然可以用无穷多种方式来确定数 μ 和 ν 的值,使之满足 $\mu m+\nu n=1$,由此即可得到这个表示式的各种值. 我们来检查它们相互间的联系. 设 $\mu m+\nu n=1$,又设有 $\mu'm+\nu'n=1$;并令

$$\mu(mb+nc)-\nu(ma+nb)=v,\mu'(mb+nc)-\nu'(ma+nb)=v'.$$

用 μ' 乘方程 $\mu m+\nu n=1$,用 μ 乘方程 $\mu'm+\nu'n=1$,再相减即得 $\mu'-\mu=n(\mu'\nu-\mu\nu')$;类似地,用 ν' 乘第一个方程,用 ν 乘第二个方程,再相减即得 $\nu'-\nu=n(\mu\nu'-\mu'\nu)$. 由此立即得到

$$v'-v=(\mu'\nu-\mu\nu')(am^2+2bmn+cn^2)=(\mu'\nu-\mu\nu')M,$$

也即有 $v'\equiv v\pmod M$. 于是,无论如何确定 μ 和 ν,公式 $\mu(mb+nc)-\nu(ma+nb)$ 不可能给出表示式 $\sqrt{b^2-ac}\pmod M$ 的**不同的**(即**不同余的**)值. 因此,如果 ν 是这个公式的任意一个值,那么我们就说数 M 由型 $ax^2+2bxy+cy^2$ 给出的表示(其中 $x=m,y=n$)**属于表示式 $\sqrt{b^2-ac}\pmod M$ 的值 ν**. 容易证明:如果这个公式的一个值是 ν,且 $\nu'\equiv\nu\pmod M$,则对于给出值 ν 的 μ 和 ν,可以找到给出值 ν' 的 μ' 和 ν'. 为此只要设

$$\mu' = \mu + \frac{n(\nu' - \nu)}{M}, \nu' = \nu - \frac{m(\nu' - \nu)}{M},$$

我们就得到

$$\mu' m + \nu' n = \mu m + \nu n = 1.$$

从而用μ'和ν'所找到的该公式的值将会比用μ和ν所找到的值多出一个量$(\mu'\nu - \mu\nu')M$,这个量等于$(\mu m + \nu n)(\nu' - \nu) = \nu' - \nu$,故而用$\mu'$和$\nu'$所找到的该公式的这个值就等于$\nu'$.

156.

如果同一个数M在由同一个型(a,b,c)表示时有两个表示法,在每一表示法中两个变数的值都互素,那么这两组变数的值可以属于表示式$\sqrt{b^2 - ac} \pmod M$的相同的值或不同的值.令

$$M = am^2 + 2bmn + cn^2 = am'^2 + 2bm'n' + cn'^2$$

$$\mu m + \nu n = 1, \mu' m' + \nu' n' = 1.$$

显然,如果

$$\mu(mb + nc) - \nu(ma + nb) \equiv \mu'(m'b + n'c) - \nu'(m'a + n'b) \pmod M$$

则无论选取μ,ν以及μ',ν'的什么样的合适的值,此同余式总保持不变.在这种情形我们就说这两个表示法属于表示式$\sqrt{b^2 - ac} \pmod M$的**相同的**值.但是,如果对于μ,ν以及μ',ν'的某组值,上述同余式不再成立,那么它就对任何值都不成立,这两个表示法就属于该表示式的**不同的**值.而如果

$$\mu(mb + nc) - \nu(ma + nb) \equiv -[\mu'(m'b + n'c) - \nu'(m'a + n'b)],$$

那么我们就说这两个表示法属于表示式$\sqrt{b^2 - ac} \pmod M$的**相反的**值.当我们研究同一个数由具有相同行列式的**不同的**型来表示时,我们会用到所有这些术语.

例 设要讨论的型是$(3,7,-8)$,其行列式为73.这个型可以给出数57的如下表示

$$3 \times 13^2 + 14 \times 13 \times 25 - 8 \times 25^2; 3 \times 5^2 + 14 \times 5 \times 9 - 8 \times 9^2.$$

对第一个表示,可取$\mu = 2, \nu = -1$,这第一个表示法所属的表示式$\sqrt{73} \pmod{57}$的值为$2(13 \times 7 - 25 \times 8) + (13 \times 3 + 25 \times 7) = -4$.类似地,若取$\mu = 2, \nu = -1$,则可求得第二个表示法所属的表示式$\sqrt{73} \pmod{57}$的值为$+4$.故这两个表示法属于相反的值.

在作任何深入的讨论之前,要指出的是行列式为零的型将被排除在下面的研究之外,因为这种型只会破坏所得到的定理的简洁性,因而需要分开来加以处理.

§45 一个型包含另一个型,或包含在另一个型之中;正常及反常变换 第157目

157.

如果变数x,y的型F能用形如

$$x = \alpha x' + \beta y', y = \gamma x' + \delta y'$$

的代换变成以 x',y' 为变数的另一个型 F'，这里 $\alpha,\beta,\gamma,\delta$ 都是整数，那么我们就称前一个型包含后一个型，或者说后者**包含在前者之中**. 假若型 F 是

$$ax^2+2bxy+cy^2,$$

而型 F' 是

$$a'x'^2+2b'x'y'+c'y'^2,$$

那么我们有如下三个等式

$$a'=a\alpha^2+2b\alpha\gamma+c\gamma^2,$$
$$b'=a\alpha\beta+b(\alpha\delta+\beta\gamma)+c\gamma\delta,$$
$$c'=a\beta^2+2b\beta\delta+c\delta^2.$$

将第二个等式自乘，第一个等式与第三个等式相乘，再从第一个乘积中减去第二个乘积，那么在删去相互抵消的项之后就得到

$$b'^2-a'c'=(b^2-ac)(\alpha\delta-\beta\gamma)^2.$$

由此推出，型 F' 的行列式能被型 F 的行列式整除，且其商是一个平方数；显然**这些行列式有相同的符号**. 此外，如果型 F' 也能够通过一个类似的代换变成型 F，也就是说，如果型 F' 包含在型 F 中，且型 F 也包含在型 F' 中，那么这两个型的行列式必相等①，且有 $(\alpha\delta-\beta\gamma)^2=1$. 在此情形我们称这两个型是**等价的**. 从而行列式相等是两个型等价的必要条件，尽管型的等价性不能仅从行列式相等得出. 如果 $\alpha\delta-\beta\gamma$ 是正数，就称代换 $x=\alpha x'+\beta y',y=\gamma x'+\delta y'$ 为一个**正常变换**；如果 $\alpha\delta-\beta\gamma$ 是负数，就称它为**反常变换**. 相应地，如果型 F 能通过一个正常的变换变为型 F'，我们就称型 F' **正常地**包含在型 F 中；如果型 F 能通过一个反常的变换变为型 F'，我们就称型 F' **反常地**包含在型 F 中. 因此，如果 F 与 F' 等价，就有 $(\alpha\delta-\beta\gamma)^2=1$，如果该变换是正常变换，则有 $\alpha\delta-\beta\gamma=+1$；如果该变换是反常变换，则有 $\alpha\delta-\beta\gamma=-1$. 如果有若干个变换都是正常变换，或者都是反常变换，那么就称它们是**同型的**变换. 一个正常的变换和一个反常的变换称为是**不同型的**.

§46　正常等价及反常等价　第 158 目

158.

如果型 F 与 F' 的行列式相等，且 F' 包含在 F 之中，那么 F 也必将正常或反常地包含在 F' 之中，相应于 F' 是正常或是反常地包含在 F 之中而定. 假设 F 通过代换

$$x=\alpha x'+\beta y',y=\gamma x'+\delta y'$$

变成为 F'，这时 F' 可以通过代换

$$x'=\delta x-\beta y,y'=-\gamma x+\alpha y$$

变成为 F；事实上，由此代换从 F' 得到的结果，与从 F 出发通过代换

---

① 由以上的分析推出，这个定理对于行列式等于零的型也成立. 但是，等式 $(\alpha\delta-\beta\gamma)^2=1$ 不可以被推广到这种情形.

$$x=\alpha(\delta x-\beta y)+\beta(-\gamma x+\alpha y),$$
$$y=\gamma(\delta x-\beta y)+\delta(-\gamma x+\alpha y),$$

或者通过代换

$$x=(\alpha\delta-\beta\gamma)x, y=(\alpha\delta-\beta\gamma)y$$

得到的结果是同样的. 但是在这里,显然由 F 得到 $(\alpha\delta-\beta\gamma)^2F$,也即得到 F 自己(参见前一目). 显然,后面这个变换是正常的还是反常的,要根据前者是正常变换还是反常变换来定.

如果 F' 是**正常地**包含在 F 之中,且 F 也是正常地包含在 F' 之中,我们就称这两个型是**正常等价的**;如果它们是相互反常地包含在对方之中,就称它们是**反常等价的**. 这种区分的用处不久就会显现出来.

例 用代换 $x=2x'+y', y=3x'+2y'$ 可将型 $2x^2-8xy+3y^2$ 变换成型 $-13x'x'-12x'y'-2y'y'$ 而后者可以通过代换 $x'=2x-y, y'=-3x+2y$ 变换成第一个型. 于是,型 $(2,-4,3)$ 和型 $(-13,-6,-2)$ 是正常等价的.

现在将注意力转向下面的问题:

Ⅰ. 如果给定任何两个有相同行列式的型,我们需要判别它们是否等价;如果等价,究竟是正常等价的,反常等价的,或者同时既是正常等价又是反常等价的(因为这也是有可能的),如果它们有不同的行列式,要能弄清楚它们中是否有一个型包含另一个型,如果确实如此,它是正常的还是反常的,或者是二者兼而有之呢? 最后,无论是正常变换还是反常变换,我们都需要求出把一个型变成另一个型的所有的变换.

Ⅱ. 给定一个型,我们要来判定一个给定的数是否可以由这个型表示,并确定其所有的表示方法. 但是,由于带有负的行列式的型需要用一种与带有正的行列式的型不同的方法,我们将首先考虑这两种情形的共同点,然后再分别加以考虑.

§47 相反的型 第159目

159.

如果型 F 包含型 F',型 F' 又包含型 F'',则型 F 包含型 F''.

设型 F, F' 和 F'' 的变数分别为 $x,y;x',y';x'',y''$. 再设 F 经过代换

$$x=\alpha x'+\beta y', y=\gamma x'+\delta y'$$

变成型 F',而 F' 经过代换

$$x'=\alpha'x''+\beta'y'', y'=\gamma'x''+\delta'y''$$

变成型 F''. 显然 F 可以通过代换

$$x=\alpha(\alpha'x''+\beta'y'')+\beta(\gamma'x''+\delta'y'')$$
$$y=\gamma(\alpha'x''+\beta'y'')+\delta(\gamma'x''+\delta'y'')$$

或

$$x=(\alpha\alpha'+\beta\gamma')x''+(\gamma\alpha\beta'+\beta\delta')y''$$
$$y=(\gamma\alpha'+\delta\gamma')x''+(\gamma\beta'+\delta\delta')y''$$

变成 F''. 所以 F 包含 F''.

由于

$$(\alpha\alpha'+\beta\gamma')(\gamma\beta'+\delta\delta')-(\alpha\beta'+\beta\delta')(\gamma\alpha'+\delta\gamma')=(\alpha\delta-\beta\gamma)(\alpha'\delta'-\beta'\gamma')$$

当 $\alpha\delta-\beta\gamma$ 与 $\alpha'\delta'-\beta'\gamma'$ 都为正数或都为负数时才是正数,当它们一正一负时为负数,因而,如果型 F 包含型 F',型 F' 又以同样的方式包含型 F'',则 F **正常地**包含 F'';如果型 F 包含型 F' 的方式与型 F' 包含型 F'' 的方式不同,则 F **反常地**包含 F''.

由此即得,如果有任意多个型 F,F',F'',F''' 等,其中每个型都包含紧接在它后面的那个型,那么第一个型必也包含最后那个型. 如果以反常方式包含其后者的型的个数为偶数,那么第一个型必**正常地**包含最后那个型;而如果以反常方式包含其后者的型的个数为奇数,那么第一个型必**反常地**包含最后那个型.

如果型 F 等价于 F',F' 等价于 F'',则型 F 必也等价于 F'',而且,如果型 F 等价于 F' 的方式与 F' 等价于 F'' 的方式相同,则型 F 必正常地等价于 F'';如果它们的等价方式相反,则型 F 必反常地等价于 F''.

事实上,由于型 F 与 F' 分别等价于型 F' 与 F'',因此不仅仅前者分别包含后者(由此推出 F 也包含 F''),而且后者也包含前者. 所以 F 与 F'' 等价. 由前面的结论可得:F 是正常地或是反常地包含 F'',要根据 F 与 F' 以及 F' 与 F'' 是以相同还是不同的方式等价而定,对于 F'' 与 F 的关系,也有同样的结论成立. 所以,在第一种情形,F 与 F'' 是正常等价的,而在第二种情形,F 与 F'' 是反常等价的.

型 $(a,-b,c)$,(c,b,a) 以及 $(c,-b,a)$ 都与型 (a,b,c) 等价,其中前两个型与 (a,b,c) 是反常等价,而最后一个型 $(c,-b,a)$ 与 (a,b,c) 是正常等价.

事实上,如果假设 $x=x'+0\cdot y',y=0\cdot x'-y'$,可将型 $ax^2+2bxy+cy^2$ 变成 $ax'^2-2bx'y'+cy'^2$,同时这个变换还是反常的,这是因为 $1\times(-1-0\times 0)=-1$. 通过反常变换 $x=0\cdot x'+y',y=x'+0\cdot y'$ 可将第一个型变为型 $cx'^2+2bx'y'+ay'^2$,而通过正常变换 $x=0\cdot x'-y',y=x'+0\cdot y'$ 可将它变为型 $cx'^2-2bx'y'+ay'^2$.

由此显然可见,任何与型 (a,b,c) 等价的型要么**正常**等价于型 (a,b,c) 自身,要么正常等价于型 $(a,-b,c)$. 类似地,如果任何型包含型 (a,b,c),或者被型 (a,b,c) 所包含,那么该型就**正常地**包含型 (a,b,c) 或型 $(a,-b,c)$,或者正常地被这两个型之中的一个所包含. 我们称型 (a,b,c) 和型 $(a,-b,c)$ 是**相反的型**.

§48 相邻的型 第 160 目

160.

如果型 (a,b,c) 和 (a',b',c') 有相同的行列式,且满足 $c=a'$ 和 $b\equiv -b'(\bmod c)$(即 $b+b'\equiv 0(\bmod c)$),那么就称它们是**相邻的型**. 而在需要更加精确的表述的情形,我们称第一个型对第二个型是**从左边相邻的**,而称第二个型对第一个型是**从右边相邻的**.

例如,型 $(7,3,2)$ 对型 $(3,4,7)$ 是从右边相邻的,而型 $(3,1,3)$ 对与它相反的型 $(3,-1,3)$ 是从两边都相邻的.

相邻的型总是正常等价的. 因为型 $ax^2+2bxy+cy^2$ 可经代换

$$x=-y',y=x'+\left[\frac{(b+b')y'}{c}\right]$$

变成相邻的型 $cx'^2+2b'x'y'+c'y'^2$(这个变换是正常的,因为 $0\cdot\left[\frac{(b+b')y'}{c}\right]-1\times(-1)=1$). 它很容易利用等式 $b^2-ac=b'^2-cc'$(俄文版中此等式误写为 $b^2-ac=b'^2-a'c'$——译者注)作计算加以证明;根据假设,数 $\frac{b+b'}{c}$ 是一个整数. 然而,如果 $c=a'=0$,则这些定义以及结论并不成立. 然而,除了行列式是一个平方数的情形外,这种情形是不会发生的.

如果 $a=a',b\equiv b'\pmod a$,那么型 (a,b,c) 和 (a',b',c') 是正常等价的. 这是因为型 (a,b,c) 正常等价于型 $(c,-b,a)$(参见上一目),而后者则是从左边与型 (a',b',c') 相邻的.

§49　型的系数的公约数　第161目

161.

如果型 (a,b,c) 包含型 (a',b',c'),那么数 a,b,c 的任意公约数必也都整除数 a',b' 和 c';且数 $a,2b,c$ 的任意公约数必也都整除数 $a',2b'$ 和 c'.

如果型 $ax^2+2bxy+cy^2$ 通过代换 $x=\alpha x'+\beta y',y=\gamma x'+\delta y'$ 变成型

$$a'x'x'-2b'x'y'+c'y'y',$$

则我们得到下述诸等式

$$a\alpha^2+2b\alpha\gamma+c\gamma^2=a',$$
$$a\alpha\beta+b(\alpha\delta+\beta\gamma)+c\gamma\delta=b',$$
$$a\beta^2+2b\beta\delta+c\delta^2=c',$$

由这些等式立即推出该定理成立,为证明定理的第二部分,我们用

$$2a\alpha\beta+2b(\alpha\delta+\beta\gamma)+2c\gamma\delta=2b'$$

来代替第二个等式.

由此得到,数 $a,b(2b),c$ 的最大公约数也整除数 $a',b'(2b'),c'$ 的最大公约数. 进一步,如果型 (a',b',c') 也包含型 (a,b,c),即这两个型是等价的,那么,数 $a,b(2b),c$ 的最大公约数将等于数 $a',b'(2b'),c'$ 的最大公约数,这是因为此时二者必相互整除. 于是,在此情形若数 $a,b(2b),c$ 没有公约数,也即它们的最大公约数为1,那么数 $a',b'(2b'),c'$ 的最大公约数必也为1.

§50　给定的一个型变为另一个型的所有可能的同型变换之间的关系　第162目

162.

问题　假设型

$$AX^2+2BXY+CY^2 \qquad F$$

包含型

$$ax^2+2bxy+cy^2 \qquad f$$

以及已经给出将前一个型变换成后一个型的变换;试从这个变换求出所有其他的同型变换.

解 设给定的变换是 $X=\alpha x+\beta y, Y=\gamma x+\delta y$. 首先假设我们知道另一个与它同型的变换 $X=\alpha' x+\beta' y, Y=\gamma' x+\delta' y$. 我们来研究由此可以得出什么结果. 用 D 和 d 分别表示型 F 和 f 的行列式,记 $\alpha\delta-\beta\gamma=e, \alpha'\delta'-\beta'\gamma'=e'$. 我们就有(参见第157目)

$$d=De^2=De'e'.$$

由假设,e 和 e' 有相同的符号,从而 $e=e'$. 我们也得到下述六个等式

$$A\alpha^2+2B\alpha\gamma+C\gamma^2=a, \tag{1}$$

$$A\alpha'\alpha'+2B\alpha'\gamma'+C\gamma'\gamma'=a, \tag{2}$$

$$A\alpha\beta+B(\alpha\delta+\beta\gamma)+C\gamma\delta=b, \tag{3}$$

$$A\alpha'\beta'+B(\alpha'\delta'+\beta'\gamma')+C\gamma'\delta'=b, \tag{4}$$

$$A\beta^2+2B\beta\delta+C\delta^2=c, \tag{5}$$

$$A\beta'\beta'+2B\beta'\delta'+C\delta'\delta'=c. \tag{6}$$

为书写简便,我们用 $a', 2b', c'$ 来表示下面三个数

$$A\alpha\alpha'+B(\alpha\gamma'+\gamma\alpha')+C\gamma\gamma',$$

$$A(\alpha\beta'+\beta\alpha')+B(\alpha\delta'+\beta\gamma'+\gamma\beta'+\delta\alpha')+C(\gamma\delta'+\delta\gamma'),$$

$$A\beta\beta'+B(\beta\delta'+\delta\beta')+C\delta\delta'.$$

这样,我们将从上述等式推出下面的新等式①

$$a'a'-D(\alpha\gamma'-\gamma\alpha')^2=a^2, \tag{7}$$

$$2a'b'-D(\alpha\gamma'-\gamma\alpha')(\alpha\delta'+\beta\gamma'-\gamma\beta'-\delta\alpha')=2ab, \tag{8}$$

$$4b'b'-D[(\alpha\delta'+\beta\gamma'-\gamma\beta'-\delta\alpha')^2+2ee']=2b^2+2ac,$$

由最后一式加上 $2Dee'=2d=2b^2-2ac$,我们得到

$$4b'b'-D(\alpha\delta'+\beta\gamma'-\gamma\beta'-\delta\alpha')^2=4b^2, \tag{9}$$

$$a'c'-D(\alpha\delta'-\gamma\beta')(\beta\gamma'-\delta\alpha')=b^2,$$

从这些式子中减去 $D(\alpha\delta-\beta\gamma)(\alpha'\delta'-\beta'\gamma')=b^2-ac$,我们得到

$$a'c'-D(\alpha\gamma'-\gamma\alpha')(\beta\delta'-\delta\beta')=ac, \tag{10}$$

$$2b'c'-D(\alpha\delta'+\beta\gamma'-\gamma\beta'-\delta\alpha')(\beta\delta'-\delta\beta')=2bc, \tag{11}$$

$$c'c'-D(\beta\delta'-\delta\beta')^2=c^2. \tag{12}$$

---

① 它们是用以下方式获得的:式(7)由(1)×(2)得出(也即如果将等式(1)与(2)相乘,或者更确切地说是用第一式的左边与第二式的左边相乘,以及用第一式的右边与第二式的右边相乘,并使这两个乘积相等);式(8)由(1)×(4)+(2)×(3)得出;下一个等式(没有标号)由(1)×(6)+(2)×(5)+(3)×(4)+(3)×(4)得出;式(9)后面那个没有标号的式子由(3)×(4)得出;式(11)由(3)×(6)+(4)×(5)得出;式(12)由(5)×(6)得出.以后我们将总是沿用与此类似的表达方式,而将推导留给读者去完成.

我们假设数 $a,2b,c$ 的最大公约数是 m,而数 A,B,C 则由

$$\mathfrak{A}a+2\mathfrak{B}b+\mathfrak{C}c=m$$

决定(第 40 目). 将等式(7),(8),(9),(10),(11),(12) 分别乘以 $\mathfrak{A}^2,2\mathfrak{A}\mathfrak{B},\mathfrak{B}^2,2\mathfrak{A}\mathfrak{C},2\mathfrak{B}\mathfrak{C},\mathfrak{C}^2$,然后将诸乘积相加. 如果再为简单计,令

$$\mathfrak{A}a'+2\mathfrak{B}b'+\mathfrak{C}c'=T, \tag{13}$$

$$\mathfrak{A}(\alpha\gamma'-\gamma\alpha')+\mathfrak{B}(\alpha\delta'+\beta\gamma'-\gamma\beta'-\delta\alpha')+\mathfrak{C}(\beta\delta'-\delta\beta')=UC, \tag{14}$$

其中 T 和 U 显然是整数,那么我们将得到等式

$$T^2-DU^2=m^2.$$

于是我们导出下述优美的结论:从型 F 到型 f 的任意两个同型变换,可以得到不定方程 $t^2-Du^2=m^2$ 的整数解,即 $t=T,u=U$. 由于在我们的推理中没有假设这些变换是不同的,所以,把同一个变换做两次必定也给出这个方程的一组解. 但因为在这种情形有 $\alpha'=\alpha,\beta'=\beta$ 等,又有 $a'=a,b'=b,c'=c$,从而得到解 $T=m,U=0$,这是显然而且直接的.

现在我们假设第一个变换和该不定方程的解是已知的. 我们要来研究由此怎样推导出另外的变换,也就是研究 α',β',γ' 和 δ' 是怎样依赖于 $\alpha,\beta,\gamma,\delta,T$ 和 U 的. 我们首先用 $\delta\alpha'-\beta\gamma'$ 来乘以等式(1),用 $\alpha\delta'-\gamma\beta'$ 乘以等式(2),然后用 $\alpha\gamma'-\gamma\alpha'$ 乘以等式(3),再用 $\gamma\alpha'-\alpha\gamma'$ 乘以等式(4),并将这些乘积相加. 最后我们得到

$$(e+e')a'=(\alpha\delta'-\beta\gamma'-\gamma\beta'+\delta\alpha')a. \tag{15}$$

类似地,由

$$(\delta\beta'-\beta\delta')((1)-(2))+(\alpha\delta'-\beta\gamma'-\gamma\beta'+\delta\alpha')((3)+(4))+$$
$$(\alpha\gamma'-\gamma\alpha')((5)-(6))$$

我们得到

$$2(e+e')b'=2(\alpha\delta'-\beta\gamma'-\gamma\beta'+\delta\alpha')b. \tag{16}$$

最后,由

$$(\delta\beta'-\beta\delta')((3)-(4))+(\alpha\delta'-\gamma\beta')(5)+(\delta\alpha'-\beta\gamma')(6)$$

我们得到

$$(e+e')c'=(\alpha\delta'-\beta\gamma'-\gamma\beta'+\delta\alpha')c. \tag{17}$$

把等式(15),等式(16) 和等式(17) 这些值代入(13) 我们得到

$$(e+e')T=(\alpha\delta'-\beta\gamma'-\gamma\beta'+\delta\alpha')(\mathfrak{A}a+2\mathfrak{B}b+\mathfrak{C}c),$$

或

$$2eT=(\alpha\delta'-\beta\gamma'-\gamma\beta'+\delta\alpha')m. \tag{18}$$

由它来计算 T 要比用等式(13) 计算容易得多. 把它和等式(15),(16) 以及等式(17) 组合起来,我们得到 $ma'=Ta,2mb'=2Tb,mc'=Tc$. 在等式(7) ~ (12) 中减去 $a',2b',c'$ 的这些值,并用 m^2+DU^2 来代替 T^2,再经适当处理,我们就得到

$$(\alpha\gamma'-\gamma\alpha')^2m^2=a^2U^2,$$
$$(\alpha\gamma'-\gamma\alpha')(\alpha\delta'+\beta\gamma'-\gamma\beta'-\delta\alpha')m^2=2abU^2,$$
$$(\alpha\delta'+\beta\gamma'-\gamma\beta'-\delta\alpha')^2m^2=4b^2U^2,$$
$$(\alpha\gamma'-\gamma\alpha')(\beta\delta'-\delta\beta')m^2=acU^2,$$

$$(\alpha\delta' + \beta\gamma' - \gamma\beta' - \delta\alpha')(\beta\delta' - \delta\beta')m^2 = 2bcU^2,$$
$$(\beta\delta' - \delta\beta')^2 m^2 = c^2U^2.$$

借助等式(14)以及$\mathfrak{A}a + 2\mathfrak{B}b + \mathfrak{C}c = m$,由此容易导出下列关系式(用$\mathfrak{A}$,$\mathfrak{B}$,$\mathfrak{C}$首先分别乘以第一、第二和第四个等式;再分别乘以第二、第三和第五个等式;最后分别乘以第四、第五和第六个等式,然后把这些乘积相加):

$$(\alpha\gamma' - \gamma\alpha')Um^2 = maU^2,$$
$$(\alpha\delta' + \beta\gamma' - \gamma\beta' - \delta\alpha')Um^2 = 2mbU^2,$$
$$(\beta\delta' - \delta\beta')Um^2 = mcU^2,$$

用mU①来除这些关系式,我们得到

$$aU = (\alpha\gamma' - \gamma\alpha')m, \tag{19}$$
$$2bU = (\alpha\delta' + \beta\gamma' - \gamma\beta' - \delta\alpha')m, \tag{20}$$
$$cU = (\beta\delta' - \delta\beta')m; \tag{21}$$

从这些等式中的任何一个,就可得到U的值,这要比用等式(14)容易得多.由此还推出,不论$\mathfrak{A}$,$\mathfrak{B}$,$\mathfrak{C}$是如何决定的(它们有无穷多种方式加以决定),对于T和U我们总是得到同样的值.

现在若用α乘等式(18),用2β乘等式(19),用$-\alpha$乘等式(20),再相加就得到

$$2\alpha eT + 2(\beta a - \alpha b)U = 2(\alpha\delta - \beta\gamma)\alpha' m = 2e\alpha' m.$$

类似地,由$\beta(18) + \beta(20) - 2\alpha(21)$得到

$$2\beta eT + 2(\beta b - \alpha c)U = 2(\alpha\delta - \beta\gamma)\beta' m = 2e\beta' m.$$

由$\gamma(18) + 2\delta(19) - \gamma(20)$得到

$$2\gamma eT + 2(\delta a - \gamma b)U = 2(\alpha\delta - \beta\gamma)\gamma' m = 2e\gamma' m.$$

最后,由$\delta(18) + \delta(20) - 2\gamma(21)$得到

$$2\delta eT + 2(\delta b - \gamma c)U = 2(\alpha\delta - \beta\gamma)\delta' m = 2e\delta' m.$$

如果我们将这些公式中的a,b,c用等式(1),(3),(5)中的值代入,我们就得到

$$\alpha' m = \alpha T - (\alpha B + \gamma C)U,$$
$$\beta' m = \beta T - (\beta B + \delta C)U,$$
$$\gamma' m = \gamma T - (\alpha A + \gamma B)U,$$
$$\delta' m = \delta T - (\beta A + \delta B)U②,$$

由上面的研究推出,不存在从F到f的与给定的变换同型的变换,它不包含在以下的公式中:

$$X = \frac{1}{m}[\alpha t - (\alpha B + \gamma C)u]x + \frac{1}{m}[\beta t - (\beta B + \delta C)u]y,$$

① 如果$U = 0$,则这样除是不允许的;但在此情形可以从第一,第三以及第六个等式立即推出等式(19),(20)以及等式(21).

② 由此容易推出:

$$AeU = (\delta\gamma' - \gamma\delta')m,$$
$$2BeU = (\alpha\delta' - \delta\alpha' + \gamma\beta' - \beta\gamma')m,$$
$$CeU = (\beta\alpha' - \alpha\beta')m.$$

$$Y = \frac{1}{m}[\gamma t + (\alpha A + \gamma B)u]x + \frac{1}{m}[\delta t + (\beta A + \delta B)u]y. \qquad (\text{I})$$

其中 t,u 表示满足方程 $t^2 - Du^2 = m^2$ 的任意整数. 但是,由此我们还不能断言,满足这个方程的所有的 t 和 u 的值代入到公式(Ⅰ)中时都能给出合乎要求的变换. 但是,利用等式(1),(3),(5) 以及 $t^2 - Du^2 = m^2$ 进行计算容易证明以下结论:

1. 总可以由 t 和 u 的任意值代入所得到的变换将型 F 变成型 f. 我们将这一计算过程略去,因为此计算虽冗长但并不困难.

2. 任何由该公式得出的变换都必与所给的变换同型. 因为

$$\frac{1}{m}[\alpha t - (\alpha B + \gamma C)u] \cdot \frac{1}{m}[\delta t + (\beta A + \delta B)u] -$$

$$\frac{1}{m}[\beta t - (\beta B + \delta C)u] \cdot \frac{1}{m}[\gamma t + (\alpha A + \gamma B)u] =$$

$$\frac{1}{m^2}(\alpha\delta - \beta\gamma)(t^2 - Du^2) = \alpha\delta - \beta\gamma.$$

3. 如果型 F 和 f 的行列式不等,那么有可能对 t 和 u 的某些值,公式(Ⅰ)会给出含有分数的代换,这些代换必须被排除在外;所有其余的都是合适的变换,而且这些也就是仅有的变换.

4. 如果型 F 与 f 有相同的行列式,从而它们是等价的型,那么公式(Ⅰ)将不会给出含有分数的变换. 在此情形,它给出问题的全部解. 它的证明如下.

根据上一目中的定理可以推出,在此情形 m 将是 $A,2B,C$ 的一个公约数. 因为

$$t^2 - Du^2 = m^2,$$

所以 $t^2 - B^2u^2 = m^2 - ACu^2$,因而 $t^2 - B^2u^2$ 可以被 m^2 整除;由此知 $4t^2 - 4B^2u^2$ 也可以被 m^2 整除. 于是(因为 $2B$ 可被 m 整除)$4t^2$ 可被 m^2 整除,故而 $2t$ 可被 m 整除. 由此可推出 $\frac{2(t+Bu)}{m}$ 和 $\frac{2(t-Bu)}{m}$ 都是整数,实际上(因为它们的差 $\frac{4Bu}{m}$ 是偶数)这两个数或者同为偶数,或者同为奇数. 如果它们同为奇数,那么其乘积也将是奇数;但这乘积等于数 $\frac{t^2 - B^2u^2}{m^2}$ 的四倍——如我们刚刚证明的,这个数是一个整数——因此这乘积必为偶数,故它们同为奇数是不可能的;于是 $\frac{2(t+Bu)}{m}$ 和 $\frac{2(t-Bu)}{m}$ 恒为偶数,从而 $\frac{t+Bu}{m}$ 和 $\frac{t-Bu}{m}$ 都是整数. 由此不难推断,(Ⅰ)中的四个系数都恒为整数.

由以上所述可以断言:如果已知方程 $t^2 - Du^2 = m^2$ 的所有的解,那么我们就能得出把型 (A,B,C) 变为型 (a,b,c) 且与给定的变换同型的所有的变换. 后面我们将要指出如何来求出所给方程的这些解. 这里我们仅指出:当 D 为负数或为一个正的平方数时,其解数总是有限的. 当 D 是正的非平方数时,它有无穷多组解. 在后一情形,且 D 不等于 d 时(见上面的第三种情形),我们必须进一步寻求事先怎样把可以给出不含分数代换的 t 和 u 的值与那些给出分数代换的 t 和 u 的值区分开来. 但是在下面我们对此情形要用到另一种方法,该方法可以避免这种不便之处(第 214 目).

例 型 x^2+2y^2 可以用正常变换 $x=2x'+7y'$, $y=x'+5y'$ 变换成型(6,24,99). 我们要来求把前一个型变为后一个型的所有的正常变换. 这里有 $D=-2$, $m=3$, 故要解的方程是 $t^2+2u^2=9$. 满足它的有六组解, 这些解分别是 $t=3,-3,1,-1,1,-1$ 和 $u=0,0,2,2,-2,-2$. 其中第三和第六组解给出分数系数的代换, 故而应被去掉; 其余的解给出如下四个代换:

$$x=\left|\begin{array}{l}2x'+7y',\\-2x'-7y',\\-2x'-9y',\\2x'+9y',\end{array}\right.\qquad y=\left|\begin{array}{l}x'+5y',\\-x'-5y',\\x'+3y',\\-x'-3y',\end{array}\right.$$

其中第一个就与给出的那个代换相同.

§51 歧型 第163目

163.

在上面我们已经注意到, 型 F 既可以正常地, 也可以反常地包含另一个型 F'. 如果有另外一个型 G 可以插在 F 和 F' 之间, 使得 F 包含 G, G 包含 F', 且 G 能与自己反常等价的话, 这种情形就会发生. 因为, 如果我们假设 F 正常(或反常)地包含 G, 那么由于 G 反常地包含 G, 从而 F 必然是反常地(或正常地)包含 G, 也就是说, 在每一种情形, 都既是正常的又是反常的包含(第159目). 根据同样的方法, 不论预先假定 G 是如何包含 F' 的, F 总是既是正常地包含 F', 也是反常地包含 F'. 最显然的情形是当型的中间项为零时, 就得到这种与自己反常等价的型. 这种型也是与自己相反的型(第159目), 因而也与自己反常等价. 更为一般地, 任何型 (a,b,c), 只要其中 $2b$ 可以被 a 整除, 都有此性质. 此即型 (c,b,a) 是 (a,b,c) 的从左边相邻的邻型(第160目), 因而也与它正常等价; 但是根据第159目, 型 (c,b,a) 与 (a,b,c) 反常等价, 因此 (a,b,c) 与自己反常等价. 我们把 $2b$ 可被 a 整除的型 (a,b,c) 称为是一个歧型. 于是我们有下面的定理:

型 F 将既是正常地又是反常地包含型 F', 如果存在一个歧型, 它被 F 所包含, 且也包含型 F'.

但是这个定理的逆命题也是成立的, 这就是:

§52 与同时既是正常地又是反常地包含在另一个型中的型有关的定理 第164目

164.

定理 如果型

$$Ax^2+2Bxy+Cy^2 \qquad (F)$$

既是正常地又是反常地包含型

$$A'x'^2+2B'x'y'+C'y'^2 \qquad (F')$$

则可以找到一个被 F 所包含且包含 F' 的歧型.

假设型 F 通过代换

$$x=\alpha x'+\beta y',y=\gamma x'+\delta y'$$

以及另外一个与它不同型的代换

$$x=\alpha' x'+\beta' y',y=\gamma' x'+\delta' y'$$

变成型 F'. 用 e 和 e' 来记数 $\alpha\delta-\beta\gamma$ 和 $\alpha'\delta'-\beta'\gamma'$,我们就有

$$B'^2-A'C'=e^2(B^2-AC)=e'^2(B^2-AC)$$

于是有 $e^2=e'^2$. 又根据假设,e 与 e' 有相反的符号,即 $e=-e'$ 或 $e+e'=0$. 现在,如果在 F' 中用 $\delta'x''-\beta'y''$ 代替 x',用 $-\gamma'x''+\alpha'y''$ 代替 y',那么显然会得到和由 F 按下述方式所得到的同样的型:在 F 中

或者　1)用 $\alpha(\delta'x''-\beta'y'')+\beta(-\gamma'x''+\alpha'y'')$,也就是用 $(\alpha\delta'-\beta\gamma')x''+(\beta\alpha'-\alpha\beta')y''$ 代替 x;以及用 $\gamma(\delta'x''-\beta'y'')+\delta(-\gamma'x''+\alpha'y'')$,也就是用 $(\gamma\delta'-\delta\gamma')x''+(\delta\alpha'-\gamma\beta')y''$ 代替 y;

或者　2)用 $\alpha'(\delta'x''-\beta'y'')+\beta'(-\gamma'x''+\alpha'y'')$,也就是用 $e'x''$ 代替 x;以及用 $\gamma'(\delta'x''-\beta'y'')+\delta'(-\gamma'x''+\alpha'y'')$,也就是用 $e'y''$ 代替 y.

因此,如果用 a,b,c,d 分别记数 $\alpha\delta'-\beta\gamma',\beta\alpha'-\alpha\beta',\gamma\delta'-\delta\gamma',\delta\alpha'-\gamma\beta'$,则型 F 可以通过两个代换

$$x=ax''+by'',y=cx''+dy'';x=e'x'',y=e'y''$$

变换为同样的型,由此我们得到下面三个等式

$$Aa^2+2Bac+Cc^2=Ae'^2, \tag{1}$$

$$Aab+B(ad+bc)+Ccd=Be'^2, \tag{2}$$

$$Ab^2+2Bbd+Cd^2=Ce'^2, \tag{3}$$

然而,由 a,b,c,d 的值我们得到

$$ad-bc=ee'=-e^2=-e'^2. \tag{4}$$

所以,由 $d\times$式(1) $-c\times$式(2) 可得

$$(Aa+Bc)(ad-bc)=(Ad-Bc)e'^2,$$

于是有

$$A(a+d)=0.$$

此外,由 $(a+d)\times$式(2) $-b\times$式(1) $-c\times$式(3) 我们得到

$$[Ab+B(a+d)+Cc][ad-bc]=[-Ab+B(a+d)-Cc]e'^2,$$

于是又有

$$B(a+d)=0.$$

最后,由 $a\times$式(3) $-b\times$式(2) 有

$$(Bb+Cd)(ad-bc)=(-Bb+Ca)e'^2,$$

于是有

$$C(a+d)=0.$$

但由于 A,B,C 不能全为零,故必有 $a+d=0$,即 $a=-d$.

由 $a\times$ 式(2) $-b\times$ 式(1) 我们得到

$$(Ba+Cc)(ad-bc)=(Ba-Ab)e'^2,$$

由此得到

$$Ab-2Ba-Cc=0. \tag{5}$$

由等式 $e+e'=0,a+d=0$,也即由

$$\alpha\delta-\beta\gamma+\alpha'\delta'-\beta'\gamma'=0,\alpha\delta'-\beta\gamma'-\gamma\beta'+\delta\alpha'=0,$$

可以推出 $(\alpha+\alpha')(\delta+\delta')=(\beta+\beta')(\gamma+\gamma')$,也即

$$(\alpha+\alpha'):(\gamma+\gamma')=(\beta+\beta'):(\delta+\delta').$$

设这个比值①的最简分数值为 $m:n$,其中 m 与 n 互素,选取 μ,ν 使满足 $\mu m+\nu n=1$. 此外,令 r 为数 a,b,c 的最大公约数,它的平方将整除 $a^2+bc,bc-ad$ 以及 e^2,因此 r 也整除 e. 接下来,如果我们假设型 F 经过代换

$$x=mt+\frac{\nu e}{r}u,y=nt-\frac{\mu e}{r}u$$

变成型 $G=Mt^2+2Ntu+Pu^2$,那么 G 是一个歧型,且它包含型 F'.

证明 Ⅰ. 为证明型 G 是歧型,我们需要证明

$$M(b\mu^2-2a\mu\nu-c\nu^2)=2Nr.$$

由于 r 整除 a,b,c,因此 $\dfrac{b\mu^2-2a\mu\nu-c\nu^2}{r}$ 是一个整数,从而 $2N$ 是 M 的倍数. 事实上,我们有

$$M=Am^2+2Bmn+Cn^2,$$

$$Nr=[Am\nu-B(m\mu-n\nu)-Cn\mu]e. \tag{6}$$

根据计算容易验证

$$2e+2a=e-e'+a-d=(\alpha-\alpha')(\delta+\delta')-(\beta-\beta')(\gamma+\gamma'),$$

$$2b=(\alpha+\alpha')(\beta-\beta')-(\alpha-\alpha')(\beta+\beta').$$

由于 $m(\gamma+\gamma')=n(\alpha+\alpha'),m(\delta+\delta')=n(\beta+\beta')$,于是我们有 $m(2e+2a)=-2nb$,也即有

$$me+ma+nb=0. \tag{7}$$

同样地我们可得到

$$2e-2a=e-e'-a+d=(\alpha+\alpha')(\delta-\delta')-(\beta+\beta')(\gamma-\gamma'),$$

$$2c=(\gamma-\gamma')(\delta+\delta')-(\gamma+\gamma')(\delta-\delta'),$$

由此即得 $n(2e-2a)=-2mc$,也即

$$ne-na+mc=0. \tag{8}$$

现在如果给 $m^2(b\mu^2-2a\mu\nu-c\nu^2)$ 加上式子

---

① 如果所有的值 $\alpha+\alpha',\gamma+\gamma',\beta+\beta',\delta+\delta'$ 全都为零,那么这个比值就是不确定的,所以此法不再适用. 但稍加注意就会发现,根据我们的假设,这是不可能的. 因为事实上那样就会有 $\alpha\delta-\beta\gamma=\alpha'\delta'-\beta'\gamma'$,即有 $e=e'$. 又由于 $e=-e'$,由此推出 $e=e'=0$. 也就是型 F' 的行列式等于零. 但这样的型是永远排除在我们的讨论范围之外的.

$$[1-m\mu-n\nu][m\nu(e-a)+(m\mu+1)b]+(me+ma+nb)(m\mu\nu+\nu)+(ne-na+mc)m\nu^2,$$

这个式子显然为零,这是因为

$$1-\mu m-\nu n=0, me+ma+nb=0, ne-na+mc=0.$$

那么,将乘积展开并相消,我们就得到 $2m\nu e+b$. 于是有

$$m^2(b\mu^2-2a\mu\nu-c\nu^2)=2m\nu e+b. \tag{9}$$

用同样的方法,将

$$[1-m\mu-n\nu][(n\nu-m\mu)e-(1+m\mu+n\nu)a]-(me+ma+nb)m\mu^2+(ne-na+mc)n\nu^2$$

加到 $mn(b\mu^2-2a\mu\nu-c\nu^2)$ 上,我们得到

$$mn(b\mu^2-2a\mu\nu-c\nu^2)=(n\nu-m\mu)e-a. \tag{10}$$

最后,将

$$[m\mu+n\nu-1][n\mu(e+a)+(n\nu+1)c]-(me+ma+nb)n\mu^2-(ne-na+mc)(n\mu\nu+\mu)$$

加到 $n^2(b\mu^2-2a\mu\nu-c\nu^2)$ 上,我们得到

$$n^2(b\mu^2-2a\mu\nu-c\nu^2)=-2n\mu e-c. \tag{11}$$

由式(9),(10),(11) 我们推出

$$(Am^2+2Bmn+Cn^2)(b\mu^2-2a\mu\nu-c\nu^2)=2e[Am\nu+B(n\nu-m\mu)-Cn\mu]+Ab-2Ba-Cc,$$

根据式(6),也即得到

$$M(b\mu^2-2a\mu\nu-c\nu^2)=2Nr.$$

Ⅱ. 为了证明型 G 包含型 F',我们首先来指出,如果假设

$$t=(\mu\alpha+\nu\gamma)x'+(\mu\beta+\nu\delta)y',$$

$$u=\frac{r}{e}(n\alpha-m\gamma)x'+\frac{r}{e}(n\beta-m\delta)y', \tag{S}$$

那么 G 就变成 F',其次再证明$\frac{r}{e}(n\alpha-m\gamma)$ 和$\frac{r}{e}(n\beta-m\delta)$ 都是整数.

1. 这是因为,如果假设

$$x=mt+\frac{\nu e}{r}u, y=nt-\frac{\mu e}{r}u,$$

F 就变成 G,因而 G 通过代换(S) 所变成的型与型 F 通过代换

$$x=m[(\mu\alpha+\nu\gamma)x'+(\mu\beta+\nu\delta)y']+\nu[(n\alpha-m\gamma)x'+(n\beta-m\delta)y']$$

此即

$$x=\alpha(m\mu+n\nu)x'+\beta(m\mu+n\nu)y', \text{也即 } x=\alpha x'+\beta y'$$

和

$$y=n[(\mu\alpha+\nu\gamma)x'+(\mu\beta+\nu\delta)y']-\mu[(n\alpha-m\gamma)x'+(n\beta-m\delta)y']$$

此即

$$y=\gamma(m\mu+n\nu)x'+\delta(m\mu+n\nu)y', \text{也即 } y=\gamma x'+\delta y'$$

所变成的型相同. 由此代换, F 变成 F', 因此型 G 通过代换 (S) 就变成了 F'.

2. 由 e,b,d 的值可以求出 $\alpha'e+\gamma b-\alpha d=0$; 或者说, 由于 $d=-a$, 所以有 $n\alpha'e+n\alpha a+n\gamma b=0$; 因而, 利用式(7) 就得到 $n\alpha'e+n\alpha a=m\gamma e+m\gamma a$, 也即

$$(n\alpha-m\gamma)a=(m\gamma-n\alpha')e. \tag{12}$$

此外, 有 $\alpha nb=-\alpha m(e+a)$, $\gamma mb=-m(\alpha'e+\alpha a)$, 于是

$$(n\alpha-m\gamma)b=(\alpha'-\alpha)me. \tag{13}$$

最后, $\gamma'e-\gamma a+\alpha c=0$; 如果用 n 乘这个等式, 并用 na 在式(8) 中的值代入所得到的等式, 就得到

$$(n\alpha-m\gamma)c=(\gamma-\gamma')ne. \tag{14}$$

类似地有 $\beta'e+\delta b-\beta d=0$, 也即 $n\beta'e+n\delta b+n\beta a=0$, 于是, 根据式(7) 就有 $n\beta'e+n\beta a=m\delta e+m\delta a$, 也即有

$$(n\beta-m\delta)a=(m\delta-n\beta')e. \tag{15}$$

此外, 有 $\beta nb=-\beta m(e+a)$, $\delta mb=-m(\beta'e+\beta a)$, 故有

$$(n\beta-m\delta)b=(\beta'-\beta)me. \tag{16}$$

最后, $\delta'e-\delta a+\beta c=0$; 将它乘以 n, 并用 na 在式(8) 中的值代入所得到的等式, 就得到

$$(n\beta-m\delta)c=(\delta-\delta')ne. \tag{17}$$

现在, 由于数 a,b,c 的最大公约数为 r, 所以可找到整数 $\mathfrak{A},\mathfrak{B},\mathfrak{C}$ 满足

$$\mathfrak{A}a+\mathfrak{B}b+\mathfrak{C}c=r.$$

从而由此及式(12), (13), (14); 式(15), (16), (17) 就得到

$$\mathfrak{A}(m\gamma-n\alpha')+\mathfrak{B}(\alpha'-\alpha)m+\mathfrak{C}(\gamma-\gamma')n=\frac{r}{e}(n\alpha-m\gamma),$$

$$\mathfrak{A}(m\delta-n\beta')+\mathfrak{B}(\beta'-\beta)m+\mathfrak{C}(\delta-\delta')n=\frac{r}{e}(n\beta-m\delta),$$

所以 $\frac{r(n\alpha-m\gamma)}{e}$ 和 $\frac{r(n\beta-m\delta)}{e}$ 都是整数.

165.

例 如果假设

$$x=4x'+11y', y=-x'-2y',$$

那么型 $3x^2+14xy-4y^2$ 正常地变成型 $-12x'x'-18x'y'+39y'y'$; 又如果假设

$$x=-74x'+89y', y=15x'-18y',$$

那么它就反常地变成型 $-12x'x'-18x'y'+39y'y'$. 在这里, 数 $\alpha+\alpha'$, $\beta+\beta'$, $\gamma+\gamma'$, $\delta+\delta'$ 分别等于 $-70, 100, 14, -20$; 且有 $-70:14=100:-20=5:-1$. 故可令 $m=5$, $n=-1$, $\mu=0$, $\nu=-1$. 于是数 a,b,c 分别为 -237, $-1\ 170$, 48, 它们的最大公约数为 $r=3$, 最后有 $e=3$. 所以变换 $x=5t-u$, $y=-t$ 将型 $(3,7,-4)$ 变为歧型 $t^2-16tu+3u^2$.

如果型 F 与 F' 等价, 那么包含在 F 中的型 G 也包含在 F' 中. 但因为 G 也包含 F', 故 G 与 F' 等价, 从而也与型 F 等价. 这样一来, 在此情形定理可以表述成如下的形式:

如果 F 与 F' 既正常等价也反常等价, 那么可以找到一个与它们都等价的歧型.

顺便说一句,在此情形有 $e=\pm 1$,于是有 $r=1$,因为它整除 e.

对于上面所讲述的有关型的变换,我们感到满意,现在我们要研究由型来表示数的问题.

§53 由型表示数的一般性研究以及这些表示与变换的联系 第 166 ~ 170 目

166.

如果型 F 包含型 F',那么任何可以由 F' 表示的数也可以由 F 表示.

设型 F 和 F' 的变数分别是 x,y 和 x',y',假设数 M 可以由 F' 取 $x'=m,y'=n$ 表出,再设型 F 可以通过代换

$$x=\alpha x'+\beta y',y=\gamma x'+\delta y'$$

变成 F'. 显然,如果令

$$x=\alpha m+\beta n,y=\gamma m+\delta n,$$

则 F 就变换成数 M.

如果 M 可以以不同的方式由型 F' 表示,比方说也可取 $x'=m',y'=n'$,那么就能推出由 F 表出 M 的不同的表示法来. 事实上,如果有

$$\alpha m+\beta n=\alpha m'+\beta n' \text{ 以及 } \gamma m+\delta n=\gamma m'+\delta n',$$

那么,或者有 $\alpha\delta-\beta\gamma=0$,而这与型 F 的行列式不为零的假设矛盾;或者有 $m=m',n=n'$. 由此推出,F 表示 M 的方式至少与 F' 表示 M 的方式同样多.

因此,如果 F 包含 F' 且 F' 也包含 F,即 F 和 F' 等价,又数 M 可以由其中一个型表示,那么它也可以由另一个型来表示,且两者的表法数同样多.

最后我们指出,数 m 和 n 的最大公约数等于数 $\alpha m+\beta n$ 和 $\gamma m+\delta n$ 的最大公约数. 令前一个最大公约数为 Δ,并选取数 μ 和 ν 使满足 $\mu m+\nu n=\Delta$,则我们有

$$(\delta\mu-\gamma\nu)(\alpha m+\beta n)-(\beta\mu-\alpha\nu)(\gamma m+\delta n)=(\alpha\delta-\beta\gamma)(\mu m+\nu n)=\pm\Delta.$$

因此数 $\alpha m+\beta n$ 和 $\gamma m+\delta n$ 的最大公约数整除 Δ,而 Δ 也同样地整除它,这是因为 Δ 显然整除 $\alpha m+\beta n$ 和 $\gamma m+\delta n$. 因此,这两个最大公约数相等. 特别地,当 m 和 n 互素时,$\alpha m+\beta n$ 和 $\gamma m+\delta n$ 也互素.

167.

定理　如果型

$$F=ax^2+2bxy+cy^2$$

与

$$F'=a'x'^2+2b'x'y'+c'y'^2$$

等价,它们的行列式等于 D,第二个型可以通过代换

$$x'=\alpha x+\beta y,y'=\gamma x+\delta y$$

变成第一个型,此外,如果数 M 可以由型 F 取 $x=m,y=n$ 予以表示,所以也可以由型 F' 取 $x'=\alpha m+\beta n=m',y'=\gamma m+\delta n=n'$ 予以表示,而且 m 与 n 互素,所以 m' 与 n' 也互素. 那么这两个表示要么属于表示式 $\sqrt{D}\pmod M$ 的同一个值,要么属于它的相反的值,相应于将型 F' 变为 F 的变换是正常变换还是反常变换来确定.

证明 令数 μ 和 ν 由 $\mu m+\nu n=1$ 决定,又设

$$\frac{\delta\mu-\gamma\nu}{\alpha\delta-\beta\gamma}=\mu',\frac{-\beta\mu+\alpha\nu}{\alpha\delta-\beta\gamma}=\nu'$$

(它们皆为整数,这是因为 $\alpha\delta-\beta\gamma=\pm1$). 于是我们有 $\mu'm'+\nu'n'=1$(参见上一目结尾处).

进一步设

$$\mu(bm+cn)-\nu(am+bn)=V,$$
$$\mu'(b'm'+c'n')-\nu'(a'm'+b'n')=V',$$

V和 V' 是第一和第二个表示法所属的表示式 $\sqrt{D}\pmod M$ 的值. 如果在 V' 中用 μ',ν',m',n' 的值代替它们,在 V 中

用 $a'\alpha^2+2b'\alpha\gamma+c'\gamma^2$ 代替 a,

用 $a'\alpha\beta+b'(\alpha\delta+\beta\gamma)+c'\gamma\delta$ 代替 b,

用 $a'\beta^2+2b'\beta\delta+c'\delta^2$ 代替 c,

经计算我们得到 $V=V'(\alpha\delta-\beta\gamma)$.

因此,或者有 $V=V'$,或者有 $V=-V'$,这要根据 $\alpha\delta-\beta\gamma=+1$ 或 $\alpha\delta-\beta\gamma=-1$ 而定;也就是说,这两个表示是属于表示式 $\sqrt{D}\pmod M$ 的同样的值还是属于它的相反的值,要由将型 F' 变成 F 的变换是正常变换还是反常变换而定.

于是,如果数 M 在由型 (a,b,c) 表示时(变数 x 与 y 取互素的值)有若干个表示法,且这些表示法属于表示式 $\sqrt{D}\pmod M$ 的不同的值,那么由型 (a',b',c') 给出的那些对应的表示也将属于同一个(相反的)值. 如果对于某一个型,不存在数 M 的表示法属于某个给定的值,那么对于任何与它等价的型,也都不存在属于这个(相反的)值的表示法.

168.

定理 **如果数 M 可以由型 $ax^2+2bxy+cy^2$ 表示,其中变数 x,y 取互素的值 m,n,又如果这个表示法属于表示式 $\sqrt{D}\pmod M$ 的值 N,那么型 (a,b,c) 与型 $(M,N,\frac{N^2-D}{M})$ 是正常等价的.**

证明 由第 155 目显然可见,我们可以求得整数 μ 和 ν 使满足

$$m\mu+n\nu=1,\mu(bm+cn)-\nu(am+bn)=N.$$

由此,代换 $x=mx'-\nu y',y=nx'+\mu y'$(它显然是正常的)就把型 (a,b,c) 变换成一个行列式为 $D(m\mu+n\nu)^2=D$ 的型,也即变成一个等价的型. 如果我们把这个型写为 $(M',N',\frac{N'N'-D}{M'})$ 的形式,我们就得到

$$M' = am^2 + 2bmn + cn^2 = M,$$
$$N' = -m\nu a + (m\mu - n\nu)b + n\mu c = N.$$

所以,通过所指出的变换将型(a,b,c)变成型$(M,N,\frac{N^2-D}{M})$.

此外,由等式

$$m\mu + n\nu = 1, \mu(bm+cn) - \nu(am+bn) = N$$

就顺便推出

$$\mu = \frac{nN+ma+nb}{am^2+2bmn+cn^2} = \frac{nN+ma+nb}{M}, \nu = \frac{mb+nc-mN}{M},$$

所以,值得注意的是右边的表示式都是整数.

我们必须指出,如果$M=0$,这一定理不成立,这是因为此时项$\frac{N^2-D}{M}$是不确定的①.

169.

如果数M由(a,b,c)来表示时有若干个表示法,且它们都属于表示式$\sqrt{D}(\bmod M)$的同样的值N(我们始终假设x与y互素),那么我们就有可能由它们得出把型$F=(a,b,c)$变换成型$G=\left(M,N,\frac{N^2-D}{M}\right)$的若干个正常变换. 因为,如果这样一个表示是取$x=m'$和$y=n'$得到的话,那么型$F$也可以经过代换

$$x = m'x' + \frac{m'N-m'b-n'c}{M}y', y = n'x' + \frac{n'N+m'a+n'b}{M}y'$$

变成型G. 反过来,对于将型F变为G的每个正常变换,数M都会有由型F给出的一个属于值N的表示. 也就是说,如果令$x=mx'-\nu y', y=nx'+\mu y'$就把$F$变换成了$G$,那么取$x=m, y=n$,$M$就可以由$F$表示. 又因为$m\mu+n\nu=1$,故该表示所属的表示式$\sqrt{D}(\bmod M)$的值应为$\mu(bm+cn)-\nu(am+bn)$,也即为$N$. 有多少个不同的正常变换,就会从中得出多少个其值属于N的不同的表示法. ②由此容易推出,如果我们找到了将型F变成型G的所有的正常变换,那么,我们就可以从它们得出数M由F给出的所有属于值N的表示法. 因此,研究一个给定的数由一个给定的型表示的问题(其中诸变数的值均互素),可以转化为寻求将该型变换成另一个给定的等价型的所有正常变换的问题.

在这里应用我们在第162目中所述的结果,容易得出如下结论:如果数M由型F给

① 如果我们希望在这一情形也使用我们的术语,那么,N是表示式$\sqrt{D}(\bmod M)$的值或$N^2\equiv D(\bmod M)$这一表述就意味着数N^2-D是M的倍数,所以$N^2-D=0$.

② 如果我们假设:从两个不同的正常变换得到同一个表示法,那么这些变换就应该满足

(1)$x=mx'-\nu y', y=nx'+\mu y'$;(2)$x=mx'-\nu' y', y=nx'+\mu' y'$.

但根据下面两个等式

$$m\mu+n\nu=m\mu'+n\nu', \mu(mb+nc)-\nu(ma+nb)=\mu'(mb+nc)-\nu'(ma+nb)$$

容易看出:或者$M=0$,或者$\mu=\mu', \nu=\nu'$. 但是,我们已经排除了$M=0$的情形.

出的属于值 N 的一个表示是 $x=\alpha, y=\gamma$,那么这同一个数由型 F 给出的属于值 N 的表示的一般公式是

$$x=\frac{\alpha t-(\alpha b+\gamma c)u}{m}, y=\frac{\gamma t+(\alpha^2+\gamma b)u}{m}$$

其中 m 是数 $a,2b,c$ 的最大公约数,而 t,u 是满足方程 $t^2-Du^2=m^2$ 的所有数对.

170.

如果型 (a,b,c) 等价于一个歧型,因而正常和反常地等价于型 $(M,N,\frac{N^2-D}{M})$,或者正常地等价于型 $(M,N,\frac{N^2-D}{M})$ 和型 $(M,-N,\frac{N^2-D}{M})$,那么我们就会同时有数 M 由型 F 表出的、属于值 N 和属于值 $-N$ 的两个表示;反之,如果我们有了数 M 由同一个型 F 表出的、属于值 N 和属于值 $-N$(它们属于表示式 $\sqrt{D}\pmod M$ 的相反的值)的两个表示,那么型 F 就既是正常地也是反常地等价于型 G,以及我们就能找到一个与 F 等价的歧型.

这些有关表示的一般性的考虑目前已经够用了. 下面我们要研究不互素的变数值给出的表示. 对于其他性质来说,行列式为负的型的处理方式与行列式为正的型的处理方式大相径庭. 我们将分别对它们加以研究. 首先我们研究行列式为负的型,因为这种情形比较简单.

§54 行列式为负的型 第 171 ~ 181 目

171.

问题 **给定型 (a,b,a'),其行列式为 $-D$(D 为正数),求一个与它正常等价的型 (A,B,C),使得 A 不大于 $\sqrt{\frac{4D}{3}}$ 和 C,且不小于 $2B$.**

解 我们假设所给的型不同时满足所有三个条件,因为不然的话,就不需要去求另外的型了. 设 b' 是数 $-b$ 关于模 a'① 的绝对最小剩余,及 $a''=\frac{b'b'+D}{a'}$,这里 a'' 是一个整数,因为 $b'b'\equiv b^2, b'b'+D\equiv b^2+D\equiv aa'\equiv 0\pmod{a'}$. 现在如果有 $a''<a'$,设 b'' 是数 $-b'$ 关于模 a'' 的绝对最小剩余,及 $a'''=\frac{b''b''+D}{a''}$. 如果又有 $a'''<a''$,就再设 b''' 是数 $-b''$ 关于模 a''' 的绝对最小剩余,及 $a''''=\frac{b'''b'''+D}{a'''}$. 继续这一过程,直到在数列 $a',a'',a''',\cdots$ 中出现项 $a^{(m+1)}$,它不小于其前面一项 $a^{(m)}$;这一情形最后总会出现,因为不然的话,该数列就会有无穷多个连续递减的整数. 于是型 $(a^{(m)},b^{(m)},a^{(m+1)})$ 就满足所有的条件.

---

① 注意,如果型 (a,b,a') 中的首项 a 或最后一项 a' 为零,那么这个型的行列式将是一个正的平方数;所以,在现在这种情形这是不可能发生的. 根据类似的理由,行列式为负数的型的两个外项 a 和 a' 也不可能有相反的符号.

证明 Ⅰ.在由型作成的序列(a,b,a'),(a',b',a''),(a'',b'',a'''),$\cdots$中,每一个型都是它前面的型的邻型,因此最后一个型必与第一个型正常等价(第159,160目).

Ⅱ.由于$b^{(m)}$是数$-b^{(m-1)}$关于模$a^{(m)}$的绝对最小剩余,从而它不大于$\frac{1}{2}a^{(m)}$(第4目).

Ⅲ.由于$a^{(m)}a^{(m+1)}=D+b^{(m)2}$,且$a^{(m+1)}$不小于$a^{(m)}$,故$a^{(m)}a^{(m)}$不大于$D+b^{(m)}b^{(m)}$;又因为$b^{(m)}$不大于$\frac{1}{2}a^{(m)}$,故$a^{(m)}a^{(m)}$不大于$D+\frac{1}{4}a^{(m)}a^{(m)}$,$\frac{3}{4}a^{(m)}a^{(m)}$不大于$D$,以及最后有$a^{(m)}$不大于$\sqrt{\frac{4D}{3}}$.

例 给定型(304,217,155),其行列式为-31,我们求得下列由型作成的序列:

(304,217,155),(155,-62,25),(25,12,7),(7,2,5),(5,-2,7)

最后那个型正是我们所要求的.对给定行列式为-19的型(121,49,20),用同样的方法我们得到等价的型:(20,-9,5),(5,-1,4),(4,1,5);而(4,1,5)就是我们所要求的型.

我们把像(A,B,C)这样的行列式为负,A不大于$\sqrt{\frac{4D}{3}}$和C,且不小于$2B$的型称为一个**约化型**.对于任何一个行列式为负的型,都存在与之正常等价的约化型.

172.

问题 找寻适当的条件,使得在该条件下,两个有相同行列式且不同的约化型能够正常等价.

解 如果我们假设(这是合理的)a'不大于a,且正常变换$x=\alpha x'+\beta y'$,$y=\gamma x'+\delta y'$把型$ax^2+2bxy+cy^2$变换成$a'x'x'+2b'x'y'+c'y'y'$,那么我们就有等式

$$a\alpha^2+2b\alpha\gamma+c\gamma^2=a', \quad (1)$$

$$a\alpha\beta+b(\alpha\delta+\beta\gamma)+c\gamma\delta=b', \quad (2)$$

$$\alpha\delta-\beta\gamma=1. \quad (3)$$

由式(1)得$aa'=(a\alpha+b\gamma)^2+D\gamma^2$,因此乘积$aa'$是正的;又因为$ac=D+b^2$,$a'c'=D+b'b'$,从而$ac$和$a'c'$都是正的.于是$a,a',c,c'$皆有相同符号.但是无论$a$还是$a'$都不大于$\sqrt{\frac{4D}{3}}$,故$aa'$不大于$\frac{4D}{3}$;于是$D\gamma^2$(它等于$aa'-(a\alpha+b\gamma)^2$)当然也就不大于$\frac{4D}{3}$.所以$\gamma$要么等于0,要么等于$\pm 1$.

Ⅰ.如果$\gamma=0$,由式(3)即得:或者$\alpha=1,\delta=1$,或者$\alpha=-1,\delta=-1$.无论在哪一种情形,由式(1)都得到有$a'=a$,且由式(2)都得到有$b'-b=\pm\beta a$.但是b不大于$\frac{a}{2}$,且b'不大于$\frac{a'}{2}$,故b'也不大于$\frac{a}{2}$.因而等式$b'-b=\pm\beta a$仅在以下情形才能成立:

要么 $b=b'$;由此可推出有 $c'=\frac{b'b'+D}{a'}=\frac{b^2+D}{a}=c$,从而型 (a,b,c) 与 (a',b',c') 完全相同,这与假设矛盾;

要么 $b=-b'=\pm\frac{a}{2}$;在此情形也有 $c'=c$,于是型 (a',b',c') 就是型 $(a,-b,c)$,即型 (a',b',c') 是与 (a,b,c) 相反的型. 由于 $2b=\pm a$,故显然这些型都是歧型.

Ⅱ. 如果 $\gamma=\pm1$,由式(1)得 $a\alpha^2+c-a'=\pm2b\alpha$. 但是 c 不小于 a,于是 c 也不小于 a';因此 $a\alpha^2+c-a'$(也即 $\pm2b\alpha$)一定不小于 $a\alpha^2$. 又因为 $2b$ 不大于 a,从而 α 不小于 α^2,于是必有 $\alpha=0$ 或者 $\alpha=\pm1$.

1) 如果 $\alpha=0$,我们由式(1)得到 $a'=c$,由于 a 既不大于 c,也不小于 a',我们必有 $a'=a=c$. 此外,由式(3)我们得到 $\beta\gamma=-1$,于是由式(2)有 $b+b'=\pm\delta c=\pm\delta a$. 与Ⅰ相同可以推出:

要么 $b=b'$;在此情形,型 (a,b,c) 与 (a',b',c') 是相同的型,这与假设矛盾.

要么 $b=-b'$;在此情形,型 (a,b,c) 与 (a',b',c') 是相反的型.

2) 如果 $\alpha=\pm1$,由式(1)推出有 $\pm2b=a+c-a'$. 由于无论是 a 还是 c 都不小于 a',因而 $2b$ 既不小于 a,也不小于 c. 但同样有 $2b$ 既不大于 a,也不大于 c,从而必有 $\pm2b=a=c$,而由等式 $\pm2b=a+c-a'$ 知也等于 a'. 于是由式(2)得到

$$b'=a(\alpha\beta+\gamma\delta)+b(\alpha\delta+\beta\gamma),$$

因为 $\alpha\delta-\beta\gamma=1$,也就得到有

$$b'-b=a(\alpha\beta+\gamma\delta)+2b\beta\gamma=a(\alpha\beta+\gamma\delta+\beta\gamma);$$

由此,与前相同我们推出必须有:

要么 $b=b'$;在此情形,型 (a,b,c) 与 (a',b',c') 是相同的型,这与假设矛盾.

要么 $b=-b'$;在此情形,型 (a,b,c) 与 (a',b',c') 是相反的型. 又因为有 $a=\pm2b$,故在此情形它们又都是歧型.

由所有这些推出,型 (a,b,c) 与 (a',b',c') 不可能是正常等价的,除非它们是相反的型,且同时它们要么都是歧型,要么有 $a=c=a'=c'$. 在这些情形如前所述容易看出,型 (a,b,c) 与 (a',b',c') 是正常等价的. 事实上,如果它们是相反的型,它们必定是反常等价的;此外,如果它们是歧型,它们必也是正常等价的. 如果 $a=c$,那么型 $(\frac{D+(a-b)^2}{a}, a-b, a)$ 就是型 (a,b,c) 的一个邻型,从而与型 (a,b,c) 等价. 但因为 $D+b^2=ac=a^2$,我们就有 $\frac{D+(a-b)^2}{a}=2a-2b$,然而型 $(2a-2b,a-b,a)$ 是歧型,因此 (a,b,c) 也与它的相反的型是正常等价的.

同样地,现在不难判断何时两个不是相反的型的约化型 (a,b,c) 和 (a',b',c') 能是反常等价的. 这就是说,它们是反常等价的,如果 (a,b,c) 和 $(a',-b',c')$ 不是相同的型,且它们是正常等价的. 这个命题的逆也成立. 于是给定的两个型为反常等价的条件是:它们是相同的型,此外,要么它们都是歧型,要么有 $a=c$. 两个约化型如果既不是相同的型,也不是相反的型,那么它们既不可能正常等价,也不可能反常等价.

173.

问题　给定两个型 F 和 F'，它们有相同的负的行列式，研究它们是否等价.

解　我们要来求两个分别与 F 和 F' 正常等价的约化型 f 和 f'. 如果 f 和 f' 是正常等价的或是反常等价的，或者二者兼而有之，那么 F 和 F' 亦然. 但是如果 f 和 f' 不能以任一方式等价，那么 F 和 F' 亦然.

根据上一目，这可分成四种情形：

1) 如果 f 和 f' 既不是相同的型，也不是相反的型，那么 F 和 F' 不能以任一方式等价.

2) 如果 f 和 f'：(1) 或者是相同的型，或者是相反的型；(2) 或者都是歧型，或者有某个外项①相等，那么 F 和 F' 必定既是正常等价的，也是反常等价的.

3) 如果 f 和 f' 是相同的型，但不是歧型，且也没有外项是相等的，那么 F 和 F' 仅是正常等价.

4) 如果 f 和 f' 是相反的型，但不是歧型，且也没有外项是相等的，那么 F 和 F' 仅是反常等价.

例　型 $(41,35,30)$ 和 $(7,18,47)$ 的行列式为 -5；约化型 $(1,0,5)$ 和 $(2,1,3)$ 是不等价的，因此原来的两个型也不以任何方式等价. 型 $(23,38,63)$ 和 $(15,20,27)$ 等价于同样的约化型 $(2,1,3)$，以及因为 $(2,1,3)$ 是歧型，所以型 $(23,38,63)$ 与 $(15,20,27)$ 既是正常等价的也是反常等价的. 型 $(37,53,78)$ 和 $(53,73,102)$ 与约化型 $(9,2,9)$ 和 $(9,-2,9)$ 等价，由于这两个约化型是相反的型，且它们的两个外项都相等，因而给出的两个型既是正常等价的，也是反常等价的.

174.

具有给定的行列式 $-D$ 的约化型的个数总是有限的，且其个数与数 D 的关系不是很大，可以用两种方法来求出这些型. 我们将用 (a,b,c) 表示行列式为 $-D$ 的任意的约化型，所以我们要来求出 a,b,c 所有的值.

第一种方法. 取不大于 $\sqrt{\frac{4D}{3}}$ 且以 $-D$ 作为其二次剩余的所有的正数以及负数作为 a，以及对每个 a，设 b 相继取表示式 $\sqrt{-D} \pmod a$ 的不大于 $\frac{a}{2}$ 的所有正的以及负的值；对每一对值 a,b，令 $c=\frac{D+b^2}{a}$. 如果剔除掉由此法获得的任何使得 $c<a$ 的型，则剩下的显然就都是约化型了.

第二种方法. 取所有不大于 $\frac{1}{2}\sqrt{\frac{4D}{3}}$ 或者 $\sqrt{\frac{D}{3}}$ 的正的以及负的数作为 b. 对每一个 b，用任何可能的方法将 b^2+D 分解成两个因数（因数的符号要加以考虑），使每个因数都不

① 这里“外项”一词指的是二次型的第一和第三项的系数，以下同此. —— 译者注.

小于$2b$,以及设其中一个因数(若两者不等,则取其中较小的那个)为a,另一个因数为c.因为a不大于$\sqrt{\frac{4D}{3}}$,所以所有这样的型显然都是约化型.最后容易看出,不可能有哪个约化型是不能用这两种方法中的每一种方法求出来的.

例 令$D=85$. a的值的上界是$\sqrt{\frac{340}{3}}$,这个数在10和11之间.在数1与10之间(包括10)以-85为剩余的数是1,2,5,10.于是我们得到十二个型:$(1,0,85)$,$(2,1,43)$,$(2,-1,43)$,$(5,0,17)$,$(10,5,11)$,$(10,-5,11)$,$(-1,0,-85)$,$(-2,1,-43)$,$(-2,-1,-43)$,$(-5,0,-17)$,$(-10,5,-11)$,$(-10,-5,-11)$.

根据第二种方法,b的上界是$\sqrt{\frac{85}{3}}$,这个数在5和6之间.对$b=0$得到下列诸型:

$$(1,0,85),(-1,0,-85),(5,0,17),(-5,0,-17);$$

对$b=\pm 1$得到下列诸型:

$$(2,\pm 1,43),(-2,\pm 1,-43).$$

对$b=\pm 2$没有相应的型,这是因为89不能分解成两个都不小于4的因数.这对$b=\pm 3,\pm 4$也有同样的结论成立.最后,对$b=\pm 5$我们得到:

$$(10,\pm 5,11),(-10,\pm 5,-11).$$

175.

如果在具有给定行列式的所有约化型中,我们从每两个正常等价但并不相等的二次型中剔除掉其中任意一个型,那么剩下的那些型有如下值得注意的性质:具有该行列式的任一个型都必与它们中的一个且仅与其中的一个正常等价(否则的话,其中就会有某个型,使得这些型中有与它正常等价的型).由此推出,具有相同行列式的所有的型可以被划分成若干个类,其个数与上述做法剩下的型的个数相等.也就是说,把相互等价的所有约化型放在同一个类中.例如,对于$D=85$,剩下的型是:

$$(1,0,85),(2,1,43),(5,0,17),(10,5,11)$$
$$(-1,0,-85),(-2,1,-43),(-5,0,-17),(-10,5,-11).$$

因此行列式为-85的所有的型都可以按照它与上面八个型中的哪一个型为正常等价而被划分成八个类.显然,同一个类中的型都是正常等价的,不同类中的型不可能正常等价.以后我们将更加详尽地对型的分类加以讨论,这里仅加上一点说明.我们在上面证明了,如果型(a,b,c)的行列式是负数$-D$,那么a和c有同样的符号(因为$ac=b^2+D$是正数).根据同样的理由易见,如果型(a,b,c)与(a',b',c')等价,所有的项a,c,a',c'都有同样的符号.如果第一个型可以用代换$x=\alpha x'+\beta y'$和$y=\gamma x'+\delta y'$变成第二个型,那么我们就有$a\alpha^2+2b\alpha\gamma+c\gamma^2=a'$,由此得$aa'=(a\alpha+b\beta)^2+D\gamma^2$,它肯定不是负数.又因为无论是$a$还是$a'$都不能为零,故$aa'$必为正数,即$a$与$a'$必同号.

因此显然,外项为正数的型与外项为负数的型是完全分开的,以及只要考虑那些外项为正的约化型就足够了,这是因为外项为负数的型与外项为正数的型有同样多,且通过改变外项为正数的型的外项的符号可以得到它们. 对于约化型中被剔除的或者被保留的型,也有同样的结论成立.

176.

下面给出了行列式 $-D$ 为某些负数的型的表. 根据这些型,有相同行列式的所有其他的型都可以被分成类. 注意,根据上一目中的说明,我们只列出了其中的一半,即只列出了外项为正数的那些型.

D	
1	(1,0,1)
2	(1,0,2)
3	(1,0,3),(2,1,2)
4	(1,0,4),(2,0,2)
5	(1,0,5),(2,1,3)
6	(1,0,6),(2,0,3)
7	(1,0,7),(2,1,4)
8	(1,0,8),(2,0,4),(3,1,3)
9	(1,0,9),(2,1,5),(3,0,3)
10	(1,0,10),(2,0,5)
11	(1,0,11),(2,1,6),(3,1,4),(3,-1,4)
12	(1,0,12),(2,0,6),(3,0,4),(4,2,4)

在这里,继续往下写这张表是多余的,因为我们以后将要对它给出一个更为合适的构造方法.

通过检查这张表显然可以看出:任一行列式等于 -1 的型,如果其外项是正的,它必与型 x^2+y^2 正常等价;如果其外项是负的,它必与型 $-x^2-y^2$ 正常等价;任一行列式等于 -2 的型,如果其外项是正的,它必与型 x^2+2y^2 等价……;任一行列式等于 -11 的型,如果其外项是正的,它必与下列诸型中的一个等价:x^2+11y^2,$2x^2+2xy+6y^2$,$3x^2+2xy+4y^2$,$3x^2-2xy+4y^2$,…

177.

问题　有一列型,其中每个型是它前面那个型从右边相邻的邻型:我们要寻求把第一个型变成该序列中任何一个型的正常变换.

解　设给出的这些型是:$(a,b,a')=F$;$(a',b',a'')=F'$;$(a'',b'',a''')=F''$;$(a''',b''',a'''')=F'''$,…. 用 h',h'',h''',… 分别表示$\frac{b+b'}{a'}$,$\frac{b'+b''}{a''}$,$\frac{b''+b'''}{a'''}$,…. 设型 F,F',F'',… 中的变数分别为 $x,y;x',y';x'',y''$;…. 再假设 F

由变换 $x=\alpha'x'+\beta'y'$,$y=\gamma'x'+\delta'y'$ 变成 F';

由变换 $x=\alpha''x''+\beta''y'', y=\gamma''x''+\delta''y''$ 变成 F''；

由变换 $x=\alpha'''x'''+\beta'''y''', y=\gamma'''x'''+\delta'''y'''$ 变成 F'''；

$\vdots$

那么，由于

F 通过变换 $x=-y', y=x'+h'y'$ 变成 F'；

F' 通过变换 $x'=-y'', y'=x''+h''y''$ 变成 F''；

F'' 通过变换 $x''=-y''', y''=x'''+h'''y'''$ 变成 F'''；

（第 160 目）　$\vdots$

我们容易得到下面的算法（第 159 目）

$$\begin{array}{llll}
\alpha'=0 & \beta'=-1 & \gamma'=1 & \delta'=h'; \\
\alpha''=\beta' & \beta''=h''\beta'-\alpha' & \gamma''=\delta' & \delta''=h''\delta'-\gamma'; \\
\alpha'''=\beta'' & \beta'''=h'''\beta''-\alpha'' & \gamma'''=\delta'' & \delta'''=h'''\delta''-\gamma''; \\
\alpha''''=\beta''' & \beta''''=h''''\beta'''-\alpha''' & \gamma''''=\delta''' & \delta''''=h''''\delta'''-\gamma'''; \\
 & & \vdots &
\end{array}$$

或

$$\begin{array}{llll}
\alpha'=0 & \beta'=-1 & \gamma'=1 & \delta'=h'; \\
\alpha''=\beta' & \beta''=h''\beta' & \gamma''=\delta' & \delta''=h''\delta'-1; \\
\alpha'''=\beta'' & \beta'''=h'''\beta''-\beta' & \gamma'''=\delta'' & \delta'''=h'''\delta''-\delta'; \\
\alpha''''=\beta''' & \beta''''=h''''\beta'''-\beta'' & \gamma''''=\delta''' & \delta''''=h''''\delta'''-\delta''; \\
 & & \vdots &
\end{array}$$

无论是根据这些变换的构造方法，还是根据第 159 目，都不难看出，这些变换都是正常变换.

这一非常简单的算法极其适用于计算，它与第 27 目中的算法类似，甚至可以归结为那里的算法.①这一解法并不仅仅局限于负行列式的型，而是可以应用于所有的情形，只要数 $a', a'', a''', \cdots$ 中没有一个等于零.

178.

问题　给定两个有相同负行列式且正常等价的型 F 和 f：求把一个型变为另一个型的正常变换.

解　假设型 F 是 (A,B,A')，由 171 目的方法可求得一列型 (A',B',A'')，(A'',B'',A''')，$\cdots$，直到得到一个约化型 $(A^{(m)},B^{(m)},A^{(m+1)})$；类似地，设型 f 是 (a,b,a')，用同样的方法我们可得到一列型 (a',b',a'')，(a'',b'',a''')，$\cdots$，直到得到一个约化型 $(a^{(n)},b^{(n)},$

① 利用第 27 目的记号，我们有 $\beta^{(n)}=\pm[-h'',h''',-h'''',\cdots,\pm h^{(n)}]$. 其中的正负号应该取 $--$；$-+$；$+-$；$++$ 中的某一组，这要根据数 n 的形状是 $4k+0,1,2,3$ 来确定；而 $\delta^{(n)}=\pm[h'',-h''',h'''',\cdots,\pm h^{(n)}]$，其中的正负号应该取 $+-$；$++$；$--$；$-+$ 中的某一组，这要根据数 n 的形状是 $4k+0,1,2,3$ 来确定. 但为简略起见，我们不能在此给出详细的解释. 不过每个人都可以很容易自己对此加以验证.

$a^{(n+1)}$). 这时,可能出现两种情形.

Ⅰ. 型$(A^{(m)},B^{(m)},A^{(m+1)})$和$(a^{(n)},b^{(n)},a^{(n+1)})$或者是相同的型,或者是相反的型且同时还是歧型,这时,型$(A^{(m-1)},B^{(m-1)},A^{(m)})$与$(a^{(n)},-b^{(n-1)},a^{(n-1)})$必为邻型(其中$A^{(m-1)}$表示数列$A,A',A'',\cdots,A^{(m)}$中的倒数第二项,以及$B^{(m-1)},a^{(n-1)},b^{(n-1)}$也有类似的定义). 这是因为$A^{(m)}=a^{(n)}$,$B^{(m-1)}\equiv -B^{(m)}(\bmod A^{(m)})$,$b^{(n-1)}\equiv -b^{(n)}(\bmod a^{(n)}$或者$\bmod A^{(m)})$,因此$B^{(m-1)}-b^{(n-1)}\equiv b^{(n)}-B^{(m)}$,所以,如果型$(A^{(m)},B^{(m)},A^{(m+1)})$与$(a^{(n)},b^{(n)},a^{(n+1)})$是相同的型,则上式就$\equiv 0$;如果它们是相反的型且同为歧型,则该式将$\equiv 2b^{(n)}$,于是$\equiv 0$. 因此在由型

$$(A,B,A'),(A',B',A''),\cdots,(A^{(m-1)},B^{(m-1)},A^{(m)}),$$
$$(a^{(n)},-b^{(n-1)},a^{(n-1)}),(a^{(n-1)},-b^{(n-2)},a^{(n-2)}),\cdots,(a',-b,a),(a,b,a')$$

组成的序列中,每个型都是它前一个型的邻型. 所以根据上一目,可以找到一个正常变换把第一个型F变成最后一个型f.

Ⅱ. 型$(A^{(m)},B^{(m)},A^{(m+1)})$和$(a^{(n)},b^{(n)},a^{(n+1)})$不是相同的,而是相反的型且同时有$A^{(m)}=A^{(m+1)}=a^{(n)}=a^{(n+1)}$. 这时由型

$$(A,B,A'),(A',B',A''),\cdots,(A^{(m)},B^{(m)},A^{(m+1)}),$$
$$(a^{(n)},-b^{(n-1)},a^{(n-1)}),(a^{(n-1)},-b^{(n-2)},a^{(n-2)}),\cdots,(a',-b,a),(a,b,a')$$

组成的序列也有同样的性质. 这是因为$A^{(m+1)}=a^{(n)}$,以及$B^{(m)}-b^{(n-1)}=-(b^{(n)}+b^{(n-1)})$可以被$a^n$整除. 故根据上一目,可以找到一个变换把第一个型$F$变成最后一个型$f$.

例 对于型(23,38,63)和(15,20,27)我们有序列(23,38,63),(63,25,10),(10,5,3),(3,1,2),(2,-7,27),(27,-20,15),(15,20,27),于是有

$$h'=1,h''=3,h'''=2,h''''=-3,h'''''=-1,h''''''=0,$$

由此得到把型$23x^2+76xy+63y^2$变为型$15t^2+40tu+27u^2$的变换是$x=-13t-18u$,$y=8t+11u$.

由这个问题的解不难得出下述问题的解:设型F与f是反常等价的,求一个反常变换把F变成f. 事实上,如果$f=at^2+2btu+a'u^2$,那么相反的型$ap^2-2bpq+a'q^2$就与型F正常等价. 如果找到把型F变成型$ap^2-2bpq+a'q^2$的一个正常变换,比方说就是$x=\alpha p+\beta q$,$y=\gamma p+\delta q$,那么F显然就将变换成f,如果假设$x=\alpha t-\beta u$,$y=\gamma t-\delta u$,则这一变换就将是反常的.

因此,如果型F与f既是正常等价也是反常等价的,那么,我们总可以求得一个正常变换和一个反常变换.

179.

问题 设型F与f是等价的,求所有把型F变成f的变换.

解 如果型F与f仅以一种方式等价,即仅仅正常等价或者仅仅反常等价,那么,按照上一目所述,我们可以找到一个变换把型F变成f;显然,这时除了与此变换同型的变换以外,不存在其他的变换. 如果型F与f既是正常等价也是反常等价,那么,我们可以找到两个变换,其中一个是正常的,另一个是反常的. 现在设型$F=(A,B,C)$,B^2-

$AC = -D$,以及数 $A, 2B, C$ 的最大公约数是 m,那么由第 162 目显然可见,只要我们有了方程 $t^2 + Du^2 = m^2$ 的所有的解,在前一种情形,型 F 变成 f 的所有变换都可以从一个变换得出;而在后一情形,所有的正常变换可以从一个正常变换得出,而所有的反常变换可以从一个反常变换得出. 一旦求出这些解,问题就获得了解决.

我们有 $D = AC - B^2$,所以 $4D = 4AC - 4B^2$,于是 $\frac{4D}{m^2} = \frac{4AC}{m^2} - \left(\frac{2B}{m}\right)^2$ 是一个整数.

1. 如果现在有 $\frac{4D}{m^2} > 4$,则 $D > m^2$. 故在方程 $t^2 + Du^2 = m^2$ 中 u 必为零,且除了 $+m$ 和 $-m$ 以外,t 不可能取别的值. 因此,如果 F 与 f 仅以一种方式等价,以及有任意一个变换

$$x = \alpha x' + \beta y', y = \gamma x' + \delta y',$$

那么,除了由令 $t = m$ 得到的这个变换(第 162 目)以及下述变换

$$x = -\alpha x' - \beta y', y = -\gamma x' - \delta y'$$

之外,不可能再有其他的变换. 如果型 F 与 f 既是正常等价也是反常等价的,以及有一个正常变换

$$x = \alpha x' + \beta y', y = \gamma x' + \delta y'$$

和一个反常变换

$$x = \alpha' x' + \beta' y', y = \gamma' x' + \delta' y',$$

那么,除了第一个变换(它是取 $t = m$ 得到的)和下面的变换(它是取 $t = -m$ 得到的)之外,不存在其他的正常变换;类似地,除了变换

$$x = \alpha' x' + \beta' y', y = \gamma' x' + \delta' y'$$

与

$$x = -\alpha' x' - \beta' y', y = -\gamma' x' - \delta' y'$$

以外,不存在其他的反常变换.

2. 如果 $\frac{4D}{m^2} = 4$,或者 $D = m^2$,则方程 $t^2 + Du^2 = m^2$ 有四组解:$t, u = m, 0;\ -m, 0; 0, 1;\ 0, -1$. 因此,如果 F 与 f 仅以一种方式等价,以及变换中的一个是

$$x = \alpha x' + \beta y', y = \gamma x' + \delta y',$$

那么一共就会有四个变换

$$x = \pm \alpha x' \pm \beta y', y = \pm \gamma x' \pm \delta y',$$

$$x = \mp \frac{\alpha B + \gamma C}{m} x' \mp \frac{\beta B + \delta C}{m} y', y = \pm \frac{\alpha A + \gamma B}{m} x' \pm \frac{\beta A + \delta B}{m} y'.$$

如果型 F 与 f 以两种方式等价,这就是说,除了给出的变换之外,还有另外一个与之不同型的变换,那么它同样可以产生出四个变换. 它们与前面那四个变换是不同型的变换,这样一共就有八个变换. 而且,容易证明,在这种情形,事实上 F 与 f 总是以两种方式等价. 这是因为,由于 $D = m^2 = AC - B^2$,故 m 整除 B. 型 $(\frac{A}{m}, \frac{B}{m}, \frac{C}{m})$ 的行列式等于 -1,因此,它将与型 $(1, 0, 1)$ 或者型 $(-1, 0, -1)$ 等价. 进一步容易看出,把 $(\frac{A}{m}, \frac{B}{m}, \frac{C}{m})$ 变换

成$(\pm 1,0,\pm 1)$的变换同样也把型(A,B,C)变成$(\pm m,0,\pm m)$,而$(\pm m,0,\pm m)$是歧型. 因此,与一个歧型等价的型(A,B,C)将和任何与之等价的型既是正常等价也是反常等价.

3) 如果$\frac{4D}{m^2}=3$,也即$4D=3m^2$,那么m是偶数,且方程$t^2+Du^2=m^2$有六组解

$$t,u=m,0;\ -m,0;\frac{1}{2}m,1;\ -\frac{1}{2}m,\ -1;\frac{1}{2}m,\ -1;\ -\frac{1}{2}m,1.$$

于是,如果有两个不同型的变换

$$x=\alpha x'+\beta y',y=\gamma x'+\delta y'$$
$$x=\alpha' x'+\beta' y',y=\gamma' x'+\delta' y'$$

把型F变成f,那么就一共有12个变换,就是六个与第一个变换同型的变换

$$x=\pm\alpha x'\ \pm\beta y',y=\pm\gamma x'\ \pm\delta y';$$
$$x=\pm\left(\frac{1}{2}\alpha-\frac{\alpha B+\gamma C}{m}\right)x'\ \pm\left(\frac{1}{2}\beta-\frac{\beta B+\delta C}{m}\right)y',$$
$$y=\pm\left(\frac{1}{2}\gamma+\frac{\alpha A+\gamma B}{m}\right)x'\ \pm\left(\frac{1}{2}\delta+\frac{\beta A+\delta B}{m}\right)y';$$
$$x=\pm\left(\frac{1}{2}\alpha+\frac{\alpha B+\gamma C}{m}\right)x'\ \pm\left(\frac{1}{2}\beta+\frac{\beta B+\delta C}{m}\right)y',$$
$$y=\pm\left(\frac{1}{2}\gamma-\frac{\alpha A+\gamma B}{m}\right)x'\ \pm\left(\frac{1}{2}\delta-\frac{\beta A+\delta B}{m}\right)y'$$

以及六个与第二个变换同型的变换,这六个变换可以在上述六个变换中用$\alpha',\beta',\gamma',\delta'$分别代替$\alpha,\beta,\gamma,\delta$得出.

可以用下述方法来证明,在这种情形F和f总是以两种方式等价. 型$\left(\frac{2A}{m},\frac{2B}{m},\frac{2C}{m}\right)$的行列式为$-\frac{4D}{m^2}=-3$,于是这个型(第176目)或者与型$(\pm 1,0,\pm 3)$等价,或者与$(\pm 2,\pm 1,\pm 2)$等价. 因此,型$(A,B,C)$要么与$\left(\pm\frac{m}{2},0,\pm\frac{3m}{2}\right)$等价,要么与$\left(\pm m,\frac{m}{2},\pm m\right)$等价.①因为这些型都是歧型,所以任何与型$(A,B,C)$等价的型都与它以两种方式等价.

4) 如果假设$\frac{4D}{m^2}=2$,就有$\left(\frac{2B}{m}\right)^2=\left(\frac{4AC}{m^2}\right)-2$,从而有$\left(\frac{2B}{m}\right)^2\equiv 2 \pmod 4$. 但由于任何平方数都不可能$\equiv 2 \pmod 4$,所以这种情形不可能发生.

5) 如果假设$\frac{4D}{m^2}=1$,那么我们得到$\left(\frac{2B}{m}\right)^2=\frac{4AC}{m^2}-1\equiv -1 \pmod 4$,但这也是不可能的,故此情形也不可能发生.

---

① 可以指出,(A,B,C)必定与其中的第二个型等价,但这里并不需要此结论.

由于 D 不可能等于0及为负数，因而除了上述情形以外，不可能再有其他的情形了.

180.

问题　求出一个给定的数 M 由型 $F=ax^2+2bxy+cy^2$ 来表出的所有表示法，这里型的行列式 $-D$ 为负数，且 x 与 y 的值互素.

解　由第154目易见，除非 $-D$ 是 M 的二次剩余，否则 M 不可能这样来表示. 因此，我们首先来找出表示式 $\sqrt{-D}\pmod M$ 的所有不同的(即不同余的)值；设这些不同的值是 $N,-N,N',-N',N'',-N'',\cdots$，为使计算尽可能简单，所有的 $N,N',\cdots$ 都可以这样来确定，使得它们全都不大于 $\frac{M}{2}$. 现在因为数 M 由 F 表出的每个表示都应属于这些值中的一个，所以我们就可以来分别考虑它们中的每一个值.

如果型 F 与 $(M,N,\frac{D+N^2}{M})$ 不是正常等价的，那么 M 就不可能有属于值 N 的表示(第168目). 反之，如果它们是正常等价的，那么我们要来求一个把型 F 变成

$$Mx'x'+2Nx'y'+\frac{D+N^2}{M}y'y'$$

的正常变换. 设此变换为

$$x=\alpha x'+\beta y',y=\gamma x'+\delta y',$$

这时，$x=\alpha,y=\gamma$ 就是数 M 的由型 F 给出且属于值 N 的表示. 设数 $A,2B,C$ 的最大公约数为 m，我们要分成三种情形讨论(参看上目)：

1) 如果 $\frac{4D}{m^2}>4$，那么除了下面两个表示(第169,179目)

$$x=\alpha,y=\gamma;x=-\alpha,y=-\gamma$$

之外，不可能有其他属于值 N 的表示.

2) 如果 $\frac{4D}{m^2}=4$，那么我们就有四个表示

$$x=\pm\alpha,y=\pm\gamma;x=\mp\frac{\alpha B+\gamma C}{m},y=\pm\frac{\alpha A+\gamma B}{m}.$$

3) 如果 $\frac{4D}{m^2}=3$，那么我们就有六个表示

$$x=\pm\alpha,y=\pm\gamma;$$

$$x=\pm\left(\frac{1}{2}\alpha-\frac{\alpha B+\gamma C}{m}\right),y=\pm\left(\frac{1}{2}\gamma+\frac{\alpha A+\gamma B}{m}\right);$$

$$x=\pm\left(\frac{1}{2}\alpha+\frac{\alpha B+\gamma C}{m}\right),y=\pm\left(\frac{1}{2}\gamma-\frac{\alpha A+\gamma B}{m}\right).$$

用同样的方法，我们可以求出属于值 $-N,N',-N,\cdots$ 的表示.

181.

要得到数M由型F的表示,其中x和y的值不互素,可以很容易地将它转化成已经研究过的情形.这样的表示可以得到,如果假设$x=\mu e,y=\mu f$,其中μ是μe和μf的最大公约数,即e和f互素.代换$x=e,y=f$就将给出数$\frac{M}{\mu^2}$由型F给出的表示,其中x和y取互素的值.如果M不能被(除了1以外的)任何平方数整除,比方说,如果它是素数,那么数M就没有这样的表示.如果M有平方因数,设它们是$\mu^2,\nu^2,\pi^2,\cdots$.首先找出数$\frac{M}{\mu^2}$由型(A,B,C)给出的所有表示,其中x和y有互素的值;用μ来乘这些值,就给出数M所有的表示,其中x和y的最大公约数为μ.类似地,数$\frac{M}{\nu^2}$的所有的表示(其中x和y的值互素)就给出数M的所有的表示,其中x和y的最大公约数为ν,等.

显然,根据上面所述的方法,可以求出一个给定的数由一个行列式为负数的给定的型表示的所有表示法.

§55 特殊的应用:将一个数分解成两个平方数,分解成一个平方数和另一个平方数的两倍,分解成一个平方数和另一个平方数的三倍 第182目

182.

现在我们来考虑某些特殊情形,一方面因为它们独特的优美雅致,同时也因为Euler对它们作过艰巨的工作,使它几近成为经典之作.

Ⅰ.任意一个-1不为其二次剩余的数都不可能表示成x^2+y^2的形式,其中x与y互素(也即分解成两个互素的平方数之和);所有其余的数,只要是正数,就可以这样来表示.设M是这样一个数,以及设表示式$\sqrt{-1}\pmod M$的所有的值是$N,-N,N',-N',N'',-N'',\cdots$.由第176目知,型$(M,N,\frac{N^2+1}{M})$正常等价于型$(1,0,1)$.设后者变为前者的一个正常变换是$x=\alpha x'+\beta y',y=\gamma x'+\delta y'$,那么,属于$N$的数$M$由型$x^2+y^2$给出的表示是以下这四个[①]:$x=\pm\alpha,y=\pm\gamma;x=\mp\gamma,y=\pm\alpha$.

由于型$(1,0,1)$是歧型,所以型$(M,-N,\frac{N^2+1}{M})$显然与它正常等价,且第一个型可以通过$x=\alpha x'-\beta y',y=-\gamma x'+\delta y'$正常地变换成第二个型.因此得到属于值$-N$的$M$的四个表示:$x=\pm\alpha,y=\mp\gamma;x=\pm\gamma,y=\pm\alpha$.于是数$M$有八个表示,其中一半属于值$N$,另一半属于值$-N$;但是,如果我们只考虑平方数本身,而不考虑平方根的符号和次序,所有这些表示实际上仅仅给出了数M分成两个平方数之和$M=\alpha^2+\gamma^2$的唯一一种分解法.

---

① 显然,这种情形已包含在第180目2)之中.

因此,如果表示式$\sqrt{-1}\pmod M$除了N和$-N$之外没有其他的值(例如当M是素数时这种情况就会发生),那么M仅可以用唯一的一种方式分解成两个互素的平方数之和.由于-1总是形如$4n+1$的素数的二次剩余(第108目),以及素数显然不可能被分解成两个不互素的平方数之和,于是我们就有下面的定理.

每个形如$4n+1$的素数可以用唯一一种方式被分解成两个平方数之和.

例如,$1=0+1$,$5=1+4$,$13=4+9$,$17=1+16$,$29=4+25$,$37=1+36$,$41=16+25$,$53=4+49$,$61=25+36$,$73=9+64$,$89=25+64$,$97=16+81$,….

Fermat 已经知道这个极为精巧的定理,但是第一个证明它的是 Euler,参见 Comm. nov, Petrop. 第5卷(1754 ~ 1755年)第3页及其后各页.在第四卷第3页及其后各页中,有一篇谈及同一论题的论文,虽然那时他还尚未完全结束这项研究工作(特别地,请参见第27目).

于是,如果一个形如$4n+1$的数能以多种方式分解成两个平方数之和,或者不能分解成两个平方数之和,那么它显然不是素数.

然而另一方面,如果表示式$\sqrt{-1}\pmod M$除了N和$-N$以外还有其他的值,那么M就应该还有属于这些值的其他的表示法.在此情形M就可以用多于一种方式被分解成两个平方数之和,例如:$65=1+64=16+49$,$221=25+196=100+121$.

x和y取不互素的值的其他的表示法容易通过我们的一般性的方法求出.我们只要注意,如果一个数有形如$4n+3$的因数,且不能通过用一个平方数去除来消除掉这样的因数时(当这些因数中的一个或多个含有奇数次幂时,就会出现这种情况),那么,这个数就不可能用任何方法分解成两个平方数之和①.

Ⅱ.以-2为二次非剩余的任何数都不可能由型x^2+2y^2来表示,其中x和y互素.而所有其他的数都可以这样来表示.设-2是数M的一个二次剩余,N是表示式$\sqrt{-2}\pmod M$的一个值.由第176目可知,型$(1,0,2)$与$(M,N,\frac{N^2+2}{M})$是正常等价的.如果代换$x=\alpha x'+\beta y'$,$y=\gamma x'+\delta y'$把前者正常地变成后者,那么取$x=\alpha$,$y=\gamma$,我们就得到数M的属于值N的表示.除了这个表示外,我们还有$x=-\alpha$,$y=-\gamma$,此外就没有其他的属于值N的表示了(第180目).

与前相同,我们看出表示$x=\pm\alpha$,$y=\mp\gamma$属于值$-N$.所有这四个表示都只给出了把

① 如果$M=2^\mu S a^\alpha b^\beta c^\gamma\cdots$,其中$a,b,c,\cdots$表示形如$4n+1$的不相同的素数,$S$是$M$的所有形如$4n+3$的素因数的乘积(如果当$M$是奇数时令$\mu=0$,而当$M$不包含形如$4n+3$的因数时则令$S=1$,那么每个正数都可以表示成这个形式).那么,如果$S$不是平方数,则$M$不能分解成两个平方数之和.如果$S$是一个平方数,那么当$\alpha,\beta,\gamma,\cdots$中有一个是奇数时,$M$有$\frac{1}{2}(\alpha+1)(\beta+1)(\gamma+1)\cdots$种方式分解成两个平方数之和,而当$\alpha,\beta,\gamma,\cdots$皆为偶数时,$M$有$\frac{1}{2}(\alpha+1)(\beta+1)(\gamma+1)\cdots+\frac{1}{2}$种方式分解成两个平方数之和(这里我们只关注平方数本身).那些掌握组合分析的人可以毫无困难地从我们的一般理论得出这个定理的证明(我们不能花费时间对此以及其他细节加以详述).

M 表为一个平方数与一个平方数的两倍之和的唯一一种分解. 如果表示式 $\sqrt{-2} \pmod M$ 除了 N 和 $-N$ 以外再也没有其他的值,那么 M 也就没有其他的分解. 由此并利用第116目的命题容易得出下面的定理.

任何形如 $8n+1$ 或 $8n+3$ 的素数都可以用唯一一种方式分解成一个平方数与一个平方数的两倍之和.

例如,$1=1+0$,$3=1+2$,$11=9+2$,$17=9+8$,$19=1+18$,$41=9+32$,$43=25+18$,$59=9+50$,$67=49+18$,$73=1+72$,$83=81+2$,$89=81+8$,$97=25+72$,….

Fermat 是知道这个定理和许多与之相似的结果的,但是,是 *Lagrange* 首先证明了这个结果,见"*Suite des recherches d'Arithmétique*" *Nouv. Mém. de l'Ac. de Berlin*,1775年,第323页以及其后各页. Euler 也研究过与这一研究对象有关的许多结果,见"*Specimen de usu observationum in mathesi pura*",*Comm. nov. Petrop.*,第6卷,第185页以及其后各页. 但是他的努力始终未能给出该定理的完全的证明(也参见他在第8卷中的论文(1760、1761年)"*Supplementum quorundam theorematum arithmeticorum*"的结尾部分).

Ⅲ. 类似的方法可以证明:任何以 -3 为二次剩余的数都可以或者由型 x^2+3y^2 来表示,或者由型 $2x^2+2xy+2y^2$ 来表示,其中 x 与 y 互素. 因此,由于 -3 是所有形如 $3n+1$ 的素数的二次剩余(第119目),又因为只有偶数才可以由型 $2x^2+2xy+2y^2$ 来表示,所以如前一样,我们有下面的定理.

任何形如 $3n+1$ 的素数都可以用唯一一种方式分解成一个平方数与另一个平方数的三倍之和.

例如 $1=1+0$,$7=4+3$,$13=1+12$,$19=16+3$,$31=4+27$,$37=25+12$,$43=16+27$,$61=49+12$,$67=64+3$,$73=25+48$,….

Euler 首先在前面已经引用过的论文(*Comm. nov. Petrop.* 第8卷 第105页以及以下诸页)中给出了这个定理的一个证明.

我们可以按照同样的方法继续做下去,例如可以证明:任何形如 $20n+1$,$20n+3$,$20n+7$ 或 $20n+9$ 的素数(它们都以 -5 作为二次剩余)都可以由型 x^2+5y^2,$2x^2+2xy+3y^2$ 中的一个来表示. 确实,形如 $20n+1$ 和 $20n+9$ 的素数都可以由第一个型来表示,而形如 $20n+3$ 和 $20n+7$ 的素数都可以由第二个型来表示;进一步还可以证明:形如 $20n+1$ 或 $20n+9$ 的素数的两倍可以由型 $2x^2+2xy+3y^2$ 来表示,而形如 $20n+3$ 或 $20n+7$ 的素数的两倍可以由型 x^2+5y^2 来表示. 但是,根据上面以及下面将做的讨论,读者可以容易推导出其中的每一个定理以及无数个其他特殊的定理. 现在我们将转而研究行列式为正数的型,因为它的性质当行列式是一个平方数时与当行列式不是平方数时迥然不同,我们先不讨论行列式为平方数的型,而把它们放到以后单独考虑.

§56 具有正的非平方数行列式的型 第183~205目

183.

问题 **给定一个型 (a,b,a'),其行列式 D 是一个正的非平方数,求一个与它正常等**

价的型(A,B,C),其中B是正数且小于$\sqrt{D}$,且A(当A为正数时)或者$-A$(当A为负数时)是在$\sqrt{D}+B$和$\sqrt{D}-B$之间.

解 我们假设给定的型不满足这两个条件,不然的话,就没有必要再去求另外一个型了.进一步注意到,在一个行列式为非平方数的型中,其首项和末项都不可能为零(第171目注解).令$b' \equiv -b \pmod{a'}$,并取b'介于$\sqrt{D}$和$\sqrt{D} \mp a'$之间(当a'为正数时取上面的符号,而当a'为负数时取下面的符号).这可以像在第3目中那样去做.设$\dfrac{b'b'-D}{a'}=a''$,它是一个整数,因为$b'b'-D \equiv b^2-D \equiv aa' \equiv 0 \pmod{a'}$.现在若有$a''<a'$,则再次令$b'' \equiv -b' \pmod{a''}$,并取$b''$处在$\sqrt{D}$和$\sqrt{D} \mp a''$之间(按照$a''$是正数或负数分别取负号或正号),并令$\dfrac{b''b''-D}{a''}=a'''$.如果再次有$a'''<a''$,就再令$b''' \equiv b'' \pmod{a'''}$,且取$b'''$处于$\sqrt{D}$和$\sqrt{D} \mp a'''$之间,并令$\dfrac{b'''b'''-D}{a'''}=a''''$.继续这一做法,直到在数列$a',a'',a''',a'''',\cdots$中得到一项$a^{(m+1)}$,它不小于前一项$a^{(m)}$为止.这种情形最终总会出现,因为不然的话,就会得到一列无穷递减的整数序列.现在设$a^{(m)}=A,b^{(m)}=B,a^{(m+1)}=C$,则型$(A,B,C)$将满足所有的条件.

证明 Ⅰ.由于在由型组成的序列$(a,b,a'),(a',b',a''),(a'',b'',a'''),\cdots$中每一个型都是它的前一个型的邻型,因此最后的型$(A,B,C)$与第一个型$(a,b,a')$是正常等价的.

Ⅱ.由于B是在$\sqrt{D}$和$\sqrt{D} \mp A$之间(当A为正数时总取上面的符号,当A为负数时总取下面的符号),因此,如果我们令$\sqrt{D}-B=p,B-(\sqrt{D} \mp A)=q$,那么显然数$p$和$q$都是正的.容易验证有$q^2+2pq+2p\sqrt{D}=D+A^2-B^2$,从而$D+A^2-B^2$是正数,我们将用$r$来表示这个数.现在由于$D=B^2-AC$,故有$r=A^2-AC$,所以$A^2-AC$是正的.但是根据假设,$A$不大于$C$,因而这显然仅可能在$AC$是负数的情形才能成立,所以$A$和$C$的符号必定是相反的.从而有$B^2=D+AC<D$,即有$B<\sqrt{D}$.

Ⅲ.此外,由于$-AC=D-B^2$,所以有$AC<D$;因此(因为A不大于C)$A<\sqrt{D}$.于是$\sqrt{D} \mp A$是正数,故而在$\sqrt{D}$和$\sqrt{D} \mp A$之间的数B也是正数.

Ⅳ.不用说$\sqrt{D}+B \mp A$更是一个正数,又因为$\sqrt{D}-B \mp A=-q$是负数,所以$\pm A$在$\sqrt{D}+B$和$\sqrt{D}-B$之间.

例 如果给定型$(67,97,140)$,其行列式为29.那么就求得一列型$(67,97,140)$,$(140,-97,67)$,$(67,-37,20)$,$(20,-3,-1)$,$(-1,5,4)$.最后那个型就是所要求的.

我们把行列式为正的非平方数D的这样的型(A,B,C)称为**约化型**:其中A取在$\sqrt{D}+B$和$\sqrt{D}-B$之间的正数,B为正数且小于$\sqrt{D}$.因此,行列式为正的非平方数的约化型与行列式为负数的约化型是有所区别的;不过由于它们之间仍然有很多的相似之处,所以我们对它们不使用不同的名称.

184.

如果我们能像证明行列式为负数的型的等价性(第 172 目)那样轻而易举地证明两个行列式为正数的约化型的等价性,那么,我们就能毫无任何困难地确定具有相同的正的行列式的任何两个型的等价性.但实际情形远非如此,有可能出现多个约化型,它们之间是相互等价的.在研究这个问题之前,我们必须更深入地研究约化型(我们总是假定它的行列式为正的非平方数)的性质.

1) 如果(a,b,c)是约化型,那么a和c将有相反的符号.这是因为,若设其行列式为D,则有$ac=b^2-D$,由于$b<\sqrt{D}$,所以ac是负数.

2) 与a一样,如果数c取正值,那么它也处在$\sqrt{D}+b$和$\sqrt{D}-b$之间.这是因为$-c=\dfrac{D-b^2}{a}$,因此,c的绝对值在$\dfrac{D-b^2}{\sqrt{D}+b}$和$\dfrac{D-b^2}{\sqrt{D}-b}$之间,也即在$\sqrt{D}-b$和$\sqrt{D}+b$之间.

3) 由此显然可见,(c,b,a)也是一个约化型.

4) a和c两者都小于$2\sqrt{D}$.这是因为它们都小于$\sqrt{D}+b$,于是当然就小于$2\sqrt{D}$.

5) 数b在$\sqrt{D}$和$\sqrt{D}\mp a$之间(当a为正数时取上面的符号,当a为负数时取下面的符号).这是因为,由于$\pm a$在$\sqrt{D}+b$和$\sqrt{D}-b$之间,故$\pm a-(\sqrt{D}-b)$,即$b-(\sqrt{D}\mp a)$必为正数;然而$b-\sqrt{D}$是负数;故而b在$\sqrt{D}$和$\sqrt{D}\mp a$之间.用同样的方法可以证明,b也在$\sqrt{D}$和$\sqrt{D}\mp c$之间(按照c是正数或负数分别取上面或下面的符号).

6) 对每个约化型(a,b,c),从它的每一边都存在一个且仅存在一个相邻的约化型.

如果$a'=c$,$b'\equiv -b\pmod{a'}$,使得b'在$\sqrt{D}$和$\sqrt{D}\mp a'$之间①,$c'=\dfrac{b'b'-D}{a'}$,那么型(a',b',c')是(a,b,c)的从右边相邻的邻型.以及同样显然的是,如果我们有任何另外一个约化型,它对于(a,b,c)是从右边相邻的邻型,那么它与(a',b',c')不可能不一样.我们现在要来证明它确实是一个约化型.

A) 如果我们令

$$\sqrt{D}+b\mp a'=p,\ \pm a'-(\sqrt{D}-b)=q,\sqrt{D}-b=r$$

那么,根据(2)以及约化型的定义我们推出p,q,r都是正数.如果进一步令

$$b'-(\sqrt{D}\mp a')=q',\sqrt{D}-b'=r'$$

那么q'和r'都是正数,这是因为b'在$\sqrt{D}$和$\sqrt{D}\mp a'$之间.最后,如果$b+b'=\pm ma'$,那么m是一个整数.现在显然有$p+q'=b+b'$,因此$b+b'$,即$\pm ma'$是正数,于是m也为正数;由此推出$m-1$肯定不是负数.此外

$$r+q'\pm ma'=2b'\pm a'$$

即

$$2b'=r+q'\pm(m-1)a'$$

① 在有双重符号的地方,当a'为正数时总是取上面的符号,而当a'为负数时取下面的符号.

所以 $2b'$ 和 b' 必为正数. 又因为 $b'+r'=\sqrt{D}$,故有 $b'<\sqrt{D}$.

B) 此外我们有

$$r\pm ma'=\sqrt{D}+b'$$

即

$$r\pm(m-1)a'=\sqrt{D}+b'\mp a'$$

故而 $\sqrt{D}+b'\mp a'$ 是正数. 由此以及因为 $\pm a'-(\sqrt{D}-b')=q'$ 是正数,就推出 $\pm a'$ 在 $\sqrt{D}+b'$ 和 $\sqrt{D}-b'$ 之间. 所以 (a',b',c') 是一个约化型.

按照同样的方法可以证明,如果 $'c=a$,$'b\equiv -b \pmod{'c}$,且 $'b$ 在 $\sqrt{D}$ 和 $\sqrt{D}\pm 'c$ 之间,此外如果令 $'a=\dfrac{'b'b-D}{'c}$,那么 $('a,'b,'c)$ 是约化型. 但是显然,这个型是 (a,b,c) 的从左边相邻的邻型,且除了型 $('a,'b,'c)$ 之外,再也没有其他的约化型能具有这个性质.

例 给定行列式为 191 的约化型 $(5,11,-14)$,约化型 $(-14,3,13)$ 是它的从右边相邻的邻型,而约化型 $(-22,9,5)$ 则是它的从左边相邻的邻型.

7) 如果约化型 (a',b',c') 是约化型 (a,b,c) 的从右边相邻的邻型,那么 (c',b',a') 就是约化型 (c,b,a) 的从左边相邻的邻型;如果约化型 $('a,'b,'c)$ 是约化型 (a,b,c) 的从左边相邻的邻型,那么 $('c,'b,'a)$ 是约化型 (c,b,a) 的从右边相邻的邻型. 此外,型 $(-'a,-'b,-'c)$,$(-a,b,-c)$ 以及 $(-a',b',-c')$ 都是约化型,且第二个型是第一个型的从右边相邻的邻型,第三个型是第二个型的从右边相邻的邻型;第一个型则是第二个型的从左边相邻的邻型,第二个型也是第三个型的从左边相邻的邻型. 对 $(-c',b',-a')$,$(-c,b,-a)$ 和 $(-'c,'b,-'a)$ 这三个型也有类似的结果. 这是很显然的,无需加以说明.

185.

具有给定行列式 D 的所有约化型的个数总是有限的,它们可以用两种不同的方法来求出. 我们将用符号 (a,b,c) 来表示行列式为 D 的任意的约化型,所以我们应该来确定 a,b,c 的所有的值.

第一种方法. 取所有小于 $2\sqrt{D}$ 且以 D 为二次剩余的数(正数和负数都取)作为 a. 以及对每一个单个的 a,假设 b 为表示式 $\sqrt{D} \pmod a$ 的在 $\sqrt{D}$ 和 $\sqrt{D}\mp a$ 之间的所有的正的值,而对于每一对确定的 a 和 b 的值,假设 $c=\dfrac{b^2-D}{a}$. 根据这一方法得到的型,如果其中的 $\pm a$ 在 $\sqrt{D}+b$ 和 $\sqrt{D}-b$ 的范围之外,那么就要将它剔除.

第二种方法. 取所有小于 $\sqrt{D}$ 的正数作为 b,对每一个 b,用所有可能的方法把 b^2-D 分解成两个因数之积(不计因数的符号),使每个因数的绝对值均在 $\sqrt{D}+b$ 与 $\sqrt{D}-b$ 之间. 以及设其中一个因数为 a,另一个因数为 c. 显然每一种因数分解都给出两个型,这是因为因数中的每一个都可以取作为 a,也可以取作为 c.

例 若 $D=79$,则 a 就有 22 个值:$\mp 1,2,3,5,6,7,9,10,13,14,15$. 由这些值我们得

到 19 个型:

$(1,8,-15),(2,7,-15),(3,8,-5),(3,7,-10),(5,8,-3),(5,7,-6),(6,7,-5)$
$(6,5,-9),(7,4,-9),(7,3,-10),(9,5,-6),(9,4,-7),(10,7,-3),(10,3,-7)$
$(13,1,-6),(14,3,-5),(15,8,-1),(15,7,-2),(15,2,-5),$

如果我们改变每一个型中外项的符号,我们从这些型恰好得到同样多个另外的型,这就是型$(-1,8,15),(-2,7,15),\cdots$,这样总共就有 38 个型. 但是其中有六个型$(\pm 13,1,\mp 6),(\pm 14,3,\mp 5),(\pm 15,2,\mp 5)$要剔除掉;剩下 32 个型都是约化型. 根据第二种方法,同样的型将按照下面的顺序出现:①

$(\pm 7,3,\mp 10),(\pm 10,3,\mp 7),(\pm 7,4,\mp 9),(\pm 9,4,\mp 7),(\pm 6,5,\mp 9),(\pm 9,5,\mp 6)$
$(\pm 2,7,\mp 15),(\pm 3,7,\mp 10),(\pm 5,7,\mp 6),(\pm 6,7,\mp 5),(\pm 10,7,\mp 3),(\pm 15,7,\mp 2)$
$(\pm 1,8,\mp 15),(\pm 3,8,\mp 5),(\pm 5,8,\mp 3),(\pm 15,8,\mp 1).$

186.

设 F 是行列式为 D 的约化型,F' 是一个约化型,且是 F 的从右边相邻的邻型;F'' 是一个约化型,且是 F' 的从右边相邻的邻型;F''' 是一个约化型,且是 F'' 的从右边相邻的邻型,等. 这样,显然所有的型 $F',F'',F''',\cdots$ 都是完全确定的,以及无论是它们相互之间还是与型 F 都是正常等价的. 但是,由于具有给定行列式的所有约化型的个数是有限的,所以显然在无穷序列 $F,F',F'',\cdots$ 中的所有的型不可能都不相同. 如果设 $F^{(m)}$ 和 $F^{(m+n)}$ 是相同的型,那么 $F^{(m-1)}$ 和 $F^{(m+n-1)}$ 都是约化型,且都是同一个约化型的从左边相邻的邻型,因此它们也是相同的型;以同样的方式处理 $F^{(m-2)}$ 与 $F^{(m+n-2)}$ 等,最后得到 F 和 $F^{(n)}$ 也是相同的型. 于是,在序列 $F,F',F'',\cdots$ 中,只要它延续下去足够长的话,F 就一定会再次出现;如果我们假设 $F^{(n)}$ 是该序列中第一个出现的与 F 相同的型,也即 $F',F'',\cdots,F^{(n-1)}$ 都是与 F 不同的型,那么容易看出,所有的型 $F,F',F'',\cdots,F^{(n-1)}$ 也都是各不相同的. 我们将把这一组型称为是**型 F 的周期**. 因此,如果该序列继续下去超出了该周期的最后那个型,那么同样的型 $F,F',F'',\cdots$ 将会再次出现,因此整个无穷序列 $F,F',F'',\cdots$ 也就是由型 F 的这个周期无穷多次的重复而组成的.

序列 $F,F',F'',\cdots$ 也可以按相反方向延伸下去:如果我们在型 F 的前面放上与它是从左边相邻为邻型的约化型 $'F$,再在型 $'F$ 的前面放上与它是从左边相邻为邻型的约化型 $''F$,如此等. 按照这种方法,我们就得到向两个方向都无穷延伸的一列型

$$\cdots,'''F,''F,'F,F,F',F'',F''',\cdots,$$

显然 $'F$ 和 $F^{(n-1)}$ 是相同的,$''F$ 和 $F^{(n-2)}$ 是相同的等等,因此该序列的左边也是由型 F 的周期无穷多次重复而组成的.

如果对于型 $F,F',F'',\cdots$ 和型 $'F,''F,\cdots$ 我们分别给予指标 $0,1,2,\cdots$ 和 $-1,-2,\cdots$,

① 对于 $b=1$,-78 不能分解成两个绝对值在 $\sqrt{79}+1$ 和 $\sqrt{79}-1$ 之间的数的乘积;因此这个值应该被剔除掉. 根据同样的理由,2 和 6 这两个值也应被剔除掉.

以及一般地,对型 $F^{(m)}$ 给以指标 m,而对型$^{(m)}F$ 则给以指标 $-m$,那么显然,该序列中的两个型是否相同,就依赖于它们的指标关于模 n 是否同余而定.

例 判别式为 79 的型(3,8,-5)的周期为(3,8,-5),(-5,7,6),(6,5,-9),(-9,4,7),(7,3,-10),(-10,7,3).在最后一个型的后面我们再次得到型(3,8,-5),从而这里有 $n=6$.

187.

下面是有关这些周期的一些一般的注记.

1)如果型 $F,F',F'',\cdots$,以及型 $'F,''F,'''F,\cdots$ 分别标记如下:

$$(a,b,-a'),(-a',b',a''),(a'',b'',-a'''),\cdots,(-'a,'b,a)$$

$$(''a,''b,-'a),(-'''a,'''b,''a),\cdots,$$

那么所有的数 $a,a',a'',a''',\cdots;'a,''a,'''a,\cdots$ 都有同样的符号(第 184.1 目),以及所有的数 $b,b',b'',\cdots;'b,''b,\cdots$ 皆为正数.

2)由此推得数 n(组成型 F 的周期的型的个数)恒为偶数.这是因为,该周期中任何一个型 $F^{(m)}$ 的第一项当 m 为偶数时与型 F 的第一项有同样的符号,而当 m 为奇数时与型 F 的第一项有相反的符号.由于 $F^{(n)}$ 和 F 是相同的型,所以 n 必为偶数.

3)根据第 184.6 目,利用以下的算法可以求出数 $b',b'',b''',\cdots$ 以及 $a'',a''',\cdots$:

$$b'\equiv -b(\bmod a'),b' 在\sqrt{D}和\sqrt{D}\mp a' 之间;a''=\frac{D-b'b'}{a'};$$

$$b''\equiv -b'(\bmod a''),b'' 在\sqrt{D}和\sqrt{D}\mp a'' 之间;a'''=\frac{D-b''b''}{a''};$$

$$b'''\equiv -b''(\bmod a'''),b''' 在\sqrt{D}和\sqrt{D}\mp a''' 之间;a''''=\frac{D-b'''b'''}{a'''},$$

$$\vdots$$

在第二列中,按照数 $a,a',a'',\cdots$ 是正数或负数相应地取上面或下面的符号.第三列中的公式可以代之以下面的公式,当 D 是很大的数时,它会更加方便:

$$a''=\frac{b+b'}{a'}(b-b')+a,$$

$$a'''=\frac{b'+b''}{a''}(b'-b'')+a',$$

$$a''''=\frac{b''+b'''}{a'''}(b''-b''')+a'',$$

$$\vdots$$

4)包含在型 F 的周期中的任何一个型 $F^{(m)}$ 都与 F 有同样的周期.也就是说,这个周期是 $F^{(m)},F^{(m+1)},\cdots,F^{(n-1)},F,F',\cdots,F^{(m-1)}$,在其中将出现与在 F 的周期中同样的型且按照同样的次序排列,其区别仅在于它们的头和尾不同而已.

5)由上所述可推出,有相同行列式 D 的所有的约化型可以被分成若干个周期.从中任取一个型作为 F 并求出它的周期 $F,F',F'',\cdots,F^{(n-1)}$,我们用 P 来记这个周期.如果它还没有包含行列式为D的所有的约化型,那么设G是一个不在此周期中的型,并设Q是G的周期. 显然,P和Q不可能有共同的型,因为否则的话,G也将包含在P中,从而这两个周期就将完全重合. 如果P和Q还没有取尽所有的约化型,那么设H是剩下的型中的一个,这样又得到第三个周期R,它无论与P还是与Q都没有共同的型. 我们可以按照这一方法继续下去,直到取尽所有的约化型为止. 例如,行列式为 79 的所有的约化型可以分成六个周期:

Ⅰ. $(1,8,-15)$,$(-15,7,2)$,$(2,7,-15)$,$(-15,8,1)$.

Ⅱ. $(-1,8,15)$,$(15,7,-2)$,$(-2,7,15)$,$(15,8,-1)$.

Ⅲ. $(3,8,-5)$,$(-5,7,6)$,$(6,5,-9)$,$(-9,4,7)$,$(7,3,-10)$,$(-10,7,3)$.

Ⅳ. $(-3,8,5)$,$(5,7,-6)$,$(-6,5,9)$,$(9,4,-7)$,$(-7,3,10)$,$(10,7,-3)$.

Ⅴ. $(5,8,-3)$,$(-3,7,10)$,$(10,3,-7)$,$(-7,4,9)$,$(9,5,-6)$,$(-6,7,5)$.

Ⅵ. $(-5,8,3)$,$(3,7,-10)$,$(-10,3,7)$,$(7,4,-9)$,$(-9,5,6)$,$(6,7,-5)$.

6) 我们把由相同的项组成但是项的次序相反的型称为**相补型**,例如$(a,b,-a')$和$(-a',b,a)$. 由第 184.7 目容易看出,如果约化型F的周期是$F,F',F'',\cdots,F^{(n-1)}$,以及$f$是与型$F$相补的型,且型$f',f'',\cdots,f^{(n-2)},f^{(n-1)}$是分别与$F^{(n-1)},F^{(n-2)},\cdots,F'',F'$相补的型,那么型$f$的周期将是$f,f',f'',\cdots,f^{(n-2)},f^{(n-1)}$,所以型$f$的周期与型$F$的周期中的型的个数相同. 我们把相补型的周期称为**相补周期**. 于是上述例子中的周期 Ⅲ 和 Ⅵ、Ⅳ 和 Ⅴ 都是相补周期.

7) 但是有可能发生这样的情况:型f包含在它的相补型F的周期中,如同上面例子中的周期 Ⅰ 和周期 Ⅱ 那样,于是型F的周期就和型f的周期重合,或者说型F的周期就是它自己的相补周期. 如果此情形出现,那么在这个周期中将会有两个歧型. 这是因为,如果假设型F的周期由$2n$个型组成,即F和$F^{(2n)}$是相同的,此外,再设型f在型F的周期中的指标为$2m+1$①,即$F^{(2m+1)}$和F是相补的,那么,显然F'和$F^{(2m)}$,F''和$F^{(2m-1)}$,$\cdots$也是相补的,从而$F^{(m)}$和$F^{(m+1)}$也是相补的. 如果$F^{(m)}=(a^{(m)},b^{(m)},-a^{(m+1)})$,$F^{(m+1)}=(-a^{(m+1)},b^{(m+1)},a^{(m+2)})$,那么就有$b^{(m)}+b^{(m+1)}\equiv 0 \pmod{a^{(m+1)}}$;但由相补型的定义有$b^{(m)}=b^{(m+1)}$,于是有

$$2b^{(m+1)}\equiv 0 \pmod{a^{(m+1)}},$$

即型$F^{(m+1)}$是歧型. 根据同样的推理可知,$F^{(2m+1)}$和$F^{(2n)}$是相补型,因此同样地,$F^{(2m+2)}$和$F^{(2n-1)}$,进而$F^{(2m+3)}$和$F^{(2n-2)}$,$\cdots$以及最后,$F^{(m+n)}$和$F^{(m+n+1)}$也都是相补型;而且用类似的方法容易证明,这些型中的最后一个型是歧型. 但是由于$m+1$和$m+n+1$对于模$2n$不同余,所以型$F^{(m+1)}$和$F^{(m+n+1)}$是不相同的(第 186 目,那里的数n指的就是这里的$2n$). 于是在上面例子里,周期 Ⅰ 中的歧型是$(1,8,-15)$和$(2,7,-15)$;而周期 Ⅱ 中的歧型是$(-1,8,15)$和$(-2,7,15)$.

8) 反过来说,**任何一个有歧型的周期都是与它自身相补的**. 这是因为,容易看出,如

① 这里的指标必为奇数,因为显然型F与f的第一项有相反的符号(见上面第 187 目的 2).

果 $F^{(m)}$ 是约化的歧型,那么与之相补的型(它也是约化型)将同时也是它的从左边相邻的邻型,也就是说,$F^{(m-1)}$ 和 $F^{(m)}$ 是相补型. 但是那样的话,整个周期就会与其自身是相补的. 由此容易看出,**在任何周期中不可能只有一个歧型**.

9) 但是,在同一个周期中也不可能有多于两个歧型. 这是因为,如果假设在由 $2n$ 个型组成的型 F 的周期中有三个歧型 $F^{(\lambda)}$,$F^{(\mu)}$ 和 $F^{(\nu)}$,它们分别属于指标 λ,μ 和 ν,这里 λ,μ 和 ν 是在 0 和 $2n-1$ 之间(包含 $2n-1$ 在内)的不相等的数,那么型 $F^{(\lambda-1)}$ 和 $F^{(\lambda)}$ 就是相补型,同样地,$F^{(\lambda-2)}$ 和 $F^{(\lambda+1)}$,…,以及最后,F 和 $F^{(2\lambda-1)}$ 也都是相补型. 根据同样的推理,F 和 $F^{(2\mu-1)}$ 是相补型,以及同样的 F 和 $F^{(2\nu-1)}$ 也是相补型. 所以 $F^{(2\lambda-1)}$,$F^{(2\mu-1)}$ 和 $F^{(2\nu-1)}$ 是相同的型,且指标 $2\lambda-1$,$2\mu-1$ 和 $2\nu-1$ 对模 $2n$ 同余,从而也有 $\lambda\equiv\mu\equiv\nu \pmod n$. 但这是不可能的,因为显然在 0 与 $2n-1$ 之间不可能有三个不同的数对模 n 都是同余的.

188.

既然同一周期中所有的型都是正常等价的,我们就要问来自不同周期的型是否也能是正常等价的呢? 在证明这是不可能的之前,我们要先来谈谈约化型的变换.

由于后面我们经常要处理型的变换,为尽可能地避免书写繁冗,我们将使用下面的简写方法. 如果型 $LX^2+2MXY+NY^2$ 通过代换 $X=\alpha x+\beta y$,$Y=\gamma x+\delta y$ 变成型 $lx^2+2mxy+ny^2$,我们就简单地说成是 (L,M,N) 通过代换 $\alpha,\beta,\gamma,\delta$ 变成 (l,m,n). 这样一来,就不必要用特定的符号来表示所处理的型中的变数了. 但是,显然在任何型中必须把第一个变数和第二个变数仔细区分开来.

设型 $f=(a,b,-a')$ 是一个给定的行列式为 D 的约化型. 正如第 186 目所说的那样,我们可以做出一个在两个方向上都无限延伸的约化型的序列 $\cdots,''f,'f,f,f',f'',\cdots$,令

$$f'=(-a',b',a''),f''=(a'',b'',-a'''),\cdots,$$
$$'f=(-'a,'b,a),''f=(''a,''b,-'a),\cdots.$$

以及令

$$\frac{b+b'}{-a'}=h',\frac{b'+b''}{a''}=h'',\frac{b''+b'''}{-a'''}=h''',\cdots,$$
$$\frac{'b+b}{a}=h,\frac{''b+'b}{-'a}='h,\frac{'''b+''b}{''a}=''h,\cdots,$$

这样,显然可以看出,如果(与第 177 目中相同)数 $\alpha',\alpha'',\alpha''',\cdots$ 以及 $\beta',\beta'',\beta''',\cdots$ 是按照下述算法给出的

$$\begin{array}{llll}
\alpha'=0, & \beta'=-1, & \gamma'=1, & \delta'=h',\\
\alpha''=\beta', & \beta''=h''\beta', & \gamma''=\delta', & \delta''=h''\delta'-1,\\
\alpha'''=\beta'', & \beta'''=h'''\beta''-\beta', & \gamma'''=\delta'', & \delta'''=h'''\delta''-\delta',\\
\alpha''''=\beta''', & \beta''''=h''''\beta'''-\beta'', & \gamma''''=\delta''', & \delta''''=h''''\delta'''-\delta'',\\
 & \vdots & &
\end{array}$$

那么 f 就将

被代换 $\alpha',\beta',\gamma',\delta'$ 变成 f',
被代换 $\alpha'',\beta'',\gamma'',\delta''$ 变成 f'',
被代换 $\alpha''',\beta''',\gamma''',\delta'''$ 变成 f''',
⋮

且所有这些变换都是正常的变换.

由于 $'f$ 被正常变换 $0,-1,1,h$ 变成了 f(第158目),故而 f 也被正常变换 $h,1,-1,0$ 变成了 $'f$. 根据类似的推理可得,$'f$ 被正常变换 $'h,1,-1,0$ 变成了 $''f$,$''f$ 被正常变换 $''h,1,-1,0$ 变成了 $'''f,\cdots$. 按照与第177目同样的方法,由此并根据第159目可以断言:如果数 $'\alpha,''\alpha,'''\alpha,\cdots$ 以及 $'\beta,''\beta,'''\beta,\cdots$ 是按照下述算法给出的

$$
\begin{array}{llll}
'\alpha=h, & '\beta=1, & '\gamma=-1, & '\delta=0,\\
''\alpha='h'\alpha-1, & ''\beta='\alpha, & ''\gamma='h'\gamma, & ''\delta='\gamma,\\
'''\alpha=''h''\alpha-'\alpha, & '''\beta=''\alpha, & '''\gamma=''h''\gamma-'\gamma, & '''\delta=''\gamma,\\
''''\alpha='''h'''\alpha-''\alpha, & ''''\beta='''\alpha, & ''''\gamma='''h'''\gamma-''\gamma, & ''''\delta='''\gamma,\\
 & \vdots & &
\end{array}
$$

那么 f 就将

被代换 $'\alpha,'\beta,'\gamma,'\delta$ 变成 $'f$,
被代换 $''\alpha,''\beta,''\gamma,''\delta$ 变成 $''f$,
被代换 $'''\alpha,'''\beta,'''\gamma,'''\delta$ 变成 $'''f$,
⋮

且所有这些变换都是正常的变换.

如果我们令 $\alpha=1,\beta=0,\gamma=0,\delta=1$,那么这些数与型 f 将有和数 $\alpha',\beta',\gamma',\delta'$ 与型 f' 一样的关系;将有和数 $\alpha'',\beta'',\gamma'',\delta''$ 与型 f'' 一样的关系,…;也将有和数 $'\alpha,'\beta,'\gamma,'\delta$ 与型 $'f$ 一样的关系,…;这就是说,通过代换 $\alpha,\beta,\gamma,\delta$,型 f 将变成 f. 但这时无穷序列 $\alpha',\alpha'',\alpha''',\cdots$ 和 $'\alpha,''\alpha,'''\alpha,\cdots$ 就可以通过插入一项 α 而直接连接在一起,使得它们成为一个在两个方向都无限延伸、且由同一个规律构造成的无穷序列:

$$\cdots,'''\alpha,''\alpha,'\alpha,\alpha,\alpha',\alpha'',\alpha''',\cdots,$$

该序列的共同构造规律如下示

$$'''\alpha+'\alpha=''h''\alpha,''\alpha+\alpha='h'\alpha,'\alpha+\alpha'=h\alpha,\alpha+\alpha''=h'\alpha',$$
$$\alpha'+\alpha'''=h''\alpha'',\cdots,$$

或者一般说来有(如果我们假设写在右边的负的指标和写在左边的正的指标表示同样的意义的话)

$$\alpha^{(m-1)}+\alpha^{(m+1)}=h^{(m)}\alpha^{(m)}.$$

类似地,序列 $\cdots,''\beta,'\beta,\beta,\beta',\beta'',\cdots$ 也是一个连续的有共同构造规律的序列,其构造规律是

$$\beta^{(m-1)}+\beta^{(m+1)}=h^{(m+1)}\beta^{(m)},$$

以及,如果这个序列中的每一项都向前移动一位的话,那么这个序列和上一个序列完全相同:$''\beta='\alpha,'\beta=\alpha,\beta=\alpha',\cdots$. 连续序列 $\cdots,''\gamma,'\gamma,\gamma,\gamma',\gamma'',\cdots$ 的构造规律则是

$$\gamma^{(m-1)}+\gamma^{(m+1)}=h^{(m)}\gamma^{(m)},$$

以及连续序列 $\cdots,{}''\delta,{}'\delta,\delta,\delta',\delta'',\cdots$ 的构造规律则是

$$\delta^{(m-1)}+\delta^{(m+1)}=h^{(m+1)}\delta^{(m)},$$

此外,一般地有 $\delta^{(m)}=\gamma^{(m+1)}$.

例 如果给定的型是 $f=(3,8,-5)$,那么它可以通过以下各代换变成下列诸型:

${}'''''''f=(-10,7,3)$	-805	-152	$+143$	$+27$,
${}''''''f=(3,8,-5)$	-152	$+45$	$+27$	-8,
${}'''''f=(-5,7,6)$	$+45$	$+17$	-8	-3,
${}''''f=(6,5,-9)$	$+17$	-11	-3	$+2$,
${}'''f=(-9,4,7)$	-11	-6	$+2$	$+1$,
${}''f=(7,3,-10)$	-6	$+5$	$+1$	-1,
${}'f=(-10,7,3)$	$+5$	$+1$	-1	0,
$f=(3,8,-5)$	$+1$	0	0	$+1$,
$f'=(-5,7,6)$	0	-1	$+1$	-3,
$f''=(6,5,-9)$	-1	-2	-3	-7,
$f'''=(-9,4,7)$	-2	$+3$	-7	$+10$,
$f''''=(7,3,-10)$	$+3$	$+5$	$+10$	$+17$,
$f'''''=(-10,7,3)$	$+5$	-8	$+17$	-27,
$f''''''=(3,8,-5)$	-8	-45	-27	-152,
$f'''''''=(-5,7,6)$	-45	$+143$	-152	$+483$,
	$\vdots$			

189.

有关这一算法需要注意下面几点:

1) 所有的数 $a,a',a'',\cdots,{}'a,{}''a,\cdots$ 都有同样的符号;所有的数 $b,b',b'',\cdots,{}'b,{}''b,\cdots$ 都是正数;序列 $\cdots,{}''h,{}'h,h,h',h'',\cdots$ 是正负交替,也就是说,如果所有的 $a,a',\cdots$ 都是正数,那么当 m 为偶数时,$h^{(m)}$ 和 ${}^{(m)}h$ 是正数;而当 m 为奇数时,$h^{(m)}$ 和 ${}^{(m)}h$ 是负数;但是如果所有的 $a,a',\cdots$ 都是负数,那么当 m 为偶数时,$h^{(m)}$ 和 ${}^{(m)}h$ 是负数;而当 m 为奇数时,$h^{(m)}$ 和 ${}^{(m)}h$ 是正数.

2) 如果 a 为正数,因而 h' 为负数而 h'' 为正数,$\cdots$,那么我们就有 $\alpha''=-1$ 是负数,$\alpha'''=h''\alpha''$ 是负数且按绝对值大于 α''(或者等于 α'',如果 $h''=1$);我们有 $\alpha''''=h'''\alpha'''-\alpha''$ 是正数,且按绝对值大于 α'''(因为 $h'''\alpha'''$ 是正数,而 α'' 是负数);又有 $\alpha'''''=h''''\alpha''''-\alpha'''$ 是正数,且按绝对值大于 α''''(因为 $h''''\alpha''''$ 是正数);$\cdots$. 因此容易推断,序列 $\alpha',\alpha'',\alpha''',\cdots$ 是无穷递增的,且总是交替地两个是正的,两个是负的,$\cdots$. 因此,$\alpha^{(m)}$ 的符号要根据 $m\equiv0,1,2,3\pmod 4$ 而分别取 $+,+,-,-$ 号. 如果 a 是负数,根据一系列类似的推理可知,α'' 是负数,α''' 是正数且按绝对值大于或等于 α'';α'''' 是正数且大于 α''';α''''' 是负数且按绝对值大于 α'''';等. 因此序列 $\alpha',\alpha'',\alpha''',\cdots$ 总是递增的,且 $\alpha^{(m)}$ 的符号根据 $m\equiv0,1,2,$

3(mod 4) 而分别取 +, -, -, +.

3) 按照这样的方法,我们发现所有四个无穷序列 $\alpha', \alpha'', \alpha''', \cdots; \gamma, \gamma', \gamma'', \cdots; \alpha', \alpha, {}'\alpha, {}''\alpha, \cdots; \gamma, {}'\gamma, {}''\gamma, \cdots$ 都是递增的,所以下面四个和它们恒等的序列 $\beta, \beta', \beta'', \cdots; {}'\delta, \delta, \delta', \delta'', \cdots; \beta, {}'\beta, {}''\beta, \cdots; {}'\delta, {}''\delta, \cdots$ 也都是递增的,且根据 $m \equiv 0,1,2,3 \pmod 4$,相应地有

$\alpha^{(m)}$ 的符号取 $+ \quad \pm \quad - \quad \mp$;$\beta^{(m)}$ 的符号取 $\pm \quad - \quad \mp \quad +$,
$\gamma^{(m)}$ 的符号取 $\pm \quad + \quad \mp \quad -$;$\delta^{(m)}$ 的符号取 $+ \quad \mp \quad - \quad \pm$,
${}^{(m)}\alpha$ 的符号取 $+ \quad \pm \quad - \quad \mp$;${}^{(m)}\beta$ 的符号取 $\mp \quad + \quad \pm \quad -$,
${}^{(m)}\gamma$ 的符号取 $\mp \quad - \quad \pm \quad +$;${}^{(m)}\delta$ 的符号取 $+ \quad \mp \quad - \quad \pm$,

其中当 a 为正数时,都取上面的符号,而当 a 为负数时,都取下面的符号. 特别重要的是注意下面的性质:如果我们用 m 来表示任何一个正指标,那么当 a 为正数时,$\alpha^{(m)}$ 和 $\gamma^{(m)}$ 有相同的符号;而当 a 为负数时,$\alpha^{(m)}$ 和 $\gamma^{(m)}$ 有相反的符号;对 $\beta^{(m)}$ 和 $\delta^{(m)}$ 也有类似的结果. 另一方面,当 a 为负数时,${}^{(m)}\alpha$ 和 ${}^{(m)}\gamma$ 以及 ${}^{(m)}\beta$ 和 ${}^{(m)}\delta$ 都有相同的符号;而当 a 为正数时它们都有相反的符号.

4) 利用第 27 目的记号,$\alpha^{(m)}, \cdots$ 可以用下述方法简洁地加以表示. 如果令

$$\mp h' = k',\ \pm h'' = k'',\ \mp h''' = k''', \cdots$$
$$\cdots,\ \pm h = k,\ \mp {}'h = {}'k,\ \pm {}''h = {}''k, \cdots,$$

使得所有的数 $k', k'', \cdots, k, {}'k, \cdots$ 都是正数,那么我们有

$$\alpha^{(m)} = \pm[k'', k''', k'''', \cdots, k^{(m-1)}]; \beta^{(m)} = \pm[k'', k''', k'''', \cdots, k^{(m)}],$$
$$\gamma^{(m)} = \pm[k', k'', k''', \cdots, k^{(m-1)}]; \delta^{(m)} = \pm[k', k'', k''', \cdots, k^{(m)}],$$
$${}^{(m)}\alpha = \pm[k, {}'k, {}''k, \cdots, {}^{(m-1)}k]; {}^{(m)}\beta = \pm[k, {}'k, {}''k, \cdots, {}^{(m-2)}k],$$
$${}^{(m)}\gamma = \pm[{}'k, {}''k, \cdots, {}^{(m-1)}k]; {}^{(m)}\delta = \pm[{}'k, {}''k, \cdots, {}^{(m-2)}k],$$

而其中的符号则必须根据我们上面所说的规则来决定. 这些公式的证明很简单,故将其略去. 利用这些公式,所涉及的计算可以很快地完成.

190.

引理 **如果 m, μ, m', n, ν, n' 表示任意的整数,使得其中最后三个数无一为零. 那么我们断言,如果 $\frac{\mu}{\nu}$ 在两个界限 $\frac{m}{n}$ 和 $\frac{m'}{n'}$ 之间(它们本身除外),且 $mn' - nm' = \pm 1$,那么分母 ν 将大于 n 和 n'** ①.

证明 显然 $\mu nn'$ 在 $\nu mn'$ 和 $\nu nm'$ 之间,所以这个数和无论哪一个界限的差都将小于这两个界限之差,即我们有 $\nu mn' - \nu nm' > \mu nn' - \nu mn'$ 以及 $> \mu nn' - \nu nm'$,也即有 $\nu > n'(\mu n - \nu m)$ 以及 $> n(\mu n' - \nu m')$. 由此推出:既然 $\mu n - \nu m$ 肯定不为零(因为否则

① 引理中的结论"ν 将大于 n 和 n'" 应是指"ν 的绝对值将大于 n 和 n' 的绝对值". 为清楚理解这一证明,应作以下无妨一般性的假定:(i) n, ν, n' 都是正整数,(ii) $\frac{m'}{n'} < \frac{m}{n}$. 在这样的假定下就有 $mn' - nm' = 1$. 可以猜测 Gauss 写证明时默认了这些假定. —— 译者注.

的话我们就会有$\frac{\mu}{\nu}=\frac{m}{n}$,从而与假设矛盾),且$\mu n'-\nu m'$也一定不为零(理由类似),而它们每一个都至少等于1,因此有$\nu > n'$以及$\nu > n$,证毕.

于是显然ν不能等于1,也就是说,如果$mn'-nm'=\pm 1$,那么在分数$\frac{m}{n}$与$\frac{m'}{n'}$之间不可能有任何整数. 所以它们之间也不可能有零这个数,也就是说,这两个分数不可能有相反的符号.

191.

定理 **如果行列式为D的约化型$(a,b,-a')$被代换$\alpha,\beta,\gamma,\delta$变成有相同行列式的已化型$(A,B,-A')$,那么:第一,$\frac{\pm\sqrt{D}-b}{a}$在$\frac{\alpha}{\gamma}$和$\frac{\beta}{\delta}$(只要$\gamma$和$\delta$都不等于零,也就是说,这两个界限都是有限的)之间. 而且,当这两个界限中没有哪一个的符号与数a的符号相反时(或者说得更清楚一些,当这两个界限都和a有相同的符号,或者其中一个与a有相同的符号,而另一个为零时),取上面的符号;而当这两个界限与a没有相同的符号时取下面的符号. 第二,$\frac{\pm\sqrt{D}+b}{a'}$在$\frac{\gamma}{\alpha}$和$\frac{\delta}{\beta}$之间(如果α和β都不等于零),这里当这两个界限中没有哪一个的符号与数a'(或者a)的符号相反时,取上面的符号;而当这两个界限与a'没有相同的符号时,取下面的符号.** ①

证明 我们有等式

$$a\alpha^2+2b\alpha\gamma-a'\gamma^2=A, \tag{1}$$

$$a\beta^2+2b\beta\delta-a'\delta^2=-A'. \tag{2}$$

由此推出

$$\frac{\alpha}{\gamma}=\frac{\pm\sqrt{D+\frac{aA}{\gamma^2}}-b}{a}, \tag{3}$$

$$\frac{\beta}{\delta}=\frac{\pm\sqrt{D-\frac{aA'}{\delta^2}}-b}{a}, \tag{4}$$

$$\frac{\gamma}{\alpha}=\frac{\pm\sqrt{D-\frac{a'A}{\alpha^2}}+b}{a'}, \tag{5}$$

$$\frac{\delta}{\beta}=\frac{\pm\sqrt{D+\frac{a'A'}{\beta^2}}+b}{a'}. \tag{6}$$

① 显然,不可能有其他的情形出现,这是因为,根据上一目有等式$\alpha\delta-\beta\gamma=\pm 1$,因此两个界限不可能有相反的符号,也不可能同时等于零.

如果数 $\gamma,\delta,\alpha,\beta$ 中有某个等于零的话，那么相应的等式(3)，(4)，(5) 和(6) 应排除在外. 但是关于根式的符号应如何选取则仍有疑问. 我们将用下面的方法来予以确定.

极其显然的是，在(3) 和(4) 中，当无论是$\frac{\alpha}{\gamma}$ 还是$\frac{\beta}{\delta}$ 都不与 a 的符号相反时，就取上面的符号. 这是因为，如果取下面的符号，则$\frac{a\alpha}{\gamma}$ 和$\frac{a\beta}{\delta}$ 就会为负值. 现在，由于 A 和 A' 有相同的符号，所以$\sqrt{D}$ 就落在$\sqrt{D+\frac{aA}{\gamma^2}}$ 和$\sqrt{D-\frac{aA'}{\delta^2}}$ 之间，从而在此情形$\frac{\sqrt{D}-b}{a}$ 就会落在$\frac{\alpha}{\gamma}$ 和$\frac{\beta}{\delta}$ 之间. 这样一来，对于前一种情形来说，定理的第一部分就获得了证明.

根据同样的方法我们看出，当无论是$\frac{\gamma}{\alpha}$ 还是$\frac{\delta}{\beta}$ 都不和 a' 或者 a 有相同的符号时，(5) 和(6) 中应取下面的符号，这是因为，如果我们取上面的符号，那么$\frac{a'\gamma}{\alpha}$ 和$\frac{a'\delta}{\beta}$ 必为正数. 那样的话，$\frac{-\sqrt{D}+b}{a'}$ 就会落在$\frac{\gamma}{\alpha}$ 和$\frac{\delta}{\beta}$ 之间. 这样，就对后一种情形证明了定理的第二部分. 现在如果能同样容易地证明：当$\frac{\alpha}{\gamma}$ 和$\frac{\beta}{\delta}$ 中无论哪一个数都不能与 a 有同样的符号时，在(3) 和(4) 中应取下面的符号，以及当$\frac{\gamma}{\alpha}$ 和$\frac{\delta}{\beta}$ 中无论哪一个数都不能与 a 有相反的符号时，在(5) 和(6) 中应取上面的符号，那么用同样的方法就会推出：在第一种情形，数$\frac{-\sqrt{D}-b}{a}$ 落在$\frac{\alpha}{\gamma}$ 和$\frac{\beta}{\delta}$ 之间；而在第二种情形，$\frac{\sqrt{D}+b}{a'}$ 落在$\frac{\gamma}{\alpha}$ 和$\frac{\delta}{\beta}$ 之间，也就是说，证明了定理的第一部分对后一情形成立，而定理的第二部分对第一种情形成立. 尽管这并没有什么困难，但却需要某种迂回曲折的讨论，所以我们乐于采用下面的方法.

如果数 $\alpha,\beta,\gamma,\delta$ 中没有一个等于零，那么$\frac{\alpha}{\gamma}$ 和$\frac{\beta}{\delta}$ 就与$\frac{\gamma}{\alpha}$ 和$\frac{\delta}{\beta}$ 有相同的符号. 于是，如果这两个数中没有哪个数与 a' 或 a 有相同的符号，这时$\frac{-\sqrt{D}+b}{a'}$ 就落在$\frac{\gamma}{\alpha}$ 和$\frac{\delta}{\beta}$ 之间，那么$\frac{\alpha}{\gamma}$ 和$\frac{\beta}{\delta}$ 中无论哪个数都不可能与 a 有相同的符号，从而$\frac{a'}{-\sqrt{D}+b}=\frac{-\sqrt{D}-b}{a}$(由于 $aa'=D-b^2$) 就落在$\frac{\alpha}{\gamma}$ 和$\frac{\beta}{\delta}$ 之间. 于是，对于 α 和 β 都不等于零的情形，定理的第一部分在第二种情形成立(因为定理本身已经考虑了 γ 和 δ 都不等于零这一条件). 类似地，如果数 $\alpha,\beta,\gamma,\delta$ 中没有一个等于零，且$\frac{\alpha}{\gamma}$ 与$\frac{\beta}{\delta}$ 均不和 a 或者 a' 有相反的符号，这时$\frac{\sqrt{D}-b}{a}$ 落在$\frac{\alpha}{\gamma}$ 和$\frac{\beta}{\delta}$ 之间，那么$\frac{\gamma}{\alpha}$ 与$\frac{\delta}{\beta}$ 也均不和 a' 有相反的号，故而$\frac{a}{\sqrt{D}-b}=\frac{\sqrt{D}+b}{a'}$ 就落在$\frac{\gamma}{\alpha}$

和$\frac{\delta}{\beta}$之间. 因此,当γ和δ都不等于零时,就证明了定理的第二部分对第二种情形也成立.

于是剩下来只要证明:如果数α和β中有一个为零,那么定理的第一部分在第二种情形也成立;以及如果数γ和δ中有一个为零,那么定理的第二部分在第一种情形也成立. 但是**所有这些情形都是不可能的.**

实际上,对于定理的第一部分,已经假设无论是γ还是δ都不等于零,且$\frac{\alpha}{\gamma}$和$\frac{\beta}{\delta}$都不与a有相同的符号.

(1) 假设$\alpha = 0$. 由等式$\alpha\delta - \beta\gamma = \pm 1$推出$\beta = \pm 1, \gamma = \pm 1$. 所以由式(1)有$A = -a'$,从而$A$和$a'$,以及$a$和$A'$都有相反的符号,由此推出$\sqrt{D - \frac{aA'}{\delta^2}} > \sqrt{D} > b$. 由此容易看出在(4)中必定取下面的符号,这是因为如果我们取上面的符号的话,$\frac{\beta}{\delta}$显然会与a有相同的符号. 于是我们就有$\frac{\beta}{\delta} > \frac{-\sqrt{D} - b}{a} > 1$(因为根据约化型的定义有$a < \sqrt{D} + b$). 但是因$\beta = \pm 1$,且$\delta$不等于零,所以这是不可能的.

(2) 假设$\beta = 0$. 由等式$\alpha\delta - \beta\gamma = \pm 1$得到$\alpha = \pm 1, \delta = \pm 1$. 由式(2)得$-A' = -a'$,从而$a'$,$a$和$A$都有相同的符号,由此推出$\sqrt{D + \frac{aA}{\alpha^2}} > \sqrt{D} > b$. 由此显见在式(3)中应该取下面的符号,这是因为如果我们取上面的符号,$\frac{\alpha}{\gamma}$就会与a有相同的符号. 于是我们就得到$\frac{\alpha}{\gamma} > \frac{-\sqrt{D} - b}{a} > 1$. 但是根据与前面(当$\alpha = 0$时)同样的理由可知,这也是不可能的.

对于定理的第二部分,我们假设α和β都不为零,且$\frac{\gamma}{\alpha}$和$\frac{\delta}{\beta}$都没有与a'相反的符号.

(1) 假设$\gamma = 0$. 由等式$\alpha\delta - \beta\gamma = \pm 1$得到$\alpha = \pm 1, \delta = \pm 1$,所以由式(1)有$A = a$;因此$a'$和$A'$有同样的符号,从而有$\sqrt{D + \frac{a'A'}{\beta^2}} > \sqrt{D} > b$. 于是在式(6)中应该取上面的符号,这是因为如果我们取下面的符号,$\frac{\delta}{\beta}$就会与a'有相反的符号. 于是我们就会得到$\frac{\delta}{\beta} > \frac{\sqrt{D} + b}{a'} > 1$. 但是因为$\delta = \pm 1$,且$\beta$不等于零,所以这是不可能的.

(2) 最后,如果有$\delta = 0$,那么由等式$\alpha\delta - \beta\gamma = \pm 1$得到$\beta = \pm 1, \gamma = \pm 1$,从而由式(2)有$-A' = a$. 于是有$\sqrt{D - \frac{a'A}{\alpha^2}} > \sqrt{D} > b$,因此在式(5)中应该取上面的符号. 这样就会

得到$\frac{\gamma}{\alpha} > \frac{\sqrt{D}+b}{a'} > 1$,而这是不可能的.

这样就完全证明了定理.

由于$\frac{\alpha}{\gamma}$和$\frac{\beta}{\delta}$的差是$\frac{1}{\gamma\delta}$,所以$\frac{\pm\sqrt{D}-b}{a}$与$\frac{\alpha}{\gamma}$之间以及它与$\frac{\beta}{\delta}$之间的差都将小于$\frac{1}{\gamma\delta}$;但是在$\frac{\pm\sqrt{D}-b}{a}$与$\frac{\alpha}{\gamma}$之间以及在这个量与$\frac{\beta}{\delta}$之间不可能有分母不大于γ或者不大于δ的分数存在(上一引理). 根据同样的方法,在量$\frac{\pm\sqrt{D}+b}{a}$与分数$\frac{\gamma}{\alpha}$,或它与分数$\frac{\delta}{\beta}$之间的差都将小于$\frac{1}{\alpha\beta}$,以及在这个量与这两个分数中的每个分数之间不可能有分母不大于α和β的分数存在.

192.

将上面的定理应用到第188目的算法即可推知,量$\frac{\sqrt{D}-b}{a}$(我们以后将用L来记这个量)在$\frac{\alpha'}{\gamma'}$和$\frac{\beta'}{\delta'}$之间,在$\frac{\alpha''}{\gamma''}$和$\frac{\beta''}{\delta''}$之间,在$\frac{\alpha'''}{\gamma'''}$和$\frac{\beta'''}{\delta'''}$之间,……(因为由第189目的3)容易看出,这些界限没有一个能和a有相反的符号,因此根式$\sqrt{D}$必须取正号);也即在$\frac{\alpha'}{\gamma'}$和$\frac{\alpha''}{\gamma''}$之间,在$\frac{\alpha''}{\gamma''}$和$\frac{\alpha'''}{\gamma'''}$之间,……. 因此所有的分数$\frac{\alpha'}{\gamma'},\frac{\alpha'''}{\gamma'''},\frac{\alpha'''''}{\gamma'''''},\cdots$都将在$L$的同一边,而所有的分数$\frac{\alpha''}{\gamma''},\frac{\alpha''''}{\gamma''''},\frac{\alpha''''''}{\gamma''''''},\cdots$都将在$L$的另一边. 但是由于$\gamma'<\gamma'''$,故而$\frac{\alpha'}{\gamma'}$就会落在$\frac{\alpha'''}{\gamma'''}$和$L$之间的区间的外边,根据类似的理由,$\frac{\alpha''}{\gamma''}$将落在$L$和$\frac{\alpha''''}{\gamma''''}$之间的区间的外边,$\frac{\alpha'''}{\gamma'''}$将落在$L$和$\frac{\alpha'''''}{\gamma'''''}$之间的区间的外边,……. 从而这些量显然按照下面的次序排列:

$$\frac{\alpha'}{\gamma'},\frac{\alpha'''}{\gamma'''},\frac{\alpha'''''}{\gamma'''''},\cdots,L,\cdots,\frac{\alpha''''''}{\gamma''''''},\frac{\alpha''''}{\gamma''''},\frac{\alpha''}{\gamma''}.$$

$\frac{\alpha'}{\gamma'}$和L的差将小于$\frac{\alpha'}{\gamma'}$和$\frac{\alpha''}{\gamma''}$的差,也就是说,这个差小于$\frac{1}{\gamma'\gamma''}$,根据类似的理由,$\frac{\alpha''}{\gamma''}$和$L$的差将小于$\frac{1}{\gamma''\gamma'''}$;…. 因此分数$\frac{\alpha'}{\gamma'},\frac{\alpha''}{\gamma''},\frac{\alpha'''}{\gamma'''},\cdots$越来越接近于界值$L$,又因为$\gamma',\gamma'',\gamma''',\cdots$是无穷递增的,因而可以使得这种分数与界值之间的差小于任意给定的值.

由第189目可知,数$\frac{\gamma}{\alpha},\frac{'\gamma}{'\alpha},\frac{''\gamma}{''\alpha},\cdots$中没有一个能与$a$有相同的符号;从而利用完全类似于上面的推理,这些数与量$\frac{-\sqrt{D}+b}{a'}$(我们将用L'来记这个量)将按照以下次序排

列：

$$\frac{\gamma}{\alpha},\frac{''\gamma}{''\alpha},\frac{''''\gamma}{''''\alpha},\cdots,L',\cdots,\frac{'''''\gamma}{'''''\alpha},\frac{'''\gamma}{'''\alpha},\frac{'\gamma}{'\alpha}.$$

$\frac{\gamma}{\alpha}$ 与 L' 的差小于$\frac{1}{'\alpha\alpha}$，$\frac{'\gamma}{'\alpha}$ 与 L' 的差小于$\frac{1}{''\alpha'\alpha}$，…. 于是诸分数$\frac{\gamma}{\alpha}$，$\frac{'\gamma}{'\alpha}$，… 将会越来越接近于界值 L'，以及可以使得它们之间的差小于任意给定的值.

在第188目的例子中$L=\frac{\sqrt{79}-8}{3}=0.296\,064\,8$，它的渐近分数是$\frac{0}{1},\frac{1}{3},\frac{2}{7},\frac{3}{10},\frac{5}{17},\frac{8}{27},\frac{45}{152},\frac{143}{483},\cdots$. 而$\frac{143}{483}=0.296\,066\,2$. 在同一个例子中又有$L'=\frac{-\sqrt{79}+8}{5}=-0.177\,638\,8$，它的渐近分数是$\frac{0}{1},-\frac{1}{5},-\frac{1}{6},-\frac{2}{11},-\frac{3}{17},-\frac{8}{45},-\frac{27}{152},-\frac{143}{805},\cdots$. 而$\frac{143}{805}=0.177\,639\,7$.

193.

定理　如果约化型f和F是正常等价的，那么它们中的每一个型都包含在另一个型的周期中.

设$f=(a,b,-a')$，$F=(A,B,-A')$，且它们的行列式为D，又设把第一个型变成第二个型的正常变换是$\mathfrak{A},\mathfrak{B},\mathfrak{C},\mathfrak{D}$. 这时我断定：如果我们来寻求型$f$的周期，在两个方向都无限延伸的约化型的序列，以及把型f变成这些约化型的变换，就像我们在第188目中所做的那样，那么要么$+\mathfrak{A}$等于序列$\cdots,''\alpha,'\alpha,\alpha,\alpha',\alpha'',\cdots$中的某一项，若设这一项是$\alpha^{(m)}$，则有$+\mathfrak{B}=\beta^{(m)}$，$+\mathfrak{C}=\gamma^{(m)}$，$+\mathfrak{D}=\delta^{(m)}$；要么$-\mathfrak{A}$等于某一项$\alpha^{(m)}$，而$-\mathfrak{B}$，$-\mathfrak{C}$和$-\mathfrak{D}$分别等于$\beta^{(m)}$，$\gamma^{(m)}$和$\delta^{(m)}$（这里的$m$也可以是一个负的指标）. 无论在哪一种情形，$F$都显然与$f^{(m)}$是完全相同的.

证明　Ⅰ. 我们有四个等式：

$$a\mathfrak{A}^2+2b\mathfrak{A}\mathfrak{C}-a\mathfrak{C}^2=A, \tag{1}$$

$$a\mathfrak{A}\mathfrak{B}+b(\mathfrak{A}\mathfrak{D}+\mathfrak{B}\mathfrak{C})-a'\mathfrak{C}\mathfrak{D}=B, \tag{2}$$

$$a\mathfrak{B}^2+2b\mathfrak{B}\mathfrak{D}-a'\mathfrak{D}^2=-A', \tag{3}$$

$$\mathfrak{A}\mathfrak{D}-\mathfrak{B}\mathfrak{C}=1. \tag{4}$$

首先来考虑数$\mathfrak{A},\mathfrak{B},\mathfrak{C},\mathfrak{D}$中有一个等于零的情形.

1）如果$\mathfrak{A}=0$，那么由式(4)得到$\mathfrak{B}\mathfrak{C}=-1$，因此$\mathfrak{B}=\pm1$，$\mathfrak{C}=\mp1$. 于是由式(1)得$-a'=A$，由式(2)得$-b\pm a'\mathfrak{D}=B$，也就是$B\equiv-b(\bmod a'$或者$\bmod A)$；从而推出，型$(A,B,-A')$是型$(a,b,-a')$的从右边相邻的邻型. 由于其中的第一个型是约化型，因而它必然与f'是恒等的. 于是有$B=b'$，从而由式(2)得$b+b'=-a'\mathfrak{C}\mathfrak{D}=\pm a'\mathfrak{D}$；因为$\frac{b+b'}{-a'}=h'$，由此得到$\mathfrak{D}=\mp h'$. 最后推出，$\mp\mathfrak{A}$，$\mp\mathfrak{B}$，$\mp\mathfrak{C}$，$\mp\mathfrak{D}$分别等于$0,-1,+1,h'$，也即分别等于$\alpha',\beta',\gamma',\delta'$.

2）如果$\mathfrak{B}=0$，那么由式(4)得到$\mathfrak{A}=\pm1$，$\mathfrak{D}=\pm1$；由式(3)得$a'=A'$，由式(2)得$b\mp a'\mathfrak{C}=B$，也就是$b\equiv B(\bmod a')$. 但是因为f和F都是约化型，所以b和B就都落在

$\sqrt{D}$ 和$\sqrt{D} \mp a'$ 之间(根据第 184.5 目,其中的 $\mp$ 号按照 a' 是正数还是负数来加以选取). 故而必有 $b = B$ 以及 $\mathfrak{C} = 0$. 从而型f和 F 是恒等的,且有 $\pm\mathfrak{A}$, $\pm\mathfrak{B}$, $\pm\mathfrak{C}$, $\pm\mathfrak{D}$ 分别等于 1,0,0,1,也即分别等于 $\alpha,\beta,\gamma,\delta$.

3) 如果 $\mathfrak{C} = 0$,那么由式(4) 得到 $\mathfrak{A} = \pm 1, \mathfrak{D} = \pm 1$;由式(1) 得 $a = A$,由式(2) 得 $\pm a\mathfrak{B} + b = B$,也就是 $b \equiv B \pmod{a}$. 由于 b 和 B 两者都落在$\sqrt{D}$ 和$\sqrt{D} \mp a$ 之间,我们必有 $B = b$ 以及 $\mathfrak{B} = 0$. 所以此情形与上一情形并无区别.

4) 如果 $\mathfrak{D} = 0$,那么由式(4) 得到 $\mathfrak{B} = \pm 1, \mathfrak{C} = \mp 1$;由式(3) 得 $a = -A'$,由式(2) 得 $\pm a\mathfrak{A} - b = B$,也就是 $B \equiv -b \pmod{a}$. 于是型 F 是f的从左边相邻的邻型,从而它和型 $'f$恒等. 这样一来,由于$\frac{'b + b}{a} = h$,且 $B = 'b$,我们就有 $\pm\mathfrak{A} = h$. 最后, $\pm\mathfrak{A}$, $\pm\mathfrak{B}$, $\pm\mathfrak{C}$, $\pm\mathfrak{D}$ 分别等于 $h,1,-1,0$,也即分别等于 $'\alpha,'\beta,'\gamma,'\delta$.

现在剩下的是数 $\mathfrak{A},\mathfrak{B},\mathfrak{C},\mathfrak{D}$ 中没有一个等于零的情形. 根据第 190 目的引理,$\frac{\mathfrak{A}}{\mathfrak{C}}$,$\frac{\mathfrak{B}}{\mathfrak{D}}$,$\frac{\mathfrak{C}}{\mathfrak{A}}$,$\frac{\mathfrak{D}}{\mathfrak{B}}$ 这四个量都有相同的符号,再根据这一符号与 a,a' 的符号是相同还是相反可以分成两种情况.

Ⅱ. 如果$\frac{\mathfrak{A}}{\mathfrak{C}}$,$\frac{\mathfrak{B}}{\mathfrak{D}}$ 与 a 有相同的符号,则量$\frac{\sqrt{D} - b}{a}$(我们将用 L 来记这个量) 将落在这两个分数之间(第 191 目). 我们现在要来证明$\frac{\mathfrak{A}}{\mathfrak{C}}$ 等于分数$\frac{\alpha''}{\gamma''},\frac{\alpha'''}{\gamma'''},\frac{\alpha''''}{\gamma''''},\cdots$ 中的一个,而$\frac{\mathfrak{B}}{\mathfrak{D}}$ 等于它后面的那一个分数,也就是说,如果$\frac{\mathfrak{A}}{\mathfrak{C}} = \frac{\alpha^{(m)}}{\gamma^{(m)}}$,那么就有$\frac{\mathfrak{B}}{\mathfrak{D}} = \frac{\alpha^{(m+1)}}{\gamma^{(m+1)}}$. 在上一目中我们证明了:量$\frac{\alpha'}{\gamma'},\frac{\alpha''}{\gamma''},\frac{\alpha'''}{\gamma'''},\cdots$(为简便计,我们将用(1),(2),(3),… 来表示它们) 与 L 按照以下次序排列:(Ⅰ)(1),(3),(5),…,L,…,(6),(4),(2);这些量中的第一个等于零(因为有 $\alpha' = 0$),其余的数均与 L 即 a 有相同的符号. 但是,因为根据假设$\frac{\mathfrak{A}}{\mathfrak{C}}$,$\frac{\mathfrak{B}}{\mathfrak{D}}$(我们将记它们为 $\mathfrak{M},\mathfrak{N}$) 有相同的符号,所以显然这些量落在(1) 的右边(或者,如果你愿意的话,可以说成是落在与 L 相同的一边),并且,由于 L 在它们之间,所以它们中有一个在 L 的右边,而另一个在它的左边. 容易看出,$\mathfrak{M}$ 不能在(2) 的右边,因为不然的话 $\mathfrak{N}$ 就会落在(1) 和 L 之间,这样就会推出:第一,(2) 落在 $\mathfrak{M}$ 和 $\mathfrak{N}$ 之间,因此分数(2) 的分母就会大于分数 $\mathfrak{N}$ 的分母(第 190 目);第二,$\mathfrak{N}$ 将落在(1) 与(2) 之间,因此分数 $\mathfrak{N}$ 的分母就会大于分数(2) 的分母,而这是不可能的.

假设 $\mathfrak{M}$ 与分数(2),(3),(4),… 中任何一个都不相等,我们来看这会产生什么结果. 显然,如果分数 $\mathfrak{M}$ 在 L 的左边,它就必定落在(1) 和(3) 之间,或落在(3) 和(5) 之间,或落在(5) 和(7) 之间,……(因为 L 是无理数,所以它显然不等于 $\mathfrak{M}$,而分数(1),(3),(5),… 可以比任何给定的不等于L的量更接近L). 如果$\mathfrak{M}$落在L的右边,它就一定落在(2) 和(4) 之间,或落在(4) 和(6) 之间,或落在(6) 和(8) 之间,……. 因此,如果我

们假设 $\mathfrak{M}$ 落在(m)和$(m+2)$之间,那么显然量 $\mathfrak{M}$,(m),$(m+1)$,$(m+2)$,L应按照下面的次序排列:

$$(m),\mathfrak{M},(m+2),L,(m+1). \qquad (\mathrm{II})$$①

这样一来必有 $\mathfrak{N}=(m+1)$. 实际上,$\mathfrak{N}$ 在L的右边;如果它也在$(m+1)$的右边,则$(m+1)$就落在 $\mathfrak{M}$ 和 $\mathfrak{N}$ 之间,即有 $\gamma^{(m+1)}>\mathfrak{C}$,而 $\mathfrak{M}$ 就落在(m)和$(m+1)$之间,即有 $\mathfrak{C}>\gamma^{(m+1)}$(第190目),而这是不可能的. 如果 $\mathfrak{N}$ 在$(m+1)$的左边,也就是落在$(m+2)$和$(m+1)$之间,那么就会有 $\mathfrak{D}>\gamma^{(m+2)}$,又因为$(m+2)$在 $\mathfrak{M}$ 和 $\mathfrak{N}$ 之间,我们就会有 $\gamma^{(m+2)}>\mathfrak{D}$,但这是不可能的. 于是我们就有 $\mathfrak{N}=(m+1)$,也就是说有$\frac{\mathfrak{B}}{\mathfrak{D}}=\frac{\alpha^{(m+1)}}{\gamma^{(m+1)}}=\frac{\beta^{(m)}}{\delta^{(m)}}$.

由于 $\mathfrak{A}\mathfrak{D}-\mathfrak{B}\mathfrak{C}=1$,故 $\mathfrak{B}$ 与 $\mathfrak{D}$ 互素,又根据类似的理由,$\beta^{(m)}$ 也与 $\delta^{(m)}$ 互素. 由此容易看出,等式$\frac{\mathfrak{B}}{\mathfrak{D}}=\frac{\beta^{(m)}}{\delta^{(m)}}$能够成立仅当 $\mathfrak{B}=\beta^{(m)}$,$\mathfrak{D}=\delta^{(m)}$,或者 $\mathfrak{B}=-\beta^{(m)}$,$\mathfrak{D}=-\delta^{(m)}$.

现在,由于型 f 被正常变换 $\alpha^{(m)}$,$\beta^{(m)}$,$\gamma^{(m)}$,$\delta^{(m)}$ 变为型 $f^{(m)}=(\pm a^{(m)}, b^{(m)}, \mp a^{(m+1)})$,所以我们就有等式

$$a\alpha^{(m)}\alpha^{(m)}+2b\alpha^{(m)}\gamma^{(m)}-a'\gamma^{(m)}\gamma^{(m)}=\pm a^{(m)}, \qquad (5)$$

$$a\alpha^{(m)}\beta^{(m)}+b(\alpha^{(m)}\delta^{(m)}+\beta^{(m)}\gamma^{(m)})-a'\gamma^{(m)}\delta^{(m)}=b^{(m)}, \qquad (6)$$

$$a\beta^{(m)}\beta^{(m)}+2b\beta^{(m)}\delta^{(m)}-a'\delta^{(m)}\delta^{(m)}=\mp a^{(m+1)}, \qquad (7)$$

$$\alpha^{(m)}\delta^{(m)}-\beta^{(m)}\gamma^{(m)}=1. \qquad (8)$$

因此(由等式(7)和(3))得到 $\mp a^{(m+1)}=-A'$. 此外,如果用$\alpha^{(m)}\delta^{(m)}-\beta^{(m)}\gamma^{(m)}$乘以等式(2),用 $\mathfrak{A}\mathfrak{D}-\mathfrak{B}\mathfrak{C}$ 乘以等式(6),再将所得结果相减,经简单计算即得

$$\begin{aligned}B-b^{(m)}=&[\mathfrak{C}\alpha^{(m)}-\mathfrak{A}\gamma^{(m)}][a\mathfrak{B}\beta^{(m)}+b(\mathfrak{D}\beta^{(m)}+\mathfrak{B}\delta^{(m)})-a'\mathfrak{D}\delta^{(m)}]+\\&[\mathfrak{B}\delta^{(m)}-\mathfrak{D}\beta^{(m)}][a\mathfrak{A}\alpha^{(m)}+b(\mathfrak{C}\alpha^{(m)}+\mathfrak{A}\gamma^{(m)})-a'\mathfrak{C}\gamma^{(m)}],\end{aligned} \qquad (9)$$

因为要么有 $\beta^{(m)}=\mathfrak{B}$,$\delta^{(m)}=\mathfrak{D}$,要么有 $\beta^{(m)}=-\mathfrak{B}$,$\delta^{(m)}=-\mathfrak{D}$,故而由此推出

$$B-b^{(m)}=\pm(\mathfrak{C}\alpha^{(m)}-\mathfrak{A}\gamma^{(m)})(a\mathfrak{B}^2+2b\mathfrak{B}\mathfrak{D}-a'\mathfrak{D}^2)=\mp(\mathfrak{C}\alpha^{(m)}-\mathfrak{A}\gamma^{(m)})A'.$$

于是有 $B\equiv b^{(m)}(\bmod A')$. 但是因为 B 和 $b^{(m)}$ 两者都落在$\sqrt{D}$与$\sqrt{D}\mp A'$之间,故而我们必有 $B=b^{(m)}$,从而 $\mathfrak{C}\alpha^{(m)}-\mathfrak{A}\gamma^{(m)}=0$,即 $\mathfrak{A}\mathfrak{C}=\frac{\alpha^{(m)}}{\gamma^{(m)}}$,也即有 $\mathfrak{M}=(m)$.

这样一来,从"$\mathfrak{M}$ 与量(2),(3),(4),… 中任何一个都不相等"这一假设出发,我们就会推出它实际上与这些量中的一个相等. 但是如果我们从一开始就假设 $\mathfrak{M}=(m)$,那么显然要么就有 $\mathfrak{A}=\alpha^{(m)}$,$\mathfrak{C}=\gamma^{(m)}$,要么有 $-\mathfrak{A}=\alpha^{(m)}$,$-\mathfrak{C}=\gamma^{(m)}$. 对于无论哪一种情形,由式(1)和式(5)得到$A=\pm a^{(m)}$,以及由式(9)得到$B-b^{(m)}=\pm(\mathfrak{B}\delta^{(m)}-\mathfrak{D}\beta^{(m)})A$,即有$B\equiv b^{(m)}(\bmod A)$. 按照与上面类似的方法,由此可得 $B=b^{(m)}$,从而有 $\mathfrak{B}\delta^{(m)}=\mathfrak{D}\beta^{(m)}$;由于 $\mathfrak{B}$ 和 $\mathfrak{D}$ 是互素的,且 $\beta^{(m)}$ 和 $\delta^{(m)}$ 也是互素的,所以要么有 $\mathfrak{B}=\beta^{(m)}$,$\mathfrak{D}=\delta^{(m)}$,要么有 $-\mathfrak{B}=\beta^{(m)}$,$-\mathfrak{D}=\delta^{(m)}$,同样地,由式(7)得到 $-A'=\mp a^{(m+1)}$. 因此型 F 和

---

① (Ⅱ)中的次序与(Ⅰ)中的次序是否相同还是相反并没有什么差别,也就是说,在(Ⅰ)中(m)是在L的左边还是在它的右边并没有什么差别.

$f^{(m)}$ 是恒等的. 借助于等式 $\mathfrak{A}\mathfrak{D}-\mathfrak{B}\mathfrak{C}=\alpha^{(m)}\delta^{(m)}-\beta^{(m)}\gamma^{(m)}$ 不难证明：当 $+\mathfrak{A}=\alpha^{(m)}$, $+\mathfrak{C}=\gamma^{(m)}$ 时，我们应该取 $+\mathfrak{B}=\beta^{(m)}$, $+\mathfrak{D}=\delta^{(m)}$；反之，当 $-\mathfrak{A}=\alpha^{(m)}$, $-\mathfrak{C}=\gamma^{(m)}$ 时，我们应该取 $-\mathfrak{B}=\beta^{(m)}$, $-\mathfrak{D}=\delta^{(m)}$. 这就是所要证明的.

Ⅲ. 如果量$\frac{\mathfrak{A}}{\mathfrak{C}}$, $\frac{\mathfrak{B}}{\mathfrak{D}}$的符号与 a 的符号相反，则证明与上面的极为相似，这里只需要给出一些要点. 量$\frac{-\sqrt{D}+b}{a'}$落在$\frac{\mathfrak{C}}{\mathfrak{A}}$和$\frac{\mathfrak{D}}{\mathfrak{B}}$之间. 分数$\frac{\mathfrak{D}}{\mathfrak{B}}$等于分数

$$\frac{'\delta}{'\beta},\frac{''\delta}{''\beta},\frac{'''\delta}{'''\beta},\cdots \tag{Ⅰ}$$

中的一个，以及如果我们设这个分数是$\frac{^{(m)}\delta}{^{(m)}\beta}$，那么有

$$\frac{\mathfrak{C}}{\mathfrak{A}}=\frac{^{(m)}\gamma}{^{(m)}\alpha}. \tag{Ⅱ}$$

（Ⅰ）的证明如下：如果假设$\frac{\mathfrak{D}}{\mathfrak{B}}$不等于这些分数中的任何一个，那么它就应该落在其中某两个分数$\frac{^{(m)}\delta}{^{(m)}\beta}$和$\frac{^{(m+2)}\delta}{^{(m+2)}\beta}$之间. 这时用与上同样的方法可推出一定有

$$\frac{\mathfrak{C}}{\mathfrak{A}}=\frac{^{(m+1)}\delta}{^{(m+1)}\beta}=\frac{^{(m)}\gamma}{^{(m)}\alpha},$$

以及要么有 $\mathfrak{A}={}^{(m)}\alpha$, $\mathfrak{C}={}^{(m)}\gamma$，要么有 $-\mathfrak{A}={}^{(m)}\alpha$, $-\mathfrak{C}={}^{(m)}\gamma$. 但是，因为通过正常变换 ${}^{(m)}\alpha$, ${}^{(m)}\beta$, ${}^{(m)}\gamma$, ${}^{(m)}\delta$ 将型 f 变成型

$${}^{(m)}f=(\pm{}^{(m)}a,{}^{(m)}b,\mp{}^{(m-1)}a),$$

所以就能得出三个等式，由这些等式与等式(1)，(2)，(3)，(4) 以及等式 ${}^{(m)}\alpha{}^{(m)}\delta-{}^{(m)}\beta{}^{(m)}\gamma=1$ 相结合，用与上同样的方法可推出：型 F 的第一项 A 等于型 ${}^{(m)}f$ 的第一项，以及型 F 的中间项与型 ${}^{(m)}f$ 的中间项关于模 A 同余. 因为这两个型都是约化型，故而每个型的中间项都应落在 $\sqrt{D}$ 和 $\sqrt{D}\mp A$ 之间，所以由此得知，它们的中间项必相等，由此我们推出$\frac{^{(m)}\delta}{^{(m)}\beta}=\frac{\mathfrak{D}}{\mathfrak{B}}$. 因此，从这一结论不成立的假设即可导出结论（Ⅰ）的真确性.

如果假设有$\frac{^{(m)}\delta}{^{(m)}\beta}=\frac{\mathfrak{D}}{\mathfrak{B}}$成立，那么按照完全同样的方法，利用同样的等式我们可以证明结论（Ⅱ），即$\frac{^{(m)}\gamma}{^{(m)}\alpha}=\frac{\mathfrak{C}}{\mathfrak{A}}$. 而由此借助于等式 $\mathfrak{A}\mathfrak{D}-\mathfrak{B}\mathfrak{C}=1$ 以及 ${}^{(m)}\alpha{}^{(m)}\delta-{}^{(m)}\beta{}^{(m)}\gamma=1$ 可推出：要么有

$$\mathfrak{A}={}^{(m)}\alpha,\mathfrak{B}={}^{(m)}\beta,\mathfrak{C}={}^{(m)}\gamma,\mathfrak{D}={}^{(m)}\delta,$$

要么有

$$-\mathfrak{A}={}^{(m)}\alpha,\ -\mathfrak{B}={}^{(m)}\beta,\ -\mathfrak{C}={}^{(m)}\gamma,\ -\mathfrak{D}={}^{(m)}\delta,$$

从而型 F 与 ${}^{(m)}f$ 是恒等的，证毕.

194.

由于我们上面所称的相伴的型(第187目6)总是反常等价的(第159目),显然,如果约化型 F 和 f 是反常等价的,以及型 G 是与型 F 相伴的,那么型 f 和 G 将是正常等价的,且型 G 将包含在型 f 的周期之中. 又如果型 F 和 f 既是正常等价也是反常等价的,那么显然 F 和 G 两者都将出现在型 f 的周期之中. 于是这个周期就是它自身的相伴周期,且包含有两个歧型(第187目7). 这样我们就优美地证明了第165目的定理,在这个定理的基础上我们可以确信,至少存在一个与型 F,f 等价的歧型.

195.

问题　给定任何两个有相同行列式的型 Φ 和 φ,试确定它们是否等价.

解　首先我们要寻求两个分别与给定的型 Φ 和 φ 正常等价的约化型 F 和 f(第183目). 根据这两个找到的型仅为正常等价、或仅为反常等价,或既是正常等价也是反常等价,或既非正常等价也非反常等价,那么这两个给定的型也仅为正常等价、或仅为反常等价,或既是正常等价也是反常等价,或既非正常等价也非反常等价. 我们来求这两个约化型中的一个型的周期,比方说计算型 f 的周期. 如果型 F 出现在这个周期中,且它的相伴型不出现在此周期中,那么显然第一种情形成立;如果 F 的相伴型出现在此周期中,而 F 不出现在其中,那么有第二种情形成立;如果两者均出现在此周期中,则有第三种情形成立;如果两者皆不出现在此周期中,则有第四种情形成立.

例　设给定型$(129,92,65)$和$(42,59,81)$,它们的行列式为79. 我们可求出正常等价于它们的已化型$(10,7,-3)$和$(5,8,-3)$. 第一个型的周期是$(10,7,-3)$,$(-3,8,5)$,$(5,7,-6)$,$(-6,5,9)$,$(9,4,-7)$,$(-7,3,10)$. 由于型$(5,8,-3)$在其中并不出现,但其相伴型$(-3,8,5)$在其中出现,故给定的这两个型仅为反常等价.

如果将具有给定行列式的所有约化型都按照上述方式(第187目5)划分成为若干个周期 $P,Q,R,\cdots$,并从每一个周期中任意选取一个型:从 P 中选取 F,从 Q 中选取 G,从 R 中选取 H,……,那么这些型 $F,G,H,\cdots$ 中没有两个能是正常等价的. 而其他具有同一行列式的每一个型都必与且仅与这些型中的一个是正常等价的. 因此,有此行列式的所有的型就能被分成与周期数同样多个的类,也就是,把所有与型 F 正常等价的型放到第一个类中,把所有与型 G 正常等价的型放到第二个类中,如此等. 这样一来,包含在同一个类中的所有的型都是正常等价的,而包含在不同的类中的型不可能是正常等价的. 不过我们不打算对以后会要仔细讨论的论题在这里加以详述.

196.

问题　给定两个正常等价的型 Φ 和 φ,试求把一个型变成另一个型的正常变换.

解　根据第183目的方法,我们可以求得具有这样性质的两列型:

$$\Phi,\Phi',\Phi'',\cdots,\Phi^{(n)}\quad \text{以及}\quad \varphi,\varphi',\varphi'',\cdots,\varphi^{(\nu)},$$

其中随后的每个型都与它前面的那个型是正常等价的,且最后的 $\Phi^{(n)}$ 和 $\varphi^{(\nu)}$ 都是约化型;再因为我们已经假设 Φ 和 φ 是正常等价的,故 $\Phi^{(n)}$ 必在型 $\varphi^{(\nu)}$ 的周期之中. 设 $\varphi^{(\nu)}=$

f,并设到 $\Phi^{(n)}$ 为止的它的周期是

$$f,f',f'',\cdots,f^{(m-1)},\Phi^{(n)},$$

所以型 $\Phi^{(n)}$ 在此周期中的指标为 m;再设与型 $\Phi,\Phi',\Phi'',\cdots,\Phi^{(n)}$ 相伴的型的相反的型分别记为

$$\Psi,\Psi',\Psi'',\cdots,\Psi^{(n)}①.$$

这样,在序列

$$\varphi,\varphi',\varphi'',\cdots,f,f',f'',\cdots,f^{(m-1)},\Psi^{(n-1)},\Psi^{(n-2)},\cdots,\Psi,\Phi$$

中,每一个型都是它前一个型的从右边相邻的邻型,因此,根据第 177 目,我们可以求得一个正常变换,它把第一个型 φ 变成最后那个型 Φ. 除了项 $f^{(m-1)}$ 和 $\Psi^{(n-1)}$ 之外,对于这序列中所有其余的型这是显然的. 对这一对型证明如下:令

$$f^{(m-1)}=(g,h,i),f^{(m)}=\Phi^{(n)}=(g',h',i'),\Phi^{(n-1)}=(g'',h'',i'').$$

型 (g',h',i') 是型 (g,h,i) 及 (g'',h'',i'') 的从右边相邻的邻型;于是 $i=g'=i''$,且 $-h\equiv h'\equiv -h''(\bmod i$ 或者 $\bmod g'$ 或者 $\bmod i'')$. 由此显然可得,型 $(i'',-h'',g'')$(即型 $\Psi^{(n-1)}$)是型 (g,h,i)(即型 $f^{(m-1)}$)的从右边相邻的邻型.

如果型 Φ 和 φ 是反常等价的,则型 φ 将与和 Φ 相反的型是正常等价的. 因此我们可以求出把型 φ 变为与型 Φ 相反的型的正常变换;如果假设这个变换是 $\alpha,\beta,\gamma,\delta$,那么容易看出,型 φ 将被代换 $\alpha,-\beta,\gamma,-\delta$ 反常地变成型 Φ.

由此显见,如果型 Φ 和 φ 既是正常等价,又是反常等价,那么就能求得两个变换,一个是正常变换,而另一个是反常变换.

例 求把型 $(129,92,65)$ 变为 $(42,59,81)$ 的反常变换,在上一目中我们看到后者与第一个型是反常等价的. 首先必须求出把型 $(129,92,65)$ 变成型 $(42,-59,81)$ 的正常变换. 为此作出以下的一列型:$(129,92,65)$,$(65,-27,10)$,$(10,7,-3)$,$(-3,8,5)$,$(5,22,81)$,$(81,59,42)$,$(42,-59,81)$. 由此就得到把 $(129,92,65)$ 变换成 $(42,-59,81)$ 的正常变换 $-47,56,73,-87$;因此,反常变换 $-47,-56,73,87$ 就把第一个型变成型 $(42,59,81)$.

197.

如果我们有了一个把型 $\varphi=(a,b,c)$ 变成它的等价型 Φ 的变换,那么由此我们就可以求出将 φ 变成 Φ 的所有的同型变换,只要我们能确定不定方程 $t^2-Du^2=m^2$ 的所有的解,其中 D 表示型 Φ 和 φ 的行列式,m 是数 $a,2b,c$ 的最大公约数(第 162 目). 上面我们对取负值的 D 已经解决了这一问题,现在我们要考虑取正值的 D. 但是,由于满足该方程的每一个 t 值在改变符号后仍然满足它,以及对于 u 的值也有同样的结论成立,所以我们只要指定 t 和 u 取正的值,而且每一组正的解将代之以四组解. 为此我们先来求 t 和 u 的(除了显然的解 $t=m,u=0$ 之外的)最小值,然后从中求出所有其余的解.

---

① 这样一来,交换 Φ 的第一项和最后一项,并改变它中间一项的符号,就从 Φ 得到 Ψ;对其他的型也有类似的结论成立.

198.

问题　给定一个型(M,N,P)，其行列式为D，数$M,2N,P$的最大公约数是m. 求满足不定方程$t^2-Du^2=m^2$的最小解t和u.

解　任意选取一个行列式为D的约化型$f=(a,b,-a')$，其中数$a,2b,a'$的最大公约数为m. 由于一定能找到与型(M,N,P)等价的约化型，且根据第161目知这个约化型有这些性质，那么这样的型显然存在，但是对于我们的目的来说，任何满足这样条件的约化型都可以利用. 计算型f的周期，假设它由n个型组成. 保留我们在第188目中所用的所有符号，因为n是偶数，所以$f^{(n)}=(+a^{(n)},b^{(n)},-a^{(n+1)})$，以及正常变换$\alpha^{(n)},\beta^{(n)},\gamma^{(n)},\delta^{(n)}$把型$f$变成这个型. 然而由于$f$和$f^{(n)}$是相等的，所以$f$也被正常变换1,0,0,1变为$f^{(n)}$. 根据第162目，由这两个把$f$变成$f^{(n)}$的同型变换就可以得出方程$t^2-Du^2=m^2$的一组整数解，即$t=\frac{(\alpha^{(n)}+\delta^{(n)})m}{2}$（第162目等式18），$u=\frac{\gamma^{(n)}m}{a}$（第162目等式19）. ①如果这两个值还不是正数，那么就把它们都取成正数，并记为T和U. 这样，这组值T和U将是t,u的除了$t=m,u=0$以外的最小值（由于$\gamma^{(n)}$显然不能等于零，所以T,U与$t=m$，$u=0$这两组值显然是不相同的）.

事实上，如果我们假设t和u还有一组更小的值存在，比方说是$\mathfrak{t}$和$\mathfrak{u}$，它们都是正数且$\mathfrak{u}$不等于零，那么由第162目知，型f将通过正常变换$\frac{1}{m}(\mathfrak{t}-b\mathfrak{u})$，$\frac{1}{m}a'\mathfrak{u}$，$\frac{1}{m}a\mathfrak{u}$，$\frac{1}{m}(\mathfrak{t}+b\mathfrak{u})$变换成一个与自己同样的型. 现在，由第193目的Ⅱ推出，$\frac{1}{m}(\mathfrak{t}-b\mathfrak{u})$或$-\frac{1}{m}(\mathfrak{t}-b\mathfrak{u})$必定等于数$\alpha'',\alpha''',\alpha'''',\cdots$中的一个，比方说等于$\alpha^{\mu}$（因为有$\mathfrak{t}^2=D\mathfrak{u}^2+m^2=b^2\mathfrak{u}^2+aa'\mathfrak{u}^2+m^2$，故有$\mathfrak{t}^2>b^2\mathfrak{u}^2$，从而$\mathfrak{t}-b\mathfrak{u}$是正数；因此与第193目中的分数$\frac{\mathfrak{A}}{\mathfrak{C}}$对应的分数$\frac{\mathfrak{t}-b\mathfrak{u}}{a\mathfrak{u}}$将与$a$或者$a'$有相同的符号）；在第一种情形，$\frac{1}{m}a'\mathfrak{u}$，$\frac{1}{m}a\mathfrak{u}$，$\frac{1}{m}(\mathfrak{t}+b\mathfrak{u})\mathfrak{u}$，在第二种情形，这些量改变符号后分别等于$\beta^{(\mu)},\gamma^{(\mu)},\delta^{(\mu)}$. 但是因为有$\mathfrak{u}<U$，也即有$\mathfrak{u}$小于$\frac{\gamma^{(n)}m}{a}$，且大于零，我们就得到$\gamma^{(\mu)}$小于$\gamma^{(n)}$，且大于零；又因为序列$\gamma,\gamma',\gamma'',\cdots$是递增的，所以$\mu$必定落在0与$n$之间. 然而相应的型$f^{(\mu)}$与型$f$是相同的. 但这是不可能的，因为已经假设直到$f^{(n-1)}$为止的所有的型$f,f',f'',\cdots$都是各不相同的. 由此我们断言，$t,u$的（除去值$m$,0以外的）最小值就是$T,U$.

例　如果$D=79,m=1$，那么可以利用型$(3,8,-5)$，对于它有$n=6$，且$\alpha^{(n)}=-8$，$\gamma^{(n)}=-27$，$\delta^{(n)}=-152$（第188目）. 于是有$T=80,U=9$，它们是满足方程$t^2-79u^2=1$的最小值.

---

①　第162目中的$\alpha,\beta,\gamma,\delta;\alpha',\beta',\gamma',\delta';A,B,C;a,b,c;e$所表示的值在这里应分别等于$1,0,0,1;\alpha^{(n)},\beta^{(n)},\gamma^{(n)},\delta^{(n)};a,b,-a';a,b,-a';1$.

199.

对于实际应用还可以得出更为合适的公式. 这就是$2b\gamma^{(n)}=-a(\alpha^{(n)}-\delta^{(n)})$,此式很容易从第162目推出,只要用$2b$乘以等式(19),用$a$乘以等式(20),并将那里所用的符号改成这里所用的符号即可. 由此我们得到$\alpha^{(n)}+\delta^{(n)}=2\delta^{(n)}-\frac{2b\gamma^{(n)}}{a}$,从而有

$$\pm T=m(\delta^{(n)}-\frac{b}{a}\gamma^{(n)}),\ \pm U=\frac{\gamma^{(n)}m}{a}.$$

用类似的方法我们得到下面的值

$$\pm T=m(\alpha^{(n)}+\frac{b}{a}\beta^{(n)}),\ \pm U=\frac{\beta^{(n)}m}{a'}.$$

这两组公式都是非常方便的,这是因为$\gamma^{(n)}=\delta^{(n-1)}$,$\alpha^{(n)}=\beta^{(n-1)}$,故而如果利用第二组公式,那么就仅需计算序列$\beta',\beta'',\beta''',\cdots,\beta^{(n)}$;而如果利用第一组公式,那么就仅需计算序列$\delta',\delta'',\delta''',\cdots$. 此外,由第189. 目的3)我们不难推出:由于n一定是偶数,所以$\alpha^{(n)}$和$\frac{b\beta^{(n)}}{a'}$有同样的符号;这对$\delta^{(n)}$和$\frac{b\gamma^{(n)}}{a}$也同样为真,所以在第一组公式中我们需取差的绝对值作为T,而在第二组公式中需取和的绝对值作为T,因此不必考虑其符号. 利用第189目的4)中的记号,由第一组公式得到

$$T=m[k',k'',k''',\cdots,k^{(n)}]-\frac{mb}{a}[k',k'',k''',\cdots,k^{(n-1)}],$$

$$U=\frac{m}{a}[k',k'',k''',\cdots,k^{(n-1)}],$$

而从第二组公式可得

$$T=m[k'',k''',\cdots,k^{(n-1)}]+\frac{mb}{a'}[k'',k''',\cdots,k^{(n)}],$$

$$U=\frac{m}{a'}[k'',k''',\cdots,k^{(n)}],$$

这里T的值也可以写为$m[k'',k''',\cdots,k^{(n)},\frac{b}{a'}]$.

例 对于$D=61$,$m=2$,我们可以利用型$(2,7,-6)$. 由此我们求得$n=6$;$k',k'',k''',k'''',k''''',k''''''$分别等于2,2,7,2,2,7. 从而由第一组公式得到

$$T=2[2,2,7,2,2,7]-7[2,2,7,2,2]=2\ 888-1\ 365=1\ 523$$

而由第二组公式得到

$$T=2[2,7,2,2]+\frac{7}{3}[2,7,2,2,7]$$

以及

$$U=[2,2,7,2,2]=\frac{1}{3}[2,7,2,2,7]=195.$$

还有许多其他的简化计算的方法,但是由于篇幅所限,我们不能在这里对它们详加叙述.

200.

为了从 t,u 的最小值导出它们所有的值,我们将方程 $T^2-DU^2=m^2$ 表成如下的形式

$$\left(\frac{T}{m}+\frac{U}{m}\sqrt{D}\right)\left(\frac{T}{m}-\frac{U}{m}\sqrt{D}\right)=1,$$

由此我们也有

$$\left(\frac{T}{m}+\frac{U}{m}\sqrt{D}\right)^{e}\left(\frac{T}{m}-\frac{U}{m}\sqrt{D}\right)^{e}=1. \qquad (1)$$

其中 e 是任意的数. 现在为简便起见,我们一般分别用 $t^{(e)}$ 和 $u^{(e)}$ 来表示下面两个量的值

$$\frac{m}{2}\left(\frac{T}{m}+\frac{U}{m}\sqrt{D}\right)^{e}+\frac{m}{2}\left(\frac{T}{m}-\frac{U}{m}\sqrt{D}\right)^{e},$$

$$\frac{m}{2\sqrt{D}}\left(\frac{T}{m}+\frac{U}{m}\sqrt{D}\right)^{e}-\frac{m}{2\sqrt{D}}\left(\frac{T}{m}-\frac{U}{m}\sqrt{D}\right)^{e}\text{①},$$

也就是说,对 $e=0$,它们的值由 t^0,u^0 表示(这些值就是 $m,0$);对 $e=1$,由 t',u' 表示(这些值就是 T,U);对 $e=2$,由 t'',u'' 表示;对 $e=3$,由 t''',u''' 表示,等. 我们还将证明:如果取 e 为全体非负整数,也即取0和从1到 ∞ 的所有正整数,那么这些表示式就会给出 t,u 的所有的正的值;也就是说:(Ⅰ) 所有这些表示式的值确实都是 t,u 的值;(Ⅱ) 所有这些值都是整数;(Ⅲ) 没有 t,u 的正值不包含在这些公式中.

Ⅰ. 如果用 $t^{(e)},u^{(e)}$ 来代替它们的值,那么利用等式(1) 容易求得

$$(t^{(e)}+u^{(e)}\sqrt{D})(t^{(e)}-u^{(e)}\sqrt{D})=m^2,\text{即 } t^{(e)}t^{(e)}-Du^{(e)}u^{(e)}=m^2.$$

Ⅱ. 按照同样的方法,容易验证一般地有

$$t^{(e+1)}+t^{(e-1)}=\frac{2T}{m}t^{(e)},u^{(e+1)}+u^{(e-1)}=\frac{2T}{m}u^{(e)}.$$

由此推出,两个序列 $t^0,t',t'',t''',\cdots$ 和 $u^0,u',u'',u''',\cdots$ 显然都是循环的,且在每一种情形相应的递推关系的系数都是 $\frac{2T}{m}$ 和 -1,即有

$$t''=\frac{2T}{m}t'-t^0,t'''=\frac{2T}{m}t''-t',\cdots;u''=\frac{2T}{m}u',\cdots.$$

由于根据假设,我们可以给出一个行列式为 D 的型 (M,N,P),其中 $M,2N,P$ 都可以被 m 整除,所以我们有

$$T^2=(N^2-MP)U^2+m^2,$$

以及 $4T^2$ 显然可以被 m^2 整除. 于是 $\frac{2T}{m}$ 是一个整数,且是正数. 又因为 $t^0=m,t'=T,u^0=0$, $u'=U$,故它们皆为整数,从而所有的数 $t'',t''',\cdots;u'',u''',\cdots$ 也都是整数. 此外,由于 $T^2>m^2$,故所有的数 $t^0,t',t'',t''',\cdots$ 也都是正数,且递增至无穷,同样的结论对所有的数 $u^0,u',u'',u''',\cdots$ 也成立.

Ⅲ. 如果假设还有 t 和 u 的另外的正值不包含在序列 $t^0,t',t'',\cdots$ 与 $u^0,u',u'',\cdots$ 之中,

---

① 仅在这四个表示式和等式(1) 中 e 表示幂的指数;在所有其他情形,写在右上角的字母都只表示指标.

比如说是T和U,那么由于序列$u^0,u',\cdots$是从0增加到无穷的,所以U必定落在两个相邻的项$u^{(n)}$和$u^{(n+1)}$之间,从而有$\mathfrak{U}>u^{(n)}$以及$\mathfrak{U}<u^{(n+1)}$. 为了证明这一假设的不可能性,我们注意到

1) 如果我们取

$$t=\frac{1}{m}(\mathfrak{T}t^{(n)}-D\mathfrak{U}u^{(n)}),u=\frac{1}{m}(\mathfrak{U}t^{(n)}-\mathfrak{T}u^{(n)}).$$

则它们满足方程$t^2-Du^2=m^2$,这容易用代入法来验证. 我们用以下的方法来证明这些值(为简便计,我们用τ,ν来记它们) 恒为整数. 如果(M,N,P)是一个行列式为D的型,m是数$M,2N,P$的最大公约数,则$\mathfrak{T}+N\mathfrak{U}$和$t^{(n)}+Nu^{(n)}$都能被$m$整除,因此$\mathfrak{U}(t^{(n)}+Nu^{(n)})-u^{(n)}(\mathfrak{T}+N\mathfrak{U})$,即$\mathfrak{U}t^{(n)}-\mathfrak{T}u^{(n)}$也能被$m$整除. 因而$\nu$是一个整数,又因为有$\tau^2=D\nu^2+m^2$,故而$\tau$也是整数.

2) 显然ν不能等于零,因为由此将推出

$$\mathfrak{U}^2t^{(n)2}=\mathfrak{T}^2u^{(n)2},$$

也就是

$$\mathfrak{U}^2(Du^{(n)2}+m^2)=u^{(n)2}(D\mathfrak{U}^2+m^2),$$

也即$\mathfrak{U}^2=u^{(n)2}$,这与$\mathfrak{U}>u^{(n)}$这一假设矛盾. 于是,因为除了0以外,u的最小值是U,故ν就一定不小于U.

3) 由$t^{(n)},t^{(n+1)},u^{(n)},u^{(n+1)}$的值容易验证有

$$mU=u^{(n+1)}t^{(n)}-t^{(n+1)}u^{(n)}.$$

故而$\mathfrak{U}t^{(n)}-\mathfrak{T}u^{(n)}$一定不小于$u^{(n+1)}t^{(n)}-t^{(n+1)}u^{(n)}$.

4) 现在从等式$\mathfrak{T}^2-D\mathfrak{U}^2=m^2$得到

$$\frac{\mathfrak{T}}{\mathfrak{U}}=\sqrt{D+\frac{m^2}{\mathfrak{U}^2}},$$

以及类似地有

$$\frac{t^{(n+1)}}{u^{(n+1)}}=\sqrt{D+\frac{m^2}{u^{(n+1)2}}},$$

由此容易看出$\frac{\mathfrak{T}}{\mathfrak{U}}>\frac{t^{(n+1)}}{u^{(n+1)}}$. 由此及3) 中的结论就给出

$$(\mathfrak{U}t^{(n)}-\mathfrak{T}u^{(n)})(t^{(n)}+u^{(n)}\frac{\mathfrak{T}}{\mathfrak{U}})>(u^{(n+1)}t^{(n)}-t^{(n+1)}u^{(n)})(t^{(n)}+u^{(n)}\frac{t^{(n+1)}}{u^{(n+1)}}),$$

或者将此式乘积展开,并将$\mathfrak{T}^2,t^{(n)2},t^{(n+1)2}$分别用它们的值$D\mathfrak{U}^2+m^2,Du^{(n)2}+m^2,Du^{(n+1)2}+m^2$来代替,我们就得到

$$\frac{\mathfrak{U}^2-u^{(n)2}}{\mathfrak{U}}>\frac{1}{u^{(n+1)}}(u^{(n+1)2}-u^{(n)2}),$$

由于式中每一个量显然都是正的,通过移项我们就得到

$$\mathfrak{U}+\frac{u^{(n)2}}{u^{(n+1)}}>u^{(n+1)}+\frac{u^{(n)2}}{\mathfrak{U}}.$$

然而这是不可能的,这是因为前一个量的第一部分小于第二个量的第一部分,以及同样

地，前一个量的第二部分又小于后一个量的第二部分. 因此，我们的假设是不能成立，所以序列 $t^0, t', t'', \cdots; u^0, u', u'', \cdots$ 表出了 t, u 的所有可能的值.

例 对 $D=61, m=2$，我们求得 t, u 的最小的正值是 1 523，195，从而 t, u 的所有的正值可用以下的公式来表示：

$$t=\left(\frac{1\ 523}{2}+\frac{195}{2}\sqrt{61}\right)^{(e)}+\left(\frac{1\ 523}{2}-\frac{195}{2}\sqrt{61}\right)^{(e)},$$

$$u=\frac{1}{\sqrt{61}}\left[\left(\frac{1\ 523}{2}+\frac{195}{2}\sqrt{61}\right)^{(e)}+\left(\frac{1\ 523}{2}-\frac{195}{2}\sqrt{61}\right)^{(e)}\right].$$

我们还得到

$$t^0=2, t'=1\ 523, t''=1\ 523t'-t^0=2\ 319\ 527,$$
$$t'''=1\ 523t''-t'=3\ 532\ 638\ 098, \cdots ①;$$
$$u^0=0, u'=195, u''=1\ 523u'-u^0=296\ 985,$$
$$u'''=1\ 523u''-u'=452\ 307\ 960, \cdots.$$

201.

关于上面诸目中讨论的问题我们还要补充如下的说明.

1）我们已经指出，当 m 是三个数 $M, 2N, P$ 的最大公约数，而这三个数满足 $N^2-MP=D$ 时，怎样对所有的情形来求解方程 $t^2-Du^2=m^2$，因此对于给定的值 D，来确定所有可以作为这样的约数的数，即 m 的所有的值，是有用的. 令 $D=n^2D'$，这里 D' 是一个无平方约数数，这只要取 n^2 是能整除 D 的最大的平方数即可；若 D 没有平方约数，则可令 $n=1$. 这样，我们有以下的结论.

第一，如果 D' 是 $4k+1$ 型，则 $2n$ 的任何一个约数都是 m 的一个值，且反之亦然. 这是因为，如果 g 是 $2n$ 的一个约数，我们就有一个行列式为 D 的型 $\left(g, n, \frac{n^2(1-D')}{g}\right)$，以及数 $g, 2n, \frac{n^2(D'-1)}{g}$ 的最大公约数显然是 g（因为显然 $\frac{n^2(D'-1)}{g^2}=\left[\frac{4n^2}{g^2}\right]\cdot\left[\frac{D'-1}{4}\right]$ 是一个整数）. 另一方面，如果假设 g 是 m 的一个值，也就是说 g 是数 $M, 2N, P$ 的最大公约数，且 $N^2-MP=D$，则显然 $4D$，也即 $4n^2D'$ 被 g^2 整除. 由此就推出 $2n$ 一定被 g 整除. 这是因为，如果 g 不整除 $2n$，那么 g 和 $2n$ 的最大公约数就会小于 g，假设它等于 δ，且有 $2n=\delta n'$，$g=\delta g'$，则 $n'n'D$ 就会被 $g'g'$ 整除. 因为 n' 和 g' 是互素的，所以 $n'n'$ 和 $g'g'$ 也是互素的，因此 D' 可以被 $g'g'$ 整除，这与 D' 是无平方因子数的假设矛盾.

第二，如果 D' 形如 $4k+2$ 或者 $4k+3$，则 n 的任何一个除数也都是 m 的一个值；反过来，m 的任何一个值也整除 n. 这是因为，如果 g 是 n 的一个除数，那么我们就有一个行列式为 D 的型 $\left(g, 0, -\frac{n^2D'}{g}\right)$. 显然，数 $g, 0, -\frac{n^2D'}{g}$ 的最大公约数是 g. 现在，如果我们假设

① 此处原拉丁文版以及俄文版均误写成了 3 532 618 098，正确的结果应该是 3 532 638 098. —— 译者注.

g 是 m 的一个值,也就是说,g 是数 $M,2N,P$ 的最大公约数,且有 $N^2-MP=D$,那么由与上同样的方法知 g 整除 $2n$,即$\frac{2n}{g}$ 是一个整数. 如果这个商是奇数,则其平方$\frac{4n^2}{g^2}\equiv 1 \pmod 4$,从而$\frac{4n^2D'}{g^2}$ 将或者 $\equiv 2 \pmod 4$,或者 $\equiv 3 \pmod 4$. 但我们有

$$\frac{4n^2D'}{g^2}=\frac{4D}{g^2}=\frac{4N^2}{g^2}-\frac{4MP}{g^2}\equiv\frac{4N^2}{g^2(\bmod 4)},$$

所以$\frac{4N^2}{g^2}$ 或者 $\equiv 2 \pmod 4$,或者 $\equiv 3 \pmod 4$,但这是不可能的,因为每个平方数要么 $\equiv 0 \pmod 4$,要么 $\equiv 1 \pmod 4$. 因此$\frac{2n}{g}$ 必为偶数,故$\frac{n}{g}$ 是一个整数,也即 g 是 n 的除数.

这样一来,由此推出1总是 m 的一个值,这也就是说,对于任何正的非平方数 D,方程 $t^2-Du^2=1$ 都是可解的,以及仅当 D 是形如 $4k$ 或 $4k+1$ 时,2 才是 m 的一个值.

2) 如果 m 是一个大于2的合适的数,那么求解方程 $t^2-Du^2=m^2$ 就可以化为求解一个类似的方程,其中 m 的值为1或者2. 如前令 $D=n^2D'$,如果 m 整除 n,则 m^2 整除 D. 如果我们假设满足方程 $p^2-\frac{Dq^2}{m^2}=1$ 的 p,q 的最小值是 $p=P,q=Q$,那么满足方程$t^2-Du^2=m^2$ 的 t,u 的最小值就是 $t=mP,u=Q$. 但是,如果 m 不整除 n,那么它一定能整除 $2n$,故它一定是偶数;$\frac{4D}{m^2}$ 就是一个整数. 如果这时能找到满足方程$p^2-\frac{4Dq^2}{m^2}=4$ 的 p,q 的最小值是 $p=P,q=Q$,那么满足方程 $t^2-Du^2=m^2$ 的 t,u 的最小值就是$t=\frac{mP}{2},u=Q$. 而且,在每一种情形,我们不仅能从 p,q 的最小值推导出 t,u 的最小值,而且根据这一方法,显然我们还能从前者的所有的值求出后者的所有的值.

3) 设我们用 $t^0,u^0;t',u';t'',u'',\cdots$ 来记满足方程 $t^2-Du^2=m^2$ 的 t,u 的所有可能的(与上目相同). 如果该序列中有某个值对某个给定的模 r 与第一个值同余,比方说有 $t^{(\rho)}\equiv t^0$(也 $\equiv m$),$u^{(\rho)}\equiv u^0$(即 $\equiv 0$)$\pmod r$,以及同时接下来的值与第二个值同余,即

$$t^{(\rho+1)}\equiv t',u^{(\rho+1)}\equiv u' \pmod r,$$

那么就也有

$$t^{(\rho+2)}\equiv t'',u^{(\rho+2)}\equiv u'';t^{(\rho+3)}\equiv t''',u^{(\rho+3)}\equiv u''';\cdots.$$

这容易从以下的事实看出来:两个序列 $t^0,t',t'',\cdots;u^0,u',u'',\cdots$ 中的每一个都是循环序列;这是因为

$$t''=\frac{2T}{m}t'-t^0,t^{(\rho+2)}=\frac{2T}{m}t^{(\rho+1)}-t^{(\rho)}$$

故有

$$t''\equiv t^{(\rho+2)}$$

对其余的值也有同样的结果. 由此推出,一般地有

$$t^{(h+\rho)}\equiv t^{(h)},u^{(h+\rho)}\equiv u^{(h)} \pmod r,$$

其中 h 是任意的数;甚至更为一般地,如果 $\mu\equiv\nu(\bmod\ \rho)$,那么就有

$$t^{(\mu)}\equiv t^{(\nu)},u^{(\mu)}\equiv u^{(\nu)}\quad(\bmod\ r).$$

4) 我们总可以满足上面的评注中所要求的条件;这就是说,对任意给定的模 r,我们总可以找到一个指数 ρ,对于它有

$$t^{(\rho)}\equiv t^{0},t^{(\rho+1)}\equiv t';u^{(\rho)}\equiv u^{0},u^{(\rho+1)}\equiv u'.$$

为证明这点,我们注意到

第一,第三个条件总是能满足的. 因为根据 1) 中给出的判别法则可知,方程 $p^2-r^2Dq^2=m^2$ 显然是可解的;以及如果我们假设 p,q(除了 $m,0$ 以外) 的最小正值是 P,Q,则显然 $t=P,u=rQ$ 也在 t,u 的取值之中. 所以,P,rQ 包含在序列 $t^0,t',\cdots;u^0,u',\cdots$ 之中,又如果 $P=t^{(\lambda)},rQ=u^{(\lambda)}$,那么就有 $u^{(\lambda)}\equiv 0\equiv u^{0}(\bmod\ r)$. 此外,显然在 u^0 和 u^{λ} 之间不再有对模 r 与 u^0 同余的项了.

第二,如果其他的三个条件也都满足的话,比方说,如果 $u^{(\lambda+1)}\equiv u',t^{(\lambda)}\equiv t^{0}$,$t^{(\lambda+1)}\equiv t'$,那么我们应该取 $\rho=\lambda$. 但是如果这些条件中有某一个并不满足,那么我们一定可以取 $\rho=2\lambda$. 因为根据等式(1) 以及上一目中关于 $t^{(e)},u^{(e)}$ 的一般公式我们可以推出

$$t^{(2\lambda)}=\frac{1}{m}(t^{(\lambda)2}+Du^{(\lambda)2})=\frac{1}{m}(m^2+2Du^{(\lambda)2}),$$

所以

$$\frac{t^{(2\lambda)}-t^{0}}{r}=\frac{2Du^{(\lambda)2}}{mr},$$

这个量将是一个整数,因为根据假设,r 整除 $u^{(\lambda)}$,及 m^2 整除 $4D$,故自然有 m 整除 $2D$. 此外,我们有 $u^{(2\lambda)}=\frac{2t^{(\lambda)}u^{(\lambda)}}{m}$,又由于

$$4t^{(\lambda)2}=4Du^{(\lambda)2}+4m^2$$

所以 $4t^{(\lambda)2}$ 能被 m^2 整除,于是 $2t^{(\lambda)}$ 能被 m 整除,这样 $u^{(2\lambda)}$ 就能被 r 整除,也即有

$$u^{(2\lambda)}\equiv u^{0}(\bmod\ r).$$

第三,我们求得

$$t^{(2\lambda+1)}=t'+\frac{2Du^{(\lambda)}u^{(\lambda+1)}}{m}.$$

又根据类似的理由知 $\frac{2Du^{(\lambda)}}{mr}$ 也是一个整数,所以有

$$t^{(2\lambda+1)}\equiv t'(\bmod\ r).$$

最后我们求得

$$u^{(2\lambda+1)}=u'+\frac{2t^{(\lambda+1)}u^{(\lambda)}}{m},$$

又因为 $2t^{(\lambda+1)}$ 被 m 整除及 $u^{(\lambda)}$ 被 r 整除,所以又有

$$u^{(2\lambda+1)}\equiv u'(\bmod\ r).$$

在下面我们将会发现上面所作的后两个评注是有用的.

202.

问题的一个特殊情形,也就是方程 $t^2 - Du^2 = 1$ 的求解已在上个世纪被数学家研究过了. 机敏过人的 Fermat 向英国的分析学家们提出了这个问题,Wallis 称 Brounker 是该解法的发现者,并在他的《*Algebra*》一书第98章①和《*Opera*》第二卷第418页及以下诸页中介绍了这一解法;而 Ozanam 则声称此解法属于 Fermat;最后,Euler(他在《*Comm. Petr.*》第6卷第175页;《*Comm. nov.*》第11卷第28页;《*Algebra*》② 第2卷226页;以及《*Opusc. Analyt.*》第Ⅰ卷310页都研究过这一问题)声称 Pell 是其发现者,正是由于这个原因,有些学者将此问题称为 Pell 问题. 如果我们在第198目中利用 $a = 1$ 这样的约化型,那么上面说到的所有这些解法,从本质上来说都和我们得到的解是一样的;不过在 Lagrange 之前还没有人能够证明所指定的运算迟早必定会结束,也就是说,该问题实际上必定是可解的③,这可见他的《*Mélanges de la Soc. Turin*》第4卷第19页;更加简洁的介绍见《*Hist. de l'Ac. de Berlin*》(1767年)第237页. 在我们经常引用的 Euler 的《*Algebra*》一书的附录中也有对此问题的研究. 然而我们的方法(它是基于完全不同的原理,且并不局限于 $m = 1$ 的情形)给出了得到该问题的解的更加多的途径,这是因为在第198目中我们可以从任何一个约化型 $(a, b, -a')$ 开始.

203.

问题　如果型 Φ 和 φ 是等价的,试给出把一个型变为另一个型的所有的变换.

解　当这两个型仅以一种方式等价时(即要么是正常等价,要么是反常等价),根据第196目我们可以求得一个变换 $\alpha, \beta, \gamma, \delta$,它把型 φ 变为 Φ;显然,除了与它同型的变换外,不存在其他的变换. 但是当 φ 和 Φ 既是正常等价,又是反常等价时,那么我们将求得两个不同型的变换,即一个正常变换,另一个是反常变换,例如 $\alpha, \beta, \gamma, \delta$ 和 $\alpha', \beta', \gamma', \delta'$;任何其他的变换都或者与第一个变换或者与第二个变换同型. 如果假设型 φ 是 (a, b, c),其行列式为 D, m 是数 $a, 2b, c$ 的最大公约数(与前面一贯的做法相同),并用 t, u 表示满足方程 $t^2 - Du^2 = m^2$ 的所有可能的数. 在第一种情形,将型 φ 变为 Φ 的所有的变换都包含在下面的公式Ⅰ中,而在第二种情形,所有的变换或者包含在公式Ⅰ或者包含在公式Ⅱ中.

$$(\mathrm{I})\quad \begin{cases} \frac{1}{m}[\alpha t - (\alpha b + \gamma c)u], \frac{1}{m}[\beta t - (\beta b + \delta c)u], \\ \frac{1}{m}[\gamma t + (\alpha a + \gamma b)u], \frac{1}{m}[\delta t + (\beta a + \delta b)u]; \end{cases}$$

---

① 此处俄文版误译成"《*Algebra Kapitel*》第98页"—— 译者注.

② 在这篇文章中用到了我们在第27目中所考虑过的算法,记号也与此类似. 我们忘记提及它.

③ 在所指出的文章中(第427 ~ 428页)Wallis 对此所谈的没什么价值. 其谬误在于:在第428页第4行他假设,如果给定一个量 p,那么就可以找到整数 a, z,使得 $\frac{z}{a}$ 小于 p,但是两者的差小于某个指定的数. 如果这个指定的差是一个常数时,此结论是正确的,然而在这里,这个数与 a 以及 z 有关,所以它是变化的.

$$(\text{II})\quad\begin{cases}\dfrac{1}{m}[\alpha' t-(\alpha' b+\gamma' c)u],\dfrac{1}{m}[\beta' t-(\beta' b+\delta' c)u],\\ \dfrac{1}{m}[\gamma' t+(\alpha' a+\gamma' b)u],\dfrac{1}{m}[\delta' t+(\beta' a+\delta' b)u].\end{cases}$$

例　我们要求把型(129,92,65)变为型(42,59,81)的所有的变换. 在第195目中我们判断出它们仅是反常等价的,而在后一目中我们求得一个把前者变为后者的反常变换 −47, −56,73,87. 于是把型(129,92,65)变为型(42,59,81)的所有的变换可以用公式

$$-(47t+421u),\ -(56t+503u),73t+653u,87t+780u$$

来表示,其中 t,u 取所有满足方程 $t^2-79u^2=1$ 的数;这些数可用下面的公式表出

$$\pm t=\frac{1}{2}[(80+9\sqrt{79})^{(e)}+(80-9\sqrt{79})^{(e)}]$$

$$\pm u=\frac{1}{2\sqrt{79}}[(80+9\sqrt{79})^{(e)}-(80-9\sqrt{79})^{(e)}]$$

其中 e 取所有的非负整数.

204.

显然,如果导出这些公式所用的初始变换更简单一些,那么,表示所有变换的公式也就会更加简单. 由于从哪一个变换开始是无关紧要的,故而如果从最初找到的公式中我们能通过给定 t,u 的特殊值得到一个更简单的变换,然后再从这个变换出发得出新的公式,那么就常常可以使一般的公式变得更加简单. 例如,如果在上一目求得的公式中取 $t=80,u=-9$,就得到一个比原来作为出发点要更简单的变换. 也就是得到变换 29, 47, −37, −60,由此得到一般公式

$$29t-263u,47t-424u,\ -37t+337u,\ -60t+543u.$$

这样一来,如果根据上面的规则求出了一般公式,我们就可以来检验,对 t,u 赋予指定的值 $\pm t'$, $\pm u'$; $\pm t''$, $\pm u''$;…,能否得到比导出这些公式的变换更加简单的变换? 如果能的话,那么就可以从该变换得出一个更加简单的公式.

但是,对于什么样的公式才具有简单性这一问题的判断上还存在某种随意性,我们希望能将它限制在一个确定的框架内,以及在序列 $t',u';t'',u'';\cdots$ 中指定界限,超出这种界限时得到的变换总是不会那么简单,所以就没有必要继续下去,而只需要在这个范围内搜寻即可. 但是,在大多数情形,利用所指出的方法,最简单的变换要么立即就能得到,要么用 $\pm t'$, $\pm u'$ 来代替 t,u 的值就能得到,为简洁起见,我们略去这项研究.

205.

问题　***求出一个给定的数 M 由行列式是正的非平方数 D 的型***

$$ax^2+2bxy+cy^2$$

来表示的所有的表示法.

解　我们首先指出,当 x 和 y 的值不互素时的表示的研究,可以像我们在第181目中对于行列式为负数的型所做过的那样去做. 在那里我们是将这一问题转化为变数的值为

互素的情形来解决的,这里不需要再次重复这一讨论. 为了可能将 M 用互素的 x,y 来给出表示,就必须要求 D 是模 M 的二次剩余,以及如果表示式 $\sqrt{D} \pmod M$ 的所有可能的值是

$$N, -N, N', -N', N'', -N'', \cdots$$

(我们可以假定它们中没有一个数能大于 $\frac{M}{2}$),那么数 M 由给定的型给出的任何一个表示必定属于这些值中的某一个. 于是,首先应该确定这些值,然后再来找出属于每一个值的表示. 当且仅当型 (a,b,c) 与型 $(M,N,\frac{N^2-D}{M})$ 是正常等价时,才能有属于值 N 的表示;如果这成立,那么就能得到一个将第一个型变为第二个型的正常变换,比如设为 α, β,γ,δ. 这时,取 $x=\alpha, y=\gamma$,我们就有了由型 (a,b,c) 来表示数 M 的、属于值 N 的一个表示,而属于这个值的所有的表示可以用公式

$$x=\frac{1}{m}[\alpha t-(\alpha b+\gamma c)u], y=\frac{1}{m}[\gamma t+(\alpha a+\gamma b)u]$$

表出,其中 m 是数 $a,2b,c$ 的最大公约数,而 t,u 是任意满足方程 $t^2-Du^2=m^2$ 的数. 而且很明显的是,如果导出公式的变换 $\alpha,\beta,\gamma,\delta$ 更加简单的话,这个一般的公式也会更加简单. 因此,如同我们在上一目中所做过的那样,预先求出把型 (a,b,c) 变为型 $(M,N,\frac{N^2-D}{M})$ 的最简单的变换,并由此导出公式,将会是有用的.

按照完全同样的方法,我们可以求出属于其余的值 $-N,N',-N',\cdots$ 的表示的一般公式(如果这样的表示确实存在).

例 我们来求由型 $42x^2+62xy+21y^2$ 表示数 585 的所有表示法. 关于用不互素的 x,y 的值来表示的问题,易见除了当 x 和 y 有最大公约数 3 以外,不可能有其他这样的表示,这是因为 585 只能被一个平方数 9 整除. 因此,当我们求出了数 $\frac{585}{9}$(即 65) 由型 $42x'x'+62x'y'+21y'y'$ 以互素的 x',y' 的值来表示的所有的表示后,设 $x=3x', y=3y'$,就能求出数 585 由型 $42x^2+62xy+21y^2$ 以不互素的 x,y 的值来表示的所有表示. 表示式 $\sqrt{79} \pmod{65}$ 的值是 ± 12, ± 27. 作为数 65 的属于值 -12 的表示,我们找到 $x'=2$, $y'=-1$;因而数 65 的属于这个值的所有的表示由公式 $x'=2t-41u, y'=-t+53u$ 给出,由此得出,数 585 的所有的表示就由公式 $x=6t-123u, y=-3t+159u$ 给出. 用类似的方法我们可求得数 65 的属于值 $+12$ 的所有的表示的公式是 $x'=22t-199u, y'=-23t+211u$;故而数 585 的属于值 $+12$ 的所有的表示的公式是 $x=66t-597u, y=-69t+633u$. 但是,数 65 没有属于值 $+27$ 和 -27 的表示. 为了求出数 585 用互素的值 x,y 的表示,我们首先必须得到表示式 $\sqrt{79} \pmod{585}$ 的值,这些值是 ± 77, ± 103, ± 157, ± 248. 我们发现没有属于值 ± 77, ± 103, ± 248 的表示;而属于值 -157 的表示是 $x=3, y=1$,由此导出属于这个值的所有表示的一般公式:$x=3t-114u, y=t+157u$. 类似地,我们求得属于值 $+157$ 的表示是 $x=83, y=-87$,由此得到属于值 $+157$ 的所有表示的公式是 $x=83t-746u, y=-87t+789u$. 这样一来,我们得到四个一般公式,它包含了数 585 由型

$42x^2+62xy+21y^2$ 表出的所有的表示.

$$x=6t-123u \qquad y=-3t+159u;$$
$$x=66t-597u \qquad y=-69t+633u;$$
$$x=3t-114u \qquad y=t+157u;$$
$$x=83t-746u \qquad y=-87t+789u,$$

其中的 t,u 表示满足方程 $t^2-79u^2=1$ 的所有的整数.

为简略起见,我们将不再讨论这些研究对于行列式为正的非平方数的型的特殊应用,因为这种应用中的每一个可以像第 176 和 182 目一样毫无困难地获得,现在. 我们马上要来考虑行列式为正的平方数的型,这是唯一剩下来的情形.

§57 行列式为平方数的型 第 206 ~ 212 目

206.

问题 **给定具有平方行列式 h^2 的型 (a,b,c),h 表示正根,试求一个与之正常等价的型 (A,B,C),其中 A 落在界限(包括在内)0 与 $2h-1$ 之间,$B=h$,及 $C=0$.**

解 Ⅰ. 由于 $h^2=b^2-ac$,我们有 $(h-b):a=c:-(h+b)$. 设比值 $\beta:\delta$ 与此比值相等,且 β 与 δ 互素,确定 α 和 γ 使得 $\alpha\delta-\beta\gamma=1$,这是可以做到的. 假设代换 $\alpha,\beta,\gamma,\delta$ 把型 (a,b,c) 变换成 (a',b',c'),这二者是正常等价的. 我们将有

$$b'=a\alpha\beta+b(\alpha\delta+\beta\gamma)+c\gamma\delta=(h-b)\alpha\delta+b(\alpha\delta+\beta\gamma)-(h+b)\beta\gamma$$
$$=h(\alpha\delta-\beta\gamma)=h;$$
$$c'=a\beta^2+2b\beta\delta+c\delta^2=(h-b)\beta\delta+2b\beta\delta-(h+b)\beta\delta=0.$$

此外,如果 a' 已经落在界限 0 和 $2h-1$ 之间,则型 (a',b',c') 就已经满足所有的条件了.

Ⅱ. 但是,如果 a' 落在界限 0 和 $2h-1$ 之外,那么设 A 是 a' 的关于模 $2h$ 的最小正剩余,它显然落在那两个界限之间. 令 $A-a'=2hk$. 那么型 (a',b',c'),即型 $(a',h,0)$ 就通过正常变换 $1,0,k,1$ 变成为型 $(A,h,0)$. 这个型正常等价于型 (a',b',c') 和 (a,b,c),且满足所有的条件. 型 (a,b,c) 显然被代换 $\alpha+\beta k,\beta,\gamma+\delta k,\delta$ 变成型 $(A,h,0)$.

例 设给定行列式为 9 的型 $(27,15,8)$. 这里 $h=3$,进而 $4:-9$ 是比值 $-12:27=8:-18$ 的最简比. 于是,如果取 $\beta=4,\delta=-9,\alpha=-1,\gamma=2$,则型 (a',b',c') 就变成为 $(-1,3,0)$,后者又被代换 $1,0,1,1$ 变成型 $(5,3,0)$. 从而,最后的这个型就是我们要找的型,且给定的型通过正常变换 $3,4,-7,-9$ 变成这个型.

这样的型 (A,B,C)(其中 $C=0,B=h$,且 A 落在界限 0 和 $2h-1$ 之间)我们将称为**约化型**,必须把它们和行列式为负数及行列式为正的非平方数的约化型仔细区分开来.

207.

定理 **两个不恒等的约化型 $(a,h,0)$ 和 $(a',h,0)$ 不可能是正常等价的.**

证明 如果它们是正常等价的,则前者可以通过一个正常变换 $\alpha,\beta,\gamma,\delta$ 变成后者,我们就有四个等式:

$$a\alpha^2 + 2h\alpha\gamma = a', \tag{1}$$

$$a\alpha\beta + h(\alpha\delta + \beta\gamma) = h, \tag{2}$$

$$a\beta^2 + 2h\beta\delta = 0, \tag{3}$$

$$\alpha\delta - \beta\gamma = 1. \tag{4}$$

用 β 乘第二式,用 α 乘第三式,再将两式相减,我们就得到 $-h(\alpha\delta-\beta\gamma)\beta=\beta h$,根据式(4),也即有 $-\beta h=\beta h$,从而必有 $\beta=0$. 再次利用式(4),我们得到 $\alpha\delta=1$ 以及 $\alpha=\pm 1$. 那样一来由式(1)就得到 $a\pm 2\gamma h=a'$,然而此式不能成立,除非 $\gamma=0$(因为根据假设,a 和 a' 两者都在0和 $2h-1$ 之间),也即除非有 $a=a'$,或者说型 $(a,h,0)$ 与 $(a',h,0)$ 是恒等的,而这与假设矛盾.

因此,我们就不难解决下面的问题,而对行列式为非平方数的情形这些问题差不多可以说是最困难的.

Ⅰ. 给定两个型 F 和 F',它们的行列式是同一个平方数,试判断它们是否正常等价. 我们来求出分别与型 F 和 F' 正常等价的两个约化型;如果这两个约化型是恒等的,则给定的型必为正常等价的,反之则不然.

Ⅱ. 在同样的假定下,试确定它们是否反常等价. 设 G 是与给定的型中的一个,比方说是型 F,相反的型,如果 G 与 F' 是正常等价的,那么 F 与 F' 就是反常等价的,反之则不然.

208.

问题　给定两个正常等价的行列式为 h^2 的型 F 和 F',求一个正常变换把一个型变成另一个型.

解　设 Φ 是与型 F 正常等价的约化型. 根据假设,它也与 F' 正常等价. 根据第206目,我们可求出一个正常变换把型 F 变为 Φ,将这个变换记为 $\alpha,\beta,\gamma,\delta$;同样地,有一个正常变换把型 F' 变为 Φ,设它是 $\alpha',\beta',\gamma',\delta'$. 这样,$\Phi$ 将被正常变换 $\delta',-\beta',-\gamma',\alpha'$ 变成 F',从而 F 被正常变换

$$\alpha\delta'-\beta\gamma',\beta\alpha'-\alpha\beta',\gamma\delta'-\delta\gamma',\delta\alpha'-\gamma\beta'$$

变成 F'.

找出另外一个不需要预先知道约化型 Φ 就能给出把型 F 变为 F' 的变换的公式是很有用的. 我们假设型

$$F=(a,b,c),F'=(a',b',c'),\Phi=(A,h,0).$$

由于 $\beta:\delta$ 是最简比值,它等于比值 $h-b:a$ 即 $c:-(h+b)$,容易看出 $\dfrac{h-b}{\beta}=\dfrac{\alpha}{\delta}$ 是一个整数,将它记作 f;同样地,$\dfrac{c}{\beta}=\dfrac{-h-b}{\delta}$ 也是一个整数,将记它为 g. 然而我们有 $A=a\alpha^2+2b\alpha\gamma+c\gamma^2$,于是 $\beta A=a\alpha^2\beta+2b\alpha\beta\gamma+c\beta\gamma^2$,也即有(用 $\delta(h-b)$ 代替 $\alpha\beta$,用 βg 代替 c)

$$\beta A=\alpha^2\delta h+b(2\beta\gamma-\alpha\delta)\alpha+\beta^2\gamma^2 g,$$

此即(因为 $b=-h-\delta g$)

$$\beta A = 2\alpha(\alpha\delta - \beta\gamma)h + (\alpha\delta - \beta\gamma)^2 g = 2\alpha h + g.$$

类似地有

$$\begin{aligned}\delta A &= a\alpha^2\delta + 2b\alpha\gamma\delta + c\gamma^2\delta = \alpha^2\delta^2 f + b(2\alpha\delta - \beta\gamma)\gamma - \beta\gamma^2 h ① \\ &= (\alpha\delta - \beta\gamma)^2 f + 2\gamma(\alpha\delta - \beta\gamma)h = 2\gamma h + f.\end{aligned}$$

这样就有

$$\alpha = \frac{\beta A - g}{2h}, \gamma = \frac{\delta A - f}{2h}.$$

如果用完全相同的方法,令

$$\frac{h - b'}{\beta'} = \frac{a'}{\delta'} = f', \frac{c'}{\beta'} = \frac{-h - b'}{\delta'} = g',$$

则有

$$\alpha' = \frac{\beta' A - g'}{2h}, \gamma' = \frac{\delta' A - f'}{2h}.$$

如果将这些值$\alpha,\gamma,\alpha',\gamma'$代入我们上面给出的把型$F$变为$F'$的变换公式中,那么它就变成下面的

$$\frac{\beta f' - \delta' g}{2h}, \frac{\beta' g - \beta g'}{2h}, \frac{\delta f' - \delta' f}{2h}, \frac{\beta' f - \delta g'}{2h},$$

其中已完全不再含有A了.

如果给定两个反常等价的型F和F',我们要寻求把一个型变为另一个型的反常变换,那么设G是与型F相反的型,以及设把型G变成F'的正常变换是$\alpha,\beta,\gamma,\delta$. 这样,显然$\alpha,\beta,-\gamma,-\delta$就是把型$F$变成$F'$的反常变换.

最后,如果给定的型既是正常等价,又是反常等价的,那么这个方法可以给出两个变换,其中一个是正常的,而另一个则是反常的.

209.

现在只剩下去指出如何从一个变换导出所有其他与之同型的变换. 这依赖于不定方程$t^2 - h^2u^2 = m^2$的解,这里m是数$a,2b,c$的最大公约数,而(a,b,c)是这两个等价型中的一个. 但是此方程只能用两种方式求解,也就是取$t = m, u = 0$或者$t = -m, u = 0$. 这是因为如果设它还有另外一组解$t = T, u = U$,其中$U \neq 0$,则由于m^2必定整除$4h^2$,我们得到$\frac{4T^2}{m^2} = \frac{4h^2U^2}{m^2} + 4$,以及$\frac{4T^2}{m^2}$与$\frac{4h^2U^2}{m^2}$两者皆为整数的平方. 但显然4不能表为两个整数的平方之差,除非较小的那个平方数是0,也即$U = 0$,这与假设矛盾. 于是,如果变换$\alpha,\beta,\gamma,\delta$把型$F$变成$F'$,那么除了变换$-\alpha,-\beta,-\gamma,-\delta$之外,再也没有与之同型的变换能把型$F$变为$F'$了. 由此可知,如果两个型仅仅是正常等价的,或者仅仅是反常等价的,那

① 俄文版此式中有两处错误:$\delta A = a\alpha^2\delta + 2b\alpha\gamma\delta + b\gamma^2\delta = \alpha^2\delta^2\gamma + b(2\alpha\delta - \beta\gamma)\gamma - \beta\gamma^2 h = \cdots$. ——译者注.

么只有两个变换能把一个型变成另一个型;而如果它们既是正常等价的,又是反常等价的,那么就有四个这样的变换,其中两个是正常变换,另外两个是反常变换.

210.

定理 **如果两个约化型$(a,h,0)$和$(a',h,0)$是反常等价的,那么就有**

$$aa' \equiv m^2 \pmod{2mh},$$

其中m是数$a,2h$即$a',2h$的最大公约数;反过来,如果数$a,2h$与$a',2h$有同样的最大公约数m,且$aa' \equiv m^2 \pmod{2mh}$,那么型$(a,h,0)$和$(a',h,0)$必定是反常等价的.

证明 Ⅰ.设型$(a,h,0)$通过反常变换$\alpha,\beta,\gamma,\delta$变成型$(a',h,0)$,这样我们就有四个等式

$$a\alpha^2 + 2h\alpha\gamma = a', \tag{1}$$

$$a\alpha\beta + h(\alpha\delta + \beta\gamma) = h, \tag{2}$$

$$a\beta^2 + 2h\beta\delta = 0, \tag{3}$$

$$\alpha\delta - \beta\gamma = -1. \tag{4}$$

如果我们用h来乘以式(4),并从式(2)中减去所得结果(我们将此过程写成式(2)$-h\times$式(4)),就得到

$$(a\alpha + 2h\gamma)\beta = 2h. \tag{5}$$

类似地,由$\gamma\delta\times$式(2)$-\gamma^2\times$式(3)$-(a + a\beta\gamma + h\gamma\delta)\times$式(4),并消去互相抵消的项,我们就有

$$-a\alpha\delta = a + 2h\gamma\delta,$$

即

$$-(a\alpha + 2h\gamma)\delta = a; \tag{6}$$

最后由$a\times$式(1)得到$a\alpha(a\alpha + 2h\gamma) = aa'$,即

$$(a\alpha + 2h\gamma)^2 - aa' = 2h\gamma(a\alpha + 2h\gamma),$$

这也就是

$$(a\alpha + 2h\gamma)^2 \equiv aa' [\bmod 2h(a\alpha + 2h\gamma)]. \tag{7}$$

现在由式(5)和式(6)推出:$a\alpha + 2h\gamma$整除$2h$和a,故也整除m,这里m是数$a,2h$的最大公约数;但是显然m也整除$a\alpha + 2h\gamma$;于是必有$a\alpha + 2h\gamma = +m$,或者$-m$.由此由式(7)立即推出$m^2 = aa' \pmod{2mh}$,证毕.

Ⅱ.如果$a,2h$和$a',2h$有同样的最大公约数m,且还有$m^2 = aa' \pmod{2mh}$,那么数$\frac{a}{m},\frac{2h}{m},\frac{a'}{m},\frac{aa'-m^2}{2mh}$都是整数.容易验证型$(a,h,0)$被代换$-\frac{a'}{m},-\frac{2h}{m},\frac{aa'-m^2}{2mh},\frac{a}{m}$变成型$(a',h,0)$,且这个变换是反常变换.从而这两个型是反常等价的,证毕.

由此我们还能立即判断任何一个给定的约化型$(a,h,0)$是否与自己是反常等价的.也就是说,如果以m表示数$a,2h$的最大公约数,则应该有$a^2 \equiv m^2 \pmod{2mh}$.

211.

如果在不定型$(A,h,0)$中取从0到$2h-1$的所有的数来作为A,我们就得到给定的行列式为h^2的所有的约化型. 它们一共有$2h$个. 显然,**行列式为h^2的所有的型可以被分成同样多个类**,以及它们与上面提到的行列式为负的以及行列式为正的非平方数的型所构成的类(第175目,第195目)有完全相同的性质. 比方说,行列式为25的型可以分成十个类,这十个类可以通过包含在每个类中的约化型区分开来. 这些约化型分别是:$(0,5,0)$,$(1,5,0)$,$(2,5,0)$,$(5,5,0)$,$(8,5,0)$,$(9,5,0)$,它们同时都与自己反常等价;$(3,5,0)$与$(7,5,0)$是反常等价的;以及$(4,5,0)$则是与$(6,5,0)$反常等价的.

212.

问题　求一个给定的数M由一个给定的行列式为h^2的型$ax^2+2bxy+cy^2$来表示的所有的表示法.

本问题的解可以根据第168目的想法,用我们在上面(第180,181及205目)对行列式为负的及为正的非平方数的型所指出的完全相同的方法得出. 因为这不会引起什么困难,所以这里无需对此加以重复. 但是,从专门对于这种情形的其他想法来求出问题的解将不是多余的.

如同在第206以及208目中那样,令

$$h-b:a=c:-(h+b)=\beta:\delta,$$

$$\frac{h-b}{\beta}=\frac{a}{\delta}=f;\frac{c}{\beta}=\frac{-h-b}{\delta}=g,$$

可以毫无困难地证明:给定的型是因式$\delta x-\beta y$和$fx-gy$的乘积. 由此推出,数M由给定的型表出的每一种表示法都给出了数M表为两个因数之积的分解. 这样一来,如果数M的全部除数是$d,d',d'',\cdots$(也包含1和M,且每个除数取两次,一正一负),那么,显然只要依次假设

$$\delta x-\beta y=d,fx-gy=\frac{M}{d};$$

$$\delta x-\beta y=d',fx-gy=\frac{M}{d'};$$

$$\vdots$$

就能得到数M的所有的表示法,由此就可以得出x和y的值,而其中x或y得到分数值的那些表示法应该舍去. 顺便指出,显然由前面两个等式可以得到

$$x=\frac{\beta M-gd^2}{(\beta f-\delta g)d}\text{ 和 }y=\frac{\delta M-fd^2}{(\beta f-\delta g)d},$$

因为$\beta f-\delta g=2h$,从而它们的分母一定不等于零,所以这些值总是确定的. 顺便指出,从这一原理,即:每个行列式为平方数的型都可以分解成两个因式的乘积,我们可以解决其他的问题;不过在这里我们还是宁愿用类似于我们在上面对行列式为非平方数的型所指出的方法.

例　我们要寻求数12由型$3x^2+4xy-7y^2$来表示的所有表示法. 这个型可以分解

成因式 $x-y$ 和 $3x+7y$. 数12的除数有 ±1,2,3,4,6,12. 令 $x-y=1$, $3x+7y=12$, 我们得到 $x=\frac{19}{10}$, $y=\frac{9}{10}$, 由于它们都是分数, 故应该舍弃. 用同样的方法我们从12的除数 −1, ±3, ±4, ±6, ±12 也得到无用的值; 而从除数2得到 $x=2$, $y=0$, 从除数 −2 得到 $x=-2$, $y=0$. 所以除了这两个表示法以外, 不再有其他的表示法了.

如果 $M=0$, 则此法不适用. 此时易见, x 和 y 的所有的值必须要么满足方程 $\delta x-\beta y=0$, 要么满足 $fx-gy=0$. 前一个方程的所有的解包含在公式 $x=\beta z$, $y=\delta z$ 之中, 这里 z 是任意整数(按照我们的假设, β 和 δ 互素); 类似地, 如果设 m 是数 f 和 g 的最大公约数, 那么第二个方程的所有的解就由公式 $x=\frac{gz}{m}$, $y=\frac{hz}{m}$ 给出. 从而这两个一般公式就包含了在这种情形下数 M 的所有的表示.

在上面的讨论中, 所有涉及等价性、涉及寻求型的所有变换以及涉及给定的数由给定的型来表示的问题, 我们都给出了足够完全的阐述, 已经没有更多可要求的了. 因而, 正如我们所知道的, 剩下只需指出: 如果给出两个由于有不相等的行列式而不等价的型, 那么如何来判断其中是否有一个包含在另一个之中, 又如果是这样的话, 那么如何求出将前一个型变为后一个型的所有变换.

§58 包含在另一个与之不等价的型之中的型 第213 ~ 214目

213.

在上面(第157, 158目)我们证明了: 如果行列式为 D 的型 f 包含行列式为 E 的型 F, 且变换 $\alpha,\beta,\gamma,\delta$ 把前者变成后者, 那么 $E=(\alpha\delta-\beta\gamma)^2D$; 进而如果 $\alpha\delta-\beta\gamma=\pm1$, 则型 f 不仅包含型 F, 而且还与它等价, 因此, 如果型 f 仅包含型 F, 但并不与它等价, 那么比 $\frac{E}{D}$ 就是一个大于1的整数. 这样一来, 我们要解决的问题就是: **判断给定的行列式为 D 的型 f 是否包含给定的行列式为 De^2 的型 F**, 而且假定 e 是一个大于1的正数. 为解决此问题, 我们要这样来解决这个问题, 即指出怎样求出有限个型, 它们包含在 f 中, 且具有这样的性质: 如果型 F 包含在 f 中, 那么它必与其中的某个型等价.

Ⅰ. 我们将假设, 数 e 的所有正除数(包括1和 e)是 $m, m', m'', \cdots$, 且

$$e=mn=m'n'=m''n''=\cdots$$

为简略起见, 我们用 $(m;0)$ 来表示 f 被正常变换 $m,0,0,n$ 变成的型; 用 $(m;1)$ 来表示 f 被正常变换 $m,1,0,n$ 变成的型等等, 一般来说, 我们用 $(m;k)$ 来表示 f 被正常变换 $m,k,0,n$ 变成的型. 类似地, 假定 f 被正常变换 $m',0,0,n'$ 变成 $(m';0)$; 被 $m',1,0,n'$ 变成 $(m';1)$ 等等, 被 $m'',0,0,n''$ 变成 $(m'';0)$ 等等, 所有这些型都正常包含在 f 中, 且每一个型的行列式均为 De^2. 我们将用 Ω 来记所有这些型 $(m;0)$, $(m;1)$, $(m;2)$, $\cdots$, $(m;m-1)$; $(m';0)$, $(m';1)$, $\cdots$, $(m';m'-1)$; $(m'';0)$, $\cdots$ 组成的总体, 它们的个数是 $m+m'+m''+\cdots$, 且容易看出, 它们全部都是两两各不相同的.

例如,如果取型 f 为(2,5,7),及取 $e=5$,则 Ω 将包含下面六个型:(1;0),(5;0),(5;1),(5;2),(5;3),(5;4),将这些型写出来就是(2,25,175),(50,25,7),(50,35,19),(50,45,35),(50,55,55),(50,65,79).

Ⅱ. 现在可以断言:如果行列式为 De^2 的型 F 是正常地包含在型 f 中,那么它一定与 Ω 中的某一个型正常等价. 事实上,如果型 f 通过正常变换 $\alpha,\beta,\gamma,\delta$ 变成型 F,那么就有 $\alpha\delta-\beta\gamma=e$. 再设 γ 与 δ(它们不可能同时为零)的正的最大公约数是 n,及 $\frac{e}{n}=m$,m 显然是一个整数. 取 g 和 h 使得 $\gamma g+\delta h=n$,最后令 k 是数 $\alpha g+\beta h$ 对于模 m 的最小正剩余. 这样,型 $(m;k)$(它显然在 Ω 之中)将与型 F 正常等价,且被正常变换

$$\frac{\gamma}{n}\cdot\frac{\alpha g+\beta h-k}{m}+h,\frac{\delta}{n}\cdot\frac{\alpha g+\beta h-k}{m}-g,\frac{\gamma}{n},\frac{\delta}{n}$$

变为型 F.

事实上,第一,显然所有这四个数都是整数;第二,同样容易验证这一代换是正常变换;最后,容易看出型 $(m;k)$ 通过这个代换所变成的型与型 f[①] 通过代换

$$m\left(\frac{\gamma}{n}\cdot\frac{\alpha g+\beta h-k}{m}+h\right)+\frac{k\gamma}{n},m\left(\frac{\delta}{n}\cdot\frac{\alpha g+\beta h-k}{m}-g\right)+\frac{k\delta}{n},\gamma,\delta$$

所变成的型是一样的;或者说,由于 $mn=e=\alpha\delta-\beta\gamma$,故而 $\beta\gamma+mn=\alpha\delta$,$\alpha\delta-mn=\beta\gamma$,所以上面的代换就是

$$\frac{1}{n}(\alpha\gamma g+\alpha\delta h),\frac{1}{n}(\beta\gamma g+\beta\delta h),\gamma,\delta,$$

最后,由于 $\gamma g+\delta h=n$,因而这也就是代换 $\alpha,\beta,\gamma,\delta$. 根据假设,这个变换把 f 变成了 F. 从而 $(m;k)$ 和 F 是正常等价的,证毕.

这样一来,我们总可以判断一个给定的行列式为 D 的型 f 是否正常地包含另外一个行列式为 De^2 的型 F. 如果我们想要研究 f 是否是反常地包含 F 的话,我们就只需要来研究与 F 相反的型是否正常地包含在 f 之中即可(第 159 目).

214.

问题　设给定两个型,f 的行列式为 D,及 F 的行列式为 De^2,且前者正常地包含后者. 试求出将型 f 变为型 F 的所有的正常变换.

解　如果用 Ω 来记上一目中同样的型的总体,那么就需要从中取出所有与 F 正常等价的型;设这些型是 $\Phi,\Phi',\Phi'',\cdots$,利用下面所说的方法,这些型中的每一个都会给出一个将型 f 变为 F 的正常变换,且不同的型给出不同的变换,合在一起就给出所有可能的变换(也就是说,除了从 $\Phi,\Phi',\Phi'',\cdots$ 中的型所得到的正常变换以外,不再存在其他的正常变换把 f 变成 F). 因为对于所有的型 $\Phi,\Phi',\Phi'',\cdots$ 来说方法都是一样的,所以我们只需要对其中的一个型来讲解即可.

---

① 它被代换 $m,k,0,n$ 变换成 $(m;k)$(参见第 159 目).

假设 $\Phi = (M;K)$ 及 $e = MN$，使得正常变换 $M,K,0,N$ 把型 f 变成 Φ. 此外，我们用 $\mathfrak{a}$，$\mathfrak{b},\mathfrak{c},\mathfrak{d}$ 来表示把型 Φ 变为 F 的任意的正常变换. 这样，显然 f 就被正常变换

$$M\mathfrak{a} + K\mathfrak{c}, M\mathfrak{b} + K\mathfrak{d}, N\mathfrak{c}, N\mathfrak{d}$$

变成 Φ，以及用这样的方法从把型 Φ 变为型 F 的每一个正常变换就得到一个将型 f 变为型 F 的正常变换. 其他的型 $\Phi', \Phi'', \cdots$ 可以类似地加以处理，使这些型变成型 F 的每一个正常变换都将产生出一个把型 f 变为型 F 的一个正常变换.

为了清楚地表明这个解法在各方面都是完整无缺的，我们必须指出以下几点：

Ⅰ. 把型 f 变为 F 的所有可能的正常变换都能以这样的方式得到. 设 $\alpha,\beta,\gamma,\delta$ 是任意一个把型 f 变为 F 的正常变换，如第 213 目的 Ⅱ 所述，设 n 是数 γ 和 δ 的最大公约数；又设如以前一样确定数 m,g,h,k. 这样，型 $(m;k)$ 必在型 $\Phi,\Phi',\cdots$ 之中，且

$$\frac{\gamma}{n}\cdot\frac{\alpha g+\beta h-k}{m}+h,\ \frac{\delta}{n}\cdot\frac{\alpha g+\beta h-k}{m}-g,\ \frac{\gamma}{n},\ \frac{\delta}{n}$$

是将这个型变为 F 的正常变换；由此并根据上面给出的规则，我们就得到变换 $\alpha,\beta,\gamma,\delta$；所有这些都在上一目中给出了证明.

Ⅱ. 以这种方法得到的所有变换都是互不相同的，也就是说，没有一个变换能够得到两次. 容易看出，把同一个型 Φ，或者 $\Phi',\cdots$ 变换成 F 的不同的变换不可能给出把 f 变成 F 的相同的变换；不同的型，比方说 Φ 和 Φ'，不可能给出相同的变换，它可以这样来证明. 假设把型 f 变为 F 的正常变换 $\alpha,\beta,\gamma,\delta$ 既是由把型 Φ 变为 F 的正常变换 $\mathfrak{a},\mathfrak{b},\mathfrak{c},\mathfrak{d}$ 得到，也是由把型 Φ' 变为 F 的正常变换 $\mathfrak{a}',\mathfrak{b}',\mathfrak{c}',\mathfrak{d}'$ 得到. 再令 $\Phi = (M;K)$，$\Phi' = (M';K')$，$e = MN = M'N'$. 这样就有等式

$$\alpha = M\mathfrak{a} + K\mathfrak{c} = M'\mathfrak{a}' + K'\mathfrak{c}', \tag{1}$$

$$\beta = M\mathfrak{b} + K\mathfrak{d} = M'\mathfrak{b}' + K'\mathfrak{d}', \tag{2}$$

$$\gamma = N\mathfrak{c} = N'\mathfrak{c}', \tag{3}$$

$$\delta = N\mathfrak{d} = N'\mathfrak{d}', \tag{4}$$

$$\mathfrak{a}\mathfrak{d} - \mathfrak{b}\mathfrak{c} = \mathfrak{a}'\mathfrak{d}' - \mathfrak{b}'\mathfrak{c}' = 1. \tag{5}$$

利用等式(5)，由 $\mathfrak{a}\times$式(4) $-\ \mathfrak{b}\times$式(3) 得到 $N = N'(\mathfrak{a}\mathfrak{d}' - \mathfrak{b}\mathfrak{c}')$，因此 N' 整除 N；类似地，由 $\mathfrak{a}'\times$式(4) $-b'\times$式(3) 可得 $N' = N(\mathfrak{a}'\mathfrak{d} - \mathfrak{b}'\mathfrak{c})$，因此有 N 整除 N'. 由于已经假设 N 和 N' 皆为正数，所以必有 $N = N'$ 以及 $M = M'$，从而由式(3) 和式(4) 就有 $\mathfrak{c} = \mathfrak{c}'$，$\mathfrak{d} = \mathfrak{d}'$. 此外，由 $\mathfrak{a}\times$式(2) $-\ \mathfrak{b}\times$式(1) 推出

$$K = M'(\mathfrak{a}\mathfrak{b}' - \mathfrak{b}\mathfrak{a}') + K'(\mathfrak{a}\mathfrak{d}' - \mathfrak{b}\mathfrak{c}') = M(\mathfrak{a}\mathfrak{b}' - \mathfrak{b}\mathfrak{a}') + K';$$

故有 $K \equiv K' \pmod M$，而此式仅当 $K = K'$ 时才可能成立，这是因为 K 和 K' 两者都位于边界值 0 和 $M-1$ 之间. 因此型 Φ 和 Φ' 不是不相同的型，这与假设矛盾.

显然，如果 D 是负数，或者是正的平方数，那么这个方法实际上能给出把型 f 变成 F 的所有的正常变换；如果 D 是正的非平方数，那么这个方法将给出一个一般公式，它包含了所有的正常变换（它们的个数是无限的）.

最后，如果型 F 反常地包含在型 f 之中，那么将前者变为后者的所有的反常变换都可以很容易地用所给出的方法找到. 这就是，如果 $\alpha,\beta,\gamma,\delta$ 遍历将型 f 变成与 F 相反的型的

所有的正常变换,那么将型f变成F的所有可能的反常变换就可以用$\alpha, -\beta, \gamma, -\delta$表示.

例 我们要来求将型$(2,5,7)$变成$(275,0,-1)$的所有的变换,后者既是正常地又是反常地包含在前一个型之中. 上一目中我们对于此种情形已经给出了一个型的总体Ω;检查此总体中的型就可以发现$(5;1)$和$(5;4)$两者都与型$(275,0-1)$正常等价. 根据我们上面所说的理论可以发现,所有可能将型$(5;1)$,即$(50,35,19)$,变成$(275,0,-1)$的正常变换都包含在一般公式

$$16t-275u,\ -t+16u,\ -15t+275u, t-15u$$

之中,其中t和u表示满足方程$t^2-275u^2=1$的所有可能的整数;于是,由此得到的将型$(2,5,7)$变成$(275,0,-1)$的所有的正常变换都包含在一般公式

$$65t-1\,100u,\ -4t+65u,\ -15t+275u, t-15u$$

之中. 类似地,将型$(5;4)$,即$(50,65,79)$,变成$(275,0,-1)$的所有的正常变换都包含在一般公式

$$14t+275u, t+14u,\ -15t-275u,\ -t-15u$$

之中,从而,由此得到的将型$(2,5,7)$变为$(275,0,-1)$的所有的正常变换都包含在公式

$$10t+275u, t+10u,\ -15t-275u,\ -t-15u$$

之中. 于是,这两个公式就包含了我们要求的所有的正常变换.①用同样的方法,我们可以求得将型$(2,5,7)$变为$(275,0,-1)$的所有可能的反常变换都包含在下面两个公式中:

(Ⅰ)$65t-1\,100u, 4t-65u,\ -15t+275u,\ -t+15u$,

(Ⅱ)$10t+275u,\ -t-10u,\ -15t-275u, t+15u$.

§59 行列式为零的型 第215目

215.

到目前为止我们一直将行列式为零的型排除在所有的讨论之外;因此,为了使我们的理论完备无遗,我们还应该对这样的型作点补充. 由于在一般情形下我们证明了:如果一个行列式为D的型包含一个行列式为D'的型,则D'是D的倍数,因此容易看出,一个行列式为零的型不可能包含任何另外的型,除非那个型的行列式也为零. 这样就仅仅剩下两个问题要解决:(1) **设给定两个型f和F,其中第二个的行列式为零. 试判断第一个型是包含第二个型,还是不包含第二个型,以及在第一种情形,求出将第一个型变成第二个型的所有的变换**;(2) **求出一个给定的数由一个给定的行列式为零的型来表出的所有表示法.** 对于第一个问题,当第一个型f的行列式也为零时,以及当它的行列式不是零时,

---

① 更简洁地说,所有的正常变换都包含在公式$10t+55u, t+2u,\ -15t-55u,\ -t-3u$中,其中$t$和$u$是满足方程$t^2-11u^2=1$的所有整数.

要用不同的方法. 我们现在来对此加以解释.

Ⅰ. 首先我们注意,行列式 $b^2-ac=0$ 的每个型 $ax^2+2bxy+cy^2$ 都可以表示成 $m(gx+hy)^2$,这里 g 与 h 互素,且 m 是一个整数. 因为,如果设 m 是 a 和 c 的最大公约数,且取与这两个数相同的符号(容易看出,这两个数不可能有不同的符号),那么$\frac{a}{m}$和$\frac{c}{m}$是互素的非负整数,且其乘积等于$\frac{b^2}{m^2}$,也即其乘积是一个平方数,因此这两个数也都是平方数(第21目). 如果设$\frac{a}{m}=g^2$,$\frac{c}{m}=h^2$,则 g 和 h 也互素,进而就有$g^2h^2=\frac{b^2}{m^2}$以及$gh=\pm\frac{b}{m}$. 由此推出

$$m(gx\pm hy)^2=ax^2+2bxy+cy^2.$$

现在设给定两个型 f 和 F,它们的行列式均为零,且

$$f=m(gx+hy)^2, F=M(GX+HY)^2,$$

其中 g 和 h,G 和 H 都是互素的. 现在我断言:如果型 f 包含型 F,那么,要么 m 等于 M,要么至少 m 整除 M,且除得的商是一个平方数;反之,如果$\frac{M}{m}$是一个整数的平方,那么 F 包含在 f 之中. 因为,如果假设 f 通过变换

$$x=\alpha X+\beta Y, y=\gamma X+\delta Y$$

变成 F,那么我们就有

$$\frac{M}{m}(GX+HY)^2=[(\alpha g+\gamma h)X+(\beta g+\delta h)Y]^2,$$

由此容易得知$\frac{M}{m}$是一个平方数. 设此平方数为 e^2,我们就有

$$e(GX+HY)=\pm[(\alpha g+\gamma h)X+(\beta g+\delta h)Y],$$

即

$$\pm eG=\alpha g+\gamma h,\ \pm eH=\beta g+\delta h.$$

这样一来,如果 $\mathfrak{G}$ 和 $\mathfrak{H}$ 是由 $\mathfrak{G}G+\mathfrak{H}H=+1$(俄文版误为 $\mathfrak{G}G+\mathfrak{H}H=\pm1$—— 译注)所确定的,那么就得到

$$\pm e=\mathfrak{G}(\alpha g+\gamma h)+\mathfrak{H}(\beta g+\delta h)=\text{整数}.$$

反之,如果假设$\frac{M}{m}$是一个整数的平方且等于 e^2,则型 f 将包含型 F. 这是因为,整数 α,β,γ,δ 可以由

$$\alpha g+\gamma h=\pm eG, \beta g+\delta h=\pm eH$$

来确定. 事实上,如果整数 $\mathfrak{g}$ 和 $\mathfrak{h}$ 由条件 $\mathfrak{g}g+\mathfrak{h}h=1$ 来选定,那么只要取

$$\alpha=\pm eG\mathfrak{g}+hz, \gamma=\pm eG\mathfrak{h}-gz,$$
$$\beta=\pm eH\mathfrak{g}+hz', \delta=\pm eH\mathfrak{h}-gz',$$

它们就能满足这些方程,其中 z 和 z' 可取任何整数值. 因此 F 就包含在 f 之中. 同时不难看出,这些公式给出了数 α,β,γ,δ 可能取的所有的值,也即给出了把型 f 变为 F 的所有的变

换,只要 z 和 z' 遍历所有整数.

Ⅱ. 如果给定两个型,一个行列式不为零的型 $f = ax^2 + 2bxy + cy^2$ 和一个行列式为零的型 $F = M(GX + HY)^2$(如前一样,这里的 G 和 H 是互素的),那么我断言:第一,如果 f 包含 F,则数 M 就可以由型 f 来表示;第二,如果 M 可以由 f 来表示,那么 F 包含在 f 之中;以及第三,如果在这种情形,数 M 由型 f 来表示的通式是 $x = \xi, y = \nu$,那么 $G\xi, H\xi, G\nu, H\nu$ 将遍历型 f 变成 F 的所有的变换. 所有这些结论的证明如下.

1) 如果设 f 被变换 $\alpha, \beta, \gamma, \delta$ 变成 F,以及确定数 $\mathfrak{G}$ 和 $\mathfrak{H}$ 使得 $\mathfrak{G}G + \mathfrak{H}H = 1$,那么,如果取 $x = \alpha\mathfrak{G} + \beta\mathfrak{H}, y = \gamma\mathfrak{G} + \delta\mathfrak{H}$,则型 f 的值显然等于 M,因而 M 可以由型 f 来表示.

2) 如果我们假设 $a\xi^2 + 2b\xi\nu + c\nu^2 = M$,则显然变换 $G\xi, H\xi, G\nu, H\nu$ 将型 f 变成 F.

3) 现在我们来证明:在这种情形,如果我们假设 ξ 和 ν 遍历使得 $f = M$ 成立的 x 和 y 的所有的值,那么代换 $G\xi, H\xi, G\nu, H\nu$ 将给出把型 f 变成 F 的所有的变换. 如果 $\alpha, \beta, \gamma, \delta$ 是将型 f 变成 F 的任一个变换,以及如前一样 $\mathfrak{G}G + \mathfrak{H}H = 1$,那么将发现

$$x = \alpha\mathfrak{G} + \beta\mathfrak{H}, y = \gamma\mathfrak{G} + \delta\mathfrak{H}$$

是在 x, y 所取的值之中,而由这些值我们得到变换

$$G(\alpha\mathfrak{G} + \beta\mathfrak{H}), H(\alpha\mathfrak{G} + \beta\mathfrak{H}), G(\gamma\mathfrak{G} + \delta\mathfrak{H}), H(\gamma\mathfrak{G} + \delta\mathfrak{H}),$$

即

$$\alpha + \mathfrak{H}(\beta G - \alpha H), \beta + \mathfrak{G}(\alpha H - \beta G),$$
$$\gamma + \mathfrak{H}(\delta G - \gamma H), \delta + \mathfrak{G}(\gamma H - \delta G).$$

但是由于

$$a(\alpha X + \beta Y)^2 + 2b(\alpha X + \beta Y)(\gamma X + \delta Y) + c(\gamma X + \delta Y)^2 = M(GX + HY)^2,$$

所以我们就有

$$a(\alpha\delta - \beta\gamma)^2 = M(\delta G - \gamma H)^2,$$
$$c(\beta\gamma - \alpha\delta)^2 = M(\beta G - \alpha H)^2,$$

因此(因为 f 的行列式乘以 $(\alpha\delta - \beta\gamma)^2$ 等于型 F 的行列式,即等于零,故而有 $\alpha\delta - \beta\gamma = 0$)

$$\delta G - \gamma H = 0, \beta G - \alpha H = 0.$$

这样一来,我们的变换就变成了 $\alpha, \beta, \gamma, \delta$,由此推出,所指出的公式就给出了把型 f 变为 F 的所有的变换.

Ⅲ. 剩下还要指出,我们怎样来找出由一个行列式为零的给定的型来表示一个给定的数的所有的表示法. 如果给定的型是 $m(gx + hy)^2$,那么显然该数必须能被 m 整除,且除得的商是一个平方数. 因而,如果设给定的数等于 me^2,那么对于给出 $m(gx + hy)^2 = me^2$ 的值 $x, y, gx + hy$ 显然应该要么等于 e,要么等于 $-e$. 因此,如果找到了线性方程 $gx + hy = e$ 和 $gx + hy = -e$ 的全部整数解,我们就得到了全部的表示. 显然,这些方程都是可解的(如果按照我们先前的假设,g 和 h 是互素的话). 这就是说,如果 $\mathfrak{g}$ 和 $\mathfrak{h}$ 是由

$\mathfrak{g}g+\mathfrak{h}h=1$ 确定的,那么只要取 $x=\mathfrak{g}e+hz, y=\mathfrak{h}e-gz$①,则第一个方程就能满足;如果取 $x=-\mathfrak{g}e+hz, y=-\mathfrak{h}e-gz$,则第二个方程就能满足,其中 z 取任意的整数. 同时,如果认为 z 遍历所有的整数,则这些公式就给出 x 和 y 的所有的整数值.

§60 所有二元二次不定方程的一般整数解 第 216 ~ 221 目

作为这些研究的结尾,我们还要补充一个问题.

216.

问题 求一般的二元二次不定方程

$$ax^2+2bxy+cy^2+2dx+2ey+f=0②$$

的所有整数解(其中 $a,b,c,\cdots$ 是任意给定的整数).

解 我们引进另外的量

$$p=(b^2-ac)x+be-cd \text{ 和 } q=(b^2-ac)y+bd-ae$$

来代替未知数 x 和 y,当 x 和 y 是整数时,p 和 q 显然都是整数. 现在我们有方程

$$ap^2+2bpq+cq^2+f(b^2-ac)^2+(b^2-ac)(ae^2-2bde+cd^2)=0,$$

或者,为了简略起见,我们记

$$f(b^2-ac)^2+(b^2-ac)(ae^2-2bde+cd^2)=-M,$$

这样我们就有

$$ap^2+2bpq+cq^2=M.$$

在前面我们指出了如何求出这个方程的所有的解,即求数 M 由型(a,b,c)来表示的所有的表示法. 现在,如果对每一组 p,q 的值,借助等式

$$x=\frac{p+cd-be}{b^2-ac}, y=\frac{q+ae-bd}{b^2-ac}$$

来确定 x,y 的相应的值,那么容易看出,所有这些值都满足给定的方程,且不存在不能用这样的方法来得到的整数值 x,y. 因此,如果我们从这样得到的 x,y 的值中去掉所有的分数值,那么剩下的就是所有可找到的解.

关于这个解法,我们必须指出以下几点:

1) 如果 M 不能由型(a,b,c)来表示,或者从它的任意一个表示都得不到整数值 x,y,那么该方程就不可能有整数解.

2) 如果型(a,b,c)的行列式,也就是数 b^2-4ac 为负的或正的平方数,且同时 M 不等于零,那么数 M 的表示法个数是有限的,因此给定方程的解数(如果有解的话)也是有限的.

3) 如果 b^2-4ac 为正的非平方数,或者为平方数且同时 $M=0$,那么,如果数 M 只要

---

① 俄文版此处误写为 $x=\mathfrak{g}e+\mathfrak{h}z, y=\mathfrak{h}e-\mathfrak{g}z$. —— 译者注.

② 如果给定某个方程,其中第二、第四或第五个系数是奇数,那么在将它乘以 2 之后,就会变成我们这里所考虑的形式.

有一种方法可由型(a,b,c)来表示,那么它就有无穷多种不同的表示法;但是,因为不可能逐一求出所有这些表示法,并检验它们给出的x,y是整数值还是分数值,所以有必要建立一个法则,根据这个法则我们能确认没有一个表示法能给出整数值x,y(而没有这样一个规则,在这种情形无论你对多少个表示法作了检查,也无法对此给出肯定的回答);又如果,一些表示法给出整数值x,y,而另一些表示法给出分数值x,y,那么我们需要指出如何一开始就能在总体上区分这两种表示法.

4) 当$b^2-4ac=0$时,x,y的值根本不能由上面的公式来确定;因而,在此情形我们需要寻求特别的方法.

217.

对于b^2-4ac为正的非平方数这种情形,我们在上面已经证明了:数M由型$ap^2+2bpq+cq^2$给出的所有的表示法(如果确实有的话)可以用形如

$$p=\frac{1}{m}(\mathfrak{A}t+\mathfrak{B}u),q=\frac{1}{m}(\mathfrak{C}t+\mathfrak{D}u)$$

的一个或者几个公式表达出来,其中$\mathfrak{A},\mathfrak{B},\mathfrak{C},\mathfrak{D}$是给定的整数,$m$是数$a,2b,c$的最大公约数,以及最后$t,u$表示满足方程$t^2-(b^2-ac)u^2=m^2$的所有整数. 因为$t,u$的所有值既可以取正的,又可以取负的,所以这些公式中的每一个我们可以用下面另外四个来代替:

$$p=\frac{1}{m}(\mathfrak{A}t+\mathfrak{B}u),q=\frac{1}{m}(\mathfrak{C}t+\mathfrak{D}u),$$

$$p=\frac{1}{m}(\mathfrak{A}t-\mathfrak{B}u),q=\frac{1}{m}(\mathfrak{C}t-\mathfrak{D}u),$$

$$p=\frac{1}{m}(-\mathfrak{A}t+\mathfrak{B}u),q=\frac{1}{m}(-\mathfrak{C}t+\mathfrak{D}u),$$

$$p=-\frac{1}{m}(\mathfrak{A}t+\mathfrak{B}u),q=-\frac{1}{m}(\mathfrak{C}t+\mathfrak{D}u),$$

从而,现在所有公式的个数是原来的四倍,而t,u已不再是满足方程$t^2-(b^2-ac)u^2=m^2$的所有的数,而仅仅取这样的正数. 这些公式中的每一个都应该分别加以考虑,并研究什么样的值t,u才会给出整数值x,y.

从公式

$$p=\frac{1}{m}(\mathfrak{A}t+\mathfrak{B}u),q=\frac{1}{m}(\mathfrak{C}t+\mathfrak{D}u) \tag{1}$$

出发我们得到x,y的值是

$$x=\frac{\mathfrak{A}t+\mathfrak{B}u+mcd-mbe}{m(b^2-ac)},$$

$$y=\frac{\mathfrak{C}t+\mathfrak{D}u+mae-mbd}{m(b^2-ac)}.$$

在前面我们证明了,t的所有的(正)值构成一个循环数列$t^0,t',t'',\cdots$,以及类似地,u的相应的值也构成一个循环数列$u^0,u',u'',\cdots$;进而,对于某个给定的模,我们可以指定一个数ρ,使得有

$$t^{(\rho)} \equiv t^0, t^{(\rho+1)} \equiv t', t^{(\rho+2)} \equiv t'', \cdots, u^{(\rho)} \equiv u^0, u^{(\rho+1)} \equiv u', \cdots.$$

我们将取数 $m(b^2 - ac)$ 来作为模,以及为简略起见,如果令 $t = t^0, u = u^0$,所得到的 x, y 的值我们添加指标 0,用 x^0, y^0 来表示;同样地,如果令 $t = t', u = u'$,所得到的 x, y 的值我们添加指标 $'$ 用 x', y' 表示,等等. 此时不难看出,如果 $x^{(h)}, y^{(h)}$ 是整数,且适当确定 ρ,那么 $x^{(h+\rho)}, y^{(h+\rho)}$ 和 $x^{(h+2\rho)}, y^{(h+2\rho)}$,以及一般的 $x^{(h+k\rho)}, y^{(h+k\rho)}$ 都是整数;同时,反过来,如果 $x^{(h)}$ 或者 $y^{(h)}$ 是分数,那么 $x^{(h+k\rho)}$ 或者 $y^{(h+k\rho)}$ 也是分数. 由此容易推出:如果对于指标 $0, 1, 2, \cdots, \rho - 1$ 来求 x, y 的值,且对这些指标中的每一个都不能使得 x 和 y 都是整数,那么就没有哪个指数能使得 x 和 y 都取到整数值,从而在这种情形由公式(1) 不可能得到整数值 x, y. 但是,如果有某些指标,比方说是 $\mu, \mu', \mu'', \cdots$,对于它们相应的 x 和 y 都取整数值,那么可以由公式(1) 得到所有的整数值 x 和 y,这些指标具有形式 $\mu + k\rho$,或 $\mu' + k\rho$,或 $\mu'' + k\rho$,……,这里 k 遍历所有正整数且包含零.

包含 p, q 的值的其他的公式可以用完全同样的方法加以处理. 如果从所有这些公式中的任何一个都不能得到整数值 x, y,那么在这种情形,给定的方程就根本不可能有整数解;而如果它实际上是可解的,那么,所有的整数解都可以用上面的法则得到.

218.

如果 $b^2 - 4ac$ 为平方数且 $M = 0$,那么,p, q 的所有的值都包含在形如 $p = \mathfrak{A}z, q = \mathfrak{B}z$; $p = \mathfrak{A}'z, q = \mathfrak{B}'z$ 的两个公式之中,这里 z 表示任意整数,而 $\mathfrak{A}, \mathfrak{B}, \mathfrak{A}', \mathfrak{B}'$ 是给定的整数,其中第一和第二个数没有公约数,第三和第四个数也没有公约数(第 212 目). 因此,由第一个公式得出的 x, y 的所有的整数值都包含在公式

$$x = \frac{\mathfrak{A}z + cd - be}{b^2 - ac}, y = \frac{\mathfrak{B}z + ae - bd}{b^2 - ac} \tag{1}$$

之中,而由第二个公式得出的 x, y 的所有其他的整数值都包含在公式

$$x = \frac{\mathfrak{A}'z + cd - be}{b^2 - ac}, y = \frac{\mathfrak{B}'z + ae - bd}{b^2 - ac} \tag{2}$$

之中. 但是,由于这些公式中的每一个都有可能给出分数值(因为不一定有 $b^2 - ac = 1$),因而我们必须在每一个公式中把那些使得 x 和 y 均为整数的 z 的值同其他的 z 的值区分开来;不过,我们只需要考虑第一个公式就够了,因为同样的方法对第二个公式也适用.

由于 $\mathfrak{A}$ 和 $\mathfrak{B}$ 互素,所以可以求得两个数 $\mathfrak{a}$ 和 $\mathfrak{b}$,使得有 $\mathfrak{a}\mathfrak{A} + \mathfrak{b}\mathfrak{B} = 1$. 如果找到了这样的两个数,那么就有

$$(\mathfrak{a}x + \mathfrak{b}y)(b^2 - ac) = z + \mathfrak{a}(cd - be) + \mathfrak{b}(ae - bd),$$

由此立即推出,能给出整数值 x, y 的所有的值 z 必定与数 $\mathfrak{a}(be - cd) + \mathfrak{b}(bd - ae)$ 对模 $b^2 - ac$ 同余,也即必定包含在公式 $(b^2 - ac)z' + \mathfrak{a}(be - cd) + \mathfrak{b}(bd - ae)$ 之中,其中 z' 表示任意整数. 因此,代替公式(1),我们容易得到下面的公式

$$x = \mathfrak{A}z' + \mathfrak{b}\frac{\mathfrak{A}(bd - ae) - \mathfrak{B}(be - cd)}{b^2 - ac},$$

$$y = \mathfrak{B}z' - \mathfrak{a}\frac{\mathfrak{A}(bd - ae) - \mathfrak{B}(be - cd)}{b^2 - ac},$$

显然,这些公式要么对所有的值 z' 给出整数值 x,y,要么对所有的值 z' 都不可能给出整数值 x,y,而且第一种情形当 $\mathfrak{A}(bd-ae)$ 和 $\mathfrak{B}(be-cd)$ 对模 b^2-ac 同余时成立,而第二种情形当它们不同余时成立. 我们可以用完全同样的方法处理公式(2),并把其中的整数解(如果有这样的解的话)和其他的解区分开来.

219.

如果 $b^2-ac=0$,那么型 $ax^2+2bxy+cy^2$ 可以表示成 $m(\alpha x+\beta y)^2$,其中 m,α,β 都是整数(第 215 目). 如果设 $\alpha x+\beta y=z$,则给定的方程变为

$$mz^2+2dx+2ey+f=0,$$

由此及 $z=\alpha x+\beta y$ 就得出

$$x=\frac{\beta mz^2+2ez+\beta f}{2\alpha e-2\beta d},y=\frac{\alpha mz^2+2dz+\alpha f}{2\beta d-2\alpha e}.$$

显然,如果 $\alpha e=\beta d$(我们马上就会单独来考虑这种情形)不成立,那么对任意的值 z 由这些公式所得到的值 x,y 都满足给定的方程;这样一来,剩下只要指出,怎样确定什么样的 z 的值能给出整数值 x,y.

由于 $\alpha x+\beta y=z$,所以可以只取 z 为整数值;此外显然,如果对某个 z 的值给出的 x,y 均为整数值,那么所有对模 $2\alpha e-2\beta d$ 与其同余的值 z 都同样给出整数值. 因此,如果我们用从 0 到 $2\alpha e-2\beta d-1$ 的所有整数来代替 z(当 $\alpha e-\beta d$ 为正数时),或者用从 0 到 $2\beta d-2\alpha e-1$ 的所有整数来代替 z(当 $\alpha e-\beta d$ 为负数时),以及对其中无论哪个值,都得不到皆为整数的 x,y,那么,对于任何 z 的值都不可能得到整数值 x,y,从而给定的方程也就没有整数解. 但是,如果对某些 z 的值,比方说是 $\zeta,\zeta',\zeta'',\cdots$(它们可以按照第四篇中的原理求解二次同余方程来找到),x,y 皆取整数值,那么,只要令 $z=(2\alpha e-2\beta d)v+\zeta$,$z=(2\alpha e-2\beta d)v+\zeta',\cdots$,其中 v 取所有整数,我们就能求出所有的解.

220.

现在,我们必须对 $\alpha e=\beta d$ 这种先前排除在外的情况来寻求一种特殊的方法. 我们假设 α 和 β 互素,根据第 215 目的 Ⅰ,这样假设是可以允许的. 这样就有 $\frac{d}{\alpha}=\frac{e}{\beta}$ 是一个整数(第 19 目),记这个数为 h. 这时给定的方程有下述形式:

$$(m\alpha x+m\beta y+h)^2-h^2+mf=0,$$

以及显然仅当 h^2-mf 是一个平方数时它可能有有理数解. 若令 $h^2-mf=k^2$,则给定的方程显然等价于以下两个方程:

$$m\alpha x+m\beta y+h+k=0,m\alpha x+m\beta y+h-k=0,$$

也就是说,给定方程的任何一个解都满足这两个方程中的某一个,且反之亦然. 显然,第一个方程仅当 $h+k$ 被 m 整除时有整数解;类似地,第二个方程仅当 $h-k$ 被 m 整除时有整数解. 这些条件对于求解每个方程来说已经足够了(因为我们预先假设了 α 和 β 互素),从而用熟知的方法就可以求出它们所有的解.

221.

我们将用例子来阐明第217目中讨论的情形(这是所有情形中最困难的). 设给定的方程是

$$x^2+8xy+y^2+2x-4y+1=0.$$

首先通过引进新的未知量

$$p=15x-9, q=15y+6,$$

我们从它得到方程

$$p^2+8pq+q^2=-540.$$

进而推出这个方程的所有的整数解都包含在下面的四个公式之中:

$$p=6t, q=-24t-90u,$$
$$p=6t, q=-24t+90u,$$
$$p=-6t, q=24t-90u,$$
$$p=-6t, q=24t+90u,$$

其中 t, u 表示满足方程 $t^2-15u^2=1$ 的所有正整数,以及它们由下列公式给出:

$$t=\frac{1}{2}[(4+\sqrt{15})^n+(4-\sqrt{15})^n],$$

$$u=\frac{1}{2\sqrt{15}}[(4+\sqrt{15})^n-(4-\sqrt{15})^n],$$

这里 n 表示所有的正整数(包括零). 因此 x, y 的所有的值都包含在下面这些公式之中

$$x=\frac{1}{5}(2t+3), y=-\frac{1}{5}(8t+30u+2),$$

$$x=\frac{1}{5}(2t+3), y=-\frac{1}{5}(8t-30u+2),$$

$$x=\frac{1}{5}(-2t+3), y=\frac{1}{5}(8t-30u-2),$$

$$x=\frac{1}{5}(-2t+3), y=\frac{1}{5}(8t+30u-2)$$

适当地应用上面所述的结果,我们就会发现:为了得到整数解,在第一和第二个公式中必须取由**偶指数**n所得到的 t, u 的值;而在第三和第四个公式中必须取由**奇指数**n所得到的 t, u 的值. 最简单的解分别是 $x=1, -1, -1; y=-2, 0, 12$.

但是必须注意,在上述诸目中讨论的问题的解常常可以通过各种特别设计的方法以排除那些无用的(即包含分数的)解来加以简化;然而,为使篇幅不至过于冗长,在这里我们宁愿略去这些讨论.

§61 历史注记 第222目

222.

由于我们所阐明的大多数结果已经被其他的数学家研究过了,我们不能以沉默避而

不谈他们的功绩. 在 *Nouv. mém. De l'Ac. de Berlin*,1773 年的第 263 页和 1775 年的第 323 页以及以后各页中,Lagrange 对于**型的等价性**作了一般性的讨论,特别是他证明了:对每一个给定的行列式,有有限多个具有这样性质的型,使得每一个有这一行列式的型都与其中的某个型等价,因而,给定行列式的所有的型可以分类. 其后,Legendre 发现了(大部分是用归纳法)这种分类的许多精巧的性质,下面我们将给出这些结果的证明. 但是,到目前为止还没有人研究过正常等价和反常等价,而它的良好效果会在更为精细的研究中凸现出来.

Lagrange 第一个完全解决了在第 216 目中所述及的著名问题(*Hist. de l'Ac. de Berlin*,1767 年第 165 页;1768 年第 181 页以及其后各页). 在前面已经提到的 Euler 的《*Algebra*》一书的补遗中也有一个解(但不太完全). Euler 在更早就注意过这个问题(*Comm. Petr.* ,第6卷 第175 页;*Comm. Nov.* ,*comm.* 第9卷第3 页;以及同一杂志第18卷第 185 页以及其后各页),不过他总是只限于考虑从一个假设为已知的解出发来求出其他的解;此外,他的方法只能在少数情形才能给出全部的解(参见 *Lagrange*,*Hist. de Ac. de Berlin*,1767 年第 237 页). 由于这三篇论文的最后一篇比 Lagrange 全面解决这一问题的论文要更晚一些,且在这一方面并没有留下任何人们所希望的结果,看起来 Euler 当时还并不知道那个解法(杂志 Комментариев 的第 18 卷应属于 1773 年,但出版于1774 年). 然而,我们的解法(以及到现在为止我们在本篇中讨论的所有其他内容)都是建立在与之完全不同的原理之上的.

这里必须提到的其他学者,如 Diophantus,Fermat 等,他们仅仅研究了一些特殊情形;由于我们在前面已经指出了那些特别值得一提的成果,所以我们将不再对此详加叙述.

到目前为止我们有关二次型所阐述的内容只能看做仅仅是这个理论的一个发端. 更孜孜以求继续这项研究为我们打开了极其宽广的研究领域,我们将在下面来阐述其中最值得关注的问题. 事实上,这一研究对象是如此富有成果,以至于为了简略起见,我们必须略去许多我们已经发现的其他结果;然而毋庸置疑的是,还有更为多得多的东西尚未被发现,期待进一步的努力. 我们要在这一研究的开始就指出,行列式为零的型不在讨论之列,除非我们特别说明要讨论它.

关于型的进一步研究　第 223 ~ 265 目

§62　给定行列式的型的分类　第 223 ~ 225 目

223.

上面(第 175,195,211 目)我们已经证明了:如果给定任何(正的或者负的)整数 D,那么总可以指定有限多个具有这样性质的行列式为 D 的型 $F,F',F'',\cdots$,使得每个行列

式为 D 的型都与且仅与其中的一个型正常等价. 从而行列式为 D 的所有的型(它们的个数无限)可以分类,这就是说,所有与 F 正常等价的型组成第一个类,所有与 F' 正常等价的型组成第二个类,等.

从具有给定行列式为 D 的型所确定的一个类中可以选取任意一个型,这个型可以看做它所在的整个类的一个**代表**. 一般来说,从每个类中选取哪个型是完全没有差别的,不过我们总是更愿意从中选取一个看起来**比其他的型更加简单的型**. 显然,任意一个型 (a,b,c) 的简单性体现在数 a,b,c 的大小上,以及一个完全同样可被选择的型 (a',b',c') 可以称为不如 (a,b,c) 简单,如果 $a'>a,b'>b,c'>c$. 然而这样的规则还不是完全确定的,比如型 $(17,0,-45)$ 和 $(5,0,-153)$ 中哪一个可以认为是更加简单,仍然依赖于我们的意愿. 不过,遵守下面的原则多半是合理的.

Ⅰ. 当行列式为负数时,我们就从每个类中取约化型作为代表;如果在同一个类中有两个约化型(这时它们必为相反的型,见第 172 目),那么就取中间项为正数的那个约化型为代表.

Ⅱ. 当行列式为正的非平方数时,我们要找出包含在该类中的任意一个约化型的周期;在这个周期中要么有两个歧型,要么一个歧型也没有(第 187 目).

1) 在第一种情形,设歧型是 (A,B,C) 和 (A',B',C');再设 M 和 M' 分别是数 B 和 B' 对模 A 和 A' 的最小剩余(最小剩余都可取正数,如果它们不等于零);最后,设 $\frac{D-M^2}{A}=N,\frac{D-M'M'}{A}=N'$. 此时,我们从型 $(A,M,-N)$ 和 $(A',M',-N')$ 之中取较简单的那个型作为代表. 同时我们倾向于选取中间项为零的那个型;如果两个型的中间项都不等于零,或者都等于零,那么我们就选取首项较小的那个型,而如果两个首项大小相等但符号相反,那么我们就选取首项符号为正的那个型.

2) 如果在整个周期中没有一个是歧型,那么就在周期的所有型中选取首项最小的那个型(不考虑符号). 但如果在这个周期中有两个型,它们有相同的首项,但其中一个带正号,而另一个带负号,那么就取带正号的那个型. 如果这个型是 (A,B,C),与前一种情形相同,可以从它得出另一个型 $(A,M,-N)$(这就是,取 M 是 B 对模 A 的绝对最小剩余,并设 $N=\frac{D-M^2}{A}$),那么就取这后一个型作为代表.

如果在该周期中碰巧有若干个型都有相同的最小首项 A,则可以用我们概述过的方法对所有这些型加以处理,并从得到的型中选取有最小中项的那个型来作为代表型.

这样一来,例如对 $D=305$ 来说,其中的一个周期是:$(17,4,-17)$,$(-17,13,8)$,$(8,11,-23)$,$(-23,12,7)$,$(7,16,-7)$,$(-7,12,23)$,$(23,11,-8)$,$(-8,13,17)$. 首先我们选取型 $(7,16,-7)$,然后导出代表型 $(7,2,-43)$.

Ⅲ. 如果行列式是一个正的平方数且等于 k^2,那么我们要在给定的类中寻求一个约化型 $(A,k,0)$,以及如果 $A\leqslant k$,那么就取它作为代表;但如果 $A>k$,那么就由型 $(A-2k,k,0)$ 替代它,这个型的第一项是负的,但是它小于 k.

例 行列式为 -235 的所有的型被划分成16个类,它们的代表型是 $(1,0,235)$,$(2,$

1,118),(4,1,59),(4,−1,59),(5,0,47),(10,5,26),(13,5,20),(13,−5,20),以及还有另外的八个型,它们与前八个型的区别仅仅在于其外项有相反的符号,即是(−1,0,−235),(−2,1,−118),….

行列式为79的所有的型可以分成六个类,其代表型是(1,0,−79),(3,1,−26),(3,−1,−26),(−1,0,79),(−3,1,26),(−3,−1,26).

224.

这样一来,根据这一分类法,正常等价的型就与其他的型完全分离开来.两个有相同行列式的型是正常等价的(俄文版中此处漏译了“正常”一词——译者注),如果它们属于同一个类;每一个可以用其中一个型表出的数,也同样可以用该类中其他的型表出;以及如果任何一个数M可以由第一个型用互素的未知数值来表示,那么这个数也可以被这个类中其他的型以同样的方式来表示,而且使得两个表示都属于表示式$\sqrt{D}\pmod M$的同一个值.但是,如果两个型属于不同的类,那么它们就不是正常等价的;以及任何一个给定的数从其中的一个型的可表性不能推出这同一个数由另一个型的可表性;相反的,如果数M可以被其中一个型用未知数互素的值来表示,那么可以立即断定:这个数不可能由另一个型给出也属于表示式$\sqrt{D}\pmod M$的同样的值的类似的表示(见第167及168目).

相反的,完全有可能来自不同的类K和K'的两个型F和F'是反常等价的;在这种情形,一个类中的**每一个型**和另一个类中的**每一个型**都是反常等价的,K中的每一个型都在K'中有与之相反的型,从而这两个类就称为是**相反的类**.于是,在上一目的第一个例子中,行列式为−235型的第三个类与第四个类是相反的类,第七个类与第八个类是相反的类;在第二个例子中,第二个类与第三个类是相反的类,而第五个类与第六个类是相反的类.因此,如果在相反的类中任意取定两个型,那么每一个可以由其中一个型表示的数M也必定可以由另一个型来表示,而且,如果对第一个型可以用互素的未知数的值来表示,那么对第二个型也可以用同样的方式来表示,并且这两个表示分别属于表示式$\sqrt{D}\pmod M$的两个相反的值.同时,上面给出的选取代表型的原则使得相反的类总有相反的代表型.

最后,存在这样的类,它与自己相反.也就是说,如果任意一个型和与它相反的型同时包含在同一个类中,那么容易看出这个类中的所有的型彼此之间都既是正常等价又是反常等价的,以及每一个型和与其相反的型都在这个类中.包含有歧型的类就是这样的类;反过来,在任何一个与自己相反的类中一定有歧型(第163,165目).于是我们就把这个类称为一个**歧类**.在行列式为−235的型组成的类中有八个歧类,它们的代表型是(1,0,235),(2,1,118),(5,0,47),(10,5,26),(−1,0,−235),(−2,1,−118),(−5,0,−47),(−10,5,−26);在行列式为79的型组成的类中有两个歧类,它们的代表型是(1,0,−79),(−1,0,79).但是,如果按照我们的原则确定代表型的话,那么就可以毫无困难地找出歧类来.也就是说,对于正的非平方数的行列式,一个歧类显然有一个歧型来代表(第194目);对于负的行列式来说,歧类的代表型要么本身就是歧型,要么它的外项相等(第172目);最后,对于行列式是正的平方数的情形,根据第210目,我们容易判断代表型是否与自己反常等价,从而可以判断它所代表的类是否是歧类.

225.

在上面(第175目)我们证明了,对行列式为负数的型(a,b,c),其外项必有相同的符号,且其外项的符号必定与每一个与它等价的型的外项的符号相同.如果a和c都是正的,我们就称型(a,b,c)为**定正型**,以及同样地把含有型(a,b,c)且仅由定正的型组成的整个的类称为一个**定正类**.反之,如果a和c都是负的,则(a,b,c)是**定负型**,且包含在**定负类**之中.负数不可能由定正型表出,而正数也不可能由定负型表出.如果(a,b,c)是一个定正类的代表型,那么$(-a,b,-c)$就是一个定负类的代表型,由此推出,定正类的个数等于定负类的个数,以及如果确定了前者,那么也就给出了后者.于是,在研究行列式为负数的型时,常常只需考虑定正类就够了,因为定正类的性质很容易转化到定负类上.

但是这种特有的差异仅对行列式为负数的型才成立;正数和负数都同样可以由行列式为正的型来表示,以及在此情形,两个形如(a,b,c)和$(-a,b,-c)$的型甚至常常会属于同一个类.

§63 类划分成层 第226~227目

226.

我们称一个型是**本原型**,如果数a,b,c没有公约数;反之称它为一个**导出型**,事实上,如果a,b,c的最大公约数为m,那么型(a,b,c)确实可以**从本原型**$\left(\frac{a}{m},\frac{b}{m},\frac{c}{m}\right)$**导出**.由此定义立即看出,行列式不能被任何平方数(数1除外)整除的任何一个型都必为本原型.其次,根据第161目可知,如果在行列式为D的型的任何一个给定的类中有本原型,那么这个类中所有的型都将是本原的;在此情形我们就说这个类本身是**本原的**.进而显见,如果任意一个行列式为D的型F是由行列式为$\frac{D}{m^2}$的本原型f导出的,以及分别用K和k来记型F和f所在的类,那么类K中所有的型都可以由本原类k导出;因此,在这种情形我们就说**类K本身是由本原类k导出的**.

如果(a,b,c)是本原的,但是a,c不同为偶数(即如果两数或者都是奇数,或者至少有一个是奇数),那么显然不仅a,b,c没有公约数,而且$a,2b,c$也没有公约数.以及在这种情形就称型(a,b,c)是**正常本原型**或简称为**正常型**.但如果(a,b,c)是本原型,且数a,c皆为偶数,那么显然数$a,2b,c$就有公约数2(它同时也是最大的),这时我们就称(a,b,c)是一个**反常的本原型**,或简称为**反常型**.[①]在此情形b一定是奇数(因为反之(a,b,c)

① 这里我们选用术语"正常"以及"反常",是因为没有其他更合适的术语可用.我们要告诫读者不要试图在这一用法和第157目的用法之间寻找什么联系,因为根本没有任何联系存在.不过请务必不要担心这样会产生混淆.

就不会是本原型)；因此有 $b^2 \equiv 1(\bmod 4)$，又因为 ac 可以被4整除，所以行列式 $b^2 - ac \equiv 1(\bmod 4)$. 于是，反常型仅在行列式为 $4n+1$ 型的正数或者 $-(4n+3)$ 型的负数时才会出现. 然而，由第161目容易看出，如果在一个给定的型类中找到了正常的本原型，那么这个类中所有的型都是正常本原的：反过来，含有一个反常本原型的类必定全部由反常的本原型组成. 因此，在第一种情形这个类就称为**正常本原类**，或简称为**正常类**；而在第二种情形，就称这个类是**反常本原类**，或简称为**反常类**. 例如，在行列式为 -235 的定正类中，有6个正常类，其代表型为 $(1,0,235)$，$(4,1,59)$，$(4,-1,59)$，$(5,0,47)$，$(13,5,20)$，$(13,-5,20)$，以及其中还有同样多个定负类；而且在两者中各有两个反常类. 行列式为79(这个数是 $4n+3$ 型的)的型组成的所有的类都是正常类.

如果型 (a,b,c) 是由本原型 $\left(\frac{a}{m},\frac{b}{m},\frac{c}{m}\right)$ 导出的，那么后者既可能是正常本原型，也可能是反常本原型. 在第一种情形，m 也就是数 $a,2b,c$ 的最大公约数；在第二种情形，这些数的最大公约数将等于 $2m$. 正是这一点给出了从正常本原型导出的型和从反常本原型导出的型之间的合理的区分；(因为，根据第161目，同一个类中所有的型也有同样的关系)以及在从正常本原类导出的类和从反常本原类导出的类之间有同样的区分.

根据这种区分，我们得到第一个基本原理，按照这个原理，我们可以把具有给定行列式的型组成的类按不同的层来区分. 以型 (a,b,c) 和 (a',b',c') 为代表的两个类，如果数 a,b,c 和 a',b',c' 有相同的最大公约数，且数 $a,2b,c$ 和 $a',2b',c'$ 也有相同的最大公约数，我们就把这两个类放在同一个层中；如果这些条件中有某一条或两条都不成立，那么这两个类就被放在不同的层中. 由此立即推出，所有的正常本原类构成一个层；所有反常本原类构成另外一个层. 如果 m^2 是整除行列式 D 的一个平方数，那么由行列式为 $\frac{D}{m^2}$ 的正常本原类导出的各个类构成一个独特的层，而由行列式为 $\frac{D}{m^2}$ 的反常本原类导出的各个类构成另外一个层，等. 如果遇到 D 不能被任何平方数(1除外)整除的情形，那就不存在由导出类构成的层，因而此时要么就只有一个层(当 $D \equiv 2$ 或 $3(\bmod 4)$ 时)，这就是正常本原类的层；要么有两个层(当 $D \equiv 1(\bmod 4)$ 时)，这就是正常本原类的层和反常本原类的层. 借助于组合的考虑不难建立下面**一般性的法则**. 如果 $D = D'2^{2\mu}a^{2\alpha}b^{2\beta}c^{2\gamma}\cdots$，其中 D' 没有平方因数，而 $a,b,c,\cdots$ 是不同的奇素数(每一个数都可以表为这种形式：当 D 不能被4整除时，就取 $\mu=0$；当 D 不能被奇数的平方整除时，就取 $\alpha,\beta,\gamma,\cdots$ 全为0，或者，同样地，删掉因数 $a^{2\alpha},b^{2\beta},c^{2\gamma},\cdots$)，那么，要么有

$$(\mu+1)(\alpha+1)(\beta+1)(\gamma+1)\cdots$$

个层，即当 $D' \equiv 2,3(\bmod 4)$ 时；要么有

$$(\mu+2)(\alpha+1)(\beta+1)(\gamma+1)\cdots$$

个层，即当 $D' \equiv 1(\bmod 4)$ 时. 但是我们要略去这个原理的证明，因为它既不困难，在这里也根本没有必要.

例1 对 $D = 45 = 5 \times 3^2$ 有6个类，其代表是型 $(1,0,-45)$，$(-1,0,45)$，$(2,1,-22)$，$(-2,1,22)$，$(3,0,-15)$，$(6,3,-6)$. 它们被分成4个层：这就是，第一个层

包含两个正常类,其代表为(1,0,-45)和(-1,0,45);第二个层包含两个反常类,其代表为(2,1,-22)和(-2,1,22);第三个层仅包含一个由行列式为5的正常类导出的类,即其代表为(3,0,-15)的那个类;最后,第四个层由一个从行列式为5的反常类导出的类组成,其代表型为(6,3,-6).

例2 行列式为 $-99=-11\times 3^2$ 的定正类分成4个层.第一个层包含如下的正常本原类①:(1,0,99),(4,1,25),(4,-1,25),(5,1,20),(5,-1,20),(9,0,11);第二个层包含反常类(2,1,50)和(10,1,10);第三个层包含由行列式为-11的正常类导出的类(3,0,33),(9,3,12),(9,-3,12);第四个层只包含单独一个类(6,3,18),这个类由行列式为-11的反常类导出.这个行列式的定负类可以用完全一样的方法划分成层.

应该指出,**相反的类**总是归属于同一个层,当然,它的理由是不难看出的.

227.

在所有不同的层中,正常本原类组成的层最值得我们加以关注.因为各个导出类都是由某个(有更小行列式的)本原类得到的,常常只要独自讨论这些本原类就可以得到关于前者的性质.但是,下面我们要指出,每个反常本原类在某种意义上可能是或者伴随有一个正常本原类(有相同行列式的),或者伴随三个正常本原类.此外,对于负的行列式,我们可以不考虑定负类,这是因为它们中的每一个总是和某个定正类相对应.现在为了更深入地了解正常本原类的本质,首先我们必须阐明它们之间的某种本质的区别,根据这一区别,整个由正常类组成的层又可以被分成若干个**族**.由于至今我们尚未涉及这一极为重要的对象,我们应该从头说起.

§64 层划分成族 第228~233目

228.

定理 ***利用任意一个正常本原型 F 可以表出无穷多个不能被一个给定的素数 p 整除的数.***

证明 如果型 $F=ax^2+2bxy+cy^2$,显然 p 不可能同时整除三个数 $a,2b,c$.当 a 不能被 p 整除时,显见,如果 x 取任意不被 p 整除的数,而 y 取任意能被 p 整除的数,那么型 F 的值不能被 p 整除;当 c 不能被 p 整除时,如果 x 取能被 p 整除的数,而 y 取不被 p 整除的数,则 F 的值同样不能被 p 整除;最后,当 a 和 c 都能被 p 整除,因而 $2b$ 不能被 p 整除时,如果 x 和 y 取不能被 p 整除的值,那么型 F 就取不能被 p 整除的值,证毕.

显然,只要 p 不等于2,那么该定理对反常本原型也是成立的.

由于可以同时满足多个这种类型的条件,即同一个数可以被某些给定的素数整除,而不能被另外一些素数整除(见第32目),故而容易看出,可以用无穷多种方式来确定数

① 为简洁起见,我们用代表型来代替相应的型类.

x 和 y,使得本原型 $ax^2+2bxy+cy^2$ 能取到这样的值,它不能被任意多个给定的素数整除(不过,当这个型是反常本原型时,要把唯一的一个数 2 除外). 由此推出,更加一般形式的定理可表述如下:**利用任意一个本原型可以表示无穷多个与一个给定的数(当该型是反常本原型时,这个数需为奇数)互素的数.**

229.

定理 **设 F 是行列式为 D 的本原型,p 是整除 D 的素数,那么不被 p 整除且能够由型 F 表示的数具有这样的一般性质:它们或者全都是模 p 的二次剩余,或者全都是模 p 的非剩余.**

证明 设 $F=(a,b,c)$,再设 m 和 m' 是两个不能被 p 整除的数,它们可以由型 F 来表示,即有

$$m=ag^2+2bgh+ch^2, m'=ag'g'+2bg'h'+ch'h',$$

那么我们就有

$$mm'=[agg'+b(gh'+hg')+chh']^2-D[gh'-hg']^2;$$

这也就是乘积 mm' 对模 D 与一个平方数同余,因而也对模 p 同余;即 mm' 是 p 的二次剩余. 由此推出,m 和 m' 要么同为 p 的二次剩余,要么同为 p 的非剩余,证毕.

用类似的方法可以证明:如果行列式 D 能被 4 整除,那么能由型 F 表示的奇数要么全都 $\equiv 1 \pmod 4$,要么全都 $\equiv 3 \pmod 4$. 这是因为,在这种情形两个这样的数的乘积总是模 4 的二次剩余,因而必 $\equiv 1 \pmod 4$;所以这两个数或者都 $\equiv 1 \pmod 4$,或者都 $\equiv 3 \pmod 4$.

最后,如果 D 被 8 整除,那么任何两个能由型 F 表示的奇数之积一定是模 8 的二次剩余,因而此乘积 $\equiv 1 \pmod 8$. 所以在此情形,所有能由 F 表示的奇数或者全都 $\equiv 1 \pmod 8$,或者全都 $\equiv 3 \pmod 8$,或者全都 $\equiv 5 \pmod 8$,或者全都 $\equiv 7 \pmod 8$.

这样一来,比方说数 10 是模 7 的非剩余,它可以由型 $(10,3,17)$ 表出,因此所有能由这个型表出且不能被 7 整除的数都是模 7 的非剩余. 由于 -3 可以由型 $(-3,1,49)$ 来表示,且 $-3\equiv 1 \pmod 4$,那么所有能由这个型来表出的奇数都有同样的性质.

但是,如果对于我们的目的来说需要的话,我们可以很容易证明:能够由型 F 来表示的数与不整除 D 的素数之间没有这样固定的关系,即每个不整除 D 的素数的剩余或非剩余同样都能由型 F 来表示. 相反的,关于数 4 和 8,在另外一些情形也有某种类似的结论成立,对此我们不能绕开不谈.

Ⅰ. 当本原型 F 的行列式 $D\equiv 3 \pmod 4$ 时,所有可以由型 F 来表示的奇数要么都 $\equiv 1 \pmod 4$,要么都 $\equiv 3 \pmod 4$. 也即,如果 m 和 m' 是两个可以由型 F 来表示的数,那么用上面同样的方法,乘积 mm' 可以表为 p^2-Dq^2 的形式. 因此,当 m 和 m' 都是奇数时,p 和 q 中一定有一个是偶数,另外一个是奇数,于是两个平方数 p^2,q^2 中,一个 $\equiv 0 \pmod 4$,而另一个 $\equiv 1 \pmod 4$. 由此推出,$p^2-Dq^2\equiv 1 \pmod 4$,所以,数 m 和 m' 或者都 $\equiv 1 \pmod 4$,或者都 $\equiv 3 \pmod 4$. 因此,比方说,除了形如 $4n+1$ 型的奇数外,没有其他的奇数能由型 $(10,3,17)$ 表出.

Ⅱ. 当本原型 F 的行列式 $D\equiv 2 \pmod 8$ 时,所有可以由型 F 来表示的奇数要么都 $\equiv 1 \pmod 8$,或 $\equiv 7 \pmod 8$,要么都 $\equiv 3 \pmod 8$,或 $\equiv 5 \pmod 8$. 这是因为,如果假设 m 和 m' 是两个可以由 F 表示的奇数,那么它们的乘积 mm' 一定可以表为 p^2-Dq^2 的形式. 此时,因为 m 和 m' 两者皆为奇数,所以 p 必定是奇数(因为 D 是偶数),从而有 $p^2\equiv 1 \pmod 8$;而 q^2 或者 $\equiv 0 \pmod 8$,或者 $\equiv 1 \pmod 8$,或者 $\equiv 4 \pmod 8$,所以 Dq^2 或者 $\equiv 0 \pmod 8$,或者 $\equiv 2 \pmod 8$. 于是 $mm'=p^2-Dq^2$,或者 $\equiv 1 \pmod 8$,或者 $\equiv 7 \pmod 8$. 这样一来,如果 $m\equiv 1 \pmod 8$ 或者 $m\equiv 7 \pmod 8$,那么 m' 必定也 $\equiv 1 \pmod 8$ 或者 $\equiv 7 \pmod 8$;而如果 $m\equiv 3 \pmod 8$ 或者 $m\equiv 5 \pmod 8$,那么 m' 必定也 $\equiv 3 \pmod 8$ 或者 $\equiv 5 \pmod 8$. 因此,比方说,所有能由型(3,1,5)表示的奇数要么 $\equiv 3 \pmod 8$,要么 $\equiv 5 \pmod 8$,而形如 $8n+1$ 或者 $8n+7$ 的数不可能由这个型来表示.

Ⅲ. 当本原型 F 的行列式 $D\equiv 6 \pmod 8$ 时,可以由这个型表出的奇数要么仅是这样一类:它们 $\equiv 1$ 以及 $\equiv 3 \pmod 8$,要么仅是这样一类,它们 $\equiv 5$ 以及 $\equiv 7 \pmod 8$. 读者可以毫无困难地给出证明,它与上面(见 Ⅱ)的讨论完全相似. 因此,比方说,型(5,1,7)只能表出这样的奇数,它们或者 $\equiv 5 \pmod 8$ 或者 $\equiv 7 \pmod 8$.

230.

因此,可以由一个行列式为 D 的给定的本原型 F 表出的所有的数与 D 的各个素因数有完全确定的关系(这些数不能被这种素因数整除);在某些情形,能由 F 表出的奇数也与数 4 和 8 有确定的关系,这就是,当 $D\equiv 0$ 或者 $\equiv 3 \pmod 4$ 时与数 4 有确定的关系,而当 $D\equiv 0$,或者 $\equiv 2$,或者 $\equiv 6 \pmod 8$ 时①与数 8 有确定的关系. 我们把与这些单个的数的这种类型的关系称为型 F 的**特征**,或者称为型 F 的**专属特征**,并用下述方式来表示:当只有素数 p 的二次剩余才能由型 F 表示时,我们称这种关系是特征 Rp,在相反的情形则称之为特征 Np;类似地,如果除了形如 $\equiv 1 \pmod 4$ 的数之外,型 F 不能表示其他的奇数,我们就记它为 1,4;由此显然可以看出 3,4;1,8;3,8;5,8;7,8 各表示什么样的特征. 最后,如果只有 $\equiv 1$ 或者 $\equiv 7 \pmod 8$ 的奇数才可以由给出的型来表示,那么我们就把特征标记为 1 和 7,8,由此很容易看出特征 3 和 5,8;特征 1 和 3,8;及特征 5 和 7,8 有什么样的含义.

一个给定的行列式为 D 的本原型 (a,b,c) 的各个特征总可以至少由数 a 和 c 中的一个来确定(显然这两个数都可以由这个型来表示). 这是因为,如果 p 是 D 的一个素除数,则数 a,c 之中必有一个不能被 p 整除;事实上,如果这两个数都能被 p 整除,那么 p 也将能整除 $b^2(=D+ac)$,于是它也整除 b,也即型 (a,b,c) 不是本原的. 类似地,在型 (a,b,c) 与数 4 或者 8 有确定关系的那些情形,数 a,c 中显然至少有一个是奇数,而从那个数我们就能找出这个关系. 例如,通过数 7 可以推出型(7,0,23)关于数 23 的特征是 $N23$,通过数 23 可以推出这同一个型关于数 7 的特征是 $R7$;最后,通过数 7 或者数 23 都可以推出这个

① 对于可以被 8 整除的行列式,它们与数 4 的关系可以不讨论,因为它已经被对于数 8 的关系所确定.

型关于数 4 的特征是 3,4.

可以由属于类 K 中的某个型 F 表出的所有的数也都可以由这个类中其他的每一个型来表出,所以,型 F 的各个特征显然也属于这个类中所有其他的型,因此我们可以把它们看成是整个类的特征. 故而,任意一个给定的本原类的各个特征可以由它的代表型来得知. 相反的类总是有相同的特征.

231.

一个给定的型或类的所有专属特征的总体构成这个型或者类的完全特征. 例如,型 (10,3,17) 或者它所代表的整个类的完全特征是 1,4;$N7$;$N23$. 类似地,型(7, -1,17) 的完全特征是 7,8;$R3$;$N5$,在此情形我们略去了专属特征 3,4,因为它已经包含在特征 7,8 之中. 以此为根据,我们把由具有给定行列式的正常本原类(当行列式为负数时则是定正类) 组成的层再分成若干个不同的**族**,这就是说,把所有具有相同的完全特征的类放在一个族中,而把有不同的完全特征的类放在不同的族中. 我们对每一个族(此处俄文版误将"族" 写为"类"—— 译者注) 指定这样的完全特征,它们是包含在这个族中的类所具有的. 例如,对于行列式 -161 有16 个定正的正常本原类,它们可以按照下面的方式分成 4 个族:

特征	类的代表型
1,4;$R7$;$R23$	(1,0,161),(2,1,81),(9,1,18),(9, -1,18)
1,4;$N7$;$N23$	(5,2,33),(5, -2,33),(10,3,17),(10, -3,17)
3,4;$R7$;$N23$	(7,0,23),(11,2,15),(11, -2,15),(14,7,15)
3,4;$N7$;$R23$	(3,1,54),(3, -1,54),(6,1,27),(6, -1,27)

关于不同的完全特征的个数,它是可以事先知道的,可以指出以下几点.

Ⅰ. 当行列式 D 能被 8 整除时,那么对数 8 可能有 4 个不同的专属特征;数 4 不给出任何专属特征(见上一目). 此外,对 D 的每个单独的奇素因数有两个特征;因此,如果这样的因数有 m 个,那么一共就有 $2^{(m+2)}$ 个不同的完全特征(如果 D 是 2 的幂,则应取 $m=0$).

Ⅱ. 当行列式 D 不能被 8 整除,但能被 4 和 m 个奇素数整除时,总共有 $2^{(m+1)}$ 个不同的完全特征.

Ⅲ. 当行列式是偶数但不能被4 整除时,它必定要么 $\equiv 2 \pmod 8$,要么 $\equiv 6 \pmod 8$. 在第一种情形,对数8 有两个专属特征,即为1 和7,8;3 和5,8;在第二种情形也有同样的个数. 于是,如果设 D 的奇素因数的个数为 m,那么总共就有 $2^{(m+1)}$ 个不同的完全特征.

Ⅳ. 当 D 为奇数时,它要么 $\equiv 1 \pmod 4$,要么 $\equiv 3 \pmod 4$. 在第二种情形,对数4 有两个不同的特征;而在第一种情形,类似的关系并不形成完全特征. 这样一来,如果 m 的定义与前相同,那么在第一种情形就有 $2^{(m)}$ 个不同的完全特征,而在后一情形有 $2^{(m+1)}$ 个不同的完全特征.

但是,需要指出的是,由此绝不能推出:有多少个不同的可能的特征,就一定会有同样多个族. 在我们的例子中,类或族的个数实际上只有它们的一半,因为不存在定正类具有特征1,4;$R7$;$N23$,或1,4;$N7$;$R23$,或3,4;$R7$;$R23$,或3,4;$N7$;$N23$. 我们将在下面详细讨论这个十分重要的问题.

今后,我们将把型$(1,0,-D)$称为**主型**,在行列式为D的所有的型中,它无疑是最简单的型;把它所在的整个的类称为**主类**;以及最后,包含该主类的整个的族称为**主族**. 因此,我们必须区分主型、主类中的型以及主族中的型;同样要区分主类和主族中的类. 即便是对某个行列式,它偶尔除了主类以外不再有其他的类,或者除了主族以外不再有其他的族(例如当行列式D是一个形如$4n+1$的正的素数时常常发生的那样),我们也仍然总是使用这些术语.

232.

虽然关于型的特征所做的讨论,原本仅是这样为了这样的目的:以此来划分**定正的正常本原层**是有理由的,但是这一点也不能妨碍我们把它同样地推广到定负的或者反常本原的型和类中去,以及根据同样的原理,我们可以把定正的反常本原层、定负的正常本原层以及定负的反常本原层再划分成族. 例如,在把行列式为145的型组成的正常本原层划分成下面两个族

$$\begin{array}{r|c} R5,R29 & (1,0,-145),(5,0,-29) \\ N5,N29 & (3,1,-48),(3,-1,-48) \end{array}$$

之后,用同样的方法可把反常的本原层划分成两个族:

$$\begin{array}{r|c} R5,R29 & (4,1,-36),(4,-1,-36) \\ N5,N29 & (2,1,-72),(10,5,-12) \end{array}$$

再比方说,由行列式为-129的型组成的定正类可以被划分成4个族:

$$\begin{array}{r|c} 1,4;R3;R43 & (1,0,129),(10,1,13),(10,-1,13) \\ 1,4;N3;N43 & (2,1,65),(5,1,26),(5,-1,26) \\ 3,4;R3;N43 & (3,0,43),(7,2,19),(7,-2,19) \\ 3,4;N3;R43 & (6,3,23),(11,5,14),(11,-5,14) \end{array}$$

与此相同,定负类也可以被分成4个族:

$$\begin{array}{r|c} 3,4;N3;N43 & (-1,0,-129),(-10,1,-13),(-10,-1,-13) \\ 3,4;R3;R43 & (-2,1,-65),(-5,1,-26),(-5,-1,-26) \\ 1,4;N3;R43 & (-3,0,-43),(-7,2,-19),(-7,-2,-19) \\ 1,4;R3;N43 & (-6,3,-23),(-11,5,-14),(-11,-5,-14) \end{array}$$

然而,由于定负的类作成的系统与定正的类作成的系统总是类似的,所以在多数情形分开来讨论前者似乎是不必要的. 实际上,以后我们要来指出怎样把一个反常本原层转化为一个正常本原层.

最后,关于导出层的划分不需要新的法则. 这是因为每一个导出层都可由某个(有较小的行列式的)本原层来得到,且第一个层中的各个类可以由第二个层中的各个类来生成,所以显然从一个本原层的划分就可以得到导出层的划分.

233.

如果(本原)型 $F=(a,b,c)$ 具有性质:对某个给定的模 m,能求得两个数 g,h,使得

$$g^2\equiv a,gh\equiv b,h^2\equiv c,$$

我们就说该型是数 m 的一个二次剩余,并称 $gx+hy$ 是表示式 $\sqrt{ax^2+2bxy+cy^2}\pmod m$ 的值;或者简单地说,(g,h) 是表示式 $\sqrt{(a,b,c)}\pmod m$ 或表示式 $\sqrt{F}\pmod m$ 的值. 更一般地,如果乘数 M 与模 m 互素,且满足

$$g^2\equiv aM,gh\equiv bM,h^2\equiv cM\pmod m,$$

那么我们就说 $M(a,b,c)$ 或者 MF 是 m 的二次剩余,而称 (g,h) 是表示式 $\sqrt{M(a,b,c)}\pmod m$ 或者表示式 $\sqrt{MF}\pmod m$ 的值. 例如,型 $(3,1,54)$ 是数 23 的二次剩余,以及 $(7,10)$ 是表示式 $\sqrt{(3,1,54)}\pmod{23}$ 的值;类似地,$(2,-4)$ 是表示式 $\sqrt{5(10,3,17)}\pmod{23}$ 的值. 后面将会显示这些定义的用处,这里我们仅要来推出下面的定理.

Ⅰ. 如果 $M(a,b,c)$ 是数 m 的二次剩余,则 m 将整除型 (a,b,c) 的行列式. 这是因为,如果 (g,h) 是表示式 $\sqrt{M(a,b,c)}\pmod m$ 的值. 也就是说

$$g^2\equiv aM,gh\equiv bM,h^2\equiv cM\pmod m,$$

那么就有 $b^2M^2-acM^2\equiv 0$,即 $(b^2-ac)M^2$ 被 m 整除. 但是由于假设 M 和 m 互素,所以 b^2-ac 能被 m 整除.

Ⅱ. 如果 $M(a,b,c)$ 是数 m 的二次剩余,且 m 或者是一个素数,或者是一个素数幂,设它 $=p^{(\mu)}$,那么型 (a,b,c) 对数 p 的专属特征将是 Rp 或者 Np,这依赖于 M 是模 p 的剩余或者非剩余. 这是因为 aM 和 cM 都是模 m 或者 p 的二次剩余,以及数 a 和 c 中至少有一个不能被 p 整除(第 230 目),由此立即推出所要的结论.

类似地,如果 $m=4$(其他均保持不变),那么 1,4,或者 3,4 是型 (a,b,c) 的专属特征,依赖于 $M\equiv 1$ 或者 $M\equiv 3$;如果 $m=8$,或者是数 2 的更高次的幂,那么相应于 $M\equiv 1;3;5;7\pmod 8$,1,8;3,8;5,8;7,8 将分别是型 (a,b,c) 的专属特征.

Ⅲ. 反之,如果 m 是素数或奇素数幂(俄文版此处误将"奇素数"写为"素数"——译者注),设为 $p^{(\mu)}$,以及 p 整除行列式 b^2-ac. 此外,M 是模 p 的剩余或非剩余,依赖于型 (a,b,c) 关于 p 的特征是 Rp 还是 Np 来确定,那么,$M(a,b,c)$ 是数 m 的二次剩余. 事实上,如果 a 不能被 p 整除,则 aM 是模 p 的剩余,从而它也是模 m 的剩余;如果 g 是表示式 $\sqrt{aM}\pmod m$ 的值,h 是表示式 $\frac{bg}{a}\pmod m$ 的值,那么就有 $g^2\equiv aM,ah\equiv bg$,因此

$$agh\equiv bg^2\equiv abM \text{ 以及 } gh\equiv bM;$$

最后有

$$ah^2\equiv bgh\equiv b^2M\equiv b^2M-(b^2-ac)M\equiv acM,$$

这样就有 $h^2\equiv cM$,也即 (g,h) 是表示式 $\sqrt{M(a,b,c)}$ 的值. 如果 a 能被 m 整除,那么 c 显然不能被 m 整除;由此容易看出,如果取 h 是表示式 $\sqrt{cM}\pmod m$ 的值,而取 g 是表示式

$\frac{bh}{c}(\bmod m)$ 的值,我们就又得到同样的结果.

用类似的方法可以证明:如果 $m=4$ 且整除 b^2-ac,此外,又如果按照 (a,b,c) 的专属特征是 1,4 或 3,4 相应地有 $M\equiv1$ 或 $\equiv3$,那么 $M(a,b,c)$ 是数 m 的二次剩余. 完全同样地,如果 $m=8$ 或是 2 的一个更高次幂,且 b^2-ac 被它整除,进而,如果假定根据 (a,b,c) 对数 8 的专属特征的要求分别取 $M\equiv1;3;5;7(\bmod 8)$,那么 $M(a,b,c)$ 是数 m 的二次剩余.

Ⅳ. 如果型 (a,b,c) 的行列式是 D,且 $M(a,b,c)$ 是 D 的二次剩余,那么,由数 M 能同时确定型 (a,b,c) 关于 D 的每个奇素因数的专属特征,以及它关于数 4 或数 8(如果它们整除 D)的专属特征. 例如,由于 $3(20,10,27)$ 是数 440 的二次剩余,也就是说 $(150,9)$ 是 $\sqrt{3(20,10,27)}(\bmod 440)$ 的一个值,且有 $3N5$, $3R11$,所以型 $(20,10,27)$ 的特征如下:3,8;$N5$;$R11$. 如果数 4 和 8 不整除行列式,那么关于数 4 和 8 的专属特征与数 M 没有任何必然的联系.

Ⅴ. 反之,如果与 D 互素的数 M 包含了型 (a,b,c) 所有专属特征(当 4 和 8 不整除 D 时关于数 4 和 8 的那些特征要除外),那么 $M(a,b,c)$ 是数 D 的二次剩余. 事实上,由 Ⅲ 可得,如果把 D 表为 $\pm A^{\alpha}B^{\beta}C^{\gamma}\cdots$ 的形式,其中 $A,B,C,\cdots$ 是不同的素数,则 $M(a,b,c)$ 将是数 $A^{\alpha},B^{\beta},C^{\gamma},\cdots$ 中每一个数的二次剩余. 因此,如果表示式 $\sqrt{M(a,b,c)}$ 关于模 A^{α} 的值是 $(\mathfrak{A},\mathfrak{A}')$;关于模 B^{β} 的值是 $(\mathfrak{B},\mathfrak{B}')$;关于模 C^{γ} 的值是 $(\mathfrak{C},\mathfrak{C}')$,等. 以及数 g,h 分别由

$$g\equiv\mathfrak{A}(\bmod A^{\alpha}),\mathfrak{B}(\bmod B^{\beta}),\mathfrak{C}(\bmod C^{\gamma}),\cdots$$

$$h\equiv\mathfrak{A}'(\bmod A^{\alpha}),\mathfrak{B}'(\bmod B^{\beta}),\mathfrak{C}'(\bmod C^{\gamma}),\cdots$$

来确定(第 32 目),那么容易看出,对于所有的模 $A^{\alpha},B^{\beta},C^{\gamma},\cdots$ 我们都有

$$g^2\equiv aM,gh\equiv bM,h^2\equiv cM,$$

从而对于模 D 也都成立,D 是它们的乘积.

Ⅵ. 根据这一理由,像 M 这样的数就被称做为型 (a,b,c) 的**特征数**,以及按照 Ⅴ,只要已知这个型的所有专属特征,就不难求出若干个这样的数;在大多数情形这些数中最简单的那些数总是容易用尝试法找出. 显然,如果 M 是给定的行列式为 D 的本原型的特征数,那么所有对模 D 与 M 同余的数也都将是这同一个型的特征数;此外,包含在同一个类中以及包含在同一个族的不同的类中的型都有相同的特征数,由此推出,一个给定型的每一个特征数可以同时赋予整个的类或整个的族;最后,1 永远是主型、主类及主族的特征数;即主族的每个型都是它自己的行列式的二次剩余.

Ⅶ. 如果 (g,h) 是表示式 $\sqrt{M(a,b,c)}(\bmod m)$ 的值,且 $g'\equiv g,h'\equiv h(\bmod m)$,那么 (g',h') 也是这同一个表示式的值;这样的值可以看做是**等价的**;另一方面,如果 (g,h),(g',h') 都是表示式 $\sqrt{M(a,b,c)}$ 的值,但并不成立 $g'\equiv g,h'\equiv h(\bmod m)$,那么这些值就必须认为是**不同的**. 显然,如果 (g,h) 是这个表示式的值,那么 $(-g,-h)$ 也是它的值,容易证明,除了 $m=2$ 的情形外,这两个值总是不同的. 同样容易证明,当 m 是奇素数,或者奇素数幂,或者 4 时,表示式 $\sqrt{M(a,b,c)}(\bmod m)$ 不可能有多于两个这样的(相反的)不同的值;而当 $m=8$,或者是 2 的更高次幂时,该表示式将总共有 4 个值. 于是由 Ⅵ 容易

看出,如果型(a,b,c)的行列式$D=\pm 2^{(\mu)}A^{\alpha}B^{\beta}\cdots$,其中$A,B,\cdots$是不同的奇素数,其个数为$n$,以及$M$是该型的特征数,那么相应于$\mu$是小于2,或等于2或大于2,表示式$\sqrt{M(a,b,c)}\pmod D$总共就分别有$2^{(n)}$个,或$2^{(n+1)}$个,或$2^{(n+2)}$个不同的值.比方说,表示式$\sqrt{7(12,6,-17)}\pmod{240}$就有16个值,它们是$(\pm 18,\mp 11)$,$(\pm 18,\pm 29)$,$(\pm 18,\mp 91)$,$(\pm 18,\pm 109)$,$(\pm 78,\pm 19)$,$(\pm 78,\pm 59)$,$(\pm 78,\mp 61)$,$(\pm 78,\mp 101)$.由于这部分内容对于后面的讨论不是特别需要的,为简略起见,我们略去其详细的证明.

Ⅷ.最后我们要指出,如果两个等价的型(a,b,c),(a',b',c')的行列式为D,它们的特征数为M,且第一个可以用代换$\alpha,\beta,\gamma,\delta$变成第二个,那么由表示式$\sqrt{M(a,b,c)}$的每一个值,比如说$(g,h)$,可以得出表示式$\sqrt{M(a',b',c')}$的一个值,这个值就是$(\alpha g+\gamma h,\beta g+\delta h)$.读者可以毫无困难地证明这点.

§65 型的合成 第234~244目

234.

在我们首先讨论了把型划分成类,划分成族和划分成层,以及讲述了由这些划分直接推出的一般性质,现在我们要转入另一个十分重要的问题,这就是型的**合成**,这个问题至今还未曾有人涉猎.在开始这一研究之前,为了不破坏以后论证的连续性,我们在这里先给出下面的引理.

引理 **如果有四个整数序列**

$$a,a',a'',\cdots,a^{(n)};b,b',b'',\cdots,b^{(n)};c,c',c'',\cdots,c^{(n)};d,d',d'',\cdots,d^{(n)},$$

每个序列都由同样多的(即$(n+1)$)项组成,以及具有这样的性质:

$$cd'-dc',cd''-dc'',\cdots,c'd''-d'c'',\cdots$$

分别等于

$$k(ab'-ba'),k(ab''-ba''),\cdots,k(a'b''-b'a''),\cdots,$$

即一般的有

$$c^{(\lambda)}d^{(\mu)}-d^{(\lambda)}c^{(\mu)}=k(a^{(\lambda)}b^{(\mu)}-b^{(\lambda)}a^{(\mu)})$$

其中k是一个给定的整数,λ,μ是位于0和n之间(0和n包含在内)的任意两个不同的整数,且设μ是其中较大者.①**此外,所有的数$a^{(\lambda)}b^{(\mu)}-b^{(\lambda)}a^{(\mu)}$都没有公约数,那么可以找到四个整数$\alpha,\beta,\gamma,\delta$,使得有**

$$\alpha a+\beta b=c,\alpha a'+\beta b'=c',\alpha a''+\beta b''=c'',\cdots,$$
$$\gamma a+\delta b=d,\gamma a'+\delta b'=d',\gamma a''+\delta b''=d'',\cdots,$$

即一般的有

---

① 这里把a看做a^0,把b看做b^0,……,可以看出,当$\lambda=\mu$或$\lambda>\mu$时,同样的等式显然成立.

$$\alpha a^{(\nu)}+\beta b^{(\nu)}=c^{(\nu)},\gamma a^{(\nu)}+\delta b^{(\nu)}=d^{(\nu)}.$$

如果做到了这些,那么就有

$$\alpha\delta-\beta\gamma=k.$$

因为根据假设,数$ab'-ba',ab''-ba'',\cdots,a'b''-b'a'',\cdots$(它们的个数为$\frac{n(n+1)}{2}$)没有公约数,所以可以求得同样多个另外的整数,使得这两组数分别相乘后,其乘积之和等于1(第40目). 我们把这些乘数记为$(0,1)$, $(0,2)$,…, $(1,2)$,…, 一般地, 数$a^{(\lambda)}b^{(\mu)}-b^{(\lambda)}a^{(\mu)}$的乘数记为$(\lambda,\mu)$,从而有

$$\sum(\lambda,\mu)(a^{(\lambda)}b^{(\mu)}-b^{(\lambda)}a^{(\mu)})=1$$

(我们用符号$\sum$表示下面的表示式的所有这样得到的值之和:λ,μ取位于0和n之间的不同的值,且$\mu>\lambda$). 现在如果我们令

$$\sum(\lambda,\mu)(c^{(\lambda)}b^{(\mu)}-b^{(\lambda)}c^{(\mu)})=\alpha,\sum(\lambda,\mu)(a^{(\lambda)}c^{(\mu)}-c^{(\lambda)}a^{(\mu)})=\beta,$$

$$\sum(\lambda,\mu)(d^{(\lambda)}b^{(\mu)}-b^{(\lambda)}d^{(\mu)})=\gamma,\sum(\lambda,\mu)(a^{(\lambda)}d^{(\mu)}-d^{(\lambda)}a^{(\mu)})=\delta,$$

那么这些数就有所要求的性质.

证明 Ⅰ. 若ν是位于0和n之间的任一整数,则有

$$\begin{aligned}\alpha a^{(\nu)}+\beta b^{(\nu)}&=\sum(\lambda,\mu)(c^{(\lambda)}b^{(\mu)}a^{(\nu)}-b^{(\lambda)}c^{(\mu)}a^{(\nu)}+a^{(\lambda)}c^{(\mu)}b^{(\nu)}-c^{(\lambda)}a^{(\mu)}b^{(\nu)})\\&=\frac{1}{k}\sum(\lambda,\mu)(c^{(\lambda)}d^{(\mu)}c^{(\nu)}-d^{(\lambda)}c^{(\mu)}c^{(\nu)})\\&=\frac{1}{k}c^{(\nu)}\sum(\lambda,\mu)(c^{(\lambda)}d^{(\mu)}-d^{(\lambda)}c^{(\mu)})\\&=c^{(\nu)}\sum(\lambda,\mu)(a^{(\lambda)}b^{(\mu)}-b^{(\lambda)}a^{(\mu)})=c^{(\nu)}.\end{aligned}$$

类似的计算可得

$$\gamma a^{(\nu)}+\delta b^{(\nu)}=d^{(\nu)}.$$

Ⅱ. 这样一来,由于

$$c^{(\lambda)}=\alpha a^{(\lambda)}+\beta b^{(\lambda)},c^{(\mu)}=\alpha a^{(\mu)}+\beta b^{(\mu)}.$$

我们得到

$$c^{(\lambda)}b^{(\mu)}-b^{(\lambda)}c^{(\mu)}=\alpha(a^{(\lambda)}b^{(\mu)}-b^{(\lambda)}a^{(\mu)}),$$

以及类似的

$$\begin{aligned}a^{(\lambda)}c^{(\mu)}-c^{(\lambda)}a^{(\mu)}&=\beta(a^{(\lambda)}b^{(\mu)}-b^{(\lambda)}a^{(\mu)}),\\d^{(\lambda)}b^{(\mu)}-b^{(\lambda)}d^{(\mu)}&=\gamma(a^{(\lambda)}b^{(\mu)}-b^{(\lambda)}a^{(\mu)}),\\a^{(\lambda)}d^{(\mu)}-d^{(\lambda)}a^{(\mu)}&=\delta(a^{(\lambda)}b^{(\mu)}-b^{(\lambda)}a^{(\mu)}),\end{aligned}$$

只要选取λ和μ使得$a^{(\lambda)}b^{(\mu)}-b^{(\lambda)}a^{(\mu)}$不等于零,由这些公式就能很容易地找到$\alpha,\beta,\gamma,\delta$的值,这是肯定可以做到的,因为根据假设,所有的数$a^{(\lambda)}b^{(\mu)}-b^{(\lambda)}a^{(\mu)}$没有公约数,因此它们不可能全都是零. 利用这些等式可知,以第四个等式乘第一个等式,以第三个等式乘第二个等式,然后相减,我们就得到

$$(\alpha\delta-\beta\gamma)(a^{(\lambda)}b^{(\mu)}-b^{(\lambda)}a^{(\mu)})^2=(a^{(\lambda)}b^{(\mu)}-b^{(\lambda)}a^{(\mu)})(c^{(\lambda)}d^{(\mu)}-d^{(\lambda)}c^{(\mu)})$$

$$= k\,(a^{(\lambda)}b^{(\mu)} - b^{(\lambda)}a^{(\mu)})^2,$$

于是必有

$$\alpha\delta - \beta\gamma = k.$$

235.

如果型 $AX^2 + 2BXY + CY^2 = F$ 在形如

$$X = pxx' + p'xy' + p''yx' + p'''yy'$$
$$Y = qxx' + q'xy' + q''yx' + q'''yy'$$

的代换下变成两个型

$$ax^2 + 2bxy + cy^2 = f \text{ 和 } a'x'x' + 2b'x'y' + c'y'y' = f'$$

的乘积(今后为了简略起见,我们将这样来表述:如果 F 在代换 $p,p',p'',p''';q,q',q'',q'''$ 下变成 ff')①,那么我们就简称为**型 F 可变换为 ff'**. 此外,如果这个变换是这样构成的,它使得六个数

$$pq' - qp',pq'' - qp'',pq''' - qp''',p'q'' - q'p'',p'q''' - q'p''',p''q''' - q''p'''$$

没有公约数,那么我们就称型 F 是型 f 与 f' 的**合成**.

我们从最一般的假设开始讨论,即 F 在代换 $p,p',p'',p''';q,q',q'',q'''$ 下变成 ff',以及研究由此可得出什么样的结果. 显然,下面九个等式与这一假设是完全等价的(即,只要这些等式成立,则 F 就被所说的代换变为 ff',且反之亦然):

$$Ap^2 + 2Bpq + Cq^2 = aa', \quad (1)$$
$$Ap'p' + 2Bp'q' + Cq'q' = ac', \quad (2)$$
$$Ap''p'' + 2Bp''q'' + Cq''q'' = ca', \quad (3)$$
$$Ap'''p''' + 2Bp'''q''' + Cq'''q''' = cc', \quad (4)$$
$$App' + B(pq' + qp') + Cqq' = ab', \quad (5)$$
$$App'' + B(pq'' + qp'') + Cqq'' = ba', \quad (6)$$
$$Ap'p''' + B(p'q''' + q'p''') + Cq'q''' = bc', \quad (7)$$
$$Ap''p''' + B(p''q''' + q''p''') + Cq''q''' = cb', \quad (8)$$
$$A(pp''' + p'p'') + B(pq''' + qp''' + p'q'' + q'p'') + C(qq''' + q'q'') = 2bb'. \quad (9)$$

设型 F,f,f' 的行列式分别为 D,d,d',且三组数 $A,2B,C;a,2b,c;a',2b',c'$ 的最大公约数分别为 M,m,m'(假定这些数都取正数). 此外,确定六个这样的整数 $\mathfrak{A},\mathfrak{B},\mathfrak{C},\mathfrak{A}',\mathfrak{B}',\mathfrak{C}'$,使得

$$\mathfrak{A}a + 2\mathfrak{B}b + \mathfrak{C}c = m,\mathfrak{A}'a' + 2\mathfrak{B}'b' + \mathfrak{C}'c' = m';$$

最后,分别用 P,Q,R,S,T,U 来记数

$$pq' - qp',pq'' - qp'',pq''' - qp''',p'q'' - q'p'',p'q''' - q'p''',p''q''' - q''p''',$$

并设它们的最大公约数为正数 k. 再设

---

① 所以,在这样的表示中,我们必须仔细留意系数 $p,p',\cdots$ 以及型 f,f' 的排列次序. 但是容易看出,如果逆转型 f,f' 的排列次序,那么系数 p',q' 与 p'',q'' 要交换位置,而所有其余的系数保持不变.

$$App''' + B(pq''' + qp''') + Cqq''' = bb' + \Delta, \tag{10}$$

则根据等式(9) 得到

$$Ap'p'' + B(p'q'' + q'p'') + Cq'q'' = bb' - \Delta. \tag{11}$$

由等式(1) 到等式(11) 这十一个等式我们得到下面的新的等式①

$$DP^2 = d'a^2, \tag{12}$$

$$DP(R - S) = 2d'ab, \tag{13}$$

$$DPU = d'ac - (\Delta^2 - dd'), \tag{14}$$

$$D(R - S)^2 = 4d'b^2 + 2(\Delta^2 - dd'), \tag{15}$$

$$D(R - S)U = 2d'bc, \tag{16}$$

$$DU^2 = d'c^2, \tag{17}$$

$$DQ^2 = da'a', \tag{18}$$

$$DQ(R + S) = 2da'b', \tag{19}$$

$$DQT = da'c' - (\Delta^2 - dd'), \tag{20}$$

$$D(R + S)^2 = 4db'b' + 2(\Delta^2 - dd'), \tag{21}$$

$$D(R + S)T = 2db'c', \tag{22}$$

$$DT^2 = dc'c'. \tag{23}$$

由这些等式我们再导出下面两式:

$$0 = 2d'a^2(\Delta^2 - dd'),$$

$$0 = (\Delta^2 - dd')^2 - 2d'ac(\Delta^2 - dd'),$$

即由等式(12)(15) - (13)(13) 得出第一个等式,而由等式(14)(14) - (12)(17) 得出第二个等式;由此容易看出,无论是否有 $a = 0$,都有 $\Delta^2 - dd' = 0$②. 因此,我们可以假设等式(14)(15)(20)(21) 右边的表示式 $\Delta^2 - dd'$ 等于0.

现在如果令

$$\mathfrak{A}P + \mathfrak{B}(R - S) + \mathfrak{C}U = mn',$$

$$\mathfrak{A}'Q + \mathfrak{B}'(R + S) + \mathfrak{C}'T = m'n$$

(同时需要注意,尽管 mn' 和 $m'n$ 一定都是整数,但 n 和 n' 仍可能是分数,),则由等式(12) - (17) 容易得到

$$Dm^2n'n' = d'(\mathfrak{A}a + 2\mathfrak{B}b + \mathfrak{C}c)^2 = d'm^2,$$

---

① 这些等式是这样得到的:由等式(5)(5) - (1)(2) 就得到等式(12);由等式(5)(9) - (1)(7) - (2)(6) 就得到等式(13);由等式(10)(11) - (6)(7) 就得到等式(14);由等式(5)(8) + (5)(8) + (10)(10) + (11)(11) -(1)(4) - (2)(3) - (6)(7) - (6)(7) 就得到等式(15);由等式(8)(9) - (3)(7) - (4)(6) 就得到等式(16);由等式(8)(8) - (3)(4) 就得到等式(17). 用完全相同的方法可以得到其余的六个等式,只要相应地交换等式(3),(6),(8) 和(2),(5),(7) 的位置,而其余的等式(1),(4),(9),(10),(11) 不变即可,比方说,等式(18) 可由等式(6)(6) - (1)(3) 得出,等.

② 对于我们眼下的目标来说,导出的等式 $\Delta^2 = dd'$ 已经够用了. 利用更加巧妙但过于冗长的方法,我们能由等式(1) 到(11) 直接导出等式 $0 = (\Delta^2 - dd')^2$.

以及类似地,由等式(18) - (23) 得到

$$Dm'm'n^2 = d(\mathfrak{A}'a' + 2\mathfrak{B}'b' + \mathfrak{C}'c')^2 = dm'm'.$$

于是我们有 $d = Dn^2$, $d' = Dn'n'$,由此,作为第一个推论我们得到:**型 F, f, f' 的行列式两两之间均相差一个平方因数**;以及作为第二个推论得到:**D 总能整除数 $dm'm'$ 和 $d'm^2$.** 由此推出,D, d, d' 有相同的符号,以及,任何一个行列式大于 $dm'm'$ 与 $d'm^2$ 的最大公约数的型不能变换成乘积 ff'(这里型 f 与 f' 的行列式分别为 d 与 d'. —— 译者注).

如果用 $\mathfrak{A}, \mathfrak{B}, \mathfrak{C}$ 分别乘等式(12),(13),(14),再用同样的数分别乘等式(13),(15),(16) 和等式(14),(16),(17). 把每次得到的三个乘积相加,再用 Dmn' 除这些和,并把 $Dn'n'$ 记为 d',那么我们得到

$$P = an', R - S = 2bn', U = cn'.$$

用类似的方法,如果用 $\mathfrak{A}', \mathfrak{B}', \mathfrak{C}'$ 分别乘等式(18),(19),(20),再分别乘等式(19),(21),(22),以及分别乘等式(20),(22),(23),那么

$$Q = a'n, R + S = 2b'n, T = c'n.$$

作为第三个推论,由此我们得到:**数 $a, 2b, c$ 与数 $P, R - S, U$ 对应成比例,以及如果第一组与第二组数的比值取作为 $1: n'$,那么 n' 就是 $\frac{d'}{D}$ 的平方根;同样地,数 $a', 2b', c'$ 与数 $Q, R + S, T$ 对应成比例,以及 如果取该比值为 $1: n$,那么 n 就是 $\frac{d}{D}$ 的平方根.**

这里 n 和 n' 的值可能是 $\frac{d}{D}$ 和 $\frac{d'}{D'}$ 的正平方根,也可能是它们的负平方根,我们要以此为基础来作出一个区分,这一做法初看起来好像是无益的,但它的用处将在以后显现出来. 这种区分就是,在把型 F 变换成 ff' 时,当 n 为正时,我们就说型 f 是**直接取的**;而当 n 为负时,就说型 f 是**反转取的**;类似地,按照 n' 是正还是负,我们称 f' 是直接取的还是反转取的. 如果还附加条件 $k = 1$,那么根据 n 和 n' 是两者皆为正数,还是两者皆为负数,抑或前者为正而后者为负,或者前者为负而后者为正,我们把型 F 分别说成是型 f 和 f' 两者的直接合成,或者是两者的反转合成,或者是 f 的直接与 f' 的反转的合成,或者是 f 的反转与 f' 的直接的合成. 而且容易看出,这些关系与型 f, f' 的次序无关①.

进一步我们注意,数 P, Q, R, S, T, U 的最大公约数整除 mn' 和 $m'n$(这由我们在上面所给出的数值很容易看出来),于是,平方数 k^2 就整除 $m^2n'n'$ 和 $m'm'n^2$,以及 Dk^2 则整除 $d'm^2$ 和 $dm'm'$. 但是,反过来 mn' 和 $m'n$ 的每一个公约数也都整除 k. 这是因为,设 e 是这样一个约数,它显然也整除 $an', 2bn', cn', a'n, 2b'n, c'n$,也即整除数 $P, R - S, U, Q, R + S, T$,因而整除 $2R$ 和 $2S$. 现在,若 $\frac{2R}{e}$ 是一个奇数,则 $\frac{2S}{e}$ 必定也是奇数(因为它们的和与差均为偶数),从而它们的乘积是奇数. 而此乘积等于

$$\frac{4(b'b'n^2 - b^2n'n')}{e^2} = \frac{4(d'n^2 + a'c'n^2 - dn'n' - acn'n')}{e^2} = \frac{4(a'c'n^2 - acn'n')}{e^2},$$

① 见本目第一个注解.

因为 e 整除 $a'n,c'n,an',cn'$,所以它是偶数. 因此$\frac{2R}{e}$必为偶数,所以 R 和 S 都能被 e 整除.

由于 e 整除全部六个数 P,Q,R,S,T,U,因此它也整除它们的最大公约数 k. 由此推出,k 就是数 mn' 和 $m'n$ 的最大公约数,从而**Dk^2 是数 $dm'm'$ 和 $d'm^2$ 的最大公约数**. 这是我们的第四个推论. 这样一来,显见,若 F 是由 f 和 f' 合成的,则 D 就是 $dm'm'$ 和 $d'm^2$ 的最大公约数,且反之亦然;这些性质也可以用来作为合成型的定义. 因此,由型 f 和 f' 合成的型在所有能变换成乘积 ff' 的型中具有最大的行列式.

在继续我们的讨论之前,首先必须精确地定出 Δ 的值,我们已经证明了 $\Delta=\sqrt{dd'}=\sqrt{D^2n^2n'n'}$,但是我们至今还没有确定它的**符号**. 为此目的,我们从基本等式(1) - (11)推导出 $DPQ=\Delta aa'$(由式(5)(6) - (1)(11) 可以得到);这就是 $Daa'nn'=\Delta aa'$,如果 a 和 a' 都不等于零,由此就推出 $\Delta=Dnn'$. 然而,按照完全相同的方法,由那些基本等式可以导出八个另外的等式. 在这八个等式中,Dnn' 位于等式的左边,而 Δ 位于等式的右边,且两边分别乘以 $2ab',ac',2ba',4bb',2bc',ca',2cb',cc'$①,由于数 $a,2b,c$ 不能全等于零,数 $a',2b',c'$ 也不能全等于零,所以由此容易推出,在所有的情形都有 $\Delta=Dnn'$,因此,按照 n 和 n' 是同号或异号,相应地 Δ 与 D,d,d' 有同样的符号或有相反的符号.

此外,我们要指出,数 $aa',2ab',ac',2ba',4bb',2bc',ca',2cb',cc',2bb'+2\Delta,2bb'-2\Delta$ 都能被 mm' 整除. 对于前面九个数来说,这是显然的. 对于另外两个数,我们可以像以前证明 R 和 S 都能被 e 整除那样同样地加以证明. 显然,$4bb'+4\Delta$ 和 $4bb'-4\Delta$ 能被 mm' 整除(因为 $4\Delta=\sqrt{16dd'}$,且 $4d$ 能被 m^2 整除,$4d'$ 能被 $m'm'$ 整除,从而 $16dd'$ 能被 $m^2m'm'$ 整除,4Δ 能被 mm' 整除),且它们的商的差是偶数;然而容易证明,它们的商的乘积也是偶数,因此每一个商也都是偶数,所以 $2bb'+2\Delta$ 和 $2bb'-2\Delta$ 都能被 mm' 整除.

现在从那十一个基本等式容易导出下面六个等式

$$AP^2=aa'q'q'-2ab'qq'+ac'q^2,$$
$$AQ^2=aa'q''q''-2ba'qq''+ca'q^2,$$
$$AR^2=aa'q'''q'''-2(bb'+\Delta)qq'''+cc'q^2,$$
$$AS^2=ac'q''q''-2(bb'-\Delta)q'q''+ca'q'q',$$
$$AT^2=ac'q'''q'''-2bc'q'q'''+cc'q'q',$$
$$AU^2=ca'q'''q'''-2cb'q''q'''+cc'q''q''.$$

因此,所有的量 $AP^2,AQ^2,\cdots$ 都能被 mm' 整除,因为 k^2 是数 $P^2,Q^2,R^2,\cdots$ 的最大公约数,由此容易推出,Ak^2 也能被 mm' 整除. 如果我们用它们的值$\frac{P}{n'},\cdots$ 即$\frac{pq'-qp'}{n'},\cdots$ 来代替 $a,2b,c,a',2b',c'$,那么,这些等式就变成另外六个等式,它们的右边将是量$\frac{q'q''-qq'''}{nn'}$与数 $P^2,Q^2,R^2,\cdots$ 的乘积. 我们把这些十分简单的计算留给读者. 最后,由此得到(因为

① 读者可以很容易地验证这一分析,为节省篇幅我们略去详细的论证.

所有的量 $P^2, Q^2, \cdots$ 不能全为零) $Ann' = q'q'' - qq'''$.

类似地,由那些基本等式可以导出另外六个等式,这些等式与上面得到的等式的区别仅在于:将各处的 A 代之以 C,以及 q, q', q'', q''' 分别代之以 p, p', p'', p'''. 为简略起见,我们将不把它们写出来. 用同样的方法由它们可推出,Ck^2 能被 mm' 整除,且有 $Cnn' = p'p'' - pp'''$.

最后,由同样的根据又能导出下面六个等式:

$$BP^2 = -aa'p'q' + ab'(pq' + qp') - ac'pq,$$
$$BQ^2 = -aa'p''q'' + ba'(pq'' + qp'') - ca'pq,$$
$$BR^2 = -aa'p'''q''' + (bb' + \Delta)(pq''' + qp''') - cc'pq,$$
$$BS^2 = -ac'p''q'' + (bb' - \Delta)(p'q'' + q'p'') - ca'p'q',$$
$$BT^2 = -ac'p'''q''' + bc'(p'q''' + q'p''') - cc'p'q',$$
$$BU^2 = -ca'p'''q''' + cb'(p''q''' + q''p''') - cc'p''q'',$$

如前一样,由它们可推出,$2Bk^2$ 能被 mm' 整除,且有 $2Bnn' = pq''' + qp''' - p'q'' - q'p''$.

由于 $Ak^2, 2Bk^2, Ck^2$ 都能被 mm' 整除,因而容易看出 Mk^2 也必能被 mm' 整除. 然而,由基本等式推出,M 整除 $aa', 2ab', ac', 2ba', 4bb', 2bc', ca', 2cb', cc'$,因而它也整除 am', $2bm', cm'$(它们分别是这九个数中的前三个数,中间三个数以及最后三个数的最大公约数),最后,它也整除最后这三个量的最大公约数 mm'. 这样一来,在型 F 是型 f 和 f' 的合成这一情形,也就是 $k = 1$,显然必有 $M = mm'$. 这是我们的第五个推论.

如果数 A, B, C 的最大公约数等于 $\mathfrak{M}$,那么它或者等于 M(当型 F 是正常本原型或是由正常本原型导出的型时) 或者等于 $\frac{M}{2}$(当型 F 是反常本原型或是由反常本原型导出的型时);类似地,如果我们分别用 $\mathfrak{m}$ 和 $\mathfrak{m}'$ 来表示数 a, b, c 以及数 a', b', c' 的最大公约数,那么 $\mathfrak{m}$ 或者 $= m$,或者 $= \frac{m}{2}$,以及 $\mathfrak{m}'$ 或者 $= m'$ 或者 $= \frac{m'}{2}$. 现在显然有 $\mathfrak{m}^2$ 整除 d, $\mathfrak{m}'\mathfrak{m}'$ 整除 d',因此,$\mathfrak{m}^2\mathfrak{m}'\mathfrak{m}'$ 就整除 dd' 或者 Δ^2,及 $\mathfrak{m}\mathfrak{m}'$ 整除 Δ. 由此,从上面关于 $BP^2, \cdots$ 的那最后六个等式推出,$\mathfrak{m}\mathfrak{m}'$ 整除 Bk^2,所以也整除 $\mathfrak{M}k^2$(因为它整除 Ak^2 和 Ck^2). 于是,如果 F 是由 f 和 f' 合成的,那么 $\mathfrak{m}\mathfrak{m}'$ 就整除 $\mathfrak{M}$. 因此,如果在此情形型 f 和 f' 中的每一个皆为正常本原型或者皆是由正常本原型导出的型,即如果有 $\mathfrak{m}\mathfrak{m}' = mm' = M$,那么就有 $\mathfrak{M} = M$,即 F 也是这种类型的型. 如果在同样的条件下,型 f 和 f' 都是或者至少有一个,比如说 f,是反常本原型或者是由反常本原型导出的型,那么由基本等式推出,$aa', 2ab'$, $ac', ba', 2bb', bc', ca', 2cb', cc'$ 皆能被 $\mathfrak{M}$ 整除,故而 am', bm', cm' 以及 $\mathfrak{m}m' = \frac{mm'}{2} = \frac{M}{2}$ 也都能被 $\mathfrak{M}$ 整除. 因而,在此情形必有 $\mathfrak{M} = \frac{M}{2}$,即型 F 要么是一个反常本原型,要么是由反常本原型导出的型. 这就是我们的第六个推论.

最后我们要指出,如果不把 n 和 n' 看做是未知数,它们中的每一个都不等于0(如同我们以前做过的),而是假定它们满足下面九个等式

$$an' = P, 2bn' = R - S, cn' = U,$$

$$a'n = Q, 2b'n = R + S, c'n = T,$$
$$Ann' = q'q'' - qq''', 2Bnn' = pq''' + qp''' - p'q'' - q'p'',$$
$$Cnn' = p'p'' - pp'''$$
(由于我们会经常引用这一组等式,我们将用 Ω 来表示这一组等式),那么容易确定一定满足基本等式(1) 到(9) 的代换,即型(A,B,C) 可以通过代换 $p,p',p'',p''';q,q',q'',q'''$ 变成型(a,b,c) 与型(a',b',c') 的乘积,以及此外还有
$$b^2 - ac = n^2(B^2 - AC), b'b' - a'c' = n'n'(B^2 - AC).$$
与之相关的计算篇幅太长,不便在此写出,我们把它留给读者去完成.

236.

问题　给定两个型,它们的行列式或者相等,或者至多相差一个平方因数. 试求由这两个型合成所得到的型.

解　设$(a,b,c) = f$和$(a',b',c') = f'$是要合成的两个型;d 和 d' 是它们的行列式;m 和 m' 分别是数 $a,2b,c$ 以及 $a',2b',c'$ 的最大公约数;D 是数 $dm'm', d'm^2$ 的最大公约数,它与 d,d' 取同样的符号. 这时,$\dfrac{dm'm'}{D},\dfrac{d'm^2}{D}$是互素的正数,且它们的乘积是一个平方数;因此,它们本身都必定是平方数(第21目). 从而$\sqrt{\dfrac{d}{D}}$和$\sqrt{\dfrac{d'}{D}}$都是有理数,记它们为 n 和 n',并且根据型f是直接还是反转地参与合成来取 n 为正或负,完全同样地,根据f' 参与合成的方式来选取n' 的符号. 于是mn' 和 $m'n$ 是互素的整数,同时 n 和 n' 可以是分数. 在这样做了之后,我们注意到$an', cn', a'n, c'n, bn' + b'n, bn' - b'n$ 都是整数;对前面四个数来说这是显然的(因为$an' = \dfrac{amn'}{m}$等),对于后面两个数,可以用在上一目中证明R和S都能被 e 整除的同样的方法来加以证明①.

现在我们随意取四个整数 $\mathfrak{Q},\mathfrak{Q}',\mathfrak{Q}'',\mathfrak{Q}'''$,它们只满足一个条件:使得下面等式(Ⅰ)中左边四个量不全为零,并假定
$$\begin{aligned}
&\mathfrak{Q}'an' + \mathfrak{Q}''a'n + \mathfrak{Q}'''(bn' + b'n) = \mu q,\\
&-\mathfrak{Q}an' + \mathfrak{Q}'''c'n - \mathfrak{Q}''(bn' - b'n) = \mu q',\\
&\mathfrak{Q}'''cn' - \mathfrak{Q}a'n + \mathfrak{Q}'(bn' - b'n) = \mu q'',\\
&-\mathfrak{Q}''cn' - \mathfrak{Q}'c'n - \mathfrak{Q}(bn' + b'n) = \mu q''',
\end{aligned} \tag{Ⅰ}$$
使得 q,q',q'',q''' 是没有公约数的整数,为此只要取μ 是这些等式左边那四个数的最大公约数即可. 这样,根据第40目,我们可以求得四个整数 $\mathfrak{P},\mathfrak{P}',\mathfrak{P}'',\mathfrak{P}'''$,使有
$$\mathfrak{P}q + \mathfrak{P}'q' + \mathfrak{P}''q'' + \mathfrak{P}'''q''' = 1.$$
在这之后,我们根据下述等式来确定四个数 p,p',p'',p'''

① 拉丁文版此处是一个新的分段,而俄文版此处没有分段 —— 译者注.

$$
\begin{aligned}
&\mathfrak{P}'an' + \mathfrak{P}''a'n + \mathfrak{P}'''(bn' + b'n) = p,\\
&-\mathfrak{P}an' + \mathfrak{P}'''c'n - \mathfrak{P}''(bn' - b'n) = p',\\
&\mathfrak{P}'''cn' - \mathfrak{P}a'n + \mathfrak{P}'(bn' - b'n) = p'',\\
&-\mathfrak{P}''cn' - \mathfrak{P}'c'n - \mathfrak{P}(bn' + b'n) = p'''.
\end{aligned}
\qquad (\text{Ⅱ})
$$

最后,假设

$$
q'q'' - qq''' = Ann', pq''' + qp''' - p'q'' - q'p'' = 2Bnn',
$$
$$
p'p'' - pp''' = Cnn'.
$$

那么 A, B, C 都是整数,且型 $(A, B, C) = F$ 是 f 和 f' 的合成.

证明 Ⅰ. 由等式(Ⅰ)不难推出如下四个等式

$$
\begin{aligned}
0 &= q'cn' - q''c'n - q'''(bn' - b'n),\\
0 &= qcn' + q'''a'n - q''(bn' + b'n),\\
0 &= q'''an' + qc'n - q'(bn' + b'n),\\
0 &= q''an' - q'a'n - q(bn' - b'n).
\end{aligned}
\qquad (\text{Ⅲ})
$$

Ⅱ. 如果现在我们假设这样来确定整数 $\mathfrak{A}, \mathfrak{B}, \mathfrak{C}, \mathfrak{A}', \mathfrak{B}', \mathfrak{C}', \mathfrak{N}, \mathfrak{N}'$,使得有

$$
\mathfrak{A}a + 2\mathfrak{B}b + \mathfrak{C}c = m,
$$
$$
\mathfrak{A}'a' + 2\mathfrak{B}'b' + \mathfrak{C}'c' = m',
$$
$$
\mathfrak{N}m'n + \mathfrak{N}'mn' = 1,
$$

那么就有

$$
\mathfrak{A}a\mathfrak{N}'n' + 2\mathfrak{B}b\mathfrak{N}'n' + \mathfrak{C}c\mathfrak{N}'n' + \mathfrak{A}'a'\mathfrak{N}n + 2\mathfrak{B}'b'\mathfrak{N}n + \mathfrak{C}'c'\mathfrak{N}n = 1.
$$

由此,利用等式(Ⅲ)容易建立以下关系:如果我们令

$$
\begin{aligned}
&-q'\mathfrak{A}\mathfrak{N}' - q''\mathfrak{A}'\mathfrak{N} - q'''(\mathfrak{B}\mathfrak{N}' + \mathfrak{B}'\mathfrak{N}) = \mathfrak{q},\\
&q\mathfrak{A}\mathfrak{N}' - q'''\mathfrak{C}'\mathfrak{N} + q''(\mathfrak{B}\mathfrak{N}' - \mathfrak{B}'\mathfrak{N}) = \mathfrak{q}',\\
&-q'''\mathfrak{C}\mathfrak{N}' + q\mathfrak{A}'\mathfrak{N} - q'(\mathfrak{B}\mathfrak{N}' - \mathfrak{B}'\mathfrak{N}) = \mathfrak{q}'',\\
&q''\mathfrak{C}\mathfrak{N}' + q'\mathfrak{C}'\mathfrak{N} + q(\mathfrak{B}\mathfrak{N}' + \mathfrak{B}'\mathfrak{N}) = \mathfrak{q}'''.
\end{aligned}
$$

(其中第三个等式在俄文版中被误写为 $-q'''\mathfrak{C}\mathfrak{N}' + q'\mathfrak{A}'\mathfrak{N} - q'(\mathfrak{B}'\mathfrak{N}' - \mathfrak{B}\mathfrak{N}) = \mathfrak{q}''$,而第四个等式被误写为 $q''\mathfrak{C}\mathfrak{N}' + q'\mathfrak{C}\mathfrak{N} + q(\mathfrak{B}\mathfrak{N}' + \mathfrak{B}'\mathfrak{N}) = q'''$——译者注)则有以下等式成立

$$
\begin{aligned}
&\mathfrak{q}'an' + \mathfrak{q}''a'n + \mathfrak{q}'''(bn' + b'n) = q,\\
&-\mathfrak{q}an' + \mathfrak{q}'''c'n - \mathfrak{q}''(bn' - b'n) = q',\\
&\mathfrak{q}'''cn' - \mathfrak{q}a'n + \mathfrak{q}'(bn' - b'n) = q'',\\
&-\mathfrak{q}''cn' - \mathfrak{q}'c'n - \mathfrak{q}(bn' + b'n) = q'''.
\end{aligned}
\qquad (\text{Ⅳ})
$$

如果 $\mu = 1$,那么这些等式并不是必须要的,我们可以用完全类似的等式(Ⅰ)来代替它们. 现在由等式(Ⅱ)和(Ⅳ)定出 $Ann', 2Bnn', Cnn'$(即数 $q'q'' - qq''', \cdots$)的值,并把相互抵消的那些值消去,我们发现留下的项是整数与 nn' 的乘积,或是整数与 $dn'n'$ 的乘积,或是整数与 $d'nn$ 的乘积,以及此外,所有的被加数 $2Bnn'$ 都含有因数2. 由此我们推出 A, B, C 都是整数(因为 $dn'n' = d'n^2$,故 $\frac{dn'n'}{nn'} = \frac{d'n^2}{nn'} = \sqrt{dd'}$ 都是整数).

Ⅲ. 如果代入由等式(Ⅱ)确定的p,p',p'',p'''的值,那么利用等式(Ⅲ)以及等式

$$\mathfrak{P}q+\mathfrak{P}'q'+\mathfrak{P}''q''+\mathfrak{P}'''q'''=1$$

我们容易得到

$$pq'-qp'=an',pq'''-qp'''-p'q''+q'p''=2bn',p''q'''-q''p'''=cn',$$

$$pq''-qp''=a'n,pq'''-qp'''+p'q''-q'p''=2b'n,p'q'''-q'p'''=c'n,$$

这些等式与上一目中的Ω的前六个等式是相同的;Ω的其余的三个等式根据假设成立. 这样一来,(见上一目末尾)型F被代换$p,p',p'',p''';q,q',q'',q'''$变为$ff'$;以及它的行列式等于$D$,即等于$dm'm'$和$d'm^2$的最大公约数;因此,根据上一目中的第四个推论,$F$是$f$和$f'$的合成. 最后,因为从一开始我们就对$n$和$n'$选择了正确的符号,所以显然可见$F$正是$f$和$f'$按照预先所指定方式的合成.

237.

定理 ***如果型F可以变换成两个型f,f'的乘积,以及型f'包含型f'',那么F也可以变换成f,f''的乘积.***

证明 对于型F,f,f'保留第235目中所有的记号;再设$f''=(a'',b'',c'')$,以及f'被代换$\alpha,\beta,\gamma,\delta$变成$f''$. 这样,不难看出$F$就被代换

$$\alpha p+\gamma p',\beta p+\delta p',\alpha p''+\gamma p''',\beta p''+\delta p''',$$

$$\alpha q+\gamma q',\beta q+\delta q',\alpha q''+\gamma q''',\beta q''+\delta q'''$$

变成ff'',这正是所要证明的.

如果为简单起见,我们把系数$\alpha p+\gamma p',\beta p+\delta p',\cdots$分别记为$\mathfrak{P},\mathfrak{P}',\mathfrak{P}'',\mathfrak{P}''';\mathfrak{Q},\mathfrak{Q}',\mathfrak{Q}'',\mathfrak{Q}'''$,以及把数$\alpha\delta-\beta\gamma$记为$e$,那么 由第235目的等式$\Omega$容易推出等式

$$\mathfrak{P}\mathfrak{Q}'-\mathfrak{Q}\mathfrak{P}'=an'e,$$

$$\mathfrak{P}\mathfrak{Q}'''-\mathfrak{Q}\mathfrak{P}'''-\mathfrak{P}'\mathfrak{Q}''+\mathfrak{Q}'\mathfrak{P}''=2bn'e,$$

$$\mathfrak{P}''\mathfrak{Q}'''-\mathfrak{Q}''\mathfrak{P}'''=cn'e,$$

$$\mathfrak{P}\mathfrak{Q}''-\mathfrak{Q}\mathfrak{P}''=\alpha^2a'n+2\alpha\gamma b'n+\gamma^2c'n=a''n,$$

$$\mathfrak{P}\mathfrak{Q}'''-\mathfrak{Q}\mathfrak{P}'''+\mathfrak{P}'\mathfrak{Q}''-\mathfrak{Q}'\mathfrak{P}''=2b''n,$$

$$\mathfrak{P}'\mathfrak{Q}'''-\mathfrak{Q}'\mathfrak{P}'''=c''n,$$

$$\mathfrak{Q}'\mathfrak{Q}''-\mathfrak{Q}\mathfrak{Q}'''=Ann'e,$$

$$\mathfrak{P}\mathfrak{Q}'''+\mathfrak{Q}\mathfrak{P}'''-\mathfrak{P}'\mathfrak{Q}''-\mathfrak{Q}'\mathfrak{P}''=2Bnn'e,$$

$$\mathfrak{P}'\mathfrak{P}''-\mathfrak{P}\mathfrak{P}'''=Cnn'e.$$

如果用d''来记型f''的行列式,则e是$\frac{d''}{d'}$的平方根,这个平方根是取正号还是取负号,要根据型f'是正常地还是反常地包含型f''来决定. 因此$n'e$是$\frac{d''}{D}$的平方根,由此推出上面的九个等式就与第235目中的等式组Ω完全类似,以及型f在将型F变为ff''的变换中所取的方式与它在将型F变为ff'的变换中所取的方式完全一样,而型f''取与f'相同的方式或相反的方式则依赖于型f'是正常地包含或反常地包含f''.

238.

定理　如果型 F 包含在型 F' 之中,且 F 可以变成型 f 与 f' 的乘积,那么型 F' 也可以变成这个同样的乘积.

证明　如果对于型 F,f,f' 仍保留上面的记号,并假设型 F' 可以通过代换 $\alpha,\beta,\gamma,\delta$ 变成 F,那么容易看出:在代换

$$\alpha p+\beta q,\alpha p'+\beta q',\alpha p''+\beta q'',\alpha p'''+\beta q''';$$
$$\gamma p+\delta q,\gamma p'+\delta q',\gamma p''+\delta q'',\gamma p'''+\delta q'''$$

下 F' 变成的型与在代换 $p,p',p'',p''';q,q',q'',q'''$ 下 F 变成的型相同,即型 F' 被该代换变成 ff',证毕.

此外,利用与上一目中类似的计算可以断定:如果 F' 正常地包含 F,则 F' 和 F 以同样的方式变换成 ff',以及相反地,如果 F' 反常地包含 F,那么将型 F 变成 ff' 的变换和将型 F' 变成 ff' 的变换对于 f,f' 中每一个型都取相反的方式,也就是说,如果 f,f' 中的某一个型是以直接方式出现在一个变换中,那么该型在另一个变换中必然以反转方式出现.

把这个定理与上目中的定理组合在一起,我们就得到下面更一般的定理:**如果型 F 可以变成乘积 ff',且型 f 和 f' 分别蕴含型 g 和 g',而型 F 包含在型 G 之中,那么型 G 就能变成乘积 gg'**. 这是因为,根据这一目的定理,G 可以变成 ff',从而由上目中的定理知,它可以变成 fg',以及由同一定理知,它可以变成 gg'. 同样显然的是,如果三个型 f,f',G 分别正常包含型 g,g',F,那么 G 变成 gg' 时关于型 g,g' 的方式就同 F 变成 ff' 时关于型 f,f' 的方式一样;如果全部三个包含都是反常的,则有类似的结论成立;如果有一个蕴含关系不同于其他两个蕴含关系,也可以很容易地确定 G 是怎样被变换成 gg' 的.

如果型 F,f,f' 分别等价于型 G,g,g',则后者将与前者有同样的行列式,以及对于型 f,f' 的数 m,m' 也将是对于型 g,g' 的数(161 目). 由此利用第 235 目中的第四个推论容易推出,在这种情形,G 是 g 和 g' 的**合成**,只要 F 是 f 和 f' 的合成,以及,型 g 进入前一个合成的方式与型 f 进入后一个合成的方式相同,只要 F 与 G 的等价方式与 f 与 g 的等价方式相同,且反之亦然. 类似地,g' 在前一个合成中所取的方式必定与 f' 在后一个合成中所取的方式相同或者相反,要根据型 f',g' 的等价性与型 F,G 的等价性是同型还是不同型而定.

239.

定理　如果型 F 由型 f,f' 合成,那么每一个能用与 F 同样的方式变成乘积 ff' 的其他的型都将正常地包含 F.

证明　如果对于 F,f,f' 我们保留第 235 目中的所有记号,那么等式组 Ω 在此也成立. 如果 假设行列式为 D' 的型 $F'=(A',B',C')$ 被代换 $\mathfrak{p},\mathfrak{p}',\mathfrak{p}'',\mathfrak{p}''';\mathfrak{q},\mathfrak{q}',\mathfrak{q}'',\mathfrak{q}'''$ 变成乘积 ff',以及将数

$$\mathfrak{p}\mathfrak{q}'-\mathfrak{q}\mathfrak{p}',\mathfrak{p}\mathfrak{q}''-\mathfrak{q}\mathfrak{p}'',\mathfrak{p}\mathfrak{q}'''-\mathfrak{q}\mathfrak{p}''',$$
$$\mathfrak{p}'\mathfrak{q}''-\mathfrak{q}'\mathfrak{p}'',\mathfrak{p}'\mathfrak{q}'''-\mathfrak{q}'\mathfrak{p}''',\mathfrak{p}''\mathfrak{q}'''-\mathfrak{q}''\mathfrak{p}'''$$

分别记为

$$P', Q', R', S', T', U',$$

那么就得到与等式组 Ω 完全类似的九个等式,即有

$$P' = a\mathfrak{n}', R' - S' = 2b\mathfrak{n}', U' = c\mathfrak{n}',$$
$$Q' = a'\mathfrak{n}, R' + S' = 2b'\mathfrak{n}, T' = c'\mathfrak{n},$$
$$\mathfrak{q}'\mathfrak{q}'' - \mathfrak{q}\mathfrak{q}''' = A'\mathfrak{n}\mathfrak{n}', \mathfrak{p}\mathfrak{q}''' + \mathfrak{q}\mathfrak{p}''' - \mathfrak{p}'\mathfrak{q}'' - \mathfrak{q}'\mathfrak{p}'' = 2B'\mathfrak{n}\mathfrak{n}',$$
$$\mathfrak{p}'\mathfrak{p}'' - \mathfrak{p}\mathfrak{p}''' = C'\mathfrak{n}\mathfrak{n}',$$

我们将用 Ω' 来记这些等式. 这里的量 $\mathfrak{n}$ 和 $\mathfrak{n}'$ 是 $\frac{d}{D'}$ 和 $\frac{d'}{D'}$ 的平方根,且分别与 n 和 n' 有同样的符号;这样一来,如果假定 $\frac{D}{D'}$ 的正的平方根(这是一个整数)等于 k,那么就有 $\mathfrak{n} = kn, \mathfrak{n}' = kn'$. 由此及 Ω 和 Ω' 中的前六个等式显然可得

$$P' = kP, Q' = kQ, R' = kR,$$
$$S' = kS, T' = kT, U' = kU.$$

所以,根据第 234 目中的引理,我们可以求得四个整数 $\alpha, \beta, \gamma, \delta$,使得有

$$\alpha p + \beta q = \mathfrak{p}, \gamma p + \delta q = \mathfrak{q},$$
$$\alpha p' + \beta q' = \mathfrak{p}', \gamma p' + \delta q' = \mathfrak{q}',$$
$$\vdots$$

以及

$$\alpha\delta - \beta\gamma = k.$$

如果把 $\mathfrak{p}, \mathfrak{q}, \mathfrak{p}', \mathfrak{q}', \cdots$ 的这些值代入 Ω' 的最后三个等式中,那么利用等式 $\mathfrak{n} = kn, \mathfrak{n}' = kn'$ 以及 Ω 中的最后三个等式,容易得到等式

$$A'\alpha^2 + 2B'\alpha\gamma + C'\gamma^2 = A,$$
$$A'\alpha\beta + B'(\alpha\delta + \beta\gamma) + C'\gamma\delta = B,$$
$$A'\beta^2 + 2B'\beta\delta + C'\delta^2 = C.$$

于是,通过代换 $\alpha, \beta, \gamma, \delta$(它是正常的,因为 $\alpha\delta - \beta\gamma = k$ 是正的)就将型 F' 变成 F;也即它正常包含型 F,这就是所要证明的.

这样一来,如果 F' 也是型 f 与 f' 的合成(按照与 F 同样的方式),则型 F 与 F' 有同样的行列式,所以它们是正常等价的. 更一般地,如果型 G 是型 g 与 g' 的合成,且与型 F 由型 f 和 f' 合成的方式一样,以及型 g, g' 分别与型 f, f' 正常等价,那么型 F 和 G 也是正常等价的.

由于这种情形 —— 两个合成型都是直接地进入到合成之中 —— 是最简单的情形,而其他情形容易转化成这种情形,故而以后我们只考虑这种情形,所以如果有某个型被说成是由另外两个型合成而形成的,那么这总是指它是由这两个型中的每一个型正常合成而形成的①. 当一个型被称为可以变成两个型的乘积时,同样的限制也将成立.

① 正如在比例的合成中那样(它与型的合成非常相似),除非特别指出相反的情形,否则我们通常都把比例取为正比例(俄文版漏了这个注释,而拉丁文版中原来就有这个注释 —— 译者注).

240.

定理 如果型 F 是型 f 与 f' 的合成;型 $\mathfrak{F}$ 是型 F 与 f'' 的合成;型 F' 是型 f 与 f'' 的合成;型 $\mathfrak{F}'$ 是型 F' 与 f' 的合成,那么型 $\mathfrak{F}$ 与 $\mathfrak{F}'$ 正常等价.

证明 Ⅰ.设

$$f = ax^2 + 2bxy + cy^2,$$
$$f' = a'x'x' + 2b'x'y' + c'y'y',$$
$$f'' = a''x''x'' + 2b''x''y'' + c''y''y'',$$
$$F = AX^2 + 2BXY + CY^2,$$
$$F' = A'X'X' + 2B'X'Y' + C'Y'Y',$$
$$\mathfrak{F} = \mathfrak{A}\mathfrak{X}\mathfrak{X} + 2\mathfrak{B}\mathfrak{X}\mathfrak{Y} + \mathfrak{C}\mathfrak{Y}\mathfrak{Y},$$
$$\mathfrak{F}' = \mathfrak{A}'\mathfrak{X}'\mathfrak{X}' + 2\mathfrak{B}'\mathfrak{X}'\mathfrak{Y}' + \mathfrak{C}'\mathfrak{Y}'\mathfrak{Y}',$$ ①

又设这七个型的行列式分别为 $d, d', d'', D, D', \mathfrak{D}, \mathfrak{D}'$;它们都有同样的符号,以及相互仅相差一个平方因数.进而再设 m 是数 $a, 2b, c$ 的最大公约数,以及数 m', m'', M 对于型 f', f'', F 有同样的意义.这样,根据第235目中第四个推论,D 是数 $dm'm', d'm^2$ 的最大公约数,所以 $Dm''m''$ 是数 $dm'm'm''m'', d'm^2m''m''$ 的最大公约数;$M = mm'$;$\mathfrak{D}$ 是数 $Dm''m''$, $d''M^2$② 的最大公约数,也就是数 $Dm''m'', d''m^2m'm'$ 的最大公约数.由此推出 $\mathfrak{D}$ 是三个数 $dm'm'm''m'', d'm^2m''m'', d''m^2m'm'$ 的最大公约数.根据类似的理由,$\mathfrak{D}'$ 是这同样的三个数的最大公约数,因此,由于 $\mathfrak{D}$ 和 $\mathfrak{D}'$ 有同样的符号,所以 $\mathfrak{D} = \mathfrak{D}'$,即型 $\mathfrak{F}$ 与 $\mathfrak{F}'$ 有相同的行列式.

Ⅱ.现在设代换

$$X = pxx' + p'xy' + p''yx' + p'''yy',$$
$$Y = qxx' + q'xy' + q''yx' + q'''yy'$$

把型 F 变成 ff',以及代换

$$\mathfrak{X} = \mathfrak{p}Xx'' + \mathfrak{p}'Xy'' + \mathfrak{p}''Yx'' + \mathfrak{p}'''Yy'',$$
$$\mathfrak{Y} = \mathfrak{q}Xx'' + \mathfrak{q}'Xy'' + \mathfrak{q}''Yx'' + \mathfrak{q}'''Yy''$$ ③

把型 $\mathfrak{F}$ 变成 Ff'',并分别用 $n, n', \mathfrak{N}, \mathfrak{n}''$ 来表示 $\frac{d}{D}, \frac{d'}{D}, \frac{D}{\mathfrak{D}}, \frac{d''}{\mathfrak{D}}$ 的正的平方根.这样,根据第235目,我们就得到18个等式.其中的一半属于把型 F 变成 ff' 的变换,另一半属于把型 $\mathfrak{F}$ 变成 Ff'' 的变换.其中的第一个等式是 $pq' - qp' = an'$,其余的等式可以用同样的方式作出来,但为了简洁起见,我们这里略去它们.不过,量 $n, n', \mathfrak{N}', \mathfrak{n}''$ 都是有理数,但不一定是整数.

Ⅲ.如果用 X, Y 的值代入 $\mathfrak{X}, \mathfrak{Y}$ 的值,那么就得到下面的代换

---

① 俄文版将这组公式中最后两个公式中的花体字母 $\mathfrak{Y}$(Y 的花体)写错了.—— 译者注.

② 俄文版误将这里的 $d''M^2$ 写为 $p''M^2$.—— 译者注.

③ 俄文版将此等式左边的字母写错了.—— 译者注.

$$\mathfrak{X} = (1)xx'x'' + (2)xx'y'' + (3)xy'x'' + (4)xy'y'' + (5)yx'x'' + (6)yx'y'' + (7)yy'x'' + (8)yy'y'',$$
$$\mathfrak{Y} = (9)xx'x'' + (10)xx'y'' + (11)xy'x'' + (12)xy'y'' + (13)yx'x'' + (14)yx'y'' + (15)yy'x'' + (16)yy'y'',$$

显然,这个代换将把$\mathfrak{F}$变成乘积$ff'f''$. 系数(1)等于$p\mathfrak{p}+q\mathfrak{p}''$;我们不再写出其余十五项系数的值,因为每个人都不难确定它们. 我们将用(1,2)来表示数(1)(10)-(2)(9),用(1,3)来表示数(1)(11)-(3)(9),以及一般地,用(g,h)来表示数$(g)(8+h)-(h)(8+g)$,这里假定g和h是位于1和8[①]之间的不相等的整数,且h是其中较大的[②]. 这样一来,我们总共将得到28个符号. 如果我们用$\mathfrak{n}, \mathfrak{n}'$来分别记$\frac{d}{\mathfrak{D}}, \frac{d'}{\mathfrak{D}}$的正的平方根(它们分别等于$n\mathfrak{N}, n'\mathfrak{N}$),那么我们就有如下的28个等式

$$(1,2) = aa'\mathfrak{n}'',$$
$$(1,3) = aa''\mathfrak{n}',$$
$$(1,4) = ab'\mathfrak{n}'' + ab''\mathfrak{n}',$$
$$(1,5) = a'a''\mathfrak{n},$$
$$(1,6) = a'b\mathfrak{n}'' + a'b''\mathfrak{n},$$
$$(1,7) = a''b\mathfrak{n}' + a''b'\mathfrak{n},$$
$$(1,8) = bb'\mathfrak{n}'' + bb''\mathfrak{n}' + b'b''\mathfrak{n} + \mathfrak{D}\mathfrak{n}\mathfrak{n}'\mathfrak{n}'',$$
$$(2,3) = ab''\mathfrak{n}' - ab'\mathfrak{n}'',$$
$$(2,4) = ac''\mathfrak{n}',$$
$$(2,5) = a'b''\mathfrak{n} - a'b\mathfrak{n}'',$$
$$(2,6) = a'c''\mathfrak{n},$$
$$(2,7) = bb''\mathfrak{n}' + b'b''\mathfrak{n} - bb'\mathfrak{n}'' - \mathfrak{D}\mathfrak{n}\mathfrak{n}'\mathfrak{n}'',$$
$$(2,8) = bc''\mathfrak{n}' + b'c''\mathfrak{n},$$
$$(3,4) = ac'\mathfrak{n}'',$$
$$(3,5) = a''b'\mathfrak{n} - a''b\mathfrak{n}',$$
$$(3,6) = bb'\mathfrak{n}'' + b'b''\mathfrak{n} - bb''\mathfrak{n}' - \mathfrak{D}\mathfrak{n}\mathfrak{n}'\mathfrak{n}'',$$
$$(3,7) = a''c'\mathfrak{n},$$
$$(3,8) = bc'\mathfrak{n}'' + b''c'\mathfrak{n},$$
$$(4,5) = b'b''\mathfrak{n} - bb'\mathfrak{n}'' - bb''\mathfrak{n}' + \mathfrak{D}\mathfrak{n}\mathfrak{n}'\mathfrak{n}'',$$
$$(4,6) = b'c''\mathfrak{n} - bc''\mathfrak{n}',$$
$$(4,7) = b''c'\mathfrak{n} - bc'\mathfrak{n}'',$$

① 拉丁文版此处误将8写成16——译者注.

② 眼下这些符号(g,h)的含义不会与第234目中符号的含义发生混淆;事实上,在这里这些符号所表示的数对应的是第234目中用类似符号表示的数的乘数.

$$(4,8)=c'c''\mathfrak{n},$$
$$(5,6)=ca'\mathfrak{n}'',$$
$$(5,7)=ca''\mathfrak{n}',$$
$$(5,8)=b'c\mathfrak{n}''+b''c\mathfrak{n}',$$
$$(6,7)=b''c\mathfrak{n}'-b'c\mathfrak{n}'',$$
$$(6,8)=cc''\mathfrak{n}',$$
$$(7,8)=cc'\mathfrak{n}''.$$

我们用Φ来记这组等式,以及另外9个等式

$$(10)(11)-(9)(12)=a\mathfrak{n}'\mathfrak{n}''\mathfrak{A},$$
$$(1)(12)-(2)(11)-(3)(10)+(4)(9)=2a\mathfrak{n}'\mathfrak{n}''\mathfrak{B},$$
$$(2)(3)-(1)(4)=a\mathfrak{n}'\mathfrak{n}''\mathfrak{C},$$
$$-(9)(16)+(10)(15)+(11)(14)-(12)(13)=2b\mathfrak{n}'\mathfrak{n}''\mathfrak{A},$$
$$(1)(16)-(2)(15)-(3)(14)+(4)(13)+(5)(12)-$$
$$(6)(11)-(7)(10)+(8)(9)=4b\mathfrak{n}'\mathfrak{n}''\mathfrak{B},$$
$$-(1)(8)+(2)(7)+(3)(6)-(4)(5)=2b\mathfrak{n}'\mathfrak{n}''\mathfrak{C},$$
$$(14)(15)-(13)(16)=c\mathfrak{n}'\mathfrak{n}''\mathfrak{A},$$
$$(5)(16)-(6)(15)-(7)(14)+(8)(13)=2c\mathfrak{n}'\mathfrak{n}''\mathfrak{B},$$
$$(6)(7)-(5)(8)=c\mathfrak{n}'\mathfrak{n}''\mathfrak{C},$$

我们用Ψ来记这组等式①.

Ⅳ.要给出全部37个等式的推导需要花太多的时间,只要推导其中的若干个就够了,仿效它们不难证明其余的等式.

1)我们有

$$(1,2)=(1)(10)-(2)(9)=(\mathfrak{p}\mathfrak{q}'-\mathfrak{q}\mathfrak{p}')p^2+(\mathfrak{p}\mathfrak{q}'''-\mathfrak{q}\mathfrak{p}'''-$$
$$\mathfrak{p}'\mathfrak{q}''+\mathfrak{q}'\mathfrak{p}'')pq+(\mathfrak{p}''\mathfrak{q}'''-\mathfrak{q}''\mathfrak{p}''')q^2$$
$$=\mathfrak{n}''(Ap^2+2Bpq+Cq^2)=\mathfrak{n}''aa'$$

这就是第一个等式.

2)我们有

$$(1,3)=(1)(11)-(3)(9)=(\mathfrak{p}\mathfrak{q}''-\mathfrak{q}\mathfrak{p}'')(pq'-qp')=a''\mathfrak{N}an'=aa''\mathfrak{n}',$$

这就是第二个等式.

3)我们又有

$$(1,8)=(1)(16)-(8)(9)=(\mathfrak{p}\mathfrak{q}'-\mathfrak{q}\mathfrak{p}')pp'''+(\mathfrak{p}\mathfrak{q}'''-\mathfrak{q}\mathfrak{p}''')pq'''-$$
$$(\mathfrak{p}'\mathfrak{q}''-\mathfrak{q}'\mathfrak{p}'')qp'''+(\mathfrak{p}''\mathfrak{q}'''-\mathfrak{q}''\mathfrak{p}''')qq'''$$
$$=\mathfrak{n}''(App'''+B(pq'''+qp''')+Cqq''')+b''\mathfrak{N}(pq'''-qp''')$$

① 注意,如果相应地用$a',2b',c';a'',2b'',c''$来代替因数$a,2b,c$,我们就能得出与等式组Ψ类似的另外18个等式,不过这些等式对我们的目的来说并非是必要的,故而略去.

$$= \mathfrak{n}''(bb' + \sqrt{dd'}) + b''\mathfrak{N}(b'n + bn')①$$
$$= \mathfrak{n}''bb' + \mathfrak{n}'bb'' + \mathfrak{n}b'b'' + \mathfrak{D}\mathfrak{n}\mathfrak{n}'\mathfrak{n}''.$$

这是 Φ 中的第八个等式. 我们把剩下的等式留给读者自己来验证.

Ⅴ. 根据 Φ 这组等式,我们可以像下面这样来证明:28 个数 $(1,2)$, $(1,3)$, $\cdots$ 没有公约数.

首先指出,我们可以作出 27 个由这样的三个因数组成的乘积:这三个因数中,要么第一个因数是 $\mathfrak{n}$,第二个因数是数 $a', 2b', c'$ 中的任意一个,而第三个因数则是数 $a'', 2b'', c''$ 中的任意一个;要么第一个因数是 $\mathfrak{n}'$,第二个因数是数 $a, 2b, c$ 中的任意一个,而第三个因数则是数 $a'', 2b'', c''$ 中的任意一个;最后,要么第一个因数是 $\mathfrak{n}''$,第二个因数是数 $a, 2b, c$ 中的任意一个,而第三个因数则是数 $a', 2b', c'$ 中的任意一个,根据等式组 Φ,这27 个乘积中的每一个要么等于这 28 个数 $(1,2)$, $(1,3)$, $\cdots$ 中的某一个,要么等于这些数中某几个数的和或差(例如,$\mathfrak{n}a'a'' = (1,5)$, $2\mathfrak{n}a'b'' = (1,6) + (2,5)$, $4\mathfrak{n}b'b'' = (1,8) + (2,7) + (3,6) + (4,5)$,以及对于其余有类似的形式);因此,如果这些数有公约数,那么它就一定能整除所有指出的乘积. 然而,利用上面反复用到的第 40 目中的方法,由此容易推出,这个约数必定也整除数 $\mathfrak{n}m'm''$, $\mathfrak{n}'mm''$, $\mathfrak{n}''mm'$,因而这个约数的平方也必定整除这些数的平方,它们等于 $\dfrac{dm'm'm''m''}{\mathfrak{D}}$, $\dfrac{d'm^2m''m''}{\mathfrak{D}}$, $\dfrac{d''m^2m'm'}{\mathfrak{D}}$. 但是,这是不可能的,因为根据 Ⅰ,这三个分子的最大公约数等于 $\mathfrak{D}$,所以这三个平方数不可能有公约数.

Ⅵ. 所有这些都与型 $\mathfrak{F}$ 变为 $ff'f''$ 的变换有关,以及可以从型 F 变成 ff' 的变换和型 $\mathfrak{F}$ 变成 Ff'' 的变换导出. 用完全类似的方法,我们从型 F' 变成 ff'' 的变换和型 $\mathfrak{F}'$ 变成 $F'f'$ 的变换可以导出型 $\mathfrak{F}'$ 变为 $ff'f''$ 的变换

$$\mathfrak{X}' = (1)'xx'x'' + (2)'xx'y'' + (3)'xy'x'' + \cdots,$$
$$\mathfrak{Y}' = (9)'xx'x'' + (10)'xx'y'' + (11)'xy'x'' + \cdots$$

(这里所有系数采用的记号与在将型 $\mathfrak{F}'$ 变为 $ff'f''$ 的变换中的记号相同,但它们加了撇号,以示区别). 从这个变换出发,与前面完全一样可以得出与等式组 Φ 类似的 28 个等式,记这组等式为 Φ',以及另外 9 个与等式组 Ψ 类似的等式,记之为 Ψ'. 这样一来,如果我们用 $(1,2)'$ 来记 $(1)'(10)' - (2)'(9)'$,用 $(1,3)'$ 来记 $(1)'(11)' - (3)'(9)'$,等,则等式组 Φ' 有以下形式

$$(1,2)' = aa'\mathfrak{n}'', (1,3)' = aa''\mathfrak{n}', \cdots,$$

而等式组 Ψ' 有以下形式

$$(10)'(11)' - (9)'(12)' = a\mathfrak{n}'\mathfrak{n}''\mathfrak{A}', \cdots$$

(为简略起见,我们把更详细的推导留给读者;有经验的读者会看出这并不需要重新进行计算,而可以容易地把前面的分析类似地转移到这里). 然后,由 Φ 和 Φ' 立即可以得到

$$(1,2) = (1,2)', (1,3) = (1,3)', (1,4) = (1,4)', (2,3) = (2,3)', \cdots.$$

---

① 这可由第 235 目中的等式(10)得出. 根 $\sqrt{dd'}$ 的值 $Dnn' = \mathfrak{D}\mathfrak{n}\mathfrak{n}'\mathfrak{N}^2 = \mathfrak{D}\mathfrak{n}\mathfrak{n}'$(俄文版误写为 $Dnn' = \mathfrak{D}\mathfrak{n}\mathfrak{n}'\mathfrak{N}^2 = \mathfrak{D}\mathfrak{u}\mathfrak{n}'$——译者注.

由此及所有的(1,2),(1,3),(2,3),… 都没有公约数(根据 V),利用第 234 目中的引理,我们就可以确定四个整数 $\alpha,\beta,\gamma,\delta$,使有

$$\alpha(1)'+\beta(9)'=(1),\alpha(2)'+\beta(10)'=(2),\alpha(3)'+\beta(11)'=(3),$$
$$\vdots$$
$$\gamma(1)'+\delta(9)'=(9),\gamma(2)'+\delta(10)'=(10),\gamma(3)'+\delta(11)'=(11),$$
$$\vdots$$

以及 $\alpha\delta-\beta\gamma=1$.

Ⅶ. 由此,从 Ψ 的前三个方程中替换 $a\mathfrak{A},a\mathfrak{B},a\mathfrak{C}$ 的值,又从 Ψ' 的前三个等式中替换 $a\mathfrak{A}',a\mathfrak{B}',a\mathfrak{C}'$ 的值,不难得到

$$a(\mathfrak{A}\alpha^2+2\mathfrak{B}\alpha\gamma+\mathfrak{C}\gamma^2)=a\mathfrak{A}',$$
$$a(\mathfrak{A}\alpha\beta+\mathfrak{B}(\alpha\delta+\beta\gamma)+\mathfrak{C}\gamma\delta)=a\mathfrak{B}',$$
$$a(\mathfrak{A}\beta^2+2\mathfrak{B}\beta\delta+\mathfrak{C}\delta^2)=a\mathfrak{C}',$$

由此可见,只要在 $a\neq0$ 的情形,显然型 $\mathfrak{F}$ 就可以被正常变换 $\alpha,\beta,\gamma,\delta$ 变成 $\mathfrak{F}'$. 如果分别用 Ψ 和 Ψ' 中接下来的三个等式来代替它们中的头三个等式,那么就会得到与上面指出的完全类似的三个等式,只是在其中处处用因数 b 取代了因数 a,由此推出,只要 $b\neq0$,就有同样的结论成立. 最后,如果利用 Ψ 和 Ψ' 中的最后三个等式,那么同样会发现,只要 $c\neq0$,我们的结论同样成立. 但是由于所有三个数 a,b,c 不会同时为零,故而型 $\mathfrak{F}$ 必定能被代换[①] $\alpha,\beta,\gamma,\delta$ 变成 $\mathfrak{F}'$,所以它和这个型是正常等价的. 这就是所要证明的.

241.

像 $\mathfrak{F}$ 或者 $\mathfrak{F}'$ 这样的型,如果它是三个给定的型中的一个和由另外两个型合成的型合成所得到的,那么我们就称它是**这三个型的合成**. 由上一目可知,三个型的合成与它们的次序无关. 类似地,如果有任意多个型 $f,f',f'',f''',\cdots$(它们的行列式相互相差一个平方数),以及将型 f 与 f' 合成,由此所得的型再与 f'' 合成,再用所得的型与 f''' 合成,如此,等等,那么我们把由这个运算最后得到的型称为是所有的**型 $f,f',f'',f''',\cdots$ 的合成**. 容易证明:无论以怎样的次序来合成这些型,其结果都没有区别,也就是说,无论以怎样的次序来合成这些型,结果得到的型都是正常等价的. 此外显然,如果型 $f,f',f'',\cdots$ 与 $g,g',g'',\cdots$ 分别是正常等价的,那么后面各型合成得到的型与前面各型合成得到的型是正常等价的.

242.

上面的定理涉及最一般形式的型的合成;现在我们转向**特殊的应用**,但我们并不希望这些应用中断定理的连续性. 我们重新回到第 236 目中的问题,并以下面的条件作为限制:**第一**,要合成的各个型有同样的行列式,即 $d=d'$;**第二**,m 与 m' 互素;**第三**,要寻求

---

① 俄文版此处误将“代换”写为“正常代换”——译者注.

的型是f与f'两者的直接合成. 这样,m^2 和 $m'm'$ 也互素;故而数 $dm'm'$,$d'm^2$ 的最大公约数(即 D) 等于 $d=d'$,且 $n=n'=1$. 因为我们可以按希望选取四个量 $\mathfrak{D},\mathfrak{D}',\mathfrak{D}'',\mathfrak{D}'''$,所以我们可以认为它们分别等于 $-1,0,0,0$. 除了 $a,a',b+b'$ 全为零这唯一的情形外,这样做总是可以允许的,我们这里将不讨论这种情形,但是显然,这种情形仅对行列式是正的平方数的型才有可能出现. 这时,显然 μ 是数 $a,a',b+b'$ 的最大公约数,选择数 $\mathfrak{P}',\mathfrak{P}'',\mathfrak{P}'''$,使得有

$$\mathfrak{P}'a+\mathfrak{P}''a'+\mathfrak{P}'''(b+b')=\mu,$$

而 $\mathfrak{P}$ 可以任意选取. 由此推出,如果用 $p,q,p',q',\cdots$ 的值来代替它们,那么就得到

$$A=\frac{aa'}{\mu^2},B=\frac{1}{\mu}(\mathfrak{P}aa'+\mathfrak{P}'ab'+\mathfrak{P}''a'b+\mathfrak{P}'''(bb'+D)),$$

只要 a 和 a' 两者不同时为零,C 就可以由等式 $AC=B^2-D$ 来决定.

在此解答中,A 的值并不依赖于 $\mathfrak{P},\mathfrak{P}',\mathfrak{P}'',\mathfrak{P}'''$ 的值($\mathfrak{P},\mathfrak{P}',\mathfrak{P}'',\mathfrak{P}'''$ 的值可以用无穷多种不同的方式来确定);但如果对这些数给以不同的值,B 就会有不同的值,因而研究 B 的所有的值之间是如何联系的是有意义的. 为此我们指出以下几点:

Ⅰ. 不论我们如何确定 $\mathfrak{P},\mathfrak{P}',\mathfrak{P}'',\mathfrak{P}'''$ 的值,由此所得到的 B 的值都是对于模 A 同余的. 如果假设当

$$\mathfrak{P}=\mathfrak{p},\mathfrak{P}'=\mathfrak{p}',\mathfrak{P}''=\mathfrak{p}'',\mathfrak{P}'''=\mathfrak{p}'''$$

时,有 $B=\mathfrak{B}$,而当

$$\mathfrak{P}=\mathfrak{p}+\mathfrak{d},\mathfrak{P}'=\mathfrak{p}'+\mathfrak{d}',\mathfrak{P}''=\mathfrak{p}''+\mathfrak{d}'',\mathfrak{P}'''=\mathfrak{p}'''+\mathfrak{d}'''$$

时有 $B=\mathfrak{B}+\mathfrak{D}$. 那么就有

$$a\mathfrak{d}'+a'\mathfrak{d}''+(b+b')\mathfrak{d}'''=0,$$

$$aa'\mathfrak{d}+ab'\mathfrak{d}'+a'b\mathfrak{d}''+(bb'+D)\mathfrak{d}'''=\mu\mathfrak{D}.$$

现在如果将第二个等式的左边乘以 $a\mathfrak{p}'+a'\mathfrak{p}''+(b+b')\mathfrak{p}'''$①,右边乘以$\mu$,并从第一个乘积中减去量

$$(ab'\mathfrak{p}'+a'b\mathfrak{p}''+(b'b'+D)\mathfrak{p}''')(a\mathfrak{d}'+a'\mathfrak{d}''+(b+b')\mathfrak{d}'''),$$

根据第一个等式,它显然等于零,那么在打开括号和合并同类项后,我们就得到

$$aa'(\mu\mathfrak{d}+[(b'-b)\mathfrak{p}''+c'\mathfrak{p}''']\mathfrak{d}'+[(b-b')\mathfrak{p}'+c\mathfrak{p}''']\mathfrak{d}''-[c'\mathfrak{p}'+c\mathfrak{p}'']\mathfrak{d}''')=\mu^2\mathfrak{D},$$

由此推出,$\mu^2\mathfrak{D}$ 被 aa' 整除,或 $\mathfrak{D}$ 被$\frac{aa'}{\mu^2}$整除,即被 A 整除,以及

$$\mathfrak{B}\equiv(\mathfrak{B}+\mathfrak{D})\pmod{A}.$$

Ⅱ. 如果对于数$\mathfrak{P},\mathfrak{P}',\mathfrak{P}'',\mathfrak{P}'''$的值$\mathfrak{p},\mathfrak{p}',\mathfrak{p}'',\mathfrak{p}'''$有$B=\mathfrak{B}$,那么,就可以求出这些数的其他的值,使得$B$等于任何一个给定的对模$A$同余于$\mathfrak{B}$的数,也即等于$\mathfrak{B}+kA$. 首先我们指出,四个数$\mu,c,c',b-b'$不能有公约数;这是因为,如果它们有公约数,那么此数必定整除六个数$a,a',b+b',c,c',b-b'$,于是也整除$a,2b,c$以及$a',2b',c'$,从而也整除m,m',然而,根据假设,m,m'互素. 因此可以找到四个整数h,h',h'',h''',使得有

① 俄文版误写为 $a\mathfrak{p}'+\delta'\mathfrak{p}''+(b+b')\mathfrak{p}'''$. —— 译者注.

$$h\mu + h'c + h''c' + h'''(b - b') = 1.$$

如果此后又令

$$kh = \mathfrak{d}, k[h''(b + b') - h'''a'] = \mu\mathfrak{d}',$$

$$k[h'(b + b') + h'''a] = \mu\mathfrak{d}'', -k(h'a' + h''a) = \mu\mathfrak{d}''',$$

那么数 $\mathfrak{d},\mathfrak{d}',\mathfrak{d}'',\mathfrak{d}'''$ 显然都是整数;进而容易得出

$$a\mathfrak{d}' + a'\mathfrak{d}'' + (b + b')\mathfrak{d}''' = 0,$$

$$aa'\mathfrak{d} + ab'\mathfrak{d}' + a'b\mathfrak{d}'' + (bb' + D)\mathfrak{d}''' = \frac{aa'k}{\mu}[\mu h + ch' + c'h'' + (b - b')h'''] = \mu kA.$$

由第一个等式推出,$\mathfrak{p} + \mathfrak{d}, \mathfrak{p}' + \mathfrak{d}', \mathfrak{p}'' + \mathfrak{d}'', \mathfrak{p}''' + \mathfrak{d}'''$ 可以取作为 $\mathfrak{P},\mathfrak{P}',\mathfrak{P}'',\mathfrak{P}'''$,而由第二个等式推出,这些值给出 $B = \mathfrak{B} + kA$.

由此看出,B 的值总可以这样来选取,使得当 A 为正数时,B 落在 0 与 $A - 1$ 之间(包含 0 和 $A - 1$ 在内),而当 A 为负数时,B 落在 0 与 $-A - 1$ 之间.

243.

由等式

$$\mathfrak{P}'a + \mathfrak{P}''a' + \mathfrak{P}'''(b + b') = \mu,$$

$$B = \frac{1}{\mu}[\mathfrak{P}aa' + \mathfrak{P}'ab' + \mathfrak{P}''a'b + \mathfrak{P}'''(bb' + D)]$$

得出

$$B = b + \frac{a}{\mu}[\mathfrak{P}a' + \mathfrak{P}'(b' - b) - \mathfrak{P}'''c] = b' + \frac{a'}{\mu}[\mathfrak{P}a + \mathfrak{P}''(b - b') - \mathfrak{P}'''c'],$$

于是有

$$B \equiv b\left(\bmod \frac{a}{\mu}\right) \quad 以及 \quad B \equiv b'\left(\bmod \frac{a'}{\mu}\right).$$

如果$\frac{a}{\mu}$与$\frac{a'}{\mu}$互素,那么在 0 与 $A - 1$ 之间(或在 0 与 $-A - 1$ 之间,当 A 为负数时)就只有唯一一个数满足 $\equiv b\left(\bmod \frac{a}{\mu}\right)$ 和 $\equiv b'\left(\bmod \frac{a'}{\mu}\right)$;如果令此数为 B 以及$\frac{B^2 - D}{A} = C$,那么型(A,B,C) 显然是型(a,b,c) 与(a',b',c') 的合成. 所以,在这种情形,为了求得合成型,没有必要考虑诸数 $\mathfrak{P},\mathfrak{P}',\mathfrak{P}'',\mathfrak{P}'''$. ①

例如,如果要求由型(10,3,11) 和(15,2,7) 合成的型,那么 $a,a',b+b'$ 分别等于10,15,5;$\mu = 5$;因此有 $A = 6$;$B \equiv 3 \pmod 2$ 以及 $B \equiv 2 \pmod 3$. 于是有 $B = 5$,从而(6,5,21) 就是所要求的型. 而且,$\frac{a}{\mu}$ 和$\frac{a'}{\mu}$ 互素这一条件完全等价于条件:a 和 a' 没有大于三个数 $a,a',b+b'$ 的公约数,或者,可以归结为数 a,a' 的最大公约数也整除数 $b+b'$. 特别是,

---

① 我们总可以利用同余式$\frac{aB}{\mu} \equiv \frac{ab'}{\mu}, \frac{a'B}{\mu} \equiv \frac{a'b}{\mu}, \frac{(b + b')B}{\mu} \equiv \frac{bb' + D}{\mu} \pmod A$ 来达到这一目的.

我们可以指出下列特殊情形.

1）如果给出两个型(a,b,c)，(a',b',c')，它们有相同的行列式D，且数$a,2b,c$的最大公约数与$a',2b',c'$的最大公约数互素，此外，a与a'也互素，那么，只要取$A=aa'$，$B\equiv b(\bmod a)$，$B\equiv b'(\bmod a')$，$C=\frac{B^2-D}{A}$，就得到这两个型的合成(A,B,C). 当要合成的型中有一个型是主型，即有$a=1,b=0,c=-D$时，就会出现这种情形. 这时就有$A=a'$，B可以取为b'，由此推出$C=c'$；**这样一来，由一个主型和另外任意一个有相同行列式的型合成所得到的型就是那另外一个型自己.**

2）如果我们要把两个**相反的**正常本原型，例如(a,b,c)和$(a,-b,c)$，进行合成，我们就有$\mu=a$. 由此容易看出，主型$(1,0,-D)$就是这两个型的合成.

3）如果给出任意多个正常的本原型(a,b,c)，(a',b',c')，(a'',b'',c'')，…，它们有相同的行列式D，且它们的第一项$a,a',a'',\cdots$两两互素，那么，只要取A为所有$a,a',a'',\cdots$的乘积，取B是对模$a,a',a'',\cdots$分别同余于$b,b',b'',\cdots$的数，以及取$C=\frac{B^2-D}{A}$，我们就得到它们所合成的型(A,B,C). 事实上，容易看出，由两个型(a,b,c)和(a',b',c')合成的型是$(aa',B,\frac{B^2-D}{aa'})$；由它和$(a'',b'',c'')$合成的型是$(aa'a'',B,\frac{B^2-D}{aa'a''})$，等等.

4）反过来，如果给定一个行列式为D的正常本原型(A,B,C)，把A分解成任意多个两两互素的因数$a,a',a'',\cdots$，进而，数$b,b',b''',\cdots$或者等于B，或者至少对模$a,a',a'',\cdots$与B同余，再设

$$ac=b^2-D,a'c'=b'b'-D,a''c''=b''b''-D,\cdots,$$

那么型(A,B,C)就是型(a,b,c)，(a',b',c')，(a'',b'',c'')，…的合成，即**可以被分解成这些型**. 容易证明，当型(A,B,C)是反常本原型或是导出型时，同样的定理依然成立. 于是，按照这种方法，任何一个型都可以分解成若干个有相同行列式的型，这些型的第一项全是素数或素数幂. 当我们要把若干个给定的型合成时，这种分解常常会是有用的. 例如，如果我们要求由型$(3,1,134)$，$(10,3,41)$以及$(15,2,27)$合成的型，那么就把第二个型分解成$(2,1,201)$，$(5,-2,81)$；把第三个型分解成$(3,-1,134)$，$(5,2,81)$；此时，由五个型$(3,1,134)$，$(2,1,201)$，$(5,-2,81)$，$(3,-1,134)$，$(5,2,81)$以任意次序合成所得的型，显然都与原来三个给定的型合成所得的结果相同. 但是第一个与第四个合成给出主型$(1,0,401)$；第三个与第五个型合成得到同样的结果；于是全部五个型合成就得到型$(2,1,201)$.

5）鉴于这一方法大有用处，在此值得对它作更进一步的研究. 由前面的观察可以推出，任意多个有相同行列式的正常本原型的合成问题可以转化为若干个首项为素数幂（因为素数也可以看成是自己的一次幂）的型的合成问题. 因此，我们只要专门来讨论这样的两个正常本原型(a,b,c)和(a',b',c')合成的情形，其中a和a'是**同一个**素数的幂. 这样一来，如果$a=h^{\kappa}$，$a'=h^{(\lambda)}$，其中h是素数，且我们假设（这是容许的）κ不小于λ，那么$h^{(\lambda)}$就是数a和a'的最大公约数，此外，如果它还整除$b+b'$，那么我们就有本目一开始考虑过的情形，只要取$A=h^{\kappa-\lambda}$，$B\equiv b(\bmod h^{\kappa-\lambda})$及$\equiv b'(\bmod 1)$（后面这一条件自然

可以略去),以及 $C=\frac{B^2-D}{A}$,那么 (A,B,C) 就是给定的型的合成. 如果 $h^{(\lambda)}$ 不整除 $b+b'$,则这两个数的最大公约数一定是 h 的幂;如果它等于 $h^{(\nu)}$,那么 $\nu<\lambda$(如果 $h^{(\lambda)}$ 与 $b+b'$ 互素,则需取 $\nu=0$). 因此,如果这样来确定 $\mathfrak{P}',\mathfrak{P}'',\mathfrak{P}'''$,使得有

$$\mathfrak{P}'h^{\kappa}+\mathfrak{P}''h^{(\lambda)}+\mathfrak{P}'''(b+b')=h^{(\nu)},$$

而 $\mathfrak{P}$ 可以任意选取,那么,只要取

$$A=h^{\kappa+\lambda-2\nu},B=b+h^{\kappa-\nu}[\mathfrak{P}h^{(\lambda)}-\mathfrak{P}'(b-b')-\mathfrak{P}'''c],C=\frac{B^2-D}{A}.$$

(A,B,C) 就是给定的型的合成. 但是容易看出,在此情形 $\mathfrak{P}'$ 也能任意选取,所以如果取 $\mathfrak{P}=\mathfrak{P}'=0$,则有

$$B=b-\mathfrak{P}'''ch^{\kappa-\nu},$$

或者一般地有

$$B=kA+b-\mathfrak{P}'''ch^{\kappa-\nu},$$

其中 k 是任意的数(上一目). 这个非常简单的公式里只出现了 $\mathfrak{P}'''$,它是表示式 $\frac{h^{(\nu)}}{b+b'}(\bmod h^{(\lambda)})$ 的值. ①例如,如果要求由型(16,3,19)和(8,1,37)合成所得的型,那么就有 $h=2,\kappa=4,\lambda=3,\nu=2$. 从而有 $A=8$,$\mathfrak{P}'''$ 是表示式 $\frac{4}{4}(\bmod 8)$ 的值;这些值中有一个是1,所以有 $B=8k-73$,因而,如果令 $k=9$,则 $B=-1$ 以及 $C=37$. 所以(8,-1,37)就是我们要求的型.

因此,如果给定了任意多个首项全是素数幂的型,那么我们就需要检查它们之中是否有某些型的首项是**同一个**素数的幂,以及这样的型就可以按照我们刚刚指出的规则进行合成. 这样,我们就得到一组型,它们的首项也全都是素数幂,但已经是完全不同的素数幂. 例如,给定型(3,1,17),(4,0,35),(5,0,28),(16,2,9),(9,7,21),(16,6,11),由第一个与第五个型得到型(27,7,7);由第二与第四个型得到型(16,-6,11),由这个型与第六个型得到(1,0,140),这个型可以略去. 于是只剩下型(5,0,28)和(27,7,7),由它们得到型(135,-20,4),我们可以取与之正常等价的型(4,0,35)来替代它. 因而它就是那六个给定的型所得到的合成.

由这样的考虑,我们还可以得到许多另外的行之有效的特殊方法;但是为了不扩大我们的研究范围,我们略去对这一论题的更为详尽的探讨,转而研究其他更为困难的问题.

---

① 也就是表示式 $\frac{1}{\frac{b+b'}{h^{(\nu)}}}\bmod h^{\lambda-\nu}$ 的值,由此推出有

$$B\equiv b-\frac{ch^{\kappa-\nu}}{\frac{b+b'}{h^{(\nu)}}}\equiv\frac{(D+bb'):h^{(\nu)}}{(b+b'):h^{(\nu)}}(\bmod A).$$

244.

如果数 a 可以由某个型 f 来表示,数 a' 可以由型 f' 来表示,以及型 F 可以变成 ff',则不难看出,乘积 aa' 可以由型 F 来表示. 由此立即推出:当这些型的行列式为负数时,如果 f 与 f' 皆为定正型或者皆为定负型,则型 F 是定正型;反之,如果 f 与 f' 中一个是定正型,而另一个是定负型,则 F 为定负型. 我们要特别来考察上一目中研究过的情形,即,F 是 f 与 f' 的合成,且 f, f', F 有相同的行列式 D. 此外,如果我们假设数 a 和 a' 可以分别由型 f 和 f' 用互素的变数的值表出,以及第一个表示属于表示式 $\sqrt{D} \pmod a$ 的值 b,而第二个表示属于表示式 $\sqrt{D} \pmod{a'}$ 的值 b',又假设 $b^2-D=ac, b'b'-D=a'c'$,那么由第 168 目知,型 (a,b,c) 和 (a',b',c') 分别与型 f 和 f' 正常等价,因此 F 也是前两个型的合成. 但是,如果用 μ 表示数 $a,a',b+b'$ 的最大公约数,取 $A=\frac{aa'}{\mu^2}$,B 对模 $\frac{a}{\mu}$ 及 $\frac{a'}{\mu}$ 分别 $\equiv b$ 及 b',以及 $AC=B^2-D$,则型 (A,B,C) 同样是这些型的合成;因而这个型与型 F 正常等价. 而数 aa' 可以由型 $Ax^2+2Bxy+Cy^2$ 来表示,只要令 $x=\mu, y=0$;这些数的最大公约数为 μ;于是 aa' 也可以由型 F 用这样的方式表示,使得变数的值以 μ 作为最大公约数(第 166 目). 因此,只要 $\mu=1$,aa' 就可以由型 F 用互素的变数值来表示,且这一表示属于表示式 $\sqrt{D} \pmod{aa'}$ 的值 B,它对模 a 和模 a' 分别同余于 b 和 b'. 当 a 与 a' 互素时,条件 $\mu=1$ 显然成立;一般地,当 a 和 a' 的最大公约数与 $b+b'$ 互素时,此条件也总是成立的.

§66 层的合成 第 245 目

245.

定理 ***如果型 f 与 g 属于同一个层,f' 与 g' 属于同一个层,那么由 f 与 f' 合成的型 F 将与由 g 和 g' 合成的型 G 有相同的行列式及属于同一个层.***

证明 设型 f, f', F 分别为 $(a,b,c),(a',b',c'),(A,B,C)$,以及它们的行列式分别为 d,d',D. 进而,设数 $a,2b,c$ 的最大公约数等于 m,数 a,b,c 的最大公约数等于 $\mathfrak{m}$;以及数 $m',\mathfrak{m}'$ 对于型 f' 和数 $M,\mathfrak{M}$ 对于型 F 有类似的意义. 这样,型 f 的层将由数 $d,m,\mathfrak{m}$ 来确定,因为这些数也属于型 g;根据同样的理由,数 $d',m',\mathfrak{m}'$ 对于型 g' 起着与对型 f' 同样的作用. 但是,根据第 235 目,数 $D,M,\mathfrak{M}$ 由 $d,d',m,m',\mathfrak{m},\mathfrak{m}'$ 来确定;这就是说,D 是 $dm'm', d'm^2$ 的最大公约数;此外 $M=mm'$ 以及 $\mathfrak{M}=\mathfrak{m}\mathfrak{m}'$(如果同时有 $m=\mathfrak{m}$ 以及 $m'=\mathfrak{m}'$)或者 $\mathfrak{M}=2\mathfrak{m}\mathfrak{m}'$(如果 $m=2\mathfrak{m}$ 或者 $m'=2\mathfrak{m}'$). 因为 $D,M,\mathfrak{M}$ 的这些性质是从 F 是 f 和 f' 的合成这一事实推出来的,所以容易看出,$D,M,\mathfrak{M}$ 对于型 G 起着同样的作用,因此 G 与 F 属于同一个层. 这就是所要证明的.

基于这一理由,我们就称型 F 所在的层是由型 f, f' 所在的层合成而成的. 例如,由两个正常本原的层总是合成同样类型的层;而由一个正常本原的及一个反常本原的合成给出反常本原的. 当我们说一个层是由若干个其他的层合成而成的时,其含义也按照类似的方式来理解.

§67 族的合成 第246 ~ 248目

246.

问题 给定任意两个本原型f, f',且型F是由这两个型合成而成的.试由f, f'所属的族来确定F所属的族.

解 Ⅰ.我们首先考虑型f, f'中至少有一个(例如是前一个型)是正常本原型的情形,以及分别用d, d', D来记型f, f', F的行列式.这时,D是数$dm'm', d'$的最大公约数,其中m'取值为1或2,相应于型f'是正常本原型或反常本原型.在第一种情形,F属于一个正常本原的层,而在第二种情形,它属于一个反常本原的层.型F的族就由它的专属特征来确定,这些特征既是关于D的单个奇素因子的专属特征,又对某些情形而言,也是关于数4以及8的专属特征.所以我们应该分别来确定它们.

1.如果p是D的任意一个奇素因数,那么它必定也整除d, d',因此在型f, f'的特征中必定也会出现它们与p的关系.如果数a可以由型f表示,数a'可以由型f'表示,那么乘积aa'可以由型F表示.因此,如果模p的二次剩余(不能被p整除的)既可以由f表示,也可以由f'表示,那么模p的二次剩余可以由型F表示,也就是说,如果f和f'中的每一个都有特征Rp,那么型F也有同样的特征.根据同样的理由,如果f和f'中的每一个都有特征Np,则F有特征Rp;反之,如果f与f'中有一个有特征Rp,而另一个有特征Np,则F就有特征Np.

2.如果在型F的全部特征中有与数4的关系出现,那么这样的关系也将出现在型f, f'的特征中.这是因为,这种情形仅当$D \equiv 0$或$\equiv 3 \pmod 4$时才可能发生.如果D可以被4整除,那么$dm'm'$和d'也都能被4整除,由此立即推出f'不可能是反常本原的,故有$m' = 1$.因此,d和d'就都能被4整除,以及与4的关系就出现在这两个型的特征之中.如果$D \equiv 3 \pmod 4$,那么D整除d和d',其商均为平方数,因而d和d'必定$\equiv 0$或者$\equiv 3 \pmod 4$,以及它们与数4的关系也包含在f和f'的特征之中.由此用(1)中同样的方法可推出,如果两个型f和f'均有特征1,4或者3,4,那么型F的特征为1,4;反之,如果两个型f和f'中有一个的特征为1,4,而另一个的特征为3,4,那么型F的特征为3,4.

3.如果D能被8整除,那么d'也能被8整除;于是型f'必定是正常本原的,$m' = 1$,且d也能被8整除.因此,特征1,8;3,8;5,8;7,8中的任意一个会出现在型F的特征之中,仅当与数8的这样一个关系既出现在型f的特征中,也出现在型f'的特征中.但是,按照与以前同样的方法,容易看出,型F的特征是1,8,如果f和f'关于数8有同样的特征;型F的特征是3,8,如果型f和f'中有一个的特征是1,8,而另一个的特征是3,8,或者其中一个的特征是5,8,而另一个的特征是7,8;型F具有特征5,8,如果型f和f'有特征1,8和5,8,或者有特征是3,8和7,8;最后,型F有特征7,8,如果型f和f'有特征1,8和7,8,或者有特征3,8和5,8.

4.如果$D \equiv 2 \pmod 8$时,那么有$d' \equiv 0$或$\equiv 2 \pmod 8$;从而有$m' = 1$,以及同样地有$d \equiv 0$或$\equiv 2 \pmod 8$;但是由于D是d, d'的**最大**公约数,所以它们都不可能被8整除.

这样一来,型 F 的特征只可能是1和7,8;以及3和5,8中的某一个,仅当型 f 和 f' 都有这两个特征中的一个,或者这两个型中的一个有这两个特征之一,而另一个型有以下特征中的一个:1,8;3,8;5,8;7,8. 由此容易得知,型 F 的特征可由下表确定,其中位于左边的特征属于型 f,f' 中的一个,而位于上端的特征则属于另外一个型.

	1和7,8 或1,8 或7,8	3和5,8 或3,8 或5,8
1和7,8	1和7,8	3和5,8
3和5,8	3和5,8	1和7,8

5. 用同样的方法可以证明,型 F 不可能有两个特征1和3,8;5和7,8中的任意一个,除非型 f,f' 中至少有一个有这两个特征中的任意一个,同时另一个型可以取这两个特征中的一个,或者取下述特征之一:1,8;3,8;5,8;7,8,而且型 F 的特征可由下面的表来确定,其中型 f,f' 的特征仍然出现在表的左边及上端.

	1和3,8 或1,8 或3,8	5和7,8 或5,8 或7,8
1和3,8	1和3,8	5和7,8
5和7,8	5和7,8	1和3,8

Ⅱ. 如果型 f,f' 都是反常本原的,那么 D 就是数 $4d,4d'$ 的最大公约数,也即 $\frac{D}{4}$ 是数 d,d' 的最大公约数. 由此容易推出,d,d' 及 $\frac{D}{4}$ 全都 $\equiv 1 \pmod 4$. 如果令 $F=(A,B,C)$,则数 A,B,C 的最大公约数等于2,而数 $A,2B,C$ 的最大公约数等于4. 于是 F 是由反常本原型 $(\frac{A}{2},\frac{B}{2},\frac{C}{2})$ 导出的型;后者的行列式等于 $\frac{D}{4}$,且它的族将决定型 F 的族. 然而,由于第一个型是反常本原的,故而它的特征与4或者8无关,而只与数 $\frac{D}{4}$ 的各个奇素因数有关. 但是因为,显然所有这些因数也都整除 d,d',以及每一个这样的两个因数的乘积的一半可以由型 $(\frac{A}{2},\frac{B}{2},\frac{C}{2})$ 来表示,这两个因数中的一个能由 f 来表示,另一个能由型 f' 来表示,那么容易看出,对于能整除 $\frac{D}{4}$ 的任何奇素数 p,无论当 $2Rp$ 以及型 f,f' 关于 p 有相同的特征时,还是当 $2Np$ 以及型 f,f' 关于 p 有相反的特征时,这个型关于 p 的特征都是 Rp. 以及相反地,无论当 f,f' 关于 p 有相同的特征且 $2Np$ 时,还是当 f,f' 有相反的特征以及

$2Rp$ 时，型$(\frac{A}{2},\frac{B}{2},\frac{C}{2})$ 的特征都是 Np.

247.

由上面问题的解可以推出，如果 g 是和 f 属于相同的层和相同的族的一个本原型，以及同样地，g' 是和 f' 属于相同的层和相同的族的一个本原型，那么由 g 和 g' 合成所得的型与 f 和 f' 合成所得的型属于同一个族. 由此直接得到由两个(或多个)族**合成而成的族**的概念. 由此进而推出，如果 f, f' 有相同的行列式，以及 f 是主族中的一个型，而 F 是由 f 和 f' 合成而成的，那么 F 就和 f' 属于同一个族；因此，在与其他的族合成时，总可以把主族略去. 如果保持其他的条件不变，f 不属于主族，且 f' 是一个本原型，那么 F 一定在一个与 f' 不同的族中. 最后，如果 f, f' 是同一个族中的两个正常本原型，那么 F 就在主族中；如果 f, f' 是两个有相同行列式的正常本原型，但是属于不同的族，那么 F 不可能属于主族. 因而，如果一个正常本原型与**自己**进行合成，那么得到的型也是有相同行列式的正常本原型，而且还一定属于主族.

248.

问题　给定任意两个型 f, f'，F 由它们合成而成，试由型 f, f' 所属的族来确定型 F 所属的族.

解　设 $f=(a,b,c)$，$f'=(a',b',c')$，$F=(A,B,C)$；此外，用 $\mathfrak{m}$ 来记数 a,b,c 的最大公约数，用 $\mathfrak{m}'$ 来记数 a',b',c' 的最大公约数，从而 f, f' 由本原型$(\frac{a}{\mathfrak{m}},\frac{b}{\mathfrak{m}},\frac{c}{\mathfrak{m}})$，$(\frac{a'}{\mathfrak{m}'},\frac{b'}{\mathfrak{m}'},\frac{c'}{\mathfrak{m}'})$ 导出，分别记这两个型为 $\mathfrak{f}$ 和 $\mathfrak{f}'$. 如果型 $\mathfrak{f}, \mathfrak{f}'$ 中至少有一个是正常本原的，则诸 A,B,C 的最大公约数将为 $\mathfrak{m}\mathfrak{m}'$，从而 F 将由本原型$(\frac{A}{\mathfrak{m}\mathfrak{m}'},\frac{B}{\mathfrak{m}\mathfrak{m}'},\frac{C}{\mathfrak{m}\mathfrak{m}'})=\mathfrak{F}$ 导出. 由此推出，型 F 的族与型 $\mathfrak{F}$ 的族有关. 容易看出，在把 F 变成 ff' 的同样的变换下型 $\mathfrak{F}$ 变成 $\mathfrak{f}\mathfrak{f}'$，于是 $\mathfrak{F}$ 是 $\mathfrak{f},\mathfrak{f}'$ 的合成，以及它的族可以根据第 246 目的问题来确定. 如果两个型 $\mathfrak{f}$ 和 $\mathfrak{f}'$ 都是反常本原的，则数 A,B,C 的最大公约数是 $2\mathfrak{m}\mathfrak{m}'$，以及在这种情形，型 $\mathfrak{F}$ 也是由 $\mathfrak{f}$ 和 $\mathfrak{f}'$ 合成而成的，且它显然是由正常本原型$(\frac{A}{2\mathfrak{m}\mathfrak{m}'},\frac{B}{2\mathfrak{m}\mathfrak{m}'},\frac{C}{2\mathfrak{m}\mathfrak{m}'})$ 导出的. 因而，这个型的族可以根据第 246 目来确定，又因为 F 是由这个型导出的，故而它的族也就立即知道了.

由这个解推出，上一目中对本原型叙述的定理对于任意的型都是成立的，也就是说，**如果 f', g' 分别与 f, g 来自同一个族，那么由 f' 和 g' 合成而生成的型与由 f 和 g 合成而生成的型属于同一个族.**

§68　类的合成　第 249 ~ 251 目

249.

定理　**如果型 f 和 f' 分别与型 g 和 g' 来自相同的层、相同的族以及相同的类，那么**

由 f 和 f' 合成而成的型与由 g 和 g' 合成而成的型将属于同一个类.

这个定理的真实性可以由第 239 目立即推出,由它就直接给出了**由两个或者若干个给定的类合成而成的类**的明确的概念.

如果某个类 K 与主类合成,那么仍然得到类 K;也就是说,主类在与一个有相同行列式的类合成时,主类可以忽略不计. 将两个相反的正常本原类合成,我们总是得到有相同行列式的主类(见第 243 目). 这样一来,由于每个歧类都与它自己是相反的类,所以每个正常本原歧类与它自己合成,就得到有相同行列式的主类.

上面最后的定理的逆定理也成立,这就是说:**如果将一个正常本原类 K 与其自身作合成就得到一个有相同行列式的主类 H,那么 K 必定是一个歧类.** 这是因为,如果设 K' 是与类 K 相反的类,那么,由三个类 K,K,K' 作合成与由 H 和 K' 作合成得到同一个类;但由第一组合成得到 K(由于 K 和 K' 合成给出主类 H,而 H 和 K 合成又得到 K),而由第二组合成得到 K'. 从而 K 和 K' 重合,所以它是一个歧类.

进而可以推出下面的定理:**如果类 K 和 L 分别是类 K' 和 L' 的相反的类,那么 K 和 L 合成的类与 K' 和 L' 合成的类也是相反的类.** 设型 f,g,f',g' 分别属于类 K,L,K',L';并设型 F 是由 f 和 g 合成而成,型 F' 是由 f' 和 g' 合成而成. 由于型 f' 与 f 及型 g' 与 g 都是反常等价的,而 F 是由两个型 f,g 中每一个直接合成的,所以 F 也必是由型 f',g' 合成的,不过每一个都是反转的. 因此,每一个与 F 反常等价的型都是由 f' 和 g' 直接合成的,故而它与 F' 正常等价(第 238,239 目),因此,F 和 F' 是反常等价的,以及它们所属的类是相反的类.

由此推出,如果歧类 K 与歧类 L 作合成,那么总是得到一个歧类. 事实上,这个类就是由与 K,L 相反的类合成所得的类,因此它与其自身是相反的,因为这些类与它们自己都是相反的.

最后我们要指出,如果给定任意两个有相同行列式的类 K,L,且前者是正常本原的,那么我们总可以求得一个有相同行列式的类 M,使得 L 是由 M 和 K 合成的. 显然,只要取 M 是由 L 和与 K 相反的类合成所得到的类,就可以实现这一目的;很容易看出,这个类是有此性质的仅有的类,也就是说,把有相同行列式的不同的类与同一个正常本原类作合成,将会得到不同的类.

用加号 + 来记类的合成,以及用等号来表示类的相等,这些都是很方便的. 利用这些符号,可以把刚刚考虑过的定理叙述如下:**如果类 K' 是与 K 相反的类,那么 $K+K'$ 就是有相同行列式的主类,从而有 $K+K'+L=L$**;因此,如果令 $K'+L=M$,那么就有 $K+M=L$,这正是我们所期望的结果. 除了 M 之外,如果还有另外一个类 M' 也有同样的性质,也即有 $K+M'=L$,那么就有 $K+K'+M'=L+K'=M$,由此推出 $M'=M$. 如果有多个相同的类进行合成,预先指定它们的个数,那么它就可以(按照乘积的形式)这样来表示. 例如,$2K$ 就表示 $K+K$,$3K$ 就表示 $K+K+K$,等等. 我们还可以把同样的符号沿用到型上来,例如可以用 $(a,b,c)+(a',b',c')$ 来表示由型 (a,b,c),(a',b',c') 的合成所得到的型;但为了避免产生混淆,我们不使用这种缩写,尤其是因为我们对于符号 $\sqrt{M(a,b,c)}$ 已经赋予了特殊的意义. 我们将称类 $2K$ 是由类 K **加倍**得来的,称类 $3K$ 这个类是由类 K 的**三倍**得来的,等等.

250.

如果D是一个能被m^2整除的数(假设m是正数),那么就存在一个行列式为D的型组成的层,它是由一个行列式为$\frac{D}{m^2}$的正常本原层导出的(或者当D为负数时有两个这样的层,即一个是定正的,另一个是定负的);显然,型$(m,0,-\frac{D}{m})$属于(定正的)那个层,它恰好可以看成是这个层中**最简单的型**(同样地,当D为负数时,$(-m,0,\frac{D}{m})$可以被看成是在那个定负的层中最简单的型). 此外,如果$\frac{D}{m^2}\equiv 1 \pmod 4$,那么存在一个由行列式为$D$的型组成的层,它是由一个行列式为$\frac{D}{m^2}$的反常本原型导出的,以及型$(2m,m,\frac{m^2-D}{2m})$属于这个层,它是这个层中最简单的型(当$D$为负数时,仍有两个层存在,且在定负的层中,$(-2m,-m,\frac{D-m^2}{2m})$是最简单的型). 例如,如果将它应用到$m=1$的情形,则在由行列式为45的型组成的四个层中,最简单的是下面的型:$(1,0,-45)$,$(2,1,-22)$,$(3,0,-15)$,$(6,3,-6)$. 在这方面需要搞清楚以下问题.

问题　给出层O中任何一个型F,求一个(定正的)正常本原型,使得当它和层O中最简单的型合成得到型F.

解　设型$F=(ma,mb,mc)$是由行列式为d的本原型$f=(a,b,c)$导出的型,且首先假设f是正常本原的. 我们先来指出,如果a和$2dm$不互素,那么显然存在其他的与(a,b,c)正常等价的型,它们有此性质. 因为根据第228目可知,存在与$2dm$互素且可由该型表出的数;设这样一个数为$a'=a\alpha^2+2b\alpha\gamma+c\gamma^2$,假设(这是允许的)$\alpha$与$\gamma$互素. 现在,如果我们选取$\beta,\delta$使得有$\alpha\delta-\beta\gamma=1$,那么$f$就被代换$\alpha,\beta,\gamma,\delta$变成一个与之正常等价且有所要求的性质的型$(a',b',c')$. 由于$F$和$(a'm,b'm,c'm)$也是正常等价的,故而只要考虑$a$和$2dm$互素的情形就足够了. 这时,$(a,bm,cm^2)$是一个与$F$有相同的行列式的正常本原型(因为,如果$a,2bm,cm^2$有公约数,那么它也整除$2dm=2b^2m-2acm$),且容易验证,通过代换$1,0,-b,-cm;0,m,a,bm$,$F$将被变成型$(m,0,-dm)$和$(a,bm,cm^2)$的乘积,型$(m,0,-dm)$是层$O$中最简单的型,只要$F$不是定负型. 由此利用第235目中第四个推论中的判别法则,可以推出:F是由$(m,0,-dm)$和(a,bm,cm^2)合成的. 然而,当F为定负型时,它将被代换$1,0,b,-cm;0,-m,-a,bm$①变成这同一个层中最简单的型$(-m,0,dm)$和定正型$(-a,bm,-cm^2)$的乘积,从而它也是它们的合成.

① 此处俄文版误写为“$1,0,b,-cm;c-m,-a,bm$”. —— 译者注.

如果f是一个反常本原型,那么我们可以认为$\frac{a}{2}$和$2dm$互素;事实上,如果这个性质对型f不成立,那么就可以找到一个有此性质且与f正常等价的型.由此容易推出,$(\frac{a}{2}, bm, 2cm^2)$是与F有相同行列式的正常本原型;且同样容易验证,可以通过代换

$$1,0,\frac{1}{2}(1\mp b),-cm;0,\pm 2m,\pm\frac{1}{2}a,(b+1)m$$

把型F变成型

$$(\pm 2m,\pm m,\pm\frac{1}{2}(m-dm)),(\pm\frac{1}{2}a,bm,\pm 2cm^2)$$

的乘积,这里,当F为定负型时取下面的符号;而在其余的情形取上面的符号.因而F就是这两个型的合成,其中的第一个是层O中最简单的型,而第二个是(定正的)正常本原型.

251.

问题 **假设给定有相同行列式D且属于同一个层O的两个型F,f,试求一个行列式为D的正常本原型,它与f合成得到型F.**

解 设φ是层O中最简单的型;进而假设$\mathfrak{F}$和$\mathfrak{f}$是行列式为D的正常本原型,它们和φ合成相应得到型F和f;最后,假设f'是一个正常本原型,它和$\mathfrak{f}$合成得到型$\mathfrak{F}$.这样,F就是三个型$\varphi,\mathfrak{f},f'$的合成,也就是f,f'这两个型的合成.

因此,给定的层中的每一个类都可以被看成是这同一个层中的某一个给定的类和某个有相同行列式的正常本原类的合成.

§69 对给定的行列式,在同一个层的每一个族中都有同样多个类 第252目

252.

定理 **对于给定的行列式,在同一个层的每个族中都有同样多个类.**

证明 假设族G和H属于同一个层,G由n个类$K,K',K'',\cdots,K^{(n-1)}$组成,再设$L$是族$H$中的任意一个类.根据上一目,我们可求得一个有相同行列式的正常本原类M,它和K合成得到类L,我们分别用$L',L'',\cdots,L^{(n-1)}$来记类M和$K',K'',\cdots,K^{(n-1)}$合成所得的类.这样,由第249目中最后的评注可以推出,所有的类$L,L',L'',\cdots,L^{(n-1)}$各不相同,又根据第248目可知,它们全都属于同一个族,即族H.最后,容易看出,除了这些类之外,H不可能再包含其他的类了,这是因为族H中的每一个类都能被看成是由M和另外一个有相同行列式的类(它必为族G中的一个类)合成得到的.因此H也像G一样包含n个不同的类.

§70 不同的层中各个族所含类的个数的比较 第253～256目

253.

上面的定理假设了同一个层,因而不能应用于不同的层.例如,对于行列式-171来说,有20个定正类,它们被分成四个层:在正常本原的层中有两个族,每一个族包含六个类;在反常本原的层中的两个族有四个类,每个族有两个类;在由行列式为-19的正常本原的层所导出的层中只有一个族,它包含有三个类;最后,在由行列式为-19的反常本原的层所导出的层中只有一个族,它由一个类组成.对于定负的类也有同样的结论成立.因此,需要努力找出这样的一般性的法则,它确定不同的层中的类的个数之间的关系.假设K,L是行列式为D的同一个(定正的)层O中的两个类,以及M是一个有相同行列式的正常本原类,它和K合成得到L.根据第251目,总可以找到这样的类M.在某些情形M可能是**唯一的**正常本原类,它与K合成得到L;在另一些情形,可能存在多个具有此性质的不同的正常本原类.一般地,我们假设有r个这样的正常本原类$M,M',M'',\cdots,M^{(r-1)}$,它们每一个与$K$的合成都得到同一个类$L$,并用$W$来记由它们组成的总体.再设$L'$是层$O$中的另外一个(与类$L$不同的)类,$N'$是行列式为$D$的正常本原类,它和$L$的合成得到$L'$;我们用$W'$来记由类$N'+M,N'+M',N'+M'',\cdots,N'+M^{(r-1)}$(它们都是正常本原的,且两两互不相同)组成的总体.容易看出,K和W'中任意一个类作合成都会得到L',由此推出,W和W'没有共同的类;此外,不难证明,每一个与K合成能得到L'的正常本原类都包含在W'之中.按照同样的方法可以确信,如果L''是层O中异于L,L'的另外一个类,那么就有r个各不相同也和W,W'中的类均不相同的正常本原类,使得它们中的每一个类与K合成都得到L'',对于层O中所有其他的类,也有同样的结论成立.但是,由于将行列式为D的每一个(定正的)正常本原类与K合成都会得到层O中的一个类,由此容易推出,如果层O中所有类的个数为n,那么有相同行列式的(定正的)正常本原类的个数就等于rn.从而我们就得到一个一般性的法则:如果K,L表示层O中的任意两个类,以及r表示有同一行列式的不同的正常本原类的个数:其中每一个类与K合成都得到L,那么在(定正的)正常本原层中所有类的个数就是层O中类的个数的r倍.

因为层O中的类K,L可以假定为完全任意的,所以可以取同样的类,而且利用这样的类(它含有这个层中最简单的型)是合理的.因此,如果我们就选取这个类作为K和L,那么问题就转化成指出所有那些与K合成仍是得到K的正常本原类.下一目的定理开辟了通向解决这个问题的途径.

254.

定理 **如果$F=(A,B,C)$是行列式为D的层O中最简单的型,以及$f=(a,b,c)$是一个有相同行列式的正常本原型,那么,只要型f与F合成得到F,数A^2就可以由型f表示;反之,只要A^2可以由型f来表示,F也就是它自己与f的合成.**

证明 Ⅰ.如果F在代换$p,p',p'',p''';q,q',q'',q'''$下变成乘积$fF$,那么根据第235目

我们有

$$A(aq''q''-2bqq''+cq^2)=A^3,$$

于是

$$A^2=aq''q''-2bqq''+cq^2.$$

Ⅱ. 假设 A^2 可以由型 f 来表示,并记表出数 A^2 的对应的未知量的值是 q'' 和 $-q$,也就是说有 $A^2=aq''q''-2bqq''+cq^2$,进一步设

$$q''a-q(b+B)=Ap,\ -qC=Ap',q''(b-B)-qc=Ap'',$$
$$-q''C=Ap''',q''a-q(b-B)=Aq',$$
$$q''(b+B)-qc=Aq'''.$$

容易验证,F 在代换 $p,p',p'',p''';q,q',q'',q'''$ 下变成乘积 fF,因而只要数 $p,p',\cdots$ 都是整数,F 就是 f 和 F 的合成. 根据最简单的型的定义,B 要么等于 0,要么等于 $\frac{A}{2}$,因而 $\frac{2B}{A}$ 是整数;同样可以推出,$\frac{C}{A}$ 也是整数. 于是 $q'-p,p',q'''-p'',p'''$ 都是整数,剩下只需要来证明 p,p'' 都是整数. 我们有

$$p^2+\frac{2pqB}{A}=a-\frac{q^2C}{A},p''p''+\frac{2p''q''B}{A}=c-\frac{q''q''C}{A};$$

因此,如果 $B=0$,则有

$$p^2=a-\frac{q^2C}{A},p''p''=c-\frac{q''q''C}{A},$$

故而 p,p'' 是整数;如果 $B=\frac{A}{2}$,我们就有

$$p^2+pq=a-\frac{q^2C}{A},p''p''+p''q''=c-\frac{q''q''C}{A},$$

由此同样容易得到,在此情形 p 和 p'' 也都是整数. 由此推出 F 是由 f 和 F 合成的.

255.

这样一来,问题就转化为确定行列式为 D 的所有这样的正常本原类,它们中的型都能表出数 A^2. 显然,A^2 可以由每一个这样的型来表示:它的第一项或者等于 A^2,或者等于 A 的任意一个因数的平方;反之,如果 A^2 可以由型 f 来表示,其中未知数的值是 $\alpha e,\gamma e$①(e 是它们的最大公约数),那么就可以通过代换 $\alpha,\beta,\gamma,\delta$ 把 f 变成一个第一项为 $\frac{A^2}{e^2}$ 的型,以及它与型 f 正常等价,只要 $\alpha\delta-\beta\gamma=1$. 由此推出,在所含的型都能表出 A^2 的每个类中,都可以求出第一项是 A^2 或者是 A 的一个因数的平方那样的型. 因此,事情就归结为确定包含这种型的所有的行列式为 D 的正常本原类,而这可以按照下面的方法来得到. 设 a,

---

① 俄文版此处误写为"$\alpha e,\beta e$". —— 译者注.

a', a'', $\cdots$ 都是 A 的(正)因数;求出表示式$\sqrt{D}\pmod{a^2}$的位于 0 与 a^2-1 之间(包含在内)的所有的值,并将它们记为 $b,b',b'',\cdots$,再令

$$b^2-D=a^2c,b'b'-D=a^2c',b''b''-D=a^2c'',\cdots;$$

进而,以 V 来记由型(a^2,b,c),(a^2,b',c'),$\cdots$ 组成的总体. 此时容易看出,在每个行列式为D且有第一项等于a^2的型的类中,也都必定含有V中的某个型. 按照类似的方法,我们确定出行列式为D,第一项等于$a'a'$,及中项位于0和$a'a'-1$之间(含0和$a'a'-1$在内)的所有的型,并用 V' 来记它们组成的总体;同样地,设V''是第一项为 $a''a''$ 的类似的型组成的总体,等等. 现在从 $V,V',V'',\cdots$ 中去掉所有那些不是正常本原的型,并把其余的型分成类,以及如果有多个型属于同一个类,就只保留其中的一个型. 这样我们就得到了所有要求的类,且其个数与1之比和所有的(定正的)正常本原类的个数与层 O 中类的个数之比是一样的.

例 设$D=-531$,O是由行列式为 -59 的反常本原层导出的定正的层;它的最简单的型是$(6,3,90)$,即$A=6$. 这里a,a',a'',a'''分别等于1,2,3,6;V包含型$(1,0,531)$;V'包含型$(4,1,133)$和$(4,3,135)$;V''包含型$(9,0,59)$,$(9,3,60)$和$(9,6,63)$;最后,V'''包含型$(36,3,15)$,$(36,9,17)$,$(36,15,21)$,$(36,21,27)$,$(36,27,35)$和$(36,33,45)$. 但是这 12 个型中有 6 个必须剔除,这就是从V''中剔除第 2 个和第 3 个,从V'''中剔除第 1 个、第3个、第4个和第6个. 因为这些全都是导出型;关于剩下的6个型可以确信它们全都属于不同的类. 事实上,行列式为 -531 的(定正的)正常本原类的个数是 18;而行列式为 -59 的(定正的)反常本原类的个数(即由它们导出的行列式为 -531 的类的个数)是 3;因此,第一个数与第二个数之比等于 6∶1.

256.

通过下面的一般性的说明将使这一解答变得更为清楚.

Ⅰ. 如果层 O 由正常本原层导出,则有 A^2 整除 D;但是如果 O 是反常本原的,或者是由反常本原层导出的,那么A将是偶数,D可以被$\frac{A^2}{4}$整除,且除得的商 $\equiv 1\pmod 4$. 于是 A 的每一个因数的平方都要么整除 D,要么至少整除 $4D$,而且在后面这种情形,除得的商总是 $\equiv 1\pmod 4$.

Ⅱ. 如果 a^2 整除 D,那么表示式$\sqrt{D}\pmod{a^2}$的位于 0 和 a^2-1 之间的值是 $0,a,2a,\cdots,a^2-a$,因而 a 就是 V 中的型的个数;但它们之中正常本原型的个数与数列

$$\frac{D}{a^2},\frac{D}{a^2}-1,\frac{D}{a^2}-4,\cdots,\frac{D}{a^2}-(a-1)^2$$

中与a都没有公约数的数的个数一样多. 当$a=1$时,V仅由一个型$(1,0,-D)$组成,且它总是正常本原的. 当a是2或者是2的幂时,所指出的a的个数中有一半是偶数,另一半是奇数;因此在V中有$\frac{a}{2}$个正常本原型. 当a是任意一个另外的素数p或者是这个素数p的幂时,要区分三种情形,这就是:如果$\frac{D}{a^2}$不被 p 整除,且也不是模 p 的二次剩余,那么所有

这 a 个数都与 a 互素,因而 V 中所有的型都是正常本原的;但是如果 p 整除$\frac{D}{a^2}$,那么 V 中就有$\frac{(p-1)a}{p}$个正常本原型;最后,如果$\frac{D}{a^2}$是模 p 的二次剩余,且不能被 p 整除,那么 V 中就有$\frac{(p-2)a}{p}$个正常本原型. 所有这些都不难证明. 一般说来,如果$a=2^{\nu}p^{\pi}q^{\chi}r^{\rho}\cdots$,其中 $p,q,r,\cdots$ 是不同的奇素数,那么 V 中正常本原型的个数将是 $NPQR\cdots$,这里需要假定

$$N=1(\text{如果}\ \nu=0)\quad \text{或者}\quad N=2^{(\nu-1)}(\text{如果}\ \nu>0),$$

$$P=p^{\pi}(\text{如果}\frac{D}{a^2}\text{是模}\ p\ \text{的二次非剩余}),$$

或者

$$P=(p-1)p^{\pi-1}(\text{如果}\frac{D}{a^2}\text{能被}\ p\ \text{整除}),$$

或者

$$P=(p-2)p^{\pi-1}(\text{如果}\frac{D}{a^2}\text{是模}\ p\ \text{的二次剩余,且不能被}\ p\ \text{整除})$$

与 P 由 p 来确定一样,数 $Q,R,\cdots$ 分别由 $q,r,\cdots$ 来确定.

Ⅲ. 如果 a^2 不整除 D,则$\frac{4D}{a^2}$将是整数,且 $\equiv 1 \pmod 4$;表示式$\sqrt{D} \pmod{a^2}$ 的值是 $\frac{a}{2},\frac{3a}{2},\frac{5a}{2},\cdots,a^2-\frac{a}{2}$;因此,$V$ 中型的个数等于 a,且其中正常本原型的个数与数列

$$\frac{D}{a^2}-\frac{1}{4},\frac{D}{a^2}-\frac{9}{4},\frac{D}{a^2}-\frac{25}{4},\cdots,\frac{D}{a^2}-\left(a-\frac{1}{2}\right)^2$$

中与 a 互素的数的个数一样多. 如果$\frac{4D}{a^2}\equiv 1 \pmod 8$,那么所有这些数都是偶数,因而在 V 中没有正常本原型;但是如果$\frac{4D}{a^2}\equiv 5 \pmod 8$,那么所有这些数都是奇数,于是,如果 a 是 2 或者 2 的幂,那么 V 中所有的型都是正常本原的,一般说来,在此情形 V 中所有的正常本原型的个数等于这些数中不能被 a 的任何素因数整除的数的个数. 如果 $a=2^{\nu}p^{\pi}q^{\chi}r^{\rho}\cdots$,则它们的个数将等于 $NPQR\cdots$,这里需要假定 $N=2^{(\nu)}$,而 $P,Q,R,\cdots$ 是按照与上一情形同样的方法分别由 $p,q,r,\cdots$ 得出的.

Ⅳ. 于是,可以用这些方法确定 $V,V',V'',\cdots$ 中的正常本原型的个数;用下面的一般法则不难求出所有这些个数的和. 如果$A=2^{(\nu)}\mathfrak{A}^{\alpha}\mathfrak{B}^{\beta}\mathfrak{C}^{\gamma}\cdots$,其中 $\mathfrak{A},\mathfrak{B},\mathfrak{C}\cdots$ 是不同的奇素数,则 $V,V',V'',\cdots$ 中的所有正常本原型的总的个数将等于

$$\frac{A\mathfrak{n}\mathfrak{a}\mathfrak{b}\mathfrak{c}\cdots}{2\mathfrak{A}\mathfrak{B}\mathfrak{C}\cdots},$$

这里需要假定

$$\mathfrak{n}=1\quad(\text{如果}\frac{4D}{A^2}\equiv 1 \pmod 8),$$

或者

$$\mathfrak{n} = 2 \quad (\text{如果}\frac{D}{A^2}\text{是整数}),$$

或者

$$\mathfrak{n} = 3 \quad (\text{如果}\frac{4D}{A^2} \equiv 5 \pmod 8),$$

并且

$$\mathfrak{a} = \mathfrak{A} \quad (\text{如果 }\mathfrak{A}\text{ 整除}\frac{4D}{A^2}),$$

或者

$\mathfrak{a} = \mathfrak{A} \pm 1$(如果 $\mathfrak{A}$ 不整除$\frac{4D}{A^2}$,而且需要按照$\frac{4D}{A^2}$是模 $\mathfrak{A}$ 的二次非剩余或剩余来取上面的符号或下面的符号);以及,按照从 $\mathfrak{A}$ 导出 $\mathfrak{a}$ 一样的方式来从 $\mathfrak{B},\mathfrak{C},\cdots$ 导出 $\mathfrak{b},\mathfrak{c},\cdots$. 由于篇幅所限,我们不能在此更详细地陈述它的证明.

Ⅴ. 关于由 $V, V', V'', \cdots$ 中的正常本原型给出的类的个数,必须区分下述三种情况加以讨论.

第一,如果 D 是负数,那么 $V, V', V'', \cdots$ 中的各个正常本原型形成一个单独的类,即除了两种情形(就是当$\frac{4D}{A^2}=-4$ 或 $=-3$,也就是 $D=-A^2$ 或者 $=-\frac{3A^2}{4}$)之外,所要求的类的个数可由前面一段论述中指出的公式来表示. 为了证明这个定理,显然只需要证明:$V, V', V'', \cdots$ 中两个不同的型不可能是正常等价的. 如果假设 (h^2, i, k), $(h'h', i', k')$ 是 $V, V', V'', \cdots$ 中两个不同的正常本原型,它们属于同一个类,以及在正常代换 $\alpha, \beta, \gamma, \delta$ 下前者变成后者,使得有以下等式成立

$$\alpha\delta - \beta\gamma = 1, h^2\alpha^2 + 2i\alpha\gamma + k\gamma^2 = h'h',$$
$$h^2\alpha\beta + i(\alpha\delta + \beta\gamma) + k\gamma\delta = i',$$

那么由此容易推出:第一,γ 一定不等于零(否则就会得出 $\alpha = \pm 1, h^2 = h'h', i' \equiv i \pmod{h^2}$),从而所给出的两个型是相同的,这与假设矛盾);第二,γ 可以被 h, h' 的最大公约数整除(这是因为,如果我们设该公约数为 r,那么它显然也整除 $2i, 2i'$,且与 k 互素;此外,r^2 整除 $h^2k - h'h'k' = i^2 - i'i'$;由此容易推出,$r$ 也整除 $i - i'$;但是 $\alpha i' - \beta h'h' = \alpha i + \gamma k$,故而 γk,所以 γ 也被 r 整除);第三,有 $(\alpha h^2 + \gamma i)^2 - D\gamma^2 = h^2h'h'$. 这样一来,如果我们令 $\alpha h^2 + \gamma i = rp, \gamma = rq$,那么 p 和 q 都是整数,且 q 不等于零,以及 $p^2 - Dq^2 = \frac{h^2h'h'}{r^2}$. 但$\frac{h^2h'h'}{r^2}$是能被 h^2 和 $h'h'$ 同时整除的最小的数,因此它也整除 A^2,故而也整除 $4D$;于是,$\frac{4Dr^2}{h^2h'h'}$ 是一个(负的)整数,如果假设它等于 $-e$,那么就有 $p^2 - Dq^2 = -\frac{4D}{e}$,即 $4 = \left(\frac{2rp}{hh'}\right)^2 + eq^2$. 在这个等式中,$\left(\frac{2rp}{hh'}\right)^2$ 必定是一个小于 4 的平方数,所以它要么等于 0,要么等于 1. 在第一

种情形有 $eq^2=4$ 以及 $D=-(\frac{hh'}{rq})^2$，由此推出，$\frac{4D}{A^2}$ 是一个平方数取负号，所以一定不会 $\equiv 1 \pmod 4$，这样一来，O 就既不是反常本原的层，也不是由反常本原层导出的层. ，故而 $\frac{D}{A^2}$ 是一个整数，由此容易推出 e 被 4 整除，$q^2=1$，$D=-(\frac{hh'}{r})^2$，且 $\frac{A^2}{D}$ 也是一个整数. 于是一定有 $D=-A^2$，即 $\frac{D}{A^2}=-1$，这就导致第一种例外情形. 在第二种情形有 $eq^2=3$，所以 $e=3$，及 $4D=-3(\frac{hh'}{r})^2$. 因此 $3(\frac{hh'}{rA})^2$ 是一个整数，它只能等于 3，这是因为，当我们用整平方数 $(\frac{rA}{hh'})^2$ 来乘它时，得到的结果是 3. 因此就有 $4D=-3A^2$，即 $D=-\frac{3A^2}{4}$，这就是第二种例外情形. 这样一来，在所有剩下的情形中，$V,V',V'',\cdots$ 中所有的正常本原型都将属于不同的类. 对于那些例外的情形，只要给出不难得到的结果就够了，但为了简单起见，这里略去其讨论. 这就是，在第一种情形，$V,V',V'',\cdots$ 中的正常本原型总是成对地属于同一个类；而在第二种情形，它们总是三个一组地属于同一个类，所以，在第一种情形，所要求的类数是上面论述中所给出的表达式的一半，而在第二种情形，是它的三分之一.

第二，如果 D 是正的平方数，那么 $V,V',V'',\cdots$ 中每一个正常本原型都无一例外地单独构成一个类. 事实上，如果假设 (h^2,i,k)，$(h'h',i',k')$ 是这样两个不同的正常等价的型，且第一个可以通过正常代换 $\alpha,\beta,\gamma,\delta$ 变成第二个，那么显然，在上一情形中做出的所有结论（在其中并没有假设 D 是负数）在这里仍然成立. 因此，如果我们按照上面那样的方法来确定 p,q,r，那么这里的 $\frac{4Dr^2}{h^2h'h'}$ 就也是一个整数，只不过在这里它不是负数，而是一个正数，此外，它还是一个平方数，如果假设它等于 g^2，那么就有 $(\frac{2rp}{hh'})^2-g^2q^2=4$. 但这是不可能的，因为两个平方数之差不可能等于 4. 故而这一假设不可能成立.

但是，对**第三种情形**，当 D 是正的非平方数时，至今我们还没有一般性的法则来将 $V,V',V'',\cdots$ 中的正常本原型的个数与由这些型所产生出的不同的类的个数加以比较. 我们只能断定：第二个数要么与第一个数相等，要么是它的一个因数；我们还发现了这两个数的比值与满足方程 $t^2-Du^2=A^2$ 的 t,u 的最小值之间的一个联系，但是阐明它们需要太长的篇幅；我们不能很肯定地说，在所有的情形，是否只要对数 D,A 进行检查就可以知道这个比值（如同在上面那些情形中一样）. 这里我们来给出一些例子，而读者可以很容易地添加一些自己的例子. 对于 $D=13$，$A=2$，$V,\cdots$ 中正常本原型的个数为 3，它们全都是等价的，即总共只组成一个类；对于 $D=37$，$A=2$，在 $V,\cdots$ 中也有 3 个正常本原型，它们属于 3 个不同的类；对于 $D=588$，$A=7$，在 $V,\cdots$ 中有 8 个正常本原型，它们组成 4 个类；对于 $D=867$，$A=17$，在 $V,\cdots$ 中有 18 个正常本原型，对于 $D=1445$，$A=17$ 也有同样多个正常本原型，但是对于第一个行列式，它们被分成 2 个类，而在第二个情形，它们被分成 6 个类.

Ⅵ. 通过这个一般性的理论对于 O 是反常本原层这一情形的应用，我们推出，这个层中所含的类的个数与正常本原层中所含的所有类的个数的比值，和 1 与形成下面三个型：$(1,0,-D)$，$(4,1,\frac{1-D}{4})$，$(4,3,\frac{9-D}{4})$ 的不同的正常本原类的个数之比是相等的. 如果 $D\equiv 1(\bmod 8)$，那么由此只得到一个类，这是因为在此情形，第二和第三个型是反常本原的；而如果 $D\equiv 5(\bmod 8)$，那么这三个型全都是正常本原的，因而，当 D 是负数时，就给出同样多个不同的类，除了唯一的例外情形 $D=-3$，此时它们只构成一个类；最后，当 D 为（形如 $8n+5$ 的）正数时，我们还不知道关于它的一般性的法则. 但是我们可以断言，在此情形所指出的三个型要么属于三个不同的类，要么都属于同一个类，而永远不可能属于两个类；这是因为，容易看出，如果型 $(1,0,-D)$，$(4,1,\frac{1-D}{4})$，$(4,3,\frac{9-D}{4})$ 分别属于类 K,K',K''，那么就有 $K+K'=K'$，$K'+K'=K''$，于是，如果 K 和 K' 是相同的类，那么 K' 和 K'' 也将是相同的类；同样地，如果假设 K 和 K'' 是相同的类，那么 K' 和 K'' 也将是相同的类；最后，由于 $K'+K''=K$，所以由 K' 和 K'' 是相同的假设，就推出 K 和 K'' 也是相同的. 由此推出，三个类 K,K',K'' 要么全不相同，要么全相等. 例如，小于 600 且形如 $8n+5$ 的数共有 75 个. 对其中 16 个行列式第一种情形成立；也就是说，正常本原层中类的个数是反常本原层中类的个数的 3 倍，这 16 个行列式是 37，101，141，189，197，269，325，333，349，373，381，389，405，485，557，573；对于剩下的 59 个行列式第二种情形成立，即在两个层中类的个数相等. ①

Ⅶ. 未必需要说明的是：利用这一研究不仅仅能比较有相同行列式的不同的层所含的类的个数，而且它也能应用于不同的行列式，只要这些行列式相互相差一个平方因数. 这就是，如果 O 是任意一个行列式为 dm^2 的层，而 O' 是任意一个行列式为 $dm'm'$ 的层，那么 O 可以和行列式为 dm^2 的正常本原层相比较，而它又可以和由行列式为 d 的正常本原层导出的层相比较，或者，对于类的个数来说仍可归结为与最后这个层本身作比较，以及层 O' 也同样可以与它作比较.

§71 歧类的个数 第 257 ~ 260 目

257.

在具有给定行列式的给定的层的所有的类中，歧类特别需要进一步研究，以及确定这样的类的个数为我们开辟了一条通向许多其他研究的道路. 但是，由于其他情形都可以很容易地被归结为正常本原层的情形，所以我们只需要对正常本原层来确定所说的个

① 这一小段的内容俄文版与原著拉丁文版有不同，为了尊重高斯原著，我们在正文中保留了拉丁文本中的内容，而在这个注解中给出俄文版中相应的内容，供读者参考："例如，小于 1 000 且形如 $8n+5$ 的数共有 125 个. 对其中 31 个行列式第一种情形成立；也就是说，正常本原层中类的个数是反常本原层中类的个数的 3 倍，这 16 个行列式是 37，101，141，189，197，269，325，333，349，373，381，389，405，485，557，573，677，701，709，757，781，813，829，877，885，901，909，925，933，973，997；对于剩下的 94 个行列式第二种情形成立，即在两个层中类的个数相等."—— 译者注.

数就足够了.我们将这样来完成此项任务:首先指出怎样找出所有具有给定行列式 D 的正常本原的歧型(A,B,C),其中或者有 $B=0$,或者有 $B=\frac{A}{2}$,然后,由它们的个数就可以求出行列式为 D 的所有正常本原歧型的个数.

Ⅰ.显然,如果取 D 的每个这样的因数(既取正的也取负的)作为 A,其中 $C=-\frac{D}{A}$ 与 A 互素,我们就求出行列式为 D 的所有的正常本原型$(A,0,C)$.当 $D=1$ 时,这样的型有两个:$(1,0,-1)$,$(-1,0,1)$;当 $D=-1$ 时也有同样个数这样的型,即型$(1,0,1)$,$(-1,0,-1)$;当 D 是素数或者素数幂时(无论是带正号还是负号),有四个这样的型:$(1,0,-D)$,$(-1,0,D)$,$(D,0,-1)$,$(-D,0,1)$.一般说来,当 D 能被 n 个不同的素数整除时(这里我们把 2 计算在内),我们总共就有 $2^{(n+1)}$ 个这样的型.也就是说,如果设 $D=\pm PQR\cdots$,这里 $P,Q,R,\cdots$ 表示不同的素数或者不同素数的幂,且它们的个数为 n,那么 A 的值就将是 $1,P,Q,R,\cdots$ 以及任意多个这样的数的乘积;这样的值的个数等于 $2^{(n)}$;但这个数还需加倍,因为每个值既可以取正号,也可以取负号.

Ⅱ.利用类似的方法可知,如果我们取 D 的所有的(正的及负的)因数作为 B,使得 $C=\frac{B-\frac{D}{B}}{2}$ 是一个整数,且与 $2B$ 互素,那么就得到行列式为 D 的所有的正常本原型$(2B,B,C)$.由于这里 C 一定是奇数,因而 $C^2\equiv 1 \pmod 8$,所以由 $D=B^2-2BC=(B-C)^2-C^2$ 推出:如果 B 是奇数,则有 $D\equiv 3 \pmod 4$,而如果 B 为偶数,则有 $D\equiv 0 \pmod 8$;因此,如果 D 关于模 8 与数 1,2,4,5,6① 中的一个同余,那么不会有这样的型存在.如果 $D\equiv 3 \pmod 4$,那么,不论我们取 D 的哪个因数作为 B,C 都是一个整数,且为奇数;但是为了使 C 和 $2B$ 没有公约数,我们必须选取 B 使得 $\frac{D}{B}$ 和 B 互素.因此,对于 $D=-1$ 我们得到两个型$(2,1,1)$ 和$(-2,-1,-1)$,一般地容易确定,如果所有整除 D 的素数等于 n,那么总共就有 $2^{(n+1)}$ 个型.如果 D 可以被 8 整除,那么只要取 $\frac{D}{2}$ 的任何一个偶因数作为 B,那么 C 就是整数;而另外一个条件,即 $C=(\frac{B}{2})-(\frac{D}{2B})$ 与 $2B$ 互素要被满足有两种情形:第一,取 D 的所有这样的不被 4 整除的偶除数作为 B,它使得 $\frac{D}{B}$ 和 B 没有公约数,这种除数的个数(注意可取不同的符号)等于 $2^{(n+1)}$,其中 n 表示 D 的不同的奇素除数的个数;第二,取数 $\frac{D}{2}$ 的所有这样的能被 4 整除的除数作为 B,使得 $\frac{D}{2B}$ 与 B 互素,这种除数也有 $2^{(n+1)}$ 个,于是在此情形我们总共有 $2^{(n+2)}$ 个这样的型.这样一来,如果 $D=\pm 2^{(\mu)}PQR\cdots$,其中 μ 表示某个大于 2 的幂指数,而 $P,Q,R,\cdots$ 表示不同的奇素数(或者不同奇素数的

① 此处俄文版中给出的数字是 1,2,4,5,6,7,比原来的拉丁文版多了一个数字 7.—— 译者注.

幂),这些素数的个数等于 n,那么,就可取数 $1,P,Q,R,\cdots$ 以及任意多个这样的数(既可取正号,也可取负号)的乘积作为$\frac{B}{2}$ 以及$\frac{D}{2B}$的值.

由所有这些我们看出,如果 D 能被 n 个不同的奇素数整除(当 $D=\pm1$ 或者 $D=\pm2$ 或者是 2 的幂时令 $n=0$),那么所有的正常本原型(A,B,C)(其中 B 或者是零,或者是$\frac{A}{2}$)的个数当 $D\equiv1$ 或者 $\equiv5\pmod 8$ 时等于 $2^{(n+1)}$;当 $D\equiv2,3,4,5,6$ 或 $7\pmod 8$ 时等于 $2^{(n+2)}$;最后当 $D\equiv0\pmod 8$ 时等于 $2^{(n+3)}$. 如果把这个数与在第 231 目中得到的关于行列式为 D 的本原型的所有可能的特征的个数加以比较就可以发现,在所有情形,第一个数都恰好是第二个数的两倍. 然而,显然,如果 D 是负数,那么在所指出的型中,定正的型和定负的型总是一样多.

258.

显然,上一目中所有得到的型都属于歧类,反过来,这样的型中至少有一个型必定包含在行列式为 D 的每一个正常本原歧类中;这是因为,在这样的类中肯定有歧型存在,而每一个行列式为 D 的正常本原歧型(a,b,c)都与上一目中的某一个型等价,即等价于

$$(a,0,-\frac{D}{a}) \quad 或 \quad (a,\frac{1}{2}a,\frac{1}{4}a-\frac{D}{a}),$$

这要根据 $b\equiv0$ 或 $\equiv\frac{a}{2}\pmod a$ 而定. 从而问题就转化为:确定这些型可以组成多少个不同的类.

如果在上一目的型中出现了型$(a,0,c)$,那么型$(c,0,a)$也会出现在其中,且它总是不同于第一个型,除了唯一的情形 $a=c=\pm1$,因而有 $D=-1$;我们暂时把这种情形放在一边. 由于这些型显然属于同一个类,故而我们只要保留其中的一个,我们将把第一项大于第三项的那个型丢掉;我们还将把 $a=-c=\pm1$(即 $D=1$)的情形也放在一边. 这样一来,每一对型只保留一个,我们可以把所有的型$(A,0,C)$分成两部分,而且在每两个型中总是留下一个,且所有留下的都有 $A<\sqrt{\pm D}$.

类似地,如果在上一目的型中出现型$(2b,b,c)$,那么其中将出现这样的型

$$(4c-2b,2c-b,c)=(-\frac{2D}{b},-\frac{D}{b},c),$$

它与第一个型正常等价,且与它不相同,除了在我们略去讨论的例外情形 $c=b=\pm1$,即 $D=-1$. 在这两个型中,我们只要保留其第一项小于另一个第一项的那个型(在此情形,它们不可能大小相等,而符号不同);由此推出,只要在每一对型中总是只保留 $B<\frac{D}{B}$,即$B<\sqrt{\pm D}$ 的一个型,我们就可把所有的型$(2B,B,C)$减少到它的一半. 这样一来,上一目中所有的型中仅有一半被保留了下来,我们用字母 W 来记它们所组成的总体,剩下来只要指出从它们可以得出多少个不同的类. 顺便指出,显然,在 D 为负数的情形,W 中包含的定正型的个数与定负型的个数是相等的.

Ⅰ. 如果 D 为负数，那么 W 中的各个型都属于不同的类. 实际上，所有的型 $(A,0,C)$ 都是约化型，同样地，除了 $C<2B$，所有的型 $(2B,B,C)$ 也都是约化型. 而对这样的型有 $2C<2B+C$，因而有（由于 $B<\frac{D}{B}$，即 $B<2C-B$，故有 $2B<2C$，即 $B<C$）$2C-2B<C$ 以及 $C-B<\frac{C}{2}$，因而型 $(C,C-B,C)$ 是约化型，它显然与原来的型等价. 这样一来，我们就有与 W 中的型一样多的约化型，又因为容易看出，它们中既没有相同的型，也没有相反的型（除非 $C-B=0$，此时将有 $B=C=\pm1$，从而有 $D=-1$，这是我们已经搁置的情形），所以所有的型属于不同的类. 由此推出，行列式为 D 的所有的正常本原歧类的个数就等于 W 中型的个数，即等于上一目中型的个数的一半；在例外情形 $D=-1$，由于有两个类：型 $(1,0,1)$，$(2,1,1)$ 属于其中的一个类，而型 $(-1,0,-1)$，$(-2,-1,-1)$ 则属于另一个类，故而有同样的情形发生. 于是一般来说，对于负的行列式，所有的正常本原歧类的个数等于有相同行列式的本原型的所有可能有的特征的个数；而定正的正常本原歧类的个数等于这个数的一半.

Ⅱ. 如果 D 是正的平方数 h^2，那么不难证明，W 中的各个型都属于不同的类；不过，在这种情形我们可以用下面的方法更快捷地得到问题的解. 因为，根据第 210 目，在每一个行列式为 h^2 的正常本原歧类（而不是在任何其他的类）中都包含一个约化型 $(a,h,0)$，其中 a 是表示式 $\sqrt{1}\pmod{2h}$ 的位于 0 和 $2h-1$ 之间的一个值（两端包含在内），所以显见，行列式为 h^2 的正常本原歧类的个数和这个表示式的值的个数一样多. 而由第 105 目容易推出，这个表示式的值有 $2^{(n)}$ 个，或者 $2^{(n+1)}$ 个，或者 $2^{(n+2)}$ 个，这要根据 h 是奇数，或者 h 是偶数但不被 4 整除，或者是被 4 整除来决定，也就是说，要根据是有 $D\equiv1$，或者 $\equiv4$，或者 $\equiv0\pmod 8$ 来决定，这里 n 表示 h 也即是 D 的奇素因数的个数. 由此推出，正常本原歧类的个数总是上一目中所指出的型的个数的一半，即等于 W 中型的个数，也即等于所有可能的特征的个数.

Ⅲ. 当 D 是正的非平方数时，我们从 W 中的每个型 (A,B,C) 出发，取 $B'\equiv B\pmod A$，且使 B' 位于 $\sqrt{D}$ 和 $\sqrt{D}\mp A$ 之间（当 A 为正数时取上面的符号，而当 A 为负数时则取下面的符号），以及取 $C'=\frac{B'B'-D}{A}$，就得到另外一个型 (A',B',C')；我们用 W' 来记这些新的型组成的总体. 显然，这些型都是行列式为 D 的正常本原的歧型，且各不相同；此外，它们还都是约化型. 实际上，如果 $A<\sqrt{D}$，则显然有 $B'<\sqrt{D}$，且是正数；除此以外，还有 $B'>\sqrt{D}\mp A$，所以 $A>\sqrt{D}-B'$，因而 A 取正值，一定位于 $\sqrt{D}+B'$ 和 $\sqrt{D}-B'$ 之间. 如果 $A>\sqrt{D}$，那么不可能有 $B=0$（因为我们将这种型排除在外），但是必有 $B=\frac{A}{2}$；所以，B' 就和 $\frac{A}{2}$ 的大小相等，且取正号（因为有 $A<2\sqrt{D}$，所以 $\pm\frac{A}{2}$ 将位于 B' 所处的界限之间，且对模 A 同余于 B；所以 $B'=\pm\frac{A}{2}$），因而有 $B'<\sqrt{D}$，即 $2B'<\sqrt{D}+B'$，也即 $A<\sqrt{D}+B'$；于是 $\pm A$ 必定位于 $\sqrt{D}+B'$ 和 $\sqrt{D}-B'$ 之间. 最后，W' 包含行列式为 D 的所有的正常

本原约化歧型；事实上，如果(a,b,c)是这样一个型，那么就有$b\equiv 0$，或者$b\equiv \frac{a}{2}\pmod a$. 在第一种情形，显然不可能有$b<a$，所以也不可能有$a>\sqrt{D}$，于是型$(a,0,-\frac{D}{a})$必定包含在$W$之中，而对应的型$(a,b,c)$必定包含在$W'$之中；在第二种情形，必有$a<2\sqrt{D}$，从而$(a,\frac{a}{2},\frac{a}{4}-\frac{D}{a})$包含在$W$之中，而它对应的型$(a,b,c)$包含在$W'$之中. 由此我们断定$W$中型的个数等于行列式为$D$的所有正常本原约化歧型的个数；但是因为每一个歧类都包含**一对**约化的歧型（第187，194目），所以行列式为D的所有的正常本原歧类的个数等于W中型的个数的一半，也就是所有可能的特征个数的一半.

259.

具有给定行列式D的反常本原歧类的个数总是等于具有相同行列式的正常本原歧类的个数. 设K是主类，以及$K',K'',\cdots$是剩下的具有相同行列式的正常本原歧类；再设L是任意一个有相同行列式的反常本原歧类，比方说，包含型$(2,1,\frac{1}{2}-\frac{D}{2})$的那一个类. 这样一来，类$L$和$K$合成就得到类$L$本身；假设类$L$与$K',K'',\cdots$合成分别得到类$L',L'',\cdots$，显然它们都属于相同的行列式，且都是反常本原的歧类. 因此，只要我们证明了所有的类$L,L',L'',\cdots$都是不相同的，且除了这些类之外，不再有其他的行列式为D的反常本原歧类存在，那么就证明了我们的定理. 为此我们要分下面几种情形讨论.

Ⅰ. 如果反常本原类的个数等于正常本原类的个数，那么每个反常本原类都可以通过类L与某个确定的正常本原类的合成得出，因而所有的类$L,L',L'',\cdots$一定都是不相同的. 如果我们用$\mathfrak{L}$来记任意一个行列式为D的反常本原歧类，那么就存在一个正常本原类$\mathfrak{K}$，使得$\mathfrak{K}+L=\mathfrak{L}$；如果类$\mathfrak{K}'$是与$\mathfrak{K}$相反的类，那么就也有（由于类$L$和$\mathfrak{L}$都是与它们自己相反的类）$\mathfrak{K}'+L=\mathfrak{L}$，从而$\mathfrak{K}$和$\mathfrak{K}'$一定是相同的，因此$\mathfrak{K}$是一个歧类. 由此推出，$\mathfrak{K}$可以在类$K,K',K'',\cdots$中找到，而$\mathfrak{L}$则可以在类$L,L',L'',\cdots$中找到.

Ⅱ. 如果反常本原类的个数是正常本原类个数的$\frac{1}{3}$，设H是一个包含型$(4,1,\frac{1-D}{4})$的类，H'是包含型$(4,3,\frac{9-D}{4})$的类. H和H'都是正常本原类且互不相同，它们与主类K也不相同；又有$H+H'=K,2H=H',2H'=H$；以及如果$\mathfrak{L}$是任意一个行列式为D的反常本原类，且它是由类L和正常本原类$\mathfrak{K}$合成得到的，那么就也有$\mathfrak{L}=L+\mathfrak{K}+H$以及$\mathfrak{L}=L+\mathfrak{K}+H'$①；除了三个（不同的正常本原）类$\mathfrak{K},\mathfrak{K}+H,\mathfrak{K}+H'$以外，不再有其他的类能与$L$合成得到$\mathfrak{L}$. 这是因为，如果$\mathfrak{L}$是歧类，且$\mathfrak{K}'$是与$\mathfrak{K}$相反的类，且也有$L+\mathfrak{K}'=\mathfrak{L}$，那么$\mathfrak{K}'$就一定与所指出的三个类中的某一个相同. 如果$\mathfrak{K}'=\mathfrak{K}$，那么类$\mathfrak{K}$就是歧类；如果$\mathfrak{K}'=\mathfrak{K}+H$，那么就有$K=\mathfrak{K}+\mathfrak{K}'=2\mathfrak{K}+H=2(\mathfrak{K}+H')$，于是$\mathfrak{K}+H'$是歧类；类似地，

---

① 俄文版中此式误写为"$\mathfrak{L}=L+\mathfrak{R}+H'$". ——译者注.

如果 $\mathfrak{K}'=\mathfrak{K}+H'$，那么 $\mathfrak{K}+H$ 是歧类，由此推出，$\mathfrak{L}$ 一定包含在类 $L,L',L'',\cdots$ 中. 但是容易看出，在三个类 $\mathfrak{K},\mathfrak{K}+H,\mathfrak{K}+H'$ 中不可能有多于一个歧类；事实上，如果 $\mathfrak{K}$ 和 $\mathfrak{K}+H$ 都是歧类，即它们分别与自己相反的类 $\mathfrak{K}'$ 和 $\mathfrak{K}'+H'$ 相同，那么就会有 $\mathfrak{K}+H=\mathfrak{K}+H'$；由假设 $\mathfrak{K}$ 和 $\mathfrak{K}+H'$ 都是歧类，也可以导出同样的结果；最后，如果 $\mathfrak{K}+H$ 和 $\mathfrak{K}+H'$ 都是歧类，即与它们相反的类 $\mathfrak{K}'+H',\mathfrak{K}'+H$ 分别相同，那么就有 $\mathfrak{K}+H+\mathfrak{K}'+H=\mathfrak{K}'+H'+\mathfrak{K}+H'$，即 $2H=2H'$，也即 $H=H'$. 所以，只存在一个正常本原歧类，它和 L 的合成给出 $\mathfrak{L}$，因此所有的类 $L,L',L'',\cdots$ 都是不相同的.

显然，一个导出层中的歧类的个数等于导出它的那个本原层中的歧类的个数，它总是可以用上述方法来确定.

260.

问题　行列式为 D 的正常本原类 K 是由一个有相同行列式的正常本原类 k 加倍得到的；试求所有这样的类，其加倍可以得到类 K.

解　设 H 是行列式为 D 的主类，$H',H'',H''',\cdots$ 是剩下的那些有相同行列式的正常本原歧类；相应地用 $k,k',k'',\cdots$ 来记它们与 k 合成所得到的类，即 $k+H',k+H'',k+H''',\cdots$. 此时所有的类 $k,k',k'',\cdots$ 都是行列式为 D 的正常本原类，且互不相同；容易看出，这每一个类的加倍恰好都得到类 K. 而如果 $\mathfrak{K}$ 表示行列式为 D 的任何一个其加倍可以给出类 K 的正常本原类，那么它必定包含在类 $k,k',k'',\cdots$ 之中. 实际上，如果假设 $\mathfrak{K}=k+\mathfrak{H}$，使得 $\mathfrak{H}$ 是一个行列式为 D 的正常本原类(第249目)，那么就有 $2k+2\mathfrak{H}=2\mathfrak{K}=K=2k$，由此容易推出，$2\mathfrak{H}$ 和主类重合，$\mathfrak{H}$ 是歧类，即包含在类 $H,H',H'',\cdots$ 之中，以及 $\mathfrak{K}$ 包含在类 $k,k',k'',\cdots$ 之中. 因此，这些类就给出了问题的全部解.

但是，在 D 为负数的情形，显然在类 $k,k',k'',\cdots$ 中有一半是定正的，一半是定负的.

因为，由此可知：一般来说，每一个可通过对一个相似的类加倍得到的行列式为 D 的正常本原类，也可以通过对那样一些相似的类的加倍来得到，其个数等于行列式为 D 的正常本原歧类的个数，那么显然，如果行列式为 D 的所有正常本原类的个数等于 r，而有相同行列式的所有正常本原歧类的个数等于 n，那么有相同行列式且可以由一个相似的类加倍得到的所有正常本原类的个数就等于 $\frac{r}{n}$. 在行列式为负值的情形，如果用字母 r,n 分别表示**定正的**类相应的个数，也就是说，第一个字母表示其中所有的正常本原类的个数，而第二个字母则表示其中所有正常本原歧类的个数. 例如，对于 $D=-161$，所有定正的正常本原类的个数等于16，而其中歧类的个数等于4；因此能够通过对相似的类加倍得到的所有的类的个数应该等于4. 事实上我们发现，包含在主族中的所有的类都具有此性质；这就是说，主类 $(1,0,161)$ 是由四个歧类加倍得到的；$(2,1,81)$ 是由类 $(9,1,18)(9,-1,18),(11,2,15),(11,-2,15)$ 加倍得到的；$(9,1,18)$ 是由类 $(3,1,54),(6,1,27),(5,-2,33),(10,3,17)$ 加倍得到的；最后，$(9,-1,18)$ 是由类 $(3,-1,54),(6,-1,27),(5,2,33),(10,-3,17)$ 加倍得到的.

§ 72　对于给定的行列式，所有可能的特征有一半不能适合于任何正常本原（当行列式为负数时，还是定正的）族　第 261 目

261.

定理　**行列式为正的非平方数的所有可能的特征中有一半不适合于任何正常本原的族；如果行列式是负数，那么它们不适合于任何定正的正常本原族.**

证明　设 m 是行列式为 D 的所有（定正的）正常本原族的个数；k 是每一个族中所包含的类的个数，它使得 km 是所有（定正的）正常本原类的个数；n 是对于这个行列式所可能有的所有不同的特征的个数. 这样，根据第258 目，所有（定正的）正常本原歧类的个数是 $\frac{n}{2}$；因此，根据上一目可知，可以从一个相似的类的加倍得到的所有正常本原类的个数就是 $\frac{2km}{n}$. 但是根据第 247 目，所有这些类都属于包含 k 个类的主族；于是，如果主族中所有的类都可以从某个类的加倍得到（下面将要证明，实际上的确如此），那么，就有 $\frac{2km}{n}=k$，即 $m=\frac{n}{2}$；但是，显然不可能有 $\frac{2km}{n}>k$，因而也不可能有 $m>\frac{n}{2}$. 因而，由于所有（定正的）正常本原族的个数一定不能大于所有可能的特征的个数的一半，所以它们中至少有一半不可能适合于这样的族.

但是，需要注意的是，由此还不能推出：事实上所有可能的特征的一半适合于（定正的）正常本原族；这个极其重要的定理的正确性将在以后由数的十分隐秘的性质来得出.

因为对于负的行列式，定负的族与定正的族总是一样多，所以显然，所有可能的特征中至多有一半能属于定负的正常本原族. 下面我们还要对此，同时对反常本原族加以讨论. 最后，我们要注意的是，此定理不能推广到行列式为正的平方数的情形，相反地，每一个可能的特征实际上都适合于一个族.

§ 73　基本定理以及与剩余 -1，$+2$，-2 有关的其他定理的第二个证明　第 262 目

262.

这样一来，在对给定的非平方数的行列式 D 只能有两个特征的情形，它们中只有一个特征（它一定是主特征）适合于（定正的）正常本原族（这个族必定是主族）. 同时另外一个特征不适合于任何具有这个行列式的（定正的）正常本原型. 对于行列式 -1，2，-2，-4，对于取正号的 $4n+1$ 型的素数，对于取负号的 $4n+3$ 型的素数，最后，对于所有取正号的 $4n+1$ 型素数的奇次幂，以及对于所有 $4n+3$ 型素数的幂，且按照其指数是偶数或奇数而取正号或者负号，都会发生这种情况. 根据这个原理，我们可以建立一种

新的方法,这个方法不仅可以用来证明基本定理,而且也可以用来证明上一篇中与剩余 $-1,+2,-2$ 有关的其他的定理,这个方法与上一篇中所用的那些方法完全不同,且与之相比其精美程度也毫不逊色. 不过,在这里我们将不考虑行列式为 -4 以及行列式为素数幂的情形,因为讨论这些情形不会带来任何新的东西.

这样一来,对于行列式 -1,不存在特征为 3,4 的定正型;对于行列式 2,一般来说没有特征为 3 和 5,8 的型;对于判别式 -2,没有特征为 5 和 7,8 的定正型;对于行列式 $+p$,如果 p 是形如 $4n+1$ 的素数,或者对于行列式 $-p$,如果 p 是形如 $4n+3$ 的素数,不存在特征为 Np 的正常本原(在后一种情形还是定正的)型. 以此为基础,我们可以按照下面的方法来证明上一篇中的定理:

Ⅰ. -1 是每个形如 $4n+3$ 的(正)数的非剩余. 这是因为,若设 -1 是这样一个数 A 的剩余,令 $-1=B^2-AC$,则 (A,B,C) 就是行列式为 -1 的定正型,且以 3,4 为其特征.

Ⅱ. -1 是任何一个形如 $4n+1$ 的素数 p 的剩余. 这是因为,型 $(-1,0,p)$ 的特征与所有行列式为 p 的正常本原型的特征一样,都是 Rp,于是有 $-1Rp$.

Ⅲ. $+2$ 和 -2 两者都是每个形如 $8n+1$ 的素数 p 的剩余. 这是因为,型 $(8,1,\frac{1-p}{8})$ 和型 $(-8,1,\frac{p-1}{8})$ 是正常本原的,或者型 $(8,3,\frac{9-p}{8})$ 和 $(-8,3,\frac{p-9}{8})$ 是正常本原的(这要根据 n 是奇数或偶数来决定),故而它们的特征是 Rp;从而有 $+8Rp$ 和 $-8Rp$,也就有 $2Rp$ 和 $-2Rp$.

Ⅳ. $+2$ 是每个形如 $8n+3$ 或 $8n+5$ 的数的非剩余. 这是因为,如果它是这样一个数 A 的剩余,那么就会有一个行列式为 $+2$ 的型 (A,B,C),它具有特征 3 和 5,8.

Ⅴ. 同样地,-2 是每个形如 $8n+5$ 或 $8n+7$ 的数的非剩余,因为如若不然,就会有一个行列式为 -2 的型 (A,B,C),它的特征是 5 和 7,8.

Ⅵ. -2 是每个形如 $8n+3$ 的素数 p 的剩余. 这里定理可用两种方法来证明. **第一个**方法,根据 Ⅳ 我们有 $+2Np$,以及根据 Ⅰ 有 $-1Np$,故必有 $-2Rp$. **第二个**证明来自对行列式 $+2p$ 的考虑. 对这个行列式有四个可能的特征,就是 Rp,1 和 3,8;Rp,5 和 7,8;Np,1 和 3,8;以及 Np,5 和 7,8,而其中至少有两个特征不适合任何族. 现在,型 $(1,0,-2p)$ 具有第一个特征,而型 $(-1,0,2p)$ 具有第四个特征,因此,应该排除第二和第三个特征. 又由于型 $(p,0,-2)$ 关于数 8 的特征是 1 和 3,8,所以它关于 p 的特征不可能是别的,而是 Rp,从而有 $-2Rp$.

Ⅶ. $+2$ 是每个形如 $8n+7$ 的素数 p 的剩余. 这也可以用两种方法加以证明. **第一种方法**,因为根据 Ⅰ 和 Ⅴ 有 $-1Np$,$-2Np$,故而有 $+2Rp$. **第二种方法**,因为 $(8,1,\frac{1+p}{8})$ 或 $(8,3,\frac{9+p}{8})$ 是行列式为 $-p$ 的正常本原型(根据 n 是偶数或奇数),因此它的特征是 Rp,所以有 $8Rp$ 以及 $2Rp$.

Ⅷ. 任何形如 $4n+1$ 的素数 p 都是每个这样的奇数 q 的非剩余,它是模 p 的非剩余. 因为,如果 p 是模 q 的一个剩余,那么显然就会有行列式为 p 的正常本原型存在,其特征

为 Np.

Ⅸ. 同样地,如果任何的奇数 q 是一个形如 $4n+3$ 的素数 p 的非剩余,那么 $-p$ 是模 q 的非剩余;因为如若不然,就会有一个行列式为 $-p$ 的定正的正常本原型存在,它有特征 Np.

Ⅹ. 每个形如 $4n+1$ 的素数 p 都是另外每个这样的素数 q 的剩余,它是 p 的剩余. 如果 q 也有 $4n+1$ 的形式,那么这立即由 Ⅷ 推出;但是如果 q 有 $4n+3$ 的形式,则 $-q$ 也是模 p 的剩余(根据 Ⅱ),从而有 pRq(根据 Ⅸ).

Ⅺ. 如果任意一个素数 q 是另外一个形如 $4n+3$ 的素数 p 的剩余,那么 $-p$ 是数 q 的剩余. 因为,如果 q 形如 $4n+1$,则由 Ⅷ 就得出有 pRq,故而(根据 Ⅱ)有 $-pRq$;当 q 形如 $4n+3$ 时,此法不再适用,但此时问题可以通过研究行列式 $+pq$ 很容易地加以解决. 这是因为,对此行列式所可能有的四个特征 Rp, Rq;Rp, Nq;Np, Rq;Np, Nq 中,有两个不可能适合于任何族,而型 $(1,0,-pq)$,$(-1,0,pq)$ 的特征分别是第一个和第四个,所以第二和第三个特征就不可能适合于行列式为 pq 的任何正常本原型. 又因为根据假设,型 $(q,0,-p)$ 关于数 p 的特征是 Rp,所以这个型关于数 q 的特征必定是 Rq,从而就有 $-pRq$.

如果在定理 Ⅷ 和 Ⅸ 中假设 q 是素数,那么它们和定理 Ⅹ 和 Ⅺ 结合起来就给出了上一篇中的基本定理.

§74 精确地确定不能适合于族的那一半特征 第 263 ~ 264 目

263.

在我们重新证明了基本定理之后,我们要指出,对于给定的非平方数的行列式,怎样能确定不能适合于任何(定正的)正常本原型的那一半特征,而且我们解这个问题更加简单,因为解的基础都已经放在第 147 ~ 150 目的讨论中了. 设 e^2 是整除给定的行列式 D 的最大平方数,及 $D=D'e^2$,其中 D' 不含平方因数;再设 $a, b, c, \cdots$ 为 D' 所有的奇素因数,于是,除了符号外,D' 就是这些数的乘积,或者是这个乘积的两倍. 进而,当 $D'\equiv 1 \pmod 4$ 时,以 Ω 表示仅由专属特征 $Na, Nb, Nc, \cdots$ 所组成的总体;当 $D'\equiv 3 \pmod 4$ 及 e 为奇数或不被 4 整除的偶数时,要添上特征 3,4;当 $D'\equiv 3 \pmod 4$ 及 e 被 4 整除时,要添上特征 3,8 和 7,8;当 $D'\equiv 2 \pmod 8$ 且 e 为奇数或偶数时,还要加上特征 3 和 5,8,或者加上两个特征 3,8 和 5,8;最后,当 $D'\equiv 6 \pmod 8$ 且 e 为奇数或为偶数时,还要加上特征 5 和 7,8,或者加上两个特征 5,8 和 7,8. 如果按照所指出的方式做了,那么含有 Ω 中奇数个专属特征的所有完全特征就不可能适合于行列式为 D 的任何(定正的)正常本原族. 在所有其他的情形,那些表示与数 D 的不整除 D' 的素因数的关系的专属特征对于是否有可能存在相适合的族没有影响. 根据组合的考虑容易确定,实际上利用这一方法,所有可能的完全特征中有一半要被排除掉.

我们用下面的方式来证明这一规则的正确性. 根据上一篇的原理,或者根据上一目中重新证明的定理容易推出,如果 p 是不整除 D 的一个(正的奇)素数,且与之对应有一个被排除在外的特征,那么 D' 就含有奇数个因数,它们都是模 p 的非剩余,因此 D',所以

D都是模p的非剩余. 此外,容易看出,任意多个与D互素的奇数(这些数都不与任何一个与被排除的特征相对应)的乘积也不可能与这样的特征相对应;反过来,由此显见,每个与D互素且属于某一个被排除的特征的正奇数必定包含某个有同样性质的素因数,所以D是它的非剩余. 因此,如果存在行列式为D的(定正的)正常本原型,它与一个被排除的特征相对应,那么D就是每个与D互素且可以由这个型表出的正奇数的非剩余,而这显然与第154目中的定理矛盾.

作为例子,可以将第231,232目中指出的分类加以比较,它们的个数可以随意增加.

264.

这样一来,对于任意给定的一个非平方数的行列式,所有可能的特征就被分成具有这样性质的两种类型P和Q:(定正的)正常本原型不可能适合于Q中任何一个特征,而同时,据我们到目前所知,无论什么都不能阻碍这样的型属于其余那些P中的特征. 特别地,关于这种类型的特征可以给出如下的定理,此定理容易从它们的定义推出:如果P的一个特征与Q的一个特征合成(根据第246目的方法,确切地说即是,如果这个族也与第二种类型的特征相对应),那么就得到Q中的一个特征;反之,如果把P中的两个特征或者Q中的两个特征合成起来,那么所得到的特征就属于P. 借助这个定理,对于定负的或反常本原的族,我们也能按照如下的方法排除所有可能的特征的一半.

Ⅰ. 对于负的行列式D,在这方面定负的族和定正的族恰好相反,就是说,P中没有一个特征能属于定负的正常本原族,但是所有这样的族都具有Q中的特征. 这是因为,当$D'\equiv 1 \pmod 4$时,$-D'$是形如$4n+3$的正数,于是在数$a,b,c,\cdots$之中就有奇数个形如$4n+3$的数,且-1是它们中每一个数的非剩余,由此就推出,在这种情形,型$(-1,0,D)$中的完全特征含Ω中的奇数个专属特征,即它属于Q;当$D'\equiv 3 \pmod 4$时,数$a,b,c,\cdots$中要么不存在形如$4n+3$的数,要么有2个,4个,… 这样的数,但因为在此情形,在型$(-1,0,D)$的专属特征中出现3,4,或3,8,或7,8,所以显然,此时这个型的完全特征也属于Q. 在其余的情形,同样容易得到相同的结论,即定负型$(-1,0,D)$总具有Q中的特征. 但是,由于这个型与任何另外一个有相同行列式的定负的正常本原型的合成会产生一个同样类型的定正型,因而容易看出,任何定负的正常本原型都不能具有P中的特征.

Ⅱ. 可以用类似的方法证明,(定正的)反常本原族与正常本原族要么有相同的结果,要么有相反形式的结果,这要根据$D\equiv 1$还是$\equiv 5 \pmod 8$而定. 这是因为,在前一种情形也有$D'\equiv 1 \pmod 8$,由此容易推出,在数$a,b,c,\cdots$中要么不存在形如$8n+3$和$8n+5$的数,要么有2个,4个,… 这样的数(实际上,任意多个奇数的乘积,其中形如$8n+3$和$8n+5$的数总共有奇数个,或者$\equiv 3$或者$\equiv 5 \pmod 8$,而所有数$a,b,c,\cdots$的乘积应该等于D'或$-D'$). 由此推出型$(2,1,\frac{1-D}{2})$的完全特征要么不包含Ω中的专属特征,要么包含2个,4个,… 这样的特征,因此必属于P. 现在,由于行列式为D的每个(定正的)反常本原型都可以被看成是$(2,1,\frac{1-D}{2})$和某个有相同行列式的(定正的)正常本原型的合成，所以显然，在这种情形没有（定正的）反常本原型能够有 Q 中的特征. 在第二种情形，当 $D \equiv 5 \pmod 8$ 时，所有的情况正好相反，也就是说，此时 D'（它也 $\equiv 5 \pmod 8$）必定含有奇数个形如 $8n+3$ 及 $8n+5$ 的因数，由此推出型 $(2,1,\frac{1-D}{2})$ 的特征，以及行列式为 D 的每个（定正的）反常本原型的特征都属于 Q，即定正的反常本原族不能适合 P 中任何一个特征.

Ⅲ. 最后，对于负的行列式，定负的反常本原族与定正的反常本原族再次有相反的结果，也就是说，前者不可能有属于 P 或者 Q 的特征，这要根据 $D \equiv 1$ 或者 $\equiv 5 \pmod 8$ 而定，或者说根据 $-D$ 形如 $8n+7$ 或者 $8n+3$ 来确定. 这不难由如下的事实来推出：将型 $(-1,0,D)$（它的特征属于 Q）与有相同行列式的定负的反常本原型合成，得到定正的反常本原型，于是，如果对后面的型排除了 Q 中的特征，那么对于后面的型，P 中的特征也必定应该被排除在外，且反之亦然.

§75 分解素数成两个平方数的特殊方法 第265目

265.

上述一切都建立在第257，258目有关歧类的个数这一研究的基础之上，由这一研究还可以导出许多出色的结果，为节省篇幅起见我们将略而不谈它们；但是，由于其精美我们不能忽略下面的值得注意的结果. 我们要指出，对于正的行列式 p，p 是形如 $4n+1$ 的素数，只有唯一一个正常本原歧类存在；从而所有具有这样的行列式的正常本原歧型都是彼此正常等价的. 这样一来，如果 b 是小于 $\sqrt{p}$ 的最大正整数，及 $p-b^2=a'$，则型 $(1,b,-a')$，$(-1,b,a')$ 就是正常等价的，因此，由于它们两者显然都是约化型，所以它们中的一个包含在另一个的周期之中. 如果第一个型在它的周期中给以指数0，那么第二个型的指数就必定是一个奇数（因为这两个型的第一项有相反的符号）；因此可以假设它等于 $2m+1$. 进而，容易看出，如果指数为1，2，3，… 的型分别是

$$(-a',b',a''),(a'',b'',-a'''),(-a''',b''',a''''),\cdots,$$

那么下面的型

$$(a',b',-1),(-a'',b',a'),(a''',b'',-a''),(-a'''',b''',a'''),\cdots$$

将分别对应于指数 $2m, 2m-1, 2m-2, 2m-3, \cdots$.

由此推出，如果指数为 m 的型等于 (A,B,C)，那么它也等于 $(-C,B,-A)$，故有 $C=-A$ 以及 $p=A^2+B^2$. 这样一来，每个形如 $4n+1$ 的素数都能被分解成两个平方数（在上面第182目中我们用完全不同的原理推导出了所给的分解）. 我们还可以用既非常简单又完全统一的方法来求出这样的分解，也就是说，对于以该素数为行列式且第一项为1的约化型，构造它的周期直到得到外项大小相等但符号相反的那个型为止. 例如，对 $p=233$ 我们可得如下的一列型 $(1,15,-8)$，$(-8,9,19)$，$(19,10,-7)$，$(-7,10,16)$，$(16,5,-13)$，$(-13,8,13)$，以及 $233=64+169$. 顺便指出，显然 A 必为奇数（这是因为 $(A,B,-A)$ 必为一个正常本原型），因而 B 为偶数. 因为对正的行列式 p，p 是形如 $4n+1$

的素数,其反常本原层中只包含唯一的一个歧类,所以显然,如果 g 是小于$\sqrt{p}$ 的最大奇数,及$p-g^2=4h$,那么反常本原约化型$(2,g,-2h)$,$(-2,g,2h)$ 就是正常等价的,从而它们中的一个包含在另一个的周期之中. 由此利用完全类似于上面的推理可以断言:在型$(2,g,-2h)$ 的周期中可以求得一个型,它的外项大小相等,但符号相反,这样就能将数 p 分解成两个平方数. 但是显然,这个型的外项是偶数,而它的中项是奇数;又因为已知素数只可能用唯一一种方式分解成两个平方数,故而我们用此方法所求得的型要么就是$(B,\pm A,-B)$,要么就是$(-B,\pm A,B)$. 这样,在上面$p=233$这个例子中,我们就得到如下的:$(2,15,-4)$,$(-4,13,16)$,$(16,3,-14)$,$(-14,11,8)$,$(8,13,-8)$以及$233=169+64$,结果与上面一样.

§76 三元型研究杂谈 第 266 ~ 285 目

266.

到目前为止,我们仅限于讨论**两个**变数的二次函数,因而还没有必要给它们赋以特别的名称. 但是显然,我们可以把这个论题看做是**任意多个变数和任意次有理代数齐次整函数**的一般性的研究的一个很专门的部分,这样的函数可以按照它们的次数分成**二次型,三次型,四次型**和**m次型**,等等,以及根据变数的个数分成**二元型,三元型,四元型**及**m元型**. 于是,到目前为止我们简称为型的对象就是**二元二次型**,而形如

$$Ax^2+2Bxy+Cy^2+2Dxz+2Eyz+Fz^2$$

的函数(其中 A,B,C,D,E,F 表示给定的整数) 则称为**三元二次型**,如此等等. 我们首先把本篇用来讨论二元二次型. 但是,因为还有许多与此有关的事实,导出它们的最优美、最直接的源泉在于三元二次型的理论. 我们想在这里对这一理论作一个简略的插叙,在它的最基本的知识中引进为了补充二次型理论所必需的东西,希望这样做要比忽略或者是用不太自然的方法来推导这些事实更适合数学家的口味. 我们应该把关于这个十分重要的问题的更加详细的研究放到另外的场合. 首先,这是因为它的丰富成果现在就已经远远超出了本书的范围. 其次,是为了希望在将来还能用其他重要的结果来充实它. 在这里我们至少要把四个变数、五个变数 …… 的二次型完全排除在讨论之外. ①并满足于将数学家们的注意力转向这个极其宽广的领域,因为在这里他们将找到丰富的题材来锻炼自己的能力以及丰富高等算术的杰出发现.

267.

正如我们对二元型做过的那样:对于三元型中出现的三个变数确定一个固定的次序,把它们分成**第一个、第二个**以及**第三个变数**,这对于我们更清晰地理解问题是大有好处的. 在列出一个型的不同的部分时,我们总是遵从这样的次序:包含第一个变数的平方

① 因为这个原因,以后只要说到二元或三元的型,就总是指**二次**型.

的项总是放在第一个位置上,然后一个接一个地放以下各项,第二个变数的平方,第三个变数的平方,第二和第三个变数乘积的两倍,第一和第三个变数乘积的两倍以及第一和第二个变数乘积的两倍. 最后,我们按照同样的次序,把乘以平方数及乘积的两倍的那些整常数依次称为**第一个系数、第二个系数、第三个系数、第四个系数、第五个系数**以及**第六个系数**. 例如

$$ax^2+a'x'x'+a''x''x''+2bx'x''+2b'xx''+2b''xx'$$

就是一个正确排列的三元型. 它的第一个变数是 x,第二个变数是 x',第三个变数是 x''. 它的第一个系数是 a,…,第四个系数是 b,…. 但是,由于简洁的想法会带来方便,如果我们并不总是需要用特殊的字母来表示三元型的变数,那么,如果我们不关注变数,我们就把这样的型写成以下的形式

$$\begin{pmatrix}a, & a', & a''\\ b, & b', & b''\end{pmatrix}$$

如果假设

$$b^2-a'a''=A,b'b'-aa''=A',b''b''-aa'=A'',$$
$$ab-b'b''=B,a'b'-bb''=B',a''b''-bb'=B'',$$

那么我们就得到另一个型

$$\begin{pmatrix}A, & A', & A''\\ B, & B', & B''\end{pmatrix}=F,$$

我们把它称为是与型

$$\begin{pmatrix}a, & a', & a''\\ b, & b', & b''\end{pmatrix}=f$$

相补的. 如果为了简略起见假设

$$ab^2+a'b'b'+a''b''b''-aa'a''-2bb'b''=D,$$

那么由此我们就又得到

$$B^2-A'A''=aD,B'B'-AA''=a'D,B''B''-AA'=a''D,$$
$$AB-B'B''=bD,A'B'-BB''=b'D,A''B''-BB'=b''D,$$

由此推出,与型 F 相补的型是

$$\begin{pmatrix}aD, & a'D, & a''D\\ bD, & b'D, & b''D\end{pmatrix}.$$

三元型 f 的性质首先是与数 D 的性质有关,我们把数 D 称为这个型的**行列式**;由此可见,型 F 的行列式等于 D^2,也就是等于型 f 的行列式的平方,它是与 f 相补的型.

例如,与三元型$\begin{pmatrix}29, & 13, & 9\\ 7, & -1, & 14\end{pmatrix}$相补的型是$\begin{pmatrix}-68, & -260, & -181\\ 217, & -111, & 133\end{pmatrix}$,且两者的行列式都等于 1.

在下面的研究中,我们将把行列式为 0 的三元型完全排除在外,因为,正如在另外的场合给出的三元型的更加完整的理论将会指出,行列式为 0 的这种三元型仅仅在外表上是三元型,实际上它们与二元型等价.

268.

如果任意一个行列式为D,变数为x,x',x''(即第一个变数是x,等等)的三元型f,在形如

$$x=\alpha y+\beta y'+\gamma y''$$
$$x'=\alpha' y+\beta' y'+\gamma' y''$$
$$x''=\alpha'' y+\beta'' y'+\gamma'' y''$$

的代换下,变成行列式为E,变数为y,y',y''的三元型g,其中的九个系数$\alpha,\beta,\cdots$全都是整数,那么,为简略起见,我们将略去变数,而简单地说,型f在代换(S)

$$\begin{matrix}\alpha, & \beta, & \gamma\\ \alpha', & \beta', & \gamma'\\ \alpha'', & \beta'', & \gamma''\end{matrix}$$

下变成g,以及f包含型g或g包含在f中. 于是,由此假设直接得到对型g中的六个系数的六个等式,这里不需要把它们写出来;但是,由这些等式经不复杂的计算可以得出下述结论:

Ⅰ. 为简略计,如果假设

$$\alpha\beta'\gamma''+\beta\gamma'\alpha''+\gamma\alpha'\beta''-\gamma\beta'\alpha''-\alpha\gamma'\beta''-\beta\alpha'\gamma''=k,$$

经相应的简化后就得到等式$E=k^2D$,由此推出D整除E,且它们的商是一个平方数. 因此显然,数k对于三元型的变换类似于第157目中的数$\alpha\delta-\beta\gamma$对于二元型的变换,也就是说,是行列式之比的平方根. 由此看来可以推测,在这里,k的符号上的差异也会引起变换之间的本质区别,一个型究竟是正常地还是反常地包含在另一个型中. 但是,如果更仔细地考察问题,我们就会看出:f也被代换

$$\begin{matrix}-\alpha, & -\beta, & -\gamma\\ -\alpha', & -\beta', & -\gamma'\\ -\alpha'', & -\beta'', & -\gamma''\end{matrix}$$

变成g,但是,如果在k的值中用$-\alpha$取代α,用$-\beta$取代β,等等,我们就会得到$-k$,因此这个代换与代换(S)是不同型的,而这也就意味着每一个以某种方式包含另一个三元型的型,必定也以另一种方式包含它. 所以在这里不用做这种区分,因为对于三元型它是不需要的.

Ⅱ. 如果用F,G分别来记与f,g相补的型,那么F中的系数将由型f的系数确定,G中的系数将由代换(S)所确定的等式所给出的型g的系数的值来确定. 如果以字母来表示型f的系数,那么比较型F,G的系数的值,就容易看出,F包含G,且F被代换(S')

$$\beta'\gamma''-\beta''\gamma',\gamma'\alpha''-\gamma''\alpha',\alpha'\beta''-\alpha''\beta'$$
$$\beta''\gamma-\beta\gamma''\text{①},\gamma''\alpha-\gamma\alpha'',\alpha''\beta-\alpha\beta''$$

---

① 俄文版此式误写为“$\beta\gamma-\beta\gamma''$”. ——译者注.

$$\beta\gamma' - \beta'\gamma, \gamma\alpha' - \gamma'\alpha, \alpha\beta' - \alpha'\beta$$

变成 G. 由于计算没有任何困难,我们这里就不把它写出来了.

Ⅲ. 通过代换(S'')

$$\begin{matrix} \beta'\gamma'' - \beta''\gamma', \beta''\gamma - \beta\gamma'', \beta\gamma' - \beta'\gamma \\ \gamma'\alpha'' - \gamma''\alpha', \gamma''\alpha - \gamma\alpha'', \gamma\alpha' - \gamma'\alpha \\ \alpha'\beta'' - \alpha''\beta', \alpha''\beta - \alpha\beta'', \alpha\beta' - \alpha'\beta \end{matrix}$$

型 g 显然变成型 f 在代换

$$\begin{matrix} k, & 0, & 0 \\ 0, & k, & 0 \\ 0, & 0, & k \end{matrix}$$

下所变成的那个型,即变成将型 f 的每个系数乘以 k^2 后所得到的型. 我们将用 f' 来记这个型.

Ⅳ. 用完全一样的方法可以证明,代换(S''')

$$\begin{matrix} \alpha, & \alpha', & \alpha'' \\ \beta, & \beta', & \beta'' \\ \gamma, & \gamma', & \gamma'' \end{matrix}$$

把型 G 变成型 F 的每个系数乘以 k^2 后所得到的型. 我们将把这个型记为 F'.

我们将说代换 S''' 是由代换 S 做**转置**得到的,显然,由代换 S''' 做转置同样得到 S;同样地,代换 S',S'' 中的一个做转置就可以得到其中的另外一个. 我们可以合理地把代换 S' 称为是与代换 S **相补的**,因此代换 S'' 也是与代换 S''' 相补的.

269.

如果不仅是型 f 包含 g,而且 g 也包含 f,我们就称型 f 和 g 是**等价的**. 在这种情形,不仅 D 整除 E,而且 E 也整除 D,故有 $D=E$. 反之,如果型 f 包含一个有相同行列式的型 g,那么这两个型等价. 事实上(如果我们利用与上一目中相同的符号,并且略去 $D=0$ 的情形),$k=\pm 1$,因此型 f'(它是 g 被代换 S'' 变成的型)和 f 是相同的,即 f 包含在 g 中. 此外,显然,在此情形,与 f,g 分别相补的型 F,G 也是相互等价的,且第二个型可以通过代换 S''' 变成第一个. 最后,如果反过来假定型 F,G 是等价的,而且认为第一个型可以通过代换 T 变成第二个,那么型 f,g 也是等价的,且 f 被与 T 相补的代换变成 g,而 g 则被由 T 的转置所给出的代换变成 f. 事实上,这两个代换分别把与 F 相补的型变成与 G 相补的型,且也把第二个型变成第一个. 然而,这两个型可以通过将 f,g 的每个系数都乘以 D 而得到. 由此不难推出,由上面指出的代换,可以相应地把 f 变成 g,以及把 g 变成 f.

270.

如果三元型 f 包含三元型 f',且后者本身也包含型 f'',那么 f 也包含 f''. 因为容易看出,如果 f 被代换

$$\begin{matrix} \alpha, & \beta, & \gamma \\ \alpha', & \beta', & \gamma' \\ \alpha'', & \beta'', & \gamma'' \end{matrix}$$

变成 f',而 f' 又被代换

$$\begin{matrix} \delta, & \varepsilon, & \zeta \\ \delta', & \varepsilon', & \zeta' \\ \delta'', & \varepsilon'', & \zeta'' \end{matrix}$$

变成 f'',那么 f 就被代换

$$\begin{matrix} \alpha\delta+\beta\delta'+\gamma\delta'', \alpha\varepsilon+\beta\varepsilon'+\gamma\varepsilon'', \alpha\zeta+\beta\zeta'+\gamma\zeta'' \\ \alpha'\delta+\beta'\delta'+\gamma'\delta'', \alpha'\varepsilon+\beta'\varepsilon'+\gamma'\varepsilon'', \alpha'\zeta+\beta'\zeta'+\gamma'\zeta'' \\ \alpha''\delta+\beta''\delta'+\gamma''\delta'', \alpha''\varepsilon+\beta''\varepsilon'+\gamma''\varepsilon'', \alpha''\zeta+\beta''\zeta'+\gamma''\zeta'' \end{matrix}$$

变换成 f''.

这样一来,如果 f 与 f' 等价,且 f' 与 f'' 等价,那么型 f 也与型 f'' 等价. 这些定理很显然可以直接应用到多个型的情形.

271.

由此可见,与二元型一样,所有的三元型也可以分成类,如果把等价的型归入同一个类,而把不等价的型归入不同的类. 于是有不同的行列式的型必定属于不同的类,从而三元型有无穷多个类;有相同行列式的三元型有时候组成许多个类,而有时候组成很少的几个类;但是,应该看做是这种型的一个基本性质是:**具有相同给定的行列式的所有的型组成有限多个类**. 在详细讨论这个十分重要的定理之前,我们应该明确说明三元型之间如下重要的区别.

某些三元型既可以表出正数,也可以表出负数,例如型 $x^2+y^2-z^2$,因此,我们称这样的型为**不定型**. 相反地,另外一些型不能表示负数,而只能表出正数(除了当所有的变量都为0时取值0),例如型 $x^2+y^2+z^2$,因此我们称之为**定正型**;最后,某些型不能表出正数,例如型 $-x^2-y^2-z^2$,因此它们被称为**定负型**. 定正型和定负型统称为**定型**. 现在,我们要来给出某些区分型的这些性质的判别法.

如果用 a 来乘行列式为 D 的三元型

$$f=ax^2+a'x'x'+a''x''x''+2bx'x''+2b'xx''+2b''xx'$$

以及与在第267目中一样,用 A,A',A'',B,B',B'' 来记与 f 相补的型的系数,那么我们就得到

$$(ax+b''x'+b'x'')^2-A''x'x'+2Bx'x''-A'x''x''=g;$$

如果再用 A' 来乘它,那么就会得到

$$A'(ax+b''x'+b'x'')^2-(A'x''-Bx')^2+aDx'x'=h.$$

由此立即推出,如果 A' 和 aD 两者皆为负数,那么 h 的所有的值也都是负数,因此显然型 f 只能表示那些与 aA' 的符号相反的数,也就是与 a 的符号相同或者与 D 的符号相反的那些数. 这样一来,在此情形 f 是一个定型,而且它是定正型还是定负型,要根据 a 是正数还

是负数来确定,或者说根据 D 是负数还是正数来确定.

但是,如果数 aD 和 A' 两者都是正的,或者一正一负(均不为零),那么容易看出,只要选取 x,x',x'' 的适当的值,就可以使 h 既取到正的值,又取到负的值. 于是,在这种情形,f 可以取到与 aA' 符号相同的值,也可以取到与它符号相反的值,因此 f 是一个不定型.

对于 $A'=0$ 但 $a\neq 0$ 的情形,我们有

$$g=(ax+b''x'+b'x'')^2-x'(A''x'-2Bx'')①$$

如果给 x' 一个任意的(非零的)值,并且这样来选取 x'',使得 $\frac{A''x'}{2B}-x''$ 与 Bx' 有同样的符号(容易看出这是可以做到的,因为 B 不能等于0;否则的话,就会有 $B^2-A'A''=aD=0$,从而有 $D=0$,而这正是我们排除在外的情形),那么 $x'(A''x'-2Bx'')$ 就取正值,由此容易推出,可以选取 x 的值,使 g 取到负的值. 显然,只要我们愿意,所有这些值都可以取为整数. 最后,如果 x',x'' 被赋予任意的值,那么,可以将 x 取得足够大,以使得 g 为正. 因此,在这种情形 f 是一个不定型.

最后,如果 $a=0$,那么就有

$$f=a'x'x'+2bx'x''+a''x''x''+2x(b''x'+b'x''),$$

因此,如果我们任意选取 x',x'',不过要使得有 $b''x'+b'x''\neq 0$(显然这是可以做到的,只要 b' 和 b'' 不同时为0;而那时就会有 $D=0$),那么容易看出,可以选取 x 使得 f 既可以取到正的值,又可以取到负的值. 因而在此情形 f 是一个不定型.

按照这里我们由数 aD,A' 来决定型 f 的性质的同样的方法,我们也可以利用数 aD 和 A'' 来得出这些结论:如果 aD 和 A'' 两者都是负数,则型 f 是定型;而在所有其他情形,f 都是不定型. 为了同样的目的,我们也可以考虑数 $a'D$ 和 A,或者考虑 $a'D$ 和 A'',或者考虑 $a''D$ 和 A,最后,或者考虑 $a''D$ 和 A'.

由所有这些结论可以推出,在定型中,六个数 $A,A',A'',aD,a'D,a''D$ 都是负数,而且在定正型中,a,a',a'' 是正的,D 是负的;而在定负型中,a,a',a'' 是负的,而 D 是正的. 由此可见,具有给定正行列式的所有的三元型被分成定负型和不定型;具有给定负行列式的所有的型被分成定正型和不定型;以及最后,行列式为正数的定正型,或行列式为负数的定负型,一般都不存在. 此外,容易看出,定型的相补型一定是定型,且是**定负的**,而不定型的相补型一定是不定型.

显然,由于可以由给定的三元型表出的所有的数也都可以由所有与之等价的型表出,同一个类中所有的三元型或者全都是不定型,或者全都是定正型,或者全都是定负型. 故而这些名称可以转移到整个类上去.

272.

我们要来证明上一目中所说的定理:具有给定行列式的所有的三元型可以分成有限多个类,所用的方法与对二元型所用的方法相似,这就是说,首先我们要来指出,怎样把

① 俄文版中此式误为"$g=(ax+b''x'+b'x'')^2-x'(A''x'-2bx'')$."——译者注.

每个三元型化成更简单的型，然后再来证明，对于每个给定的行列式，这种最简单的型（它们是通过做这样的化简得来的）的个数是有限的. 一般地，如果我们假设具有行列式为 D（异于零）的给定的三元型

$$f=\begin{pmatrix}a, & a', & a''\\ b, & b', & b''\end{pmatrix}$$

被代换（S）

$$\begin{matrix}\alpha, & \beta, & \gamma\\ \alpha', & \beta', & \gamma'\\ \alpha'', & \beta'', & \gamma''\end{matrix}$$

变成等价的型 $g=\begin{pmatrix}m, & m', & m''\\ n, & n', & n''\end{pmatrix}$. 那么，我们的问题是要确定 $\alpha,\beta,\gamma,\cdots$，使得 g 比 f 更简单. 如果与 f,g 相补的型分别是 $\begin{pmatrix}A, & A', & A''\\ B, & B', & B''\end{pmatrix}$ 和 $\begin{pmatrix}M, & M', & M''\\ N, & N', & N''\end{pmatrix}$，并把它们分别记为 F,G，那么，根据第269目，F 可以被一个与（S）相补的代换变成 G，而 G 被由（S）的转置所给出的代换变成 F. 数

$$\alpha\beta'\gamma''+\alpha'\beta''\gamma+\alpha''\beta\gamma'-\alpha''\beta'\gamma-\alpha\beta''\gamma'-\alpha'\beta\gamma''$$

必定要么等于 $+1$，要么等于 -1，我们记它为 k. 此后，我们来指出以下各种情形：

Ⅰ. 如果有 $\gamma=0,\gamma'=0,\alpha''=0,\beta''=0,\gamma''=1$，那么

$$m=a\alpha^2+2b''\alpha\alpha'+a'\alpha'\alpha',m'=a\beta^2+2b''\beta\beta'+a'\beta'\beta',$$
$$m''=a'';$$
$$n=b\beta'+b'\beta,n'=b\alpha'+b'\alpha,n''=a\alpha\beta+b''(\alpha\beta'+\beta\alpha')+a'\alpha'\beta'.$$

此外，$\alpha\beta'-\beta\alpha'$ 必定要么等于 $+1$，要么等于 -1. 由此推出，行列式为 A' 的二元型 (a,b'',a') 被代换 $\alpha,\beta,\alpha',\beta'$ 变成行列式为 M'' 的二元型 (m,n'',m')，由于 $\alpha\beta'-\beta\alpha'=\pm1$，因而这两个型是等价的，故有 $M''=A''$，这也容易直接验证. 于是，如果 (a,b'',a') 不是它所在的类中最简单的型，那么我们就可以确定 $\alpha,\beta,\alpha',\beta'$ 的值，使得 (m,n'',m') 是更简单的型，而且由二元型的等价理论不难推出可以这样来做：如果 A'' 是负的，就可以使 m 不大于 $\sqrt{-\frac{4A''}{3}}$，或者当 A'' 为正时，就可以使 m 不大于 $\sqrt{A''}$，或者当 $A''=0$ 时可以取 $m=0$，这样一来，在所有情形 m 的（绝对）值要么是0，要么至少不超过 $\sqrt{\pm\frac{4A''}{3}}$. 于是，只要这总是可能的，按照这样的方法，f 就被化简为另外一个有更小的首项系数的型，而与这个型相补的型和与型 f 相补的型 F 有相同的第三项系数. 这就是**第一种化简**.

Ⅱ. 反之，如果 $\alpha=1,\beta=0,\gamma=0,\alpha'=0,\alpha''=0$，我们就有 $k=\beta'\gamma''-\beta''\gamma'=\pm1$；于是与（$S$）相补的代换是

$$\begin{matrix}\pm1, & 0, & 0\\ 0, & \gamma'', & -\beta''\\ 0, & -\gamma', & \beta'\end{matrix}$$

这一代换把 F 变成 G. 因此,我们有

$$m=a,n'=b'\gamma''+b''\gamma',n''=b'\beta''+b''\beta',$$
$$m'=\alpha'\beta'\beta'+2b\beta'\beta''+a''\beta''\beta'',$$
$$m''=a'\gamma'\gamma'+2b\gamma'\gamma''+a''\gamma''\gamma'',$$
$$n=a'\beta'\gamma'+b(\beta'\gamma''+\gamma'\beta'')+a''\beta''\gamma'',$$
$$M'=A'\gamma''\gamma''-2B\gamma'\gamma''+A''\gamma'\gamma',$$
$$N=-A'\beta''\gamma''+B(\beta'\gamma''+\gamma'\beta'')-A''\beta'\gamma',$$
$$M''=A'\beta''\beta''-2B\beta'\beta''+A''\beta'\beta'.$$

由此可见,行列式为 Da 的二元型 (A'',B,A') 被代换 $\beta',-\gamma',-\beta'',\gamma''$ 变成行列式为 Dm 的型 (M'',N,M'),故而(因为 $\beta'\gamma''-\gamma'\beta''=\pm1$,即 $Da=Dm$)也与之等价. 因此,如果 (A'',B,A') 是它所在的类中最简单的型,那么就可以确定系数 $\beta',\gamma',\beta'',\gamma''$,使得 (M'',N,M') 是更简单的型,而且不计其符号,总可以取 M'' 不大于 $\sqrt{\pm\frac{4Da}{3}}$. 于是,利用这样的方法,型 f 就被化简成另一个有这样的首项系数的型,而只要这总是可能的,与这第二个型相补的型就有比与 f 相补的型 F 更小的第三项系数. 这就是**第二种化简**.

Ⅲ. 因此,如果 f 是第一种和第二种化简都不能应用的三元型,也就是说,这两个化简中没有一个能把 f 变成更简单的型,那么按绝对值计必有 $a^2\leqslant\frac{4A''}{3}$,及 $A''A''\leqslant\frac{4aD}{3}$. 由此推出 $a^4\leqslant\frac{16A''A''}{9}$,因而 $a^4\leqslant\frac{64aD}{27}$,即 $a^3\leqslant\frac{64D}{27}$,及 $a\leqslant\frac{4}{3}\sqrt[3]{D}$;由此又得到 $A''A''\leqslant\frac{16}{9}\sqrt[3]{D^4}$ 及 $A''\leqslant\frac{4}{3}\sqrt[3]{D^2}$. 这样一来,如果 a 或者 A'' 还超出这些界限,那么上面的化简中就必定会有一个对型 f 是适用的. 但是,这个结论反过来并不成立,因为常有这样的情形发生:一个三元型的相补型的第一和第三个系数已经在所说的界限之内,但它却总还是可以用其中的某个化简使它变得更加简单.

Ⅳ. 现在如果对任意给定的行列式为 D 的三元型交替地使用第一种和第二种化简,也就是说,对它本身用第一种化简,而对这里得到的型用第二种或第一种化简,再对所得到的型用第一种或第二种化简,如此等等,那么显然,最后我们会得到一个型,对于它无论哪种化简都不能再应用了. 这是因为,这时所得到的型的第一个系数以及与它相补的型的第三个系数的绝对值交替地时而保持不变,时而减小,所以这个过程一定会在某一步终止,因为否则的话就会得到两个无穷的连续递减的数列. 于是我们就得到了下述漂亮的定理:**每一个行列式为 D 的三元型,都可以简化成具有下述性质的另一个与其等价的型:它的第一个系数不大于 $\frac{4}{3}\sqrt[3]{D}$,而与它相补的型的第三个系数不大于 $\frac{4}{3}\sqrt[3]{D^2}$(均按绝对值计),只要所给的型本身还不具有这些性质.** 但是,如果我们代替型 f 的第一个系数以及与之相补的型的第三个系数,我们以完全同样的方式改为取这个型本身的第一个系数以及与它相补的型的第二个系数;或者取这个型本身的第二个系数以及与之相补的型的第一或第三个系数;或者取这个型本身的第三个系数以及与之相补的型的第一或第

二个系数,那么我们总可以用同样的方法实现自己的目标;不过更为有利的是统一使用一个方法,以使所涉及的操作可以归结为固定的算法.最后我们要指出,如果把定型和不定型区分开来,或许我们就可以对我们所指出的那两个系数给出更小的界;但是这对我们眼前的目标来说并不是必要的.

273.

现在,我们来给出几个例子,以使得前面给出的规则变得清楚明白.

例 1 如果 $f=\begin{pmatrix}19, & 21, & 50\\ 15, & 28, & 1\end{pmatrix}$,那么 $F=\begin{pmatrix}-825, & -166, & -398\\ 257, & 573, & -370\end{pmatrix}$,及 $D=-1$. 因为(19,1,21)是一个约化二元型,且不存在第一项小于 19 的其他的二元型与之等价,所以在这里不能应用第一种化简;相反地,根据二元型的等价理论,可以用代换2,7,3,11 把二元型 $(A'',B,A')=(-398,257,-166)$ 变成一个更简单的等价型 $(-2,1,-10)$. 于是,如果令 $\beta'=2,\gamma'=-7,\beta''=-3,\gamma''=11$,以及对型 f 用代换

$$\begin{Bmatrix}1, & 0, & 0\\ 0, & 2, & -7\\ 0, & -3, & 11\end{Bmatrix},$$

那么它就将被变换成型 f'① $=\begin{pmatrix}19, & 354, & 4\,769\\ -1\,299, & 301, & -82\end{pmatrix}$. 而与之相补的型的第三个系数是 -2,有鉴于此,f' 比 f 更简单.

第一种化简可以应用于型 f'. 也就是说,由于二元型 $(19,-82,354)$ 可以被代换13,4,3,1 变成(1,0,2),所以对型 f' 要作代换

$$\begin{Bmatrix}13, & 4, & 0\\ 3, & 1, & 0\\ 0, & 0, & 1\end{Bmatrix},$$

在此代换下 f' 被变成

$$f''=\begin{pmatrix}1, & 2, & 4\,769\\ -95, & 16, & 0\end{pmatrix}.$$

我们可以再次对型 f'' 应用第二种化简,这个型的相补型是 $\begin{pmatrix}-513, & -4\,513, & -2\\ -95, & 32, & 1\,520\end{pmatrix}$. 这就是说,型 $(-2,-95,-4\,513)$ 可以被代换47,1,-1,0 变成 $(-1,1,-2)$;因此对 f'' 需作代换

$$\begin{Bmatrix}1, & 0, & 0\\ 0, & 47 & -1\\ 0, & 1, & 0\end{Bmatrix},$$

① 俄文版此处误为"f". —— 译者注.

且此代换把它变成 $f''' = \begin{pmatrix} 1, & 257, & 2 \\ 1, & 0, & 16 \end{pmatrix}$. 这个型的第一个系数不可能再用第一种化简来进一步简化了,与它相补的型的第三个系数也不可能用第二种化简来进一步简化了.

例 2 如果给定型 $f = \begin{pmatrix} 10, & 26, & 2 \\ 7, & 0, & 4 \end{pmatrix}$,它的相补型是 $\begin{pmatrix} -3, & -20, & -244 \\ 70, & -28, & 8 \end{pmatrix}$,以及它的行列式为 2,那么交替利用第二和第一种化简如下,我们可以得到

所用代换	被变换的型	变换所得的型
$\begin{Bmatrix} 1, & 0, & 0 \\ 0, & -1, & 0 \\ 0, & 4, & -1 \end{Bmatrix}$	f	$\begin{pmatrix} 10, & 2, & 2 \\ -1, & 0, & -4 \end{pmatrix} = f'$
$\begin{Bmatrix} 0, & -1, & 0 \\ 1, & -2 & 0 \\ 0, & 0, & 1 \end{Bmatrix}$	f'	$\begin{pmatrix} 2, & 2, & 2 \\ 2, & -1, & 0 \end{pmatrix} = f''$
$\begin{Bmatrix} 1, & 0, & 0 \\ 0, & -1, & 0 \\ 0, & 2 & -1 \end{Bmatrix}$	f''	$\begin{pmatrix} 2, & 2, & 2 \\ -2, & 1 & -2 \end{pmatrix} = f'''$
$\begin{Bmatrix} 1, & 0, & 0 \\ 1, & 1, & 0 \\ 0, & 0, & 1 \end{Bmatrix}$	f'''	$\begin{pmatrix} 0, & 2, & 2 \\ -2, & -1, & 0 \end{pmatrix} = f''''$.

型 f'''' 不能再用第一种或者第二种化简进一步作简化.

274.

如果有一个三元型,它的第一个系数以及与之相补的型的第三个系数只利用所说的方法尽可能地作了化简,那么下面的方法可以给出进一步的化简.

如果利用与第 272 目中同样的符号,并令 $\alpha = 1, \alpha' = 0, \beta' = 1, \alpha'' = 0, \beta'' = 0, \gamma'' = 1$,也即作变换

$$\begin{matrix} 1, & \beta, & \gamma \\ 0, & 1, & \gamma' \\ 0, & 0, & 1 \end{matrix}$$

那么我们就有

$$m = a, m' = a' + 2b''\beta + a\beta^2,$$
$$m'' = a'' + 2b\gamma' + 2b'\gamma + a\gamma^2 + 2b''\gamma\gamma' + a'\gamma'\gamma' \text{①},$$

① 俄文版将此式误写为“$m'' = a'' + 2\beta\gamma' + 2b'\gamma + a\gamma^2 + 2b''\gamma\gamma' + a'\gamma'\gamma'$”. —— 译者注.

$$n = b + a'\gamma' + b'\beta + b''(\gamma + \beta\gamma') + a\beta\gamma, n' = b' + a\gamma + b''\gamma',$$
$$n'' = b'' + a\beta;$$

此外还有

$$M'' = A'', N = B - A''\gamma', N' = B' - N\beta - A''\gamma.$$

因而,这样的代换并不改变系数 a, A''(上面的化简程序使它们减小);于是我们的问题在于需要求出 β, γ, γ' 的适当的值,以使得余下的系数会减小. 为此首先注意,如果 $A'' = 0$,那么可以认为也有 $a = 0$;这是因为,如果 a 不等于0,那么就可以再次应用第一种化简,因为每个行列式为0的二元型与形如$(0,0,h)$,即一个第一项等于0的型等价(见第215目). 根据完全类似的理由,如果 $a = 0$,就可以认为 A'' 也等于0,从而数 a 和 A'' 要么两者都等于0,要么两者都不等于0.

在第一种情形,显然可以这样来确定 β, γ, γ' 的值,使得 n'', N, N' 的绝对值分别不大于$\frac{a}{2}, \frac{A''}{2}, \frac{A''}{2}$. 这样一来,在上一目的第一个例子中,最后那个型$\begin{pmatrix}1, & 257, & 2\\ 1, & 0, & 16\end{pmatrix}$(它的相补型是$\begin{pmatrix}-513, & -2, & -1\\ 1, & -16, & 32\end{pmatrix}$)将被代换

$$\begin{Bmatrix}1, & -16, & 16\\ 0, & 1, & -1\\ 0, & 0, & 1\end{Bmatrix}$$

变成型 $f'''' = \begin{pmatrix}1, & 1, & 1\\ 1, & 0, & 0\end{pmatrix}$,而 f'''' 的相补型是$\begin{pmatrix}-1, & -1, & -1\\ 0, & 0, & 0\end{pmatrix}$.

在第二种情形,$a = A'' = 0$,因此也有 $b'' = 0$,我们将有

$$m = 0, m' = a', m'' = a'' + 2b\gamma' + 2b'\gamma + a'\gamma'\gamma';$$
$$n = b + a'\gamma' + b'\beta, n' = b', n'' = 0.$$

于是有

$$D = a'b'b' = m'n'n',$$

容易看出,可以这样来确定β 和 γ' 的值,使得 n 等于 b 对于模 a', b' 的最大公约数的绝对最小剩余,也即使得按绝对值计 n 不大于这个约数的一半,因此,只要 a', b' 互素,就有 $n = 0$. 如果按照这样一种方式来确定β, γ' 的值,那么γ 的值就可以取得使 m'' 按绝对值计不大于 b';仅当 $b' = 0$ 的情形,这是不可能的;但是那时就会有 $D = 0$,而这种情形我们已经排除在外. 于是,对上一目第二个例子中的最后那个型,$n = -2 - \beta + 2\gamma'$,如果令$\beta = -2, \gamma' = 0$,我们就有 $n = 0$,进而,$m'' = 2 - 2\gamma$,如果令 $\gamma = 1$,则有 $m'' = 0$. 从而我们得到代换

$$\begin{Bmatrix}1, & -2, & 1\\ 0, & 1, & 0\\ 0, & 0, & 1\end{Bmatrix},$$

它把所说的型变成

$$f''''' = \begin{pmatrix}0, & 2, & 0\\ 0, & -1, & 0\end{pmatrix}.$$

275.

如果我们有一列等价的三元型$f, f', f'', f''', \cdots$以及把这些型中的每一个型变成其后的一个型的一列变换,那么根据第270目,从型f变成f'的变换以及型f'变成f''的变换我们就能导出将型f变为f''的变换;由此以及由型f''变成f'''的变换又能得出将型f变为f'''的变换,如此等等,显然,由这样的方法,我们可以求出将型f变成这列型中任意一个型的变换. 又因为由将型f变成它的某个等价型g的变换我们可以导出将型g变成f的变换(由(S)得出(S''),第268,269目),所以,用这样的方法,我们也可以得出将f', f'',$\cdots$这列型中的任意一个型变成第一个型f的变换. 比方说,对于上一目的第一个例子,我们求得代换

$$\begin{array}{ccc|ccc|ccc} 13, & 4, & 0 & 13, & 188, & -4 & 13, & -20, & 16 \\ 6, & 2, & -7 & 6, & 87, & -2 & 6, & -9, & 7 \\ -9, & -3, & 11 & -9, & -130, & 3 & -9, & 14, & -11 \end{array},$$

这些代换将f分别变成f'', f''', f'''',而由最后那个代换可以导出下面的代换:

$$\begin{Bmatrix} 1, & 4, & 4 \\ 3, & 1, & 5 \\ 3, & -2, & 3 \end{Bmatrix},$$

它把f''''变成f. 类似地,在上一目的例2中得到代换

$$\begin{array}{ccc|ccc} 1, & -1, & 1 & 2, & -3, & -1 \\ -3, & 4, & -3 & 3, & 1, & 0 \\ 10, & -14, & 11 & 2, & 4, & 1 \end{array},$$

它们相应地把型$\begin{pmatrix} 10, & 26, & 2 \\ 7, & 0, & 4 \end{pmatrix}$变成$\begin{pmatrix} 0, & 2, & 0 \\ 0, & -1, & 0 \end{pmatrix}$,以及后者变为前者.

276.

定理　具有给定行列式的所有三元型所分成的类的个数是有限的.

证明　Ⅰ. 具有给定的行列式D且满足以下条件的所有的型$\begin{pmatrix} a, & a', & a'' \\ b, & b', & b'' \end{pmatrix}$的个数显然是有限的:$a=0$,$b''=0$,$b$不大于$a'$,$b'$的最大公约数的一半,且$a''$不大于$b'$. 事实上,由于必定有$a'b'b'=D$,因而$b'$可能取的值仅有$+1$和$-1$,以及能整除$D$的(如果除了1以外还有的话)平方数的根(可取正的或负的),而 这些数的个数是有限的. 对b'的每一个值,a'的值是确定的,而b,a''的值显然仅有有限种可能性.

Ⅱ. 同样地,行列式为D的所有满足以下条件的型$\begin{pmatrix} a, & a', & a'' \\ b, & b', & b'' \end{pmatrix}$的个数是有限的:$a\neq 0$,且不大于$\frac{4}{3}\sqrt[3]{\pm D}$,$b''b''-aa'=A''$不等于0,且不大于$\frac{4}{3}\sqrt[3]{D^2}$,$b''$不大于$\frac{a}{2}$以及$ab-b'b''=B$和$a'b'-bb''=B'$都不大于$\frac{A''}{2}$. 事实上,因为$a$,$b''$,$A''$,$B$,$B'$的值的所有的组

合的个数是有限的;如果这些值被确定,那么这个型中剩下的系数 a', b, b', a'' 以及其相补型的系数

$$b^2 - a'a'' = A, b'b' - aa'' = A', a''b'' - bb' = B''$$

由以下的等式来确定:

$$a' = \frac{b''b'' - A''}{a}, A' = \frac{B^2 - aD}{A''}, A = \frac{B'B' - a'D}{A''},$$

$$B'' = \frac{BB' + b''D}{A''},$$

$$b = \frac{AB - B'B''}{D} = -\frac{Ba' + B'b''}{A''}, b' = \frac{A'B' - BB''}{D} = -\frac{Bb'' + B'a}{A''},$$

$$a'' = \frac{b'b' - A'}{a} = \frac{b^2 - A}{a'} = \frac{bb' + B''}{b''}.$$

得到了所说的这些型后,如果我们从 a, b'', A'', B, B' 的值的所有的组合中选取那些使得 a', a'', b, b' 的值取整数的组合,那么这些型的个数显然是有限的.

Ⅲ. 这样一来,Ⅰ 和 Ⅱ 中所有的型一起构成有限多个类,如果其中有某些型是等价的,那么类的个数将比型的个数要少. 因为由前面的讨论知,行列式为 D 的每个三元型必定与这些型中的某一个等价,即它必定属于这些型所构成的类中的某一个,所以这些类就包含了行列式为 D 的所有型;也就是说,行列式为 D 的所有的三元型被分成有限多个类.

277.

找出上目的 Ⅰ 和 Ⅱ 中所有的型的规则可以由所作的说明自然而然地得到;因此只能限于引用几个例子. 对 $D = 1$, Ⅰ 中有下面六个型(因为有双重符号):

$$\begin{pmatrix} 0, & 1, & 0 \\ 0, & \pm 1, & 0 \end{pmatrix}, \begin{pmatrix} 0, & 1, & \pm 1 \\ 0, & \pm 1, & 0 \end{pmatrix}$$ ①

在 Ⅱ 的型中, a 和 A'' 除了 $+1$ 和 -1 外没有别的值,而对于由它们的四种组合所得到的 b'', B 以及 B' 必定全都等于零,这样我们就得到四个型:

$$\begin{pmatrix} 1, & -1, & 1 \\ 0, & 0, & 0 \end{pmatrix}, \begin{pmatrix} -1, & 1, & 1 \\ 0, & 0, & 0 \end{pmatrix}, \begin{pmatrix} 1, & 1, & -1 \\ 0, & 0, & 0 \end{pmatrix}, \begin{pmatrix} -1, & -1, & -1 \\ 0, & 0, & 0 \end{pmatrix}.$$

类似地,对于 $D = -1$ 我们得到 Ⅰ 中的六个型和 Ⅱ 中的四个型:

$$\begin{pmatrix} 0, & -1, & 0 \\ 0, & \pm 1, & 0 \end{pmatrix}, \begin{pmatrix} 0, & -1, & \pm 1 \\ 0, & \pm 1, & 0 \end{pmatrix}, \begin{pmatrix} 1, & -1, & -1 \\ 0, & 0, & 0 \end{pmatrix}, \begin{pmatrix} -1, & 1, & -1 \\ 0, & 0, & 0 \end{pmatrix},$$

$$\begin{pmatrix} -1, & -1, & 1 \\ 0, & 0, & 0 \end{pmatrix}, \begin{pmatrix} 1, & 1, & 1 \\ 0, & 0, & 0 \end{pmatrix}.$$

---

① 俄文片中将这里的后四个型误写为 $\begin{pmatrix} 0, & 1, & \pm 1 \\ 0, & \pm 1, & 1 \end{pmatrix}$. —— 译者注.

对于 $D=2$,得到 Ⅰ 中的六个型:

$$\begin{pmatrix}0, & 2, & 0\\ 0, & \pm 1, & 0\end{pmatrix},\begin{pmatrix}0, & 2, & \pm 1\\ 0, & \pm 1, & 0\end{pmatrix}$$

以及 Ⅱ 中的八个型:

$$\begin{pmatrix}1, & -1, & 2\\ 0, & 0, & 0\end{pmatrix},\begin{pmatrix}-1, & 1, & 2\\ 0, & 0, & 0\end{pmatrix},\begin{pmatrix}1, & 1, & -2\\ 0, & 0, & 0\end{pmatrix},\begin{pmatrix}-1, & -1, & -2\\ 0, & 0, & 0\end{pmatrix},$$

$$\begin{pmatrix}1, & -2, & 1\\ 0, & 0, & 0\end{pmatrix},\begin{pmatrix}-1, & 2, & 1\\ 0, & 0, & 0\end{pmatrix},\begin{pmatrix}1, & 2, & -1\\ 0, & 0, & 0\end{pmatrix},\begin{pmatrix}-1, & -2, & -1\\ 0, & 0, & 0\end{pmatrix}.$$

但是在这三种情形,由这些型所得到的类的个数大大少于型的个数.这就是说,容易确定以下结果:

Ⅰ.型$\begin{pmatrix}0, & 1, & 0\\ 0, & 1, & 0\end{pmatrix}$被代换

$$\begin{array}{ccc|ccc|ccc|ccc}1, & 0, & 0 & 0, & 0, & 1 & 0, & 0, & 1 & 1, & 0, & -1\\ 0, & 1, & 0 & 0, & 1, & -1 & 0, & 1, & 1 & 1, & 1, & -1\\ 0, & 0, & -1 & \pm 1, & 1, & 0 & \pm 1, & -1, & -1 & 0, & -1, & 1\end{array}$$ [1]

分别变成型

$$\begin{pmatrix}0, & 1, & 0\\ 0, & -1, & 0\end{pmatrix},\begin{pmatrix}0, & 1, & 1\\ 0, & \pm 1, & 0\end{pmatrix},\begin{pmatrix}0, & 1, & -1\\ 0, & \pm 1, & 0\end{pmatrix},\begin{pmatrix}1, & 1, & -1\\ 0, & 0, & 0\end{pmatrix},$$

而型$\begin{pmatrix}1, & 1, & -1\\ 0, & 0, & 0\end{pmatrix}$只要简单地重新配置变量就可以变成$\begin{pmatrix}1, & -1, & 1\\ 0, & 0, & 0\end{pmatrix}$和$\begin{pmatrix}-1, & 1, & 1\\ 0, & 0, & 0\end{pmatrix}$.因此,所指出的那十个行列式为 1 的三元型可以变为两个型:$\begin{pmatrix}0, & 1, & 0\\ 0, & 1, & 0\end{pmatrix}$,$\begin{pmatrix}-1, & -1, & -1\\ 0, & 0, & 0\end{pmatrix}$;对于第一个型,如果你愿意的话,也可以取为$\begin{pmatrix}1, & 0, & 0\\ 1, & 0, & 0\end{pmatrix}$.因为第一个是不定型,而第二个是定型,所以显然行列式为 1 的每一个三元不定型都与型 x^2+2yz 等价,而每一个定型都与型 $-x^2-y^2-z^2$ 等价.

Ⅱ.用完全类似的方法我们得出:行列式为 -1 的每一个三元不定型必定与型 $-x^2+2yz$ 等价,而每一个定型则与型 $x^2+y^2+z^2$ 等价.

Ⅲ.对于行列式 2,(Ⅱ)中八个型中的第二、第六和第七个型立即可以被排除掉,这是因为只要简单地重新配置变量就可看出它们都可以从第一个型导出.根据同样的理由,第五个型(它可以用同样的方法从第三个型导出)以及第八个型(它可以从第四个型导出)也都可被排除.剩下的三个型以及 Ⅰ 中的六个型就一起构成三个类;也就是说,型

---

[1] 俄文版中此处误写为 $\begin{array}{ccc|ccc|ccc|ccc}1, & 0, & 0 & 0, & 0, & 1 & 0, & 0, & 1 & 1, & 0, & -1\\ 0, & 1, & 0 & 0, & 1, & -1 & 0, & 1, & 1 & 1, & 1, & -1\\ 0, & 0, & -1 & 1, & 1, & 0 & 1, & -1, & -1 & 0, & -1, & 1\end{array}$.——译者注.

$\begin{pmatrix}0, & 2, & 0\\0, & 1, & 0\end{pmatrix}$ 被代换

$$\begin{Bmatrix}1, & 0, & 0\\0, & 1, & 0\\0, & 0, & -1\end{Bmatrix}$$

变成型$\begin{pmatrix}0, & 2, & 0\\0, & -1, & 0\end{pmatrix}$,而型$\begin{pmatrix}1, & 1, & -2\\0, & 0, & 0\end{pmatrix}$分别被代换

$$\begin{array}{ccc|ccc|ccc|ccc|ccc}1, & 0, & 1 & 1, & 0, & -1 & 1, & 0, & 0 & 1, & 0, & 0 & 1, & 0, & 0\\1, & 2, & 0 & 1, & 2, & 0 & 1, & 2, & -1 & 1, & 2, & 1 & 0, & 1, & 2\\1, & 1, & 0 & 1, & 1, & 0 & 1, & 1, & -1 & 1, & 1, & 1 & 0, & 1, & 1\end{array}$$

变成型

$$\begin{pmatrix}0, & 2, & 1\\0, & 1, & 0\end{pmatrix},\begin{pmatrix}0, & 2, & 1\\0, & -1, & 0\end{pmatrix},\begin{pmatrix}0, & 2, & -1\\0, & 1, & 0\end{pmatrix},\begin{pmatrix}0, & 2, & -1\\0, & -1, & 0\end{pmatrix},$$

$$\begin{pmatrix}1, & -1, & 2\\0, & 0, & 0\end{pmatrix}.$$

于是,行列式为 2 的每一个三元型都可以化简成以下三个型之一:

$$\begin{pmatrix}0, & 2, & 0\\0, & 1, & 0\end{pmatrix},\begin{pmatrix}1, & 1, & -2\\0, & 0, & 0\end{pmatrix},\begin{pmatrix}-1, & -1, & -2\\0, & 0, & 0\end{pmatrix},$$

如果你愿意的话,也可以用$\begin{pmatrix}2, & 0, & 0\\1, & 0, & 0\end{pmatrix}$来代替第一个型. 而且,每一个三元的定型显然都必定与第三个型 $-x^2-y^2-2z^2$ 等价,这是因为头两个都是不定型. 而每个不定型则与第一个或者第二个型等价,这就是说,如果该不定型的第一、第二以及第三个系数都是偶数(因为容易看出,这样的型被任意一个变换变成一个完全类似的型,故而它不可能与第二个型等价),那么它就与第一个型 $2x^2+2yz$ 等价;而如果它的第一、第二以及第三个系数不全是偶数,即它们中有一个,或两个或全部三个系数是奇数,那么它就与第二个型 $x^2+y^2-2z^2$ 等价(事实上,由于类似的原因,在任何代换下,型 $2x^2+2yz$ 不可能变成这样的型).

这样一来,在第 273 和 274 目的例子中所得到的结果,也就是说,行列式为 -1 的定型$\begin{pmatrix}19, & 21, & 50\\15, & 28, & 1\end{pmatrix}$将被化简成型 $x^2+y^2+z^2$,而行列式为 2 的不定型$\begin{pmatrix}10, & 26, & 2\\7, & 0, & 4\end{pmatrix}$可被化简成 $2x^2-2yz$,或者(同一归属)被化简成 $2x^2+2yz$,是可以在所援引的研究的基础上事先预知的.

278.

以 x,x',x'' 为变量的三元型,一方面当 x,x',x'' 给以确定的值时,型就**表示**数,另一方面,通过代换

$$x=mt+nu,x'=m't+n'u,x''=m''t+n''u,$$

它表示二元型,这里 $m,n,m',\cdots$ 都是确定的数,而 t,u 是所表示的型的变量. 因此,为了完成三元型的理论,我们需要解决下列问题.

Ⅰ. 求出给定的数由给定的三元型给出的所有的表示.

Ⅱ. 求给定的二元型由给定的三元型给出的所有的表示.

Ⅲ. 判断两个有相同行列式的给定的三元型是否等价;如果等价,求出将一个型变成另一个型的所有的变换.

Ⅳ. 判断一个给定的三元型是否包含另一个给定的有更大行列式的三元型;如果是,求出将第一个型变成第二个型的所有的变换.

这些问题要远比二元型中类似的问题困难得多,我们将在其他地方对它们作详尽的研究;这里我们只把研究限制在指出:第一个问题可以怎样转化为第二个问题,以及第二个问题可以怎样转化为第三个问题;对于若干最简单的情形,以及对于二元型理论特别重要的情形,我们要会求解第三个问题;而对第四个问题则完全不予讨论.

279.

引理　如果给定任意三个整数 a,a',a''(不过,它们不同时全等于零),那么可以找到另外六个数 B,B',B'',C,C',C'',使之满足

$$B'C''-B''C'=a,B''C-BC''=a',BC'-B'C=a''.$$

解　设 α 是 a,a',a'' 的最大公约数,取整数 A,A',A'' 使之满足

$$Aa+A'a'+A''a''=\alpha.$$

进而任取三个整数 $\mathfrak{C},\mathfrak{C}',\mathfrak{C}''$,它们仅满足条件:三个数 $\mathfrak{C}'A''-\mathfrak{C}''A',\mathfrak{C}''A-\mathfrak{C}A'',\mathfrak{C}A'-\mathfrak{C}'A$ 不全为零. 我们将分别用 b,b',b'' 来记这三个数,而用 β 来记它们的最大公约数. 如果令

$$a'b''-a''b'=\alpha\beta C,a''b-ab''=\alpha\beta C',ab'-a'b=\alpha\beta C'',$$

那么显然 C,C',C'' 都是整数. 最后,如果我们选取整数 $\mathfrak{B},\mathfrak{B}',\mathfrak{B}''$,使有

$$\mathfrak{B}b+\mathfrak{B}'b'+\mathfrak{B}''b''=\beta,$$

以及设

$$\mathfrak{B}a+\mathfrak{B}'a'+\mathfrak{B}''a''=h,$$

并令

$$B=\alpha\mathfrak{B}-hA,B'=\alpha\mathfrak{B}'-hA',B''=\alpha\mathfrak{B}''-hA'',$$

那么 B,B',B'',C,C',C'' 的值将满足所说的条件.

事实上,我们得到有

$$aB+a'B'+a''B''=0,bA+b'A'+b''A''=0,$$

故有

$$bB+b'B'+b''B''=\alpha\beta.$$

再由 C',C'' 的值我们有

$$\begin{aligned}\alpha\beta(B'C''-B''C')&=ab'B'-a'bB'-a''bB''+ab''B''\\&=a(bB+b'B'+b''B'')-b(aB+a'B'+a''B'')=\alpha\beta a,\end{aligned}$$

从而 $B'C''-B''C'=a$;类似地,我们可得到 $B''C-BC''=a'$ 以及 $BC'-B'C=a''$. 证毕. 不

过在这里我们不得不略去求得这个解的分析过程以及从一个解求出所有其他的解的方法.

280.

假设行列式为 D 的二元型

$$at^2 + abtu + cu^2 = \varphi$$

可以用变量为 x,x',x'' 的三元型 f 来表示,如果令

$$x = mt + nu, x' = m't + n'u, x'' = m''t + n''u,$$

以及设 f 的相补型为 F,其变量为 X,X',X''. 这时,容易通过计算(如果型 f,F 的系数用特定的字母来表示)确定,或者用第 268 目的 Ⅱ 中的方法立即推出,数 D 可以由型 F 来表示,如果令

$$X = m'n'' - m''n', X' = m''n - mn'', X'' = mn' - m'n;$$

数 D 的这个表示与由 f 来表示的型 φ 的表示自然称为是**相补的**. 如果 X,X',X'' 的值没有公约数,那么我们就称 D 的这个表示是**正常的**,反之则称之为**反常的**,对于由 f 给出的型 φ 的那个与 D 的表示相补的表示,也采用同样的名称. 求出数 D 由型 F 表出的所有的正常表示是基于下面几点考察:

Ⅰ. 不存在 D 由 F 所给出的表示,它不能从某个行列式为 D 的型由型 f 给出的表示导出,即它不与这样的表示相补.

假设 D 由型 F 给出的表示是:$X = L, X' = L', X'' = L''$;根据上一目的引理,选取 m,m',m'',n,n',n'' 使得有

$$m'n'' - m''n' = L, m''n - mn'' = L', mn' - m'n = L'',$$

又设 f 被代换

$$x = mt + nu, x' = m't + n'u, x'' = m''t + n''u$$

变成二元型 $\varphi = at^2 + 2btu + cu^2$. 容易看出,$D$ 是型 φ 的行列式,且 D 由 F 给出的表示与 φ 由 f 给出的表示是相补的.

例 设 $f = x^2 + x'x' + x''x''$,因而 $F = -X^2 - X'X' - X''X''$,$D = -209$,以及 D 由 F 给出的一个表示是 $X = 1, X' = 8, X'' = 12$;我们求得 m,m',m'',n,n',n'' 的值分别是 $-20,1,1,-12,0,1$,而有 $\varphi = 402t^2 + 482tu + 145u^2$.

Ⅱ. 如果 φ,χ 是正常等价的二元型,那么 D 由 F 给出的每个与型 φ 由 f 给出的某个表示相补的表示也都是与型 χ 由 f 给出的某个表示相补的.

如果型 χ 的变量是 p,q,型 φ 被正常代换 $t = \alpha p + \beta q, u = \gamma p + \delta q$ 变成 χ,以及型 φ 由 f 给出的某个表示是

$$x = mt + nu, x' = m't + n'u, x'' = m''t + n''u, \qquad (R)$$

那么不难看出,如果设

$$\alpha m + \gamma n = g, \alpha m' + \gamma n' = g', \alpha m'' + \gamma n'' = g'',$$
$$\beta m + \delta n = h, \beta m' + \delta n' = h', \beta m'' + \delta n'' = h'',$$

那么,通过代换

$$x = gp + hq, x' = g'p + h'q, x'' = g''p + h''q, \qquad (R')$$

型χ 也将由 f 来表示,以及经过计算我们可得(因为 $\alpha\delta - \beta\gamma = 1$)

$$g'h'' - g''h' = m'n'' - m''n', g''h - gh'' = m''n - mn'',$$
$$gh' - g'h = mn' - m'n,$$

也就是说,D 由型 F 给出的这个表示等价于表示(R),(R').

于是,我们发现,在上一个例子中型 φ 与型$\chi = 13p^2 - 10pq + 18q^2$ 等价,且第一个型可通过正常变换 $t = -3p + q, u = 5p - 2q$ 变成第二个;由此我们求出型χ 由型f给出的如下的表示:$x = 4q, x' = -3p + q, x'' = 2p - q$. 由此我们又对数 -209 得出我们以前给出过的同样的表示.

Ⅲ. 最后,如果两个行列式均为 D 且变量分别为 t, u 和 p, q 的二元型 φ,χ 都可以由f来表示,以及与其中一个型的任意一个表示相补的、由型 F 给出的数 D 的正常表示也是与另外一个型的某个表示相补的,那么这两个型必定是正常等价的. 假设,若令

$$x = mt + nu, x' = m't + n'u, x'' = m''t + n''u,$$

则型 φ 由型f表示,若令

$$x = gp + hq, x' = g'p + h'q, x'' = g''p + h''q,$$

则χ 由 f 表示,以及假设

$$m'n'' - m''n' = g'h'' - g''h' = L,$$
$$m''n - mn'' = g''h - gh'' = L',$$
$$mn' - m'n = gh' - g'h = L''.$$

这样来选取整数 l, l', l'',使得有 $Ll + L'l' + L''l'' = 1$,又令

$$n'l'' - n''l' = M, n''l - nl'' = M', nl' - n'l = M'',$$
$$l'm'' - l''m' = N, l''m - lm'' = N', lm' - l'm = N''.$$

最后令

$$gM + g'M' + g''M'' = \alpha, hM + h'M' + h''M'' = \beta,$$
$$gN + g'N' + g''N'' = \gamma, hN + h'N' + h''N'' = \delta.$$

由此容易得出

$$\alpha m + \gamma n = g - l(gL + g'L' + g''L'') = g,$$
$$\beta m + \delta n = h - l(hL + h'L' + h''L'') = h,$$

类似地有

$$\alpha m' + \gamma n' = g', \beta m' + \delta n' = h', \alpha m'' + \gamma n'' = g'',$$
$$\beta m'' + \delta n'' = h''.$$

由此显然可见,表示式 $mt + nu, m't + n'u, m''t + n''u$ 在代换

$$t = \alpha p + \beta q, u = \gamma p + \delta q \qquad (S)$$

下分别变成 $gp + hq, g'p + h'q, g''p + h''q$;由此可见,如果令

$$x = gp + hq, x' = g'p + h'q, x'' = g''p + h''q,$$

那么在变换(S)下 φ 变成的型与f所变成的型是相同的型,这也就是说,它变成了χ,于是它也必与χ 等价. 最后,通过适当的计算容易得到

$$\alpha\delta - \beta\gamma = (Ll + L'l' + L''l'')^2 = 1,$$

从而,代换(S)是正常的,以及型φ,χ也是正常等价的.

由这些考虑我们可以得出如下的法则,它可以用来求出D由F给出的所有正常表示:这需要求出判别式为D的二元型的所有的类,并从每一个类中任意选取一个型;进而,需要求出这每一个型由型f给出的所有正常表示(而且要排除那些不能由f来表示的型),并从这些表示得出数D由型F给出的表示. 由 Ⅰ 和 Ⅱ 推出,在此就得到了所有可能的正常表示,于是问题就得到了完全解决;由 Ⅲ 推出,取自不同的类中的型的变换也一定得到不同的表示.

281.

研究给定的数D由型F给出的**反常**表示可以很容易地归结为上面的情形. 显然,如果D不能被(除去1以外的)任何平方数整除,那么就根本不存在这样的表示;而在D被平方数$\lambda^2,\mu^2,\nu^2,\cdots$整除的情形,求出数$\frac{D}{\lambda^2},\frac{D}{\mu^2},\frac{D}{\nu^2},\cdots$由这个型给出的所有的正常表示,并分别用$\lambda,\mu,\nu,\cdots$来乘变数的值,我们就可以求出$D$由型$F$来给出的所有的反常表示.

这样一来,求一个给定的数由一个给定的**与某个三元型相补的**三元型给出的所有的表示要依赖于第二个问题;尽管这初次看去似乎是一种很特别的情形,但其他的情形都可以用下面的方法来归结为这种情形. 设D是一个需要由行列式为Δ的型$\begin{pmatrix} g, & g', & g'' \\ h, & h', & h'' \end{pmatrix}$来表示的一个数,与这个型相补的型是$\begin{pmatrix} G, & G', & G'' \\ H, & H', & H'' \end{pmatrix}=f$. 与最后这个型相补型是$\begin{pmatrix} \Delta g, & \Delta g', & \Delta g'' \\ \Delta h, & \Delta h', & \Delta h'' \end{pmatrix}=F$,且显然,数$\Delta D$由$F$给出的表示(这可以基于以上的讨论找到)与数$D$由给定的型给出的表示是完全相同的. 要注意的是,如果型f的所有的系数有公约数μ,那么型F的所有的系数显然都能被μ^2整除,因此,ΔD必定也能被μ^2整除(否则就不存在这样的表示);数D由所给定的型给出的表示与数$\frac{\Delta D}{\mu^2}$由这样的型给出的表示是完全一样的:这个型是通过将型F的每个系数除以μ^2所得到的型,而且它与将型f的每个系数除以μ得到的型是相补的.

最后我们注意到,当$D=0$时,第一个问题的这个解法不再适用;这是因为在这种情形,行列式为D的二元型被分成无限多个类;以后我们将要用不同的原理来解决这种情形.

282.

寻求给定的行列式不为0① 的二元型由给定的三元型来表示基于以下的考察.

① 为简略起见,在这里我们将略去对于行列式为0的情形的讨论,因为这要利用完全不同的方法.

Ⅰ. 从行列式为D的二元型$(p,q,r)=\varphi$由行列式为Δ的三元型f给出的每一个正常表示,我们可以求得整数B,B',使得有

$$B^2\equiv\Delta p, BB'\equiv-\Delta q, B'B'\equiv\Delta r \pmod D,$$

或者,换句话说,就是可以得到表示式$\sqrt{\Delta(p,-q,r)}\pmod D$的值. 假设我们有型$\varphi$由型$f$给出的如下的正常表示:

$$x=\alpha t+\beta u, x'=\alpha' t+\beta' u, x''=\alpha'' t+\beta'' u$$

(这里x,x',x''和t,u分别表示型f和φ的变数);选取整数γ,γ',γ''使得有

$$(\alpha'\beta''-\alpha''\beta')\gamma+(\alpha''\beta-\alpha\beta'')\gamma'+(\alpha\beta'-\alpha'\beta)\gamma''=k,$$

其中k取$+1$或者-1;又设型f被代换

$$\begin{matrix}\alpha, & \beta, & \gamma\\ \alpha', & \beta', & \gamma'\\ \alpha'', & \beta'', & \gamma''\end{matrix}$$

变成型$\begin{pmatrix}a, & a', & a''\\ b, & b', & b''\end{pmatrix}=g$,而这个型的相补型是$\begin{pmatrix}A, & A', & A''\\ B, & B', & B''\end{pmatrix}=G$. 这样,显然就有

$$a=p, b''=q, a'=r, A''=D,$$

且Δ是型g的行列式;于是

$$B^2=\Delta p+A'D, BB'=-\Delta q+B''D, B'B'=\Delta r+AD.$$

例如,取$x=3t+5u, x'=3t-4u, x''=t$,型$19t^2+6tu+41u^2$就由型$x^2+x'x'+x''x''$表示,从此推出,如果令$\gamma=-1,\gamma'=1,\gamma''=0$,那么就有$B=-171, B'=27$,也即$(-171,27)$是表示式$\sqrt{-1(19,-3,41)}\pmod{770}$的值.

由此也就推出,如果$\Delta(p,-q,r)$不是模D的平方剩余,则φ就不能由行列式为Δ的任何一个三元型来正常表示;因此,在Δ和D互素的情形,Δ就必须是型φ的特征数.

Ⅱ. 由于γ,γ',γ''可以用无穷多种不同的方式来确定,所以B和B'就会有不同的值,我们希望知道它们之间会有怎样的联系. 假设数δ,δ',δ''使得

$$(\alpha'\beta''-\alpha''\beta')\delta+(\alpha''\beta-\alpha\beta'')\delta'+(\alpha\beta'-\alpha'\beta)\delta''=\mathfrak{k}$$

等于$+1$或-1,且型f被代换

$$\begin{matrix}\alpha, & \beta, & \delta\\ \alpha', & \beta', & \delta'\\ \alpha'', & \beta'', & \delta''\end{matrix}$$

变成$\begin{pmatrix}\mathfrak{a}, & \mathfrak{a}', & \mathfrak{a}''\\ \mathfrak{b}, & \mathfrak{b}', & \mathfrak{b}''\end{pmatrix}=\mathfrak{g}$,而这个型的相补型是$\begin{pmatrix}\mathfrak{A}, & \mathfrak{A}', & \mathfrak{A}''\\ \mathfrak{B}, & \mathfrak{B}', & \mathfrak{B}''\end{pmatrix}=\mathfrak{G}$. 这时,型$g,\mathfrak{g}$将是等价的,因此型$G$和$\mathfrak{G}$也是等价的,再应用第269,270目中给出的原理①我们发现,如果令

① 也就是说,如果从型f变为g的变换得出g变为f的变换,由后者以及型f变为$\mathfrak{g}$的变换又得出型g变为$\mathfrak{g}$的变换,以及最后,由此并利用转置,就得到$\mathfrak{G}$变为G的变换.

$$(\beta'\gamma''-\beta''\gamma')\delta+(\beta''\gamma-\beta\gamma'')\delta'+(\beta\gamma'-\beta'\gamma)\delta''=\zeta,$$
$$(\gamma'\alpha''-\gamma''\alpha')\delta+(\gamma''\alpha-\gamma\alpha'')\delta'+(\gamma\alpha'-\gamma'\alpha)\delta''=\eta,$$
那么型 $\mathfrak{G}$ 就被代换

$$\begin{matrix} k, & 0, & 0 \\ 0, & k, & 0 \\ \zeta, & \eta, & \mathfrak{k} \end{matrix}$$

变成 G. 从而我们有

$$B=\eta\mathfrak{k}D+\mathfrak{k}k\mathfrak{B}, B'=\zeta\mathfrak{k}D+\mathfrak{k}kB',$$

又因为 $\mathfrak{k}k=\pm1$,故而要么有 $B\equiv\mathfrak{B}, B'\equiv\mathfrak{B}' \pmod D$,要么有 $B\equiv-\mathfrak{B}, B'\equiv-\mathfrak{B}' \pmod D$. 在第一种情形,我们就说值 (B,B') 和 $(\mathfrak{B},\mathfrak{B}')$ 是等价的,而在第二种情形,我们就说它们是相反的;关于型 φ 的表示我们将说:这个表示**属于**表示式 $\sqrt{\Delta(p,-q,r)} \pmod D$ 的某一个值,而这个值可以用 Ⅰ 中所说的方法由这个表示来求出. 于是,同一个表示所属的所有的值要么是等价的,要么是相反的.

Ⅲ. 反过来,如果与先前在 Ⅰ 中一样,由型 f 给出型 φ 的表示 $x=\alpha t+\beta u,\cdots$ 属于值 (B,B'),这个值 (B,B') 可以由此利用变换

$$\begin{matrix} \alpha, & \beta, & \gamma \\ \alpha', & \beta', & \gamma' \\ \alpha'', & \beta'', & \gamma'' \end{matrix}$$

得出,那么这个表示也一定属于另外每一个与之等价或者与之相反的值 $(\mathfrak{B},\mathfrak{B}')$;也就是说,代替 γ,γ',γ'' 我们可以取另外的整数 δ,δ',δ'',使得下面的等式成立:

$$(\alpha'\beta''-\alpha''\beta')\delta+(\alpha''\beta-\alpha\beta'')\delta'+(\alpha\beta'-\alpha'\beta)\delta''=\pm1, \qquad (\Omega)$$

且它们具有这样的性质:在代换 (S)

$$\begin{matrix} \alpha, & \beta, & \delta \\ \alpha', & \beta', & \delta' \\ \alpha'', & \beta'', & \delta'' \end{matrix}$$

下 f 所变成的型的相补型的第四和第五个系数将分别等于 $\mathfrak{B}$ 和 $\mathfrak{B}'$. 也就是说,如果令

$$\pm B=\mathfrak{B}+\eta D,\ \pm B'=\mathfrak{B}'+\zeta D$$

(在这里以及以后都根据值 (B,B') 和 $(\mathfrak{B},\mathfrak{B}')$ 是等价的或者相反的分别取上面或者下面的符号),所以 ζ 和 η 是整数,以及如果在代换

$$\begin{matrix} 1, & 0, & \zeta \\ 0, & 1, & \eta \\ 0, & 0, & \pm1 \end{matrix}$$

下,g 变成型 $\mathfrak{g}$,那么容易看出,它的行列式等于 Δ,及其相补型的第四和第五个系数分别等于 $\mathfrak{B}$ 和 $\mathfrak{B}'$. 然而,如果我们令

$$\alpha\zeta+\beta\eta\pm\gamma=\delta, \alpha'\zeta+\beta'\eta\pm\gamma'=\delta', \alpha''\zeta+\beta''\eta\pm\gamma''=\delta'',$$

则不难看出,f 将被代换 (S) 变成 $\mathfrak{g}$,且满足方程 (Ω).

283.

由这些原理我们可以导出解决下述问题的方法：求出由行列式为 Δ 的三元型 f 给出的行列式为 D 的二元型

$$\varphi = pt^2 + 2qtu + ru^2$$

的所有正常表示.

Ⅰ. 求表示式 $\sqrt{\Delta(p, -q, r)}$ (mod D) 的所有不同的（也即不等价的）值. 对于 φ 为本原型且 Δ 和 D 互素的情形，这个问题以前已经解决了（第 233 目），而剩下的情形可以很容易地转化为这种情形；但为简略起见，我们对此不详加讨论. 我们只指出一点：如果 Δ 和 D 互素，那么只要 φ 不是本原型，表示式 $\Delta(p, -q, r)$ 就不可能是 D 的二次剩余. 事实上，如果我们假设

$$\Delta p = B^2 - DA',\ -\Delta q = BB' - DB'',\Delta r = B'B' - DA,$$

那么就有

$$(DB'' - \Delta q)^2 = (DA' + \Delta p)(DA + \Delta r),$$

展开括号并用 $q^2 - pr$ 代替 D 后，由此即得

$$(q^2 - pr)(B''B'' - AA') - \Delta(Ap + 2B''q + A'r) + \Delta^2 = 0,$$

从此不难断定，如果 p,q,r 有公约数，那么它也必定整除 Δ^2；而这时 Δ 和 D 不可能互素. 因此 p,q,r 不可能有公约数，即 φ 是本原型.

Ⅱ. 如果我们用 m 来记这些值的个数，并假设其中有 n 个值是与它们自身相反的（当这样的值不存在时，则取 $n=0$），那么显然，剩下的 $m-n$ 个值可以两两组合，每一对都是互为相反的（因为我们已经假设所有的值都包括在内）；如果从每两个相反的值中去掉一个（任意一个），那么总共就剩下 $\frac{m+n}{2}$ 个值. 例如，表示式 $\sqrt{-1(19, -3, 41)}$ (mod 770) 有八个值：(39,237)，(171, −27)，(269, −83)，(291, −127)，(−39, −237)，(−171,27)，(−269,83)，(−291,127)，我们需去掉后面四个值，因为它们分别与前四个值是相反的）. 但是，如果 (B,B') 是与自己相反的一个值，那么显然 $2B,2B'$ 被 D 整除，因而 $2\Delta p,2\Delta q,2\Delta r$ 也都被 D 整除；因此，如果 Δ 与 D 互素，那么 $2p,2q,2r$ 也都被 D 整除，而因为根据 Ⅰ，在这种情形 p,q,r 不可能有公约数，所以 2 必定能被 D 整除，这仅当 $D=\pm 1$ 或者 $D=\pm 2$ 时才可能发生. 于是，如果 Δ 和 D 互素，则对所有大于 2 的值 D，都有 $n=0$.

Ⅲ. 现在显然，型 φ 由型 f 给出的每一个正常表示就必定属于剩下的值中的某一个，且仅属于其中的一个. 于是我们应该依次取这些值，以此求出属于其中每个值的表示. 并对其中的每个值求出属于它的表示，为了求出属于**给定的值** (B,B') 的表示，我们首先必须来确定行列式为 Δ 的三元型 $g=\begin{pmatrix} a, & a', & a'' \\ b, & b', & b'' \end{pmatrix}$，其中 $a=p, b''=q, a'=r, ab-b'b''=B$，$a'b'-bb''=B'$；由此利用第 276 目的 Ⅱ 中的等式可求得 a'',b,b' 的值，由此容易看出，在

Δ, D 互素的情形，b, b', a'' 都是整数（这是因为当用 D 以及用 Δ 来乘这三个数时都得到整数值）. 现在如果系数 b, b', b''① 中有一个是分数，或者型 f, g 不等价，那么型 φ 由 f 给出的表示不可能属于值 (B, B')；但是如果 b, b', a'' 是整数，且型 f, g 是等价的，那么，把 f 变成 g 的每一个变换，比方说是

$$\begin{matrix} \alpha, & \beta, & \gamma \\ \alpha', & \beta', & \gamma' \\ \alpha'', & \beta'', & \gamma'' \end{matrix}$$

都将会给出这样的一个表示，这就是

$$x = \alpha t + \beta u, x' = \alpha' t + \beta' u, x'' = \alpha'' t + \beta'' u,$$

而且显然，不可能有这样的表示，它不能由某个变换推导出来. 这样一来，第二个问题中寻找**正常**表示的那一部分就转化成第三个问题了.

Ⅳ. 此外，由型 f 变成型 g 的不同的变换总是得到不同的表示，除了仅有的值 (B, B') 与自身相反的情形之外以及在此情形，两个变换给出同一个表示. 这就是说，如果设 f 被代换

$$\begin{matrix} \alpha, & \beta, & \delta \\ \alpha', & \beta', & \delta' \\ \alpha'', & \beta'', & \delta'' \end{matrix}$$

（这个变换与上一个变换给出同样的表示）变成 g，并用 $k, \mathfrak{k}, \zeta, \eta$ 来记上一目的 Ⅱ 中同样的那些数，那么 我们就有

$$B = k\mathfrak{k}B + \eta\mathfrak{k}D, B' = k\mathfrak{k}B' + \zeta\mathfrak{k}D,$$

因此，如果假设 k 和 $\mathfrak{k}$ 两者都等于 $+1$，或者两者都等于 -1，那么就有（因为我们已经排除了 $D = 0$ 的情形）$\zeta = 0, \eta = 0$，且由此容易推出有 $\delta = \gamma, \delta' = \gamma', \delta'' = \gamma''$；因而，我们的这两个变换仅当 k 和 $\mathfrak{k}$ 中一个数等于 $+1$，而另一个数等于 -1 时才能是不相同的；这时我们就有 $B \equiv -B, B' \equiv -B' \pmod D$，也就是说，值 (B, B') 是与自身相反的.

Ⅴ. 由我们在上面（第 271 目）关于定型和不定型的判别所说的容易推出：如果 Δ 是正数，D 是负数，且 φ 是定负型，那么 g 将是定负型；但是如果 Δ 是正数，D 是正数或者是负数，且 φ 为定正型，那么 g 将是不定型. 现在因为，只要对于这一性质 f 和 g 是不相似的，它们肯定不能是等价的，所以显然，行列式为正数的二元型以及定正型都不能由定负的三元型来正常表示，以及定负的二元型也不可能由行列式为正数的不定的三元型来表示，而相反地，第一种或第二种类型的三元型只能相应地表示第二种或第一种类型的二元型. 类似地可以推出，行列式为负数的三元定型（即定正的型）只能表示定正的二元型，而行列式为负数的②不定三元型也只能表示行列式为正数的定负的二元型.

---

① 俄文版误写为 b, b', a''—— 译者注.

② 俄文版中没有“行列式为负数的”这几个字，而在拉丁文版中原来是有这几个字的. 而且这几个字并不是无关紧要的，因为前面［第 271 目］已经证明了，不定三元型的行列式既可能为正数，也可能为负数 —— 译者注.

284.

因为由三元型f(它的相补型是F)给出的行列式为D的二元型φ的**反常**表示,可以推导出数D由型F给出的反常表示,所以显然,只要D有平方因数,φ就只能由f给出反常表示.

如果我们假设所有能整除D的平方数(除去1以外)是$e^2, e'e', e''e'', \cdots$(它们的个数有限,因为我们已预先假设有$D \neq 0$),那么型$\varphi$由$f$给出的每一个反常表示显然都将给出数$D$由$F$给出的一个表示,在这个表示中变数的值以数$e, e', e'', \cdots$中的一个作为其最大公约数;有鉴于此,我们就简单地说型φ的每一个反常表示属于平方因数e^2,或者$e'e'$,或者$e''e''$等等.然而,型φ的属于同一个**给定的**平方因数e^2(我们将假设它的平方根e取正号)的所有的表示可以用下面的规则来求出.为简略起见,我们在这里选择综合性的证明,不过由它容易恢复找到这个规则的分析过程.

第一,需要求出行列式为$\dfrac{D}{e^2}$的所有这样的二元型,它被形如$T = \kappa t + \lambda u, U = \mu u$的正常变换变成型$\varphi$,其中$T, U$是这样的型的变数;$t, u$是型$\varphi$的变数;$\kappa, \mu$是正整数(它们的乘积等于$e$),以及$\lambda$是小于$\mu$的正整数(可以为0).这些型以及相应的变换可按如下的方法求得.

我们依次使κ等于数e的各个正因数(包括1和e),并令$\mu = \dfrac{e}{\kappa}$;对每组确定的值κ, μ,我们使λ取从0到$\mu - 1$之间的所有的整数值,由此我们显然就得到了所有的变换.这时只要找到φ被代换$t = \dfrac{T}{\kappa} - \dfrac{\lambda U}{e}, u = \dfrac{U}{\mu}$所变成的型,我们就求出了被代换$T = \kappa t + \lambda u$, $U = \mu u$变成φ的型;这样我们就得到了与每个变换相对应的型;但是在所有这些型中只有三个系数全是整数的型才需要被保留下来.①

第二,假设Φ是这些型中的任意一个,它被代换$T = \kappa t + \lambda u, U = \mu u$变成$\varphi$;求出由型$f$给出的型$\Phi$的所有的正常表示(如果这样的表示存在的话)以及用一般形式的公式

$$x = \mathfrak{A}T + \mathfrak{B}U, x' = \mathfrak{A}'T + \mathfrak{B}'U, \quad (\mathfrak{R})$$
$$x'' = \mathfrak{A}''T + \mathfrak{B}''U$$

来表示它们;最后,由(1)中每一个表示可以得出表示

$$x = \alpha t + \beta u, x' = \alpha' t + \beta' u, x'' = \alpha'' t + \beta'' u, \quad (\rho)$$

其中的系数由下列等式给出

$$\alpha = \kappa\mathfrak{A}, \alpha' = \kappa\mathfrak{A}', \alpha'' = \kappa\mathfrak{A}'',$$
$$\beta = \lambda\mathfrak{A} + \mu\mathfrak{B}, \beta' = \lambda\mathfrak{A}' + \mu\mathfrak{B}', \beta'' = \lambda\mathfrak{A}'' + \mu\mathfrak{B}'', \quad (R)$$

① 如果我们能在这里更详尽地研究这个问题,我们就能大大简化问题的解.极为明显的是,作为κ,除了整除型φ的第一个系数的因数之外,我们不需要考虑e的任何其他的因数,但是,在其他合适的时机,我们还会回过来考虑这个问题,由这个问题的解也可以得到第213,214目中问题的更加简单的解答.

对于按照第一个规则得到的其他的型(如果还有的话)我们可以用与型Φ完全同样的方法来讨论,从各个正常表示得到所有其他的表示;这样,正如我们所断言的,由这样的方法,就求出了型φ的属于因数e^2的所有表示,而且每个表示只得到一次.

证明 Ⅰ.十分显然,三元型f确实被每一个代换(ρ)变成φ,这点无需进一步说明;而每一个表示(ρ)都是反常的,且都属于因数e^2,这一点可从下面的事实推出:数$\alpha'\beta''-\alpha''\beta',\alpha''\beta-\alpha\beta'',\alpha\beta'-\alpha'\beta$分别等于$e(\mathfrak{A}'\mathfrak{B}''-\mathfrak{A}''\mathfrak{B}'),e(\mathfrak{A}''\mathfrak{B}-\mathfrak{A}\mathfrak{B}''),e(\mathfrak{A}\mathfrak{B}'-\mathfrak{A}'\mathfrak{B})$,因此它们的最大公约数显然等于$e$(因为$(\mathfrak{R})$是一个正常表示).

Ⅱ.我们要证明,从型φ的每一个给定的表示(ρ),都可以求出行列式为$\frac{D}{e^2}$的型的正常表示,这个表示包含在用第一规则所求出的那些表示之中,也就是说,由$\alpha,\alpha',\alpha'',\beta,\beta',\beta''$的给定的值可以求出满足指定的条件的$\kappa,\lambda,\mu$的整数值,以及求出满足$(R)$的$\mathfrak{A},\mathfrak{A}',\mathfrak{A}'',\mathfrak{B},\mathfrak{B}',\mathfrak{B}''$的值,而且仅有唯一一种方式.实际上,首先由$(R)$中的前三个等式推出$\kappa$应该取$\alpha,\alpha',\alpha''$的带正号的最大公约数(因为数$\mathfrak{A}'\mathfrak{B}''-\mathfrak{A}''\mathfrak{B}',\mathfrak{A}''\mathfrak{B}-\mathfrak{A}\mathfrak{B}'',\mathfrak{A}\mathfrak{B}'-\mathfrak{A}'\mathfrak{B}$没有公约数,所以数$\mathfrak{A},\mathfrak{A}',\mathfrak{A}''$也不可能有公约数);由此我们可以确定$\mathfrak{A},\mathfrak{A}',\mathfrak{A}''$,从而得到$\mu=\frac{e}{\kappa}$(容易看出,这个数一定是整数).如果我们假设这样来取三个整数$\mathfrak{a},\mathfrak{a}',\mathfrak{a}''$,使得有$\mathfrak{a}\mathfrak{A}+\mathfrak{a}'\mathfrak{A}'+\mathfrak{a}''\mathfrak{A}''=1$,以及为简略计,用$k$来记$\mathfrak{a}\mathfrak{B}+\mathfrak{a}'\mathfrak{B}'+\mathfrak{a}''\mathfrak{B}''$,那么,由$(R)$中后面三个等式可得$\mathfrak{a}\beta+\mathfrak{a}'\beta'+\mathfrak{a}''\beta''=\lambda+\mu k$,由此显然可见,在0和$\mu-1$之间$\lambda$只有一个值.因为在这样做了之后,$\mathfrak{B},\mathfrak{B}',\mathfrak{B}''$的值也就确定了,所以剩下只需证明它们总是整数.但是

$$\begin{aligned}\mathfrak{B}&=\frac{1}{\mu}(\beta-\lambda\mathfrak{A})=\frac{1}{\mu}[\beta(1-\mathfrak{a}\mathfrak{A})-\mathfrak{A}(\mathfrak{a}'\beta'+\mathfrak{a}''\beta'')]+\mathfrak{A}k\\&=\frac{1}{\mu}[\mathfrak{a}''(\mathfrak{A}''\beta-\mathfrak{A}\beta'')-\mathfrak{a}'(\mathfrak{A}\beta'-\mathfrak{A}'\beta)]+\mathfrak{A}k\\&=\frac{1}{e}[\mathfrak{a}''(\alpha''\beta-\alpha\beta'')-\mathfrak{a}'(\alpha\beta'-\alpha'\beta)]+\mathfrak{A}k,\end{aligned}$$

所以$\mathfrak{B}$显然是一个整数,按照同样的方法我们可以证明$\mathfrak{B}',\mathfrak{B}''$也都得到整数值.从这些讨论就推出,不可能有由$f$给出的型$\varphi$的属于因数$e^2$的反常表示,它根本不能用所指出的方法得到,或者重复得到若干次.

现在,如果用同样的方法来研究D的其余的平方因数,并求出属于其中每一个因数的表示,那么我们就得到型φ由f给出的所有的反常表示.

此外,由这个解容易得出,上一目结尾处所指出的有关正常表示的那个定理对于反常表示也适用,这就是说,一般而言,不存在行列式为负数的定正的二元型可以由一个定负的三元型来表示,等等.这是因为,如果φ是这样一个二元型,根据所说的定理,它不可能由型f来正常表示,那么显然,行列式为$\frac{D}{e^2},\frac{D}{e'e'},\cdots$的所有的型(包含型$\varphi$)也都不可能由$f$来正常表示,这是因为所有这些型与型$\varphi$的行列式都有相同的符号,以及如果这些行列式为负数,那么所有的型要么都是定正的,要么都是定负的,这要根据φ是属于定正的

还是属于负定的来决定.

285.

关于我们提出的问题的第三部分(上面已经把问题的前两部分转化为它了),这就是,判断两个给定的有相同行列式的三元型是否等价,以及如果确为等价,试求出把一个型变为另一个型的所有的变换,在这里我们只能说得不多,因为要给出完全的解答,就像在二元型的情形对于类似的问题所做过的那样,在这里会遇到还要更大的困难. 因此,我们只限于研究某些特殊的情形,为此我们先偏离我们原来的研究对象.

Ⅰ. 我们在上面已经证明了,对于行列式 $+1$ 所有的三元型可以分成两类,一类包含所有的不定型,另一类包含所有的(定负的)定型. 由此立即推出,任何两个行列式为1的三元型,如果它们两者都是定型,或者两者都是不定型,那么它们必定等价;如果一个是定型,而另一个是不定型,它们一定不等价(显然,定理的第二部分对于任意行列式的型一般都成立). 同样地,任意两个行列式为 -1 的型,如果两者都是定型,或者都是不定型,那么它们必定等价. 两个行列式为2 的定型总是等价的;两个不定型,如果其中一个型的前三个系数全部都是偶数,而另一个型中的前三个系数不全是偶数,那么它们不等价;反之,在其他的情形(这时要么两个型的前三个系数同时都是偶数,要么无论哪个型的前三个系数都不全是偶数),它们是等价的. 由此可见,如果我们在上面(第277目)讨论更多的例子,那么我们就还能给出更多的有这种特殊性质的定理.

Ⅱ. 对所有这些情形,如果 f, f' 表示两个等价的三元型,那么我们同时可以求出把其中的一个型变成另一个型的变换. 事实上,对所有情形,我们已经指出,在三元型的每个类中,有足够少的几个型,使得这个类中的任何一个型都可以按照完全确定的方法转化成其中的一个型;我们还指出了如何把这些型全都化成同一个型. 如果 F 是 f, f' 所属的类中的型,那么利用上面所给的规则,可以求出把 f, f' 变成 F 的变换以及把型 F 变成 f, f' 的变换. 由此,根据第270目,我们就可以求出把型 f 变成 f' 的变换以及把型 f' 变成 f 的变换.

Ⅲ. 这样一来,剩下只需要指出,怎样从把三元型 f 变成另一个型 f' 的一个变换来求出所有可能的变换. 这个问题可以被归结为一个更简单的问题,这就是求出把三元型 f 变成自己的所有的变换. 事实上,如果在若干个变换 (τ), (τ'), (τ''), … 下 f 都变成自己,而在代换 (t) 下变成 f',那么,如果按照第270目中的方法,把变换 (t) 与 (τ), (τ'), (τ''), … 相组合,显然总是得到把 f 变成 f' 的变换;此外,由计算容易证明,每一个把型 f 变成 f' 的变换都可以按照这样的方法来得到:通过把型 f 变成 f' 的某个给定的变换 (t) 与把 f 变成它自己的某个(也**仅**有一个)变换组合而求得,于是,通过把 f 变成 f' 的一个给定的变换与将 f 变成自己的**所有的**变换相组合,我们就得到了将型 f 变为 f' 的**所有的**变换,而且每个变换恰好只出现一次.

我们将只限于在 f 是一个定型且它的第四、第五以及第六个系数均为0 的情形来寻求型f变为自己的所有的变换.①因此,设$f=\begin{pmatrix}a, & a, & a''\\ 0, & 0, & 0\end{pmatrix}$,又设把型$f$变为自己的任意的代换表示为

$$\begin{matrix}\alpha, & \beta, & \gamma\\ \alpha', & \beta', & \gamma'\\ \alpha'', & \beta'', & \gamma''\end{matrix}$$

它应该满足下面的等式

$$\begin{aligned}&a\alpha^2+a'\alpha'\alpha'+a''\alpha''\alpha''=a,\\&a\beta^2+a'\beta'\beta'+a''\beta''\beta''=a',\\&a\gamma^2+a'\gamma'\gamma'+a''\gamma''\gamma''=a'',\\&a\alpha\beta+a'\alpha'\beta'+a''\alpha''\beta''=0,\\&a\alpha\gamma+a'\alpha'\gamma'+a''\alpha''\gamma''=0,\\&a\beta\gamma+a'\beta'\gamma'+a''\beta''\gamma''=0.\end{aligned}\qquad(\Omega)$$

现在必须区分三种情况:

Ⅰ.如果a,a',a''(它们都有相同的符号)两两不相等,那么我们假设$a<a',a'<a''$(如果这里各个量的大小次序与此不同,则用完全类似的方法可以得出同样的结论).这时(Ω)中第一个等式显然要求$\alpha'=\alpha''=0$,故有$\alpha=\pm1$;再由第四和第五个等式推出$\beta=0,\gamma=0$;类似地由第二个等式得到$\beta''=0$,于是就有$\beta'=\pm1$②;然后由第六个等式得到$\gamma'=0$,及由第三个等式得到$\gamma''=\pm1$,所以我们得到(由于其中的正负号可以相互独立地选取)八个不同的变换.

Ⅱ.如果数a,a',a''中有两个相等,比方说有$a'=a''$,而第三个数不与它们相等,那么我们假设:

第一,$a<a'$.这时按照在上面的情形中同样的方法就会有$\alpha'=0,\alpha''=0,\alpha=\pm1,\beta=0,\gamma=0$;再由第二、第三和第六个等式容易推出:要么必有$\beta'=\pm1,\gamma'=0,\beta''=0,\gamma''=\pm1$,要么必有$\beta'=0,\gamma'=\pm1,\beta''=\pm1,\gamma''=0$.

第二,但如果有$a>a'$,我们可以用下面的方法得出同样的结论;由第二和第三个等式必定可得$\beta=0,\gamma=0$,以及要么有$\beta'=\pm1,\gamma'=0,\beta''=0,\gamma''=\pm1$,要么有$\beta'=0,\gamma'=\pm1,\beta''=\pm1,\gamma''=0$;无论在哪一种情形,由第四和第五个等式都会得到$\alpha'=0,\alpha''=0$,而由第一个等式得$\alpha=\pm1$.因此在每一种情形都有16个不同的变换.对于另外的两种情形,即$a=a''$或$a=a'$,可以用完全类似的方法来讨论.在前一种情形,只需要将字母α,α',α''分别替换为字母β,β',β'',而在第二种情形,只要将字母α,α',α''分别替换为字母γ,γ',γ''.

Ⅲ.如果三个数a,a',a''全相等,那么从第一、第二和第三个等式就推出,在三个数

① 当f是定型时其他情形可以化为这种情形;如果型f是不定型,那么就必须要用完全不同的方法,这时变换的个数将是无限的.

② 俄文版此式误写为$\beta=\pm1$.——译者注.

α,α',α'',以及在三个数β,β',β''和γ,γ',γ''中,都有两个数等于0,而第三个数等于 ±1. 但由第四、第五和第六个等式容易看出,三个数α,β,γ中仅有一个能等于 ±1,以及同样的结论对于数组α',β',γ'以及数组$\alpha'',\beta'',\gamma''$也都成立. 这样一来,就只有六种组合:

$$\begin{array}{c|c|c|c|c|c|l|}\alpha & \alpha & \alpha' & \alpha' & \alpha'' & \alpha'' & =\pm 1\\ \beta' & \beta'' & \beta & \beta'' & \beta & \beta' & =\pm 1\\ \gamma'' & \gamma' & \gamma'' & \gamma & \gamma' & \gamma & =\pm 1\end{array};$$

所有其他的六个系数都将等于0,所以,由于有两重符号,我们总共得到48 个变换. 这个表也包含了上面的情形, 不过当a,a',a''都不相等时, 这六列中我们只取第一列; 当$a'=a''$时只取第一和第二列;以及当$a=a'$时只取第一和第三列;而当$a=a''$时只取第一和第六列.

综上所说,如果三元型$f=ax^2+a'x'x'+a''x''x''$被代换

$$x=\delta y+\varepsilon y'+\zeta y'', x'=\delta' y+\varepsilon' y'+\zeta' y'',$$
$$x''=\delta'' y+\varepsilon'' y'+\zeta'' y''$$

变成另外一个与它等价的型f',那么型f变成f'的所有的变换都包含在下面的表中:

$$\begin{array}{c|c|c|c|c|c|l}x & x & x' & x' & x'' & x'' & =\pm(\delta y+\varepsilon y'+\zeta y'')\\ x' & x'' & x & x'' & x & x' & =\pm(\delta' y+\varepsilon' y'+\zeta' y'')\\ x'' & x' & x'' & x & x' & x & =\pm(\delta'' y+\varepsilon'' y'+\zeta'' y''),\end{array}$$

考虑到当$a=a'=a''$时,前面六列都要用到;当$a'=a''$而a与它们不同时,用到第一列和第二列;当$a=a'$时,要用到第一列和第三列;当$a=a''$时,用到第一列和第六列;最后,当a,a',a''全都不相等时,只要用到第一列. 在第一种情形,变换的个数为48,在第二、第三以及第四种情形,变换个数为16,在第五种情形,变换个数为8.

对于二元型理论的某些应用　第286 ~ 307 目

§77　怎样求一个型,由它的加倍可以得到主族中一个给定的二元型　第286 目

由于已经简述了三元型理论的最基本的知识,现在我们要来讨论它的某些特殊的应用,其中最为重要的是下面的问题.

286.

问题　假设给定一个行列式为D属于主族的二元型$F=(A,B,C)$,试求二元型f,由它的加倍得出型F.

解　Ⅰ. 求出与型F相反的型

$$F'=AT^2-2BTU+CU^2$$

由三元型 x^2-2yz① 给出的正常表示，设这个表示是

$$x=\alpha T+\beta U, y=\alpha' T+\beta' U, z=\alpha'' T+\beta'' U.$$

由以上的三元型理论容易推出，这是可以做到的. 事实上，根据假设，型 F 属于主族，所以表示式$\sqrt{(A,B,C)} \pmod D$ 的值存在，因此可以找到一个行列式为 1 的三元型 φ，型 $(A,-B,C)$ 在其中作为一个部分出现，且容易确信，这个型的所有系数都是整数. 同样显然的是，φ 是一个不定型（因为根据假设，F 一定不是定负型）；于是它一定等价于型 x^2-2yz. 这样，我们就可以求出一个把 x^2-2yz 变成 φ 的正常变换，这个变换就给出了型 F' 由型 x^2-2yz 来表出的一个正常表示. 因而我们得到

$$A=\alpha^2-2\alpha'\alpha'', -B=\alpha\beta-\alpha'\beta''-\alpha''\beta', C=\beta^2-2\beta'\beta'';$$

进而，如果我们分别用 a,b,c 来记数 $\alpha\beta'-\alpha'\beta, \alpha'\beta''-\alpha''\beta', \alpha''\beta-\alpha\beta''$，则它们没有公约数，此外，还有 $D=b^2-2ac$.

Ⅱ. 由此并借助于第 235 目中最后一点说明容易推断，经过代换 $2\beta',\beta,\beta,\beta''$；$2\alpha',\alpha,\alpha,\alpha''$，型 F 将被变成型 $(2a,-b,c)$ 与它自己的乘积，以及同样地，经过代 $\beta',\beta,\beta,2\beta''$；$\alpha',\alpha,\alpha,2\alpha''$，$F$ 将被变成型 $(a,-b,2c)$ 与它自己的乘积. 现在，数 $2a,2b,2c$ 的最大公因数为 2；因而，如果 c 是奇数，则数 $2a,2b,c$ 就没有公因数，即 $(2a,-b,c)$ 是正常本原型；同样地，如果 a 是奇数，则 $(a,-b,2c)$ 是正常本原型. 在前一种情形，型 F 可以由型 $(2a,-b,c)$ 的加倍得出，而在后一种情形，型 F 可以由型 $(a,-b,2c)$ 的加倍得出（见第 235 目第四个结论）. 而这些情形必有一种会发生. 事实上，如果 a 和 c 两者皆为偶数，则 b 就必定是奇数；容易验证有 $\beta''a+\beta b+\beta' c=0$ 及 $\alpha''a+\alpha b+\alpha' c=0$，由此推出 βb 和 αb 都是偶数，从而 α 和 β 也都是偶数. 由此得知 A 和 C 都是偶数，但这与假设矛盾，因为根据假设，型 F 属于主族，从而也属于正常本原层.

还有可能两个数 a 和 c 皆为奇数；在此情形，我们就有两个型，它们的加倍都得到 F.

例 假设给定行列式为 -151 的型 $F=(5,2,31)$，这里可找到 $(55,22)$ 作为表示式 $\sqrt{(5,2,31)}$ 的值；由此得到三元型 $\varphi=\begin{pmatrix}5, & 31, & 4\\ 11, & 0, & -2\end{pmatrix}$；由第 272 目中指出的规则，就得到与它等价的型$\begin{pmatrix}1, & 1, & -1\\ 0, & 0, & 0\end{pmatrix}$，而这个型被代换

$$\begin{Bmatrix}2, & 2, & 1\\ 1, & -6, & -2\\ 0, & 3, & 1\end{Bmatrix}$$

变成 φ. 借助于第 277 目中所给出的变换，由此推出，型$\begin{pmatrix}1, & 0, & 0\\ -1, & 0, & 0\end{pmatrix}$ 被代换

$$\begin{Bmatrix}3, & -7, & -2\\ 2, & -1, & 0\\ 1, & -9, & -3\end{Bmatrix}$$

① 俄文版误写为 x^2-2y——译者注.

变成 φ. 因此有 $a=11, b=-17, c=20$;这样一来,由于 a 是奇数,故而 F 能由型(11,17,40)的加倍得出,以及可以通过代换 $-1,-7,-7,-18;2,3,3,2$ 变成这个型与它自己的乘积.

§78 除了在第263和264目中已经证明其不可能的那些特征之外,其他所有的特征都与某个族相对应 第287目

287.

对于我们在上一目中解决的问题,我们再补充以下几点说明:

Ⅰ. 如果型 F 被代换 $p,p',p'',p''';q,q',q'',q'''$ 变成两个型 (h,i,k) 和 (h',i',k')(我们总是假设其中每个型都取为正常的)的乘积,那么由第235目中的第三个结论容易推出下列等式:

$$p''hn'-p'h'n-p(in'-i'n)=0,$$
$$(p''-p')(in'+i'n)-p(kn'-k'n)+p'''(hn'-h'n)=0,$$
$$p'kn'-p''k'n-p'''(in'-i'n)=0$$

以及另外三个等式,它们由这三个等式将数 p,p',p'',p''' 以 q,q',q'',q''' 来代替所得到;数 n,n' 分别是型 (h,i,k) 和 (h',i',k') 的行列式被型 F 的行列式除所得商的正的平方根. 于是,如果两个型相同,即有 $n=n', h=h', i=i', k=k'$,那么所说的等式就变成

$$(p''-p')hn=0,(p''-p')in=0,(p''-p')kn=0,$$

由此推出**必有** $p'=p''$,以及完全类似地有 $q'=q''$. 这样一来,如果型 (h,i,k) 和 (h',i',k') 采用相同的变数 t,u,而型 F 的变数记为 T,U,那么 F 被代换

$$T=pt^2+2p'tu+p'''u^2, U=qt^2+2q'tu+q'''u^2$$

变成 $(ht^2+2itu+ku^2)^2$.

Ⅱ. 如果型 F 是由型 f 的加倍得到的,那么它也将是由与型 f 在同一个类中的任意一个型的加倍所得到的;这就是说,型 F 的类是由型 f 的类的加倍所得到的(见第238目). 因此,在上一目的例子中,(5,2,31)也可以由与型(11,17,40)正常等价的型(11,-5,16)的加倍得出. 从这样一个类(它的加倍得到型 F 所在的类)出发,基于第260目的说明,我们可求出**所有**(如果有多于一个的话)这样的类;在我们的例子中,没有其他这样的定正类,这是因为对于行列式 -151 只存在一个定正的正常本原的歧类(主类);又因为单个的定负的歧类(-1,0,-151)与类(11,-5,16)所作的合成得到类(-11,-5,-16),这是唯一的由它作加倍我们能得到类(5,2,31)的定负的类.

Ⅲ. 因为根据上一目中问题的解可以确定,由属于主族的二元型所组成的每一个(定正的)正常本原类可以由具有相同行列式的某个正常本原类的加倍得到,所以第261目中的定理,它断言:对于给定的非平方数的行列式 D,在所有可能的特征中**至少**有一半不可能与(定正的)正常本原族相对应,现在我们可以加强这个结论:实际上,**在所有的特征中恰好有一半能和这样的族相对应**,因而,它们的另外一半不可能和这样的族相对应

(参见该定理的证明). 如果在第 264 目中,我们把所有可能的特征分成相等的两组 P 和 Q,而且我们已经证明了 Q 中的特征都不可能与(定正的) 正常本原型相对应,同时对于 P 中的特征,它们中的每一个是否实际上对应于这样的族仍然不清楚,那么现在这种不明确就完全消除了. 我们可以肯定,在整个组 P 中没有一个特征不与这样的族相对应. 但由此也容易推出,对于在**定负的**正常本原层中的负的行列式,其中正如我们在第 264 目的 Ⅰ 中所指出的,P 中所有特征都是不可能的,而**只有** Q 中的特征才有可能. 事实上 Q 中**所有的**特征都的确是可能的. 这就是说,如果以 K 表示 Q 中任意一个特征,f 表示由行列式为 D 的型所组成的定负的正常本原层中的任意一个型,以及 K' 表示它的特征,那么 K' 必定在 Q 中;由此容易看出,由 K,K' 合成所得的特征(根据第246目中的规则) 属于 P,因而就有行列式为 D 的定正的正常本原型与之相对应;显然,将任意一个这样的型与 f 合成,就得到行列式为 D 的定负的正常本原型,它的特征就是 K. 用完全类似的方法可以证明:在反常本原层中,所有那些按照第 264 目 Ⅱ 与 Ⅲ 中的规则得到的**仅有**可能的特征的确实际上是可能的,而不论它们是在 P 中还是在 Q 中. 如果不是我们过于误解的话,**这些定理属于二元型理论中最漂亮的结果**,特别是因为,尽管它们有非常简单的形式,然而其内涵却如此深邃,以至于它们的严格的证明不借助于另外多方面的研究是不可能的.

§79 数及二元型分解为三个平方的理论 第 288 ~ 292 目

现在我们转向上述插叙结果的另一个应用,这就是数及二元型分解成三个平方. 在这之前先研究下面的问题.

288.

问题 **设 M 表示正数,试求条件:使得在此条件下存在以 $-M$ 为行列式的定负的本原二元型,它是数 M 的二次剩余,即对于它 1 是特征数.**

解 我们用 Ω 来记由所有这样的关系所给出的专属特征所组成的总体:数 1 与 M 的各个(奇) 素因数的关系以及数 1 与数 8 或者数 4(当它们整除 M 时) 的关系;显然,这些特征是 $Rp,Rp',Rp'',\cdots$,这里 $p,p',p'',\cdots$ 是 M 的素因数,以及 1,4(当 4 整除 M 时) 和 1,8(当 8 整除 M 时). 此外,我们将用字母 P,Q 表示与在上一目或第 264 目中相同的含义. 现在我们要分以下几种情形来讨论.

Ⅰ. 当 M 能被 4 整除时,Ω 是完全特征,以及由第 233 目的 Ⅴ 可知,1 只能是其特征是 Ω 的那些型的特征数. 但是显然,Ω 是主型 $(1,0,M)$ 的特征,从而它属于 P,故它不可能与任何一个定负的正常本原型相对应;因为对于这样的行列式不存在反常的本原型,所以在此情形不存在定负的本原型能是数 M 的剩余.

Ⅱ. 当 $M\equiv 3 \pmod 4$ 时,同样的推理对于下面唯一的例外情形依然成立:在此情形有一个定负的反常本原层存在,在这个层中,P 中的特征是可能的还是不可能的,要按照有 $M\equiv 3 \pmod 8$ 还是有 $M\equiv 7 \pmod 8$ 而定(见第 264 目的 Ⅲ). 于是在前一种情形,在这个层中就存在一个族,其特征为 Ω,因此 1 就是这个族中的所有的型的特征数;而在后一情形,不可能有任何定负的型有此性质.

Ⅲ. 当 $M\equiv 1(\bmod 4)$ 时,Ω 并不是完全特征,因为还必须要对它增加一个与数4的关系;

然而,Ω 显然必定应该列入以1为特征数的型的特征之中,反过来,其特征为 $\Omega;1,4$ 或者是 $\Omega;3,4$ 的每一个型都应有特征数1. 但是,$\Omega;1,4$ 显然是主族的特征且它属于 P,所以它不可能在定负的正常本原层中;根据同样的理由,特征 $\Omega;3,4$ 将属于 Q(第263目),故而它在定负的正常本原层中存在一个对应的族,这个族的所有的型都以1作为一个特征数. 在此情形,与在下面的情形一样,不存在反常的本原层.

Ⅳ. 当 $M\equiv 2(\bmod 4)$ 时,为了从 Ω 得到完全特征,我们还必须要向 Ω 增加与数8的关系,这些关系将是:当 $M\equiv 2(\bmod 8)$ 时是1和3,8,或5和7,8;当 $M\equiv 6(\bmod 8)$ 时是1和7,8,或3和5,8. 在第一种情形,特征 $\Omega;1$ 和3,8显然属于 P,因此特征 $\Omega;5$ 和7,8属于 Q,由此可知存在与之相对应的定负的正常本原族;根据类似的理由,在第二种情形,在定负的正常本原层中也存在一个族,它的型具有所要求的性质;也就是说,这个族具有特征 $\Omega;3$ 和5,8.

由所有这些结果推出:当 M 关于模8与数1,2,3,5,6之一同余时,就有行列式为 $-M$ 且特征数为1的定负的本原型存在,而且当 $M\equiv 3(\bmod 8)$ 时它们总是属于唯一一个反常的族;而当 $M\equiv 0,4$,或 $7(\bmod 8)$ 时,就根本不存在这样的型. 同时显然,如果 $(-a,-b,-c)$ 是特征数为 $+1$ 的定负的本原型,那么 (a,b,c) 就是特征数为 -1 的定正的本原型. 由此显见,在前面五种情形(即 $M\equiv 1,2,3,5,6(\bmod 8)$),存在一个定正的本原族,它的型以 -1 为特征数,而且当 $M\equiv 3(\bmod 8)$ 时,它还是**反常的**,而在其余的三种情形(即 $M\equiv 0,4,7(\bmod 8)$),根本没有这样的定正型存在.

289.

关于二元型由三元型 $x^2+y^2+z^2=f$ 来作正常表示,从第282目中的一般理论我们可以得出如下的结果.

Ⅰ. 二元型 φ 能由 f 正常表示,仅当它(型 φ)是定正的本原型,且 -1(即型 f 的行列式)为其特征数. 因而对于正的行列式,以及同样地对于负的行列式 $-M$,当 M 或者被4整除,或者形如 $8n+7$ 时,都不存在能由 f 正常表示的二元型.

Ⅱ. 现在,如果 $\varphi=(p,q,r)$ 是行列式为 $-M$ 的定正的本原型,且 -1 是型 φ 的特征数,因而也是它的相反的型 $(p,-q,r)$ 的特征数,那么就存在型 φ 由型 f 给出的,属于表示式 $\sqrt{-(p,-q,r)}$ 的任意给定的值的正常①表示. 也就是说,行列式为 -1 的三元型 g 的所有的系数(第283目)一定都是整数,而 g 是定型,故而一定与型 f 等价(第285目 Ⅰ).

Ⅲ. 由283目 Ⅲ 我们知道,属于表示式 $\sqrt{-(p,-q,r)}$ 的同一个值的表示的个数在所有情形(除 $M=1$ 及 $M=2$ 的情形以外)都等于将型 f 变成 g 的变换的个数,因此由第285目知,这个个数等于48;由此推出,如果有一个属于给定值的表示,那么另外的47个

① 俄文版中漏了"正常"一词——译者注.

表示就可以通过对变数x,y,z的值用一切可能的方式进行配置以及取所有可能的符号的组合而从这个表示得到;因此,如果我们只考虑这些平方数本身,而不考虑它们的次序以及其平方根的符号的话,那么所有这48个表示只能给出型φ分解成三个平方的一种分解.

Ⅳ. 如果我们用μ来表示整除M的所有不同的奇素数的个数,则不难由第233目推出,表示式$\sqrt{-(p,-q,r)}\pmod M$所有的不同的值的个数等于$2^{(\mu)}$,但是,根据第283目,我们只需要考虑其中的一半即可(当$M>2$时). 于是型φ由f给出的所有的正常表示的个数将等于$48\cdot 2^{(\mu-1)}=3\cdot 2^{(\mu+3)}$,而分解成三个平方的不同分解法的个数等于$2^{(\mu-1)}$.

例 设$\varphi=19t^2+6tu+41u^2$,所以$M=770$. 这里我们必须要考虑表示式$\sqrt{-(19,-3,41)}\pmod{770}$的下面四个值(第283目):$(39,237)$,$(171,-27)$,$(269,-83)$,$(291,-127)$. 为了求出属于值$(39,237)$的表示,我们首先作出三元型$\begin{pmatrix}19, & 41, & 2\\ 3, & 6, & 3\end{pmatrix}=g$. 按照第272,275目中的规则,我们可以发现$f$被代换

$$\begin{Bmatrix}1, & -6, & 0\\ -3, & -2, & -1\\ -3, & -1, & -1\end{Bmatrix}$$

变成型g,由此得到型φ由型f给出的下面的表示

$$x=t-6u,y=-3t-2u,z=-3t-u;$$

属于同一个值的其余的47个表示可以通过变数的这些值的置换以及符号的改变来得到,为简略起见,我们就不把这些表示写出来了. 所有这48个表示都给出型φ分解成三个平方的同一个分解:

$$t^2-12tu+36u^2,9t^2+12tu+4u^2,9t^2+6tu+u^2.$$

按照完全类似的方法,值$(171,-27)$给出分解成三个平方$(3t+5u)^2$,$(3t-4u)^2$,t^2的分解;值$(269,-83)$给出分解式$(t+6u)^2+(3t+u)^2+(3t-2u)^2$;而值$(291,-127)$给出分解式$(t+3u)^2+(3t+4u)^2+(3t-4u)^2$;这些分解中的每一个分解都等价于48个表示. 在这192个表示或者这4个分解之外,再也没有其他的了,这是因为770不能被任何平方数整除,故而不可能有任何反常的表示.

290.

行列式为-1和-2的型在某些方面有例外,所以我们要单独作简略的讨论. 我们首先对此来做一般性的说明:如果φ,φ'是任意两个等价的二元型,以及(Θ)是给定的把第一个型变为第二个型的变换,那么,将型φ由某个三元型f给出的每一个表示与代换(Θ)组合起来,我们就会得到型φ'由f给出的表示. 此外,由φ的正常表示将会得到型φ'的正常表示,而且由φ的不同的表示将得到φ'的不同的表示,以及从型φ的所有的表示得到型φ'的所有这样的表示. 所有这些结论都可以用很简单的计算来加以证明. 所以,φ,φ'中的一个型与另一个型可以有同样多的方式由f来表示.

Ⅰ. 首先设$\varphi=t^2+u^2$,以及φ'是另外任意一个行列式为-1的任意的定正的二元

型,型 φ 与它等价;又设在代换

$$t=\alpha t'+\beta u',u=\gamma t'+\delta u'.$$

下 φ 变成 φ'. 令 $x=t,y=u,z=0$,则型 φ 就由三元型 $f=x^2+y^2+z^2$ 表出;通过置换 x,y,z 的值,由此就得到六个表示,而对其中每一个表示,通过改变 t,u 的符号又会得到四个表示,这样一来总共就有 24 个不同的表示,而与它们相对应的只有唯一一种三个平方的分解,容易看出,除了它们之外不再有其他的表示. 由此推出,型 φ' 也可以用唯一一种方式分解成三个平方,这就是 $(\alpha t'+\beta u')^2$,$(\gamma t'+\delta u')^2$ 以及 0,这样的分解等价于 24 个表示.

Ⅱ. 设 $\varphi=t^2+2u^2$,φ' 是另外任意一个行列式为 -2 的定正的二元型,以及 φ 被代换 $t=\alpha t'+\beta u',u=\gamma t'+\delta u'$ 变成型 φ'. 这时,与上一情形类似,我们可以断言,φ 以及因此 φ',都可以用唯一一种方式分解成三个平方,这就是型 φ 分解成 $t^2+u^2+u^2$,而型 φ' 分解成

$$(\alpha t'+\beta u')^2+(\gamma t'+\delta u')^2+(\gamma t'+\delta u')^2;$$

显然,每一个这样的分解等价于 24 个表示.

由所有这些推出,行列式为 -1 和 -2 的二元型,在由三元型 $x^2+y^2+z^2$ 来表示的表法个数方面,与其他的二元型服从同样的规律;这是因为在这两种情形我们都有 $\mu=0$,故而在上目的Ⅳ中的公式也给出 24 个表示. 其理由在于:这种型所具有的两个特性相互作了抵消.

为简略计,我们略去第 284 目中给出的有关反常表示的一般理论对于型 $x^2+y^2+z^2$ 的非同寻常的应用.

291.

求一个给定的正数 M 由型 $x^2+y^2+z^2$ 给出的所有正常表示这一问题,根据第 281 目,首先可以将它化为研究数 $-M$ 由型 $-x^2-y^2-z^2$ 给出的正常表示;而根据第 280 目中所述,这可由以下的方法求得.

Ⅰ. 求出行列式为 $-M$ 且可以由型 $X^2+Y^2+Z^2=F$(它是 f 的相补型)来正常表示的二元型作成的所有的类. 当 $M\equiv 0,4,7 \pmod 8$ 时,由第 288 目知,不存在这样的类,所以 M 不可能分解成没有公因数的三个平方数. ①但当 $M\equiv 1,2,5$ 或 $6 \pmod 8$ 时,存在一个定正的正常本原族,或当 $M\equiv 3 \pmod 8$ 时,存在一个反常本原族,它们都包含所有这样的类;我们用 k 来记这些类的个数.

Ⅱ. 现在从这些类中任意选取 k 个型,每个类中取一个,记它们为 $\varphi,\varphi',\varphi'',\cdots$;我们来确定所有这些型由 F 给出的所有可能的正常表示,这样,它们的个数为 $3\cdot 2^{(\mu+3)}k=K$,

---

① 这还可以从下面的事实推出:三个奇数的平方和必定 $\equiv 3 \pmod 8$;两个奇数和一个偶数的平方和要么 $\equiv 2 \pmod 8$,要么 $\equiv 6 \pmod 8$;一个奇数和两个偶数的平方和要么 $\equiv 1 \pmod 8$,要么 $\equiv 5 \pmod 8$(俄文版此处将 $\equiv 5 \pmod 8$ 误写为 $\equiv 0 \pmod 8$——译者注);最后,三个偶数的平方和要么 $\equiv 0 \pmod 8$,要么 $\equiv 4 \pmod 8$;不过,在后一情形,该表示显然是反常的.

其中μ是M的(奇)素因数的个数;最后,从每一个这样的表示:

$$X = mt + nu, Y = m't + n'u, Z = m''t + n''u$$

我们得到M由型$x^2 + y^2 + z^2$给出的以下表示:

$$x = m'n'' - m''n', y = m''n - mn'', z = mn' - m'n.$$

M的所有表示都一定包含在这K个表示组成的总体之中,我们将用Ω来记这个总体.

Ⅲ. 因此,我们只需要研究Ω中是否有**相同的**表示;因为,由第280目的Ⅲ我们已经知道,Ω中的那些由不同的型导出的表示(例如由型φ和φ'导出的表示)必定也是不同的,所以剩下来只要研究:同一个型(比方说φ)由F给出的不同的表示是否有可能产生出数M由型$x^2 + y^2 + z^2$给出的相同的表示. 十分明显的是,如果在型φ的诸表示中有表示

$$X = mt + nu, Y = m't + n'u, Z = m''t + n''u, \qquad (r)$$

那么其中就有表示

$$X = -mt - nu, Y = -m't - n'u, Z = -m''t - n''u, \qquad (r')$$

以及从这两个表示得到数M的同一个表示,我们把它记为(R);因此我们要来考查表示(R)是否还可以由型φ的其他表示得到. 根据第280目的Ⅲ容易推出,如果我们设$\chi = \varphi$,又设型φ变成自身的所有的正常变换记为

$$t = \alpha t + \beta u, u = \gamma t + \delta u,$$

那么我们可以推出:型φ的所有那些可以推导出表示(R)的表示可以用公式

$$x = (\alpha m + \gamma n)t + (\beta m + \delta n)u,$$
$$y = (\alpha m' + \gamma n')t + (\beta m' + \delta n')u,$$
$$z = (\alpha m'' + \gamma n'')t + (\beta m'' + \delta n'')u$$

来表出.

但是,根据在第179目中所阐述的行列式为负数的二元型的变换理论可以得出,在除了$M = 1$和$M = 3$以外的所有的情形,都只存在两个把φ变成自身的正常变换,即$\alpha, \beta, \gamma, \delta$分别$= 1, 0, 0, 1$,和$= -1, 0, 0, -1$(事实上,由于$\varphi$是本原型,所以在第179目中用$m$来标记的那个数等于1或2,所以,除了被排除的情形外,第179目的情形1)在这里总是一定成立的). 因此,表示(R)只能从(r),(r')得到,这就是说,数M的每一个正常表示都能且只能在Ω中出现两次,而数M的所有不同的正常表示的个数等于$\frac{K}{2} = 3 \times 2^{(\mu+2)}k$.

至于那些例外的情形,根据第179目,型φ变为自身的正常变换的个数对于$M = 1$等于4,对于$M = 3$等于6;以及实际上容易验证,数1和3的正常表示的个数分别为$\frac{K}{4}$和$\frac{K}{6}$;这就是说,每一个数都可以用唯一一种方式分解成三个平方数:数1分解成$1 + 0 + 0$,数3分解成$1 + 1 + 1$;数1的一个分解给出6个不同的表示,而数3的一个分解给出8个不同的表示;也就是对$M = 1$我们有$K = 24$(其中$\mu = 0, k = 1$),而对$M = 3$我们有$K = 48$(其中$\mu = 1, k = 1$).

顺便指出,如果h等于主族中的类的个数,根据第252目,它等于在任何一个其他的

正常本原族中的类的个数,那么,对于 $M \equiv 1,2,5$ 或 $6 \pmod 8$,有 $k = h$,以及对于 $M \equiv 3 \pmod 8$ 有 $k = \frac{h}{3}$,除了唯一的情形 $M = 3$,这时有 $k = h = 1$. 于是**一般来说**,形如 $8n + 3$ 的数的表法个数总是 $2^{(\mu+2)}h$,因为对于数 3 来说,两种特点①相互抵消.

292.

我们已经把数(以及同样地在二元型的情形)分解成为三个平方与由型 $x^2 + y^2 + z^2$ 来表示作了这样的区别:在第一种情形,我们只关注平方的值,而在第二种情形,除此之外,我们也关注它们排列的次序及它们的平方根的符号,所以,我们认为表示 $x = a, y = b, z = c$ 与 $x = a', y = b', z = c'$ 是不同的,只要不同时满足等式 $a = a', b = b'$ 和 $c = c'$;同时把分解 $a^2 + b^2 + c^2$ 和 $a'a' + b'b' + c'c'$ 看成是相同的,如果不计排列次序,一个分解中的各个平方与另一个分解中的各个平方相同. 由此显见:

Ⅰ. 数 M 表成 $a^2 + b^2 + c^2$ 的分解等价于 48 个表示,如果这些平方中没有一个等于 0 且它们均不相等;但是,如果**或者**其中有一个平方等于 0 且其余两个不相等,**或者**其中没有一个等于 0 但其中有两个相等,那么这个分解只与 24 个表示等价. 然而,如果在一个给定的数表成三个平方的分解中有两个平方等于 0,**或者**有一个等于 0 且其余两个相等,最后,或者三个平方全都相等,那么该分解将与 6 个、**或者** 12 个、**或者** 8 个表示等价;但是,如果仅限于正常表示,那么,仅在特殊情形 $M = 1, M = 2$ 以及 $M = 3$ 才可能发生. 在讨论中排除了这些情形,我们假设数 M 分解成三个平方(它们没有公因数)的所有的分解的个数为 E,以及在所有这些分解中,有 e 个分解中都有一个平方为 0,以及有 e' 个分解中各有两个平方相等;前者可以看成分解成两个平方,而后者则可以看成分解成一个平方和另一个平方的两倍. 于是数 M 由型 $x^2 + y^2 + z^2$ 给出的所有的正常表示的个数将等于

$$24(e + e') + 48(E - e - e') = 48E - 24(e + e').$$

但是由二元型的理论容易得出,e 要么等于 0,要么等于 $2^{(\mu-1)}$,这要根据数 -1 是模 M 的二次非剩余还是剩余来决定,同样地有 $e' = 0$ 或者 $e' = 2^{(\mu-1)}$,这要根据数 -2 是模 M 的非剩余还是剩余来决定,这里 μ 是 M 的(奇)素因数的个数(见第 182 目;这里我们略去更加详细的说明). 由所有这些我们容易得到

$$E = 2^{(\mu-2)}k,$$

如果数 -1 和 -2 都是模 M 的非剩余;

$$E = 2^{(\mu-2)}(k + 2),$$

如果这两个数都是模 M 的剩余;

$$E = 2^{(\mu-2)}(k + 1),$$

如果这两个数中有一个是模 M 的剩余,另一个是非剩余.

在例外情形 $M = 1$ 及 $M = 2$,这个公式将会给出 $E = \frac{3}{4}$,而实际上应该有 $E = 1$;然而,

① 拉丁文版此处用词不是"特点",而是"例外"—— 译者注.

对于 $M=3$ 我们得到正确的值 $E=1$,这是因为此时在第 291 目中所说的两种特点①相互抵消了.

于是,如果 M 是素数,那么就有 $\mu=1$,所以当 $M\equiv 1\pmod 8$ 时有 $E=\frac{k+2}{2}$;而当 $M\equiv 3$ 或 $\equiv 5\pmod 8$ 时有 $E=\frac{k+1}{2}$. 这些特殊的定理是由杰出的 Legendre 用归纳法发现的,并发表在我们经常引用的那份出色的评论杂志上(*Hist. de l'Ac. de Paris*,1785,p. 530 及其后). 如果要说到他给出的形式稍有不同的话,那只是因为他没有把正常等价和反常等价区分开来,所以把相反的类混在一起了.

Ⅱ. 为了求出把数 M 分解成三个(没有公因数的)平方的所有分解,并不需要找出所有的型 $\varphi,\varphi',\varphi'',\cdots$ 的所有的正常表示. 事实上,首先容易验证,型 φ 的属于表示式 $\sqrt{-(p,-q,r)}$(这里设 $\varphi=(p,q,r)$)的同一个值的所有48个表示将给出数 M 的同一个分解,因此,只要我们有了其中的一个表示,或者同样地,只要知道型 f 分解成三个平方的所有不同的分解,就足够了. ②对于其余的型 $\varphi',\varphi'',\cdots$ 也有同样的结论成立. 进而,如果 φ 不包含在岐类中,那就可以不考虑从与它相反的类中所选取的型;这也就是说,对于两个相反的类,只需要考虑其中的一个类. 事实上,因为从每一个类中选取什么样的型是完全没有差别的,所以我们假定从一个与包含型 φ 的类的相反的类中选取与型 φ 相反的型 φ'. 这样就不难看出,如果型 φ 的正常分解一般可由公式

$$(gt+hu)^2+(g't+h'u)^2+(g''t+h''u)^2$$

来表示,那么所有不同的型 φ' 就可以表示成

$$(gt-hu)^2+(g't-h'u)^2+(g''t-h''u)^2,$$

同样地,由后者也可以得到由前者导出的数 M 的同样的表示式. 最后,当 φ 是岐类中的型,但它不是主类中的型,且也不与型 $(2,0,\frac{M}{2})$ 或型 $(2,1,\frac{M+1}{2})$(根据 M 是偶数或奇数而定)等时,可以略去表示式 $\sqrt{-(p,-q,r)}$ 的一半的值;但为简略起见,我们不来细说这一好处. 但是,当我们想要求出数 M 由 $x^2+y^2+z^2$ 给出的所有的正常表示时,我们可以利用这一好处,因为它容易从分解得到.

作为一个例子,我们来求数770表为三个平方的所有分解. 这里有 $\mu=3,e=e'=0$,从而有 $E=2k$. 由于很容易将第231 目的方法应用来按照对行列式为 -770 的定正二元型的分类(因为基于第 231 目的任一规则,这很容易做到,为节省篇幅,这里我们略去这一讨论),我们发现,定正的类的个数等于 32③. 它们全都是正常本原的,且分成 8 个族,故有 $k=4$ 和 $E=8$. 特征数为 -1 的族显然关于数5,7,11 应该有专属特征 $R5$;$N7$;$N11$,根据第 263 目,由此容易推出,它关于数8 的特征必定是1 和3,8. 但是,在具有特征1 和3,8;$R5$;$N7$;$N11$ 的族中有四个类,我们选取型(6,2,129),(6,-2,129),(19,3,41),(19,-3,

① 拉丁文版此处用词不是"特点",而是"例外"—— 译者注.

② 如果我们想要把一个表示转换成一个分解,就必须始终弄明白"正常的" 这个词.

③ 拉丁文版此处这一数字为 32,而俄文版此处将 32 写成了 48—— 译者注.

41) 来作为它们的代表;但是我们不要第二和第四个类,因为它们分别与第一和第三个类是相反的. 在第 289 目中,我们给出了型(19,3,41) 的四个分解. 由它们得到数 770 的分解 9 + 361 + 400,16 + 25 + 729,81 + 400 + 289,576 + 169 + 25. 用类似的方法,我们可以求得型 $6t^2 + 4tu + 129u^2$ 的四个分解

$$(t-8u)^2+(2t+u)^2+(t+8u)^2,$$
$$(t-10u)^2+(2t+5u)^2+(t+2u)^2,$$
$$(2t-5u)^2+(t+10u)^2+(t+2u)^2,$$
$$(2t+7u)^2+(t-8u)^2+(t-4u)^2.\text{①}$$

这些分解分别来自表示式$\sqrt{-(6,-2,129)}$ 的值(48,369),(62, - 149),(92, - 159),(202,61). 由此我们得到数 770 的分解 225 + 256 + 289,1 + 144 + 625,64 + 81 + 625,16 +225 + 529. 除了这八个分解以外,它不再有其他的分解.

至于数分解成有公因数的三个平方这一问题,根据第 281 目的一般理论很容易解决,因而在这里没有必要详细说明.

§80 Fermat 定理的证明:任何整数可以分解成三个三角数或者分解成四个平方数 第 293 目

293.

上面的讨论也对如下著名的定理给出了一个证明:**每个正整数都可以分解成三个三角数**,这个定理是由 Fermat 发现的,但迄今为止尚未给出严格的证明. 显然,数 M 表为三个三角数的每一个分解

$$\frac{1}{2}x(x+1)+\frac{1}{2}y(y+1)+\frac{1}{2}z(z+1)$$

都给出数 $8M+3$ 分解成三个奇数的平方

$$(2x+1)^2+(2y+1)^2+(2z+1)^2$$

的可能性,且反之亦然. 但根据前面所说的理论,每个形如 $8M+3$ 的正整数都可以分解成三个一定是奇数的平方(见第 291 目的注解),以及分解的个数依赖于 $8M+3$ 的素因数的个数及行列式为 $-(8M+3)$ 的二元型所分成的类数. 数 M 表为三个三角数的分解也有同样多的个数. 在这里我们认为,对于任意的 x 的值,$\frac{x(x+1)}{2}$ 都被视为一个三角数;如果我们将 0 排除在外,那么定理应这样表述:每个正整数要么本身是三角数,要么它可以分解成两个或三个三角数. 如果我们愿意将 0 排除在平方数之外,那么下面的定理也应做出类似的改动.

根据同样的原理可以证明 Fermat 的另一个定理,这就是:**每个正整数都可以分解成四个平方数**. 如果从一个形如 $4n+2$ 的数中减去任意一个(小于该数的) 平方数,从一个

① 俄文版中此式误写为 $(2t+7u)^2+(t-8u)^2+(t+4u)^2$. —— 译者注.

形如 $4n+1$ 的数中减去一个偶平方数,或者从一个形如 $4n+3$ 的数中减去一个奇平方数,那么在所有这些情形,减剩下来的数都能分解成三个平方数,从而给定的数就分解成四个平方数.最后,一个形如 $4n$ 的数总可以表成 $4^{(\mu)}N$ 的形状,其中 N 是上面三种形状的数之一;而当 N 可分解成四个平方数时,$4^{(\mu)}N$ 也就被分解成四个平方数了.我们还可以从形如 $8n+3$ 的数中减去一个被 4 整除的数的平方,从形如 $8n+7$ 的数中减去一个不被 4 整除的偶数的平方,以及从形如 $8n+4$ 的数中减去一个奇数的平方,并且剩下的数都可以分解成三个平方数.

不过这个定理已经被杰出的 Lagrange 证明了(*Nouv. Mém. de l'Ac. de Berlin*,1770,p. 123.).而且著名的 Euler 在 *Actis Ac. Petr.* ①Vol. Ⅱ.,p. 48 中对它作了更加完全的解释(他的方法与我们的完全不同).Fermat 还有一些其他的定理,它们是上面所述定理的一种延续,这就是,每个整数可以分解成五个五角数,六个六角数以及七个七角数,等等,到现在为止,它们仍未给出证明,解决这些问题看起来可能需要不同的方法.

§81 方程 $ax^2+by^2+cz^2=0$ 的解 第 294 ~ 295 目

294.

定理 **如果数 a,b,c 互素,且无一为零,也无一能被平方数整除,那么方程**

$$ax^2+by^2+cz^2=0 \qquad (\Omega)$$

不可能有整数解(除了解 $x=y=z=0$,这种情形我们不予考虑),除非 $-bc$,$-ac$,$-ab$ 分别是 a,b,c 的二次剩余,且这些数有不同的符号;而当这四个条件成立时,方程(Ω) 有整数解.

证明 如果方程(Ω) 总有整数解,那么也必有没有公因数的 x,y,z 的值使之可解;事实上,对于满足方程(Ω) 的任何值,用它们的最大公因数去除这些数后所得到的数也仍然满足此方程.现在,如果我们假设 $ap^2+bq^2+cr^2=0$,且 p,q,r 无公因数,那么它们也两两互素;实际上,如果 q,r 有一个公因数 μ,它必与 p 互素,那么 μ^2 整除 ap^2,从而 μ^2 整除 a,这与假设矛盾;同样地可以推出 p 与 r 以及 p 与 q 也都一定互素.于是数 $-ap^2$ 可以由二元型 by^2+cz^2 表示,其中的 y,z 取互素的值 q,r;因此这个型的行列式 $-bc$ 是模 ap^2 的二次剩余,故而也是 a 的二次剩余(第 154 目).同样地也有 $-acRb$ 以及 $-abRc$.至于 a,b,c 有相同的符号使得(Ω) 无解这一事实是如此显然,在此无需加以解释.

为了证明相反的结论,它构成我们的定理的第二部分,我们首先要来指出如何寻求与型 $\begin{pmatrix} a, & b, & c \\ 0, & 0, & 0 \end{pmatrix}=f$ 等价的三元型,使得它的第二、第三和第四个系数分别被 a,b,c(拉丁文版此处误写为 abc—— 译者注) 整除;然后,从它导出方程(Ω) 的解.

Ⅰ.求三个没有公因数且具有这样性质的整数 A,B,C,A 与 b 和 c 互素,B 与 a 和 c 互

① 俄文版此处误写为 Petz.—— 译者注.

素,C 与 a 和 b 互素,以及 $aA^2+bB^2+cC^2$ 被 abc 整除. 这可由下面的方法来实现. 设 $\mathfrak{A}$, $\mathfrak{B}$, $\mathfrak{C}$ 分别是表示式$\sqrt{-bc}\pmod a$, $\sqrt{-ac}\pmod b$, $\sqrt{-ab}\pmod c$ 的值,它们一定分别与 a,b,c 互素. 现在取三个整数 $\mathfrak{a},\mathfrak{b},\mathfrak{c}$,它们分别与 a,b,c 互素,而在其他方面完全任意(例如取它们全为 1),以及确定 A,B,C,使得有

$$A\equiv \mathfrak{b}c\pmod b\quad 以及\quad \equiv \mathfrak{c}\mathfrak{C}\pmod c,$$
$$B\equiv \mathfrak{c}a\pmod c\quad 以及\quad \equiv \mathfrak{a}\mathfrak{A}\pmod a,$$
$$C\equiv \mathfrak{a}b\pmod a\quad 以及\quad \equiv \mathfrak{b}\mathfrak{B}\pmod b.$$

这样我们就有

$$aA^2+bB^2+cC^2\equiv \mathfrak{a}^2(b\mathfrak{A}^2+cb^2)\equiv \mathfrak{a}^2(b\mathfrak{A}^2-\mathfrak{A}^2b)\equiv 0\pmod a,$$

即它被 a 整除,同样地,它也被 b,c 整除,故而能被 abc 整除. 此外,可以推出 A 一定与 b 和 c 互素,B 一定与 a 和 c 互素,C 一定与 a 和 b 互素. 现在,如果 A,B,C 的这些值有(最大)公因数μ,那么它显然与 a,b,c 互素,从而也与 abc 互素;这样一来,如果用μ 来除这些值,我们就得到一组新的没有公因数的值,以及对于它们,表达式 $aA^2+bB^2+cC^2$ 的值仍能被 abc 整除,从而满足所有的条件.

Ⅱ. 如果我们按照这样的方式确定数 A,B,C,那么数 Aa,Bb,Cc 也没有公因数. 这是因为,如果它们有公因数μ,那么它应该与 a 互素(因为 a 与 Bb 和 Cc 都互素),同样地,它也与 b 和 c 互素;因此,μ 应该整除 A,B,C,这与假设矛盾. 于是我们可以求得整数α,β,γ,使得有 $\alpha Aa+\beta Bb+\gamma Cc=1$;进而我们还要求出六个数 $\alpha',\beta',\gamma',\alpha'',\beta'',\gamma''$,使得有

$$\beta'\gamma''-\gamma'\beta''=Aa,\gamma'\alpha''-\alpha'\gamma''=Bb,\alpha'\beta''-\beta'\alpha''=Cc.$$

如果现在 f 被代换

$$\begin{matrix}\alpha, & \alpha', & \alpha''\\ \beta, & \beta', & \beta''\\ \gamma, & \gamma', & \gamma''\end{matrix}$$

变成型$\begin{pmatrix}m, & m', & m''\\ n, & n', & n''\end{pmatrix}=g$(它与型 f 等价),那么我断言 m',m'',n 被 abc 整除. 这就是,如果设

$$\beta''\gamma-\gamma''\beta=A',\gamma''\alpha-\alpha''\gamma=B',\alpha''\beta-\beta''\alpha=C',$$
$$\beta\gamma'-\gamma\beta'=A'',\gamma\alpha'-\alpha\gamma'=B'',\alpha\beta'-\beta\alpha'=C'',$$

那么就有

$$\alpha'=B''Cc-C''Bb,\beta'=C''Aa-A''Cc,\gamma'=A''Bb-B''Aa,$$
$$\alpha''=C'Bb-B'Cc,\beta''=A'Cc-C'Aa,\gamma''=B'Aa-A'Bb.$$

如果把这些值代入等式

$$m'=a\alpha'\alpha'+b\beta'\beta'+c\gamma'\gamma',$$
$$m''=a\alpha''\alpha''+b\beta''\beta''+c\gamma''\gamma'',$$
$$n=a\alpha'\alpha''+b\beta'\beta''+c\gamma'\gamma'',$$

那么对模 a 可得

$$m'\equiv bcA''A''(B^2b+C^2c)\equiv 0,$$

$$m'' \equiv bcA'A'(B^2b + C^2c) \equiv 0,$$
$$n \equiv bcA'A''(B^2b + C^2c) \equiv 0,$$

即，m', m'', n 能被 a 整除；按照类似的方法可以证明，同样的这些数也可以被 b 和 c 整除，从而它们能被 abc 整除.

Ⅲ. 为了简洁起见，我们将型 f, g 的行列式，即数 $-abc$，记为 d，以及

$$md = M, m' = M'd, m'' = M''d, n = Nd,$$
$$n' = N', n'' = N'',$$

那么，f 显然被代换(S)

$$\begin{matrix} \alpha d, & \alpha', & \alpha'' \\ \beta d, & \beta', & \beta'' \\ \gamma d, & \gamma', & \gamma'' \end{matrix}$$

变成行列式为 d^3 的三元型$\begin{pmatrix} Md, & M'd, & M''d \\ Nd, & N'd, & N''d \end{pmatrix} = g'$，这样一来，这个型包含在 f 之中. 现在我断言型$\begin{pmatrix} d, & 0, & 0 \\ d, & 0, & 0 \end{pmatrix} = g''$ 一定与这个型 g' 等价. 这是因为，$\begin{pmatrix} M, & M', & M'' \\ N, & N', & N'' \end{pmatrix} = g'''$ 显然是行列式为 1 的三元型；此外，根据假设，a, b, c 不能有同样的符号，所以 f 是一个不定型，由此容易推出，g' 和 g''' 也应该是不定型；于是 g''' 等价于型$\begin{pmatrix} 1, & 0, & 0 \\ 1, & 0, & 0 \end{pmatrix}$（第 277 目），以及可以求出把第一个型变成第二个型的变换(S')；但是显然，这个变换(S') 将把型 g' 变成型 g''. 从而 g'' 也包含在 f 之中，以及代换(S) 和(S') 的组合给出了把型 f 变成 g'' 的变换. 如果这个变换是

$$\begin{matrix} \delta, & \delta', & \delta'' \\ \varepsilon, & \varepsilon', & \varepsilon'' \\ \zeta, & \zeta', & \zeta'' \end{matrix}$$

那么显然我们就得到了方程(Ω) 的两组解，这就是 $x = \delta', y = \varepsilon', z = \zeta'$ 和 $x = \delta'', y = \varepsilon'', z = \zeta''$；同时推出，这两组值中的任何一组都不能等于 0，这是因为一定有

$$\delta\varepsilon'\zeta'' + \delta'\varepsilon''\zeta + \delta''\varepsilon\zeta' - \delta\varepsilon''\zeta' - \delta'\varepsilon\zeta'' - \delta''\varepsilon'\zeta = d.$$

例 设给定的方程是 $7x^2 - 15y^2 + 23z^2 = 0$. 因为有 $345R7, -161R15, 105R23$，故它是可解的. 可得 $\mathfrak{A}, \mathfrak{B}, \mathfrak{C}$ 的值是 3，7，6；以及如果令 $\mathfrak{a} = \mathfrak{b} = \mathfrak{c} = 1$，那么我们得到 $A = 98$, $B = -39, C = -8$. 由此得到代换

$$\begin{Bmatrix} 3, & 5, & 22 \\ -1, & 2, & -28 \\ 8, & 25, & -7 \end{Bmatrix},$$

它把型 f 变成$\begin{pmatrix} 1\,520, & 14\,490, & -7\,245 \\ -2\,415, & -1\,246, & 4\,735 \end{pmatrix} = g$. 因此我们得到

$$(S) = \begin{Bmatrix} 7\,245, & 5, & 22 \\ -2\,415, & 2, & -28 \\ 19\,320, & 25, & -7 \end{Bmatrix}, g''' = \begin{pmatrix} 3\,670\,800, & 6, & -3 \\ -1, & -1\,246, & 4\,735 \end{pmatrix}.$$

此得到代换

$$\begin{Bmatrix} 3, & 5, & 1 \\ -2\,440, & -4\,066, & -813 \\ -433, & -722, & -144 \end{Bmatrix}, \qquad (S')$$

它把型 g''' 变成型$\begin{pmatrix} 1, & 0, & 0 \\ 1, & 0, & 0 \end{pmatrix}$. 以及如果把这个代换与$(S)$ 组合,我们就得到代换

$$\begin{Bmatrix} 9, & 11, & 12 \\ -1, & 9, & -9 \\ -9, & 4, & 3 \end{Bmatrix},$$

它把f变成g''. 这样我们就得到了给出的方程的两组解:$x=11, y=9, z=4$ 以及 $x=12$, $y=-9, z=3$;用公因数 3 除以第二组解的三个数,可以使它变得更加简单,这样就得到 $x=4, y=-3, z=1$.

295.

上一目中定理的后一部分也可以用如下的方法来得到. 我们首先来求一个满足 $ah \equiv \mathfrak{C} \pmod c$ 的整数 h(我们用字母 $\mathfrak{A}, \mathfrak{B}, \mathfrak{C}$ 表示与在上目中同样的值),并设$ah^2 + b = ci$. 容易看出 i 是整数. 以及 $-ab$ 是二元型$(ac, ah, i) = \varphi$ 的行列式. 这个型肯定不是定正的(事实上,因为根据假设,a, b, c 不具有相同的符号,所以 ab 和 ac 不可能同时是正的);此外,它以 -1 作为特征数,我们用以下方法来证明. 如果确定整数 e, e' 使有

$$e \equiv 0 \pmod a \text{ 及 } \equiv \mathfrak{B} \pmod b,$$

$$ce' \equiv \mathfrak{A} \pmod a \text{ 及 } \equiv h\mathfrak{B} \pmod b,$$

则(e, e') 是表示式$\sqrt{-(ac, ah, i)} \pmod{-ab}$ 的值. 事实上,对模 a 我们有

$$e^2 \equiv 0 \equiv -ac, ee' \equiv 0 \equiv -ah,$$

$$c^2e'e' \equiv \mathfrak{A}^2 \equiv -bc \equiv -c^2 i, \text{故有 } e'e' \equiv -i;$$

而对模 b 我们有:

$$e^2 \equiv \mathfrak{B}^2 \equiv -ac, cee' \equiv h\mathfrak{B}^2 \equiv -ach, \text{故有 } ee' \equiv -ah,$$

$$c^2e'e' \equiv h^2\mathfrak{B}^2 \equiv -ach^2 \equiv -c^2 i, \text{故有 } e'e' \equiv -i.$$

而对于模 a, b 中的每一个模都成立的这三个同余式对模 ab 也成立. 这样一来,根据三元型的理论容易推出:φ 可以由型$\begin{pmatrix} -1, & 0, & 0 \\ 1, & 0, & 0 \end{pmatrix}$来表示. 再假设

$$act^2 + 2ahtu + iu^2 = -(\alpha t + \beta u)^2 + 2(\gamma t + \delta u)(\varepsilon t + \zeta u);$$

用 c 来乘此等式即得

$$a(ct + hu)^2 + bu^2 = -c(\alpha t + \beta u)^2 + 2c(\gamma t + \delta u)(\varepsilon t + \zeta u).$$

由此推出,如果给 t, u 以这样的值,使得 $\gamma t + \delta u$ 或者 $\varepsilon t + \zeta u$ 为0,那么我们就因而得到方程(Ω) 的解,于是,它既能被值

$$x = \delta c - \gamma h, y = \gamma, z = \alpha\delta - \beta\gamma$$

满足,也能被值

$$x=\zeta c-\varepsilon h, y=\varepsilon, z=\alpha\zeta-\beta\varepsilon$$

满足. 此外,显然,第一及第二组值不能同时都等于0;事实上,如果 $\delta c-\gamma h=0,\gamma=0$,那么就有 $\delta=0$ 和 $\varphi=-(\alpha t+\beta u)^2$,由此得 $ab=0$,这与假设矛盾,对于另外一组值也有类似的结论成立. 在我们的例子中我们求得型(161, -63,24) 作为 φ,求得值(7, -51) 作为表示式 $\sqrt{-\varphi}\pmod{105}$ 的值,以及求得

$$\varphi=-(13t-4u)^2+2(11t-4u)(15t-5u)$$

作为型 φ 由 $\begin{pmatrix}-1, & 0, & 0\\ 1, & 0, & 0\end{pmatrix}$ 给出的表示,由此得到解 $x=7,y=11,z=-8$;$x=20,y=15,z=-5$,或者第二组解用5来除,并去掉 z 的符号,就变成 $x=4,y=3,z=1$.

解方程(Ω) 所用的两个方法之中,我们更愿意用第二个方法,这是因为它在大多数情形只用到较小的数;然而,前一个方法(它可以用种种技巧来加以简化,这里我们对此不予讨论) 似乎更为精巧,尤其是因为对于诸数 a,b,c 用同样的方式处理,对它们作排列时,计算并不发生变化. 而在第二种方法中情形相反,如果我们设 a 是三个给定的数中最小的数,而 c 是其中最大的数,正如我们在例子中做过的那样,这里的计算最为方便.

§82 Legendre 讲述基本定理的方法 第 296 ~ 298 目

296.

在以上几目中阐述的那个精致的定理首先是由 Legendre 发现的(*Hist. de l′ Ac. de Paris*,1785,p. 507),并以一个漂亮的证明(与我们的两个证明完全不同) 证实了它. 但是,这位杰出的数学家同时在所指出的地方还试图从它推出与上一篇的基本定理相一致的一些命题的证明,不过我们在第151目中已经说过,在我们看来对此目的并不适用. 因此,在这里简要地陈述这个(本身极为精巧的) 证明并给出我们作这种判断的理由是适宜的. 首先给出以下的评注:**如果数 a,b,c 全都 $\equiv 1\pmod 4$,那么方程**

$$ax^2+by^2+cz^2=0 \qquad (\Omega)$$

无解. 事实上容易看出,在此情形表达式 $ax^2+by^2+cz^2$ 的值必定 $\equiv 1$,或者 $\equiv 2$,或者 $\equiv 3\pmod 4$,只要所有 x,y,z 的值不同时都是偶数;这样一来,如果方程(Ω) 可解,那么仅在 x,y,z 都是偶数时才有可能,但这是不可能的,因为任何满足方程(Ω) 的数组在除以这组数的最大公因数之后也仍然满足这个方程,故这组数中至少有一个是奇数. 定理的不同情形的证明可归结为以下的基本要点.

Ⅰ. 如果 p,q 是形如 $4n+3$ 的(不相等的正的) 素数,则不可能同时有 pRq,qRp 成立. 事实上,如果这是可能的,那么,只要取 $1=a,-p=b,-q=c$,就显然可见,为使方程 $ax^2+by^2+cz^2=0$ 可解的所有必需的条件是满足的(第294目);但是根据上面的评注,这个方程没有解;因而假设不可能成立. 由此立即推出第131目中的定理7.

Ⅱ. 如果 p 是一个形如 $4n+1$ 的素数,而 q 是一个形如 $4n+3$ 的素数,则不可能同时有 qRp 和 pNq 成立. 因为不然的话,就有 $-pRq$,以及方程 $x^2+py^2-qz^2=0$ 有解,但是根据上面的评注,这是不可能的. 由此得出第131目中的第四及第五种情形.

Ⅲ. 如果 p,q 是形如 $4n+1$ 的素数,则我们不可能同时有 pRq 和 qNp. 取某个形如 $4n+3$ 的素数 r,它是模 q 的剩余,且 p 是它的非剩余. 这时,由上面(Ⅱ)中已经证明的情形推出有 qRr 及 rNp①成立. 这样一来,如果有 pRq,qNp,那么就有 $qrRp,prRq,pqNr$ 成立,所以有 $-pqRr$. 因此方程 $px^2+qy^2-rz^2=0$ 可解,这与上面的评注矛盾;故所作的假设不相容. 由此就推出第 131 目的情形 1 和情形 2.

这一情形可以用下面的方法更漂亮地处理. 如果 r 是形如 $4n+3$ 的素数,p 是它的非剩余,那么也有 rNp,所以(如果假设有 pRq,qNp)有 $qrRp$;此外,还有 $-pRq$,$-pRr$,故也有 $-pRqr$;因此方程 $x^2+py^2-qrz^2=0$ 可解,这与上面的评注矛盾. 因此,等等.

Ⅳ. 如果 p 是一个形如 $4n+1$ 的素数,而 q 是一个形如 $4n+3$ 的素数,则不可能同时有 pRq 和 qNp. 取一个形如 $4n+1$ 的辅助素数 r,它是 p 和 q 两者的非剩余. 这时,我们就有(根据Ⅱ)qNr 以及(根据Ⅲ)pNr;于是有 $pqRr$;这样一来,如果有 pRq,qNp,那么我们就也有 $prNq$,$-prRq,qrRp$;从而方程 $px^2-qy^2+rz^2=0$ 可解,而这是不可能的. 由此推出第 131 目中的情形 3 和情形 6.

Ⅴ. 如果 p 和 q 都是形如 $4n+3$ 的素数,则不可能同时有 pNq,qNp. 事实上,如果假设这是可能的,我们取一个形如 $4n+1$ 的辅助素数 r,它是 p 和 q 两者的非剩余,那么就有 $qrRp,prRq$ 成立;进而有(根据Ⅱ)pNr,qNr,从而有 $pqRr$ 及 $-pqRr$. 因此,方程 $-px^2-qy^2+rz^2=0$ 可解,这与上面的评注矛盾. 由此得出第 131 目中的情形 8.

297.

仔细检查上面的证明,容易看出,情形Ⅰ和情形Ⅱ已经分析得无可指谪. 但是,剩下情形的证明依赖于某些引理,如果这些引理尚未得到证明,那么整个方法显然就失去了它的价值. 即便这些假设表面看起来,由于其自身极其显然而似乎没有证明的必要,然而,只要我们追求完美的数学严格性,就不能轻信它们. 关于Ⅳ和Ⅴ中如下的假设:存在形如 $4n+1$ 的素数 r,它是另外两个给定的素数 p,q 的非剩余,由第四篇容易推断,所有小于 $4pq$ 且与它互素的数(它们的个数为 $2(p-1)(q-1)$)等分成四个类. 其中的一个类包含数 p 和 q 中每一个的非剩余,而剩下的三个类包含模 p 的剩余以及模 q 的非剩余,包含模 p 的非剩余以及模 q 的剩余,以及最后,包含两个模 p 和 q 的剩余,以及在每一个类中,有一半是形如 $4n+1$ 的数,一半是形如 $4n+3$ 的数. 因此,所有这些数中就有 $\frac{(p-1)(q-1)}{4}$ 个形如 $4n+1$ 的数是模 p 和 q 中每一个的非剩余;我们用 $g,g',g'',\cdots$ 来记这些非剩余,而用 $h,h',h'',\cdots$ 来记剩下的 $\frac{7(p-1)(q-1)}{4}$ 个数. 显然,所有形如 $4pqt+g,4pqt+g',4pqt+g'',\cdots$ 的数也都有 $4n+1$ 的形式,且都是模 p 和 q 的非剩余;用 (G) 来表示这样的数的总体. 现在显然,为了证实假设只需证明在总体 (G) 中一定包含素数;这件事本身看起来是非常可能的,这是因为,若以 (H) 来表示所有 $4pqt+h,4pqt+$

① 俄文版误将这里的 rNp 写为 qNp. —— 译者注.

h',⋯ 形式的数,则(G) 和(H) 中的形式的数合在一起就包含了所有与 $4pq$ 互素的数,从而也一定包含了(除了2,p,q 以外的) 所有的素数,以及看来没有理由认为这一列素数不是均匀地分布在这些形式之中,这就使其中的八分之一属于(G),而其余的属于(H). 但是,这样的推断显然缺乏数学上的严格性. 杰出的**Legendre** 本人也承认,证明这样一个定理的确是相当困难的:在每一个形如 $kt+l$(k,l 是给定的互素的数,t 为任意的数) 的形式中一定含有素数. 他顺便提出了一种可能是能够导出这一证明的方法. 但是,在我看来,为了能以这种方法得到严格的证明,还需要做许多准备性的研究.

关于另外一个命题(Ⅲ 中的第二个方法),这就是存在形如 $4n+3$ 的素数 r,使得另外一个给定的形如 $4n+1$ 的素数 p 是它的非剩余,**Legendre** 根本没有补充任何评论意见. 在上面我们曾经证明了(第 129 目):一定存在素数,使得 p 是它的非剩余,不过我们的方法看起来还不足以用来证明:"存在有此性质的素数,**它同时还有 $4n+3$ 的形式**"(它是这里所要求的,但在我们的第一个证明中并没有要求这一点). 然而,我们容易用以下的方法来证明这一假设的真确性. 根据第287 目,存在由行列式为 $-p$ 的二元型组成的定正的族,它的特征是 3,4;Np;设(a,b,c) 是这样一个型,a 为奇数(我们有权作此假设). 那么 a 就有 $4n+3$ 的形式,且要么 a 本身就是一个素数,要么它至少含有一个形如 $4n+3$ 的素因数 r. 然而我们有 $-pRa$,故也有 $-pRr$,于是有 pNr. 但是我们必须注意的是,第 263,287 目的定理依赖于基本定理,因此,如果我们这个讨论中的任何一部分是以它们作为基础的话,我们就会陷入一个怪圈之中. 最后,Ⅲ 的第一个方法中的假设已经是尽人皆知的事实,这里没有必要再来讨论它.

对于情形 Ⅴ 可能还需要补充一点说明,这种情形虽然没有用刚才所说的方法证明,不过容易用下面的方式予以解决. 如果 pNq 和 qNp 同时成立,那么就有 $-pRq$ 和 $-qRp$,由此容易看出,-1 是型(p,0,q) 的特征数,因而(根据三元型的理论) 这个型可以由型 $x^2+y^2+z^2$ 来表出. 如果

$$pt^2+qu^2=(\alpha t+\beta u)^2+(\alpha' t+\beta' u)^2+(\alpha'' t+\beta'' u)^2,$$

也即

$$\alpha^2+\alpha'\alpha'+\alpha''\alpha''=p,\beta^2+\beta'\beta'+\beta''\beta''=q,$$
$$\alpha\beta+\alpha'\beta'+\alpha''\beta''=0,$$

那么由第一和第二个等式知所有的数 α,α',α'',β,β',β'' 都是奇数;但这时显然就不能满足第三个等式. 第二种情形可以用完全类似的方法来解决.

298.

问题　设 a,b,c 表示任意的数,无论它们是否全不等于 0①. 试求方程

$$ax^2+by^2+cz^2=0 \qquad (\omega)$$

可解的条件.

① 俄文版中没有"无论它们是否全不等于 0" 这一句 —— 译者注.

解　设 $\alpha^2,\beta^2,\gamma^2$ 是能分别整除 bc,ac,ab 的最大的平方数，以及设 $\alpha a=\beta\gamma A,\beta b=\alpha\gamma B,\gamma c=\alpha\beta C$. 这时 A,B,C 是两两互素的整数；根据第294目可以看出，方程(ω)是否可解，依赖于方程

$$AX^2+BY^2+CZ^2=0 \qquad (\Omega)$$

是否有解.

证明　若设 $bc=\mathfrak{A}\alpha^2,ac=\mathfrak{B}\beta^2,ab=\mathfrak{C}\gamma^2$，则 $\mathfrak{A},\mathfrak{B},\mathfrak{C}$ 是无平方因数的整数，且有 $\mathfrak{A}=BC,\mathfrak{B}=AC,\mathfrak{C}=AB$；由此得 $\mathfrak{A}\mathfrak{B}\mathfrak{C}=(ABC)^2$，从而数 $ABC=A\mathfrak{A}=B\mathfrak{B}=C\mathfrak{C}$ 必定是整数. 若 m 是数 $\mathfrak{A},A\mathfrak{A}$ 的最大公因数，及 $\mathfrak{A}=gm,A\mathfrak{A}=hm$，则 g 与 h，以及 g 也与 m 互素(因为 $\mathfrak{A}$ 无平方因数). 现在我们有 $h^2m=gA^2\mathfrak{A}=g\mathfrak{B}\mathfrak{C}$①，所以 g 整除 h^2m，而这显然是不可能的，除非有 $g=\pm1$. 于是就有 $\mathfrak{A}=\pm m,A=\pm h$；因此 A 是整数，同样地，B 和 C 也都是整数. 由于 $\mathfrak{A}=BC$ 没有平方因数，故 B 和 C 必互素；类似地，A 也与 C 和 B 互素. 最后，如果 $X=P,Y=Q,Z=R$ 满足方程(Ω)，那么方程(ω)显然就有解 $x=\alpha P,y=\beta Q,z=\gamma R$；反之，如果方程($\omega$)能被 $x=p,y=q,z=r$ 所满足，那么方程(Ω)就能被 $X=\beta\gamma p,Y=\alpha\gamma q,Z=\alpha\beta r$ 所满足，从而这两个方程要么同为可解，要么都不可解，不会有其他可能.

§83　由任意的三元型表示零　第299目

299.

问题　**设给定三元型**

$$f=ax^2+a'x'x'+a''x''x''+2bx'x''+2b'xx''+2b''xx',$$

试确定0是否能由这个型来表示(未知数的值不全等于零).

解　Ⅰ. 当 $a=0$ 时，未知数 x',x'' 的值可以任意选取，且由方程

$$a'x'x'+2bx'x''+a''x''x''=-2x(b'x''+b''x')$$

可知 x 得到确定的有理数值；如果在这里 x 得到的是分数值，那么我们只需要用该分数的分母来乘 x,x',x'' 的值，就得到整数. x',x'' 所不容许取的值仅是那些使得 $b'x''+b''x'=0$ 成立，且同时使得 $a'x'x'+2bx'x''+a''x''x''=0$ 不成立，而在 $b'x''+b''x'=0$ 和 $a'x'x'+2bx'x''+a''x''x''=0$ 都成立时，x 可以任意选取. 显然，用这样的方法就能得到所有可能的解. $b'=b''=0$ 的情形可以不予讨论. 事实上，这时 x 不出现在 f 中，也就是说，f 是一个二元型，由型 f 来表示0的可表性问题需要由这样的型的理论来定.

Ⅱ. 当 $a\neq0$ 时，如果设

$$b''b''-aa'=A'',ab-b'b''=B,b'b'-aa''=A',$$

则方程 $f=0$ 等价于方程

$$(ax+b''x'+b'x'')^2-A''x'x'+2Bx'x''-A'x''x''=0.$$

如果现在这里有 $A''=0$，而 $B\neq0$，那么显然，若任意选取 $ax+b''x'+b'x''$ 和 x'' 的值，则 x

---

① 俄文版误写为 $h^2m=gA^2\mathfrak{A}+g\mathfrak{B}\mathfrak{C}$. —— 译者注.

和 x' 就会是确定的有理数,以及在它们不是整数的情形,可以找到适当的数乘它们使之变为整数. 仅对于 x'' 的唯一的一个值,即对于 $x''=0$, $ax+b''x'+b'x''$ 的值不是任意的,而是也必须等于0;但是这时 x' 的值可以任意选取,以及对 x 得到有理数值. 当同时有 $A''=0$ 和 $B=0$ 时,显然,如果 A' 等于某个平方数 k^2,那么方程 $f=0$ 就被转化成这样的两个线性方程(它们中应该有一个成立)

$$ax+b''x'+(b'+k)x''=0, ax+b''x'+(b'-k)x''=0;$$

但是如果(在同样的假设下)A' 不是平方数,那么所给的方程的解显然与方程 $x''=0$ 和 $ax+b''x'=0$ 的解相同(这两个方程应该同时满足).

几乎没有必要指出,当 $a'=0$ 或者 $a''=0$ 时 Ⅰ 的方法依然适用,而当 $A'=0$ 时 Ⅱ 的方法也依然适用.

Ⅲ. 如果 a 和 A'' 都不等于零,那么方程 $f=0$ 等价于如下的

$$A''(ax+b''x'+b'x'')^2-(A''x'-Bx'')^2+Dax''x''=0,$$

其中 D 表示型 f 的行列式,也即 Da 表示数 $B^2-A'A''$. 如果 $D=0$,那么其解就成为类似于上一情形末尾的情形;也就是说,如果 A'' 是一个平方数,且等于 k^2,那么所给的方程就转化为如下的

$$kax+(kb''-A'')x'+(kb'+B)x''=0,$$
$$kax+(kb''+A'')x'+(kb''-B)x''=0;$$

但如果 A'' 不是平方数,那么就需要设

$$ax+b''x'+b'x''=0, A''x'-Bx''=0.$$

反之,如果 D 不等于0,那么我们就化为方程

$$A''t^2-u^2+Dav^2=0$$

关于它的可解性,我们可以用上一目的方法来判断. 如果此方程除了值 $t=0,u=0,v=0$ 以外不能再有解,那么所给的方程显然除了 $x=0,x'=0,x''=0$ 以外也不能再有其他的解. 但如果方程 $A''t^2-u^2+Dav^2=0$ 还有其他任何形式的解,那么,一般说来,利用方程

$$ax+b''x'+b'x''=t, A''x'-Bx''=u, x''=v$$

就可以从 t,u,v 的任意一组值得到 x,x',x'' 的有理值. 如果这些数中含有分数,我们可以用适当的乘数从它们得到整数值.

但是,如果找到了方程 $f=0$ 的任意**一组**整数解,那么问题就可以化为情形 Ⅰ,且与那里相同,可以求出所有的解. 这可以用下面的方法实现.

设未知数 x,x',x'' 满足方程 $f=0$ 的一组值是 α,α',α''(我们假设它们没有公因数). 进而,(按照第40目和279目),选取这样的整数 $\beta,\beta',\beta'',\gamma,\gamma',\gamma''$,使有

$$\alpha(\beta'\gamma''-\beta''\gamma')+\alpha'(\beta''\gamma-\beta\gamma'')+\alpha''(\beta\gamma'-\beta'\gamma)=1,$$

以及设 f 被代换

$$x=\alpha y+\beta y'+\gamma y'', x'=\alpha' y+\beta' y'+\gamma' y'', x''=\alpha'' y+\beta'' y'+\gamma'' y'' \qquad (S)$$

变成型

$$g=cy^2+c'y'y'+c''y''y''+2dy'y''+2d'yy''+2d''yy'.$$

这时,显然有 $c=0$ 及 g 与型 f 等价,由此容易推出,方程 $f=0$ 的所有整数解都可以从方程

$g=0$ 的所有的解推出(利用代换(S)). 但由 Ⅰ 知,方程 $g=0$ 的所有的解包含在公式

$$y=-z(c'p^2+2dpq+c''q^2),y'=2z(d''p^2+d'pq),$$
$$y''=2z(d''pq+d'q^2)$$

之中,其中 p,q 表示任意整数,而 z 表示任意的数,它可以取分数值,只要此时 y,y',y'' 仍是整数. 如果把 y,y',y'' 的这些值代入(S),我们就得到方程 $f=0$ 的所有可能的整数解.

例如,如果给定型

$$f=x^2+x'x'+x''x''-4x'x''+2xx''+8xx'$$

以及给定方程 $f=0$ 的一个解 $x=1,x'=-2,x''=1$,那么,设 $\beta,\beta',\beta'',\gamma,\gamma',\gamma''$ 分别等于 0,1,0,0,0,1,我们就得到

$$g=y'y'+y''y''-4y'y''+12yy''.$$

方程 $g=0$ 的所有整数解就包含在公式

$$y=-z(p^2-4pq+q^2),y'=12zpq,y''=12zq^2$$

之中,因而方程 $f=0$ 的所有的解包含在公式

$$x=-z(p^2-4pq+q^2),$$
$$x'=2z(p^2+2pq+q^2),$$
$$x''=-z(p^2-4pq-11q^2)$$

之中.

§84 二元二次不定方程的有理通解 第300目

300.

当我们要求不定方程

$$ax^2+2bxy+cy^2+2dx+2ey+f=0$$

的有理解时,由上目问题的解立即就得它的解;这个方程的整数解已经在上面(第216目及其后)讲过了. 事实上,未知数 x,y 的所有有理值都可以表示成 $\frac{t}{v},\frac{u}{v}$,这里 t,u,v 是整数,由此推出,于是显然,这个方程的有理数解与方程

$$at^2+2btu+cu^2+2dtu+2euv+fv^2=0$$

的整数解是一样的. 而这个方程和上目中研究的方程相同. 应该仅仅排除 $v=0$ 的那些解. 但是,如果数 b^2-ac 不是平方数,它们就不可能是解. 例如,方程

$$x^2+8xy+y^2+2x-4y+1=0$$

(在第221目中给出了它的整数解) 的所有的有理数解包含在公式

$$x=\frac{p^2-4pq+q^2}{p^2-4pq-11q^2},y=-\frac{2p^2+4pq+2q^2}{p^2-4pq-11q^2}$$

之中,其中 p,q 是任何整数. 但是,在这里我们仅仅简要地涉及了这两个如此密切相关的问题以及略去了许多与此有关的评注,这一方面是为了不至过于冗长,而另一方面,基于更一般的原理,我们对于上目中的问题还有另外一个解法,这一解法的讲述应该放在另

外的场合,因为它需要对三元型作更加详尽的研究.

§85 族的平均个数 第 301 目

301.

现在回过头来考虑二元型,我们还应该引入它的许多特殊的性质. 首先我们要对正常本原的层(对负的行列式,它是定正的)中的族和类的个数再做一些补充说明. 为简略起见,我们仅限于研究这种情形.

具有给定的正或负的行列式 $\pm D$ 的所有的(定正的正常本原)型所分成的**族的个数**总是等于1,2,4或是2的一个高次幂,这个幂的指标与 D 的因数有关,且基于上面的研究可以事先确定. 但是,由于在自然数序列中,素数和合数混杂在一起,它们的除数的个数时多时少. 所以,可以发现,对于若干个相邻的行列式 $\pm D$, $\pm(D+1)$, $\pm(D+2)$,…,族的个数时而增加,时而减少,这一复杂的序列看不出有任何规律可循. 尽管如此,如果我们把多个相邻的行列式

$$\pm D,\ \pm(D+1),\cdots,\ \pm(D+m)$$

对应的族的个数相加,并把和数除以行列式的个数,那么就得到**族的平均个数**,它们可以看成与行列式的平均数 $\pm[D+(\frac{m}{2})]$ 相对应的族的个数,这个平均数组成一个很规则的序列. 不过,这里我们不但假设 m 要足够大,而且假设 D 还要大得多,以便使得处在两端的行列式 $D, D+m$ 的比值与1相比相差并不太多. 我们所说的这个序列的规律性要这样来理解:如果数 D' 比 D 大得多,那么与行列式 $\pm D'$ 对应的族的平均个数将明显大于与行列式 D 所对应的族的平均数;如果 D 和 D' 相差不大,那么与 D 和 D' 所对应的族的平均数将几乎相等. 同时,关于正的行列式 $+D$ 的族的平均数总是与相应的负的行列式 $-D$ 所对应的族的平均数近似相等,而且 D 越大,这一结论就越精确,同时对于较小的值 D,前者比后者稍大. 这些评注可以通过下面的例子清楚地展现出来,这些例子取自一张有超过4 000个行列式的二元型的分类表. 在从801到900之间这一百个行列式中,有七个仅与唯一的一个族相对应,以及有32,52,8,1个行列式分别与2,4,8,16个族相对应;因此总共有359个族,故而族的平均数为3.59. 从 -801 到 -900 这一百个负的行列式一共给出360个族. 下面的例子全都取自负的行列式. 在第十六个一百中(从 -1 501 到 -1 600),族的平均数为3.89;在第二十五个一百中,它等于4.03;在第五十一个一百中,它等于4.24;在从 -9 401 到 -10 000 这600个行列式中,得到数4.59. 从这些例子可以看出:族的平均数的增长要比行列式本身的增长要慢得多;但是,要问这个序列有怎样的规律? 利用十分困难的理论上的研究(这里讲述它篇幅过长)已经发现,行列式为 $+D$ 或者 $-D$ 所对应的族的平均个数可以用公式

$$\alpha\log D+\beta$$

最精确地表示,这里 α,β 是常量,且有

$$\alpha = \frac{4}{\pi^2} \approx 0.405\ 284\ 734\ 6$$①

（π 是半径为 1 的圆周长的一半），

$$\beta = 2\alpha g + 3\alpha^2 h - \frac{1}{6}\alpha \ln 2 \approx 0.883\ 046\ 046\ 2,$$

其中数 g 等于级数

$$1 - \ln(1+1) + \frac{1}{2} - \ln\left(1+\frac{1}{2}\right) + \frac{1}{3} - \ln\left(1+\frac{1}{3}\right) + \cdots \approx 0.577\ 215\ 664\ 9$$

之和（见 *Euler*, *Inst. Calc. Diff.*, p. 444），而数 h 等于级数

$$\frac{1}{4}\ln 2 + \frac{1}{9}\ln 3 + \frac{1}{16}\ln 4 + \cdots$$

之和，它近似等于 0.937 548 254 3. 由这个公式推出，当行列式按照几何序列增加时，族的平均个数按照算术序列增加. 对

$$D = 850.5;1\ 550.5;2\ 450.5;5\ 050.5;9\ 700.5,$$

由这个公式我们得到相应的值 3.617；3.86；4.046；4.339；4.604，它们与上面给出的平均个数只有很小的差别. 中间的那个行列式越大，以及用来求平均值的行列式的个数越多，则真实的值与公式给出的值相差就越小. 借助于这个公式，对于相邻的行列式 $\pm D$, $\pm(D+1)$, $\cdots$, $\pm(D+m)$，不论它两端的两个行列式 D 和 $D+m$ 相差有多大，我们也能通过把与每一个行列式对应的族的平均值加起来，从而近似求出与这一串相邻的行列式所对应的族的平均数之和. 这个和等于

$$\alpha[\ln D + \ln(D+1) + \ln(D+2) + \cdots + \ln(D+m)] + \beta(m+1),$$

或者，足够精确地说，它等于

$$\alpha[(D+m)\ln(D+m) - (D-1)\ln(D-1)] + (\beta - \alpha)(m+1).$$

按照这种方法，对于从 -1 到 -100 的行列式，我们得到族的个数之和为 234.4，而它的实际值为 233；类似地，对于从 -1 到 $-2\ 000$ 的行列式，公式给出的值为 7 116.6，而实际值应该为 7 112；对于从 -1 到 $-3\ 000$ 的行列式，表给出的数是 11 166，而公式给出的数是 11 167.9；从 $-9\ 001$ 到 $-10\ 000$ 的实际值为 4 595，而公式给出的值为 4 594.9——这是我们几乎不可能指望达到的吻合.

§86 类的平均个数 第 302 ~ 304 目

302.

关于**类的个数**（我们总是假设它们是定正的正常本原的类），正的判别式与负的行列式性质完全不同；因此我们将分开来研究它们. 两者都具有性质：对于给定的行列式，

① 俄文版误写为 $\alpha \approx \frac{4}{\pi^4} \approx 0.405\ 284\ 734\ 6$. ——译者注.

在每个族中含有同样多个类,因此所有的类的个数就等于族的个数乘以一个族中所含的类的个数.

首先,对于负的行列式而言,相应于若干相邻的行列式 $-D$, $-(D+1)$, $-(D+2)$,$\cdots$ 的类的个数构成一个与族的个数一样错综复杂的序列. 然而,类的个数的平均值(这个概念无需解释)却是非常有规律地增加,这可从下面的例子看出. 从 -500 到 $-600$① 这一百个行列式给出 1 729 个类,故平均值等于 17. 29. 同样地,在第十五个一百个行列式中,类的平均数等于 28. 26;从第二十四和第二十五个一百,都得到数 36. 28;从第六十一,第六十二以及第六十三个一百,都得到数 58. 50;从第九十一到第九十五个一百,都得到数 71. 56;最后,从第九十六到第一百个一百,都得到数 73. 54. 这些例子表明,类的平均数虽然增加得要比行列式慢,但比族的平均数要快得多;我们只要稍加注意就会发现,类的平均数的增加与行列式的平方根的增加几乎是成比例的. 事实上,我们通过理论上的研究发现了:行列式 $-D$ 的类的平均数可以非常精确地用公式

$$\gamma\sqrt{D}-\delta$$

来表示,其中

$$\gamma=\frac{2\pi}{7e}\approx 0.746\ 718\ 311\ 5,$$

e 等于级数

$$1+\frac{1}{8}+\frac{1}{27}+\frac{1}{64}+\frac{1}{125}+\cdots$$

的和,以及

$$\delta=\frac{2}{\pi^2}\approx 0.202\ 642\ 367\ 3.$$

利用这个公式算出来的平均值与我们在上面从分类表记录下来的数值相比只有很小的差别. 借助于这个公式,我们也能这样来近似地求出与一列相邻的行列式 $-D$, $-(D+1)$, $-(D+2)$,$\cdots$ $-(D+m-1)$ 对应的所有的(定正的正常本原)类的个数之和(不论两头的两个行列式相差有多大),为此需要根据公式把与这些行列式对应的平均个数相加. 我们得到这个和等于

$$\gamma[\sqrt{D}+\sqrt{D+1}+\cdots+\sqrt{(D+m-1)}]-\delta m,$$

也即近似地等于

$$\frac{2}{3}\gamma[(D+m-\frac{1}{2})^{\frac{3}{2}}-(D-\frac{1}{2})^{\frac{3}{2}}]-\delta m,$$

例如,根据公式,对于从 -1 到 -100 这一百个行列式得到的这个和是481. 1,而实际值是477;对于从 -1 到 $-1\ 000$ 这一千个行列式,根据表得到 15 533 个类,而由公式得到 15 551. 4 个类;对于第二个一千个,由表给出 28 595 个类,而由公式得到 28 585. 7 个类;同样地,第三个一千个实际上有 37 092 个类,而公式给出 37 074. 3 个类;对于第十个一千

① 拉丁文版的写法是“从 -500 到 -600”,而俄文版中此处写的是“从 -501 到 -600”—— 译者注.

个根据表有 72 549 个类,而由公式有 72 572 个类.

303.

按照不同的分类所确立的负行列式的表还使我们有理由给出许多其他特殊的评注. 对于形如 $-(8n+3)$ 的行列式,仅除了行列式 -3 以外,类的个数(既指属于所有族的类数,也指属于每个正常本原族中的类数)总能被3整除,其原因根据第256目的Ⅵ乃是显然的. 对于那些它的型只构成唯一的一个族的行列式,它的类的个数总是奇数;事实上,由于对这样的行列式只有一个歧类(即主类),而其余的类总是两两成对互为相反的类,所以所有其余的类的个数必为偶数,从而所有类的个数是奇数;不过,最后这一性质对于正的行列式也成立. 此外,相应于给定的分类(即既给定了族的个数,也给定了类的个数)的行列式的序列总会出现中断;我们通过一些例子来解释这个出人意料的结果(第一列的罗马数字表示定正的正常本原族的个数;第二列的阿拉伯数字表示每一个族中所包含的类的个数;接在后面给出行列式序列,它们都对应这一种分类,以及为简略起见,我们将它们的负号略去):

Ⅰ.1	…1,2,3,4,7
Ⅰ[①].3	…11,19,23,27,31,43,67,163
Ⅰ.5	…47,79,103,127
Ⅰ.7	…71,151,223,343,463,487
Ⅱ.1	…5,6,8,9,10,12,13,15,16,18,22,25,28,37,58
Ⅱ.2	…14,17,20,32,34,36,39,46,49,52,55,63,64,73,82,97,100,142,148,193
Ⅳ.1	…21,24,30,33,40,42,45,48,57,60,70,72,78,85,88,93,102,112,130,133,177,190,232,253
Ⅷ.1	…105,120,165,168,210,240,273,280,312,330,345,357,385,408,462,520,760
ⅩⅥ.1	…840,1 320,1 365,1 848

类似地,对应于分类 Ⅰ.9 的行列式有 20 个(其中最大的是 $-1\ 423$);对应于分类 Ⅰ.11 的行列式有4个(其中最大的是 $-1\ 303$),等等;与分类Ⅱ.3;Ⅱ.4;Ⅱ.5;Ⅳ.2对应的行列式分别有不多于 48,31,44,69 个,其中最大的行列式分别是 -652,-862,$-1\ 318$,$-1\ 012$. 由于我们从中取出这些例子的表已经被扩展得大大超过这里出现的最大[②]行列式[③],所以看起来毫无疑问的是,上面指出的序列实际上皆已终止了,类似地,

① 俄文版误将此处的 Ⅰ 写为 Ⅱ.—— 译者注.

② 拉丁文版中此处有"最大"一词,而俄文版中漏了这个词 —— 译者注.

③ 就在本书付印之际,我们已经做出了直到 $-3\ 000$ 的一张表,并且也对第十个一千,对许多个分开的一百,以及对于多个仔细选取的单个的行列式都给出了相应的表.(俄文版中遗漏了拉丁文版中原有的这个注释 —— 译者注)

我们有理由把这个结论推广到任意其他的分类中去. 例如,由于在整个第十个一千个行列式中,没有与少于 24 个类对应的行列式存在,所以极有可能分类 Ⅰ.23;Ⅰ.21;…;Ⅱ.11;Ⅱ.10;…;Ⅳ.5;Ⅳ.4;Ⅳ.3;Ⅷ.2 在到 -9 000之前就已经终止了,或者至少说,在数 -10 000 以后只有很少的行列式. 然而,这些结论的**严格**证明看起来是非常困难的. 值得注意的是,所有的它的型能被分成 32 个或者更多的族的行列式,在它的每一个族中至少含有两个类,因此根本不存在分类 XXXⅡ.1,LXⅣ.1,等等(这些行列式中最小的是 -9 240,它对应于分类 XXXⅡ.2);看起来很有可能的是,当族的个数增加时,将有更多的分类会出现. 在这方面,上面给出的那65 个与分类 Ⅰ.1;Ⅱ.1;Ⅳ.1;Ⅷ.1;XⅥ.1 对应的行列式是非常引人注目的,容易看出,所有这65 个也仅是这65 个行列式有这样两个非同寻常的性质:由属于它们的型作成的所有的类都是歧义的,以及包含在同一个族中的任意两个型一定既是正常等价的,也是反常等价的. 顺便指出,这 65 个数已经由 Euler(*Nouv. Mém. de l' Ac. de Berlin*,1776,p. 338)给出(他是从后面我们要来提及的某个另外的观点出发,它和一个容易证明的判别法有关).

304.

行列式为正平方数 k^2 的二元型所构成的正常本原类的个数总是可以事先确定,它等于小于 $2k$ 且与 $2k$ 互素的数的个数;由此利用并不困难的推理(我们在此略去这一推理)容易推出:对于属于像 k^2 这样的行列式的类的平均个数可以很准确地用数 $\frac{8k}{\pi^2}$ 来表示.

然而,在这一方面正的非平方数的行列式表现得非常独特. 这就是,具有小的类数的分类,例如,Ⅰ.1 或 Ⅰ.3 或 Ⅱ.1 等,在负行列式或平方行列式的情形,仅对不大的行列式才会出现,且这些行列式的值不会太多,相反地,在正的非平方数的行列式中,至少当它们不是很大时,大部分的分类是在它的每个族中只有一个类,所以像 Ⅰ.3;Ⅰ.5;Ⅱ.2;Ⅱ.3;Ⅳ.2;等等这样的分类都是很稀少的. 例如,在不超过 100 的 90 个非平方数的行列式中,有 11 个,48 个,27 个分别对应于分类 Ⅰ.1;Ⅱ.1;Ⅳ.1;仅有唯一的一个(37) 的分类是 Ⅰ.3;有两个(34 和 82) 的分类是 Ⅱ.2;有一个(79) 的分类是 Ⅱ.3. 然而,如果行列式增大,那么大的类的个数就会常常出现;例如,在 101 到 200 的 96 个非平方数的行列式中,有两个(101,197) 的分类是 Ⅰ.3;有四个(145,146,178,194) 的分类是 Ⅱ.2;有三个(141,148,189) 的分类是 Ⅱ.3. 从 801 到 1 000 的 197 个非平方数的行列式中,有三个的分类是 Ⅰ.3;有四个的分类是 Ⅱ.2;有十四个的分类是 Ⅱ.3;有两个的分类是 Ⅱ.5;有两个的分类是 Ⅱ.6;有十五个的分类是 Ⅳ.2;有六个的分类是 Ⅳ.3;有两个的分类是 Ⅳ.4;有四个的分类是 Ⅷ.2. 剩下的 145 个非平方数的行列式在每个族中仅有一个类.

这是一个值得数学家关注的优美的问题:要确定究竟遵循何种规律,在每一个族中仅有一个类的这样的行列式出现得越来越稀少;到目前为止,我们既无法从理论上来确定,也不可能通过观察来有某种把握地猜想这样的行列式是否会最终完全终止(但这看起来不大可能),或者它们**无限稀疏地**出现,抑或它们出现的频率越来越趋向于一个固定的极限. 类的平均数的增长,只比族的平均数的增长稍快一些,而且比行列式的平方根的增长要慢得多;在 800 到 1 000 之间,我们发现类的平均数等于 5.01. 我们还可以向这些结论中再作其他的补充,在某种意义上,它在正的行列式与负的行列式之间重新建立了某种相似. 这就是,根据这里不能详细说明的多种理由,我们发现,对于正的行列式 D,与其说它本身的类的个数,不如说是它与量 $t+u\sqrt{D}$(t 和 u 是除了 1,0 以外能满足方程 $t^2-Du^2=1$ 的最小的数)的对数的乘积类似于负的行列式的类的个数,以及所指出的乘积的平均值也可用形如 $m\sqrt{D}-n$ 的公式来表示;可是,到目前为止我们还无法从理论上来定出常数 m 和 n 的值. 如果允许我们从数百个行列式的比较来得出一个结论的话,那么 m 的值与 $\frac{7}{3}$ 相差不多;但是,我们将保留在其他合适的场合更详细地讲述上述平均值的研究原理,它的增长不遵循解析规律,而只是不断渐进地接近这样的规律. 现在我们转向另一个问题的研究,比较同一个行列式的不同的正常本原类,并以此结束这冗长的一篇.

§87 正常本原类的特殊算法;正则和非正则的行列式,等 第 305 ~ 307 目

305.

定理 **如果 K 是由有给定行列式 D 的型作成的主类,C 是由有相同行列式的型作成的主族中的另外一个类,以及最后 $2C,3C,4C,\cdots$ 是用类 C 作两倍、三倍、四倍,等等而得到的类(如同在第 249 目中所做的那样),那么在序列 $2C,3C,4C,\cdots$ 中,只要把它延伸得足够长,最终会得到一个与 K 相同的类;如果假设 mC 是第一个得到的与 K 相同的类,且主族中的所有类的个数等于 n,那么或者有 $m=n$,或者 m 是 n 的一个因数.**

证明 Ⅰ. 由于所有的类 $K,C,2C,3C,\cdots$ 必定都属于主族(第 247 目),所以这个序列中的前面 $n+1$ 个类 $K,C,2C,\cdots,nC$ 显然不可能全部都不相同. 这样一来,要么 K 与类 $C,2C,3C,\cdots,nC$ 中的某一个类相同,要么这些类中至少有两个类是相同的. 设有 $rC=sC(r>s)$,这样就也有

$$(r-1)C=(s-1)C,(r-2)C=(s-2)C,\cdots,(r+1-s)C=C,$$

所以有 $(r-s)C=K$.

Ⅱ. 由此也容易推出,或者有 $m=n$,或者有 $m<n$,所以剩下只要证明:在第二种情形,m 是 n 的一个因数. 在此情形,由于类

$$K,C,2C,\cdots,(m-1)C$$

(我们用 $\mathfrak{C}$ 来记它们组成的总体)并没有取遍主族中所有的类,所以设 C' 是这个族中的任意一个不包含在 $\mathfrak{C}$ 中的类. 现在用 $\mathfrak{C}'$ 来记由 C' 与 $\mathfrak{C}$ 中的各个类依次作合成所得到的类组成的总体,即

$$C',C'+C,C'+2C,\cdots,C'+(m-1)C.$$

显见,$\mathfrak{C}'$ 中所有的类相互不同,且也与 $\mathfrak{C}$ 中所有的类不相同,并且它们都属于主族. 因此,如果 $\mathfrak{C}$ 和 $\mathfrak{C}'$ 完全取尽了这个族,那么就有 $n=2m$;反之,就有 $2m<n$. 在后一种情形,

设 C'' 是主族中任意一个既不包含在 $\mathfrak{C}$ 也不包含在 $\mathfrak{C}'$ 中的类,并用 $\mathfrak{C}''$ 来记由 C'' 与 $\mathfrak{C}$ 中的每个类依次作合成所得到的类组成的总体;即

$$C'',C''+C,C''+2C,\cdots,C''+(m-1)C.$$

容易推出,所有这些类相互不同,以及它们与 $\mathfrak{C}$ 和 $\mathfrak{C}'$ 中的类也不相同,且它们都属于主族. 现在,如果 $\mathfrak{C},\mathfrak{C}',\mathfrak{C}''$ 已经取尽了这个族,那么就有 $n=3m$;否则的话,就有 $n>3m$. 在此情形,就有另外一个类 C''',它包含在主族中,但不包含在总体 $\mathfrak{C},\mathfrak{C}'$ 或 $\mathfrak{C}''$ 中. 如果用类似的方法讨论它,就会得到结论:或者有 $n=4m$,或者有 $n>4m$,如此等等. 由于 n 和 m 是有限的数,所以主族最终必定会被取尽,因而 n 就是 m 的倍数,即 m 是 n 的一个因数.

例 令 $D=-356$, $C=(5,2,72)$①, 我们将有 $2C=(20,8,21)$, $3C=(4,0,89)$, $4C=(20,-8,21)$, $5C=(5,-2,72)$, $6C=(1,0,356)$. 这样一来,这里就有 $m=6$,而对此行列式有 $n=12$. 如果我们取 $(8,2,45)$ 作为类 C', 则 $\mathfrak{C}'$ 中剩下的五个类就是 $(9,-2,40)$, $(9,2,40)$, $(8,-2,45)$, $(17,1,21)$, $(17,-1,21)$.

306.

看起来,上面定理的证明与第45,49目中的证明完全类似,实际上,类与类相乘的理论在各方面都与在第三篇中讨论的对象有密切的关系. 但是,本书的范围不允许我们在这里以应有的完备性讲述所指出的理论. 所以我们仅在此补充几点说明,而略去要求更复杂技巧的证明,而把更详细的研究留待其他场合.

Ⅰ. 如果序列 $K,C,2C,3C,\cdots$ 延伸到了 $(m-1)C$ 之后,那么将再次得到同样的类

$$mC=K,(m+1)C=C,(m+2)C=2C,\cdots,$$

一般来说(为一致起见,把 K 看做 $0C$),类 gC 与 $g'C$ 是相同还是不同,要根据 g 和 g' 对模 m 是同余还是不同余来决定. 这样一来,类 nC 总是和主类 K 相同.

Ⅱ. 我们将把上面用 $\mathfrak{C}$ 来表示的由类 $K,C,2C,\cdots,(m-1)C$ 作成的总体称为**类 C 的周期**. 但是不要把这个名词与在第186目及其后所讨论的正的非平方数的行列式的约化型的周期相混淆. 显然,由包含在同一个周期中的任意多个类作合成,我们总会得到一个仍然包含在这个周期中的类

$$gC+g'C+g''C+\cdots=(g+g'+g''+\cdots)C.$$

Ⅲ. 由于 $C+(m-1)C=K$,故而类 C 与 $(m-1)C$,以及同样地 $2C$ 和 $(m-2)C$, $3C$ 和 $(m-3)C$,等等都是相反的类. 这样一来,如果 m 是偶数,则**类 $\frac{mC}{2}$ 将与自身是相反的,因而也是歧类**;反之,如果在 $\mathfrak{C}$ 中除了 K 之外还有另外一个歧类,比方说是 gC,那么我们就有 $gC=(m-g)C$,从而有 $g=m-g=\frac{m}{2}$. 由此推出,如果 m 是偶数,在 $\mathfrak{C}$ 中除了 K 和 $(\frac{m}{2})C$ 以外,不可能有任何其他的歧类存在;而如果 m 是奇数,则除了唯一一个类 K 以外

① 我们总是用其中包含的(最简单的)型来表示这里的类.

不再有其他的歧类存在.

Ⅳ. 如果我们假设,包含在 $\mathfrak{C}$ 中的某个类 hC 的周期是

$$K, hC, 2hC, 3hC, \cdots, (m'-1)hC,$$

那么显然 $m'h$ 是能被 m 整除的 h 的最小倍数. 于是,如果 m 和 h 互素,则有 $m'=m$,且两个周期包含同样的类,只是次序有所不同;一般来说,如果设 μ 是 m,h 的最大公因数,则有 $m'=\frac{m}{\mu}$. 由此可见,包含在 $\mathfrak{C}$ 中的某个类的周期中的类的个数要么等于 m,要么等于 m 的某个因数;而且在 $\mathfrak{C}$ 中有 m 项的周期的类的个数与序列 $0,1,2,\cdots,m-1$ 中与 m 互素的数的个数一样多,如果用第 39 目中的符号,即有 $\varphi(m)$ 个类;一般说来,在 $\mathfrak{C}$ 中有 $\frac{m}{\mu}$ 项的类的个数与序列 $0,1,2,\cdots,m-1$ 中与 m 的最大公因数为 μ 的那种数的个数相等,容易看出,即有 $\varphi(\frac{m}{\mu})$ 个类. 因此,如果 $m=n$,即**整个**主族都包含在 $\mathfrak{C}$ 中,那么在这个族中总共有 $\varphi(n)$ 个类,所有这些类的周期也都包含了整个的族,以及总共有 $\varphi(e)$ 个类,它们的周期均由 e 项组成,这里 e 是 n 的任意一个因数. 当在主族中有某个类,其周期由 n 项组成时,这个结论总是正确的.

Ⅴ. 在这个假设下,排列主族中的类的最好方法,是取任意一个有 n 项周期的类作为基(在某种意义上),然后按照它们在周期①中出现的次序来排列主族中的类. 现在,如果对主类赋以**指标**0,对取作为基的那个类赋以指标 1,等等,那么只要简单地将指标相加,就能找出主族中任何的类作合成所得到的类. 下面是对行列式 -356 所做的例子,在这里我们取类(9,2,40) 作为基:

0 (1, 0, 356)	4 (20, 8, 21)	8 (20, −8, 21)	
1 (9, 2, 40)	5 (17, 1, 21)	9 (8, 2, 45)	
2 (5, 2, 72)	6 (4, 0, 89)	10 (5, −2, 72)	.
3 (8, −2, 45)	7 (17, −1, 21)	11 (9, −2, 40)	

Ⅵ. 尽管与第三篇类似,尽管我们对多于 200 个负的行列式以及多得多的正的非平方数的行列式的研究,使得所指出的推测看起来似乎对**所有的**行列式都是正确的,然而,当把这个分类表继续扩展下去时,这个结论也有可能是错误的. 为简略起见,我们把这样的行列式称为是**正则的**,如果它的整个主族都包含在一个周期之中;而把这一性质不成立的行列式称为是**非正则的**. 这个论题,看来是属于高等算术中隐藏最深的秘密,并为最为艰深的研究提供了广阔的空间,对此我们在这里只能用几个评注来说明. 我们首先给出下面的一般性的结论.

Ⅶ. 如果 C, C' 是主族中的类,它们的周期分别由 m 和 m' 项组成,又如果 M 是能被 m 和 m' 整除的最小的数,那么在这个族中就存在这样的类,它的周期由 M 项组成. 如果把 M 分解成两个互素的因数 r 和 r',其中的一个(r) 整除 m,另一个(r') 整除 m'(见第 73

① 俄文版将"周期" 写为"这个类的周期"—— 译者注.

目)，则类$(\frac{m}{r})C+(\frac{m'}{r'})C'=C''$就有所需要的性质. 事实上，如果假设类$C''$的周期由$g$项组成，那么就有

$$K=grC''=gmC+\frac{grm'}{r'}C'=K+\frac{grm'}{r'}C'=\frac{grm'}{r'}C';$$

因此$\frac{grm'}{r'}$必定能被m'整除，也即gr能被r'整除，从而g能被r'整除. 用完全类似的方法可以推出g能被r整除，于是g也就能被$rr'=M$整除. 但是，由于显然有$MC''=K$，因而M能被g整除，故必有$M=g$. 由此容易推出，(对于一个给定的行列式而言)，包含在一个周期中的最大的类的个数可以被(包含在同一个主族中的类的)任何一个其他周期中所含的类的个数整除. 同时由此还可以导出一个方法，用它来求出有最大周期的那个类(对于正则的行列式而言，这个周期将包含整个主族)，这一方法与第73，74目中的方法完全类似，不过在实际使用时它可以和许多技巧性的方法相结合. 最大周期中的类的个数除以数n的商，对于正则行列式等于数1，而对于非正则行列式总是一个大于1的整数，以及它是用来刻画非正则性的不同程度的非常合适的工具；因此我们将把这个商称为**非正则性指数**.

Ⅷ. 直到现在为止，我们还没有一个一般性的法则用来预先对正则的行列式与非正则的行列式加以区分，尤其是在非正则的行列式中既有素数，又有合数. 因此，在这里我们仅满足于给出某些特殊的结论. 如果在主族中有多于两个歧类，那么该行列式必定是非正则的，且它的非正则指数必为偶数；但是如果在每个族中仅有一个或两个歧类，那么该行列式或者是正则的，或者至少它的非正则指数是奇数. 所有形如$-(216k+27)$的行列式(除了仅有一个-27外)都是非正则的，且其非正则指标都能被3整除；同样的结论对于形如$-(1\,000k+75)$(除去-75外)和$-(1\,000k+675)$的行列式，以及其他无穷多个行列式也都为真. 如果非正则性指数是素数p，或者至少能被p整除，那么n就能被p^2整除，由此推出，如果n不含平方因数，则该行列式必为正则的. 仅仅对正的**平方数**的行列式e^2，我们才能事先确定它们究竟是正则的还是非正则的：当e为1，或者2，或者为奇素数，或者奇素数的幂时，它们是正则的；而在所有其他的情形，它们都是非正则的. 在负的行列式中，随着行列式的增加，非正则的行列式将会出现得越来越频繁；例如，在第一个一千中，有13个非正则的行列式，这就是(略去负号)：576，580，820，884，900，它们的非正则指数是2以及243，307，339，459，675，755，891，974，它们的非正则指数是3；在第二个一千中，有13个行列式的非正则指数是2，有15个的非正则指数是3；在第十个一千中有31个行列式的非正则指数为2，有32个的非正则指数为3. 我还不能确定在到$-10\,000$为止是否有非正则指数大于3的行列式存在；而超出这个界限之外，有可能找到有任何给定指数的行列式. 很有可能随着行列式的增加，非正则行列式出现的次数与正则行列式出现的次数之比趋向于一个常数值. 确定这个比值是值得数学家关注的问题. 在非平方数的正的行列式中，非正则行列式十分稀疏；非正则性指数是偶数的这种行列式一定有无穷多个(例如3 026的非正则性指数是2)；同样看起来毫无疑问的是，也有非正则性指数是奇数的行列式，虽然我们应该承认，我们还不知道任何一个这样的行列式.

Ⅸ. 在非正则行列式的情形，关于主族中的类的最合适的排列方法，为简略起见，在这里我们将不讲述；我们仅指出，由于在这种情形仅有一个基是不够的，我们必须要取两个或者甚至更多的类，利用这些类的乘积以及合成得到其他所有的类. 这样就得到**二重指标及多重指标**，利用它们就与单指标对正则行列式的作用大致相当. 不过我们将在另外合适的场合来详细讨论这个问题.

Ⅹ. 最后，我们要指出，由于在这一目及上一目中所讨论的所有性质基本上与数 n 有关，这个数与在第三篇中的数 $p-1$ 有某种类似，因而这个数值得我们密切注意，因此，人们最希望能发现这个数与它所属的行列式之间的一般关系. 既然我们至少对于负的行列式已经成功地建立了 n 与族的个数（族的个数可以直接确定）的乘积的平均值的解析公式（第 302 目），我们尤其不应该对这个十分重要的问题失去信心.

307.

上目的讨论只考虑了主族中的类，这样一来，对于总是只有一个族的正的行列式以及如果我们不讨论定负的族，对于只有一个定正的族的负的行列式，这样的研究已经足够了；因此，剩下的是只需要对余下的（正常的本原）族作某些补充即可.

Ⅰ. 如果在族 G' 中只要有一个歧类，G' 是一个与主族 G（有相同的行列式的）不同的族，那么在这个族中就与在 G 中有同样多的歧类. 设 G 中的歧类是 $L,M,N,\cdots$（它们中也包含主类 K），G' 中的歧类是 $L',M',N',\cdots$，以及我们用 A 来记前一个总体，而用 A' 来记后一个总体. 因为，显然所有的类 $L+L',M+L',N+L',\cdots$ 都是歧类，两两各不相同，且都属于族 G'，即应该包含在 A' 之中，所以 A' 中的类的个数不能少于 A 中的类的个数；而同样地，因为类 $L'+L',M'+L',N'+L',\cdots$ 也都是歧类，两两各不相同，且都属于族 G，即包含在总体 A 之中，所以 A 中的类的个数也不能少于 A' 中的类的个数. 因此 A 和 A' 中的类的个数必定相等.

Ⅱ. 由于所有歧类的个数等于族的个数（第 261 目以及第 287 目的 Ⅲ），所以，如果在 G 中只有一个歧类，那么在每个族中都只可能有一个歧类；如果在 G 中有两个歧类，那么在所有族的一半中，**每个**族都有两个歧类，而在另一半族中它们一般没有歧类；以及如果在 G 中有若干个歧类，比方说有 a 个①，那么在所有的族的 a 分之一中，每个族都有 a 个歧类，而其余的族一般没有这样的类.

Ⅲ. 在 G 有两个歧类的情形，设 $G,G',G'',\cdots$ 是含有两个歧类的族，而 $H,H',H'',\cdots$ 是不含歧类的族；用 $\mathfrak{G}$ 来记第一个总体，用 $\mathfrak{H}$ 来记第二个总体. 由于两个歧类的合成总是又得到一个歧类（第 249 目），故而不难看出，$\mathfrak{G}$ 中两个族的合成总是又给出 $\mathfrak{G}$ 中的一个族. 进而，由此推出，由 $\mathfrak{G}$ 中的一个族与 $\mathfrak{H}$ 中一个族的合成我们得到 $\mathfrak{H}$ 中的一个族；事实上，比方说，$G'+H$ 不属于 $\mathfrak{H}$，而是属于 $\mathfrak{G}$，那么族 $G'+H+G'$ 就应该属于 $\mathfrak{G}$，而这是不可能的，这是因为 $G'+G'=G$，故有 $G'+H+G'=H$. 最后，我们容易断定，族 $G+H,G'+H$,

① 这只对非正则的行列式才有可能发生，且 a 总是数 2 的幂.

$G''+H,\cdots$ 以及 $H+H,H'+H,H''+H,\cdots$ 都是两两各不相同的，因此它们包括了 $\mathfrak{G}$ 和 $\mathfrak{H}$ 中所有的族的总体；但是根据我们刚刚证明的，所有的族 $G+H,G'+H,G''+H,\cdots$ 全都属于 $\mathfrak{H}$，因此取遍了这个总体，这就是说，所有剩下的族 $H+H,H'+H,H''+H,\cdots$ 必定都属于 $\mathfrak{G}$，也就是说，由 $\mathfrak{H}$ 中两个族的合成总是得到 $\mathfrak{G}$ 的一个族.

Ⅳ. 如果 E 是异于主族 G 的族 V 中一个类，则所有的类 $2E,4E,6E,\cdots$ 显然全都属于 G；而类 $3E,5E,7E,\cdots$ 全都属于 V. 于是，如果类 $2E$ 的周期由 m 项组成，那么显然，在序列 $E,2E,3E,\cdots$ 中，与类 K 相同的是类 $2mE$，而不是任何在它前面的类；这就是说，类 E 的周期将由 $2m$ 项组成. 因此，在不属于主族的每一个类的周期中的项的个数要么等于 $2n$，要么等于 $2n$ 的一个因数，这里 n 表示每一个族中的类数.

Ⅴ. 设 C 是主族 G 中一个给定的类，E 是族 V 中这样的一个类：它的加倍给出 C（根据第 286 目，总有这样一个类存在），又设 $K,K',K'',\cdots$ 是（有相同行列式的）**所有的**正常本原歧类，这时 $E(=E+K),E+K',E+K'',\cdots$ 就是所有的作加倍可以得到 C 的类，我们把它们的总体记为 Ω；这种类的个数等于歧类的个数，即等于族的个数. 显然，Ω 中所含有的属于族 V 的类的个数，与 G 中所含有的歧类的个数一样多；于是，如果我们用 a 来记它们的个数，那么显然，在每一个族中要么有 Ω 中的 a 个类，要么一个也没有. 由此容易看出，如果 $a=1$，那么在每个族中都含有 Ω 中的一个类；此外，如果 $a=2$，那么所有的族中有一半，其中每个族都含有 Ω 中的两个类，而另一半中，每个族都不含这样的类，而且，要么其中的前一半与 $\mathfrak{G}$ 完全一样，而后一半则与 $\mathfrak{H}$ 完全一样，要么后一半与 $\mathfrak{G}$ 完全一样，而前一半则与 $\mathfrak{H}$ 完全一样（$\mathfrak{G}$ 和 $\mathfrak{H}$ 与上面 Ⅲ 中的意义相同）. 当 a 的值更大时，在所有族的 $\frac{1}{a}$ 的族中都包含有 Ω 中的类（而且，其中每个族都含有 a 个类）.

Ⅵ. 现在如果我们假设 C 是一个其周期含有 n 项的类，那么容易看出，在 $a=2$ 因此 n 为偶数的情形，Ω 中没有哪个类能属于 G（因为不然的话，这样的类就会包含在类 C 的周期之中，因此，如果把它表为 rC，就有 $2rC=C$，那么就有 $2r\equiv 1 \pmod n$，而这是不可能的）；而由于 G 属于 $\mathfrak{G}$，故而 Ω 中所有的类应该分布在 $\mathfrak{H}$ 的族之中. 由此推出，由于（对于正则的行列式）在 G 中总共有 $\varphi(n)$ 个类，它们的周期有 n 项，当 $a=2$ 时，在 $\mathfrak{H}$ 的每个族中有 $2\varphi(n)$ 个类，这些类的周期都有 $2n$ 个项，所以它们既包含它们自己所在的族，也包含了主族；如果 $a=1$，在不同于主族的每一个族中都包含有 $\varphi(n)$ 个这样的类.

Ⅶ. 以这些考察为基础，我们来建立下面的方法，用以对每个给定的正则行列式最合适地确定**所有**正常本原类（因为我们已经完全把非正则的行列式放在一边）的分类. 任意选取一个类 E，它的周期由 $2n$ 项组成，所以这个周期既包含它的正常族（我们记之为 V），也包含主族 G；我们把这两个族的类按照它们在周期中出现的顺序排列. 如果除了这两个族以外不再有其他的族，或者本来就不需要确定它们（比方说对于仅有两个定正的族的负的行列式的情形），那么我们的目的就达到了. 但是当有四个甚至更多的族时，剩下的族将如下进行处理. 若 V' 是剩下的族中的任意一个族，及 $V+V'=V''$，则在 V' 和 V'' 中将有两个歧类（要么是每个中有一个，要么在一个中有两个，而在另一个中一个都没有）；如果从这两个中任取其中一个 A，那么容易看出，如果 A 和 G 及 V 中的每一个类作合成,我们就将得到属于 V' 和 V'' 的 $2n$ 个不同的类,所以这些类完全取遍了这些族中的类;因而这些族也可以加以排序. 除了这四个族以外,如果还有另外的族,则设 V''' 是其中的一个,进而设 V'''',V''''',V'''''' 是 V''' 与 V,V',V'' 分别作合成所得到的族. 这四个族 V''',…,V'''''' 包含四个歧类,以及虽然,如果从中选取一个歧类,比方说是 A',将它与 G,V,V',V'' 中的每一个类作合成,那么我们就将得到 V''',…,V'''''' 中所有的类. 如果还有更多的族,我们就按照同样的方法做下去,直到全部做完为止. 显然,如果所有应当确定的族的个数是 $2^{(\mu)}$,那么我们就总共需要有 $2^{(\mu-1)}$① 个歧类,以及这些族中的每一个类都可以这样来得到,它要么是类 E 的加倍,要么是由这样的加倍得到的某个类与一个或者多个歧类的合成. 为了阐述这些法则,我们在这里给出两个例子;有关这种构造的好处以及可以用来简化计算量的巧妙的方法,我们就不在此多谈了.

Ⅰ. 行列式 −161

四个定正的族;每个族有四个类

G	V
1,4;$R7$;$R23$	3,4;$N7$;$R23$
$(1,0,161)=K$	$(3,1,54)=E$
$(9,1,18)=2E$	$(6,-1,27)=3E$
$(2,1,81)=4E$	$(6,1,27)=5E$
$(9,-1,18)=6E$	$(3,-1,54)=7E$

V'	V''
3,4;$R7$;$N23$	1,4;$N7$;$N23$
$(7,0,23)=A$	$(10,3,17)=A+E$
$(11,-2,15)=A+2E$	$(5,2,33)=A+3E$
$(14,7,15)=A+4E$	$(5,-2,33)=A+5E$
$(11,2,15)=A+6E$	$(10,-3,17)=A+7E$

Ⅱ. 行列式 −546

八个定正的族,每个族有三个类

G	V
1 和 3,8;$R3$;$R7$;$R13$	3 和 7,8;$N3$;$N7$;$N13$
$(1,0,546)=K$	$(5,2,110)=E$
$(22,-2,25)=2E$	$(21,0,26)=3E$
$(22,2,25)=4E$	$(5,-2,110)=5E$

① 拉丁文版此处误写为 $\mu-1$—— 译者注.

V'	V''
1 和 3,8;$N3$,$R7$;$N13$	5 和 7,8;$R3$;$N7$;$R13$
$(2,0,273)=A$	$(10,2,55)=A+E$
$(11,-2,50)=A+2E$	$(13,0,42)=A+3E$
$(11,2,50)=A+4E$	$(10,-2,55)=A+5E$

V'''	V''''
1 和 3,8;$N3$;$N7$;$R13$	5 和 7,8;$R3$;$R7$;$N13$
$(3,0,182)=A'$	$(15,-3,37)=A'+E$
$(17,7,35)=A'+2E$	$(7,0,78)=A'+3E$
$(17,-7,35)=A'+4E$	$(15,3,37)=A'+5E$

V'''''	V''''''
1 和 3,8;$R3$;$N7$;$N13$	5 和 7,8;$N3$;$R7$;$R13$
$(6,0,91)=A+A'$	$(23,11,29)=A+A'+E$
$(19,9,33)=A+A'+2E$	$(14,0,39)=A+A'+3E$
$(19,-9,33)=A+A'+4E$	$(23,-11,29)=A+A'+5E$

第六篇　前面讨论的若干应用

第 308 ~ 334 目

308.

至今,我们已经多次指出,在其他数学分支中,高等算术同样也得到了丰富的真正的应用;然而,我们认为,专门讨论某些值得更详细地阐述的应用不是无益的,这与其说是为了彻底地研究这种课题——这能够容易地写出几卷书,还不如说是为了以若干范例来更为全面更为突出的阐明这种应用的真谛.在本篇中,首先,我们将讨论把分数分解为若干个较简单的分数,以及把普通分数转换为十进制数;其次,将讲解一个新的排除法,它可用于解二次不定方程;最后,我们要给出一个新的简短的方法来鉴别素数与合数,以及找出后者的因数.在下一篇,我们要对在一般分析中十分常用的一类特殊函数,给出它的一般理论的基础,因为发现它与高等算术有着密切联系,特别地,我们试图增添一些新的事实,来充实分圆理论的内容,至今对这一理论还仅是知道一些最基本的知识.

§88　将分数分解为若干个较简单分数　第 309 ~ 311 目

309.

问题　***设分数$\frac{m}{n}$的分母 n 是两个互素的数 a 和 b 的乘积,将这个分数分解为两个分母分别为 a 和 b 的分数.***

解答　若设所求的分数是$\frac{x}{a}$,$\frac{y}{b}$,则应有 $bx+ay=m$;因此,x 是同余方程 $bx\equiv m \pmod a$ 的根,它可以利用第二篇的方法来求得;而 y 将等于$\frac{m-bx}{a}$.

但是,同余方程 $bx\equiv m$ 显然有无穷多个根,但它们都对模 a 同余,以及仅有一个小于 a 的正根;然而,可能出现 y 是负的情形.大概不必要来指出,我们也可以利用同余方程 $ay\equiv m \pmod b$ 来求出 y,以及由等式 $x=\frac{m-ay}{b}$ 来求出 x.例如,若给定分数$\frac{58}{77}$,则4是表示式$\frac{58}{11} \pmod 7$ 的一个值,因此,$\frac{58}{77}$被分解为$\frac{4}{7}+\frac{2}{11}$.

310.

如果给定分数$\frac{m}{n}$的分母n是若干个两两互素的数$a,b,c,d,\cdots$的乘积,那么利用上目的方法可以把它先分解为分母分别为a和$bcd\cdots$的两个分数;然后把后一个分数再分解为分母分别为b和$cd\cdots$的两个分数;依次这样分解下去,最后,所给的分数就可表为这样的形式

$$\frac{m}{n}=\frac{\alpha}{a}+\frac{\beta}{b}+\frac{\gamma}{c}+\frac{\delta}{d}+\cdots$$

显然,这些分子,除最后一个以外,$\alpha,\beta,\gamma,\delta,\cdots$都可取为正的,且分别小于它们的分母,而这最后一个分子在其余的分子都确定后就不能任意选择了.分子可能是负的或大于它的分母(如果我们不事先假定$m<n$).在大多数情形,把所给的分数表为$\frac{\varepsilon}{e}\mp k$的形式是适宜的,其中$\varepsilon$是小于$e$的正数,$k$是整数.最后,$a,b,c,\cdots$显然可取为素数或素数幂.

例　分数$\frac{391}{924}$,它的分母$=4\times3\times7\times11$,这样一来,它可分解为$\frac{1}{4}+\frac{40}{231}$;$\frac{40}{231}$可分解为$\frac{2}{3}-\frac{38}{77}$;$-\frac{38}{77}$可分解为$\frac{1}{7}-\frac{7}{11}$;再把$-\frac{7}{11}$写为$\frac{4}{11}-1$,我们就得到$\frac{391}{924}=\frac{1}{4}+\frac{2}{3}+\frac{1}{7}+\frac{4}{11}-1$.

311.

分数$\frac{m}{n}$***只能以唯一的方式***分解为$\frac{m}{n}=\frac{\alpha}{a}+\frac{\beta}{b}+\cdots\mp k$这样的形式,使得$\alpha,\beta,\cdots$都是正的且分别小于$a,b,\cdots$.实际上,如果我们假定

$$\frac{m}{n}=\frac{\alpha}{a}+\frac{\beta}{b}+\frac{\gamma}{c}+\cdots\mp k=\frac{\alpha'}{a}+\frac{\beta'}{b}+\frac{\gamma'}{c}+\cdots\mp k'$$

以及$\alpha',\beta',\cdots$也都是正的且分别小于$a,b,\cdots$,那么一定有$\alpha=\alpha',\beta=\beta',\gamma=\gamma',\cdots$,及$k=k'$.这是因为,如果等式两边乘以$n=abcd\cdots$,那么显然可得,$m\equiv\alpha bcd\cdots\equiv\alpha' bcd\cdots\pmod{a}$,因为$a$和$bcd\cdots$互素,所以必有$\alpha\equiv\alpha'$,因而$\alpha=\alpha'$.同理可推出$\beta=\beta',\cdots$.由此立即推得$k=k'$.因为先对哪个分母来求它的分子,现在是完全没有差别的,所以我们显然可以像上目中求α那样来求所有的分子,这就是,利用同余方程$\beta acd\cdots\equiv m\pmod{b}$来求$\beta$,利用同余方程$\gamma abd\cdots\equiv m\pmod{c}$来求$\gamma,\cdots$.这样求出的所有分数的和将等于$\frac{m}{n}$,或者它们之间相差一个整数$k$.所以,我们在得到这样的计算方法的同时也检验了计算的正确性.在上目的例子中,表达式$\frac{391}{231}\pmod{4}$,$\frac{391}{308}\pmod{3}$,$\frac{391}{132}\pmod{7}$,$\frac{391}{84}\pmod{11}$的值就直接给出了相应于分母4,3,7,11的分子1,2,1,4,以

及我们发现这些分数的和比所给的分数大 1.

§89 普通分数转换为十进制数 第 312 ~ 318 目

312.

定义 如果把一个普通分数转换为十进制数①,那么我们把这个十进制数的数字组成的数列(不计它的整数部分,如果它存在的话),不管其是有限的还是无限的,称为是这个分数的**尾数**,我们采用了这一通常仅用于对数的术语,并赋予了新的含意. 这样,例如,分数$\frac{1}{8}$的尾数是 125,分数$\frac{35}{16}$的尾数是 1875,以及分数$\frac{2}{37}$的尾数是 054054… 无限重复下去.

从这个定义可立即推出:两个有相同分母的分数$\frac{l}{n}$,$\frac{m}{n}$,它们有相同或不同的尾数依赖于 l,m 对模 n 是同余或不同余. 在一个有限尾数的右边添加任意多个 0 不改变这个尾数. 分数$\frac{10 \times m}{n}$的尾数可以由去掉$\frac{m}{n}$的尾数的第一个数字来得到,以及一般地,分数$\frac{10^{(\nu)} m}{n}$的尾数可以由去掉$\frac{m}{n}$的尾数的前 ν 个数字来得到. 当 n 不大于 10 时,分数$\frac{1}{n}$的尾数直接从一个有意义(即不等于 0)的数字开始;而当 $n > 10$ 但不等于 10 的方幂,且组成 n 的数字个数等于 k 时,$\frac{1}{n}$的尾数的前 $k-1$ 个数字是 0,以及随后的第 k 个数字是有意义的. 由此容易看出,如果$\frac{l}{n}$,$\frac{m}{n}$有不同的尾数(即如果 l,m 对模 n 不同余),那么这两个尾数的前 k 个数字一定不相同,至少第 k 个数字一定不同.

313.

问题 ***给定分数$\frac{m}{n}$的分母及其尾数的前 k 位数字[1]. 试求分子 m,我们假定 m 小于 n.***

解答 我们把这 k 位数字看做是一个整数,把它乘以 n,然后把这个乘积再除以 10^k(即把最后 k 个数字舍去). 如果这个商是整数(即舍去的数字都是 0),那么,这个商就是要求的分子,以及所给的尾数是完整的;若不然,则所要求的分子就是下一个整数,即这个商舍去其十进小数部分后加 1. 从上一目最后一段的说明就可以很容易理解这一法则,所以不需要作更多的解释.

例 如果我们知道一个以 23 为分母的分数的尾数的前两位数字是 69,那么得到乘积 $23 \times 69 = 1\ 587$;如果舍去后两位数字再加 1,那么我们就得到所要求的分子等于 16.

---

① 为简单起见,在下面的讨论中将限于普通的十进制,而这容易推广到任意的进位制.

314.

我们先开始来考虑分母为素数或素数幂的分数,然后指出如何能把其余的分数化为这种情形. 首先,我们直接可看出:分数$\frac{a}{p^{(\mu)}}$(我们总是假定分子 a 不能被素数 p 整除) 的尾数,当 $p=2$ 或5 时,是有限的且由 μ 个数字组成;把这个尾数看做一个整数时,在前一情形等于 $5^{(\mu)}a$,在后一情形等于 $2^{(\mu)}a$. 这是如此显然,不用再作解释.

如果 p 是其他的素数,那么不管 r 取多么大,$10^r a$ 总是不能被 $p^{(\mu)}$ 整除,由此立即推出分数 $F=\frac{a}{p^{(\mu)}}$ 的尾数一定是无限的. 如果我们设 $10^{(e)}$ 是10 的最低次幂,使其对模 $p^{(\mu)}$ 同余于1(参看第三篇,那里证明了 e 或者等于$(p-1)p^{(\mu-1)}$ 或者是它的除数),那么,容易确信 $10^{(e)}a$ 是数列 $10a,100a,1\ 000a,\cdots$ 中的第一个数,它对这同一个模 $p^{(\mu)}$ 同余于 a. 但是,因为由第 312 目可知,分数$\frac{10a}{p^{(\mu)}},\frac{100a}{p^{(\mu)}},\cdots,\frac{10^{(e)}a}{p^{(\mu)}}$ 的尾数,我们可以分别通过删去分数 F 的尾数的第一个数字,前两个数字,…,前 e 个数字来得到,所以显然可以看出,在分数 F 的尾数中,在这前 e 个数字(不能更前) 之后,就将重复同样的这些数字. **我们把这前 e 个数字称为是这个尾数或分数 F 的周期,通过把这些数字的无穷多次重复就构成 F 的尾数**;显然,周期的大小(容量),即组成周期的数字的个数,等于 e,它与分子 a 完全无关,而仅由分母所确定. 因此,例如,分数$\frac{1}{11}$ 的周期等于 09,分数$\frac{3}{7}$ 的周期等于 428 571①.

315.

因此,当我们知道了某个分数的周期,我们就能够继续写出它的尾数到任意多位数字. 进而推出,如果 $b\equiv 10^{(\lambda)}a \pmod{p^{(\mu)}}$,那么我们就可这样来得到$\frac{b}{p^{(\mu)}}$ 的周期:将 F 的周期的前 λ 个数字(我们假定 $\lambda<e$,这是允许的) 写在其剩下的 $e-\lambda$ 个数字之后,因此,与 F 的周期一起我们同时也得到了所有这样的分数的周期:它们的分子对模 $p^{(\mu)}$ 同余于 $10a,100a,1\ 000a,\cdots$. 例如,由于 $6\equiv 3\times 10^2 \pmod 7$,所以从$\frac{3}{7}$ 的周期可直接推出$\frac{6}{7}$ 的周期是 857142.

因此,**如果 10 是模 $p^{(\mu)}$ 的原根**(见第57,89 目),那么从分数$\frac{1}{p^{(\mu)}}$ 的周期可这样来直接得到任意其他分数$\frac{m}{p^{(\mu)}}$(假定分子 m 不能被 p 整除) 的周期:从原周期的左边起取出 λ 个数字写到它的右边,这里的 λ 是以 10 为基时 m 对模 $p^{(\mu)}$ 的指标. 由此可清楚看出,为什么在这种情形,数 10 总是取作为表 1 中的基(第 72 目).

---

① Cel. Robertson(“*Theory of circulating fractions*, *Phil. Trans.*, 1769, p. 207”) 提出,在第一位和最后一位数字的上面各加一个圆点来表示这个周期的开始和结束. 我们不认为在这里是必要的.

如果10不是原根,那么其周期能由分数$\frac{1}{p^{(\mu)}}$的周期直接推得的只有这样的分数:它的分子对模$p^{(\mu)}$同余于10的某个方幂. 设$10^{(e)}$是对模$p^{(\mu)}$同余于1的10的最低次幂,$(p-1)p^{(\mu-1)}=ef$,以及取这样的一个原根r作为基,使得数10的指标等于f(见第71目). 这样一来,在这种系统下,可从分数$\frac{1}{p^{(\mu)}}$的周期推出这样的分数的周期,它的分子的指标等于$f,2f,3f,\cdots,ef-f$;类似的,从分数$\frac{r}{p^{(\mu)}}$的周期可推出这样的分数的周期:它的分子是$10r,100r,1\ 000r,\cdots$,它们相应的指标是$f+1,2f+1,3f+1,\cdots$;从以分子为r^2(它的指标为2)的分数的周期可推出这样的分数的周期:它的分子的指标是$f+2,2f+2,3f+2,\cdots$;一般地,从以分子为r^i的分数的周期可推出这样的分数的周期:它的分子的指标是$f+i,2f+i,3f+i,\cdots$. 由此我们容易推出,只要我们知道了以$1,r,r^2,r^3,\cdots,r^{f-1}$为分子的这些分数的周期,那么按照以下规则作简单转换后就可得到所有其他分数的周期:设在取数r作为基的系统下,所给的分数$\frac{m}{p^{(\mu)}}$的分子m的指标等于i(我们假定这个数小于$(p-1)p^{(\mu-1)}$);i被f除后得到$i=\alpha f+\beta$,这里的α,β是正整数(或者也可以等于0),且$\beta<f$;在这样做之后,我们把分子为r^{β}($\beta=0$时它等于1)的分数的周期的前α个数字放在其余的数字之后(当$\alpha=0$时周期保持不变),就得到分数$\frac{m}{p^{(\mu)}}$的周期. 这就充分说明了为什么我们按照第72目所说的规则来构造表1.

316.

根据这些原则,我们已经对所有小于1 000的形如$p^{(\mu)}$的分母构造了一张必需的周期表;在合适的时候,我们将完整地,甚或以更为扩充的形式,发表这个表. 在这里,作为一个样本,我们仅给出了到100的表3,对它几乎不需要作说明. 对以10为原根的这些分母(即对7,17,19,23,29,47,59,61,97),表中给出了分子为1的分数的周期;对其余的分母,表中给出了分子分别为$1,r,r^2,\cdots r^{f-1}$的分数的f个周期,它们以编号(0),(1),(2),… 来区别;我们总是取与表1中同样的原根作为基r. 因此,在从表1中得到了分子的指标后,每一个分数(其分母在表3中)的周期就可以按照上一目所给出的规则求出. 但是,对于很小的分母,我们不利用表1也能容易地这样来解决这个问题:根据第313目,只要利用简单的除法,去计算出所要求的尾数的开头的这样多个数字,使得这几个数字足以把它和同一个分母的所有其他分数的尾数相区别(对表3中的情形,这不会多于两个数字);然后,我们检查相应于这个分母的所有周期,直至找到这开头的几个数字出现在其中的某个周期,而这几个数字将作为这个周期的开头. 但是,必须指出的是,这几个数字可以分开来使得其中的一个(或多个)出现在周期的末尾而其他的出现在开头[2].

例 求分数$\frac{12}{19}$的周期. 由表1知,在这里对模19有$\text{ind }12=2\text{ ind }2+\text{ind }3=39\equiv 3\pmod{18}$(第57目). 因为在这种情形仅有一个对应于分子1的周期,所以我们需要把

它的前三个数字移到末尾,得到我们要求的周期是:631 578 947 368 421 052. 同样的,我们容易从除法所得的前两个数字 63 来找到这个周期的开头.

如果我们要求分数$\frac{45}{53}$的周期,那么对于模 53 有 ind 45 = 2 ind 3 + ind 5 = 49;在这里周期的个数是 $4=f$,及 $49=12f+1$;因此,我们必须把标号为(1) 的周期中的前 12 个数字移到余下的数字的后面,得到所要求的周期是 8 490 566 037 735. 在这一情形,开始的数字 8 和 4 在表中是分开的.

我们还要指出,借助于表 3 我们也能求出这样的数,它对给定的模(在表中模是作为分母列出的) **相应于给定的指标**,这一点我们已经在第 59 目中预先指出了. 实际上,根据以上所述,显然能找出这样的分数的周期,它的分子(即使它是未知的) 相应于给定的指标;从而只要在这个周期中取出开头的这样多个数字,其个数与分母的位数一样多;这样,根据第 313 目,从它们我们就能找到分子,即所要求的相应于给定指标的数.

317.

根据以上所说,我们不用计算就可确定每个这样的分数的尾数的任意多位数字,它的分母是在表的范围内的素数或素数幂;但是,基于本篇开始所做的讨论,这个表的应用还可进一步扩大,把所有这样的分数都包含在内,它的分母是在表的范围内的素数或素数幂的乘积. 事实上,因为这样的分数可以分解为另外的一些分母恰是这些因数的分数,而这些分数可以转化为十进小数至任意多位,所以剩下的仅是要把后面的这些十进小数合为一个和. 不过,几乎没有必要指出这样一点:这个和的末尾的数字可能要比它正确的数字小;但这个误差显然不可能超过被加分数的个数,所以,只要在计算这些分数时,所取的数字个数比我们对所给分数要求计算的位数更多一些,那么一切就没问题了. 例如,我们来考虑分数$\frac{6\ 099\ 380\ 351}{1\ 271\ 808\ 720}=F$①. 它的分母是数 16,9,5,49,13,47,59 的乘积. 根据上面所给的规则,我们得到

$$F=1+\frac{11}{16}+\frac{4}{9}+\frac{4}{5}+\frac{22}{49}+\frac{5}{13}+\frac{7}{47}+\frac{52}{59},$$

把每个分数转化为十进小数,然后相加得到

$$1=1$$

$$\frac{11}{16}=0.687\ 5$$

$$\frac{4}{5}=0.8$$

$$\frac{4}{9}=0.444\ 444\ 444\ 444\ 444\ 444\ 444\ 4\cdots$$

① 这个分数是 23 的平方根的值的最佳近似值中的一个,而且误差小于十进小数的第 20 位数的 7 个单位.

$$\frac{22}{49} = 0.448\ 979\ 591\ 836\ 734\ 693\ 877\ 5\cdots$$

$$\frac{5}{13} = 0.384\ 615\ 384\ 615\ 384\ 615\ 384\ 6\cdots$$

$$\frac{7}{47} = 0.148\ 936\ 170\ 212\ 765\ 957\ 446\ 8\cdots$$

$$\frac{52}{59} = 0.881\ 355\ 932\ 203\ 389\ 830\ 508\ 4\cdots$$

$$F \approx 4.795\ 831\ 523\ 312\ 719\ 541\ 661\ 7.$$

这个和与正确值之间的误差肯定是小于十进小数展开中在第22位上的5个单位,因此这前20位的数字不可能改变. 如果取更多位数字来计算,那么代替最后两位数17我们将得到1893936…

而且,甚至不用我们特别指出,每个人都可看出,这个把普通分数转换为十进制数的方法,在需要求出很多个十进位数字时特别有效;但是,如果我们只要不多的几位数字,那么利用普通的除法或对数计算也一样方便.

318.

这样,因为我们已经把其分母是由若干个素数组成的分数转换为十进小数的问题,归结为分母为素数或素数幂的情形,所以我们只要**再对尾数做少许说明**. 如果分母不包含因数2和5,那么在这里尾数是由周期组成,因为在这种情形,在数列10,100,1 000,…中我们总能遇到一项它对分母同余于1,同时,只要分子与分母互素,这一项的指数(它容易用第92目的方法来确定)就指出了与分子无关的周期的位数. 如果分母是$2^{\alpha}5^{\beta}N$,这里N与10互素,α和β至少有一个不等于0,那么这个分数的尾数,在前α或β(依赖于α或β哪个大)个数字之后,是由纯粹的周期组成,其周期的长度与分母为N的分数的周期相同. 这一点容易这样来推出:原来的分数可分解为分母分别是$2^{\alpha}5^{\beta}$和N的两个分数,其中第一个分数的尾数在前α或β个数字之后就终止了. 虽然,对于这一课题我们还可添加许多其他的结果与评注,特别是一些巧妙的方法,用它可以快速地构造类似于表3这样的表,但是,为了简洁起见,我们将略去这种讨论;而且也因为关于它的大量讨论已由Roberston(见注2中所引文献)和Bernoulli(《*Nouv. Mém. De l'Ac. De Berlin*》,1771,p. 273)指出了.

§90 用排除法解同余方程$x^2 \equiv A$ 第319～322目

319.

关于解同余方程$x^2 \equiv A \pmod m$(它等价于不定方程$x^2 = A + my$)**的可能性问题**,我们在第四篇(第146目)中已经阐明,在某种角度看来不再剩下什么可讨论了;然而,**为了求得未知数本身**,在前面(第152目)我们已经指出,间接方法要比直接方法好得多. 如果

m 是素数(其他情形容易化为这种情形),那么,正如我们在第 60 目中详细指出的,为此目的我们可利用指标表 1(依据第 316 目的说明,结合表 3),但是这种方法只限于在此表的范围之内. 由于这些理由,我们希望下面简单的一般方法,对于算术爱好者将是有兴趣的.

首先,我们指出:只要考虑 x 的那些不大于$\frac{1}{2}m$ 的正整数值就足够了,因为其他的值对模 m 同余于这些值中取正号或取负号的一个. 对于这样的值 x,y 的取值一定在 $-\frac{A}{m}$ 和 $\frac{m}{4}-\frac{A}{m}$ 范围内. 我们把在这一范围中的所有整数值的全体记作 Ω. 所以,由此可直接看出的方法应该是:让 y 取 Ω 中的每一个值,并计算值 $A+my$,把它记为 V,并只保留那些使得 V 是一个平方数的值. 如果 m 是一个小的数(比如说,小于 40),那么这种试验的次数很小,不需要简便的方法;如果 m 是大数,那么利用下面的排除法可以把计算量缩短到你所想要的那样.

320.

设 E 是与 m 互素且大于 2 的任意整数,再设它的所有不同的(即对模 E 不同余的)二次非剩余是 $a,b,c,\cdots$;最后,设同余方程

$$A+my\equiv a,A+my\equiv b,A+my\equiv c,\cdots(\bmod E)$$

的根分别是 $\alpha,\beta,\gamma,\cdots$,它们都是正的且小于 E. 现在,如果 y 取一个值,它对模 E 同余于数 $\alpha,\beta,\gamma,\cdots$ 中的一个,那么,由此所得到的值 $V=A+my$ 将同余于 $a,b,c,\cdots$ 中的一个,因而是 E 的一个非剩余,所以它不可能是平方数. 由此推出,我们可以立即把 Ω 中所有如下形式的值作为无用的值排除:$Et+\alpha,Et+\beta,Et+\gamma,\cdots$,而只要去检查剩下的那些值,我们把这些值的全体记作 Ω'. 在这种运算中,数 E 可以被称为是**排除元**.

如果我们再取另外一个合适的 E' 作为**排除元**,那么用同样的方法我们就可以找到若干个两两互不同余的二次非剩余 $a',b',c',\cdots$,以及进而得到相应的同余方程的根 $\alpha',\beta',\gamma',\cdots$[3],而 y 对模 E' 不能同余于 $\alpha',\beta',\gamma',\cdots$ 中的任意一个数. 这样,我们可以再从 Ω' 中排除所有如下形式的数:$E't+\alpha',E't+\beta',E't+\gamma',\cdots$. 继续用这样的方法,我们可以不断地再排除某些形式的数,直至仍留在 Ω 中的数是如此的少,使得直接检验这些剩下的数不比再做一次新的排除更困难.

例 如果给出方程 $x^2=22+97y$,那么 y 的取值范围是 $-\frac{22}{97}$ 到 $24\frac{1}{4}-\frac{22}{97}$,所以,$\Omega$ 包含数 $1,2,3,\cdots,24$(因为,数 0 显然是不适用的). 对 $E=3$ 仅有一个非剩余 $a=2$,由此推出 $\alpha=1$,所以必须从 Ω 中排除所有 $3t+1$ 形式的数;余下在 Ω' 中的数有 16 个. 同样的,对 $E=4$ 可得 $a=2,b=3$,由此推得 $\alpha=0,\beta=1$,所以要除去所有 $4t$ 和 $4t+1$ 形式的数,还留下以下 8 个数:2,3,6,11,14,15,18,23. 然后,对 $E=5$ 我们发现必须除去所有 $5t$ 和 $5t+3$ 形式的数,所以还留下数 2,6,11,14. 对排除元 6,将除去所有 $6t+1$ 和 $6t+4$ 形式的数,但是这些数在前面已经被除去了(因为它们也一定是 $3t+1$ 形式的数). 对排除元

7,要除去$7t+2$和$7t+3,7t+5$形式的数,还留下6,11,14. 如果y以这些数值代入,就分别得到$V=604,1\ 089,1\ 380$,其中只有第二个是平方数,对此有$x=\pm 33$.

321.

因为在借助于排除元E的运算过程中,从V的值中,即相应的从属于Ω的y的值中,只是除去了所有这样的值,它们是模E的二次非剩余,而这个数的剩余仍然被保留,所以,容易看出,当E为奇数时,利用E和$2E$的效果是没有差别的,因为在这种情形E和$2E$有相同的剩余和非剩余. 由此推出,如果我们依次取3,5,7,… 作为排除元,那么不被4整除的偶数,即6,10,14,… 就不必要去考虑. 此外显见,在取E,E'为排除元的两个运算过程中,被删去的是所有这样的V的值:它同为E和E'的非剩余,或至少是其中一个的非剩余,而同为它们的剩余的值则被留下. 因为在E和E'没有公约数[Ⅱ.7]的情形,这时除去的数就是乘积EE'的所有非剩余,而留下的数是乘积EE'的剩余,所以,利用排除元EE'显然与利用两个排除元E,E'有同样的效果,因此,在用了排除元E,E'后就不必要再利用排除元EE'. 这样一来,就允许我们不去考虑可分解为两个互素因数的乘积作为排除元,而只要利用(不整除m的)素数或素数幂作为排除元. 最后,容易看出,在用了素数p的幂$p^{(\mu)}$作为排除元后,就不必要再用排除元p和$p^{(\nu)}(\nu<\mu)$;这是因为,用了排除元$p^{(\mu)}$后,在V中留下的仅是它的剩余的那些值,而它们肯定不是模p或其较低次幂$p^{(\nu)}$的非剩余. 反之,如果在$p^{(\mu)}$之前已经用了排除元p或$p^{(\nu)}$,那么当用排除元$p^{(\mu)}$时,显然只能再除去这样的值V:它们是模p(或$p^{(\nu)}$)的剩余以及同时是模$p^{(\mu)}$的非剩余;因此,只要取模$p^{(\mu)}$的这样的非剩余作为$a,b,c,\cdots$就足够了.

322.

通过以下的考察,对应于给定的排除元E,**求出数$\alpha,\beta,\gamma,\cdots$的计算可大大地被简化.** 设$\mathfrak{A},\mathfrak{B},\mathfrak{C},\cdots$分别是同余方程$my\equiv a,my\equiv b,my\equiv c,\cdots(\bmod E)$的根,以及$k$是同余方程$my\equiv -A$的根;这时,显然有$\alpha\equiv\mathfrak{A}+k,\beta\equiv\mathfrak{B}+k,\gamma\equiv\mathfrak{C}+k,\cdots$. 如果我们必须通过解这些同余方程来求得$\mathfrak{A},\mathfrak{B},\mathfrak{C},\cdots$,那么这个寻求$\alpha,\beta,\gamma,\cdots$的方法将不比我们上面指出的方法简单,但是,去解所说的这些同余方程是完全不必要的. 这是因为,首先,如果E是一个素数,m是模E的二次剩余,那么由第98目容易看出,$\mathfrak{A},\mathfrak{B},\mathfrak{C},\cdots$,即表示式$\frac{a}{m},\frac{b}{m},\frac{c}{m},\cdots(\bmod E)$的值,就是模$E$的各个不同的二次非剩余,所以,假如不计它们的排列次序的话(在这里,这是不重要的),它们与$a,b,c,\cdots$完全相同[4];其次,如果m是模E的非剩余,其他的假定不变,那么数$\mathfrak{A},\mathfrak{B},\mathfrak{C},\cdots$就与模$E$的全体二次剩余(除去0)相同. 如果$E$是(奇)素数的平方,设为$E=p^2$,以及我们已经用过$p$作为排除元,那么由上一目可知,只要取以下这些数作为$a,b,c,\cdots$就足够了:它们是模p的剩余中的模p^2的非剩余,即是数$p,2p,3p,\cdots,p^2-p$(这就是,除0以外的所有被p整除且小于p^2的数)[5];但由此容易看出,我们应该恰好得到这些同样的数作为$\mathfrak{A},\mathfrak{B},\mathfrak{C},\cdots$,只是排列次序不同. 类似的,如果在取过排除元$p$和$p^2$之后,我们再取$E=p^3$,那么,取模$p$的各个非剩余和$p^2$的

乘积作为 $a,b,c,\cdots$ 就足够了；相应地，当 m 是模 p 的剩余时，$\mathfrak{A},\mathfrak{B},\mathfrak{C},\cdots$ 就是同样的这些数，而当 m 是模 p 的非剩余时，它们就是模 p 的除0以外的每个剩余和 p^2 的乘积. 一般地，如果我们取任意一个素数幂，设为 $p^{(\mu)}$，作为 E，而在此之前已经取过所有较低次的幂作为排除元，那么，当 μ 是偶数时，$\mathfrak{A},\mathfrak{B},\mathfrak{C},\cdots$ 应是 $p^{(\mu-1)}$ 和所有小于 p 的数(0 总是除外)的乘积；当 μ 是奇数且 mRp 时，$\mathfrak{A},\mathfrak{B},\mathfrak{C},\cdots$ 应是 $p^{(\mu-1)}$ 和所有小于 p 的模 p 的非剩余的乘积；当 μ 是奇数且 mNp 时，$\mathfrak{A},\mathfrak{B},\mathfrak{C},\cdots$ 应是 $p^{(\mu-1)}$ 和所有小于 p 的模 p 的剩余的乘积. 如果 $E=4$，因此 $a=2,b=3$，那么相应于 $m\equiv 1$ 或 $\equiv 3 \pmod 4$，我们就得到 2 和 3 或 2 和 1 作为 $\mathfrak{A}$ 和 $\mathfrak{B}$. 如果在用过排除元 4 之后，我们取 $E=8$，那么我们得到 $\alpha=5$，由此推出，相应于 $m\equiv 1,3,5,7 \pmod 8$，$\mathfrak{A}$ 为 5,7,1,13. 一般地，如果 E 是任意一个 2 的更高次幂，设为 $2^{(\mu)}$，那么，在已经取过所有较低次幂作为排除元之后，当 μ 是偶数时，需取 $a=2^{(\mu-1)}$，$b=3\times 2^{(\mu-2)}$，由此得到 $\mathfrak{A}=2^{(\mu-1)}$，以及 $\mathfrak{B}=3\times 2^{(\mu-2)}$ 或 $=2^{(\mu-2)}$ 相应于 $m\equiv 1$ 或 $\equiv 3$；当 μ 是奇数时，需取 $a=5\times 2^{(\mu-3)}$，由此推出，相应于 $m\equiv 1$，$\equiv 3$，$\equiv 5$ 或 $\equiv 7 \pmod 8$，$\mathfrak{A}$ 将等于 $2^{(\mu-3)}$ 和 5,7,1 或 3 的乘积.[6]

虽然，有技巧的数学家将容易想出一个设计，在对足够多个排除元找出了 $\alpha,\beta,\gamma,\cdots$ 后，就可以用程序化的方法从 Ω 中除去无用的 y 的值；但是，我们没有篇幅来对此及其他省力的方法作讨论了.

§91　用排除法解不定方程 $mx^2+ny^2=A$　第 323 ~ 326 目

323.

关于求给定的 A 表为二次型 mx^2+ny^2 的全部表示式，或者，换句话说，求不定方程 $A=mx^2+ny^2$ 的全部解，我们在第五篇中给出了一个一般的方法：如果我们已经得到了表示式 $\sqrt{-mn}$ 对模 A 本身以及对以下这样的模的全部的值，这些模是由 A 被其平方因数去除后所得到的，那么这个方法从其简洁性方面来说就不留下什么可做改进了；但是，对于 mn 是正的情形，我们现在将给出一个方法，它仅在上面的方法还需要事先计算出所说的那些值时，要远比上面的方法方便得多. 为此，我们可以假定数 m,n,A 是正的且两两互素，因为其他情形容易归结为这样的情形. 此外，显然只要去求出 x,y 的正的值，因为其他的可通过对它们取所有可能的正负号组合来得到.

显然，x 应该具有这样的性质，它要使得表示式 $\frac{A-mx^2}{n}$，我们将它简记为 V，是正的，是整数，以及本身可表为平方数. 第一个条件要求 x 不大于 $\sqrt{\frac{A}{m}}$；第二个条件当 $n=1$ 时显然成立，而在其他情形，就要求表示式 $\sqrt{\frac{A}{m}} \pmod n$ 的值是模 n 的二次剩余；以及如果我们把表示式 $\sqrt{\frac{A}{m}} \pmod n$ 的不同的值表为 $\pm r$，$\pm r'$，$\cdots$，那么，x 应该被包含在形如 $nt+r$，$nt-r,nt+r',\cdots$ 的数中. 最直接的方法应该是将 x 以所有不超过上界 $\sqrt{\frac{A}{m}}$ 的这种形式的数代入表示式,这样得到的数的全体我们记为 Ω,并在它们中只留下使得 V 是平方数的那些数. 在以下几目中,我们将指出,在应用这个方法时能够如我们所希望的那样来减少计算量.

324.

正如前面所讨论的一样,我们用以达到这一目标的排除法是这样构成的:首先要取若干个数,我们在这里称它们为排除元;然后,讨论对怎样的 x 的值,V 的值是这些排除元的非剩余,以及把这样的值 x 从 Ω 中删去. 利用完全类似于第321目中所做的讨论可以推出,我们只要取素数或素数幂作为排除元,以及对于素数幂的排除元,从 V 的值中需要排除的仅是这个素数幂的这样一些非剩余,它们是这个素数的所有较低次幂的剩余,只要我们已经对这个素数的所有较低次幂进行了排除.

因此,设排除元是 $E=p^{(\mu)}$(包括 $\mu=1$ 的情形),p 是不整除 m 的素数,以及假定 $p^{(\nu)}$ 是整除 n 的这个素数的最高次幂①. 进而,设 $a,b,c,\cdots$ 是模 E 的二次非剩余(而且,当 $\mu=1$ 时是取全部;当 $\mu>1$ 时仅取是所有较低次幂的剩余的那些非剩余). 计算以下同余方程的根:

$$mz\equiv A-na, mz\equiv A-nb, mz\equiv A-nc,\cdots(\bmod Ep^{(\nu)}=p^{(\mu+\nu)}),$$

并把它们记为 $\alpha,\beta,\gamma,\cdots$. 容易看出,如果对某个值 x 有 $x^2\equiv\alpha(\bmod Ep^{(\nu)})$,那么对应的 V 的值将 $\equiv a(\bmod E)$,即是模 E 的非剩余,以及这一结论对 $\beta,\gamma,\cdots$ 也同样成立. 反过来,同样容易看出,如果某个值 x 导出同余式 $V\equiv a(\bmod E)$,那么对这个值将有 $x^2\equiv\alpha(\bmod Ep^{(\nu)})$,因此,所有使得 x^2 对模 $Ep^{(\nu)}$ 不同余于任意一个数 $\alpha,\beta,\gamma,\cdots$ 的所有的值 x,将生成这样的 V 的值,它们对模 E 不同余于任意一个数 $a,b,c,\cdots$. 现在从数 $\alpha,\beta,\gamma,\cdots$ 中选出模 $Ep^{(\nu)}$ 的所有二次剩余,将它们记为 $g,g',g'',\cdots$,以及求出表示式 $\sqrt{g}$, $\sqrt{g'}$, $\sqrt{g''}$, $\cdots(\bmod Ep^{(\nu)})$ 的值,并将它们记为 $\pm h$, $\pm h'$, $\pm h''$, $\cdots$. 这样做以后,显然从 Ω 中一定可除去所有这样形式的数:$Ep^{(\nu)}t\pm h, Ep^{(\nu)}t\pm h', Ep^{(\nu)}t\pm h'',\cdots$,以及在进行了这样的排除之后,$V$ 中没有一个形如 $Eu+a, Eu+b, Eu+c,\cdots$ 的值可对应于还留在 Ω 中的任意一个值 x. 但是,如果数 $\alpha,\beta,\gamma,\cdots$ 中没有一个是模 $Ep^{(\nu)}$ 的二次剩余,那么这样的值 V 显然不可能从任何这样的值 x 来得到,所以在这种情形,用数 E 来作为排除元就将什么也得不到. 我们可以按需要取若干个排除元,使得留在 Ω 中的数按照我们所希望的那样愈来愈少.

现在我们来看一看,整除 m 的素数或这样的素数的方幂是否能用作为排除元. 如果 B 是表示式 $\frac{A}{n}(\bmod m)$ 的一个值,那么可推出,不管 x 取什么值,V 对模 m 总是同余于 B. 因而,为使所给的方程可解,B 必须是模 m 的二次剩余. 因此,如果以 p 表示某一整除 m 的奇素数,根据假设它不能整除 n 和 A,即不能整除 B,那么对任意的 x 的值,V 将是模 p 的剩

① 为了简单起见,我们将同时考虑 n 被 p 整除及不被 p 整除这两种情形,在后一种情形需要设 $\nu=0$.

余,因而也将是p的任意次幂的剩余;由此推出,数p或它的方幂都不能取作为排除元. 如果m被8整除,那么根据完全同样的理由,为使所给的方程可解必须有$B\equiv1\pmod 8$成立,因而对x的任意的值,将有$V\equiv1\pmod 8$,所以2的方幂不适合取作为排除元. 然而,如果m被4整除但不被8整除,那么由同样的理由知,应有$B\equiv1\pmod 4$,以及表示式$\frac{A}{n}\pmod 8$的值等于1或5,我们用C来表示它. 不难看出,对于偶数值x有$V\equiv C$,而对于奇数值x有$V\equiv C+4\pmod 8$,由此推出,当$C=5$时必须除去偶数值,当$C=1$时必须除去奇数值. 最后,如果m被2整除但不被4整除,那么,同前面一样,设C是表示式$\frac{A}{n}\pmod 8$的值,它等于1,3,5或7;以及设D是表示式$\frac{\frac{m}{2}}{n}\pmod 4$的值,它等于1或3. 因为,现在$V$的值显然总是$\equiv C-2Dx^2\pmod 8$,所以对偶数值$x$,它$\equiv C$,对奇数值$x$,它$\equiv C-2D$,所以,由此不难推出,当$C=1$时,必须除去所有奇数值$x$;当$C=3$及$D=1$或$C=7$及$D=3$时,必须除去所有偶数值$x$,以及对于所有留下的值,有$V\equiv1\pmod 8$,即$V$是数2的任意次幂的剩余;在其他的情形,即当$C=5$,或$C=3$及$D=3$,或$C=7$及$D=1$时,无论$x$是偶还是奇,都将有$V\equiv3$,或5,或7,由此推出,在所有这些情形所给的方程均无解.

因为用排除法来求x的值的方法,不必要作改变就可以同样用来求y的值,所以应用排除法来解所提出的问题总是有两个途径(除了$m=n=1$的情形,这时两者相同),在大多数情形,认为比较好的是这样的途径,它可使得在Ω中有较少的项数,而这是容易在事先估计出来的. 最后,指出这样一点未必是需要的:如果在做了若干次排除后,发现Ω中的所有的数都被删去,那么这能够看做是所给方程的不可解性的确切标志.

325.

例 设给定方程$3x^2+455y^2=10\ 857\ 362$,我们要用两种方法来求它的解.

第一. 先求x,然后求y. 在这种情形,x的值的上界是$\sqrt{\frac{10\ 857\ 362}{3}}=\sqrt{3\ 619\ 120\frac{2}{3}}$,它在1 902和1 903之间;表示式$\frac{A}{3}\pmod{455}$的值是354,以及表示式$\sqrt{354}\pmod{455}$的值是$\pm82$, ±152, ±173, ±212. 所以,Ω由以下33个数组成:82,152,173,212,243,282,303,373,537,607,628,667,698,737,758,828,992, 1 062, 1 083, 1 122, 1 153, 1 192, 1 213,1 283,1 447,1 517,1 538,1 577,1 608,1 647,1 668,1 738,1 902. 在所给的情形,3不能取作为排除元,因为它整除m. 对排除元4,我们有$a=2$,$b=3$,由此得$\alpha=0$,$\beta=3$;$g=0$,以及得到表示式$\sqrt{g}\pmod 4$的值是0和2;由此推出,所有形如$4t$和$4t+2$的数,即所有的偶数,必须从Ω中除去;我们把剩下的(16个)数组成的总体记为Ω'. 对于数$E=5$,它整除n,我们得到同余方程$mz\equiv A-2n$和$mz\equiv A-3n\pmod{25}$的根是9和24,它们两个都是模25的剩余,而且表示式$\sqrt{9}$和$\sqrt{24}\pmod{25}$的值是±3, ±7;当我们从Ω'中除去所有形如$25t\pm3$,$25t\pm7$的数之后,还留下以下10个数:173,373,537,667,

737,1 083,1 213,1 283,1 517,1 577,我们把由它们组成的总体记为 Ω''. 对 $E=7$,同余方程 $mz\equiv A-3n$, $mz\equiv A-5n$, $mz\equiv A-6n \pmod{49}$ 的根是32,39,18,它们都是模49的剩余,以及表示式 $\sqrt{32}$, $\sqrt{39}$, $\sqrt{18} \pmod{49}$ 的值是 ± 9, ± 23, ± 19;如果从 Ω'' 中除去所有形如 $49t\pm 9$, $49t\pm 23$, $49t\pm 19$ 的数,那么还留下由以下5个数组成的总体 Ω''':537,737,1 083,1 213,1 517. 对 $E=8$,我们有 $a=5$,所以 $\alpha=5$,即 α 是模8的非剩余;因此数8不能取作为排除元. 与数3相同的理由,数9也不能取作为排除元. 对 $E=11$,数 $a,b,\cdots$ 相应地等于2,6,7,8,10;进而,$\nu=0$;所以数 $\alpha,\beta,\cdots=8,10,5,0,1$,在这些数中模11的剩余仅有3个,即0,1,5;由此推出,我们需要从 Ω''' 中除去所有形如 $11t$, $11t\pm 1$, $11t\pm 5$ 的数,这样,就只留下3个数:537,1 083,1 213. 如果试用这些数,那么对 V 相应地得到值21 961,16 129,14 161,它们中仅有第二和第三个是平方数. 所以,所给方程有两组正整数解 x,y,即 $x=1\ 083$, $y=127$,及 $x=1\ 213$, $y=119$.

第二. 如果我们想用排除法来求这个方程的另一个未知数,那么只要交换 x 和 y 并把它写为 $455x^2+3y^2=10\ 857\ 362$,就可保留第323,324目中所用的概念和记号. 这里 x 的值的上界在154和155之间;表示式 $\frac{A}{m} \pmod{n}$ 的值是1;$\sqrt{1} \pmod 3$ 的值是 $+1$ 和 -1. 所以 Ω 包含所有形如 $3t+1$ 和 $3t-1$ 的数,即到154(包括在内)为止的所有不被3整除的数,它们共有103个. 但是,如果应用上面所给出的规则,那么我们可推出,对排除元3;4;9;11;17;19;23,必须从 Ω 中除去所有以下形式的数:$9t\pm 4$;$4t$, $4t\pm 2$,即所有偶数;$27t\pm 1$, $27t\pm 10$;$11t$, $11t\pm 1$, $11t\pm 3$;$17t\pm 3$, $17t\pm 4$, $17t\pm 5$, $17t\pm 7$;$19t\pm 2$, $19t\pm 3$, $19t\pm 8$, $19t\pm 9$;$23t$, $23t\pm 1$, $23t\pm 5$, $23t\pm 7$, $23t\pm 9$, $23t\pm 10$. 在做完所有这些删除后,只留下两个数119,127,对应于它们 V 都是平方数,并给出和我们上面所得到的同样的解.

326.

前面的方法已经是如此简单清楚,所以几乎不留下任何可期望的改进. 然而,还可借助于许多特殊技巧来相当大地简化运算,在这里我们只能简单涉及很少的几个. 我们将限于讨论排除元是不整除 A 的奇素数或这样的素数的方幂,因为其他的情形或者可以归结为此,或者可以用类似的方法讨论. **第一种情形**,如果我们假定排除元 $E=p$ 是不能整除 m,n 的素数,以及表示式 $\frac{A}{m}$, $-\frac{na}{m}$, $-\frac{nb}{m}$, $-\frac{nc}{m}$, $\cdots \pmod p$ 的值分别是 $k,\mathfrak{A},\mathfrak{B},\mathfrak{C},\cdots$,那么数 $\alpha,\beta,\gamma,\cdots$ 可由同余式 $\alpha\equiv k+\mathfrak{A}$, $\beta\equiv k+\mathfrak{B}$, $\gamma\equiv k+\mathfrak{C}$, $\cdots \pmod p$ 来得到. 不过,我们不用去解同余方程来求数 $\mathfrak{A},\mathfrak{B},\mathfrak{C},\cdots$,而可以用完全类似于在第322目中所利用的特殊方法来求出它们,而且,这些数将与模 p 的所有非剩余相同,或与模 p 的所有剩余(除去0)相同,这要相应于表示式 $-\frac{m}{n} \pmod p$ 的值是模 p 的剩余,或是非剩余;或者,完全同样的,相应于表示式 $-mn \pmod p$ 的值是模 p 的剩余,或是非剩余. 这样,在上目的例的第二部分中,对 $E=17$ 有 $k=7$;$-mn=-1\ 365\equiv 12$,即 $-mn$ 是模17的剩余;因此,数 $\mathfrak{A},\mathfrak{B},\cdots$ 等于1,2,4,8,9,13,15,16,而数 $\alpha,\beta,\cdots$ 相应的等于8,9,11,15,16,3,5,6;这些数中的剩余是8,9,15,16,所以在这里, $\pm h$, $\pm h',\cdots$ 等于 ± 5, ± 3, ± 7, ± 4. 这样,对于那些经常要求解这类问题的人,如果他们同时要对若干个素数 p,在双重假设(即 $-mn$ 是模 p 的剩余或非剩余)下,相应于各个值 $k(1,2,3,\cdots,p-1)$ 去计算值 h, $h',\cdots$,那么就将发现这种方法会大大减轻工作量. 我们还可看出,当数 k 和 $-mn$ 都是模 p 的剩余或都是模 p 的非剩余时,数 $h,-h,h',\cdots$ 的个数总等于$\frac{1}{2}(p-1)$;进而,当第一个数是剩余而第二个数是非剩余时,这个数等于$\frac{1}{2}(p-3)$,以及当第一个数是非剩余而第二个数是剩余时,等于$\frac{1}{2}(p+1)$;但是,我们必须略去这个定理的证明以免讨论过于冗长.

对于**第二种情形**,这就是 E 是整除 n 的素数,或者它是(奇)素数的方幂,不管它是否整除 n,我们可以更简单地一起讨论. 保留第324目中的所有概念和符号,设 $n=n'p^{(\nu)}$,n' 不被 p 整除. 相应于 μ 是偶或是奇,数 $a,b,c,\cdots$ 是 $p^{(\mu-1)}$ 乘以所有小于 p 的数(0除外)或是 $p^{(\mu-1)}$ 乘以所有小于 p 的模 p 的非剩余;我们把这些数写为 $up^{(\mu-1)}$ 的形式. 如果 k 是表示式$\frac{A}{m}(\bmod p^{(\mu+\nu)})$ 的值,那么由假设 p 不整除 A 知 p 不整除 k;进而,显然所有的数 α, $\beta,\gamma,\cdots$ 对模 p 同余于 k,所以,如果 kNp,那么 $p^{(\mu)}$ 不会把任意一个数从 Ω 中排除;然而,如果 kRp,所以也有 $kRp^{(\mu+\nu)}$,那么,设 r 是表示式$\sqrt{k}(\bmod p^{(\mu+\nu)})$ 的(不被 p 整除的)值,及 e 是表示式 $-\frac{n'}{2mr}(\bmod p)$ 的值;这时有 $\alpha\equiv r^2+2erap^{(\nu)}(\bmod p^{(\mu+\nu)})$. 由此容易看出,$\alpha$ 是模 $p^{(\mu+\nu)}$ 的剩余,以及表示式$\sqrt{\alpha}(\bmod p^{(\mu+\nu)})$ 的值是 $\pm(r+eap^{(\nu)})$. 因此,所有的值 $h,h',h'',\cdots$ 以$r+uep^{\mu+\nu-1}$ 的形式给出. 最后,我们由此容易推出,数 $h,h',h'',\cdots$ 可由数 r 加上数$p^{\mu+\nu-1}$ 与这样的各个数的乘积来得到:当 μ 是偶数时,乘以所有小于 p 的数(0除外);**或者**当 μ 是奇数及 eRp(或是,同样的,当 $-2mrn'Rp$)时,乘以所有小于 p 的模 p 的非剩余;**或者**当 μ 是奇数及 $-2mrn'Np$ 时,乘以所有的剩余(0除外).

虽然,只有当我们对想要应用的各个排除元找到了这些数 $h,h',h'',\cdots$ 之后,排除本身才能够这样完全程序化地来进行,但是,一个对于这类情况有过某些经验和做出过某些努力的人来说,这种方法是容易使他信服的.

最后,我们应该指出,每个方程 $ax^2+2bxy+cy^2=M$,其中 b^2-4ac 等于负数 $-D$,可以容易地被化为前面所讨论的形式. 这就是,如果以 m 表示数 a 和 b 的最大公约数,以及设

$$a=ma',b=mb',\frac{D}{m}=a'c-mb'^2=n,a'x+b'y=x',$$

那么原方程显然将等价于方程 $mx'^2+ny^2=a'M$,它可以用上面所给出的规则来求解. 这时,仅需留下后一方程的这样的解:它使得 $x'-b'y$ 被 a' 整除,即由它可得到整数值 x.

§92 A 为负数时同余方程 $x^2 \equiv A$ 的另一种解法　第327,328目

327.

在第五篇中讲述解方程 $ax^2 + 2bxy + cy^2 = M$ 的直接方法时，是假定要已知表示式 $\sqrt{b^2 - ac}\pmod M$ 的值，在 $b^2 - ac$ 为负的情形，刚才讲述的间接方法，给出了求这些值的一个很简单的方法，特别是当 M 很大时，这要远胜于在第322目及其后所给出的被认为是较好的方法. 我们将假定 M 是素数，或者，如果它是合数，那么至少它的因数还不知道；实际上，如果我们知道素数 p 整除 M，以及 $M = p^{(\mu)}M'$，这里 M' 已经不包含因数 p，那么，远为合适的是分别去求表示式 $\sqrt{b^2 - ac}$ 对模 $p^{(\mu)}$ 和 M' 的值（而且由对模 p 的值可得到前者的值，第101目），然后由它们的组合可得到对模 M 的值（第105目）.

因而，我们来求表示式 $\sqrt{-D}\pmod M$ 所有的值，这里假定 D 和 M 是正整数，而且 M 属于表示式 $x^2 + D$ 的除数型（第147目及其后），因为，若不然我们在事先就知道任何数都不可能是所给表示式的值. 要寻求的这些值，它们总是可分为正负号相反的对，我们表为 $\pm r$，$\pm r'$，$\pm r''$，…，以及设 $D + r^2 = Mh, D + r'^2 = Mh', D + r''^2 = Mh''$，…；进而，把这些型 (M, r, h)，$(M, -r, h)$，(M, r', h')，$(M, -r', h')$，(M, r'', h'')，$(M, -r'', h'')$… 所属的类分别表为 $\mathfrak{C}$，$-\mathfrak{C}$，$\mathfrak{C}'$，$-\mathfrak{C}'$，$\mathfrak{C}''$，$-\mathfrak{C}''$，…，以及它们的总体表为 $\mathfrak{G}$. 虽然，一般来说，这些类随后是作为未知的来讨论的，然而容易看出，**第一**，它们都是正的和真本原的；**第二**，它们都属于同样的**族**，其**特征**容易由数 M 的性质来确定，即它与 D 的每个素除数（以及，除此之外，必要时与4或8）的关系来确定（第230目）. 因为根据假定，M 属于表示式 $x^2 + D$ 的除数型，所以我们能事先确定的是，一定有一个行列式为 $-D$ 的正的真本原的**族**对应于这个特征，即使表示式 $\sqrt{-D}\pmod M$ 的值不存在；现在，因为这个族是已知的，所以我们能求出它所包含的所有的类；把它们记为 C, C', C''，…，以及将其全体记为 G. 这样，每个类 $\mathfrak{C}$，$-\mathfrak{C}$，… 显然应该和 G 中的某个类相同；这时也可能出现这样的情形：$\mathfrak{G}$ 中的若干个类彼此相同，因此都和 G 中的同一个类相同，而如果 G 只包含一个类，那么 $\mathfrak{G}$ 中所有的类都与它相同. 所以，如果从类 C, C', C''，… 中，每个类选出一个（最简单的）型 f, f', f''，…，那么 $\mathfrak{G}$ 的每个类中将只包含这些型中的一个. 现在，如果 $ax^2 + 2bxy + cy^2$ 是属于类 $\mathfrak{C}$ 中的一个型，那么将有两种由这个型给出的 M 的表示属于这个值 r，若一个是 $x = m, y = n$，则另一个将是 $x = -m, y = -n$；唯一的例外出现在 $D = 1$，因为这时将有4种表示（见180目）.

由此推出，如果我们找到了由各个型 f, f', f''，… 所给出的数 M 的所有表示（利用上目的间接方法），并从而确定了属于各个表示的表示式 $\sqrt{-D}\pmod M$ 所有的值（第154目及其后），那么我们就得到了这个表示式本身的全部值，而且其中每个值都出现两次，或者在 $D = 1$ 的情形出现四次；这样，问题就解决了. 如果我们在 f, f'，… 中找到这样的型，数 M 不能由它表示，那么这就表明这种型不属于 $\mathfrak{G}$ 中的类，因而应该除去；如果这些型中没有一个能表示 M，那么 $-D$ 一定是模 M 的二次非剩余.

关于这些运算我们还要给出以下的几点注记：

Ⅰ. 我们这里用到的由型f, f',… 所给出的数M的表示，只是这样的表示：其中未知数的值是互素的；如果还出现了其他的表示，即其中所说的这些值有公约数μ(这只可能在μ^2整除M时遇到，以及在$-DR\frac{M}{\mu^2}$时肯定会出现)，那么在研究这个问题时完全可以不予考虑，虽然这在其他问题中可能有用.

Ⅱ. 在其他条件相同下，显然，确定型f, f', f'',… 的类的个数愈少则要做的工作就愈容易. 因此，当D等于第303目中所说的65个数中的一个时，这总是简单的，因为对于这些数，在每个族中仅有一个类.

Ⅲ. 因为每两个形为$x=m, y=n$，和$x=-m, y=-n$的表示总属于同一个值，所以，显然只要考虑y为正的表示就足够了. 不同的这种表示总对应表示式$\sqrt{-D}\ (\mathrm{mod}\ M)$的不同的值，以及所有不同的值的个数就等于所有这种不同表示的个数($D=1$的情形仍然要除外，这时前一个数是后一个数的一半).

Ⅳ. 因为只要我们知道了两个相反数$r, -r$中的一个，就立即知道另一个，所以对这些运算还可做某种缩减. 如果值r是由属于类C的一个型所给出的数M的表示中得到的，即如果$\mathfrak{C}=C$，那么相反的值$-r$显然是来自这样的表示，它是由属于与类C相反的类中的一个型所给出，所以只要C不是自共轭类，这个类总是与C不同的. 由此推出，如果G中的类不都是自共轭类，那么在剩下的类中，就只要考虑它的一半，也就是说，对每两个相反的类我们只要考虑一个而把另一个舍去，因为我们已经知道，从所考虑的一个，无需任何计算就可得到由舍去的类所给出的与它相反的值. 如果类C是自共轭的，那么从它将同时得到两个值r和$-r$；也就是说，如果从类C中选取自共轭型$ax^2+2bxy+cy^2$，以及由表示$x=m, y=n$得到值r，那么值$-r$将从表示$x=-m-\frac{2bn}{a}, y=n$得到.

Ⅴ. 对于$D=1$的情形，总是只有一个类，我们可以选取型x^2+y^2作为这个类的代表. 这时，如果从表示$x=m, y=n$得到值r，那么从表示$x=-m, y=-n$；$x=n, y=-m$；$x=-n, y=m$也得到这同一个值，而从表示$x=m, y=-n$；$x=-m, y=n$；$x=n, y=m$；$x=-n, y=-m$得到相反值$-r$. 因此，从这些只给出了一个分解的8个表示中，仅要知道一个表示就足够了，因为只要把由它所得到的值与其相反的值相结合即可.

Ⅵ. 由第155目知，表示$M=am^2+2bmn+cn^2$所属的表示式$\sqrt{-D}\ (\mathrm{mod}\ M)$的值是$\mu(mb+nc)-\nu(ma+nb)$，或是某个和它对模$M$同余的数，这里数$\mu, \nu$满足$\mu m+\nu n=1$. 因此，若把这样的数中的任意一个记为$v$，则有下式成立：

$$mv=\mu m(mb+nc)-\nu(M-mnb-n^2c)\equiv(\mu m+\nu n)(mb+nc)\equiv(mb+nc).$$

由此推出，v是表示式$\frac{mb+nc}{m}\ (\mathrm{mod}\ M)$的值，以及类似的，我们可发现$v$也是表示式$-\frac{ma+nb}{n}\ (\mathrm{mod}\ M)$的值. 这些公式被证明是推得这些值的最为可取的方法.

328.

例 Ⅰ. 求表示式$\sqrt{-1\ 365}$(mod 5 428 681 = M)所有的值. 这里的数$M\equiv 1,1,1,6,11$(mod 4,3,5,7,13),所以它属于表示式x^2+1,x^2+3,x^2-5的除数型,及属于x^2+7,x^2-13的非除数型,即它属于x^2+1365的除数型;在其中可找到𝔊中的类的族的特征,是1,4;$R3$;$R5$;$N7$;$N13$. 仅有一个类属于这个族,从中我们选取型$6x^2+6xy+229y^2$. 为了求得由这个型给出的数M的所有表示,我们令$2x+y=x'$,得到方程$3x'^2+455y^2=2M$. 这个方程有4个y为正的解,这就是,$y=127,x'=\pm 1\ 083$;$y=119$,$x'=\pm 1\ 213$. 由此推出方程$6x^2+6xy+229y^2=M$的4个y为正的解,这就是

x	478	-605	547	-666
y	127	127	119	119

第一个解给出了表示式$\frac{30\ 514}{478}$或$-\frac{3\ 249}{127}$(mod M)的值作为v,由此我们得到v=2 350 978;第二个解给出相反的值 −2 350 978;第三个解给出值2 600 262;第四个解给出相反的值 −2 600 262.

Ⅱ. 如果要求表示式$\sqrt{-286}$(mod 4 272 943 = M)的值,那么𝔊中的类所属的族的特征,我们可得到1及7,8;$R11$;$R13$;因此,这个族是主族,包含3个类,它们由型(1,0,286);(14,6,23),(14,−6,23)来表示;我们可以不考虑其中的第三个,因为它与第二个是相反的. 对于型x^2+286y^2我们可找到数M的y为正的两个表示:$y=103,x=\pm 1\ 113$,由此可得到所要求的表示式的值:1 493 445, −1 493 445. 而数M不能用型(14,6,23)来表示,所以除了已经得到的两组值之外,不存在其他的值.

Ⅲ. 如果所给的表示式是$\sqrt{-70}$(mod 997 331),那么类𝔊应属于特征为3和5,8;$R5$;$N7$的族;这个族只包含一个类,它的代表是型(5,0,14). 然而,如果我们进行计算,那么就会发现数997 331不能由型(5,0,14)来表示,所以,−70一定是这个数的二次非剩余.

§93 判别合数与素数及寻求合数的因数的两个方法 第329~334目

329.

判别合数与素数及把前者分解为它的素因数的问题,是全部算术中最重要的问题,它吸引了无论是古代还是我们这个时代的数学家的注意,他们为此付出了如此巨大的精力和智慧,使我们在这里对此再作详尽的讨论就将是多余的了. 然而,应该指出,至今提出的所有方法,或是限于十分特殊的情形,或是,即使对于那些不超出由可尊敬的人所构造的表的范围中的数,也是如此的费力和冗长,也就是说,对于那些不需要特殊精巧方法的数,它们对于熟练的计算器使用者来说也是令人不耐烦的,而且这些方法几乎完全不

能用于较大的数. 虽然,上面所说的这些表对于最通常的情形确实是足够的,它对每个人都是有用的,以及我们希望继续去扩大它,但是,经常会发生这样的情况,有训练的计算器使用者,可以通过把大数分解成它们的因数来补偿所花费的时间,从而得到足够的收益;此外,从科学本身的高尚兴趣来看,要求我们竭尽全力来探索每一种解决这个如此优美著名问题的可能的方法. 因为这些理由,我们毫不怀疑,从长期的经验可以肯定其实效性和简短性的以下两个方法,对算术爱好者来说将表明不是无用的. 当然,这个问题本身的性质毕竟决定了**任意一个**方法都会随着数的变大而变得更冗长. 不过,在下面介绍的两个方法中,难度的增加比较缓慢,它们,特别是第二个方法,已经成功地处理了具有 7 位,8 位,或甚至更多位数字的数,而且速度比预期的要快. 而以前所知道的那些方法,即使对最勤奋不知疲倦的计算器使用者来说,也需要无法忍受的计算量.

在应用下面的方法之前,先试用一些较小的素数,比如说,2,3,5,7,… 到 19 或再稍多几个,去除给定数总是很有用的,这不仅是因为,如果它们是除数,那么在应用人为的巧妙方法之前,对给定的数就可发现远为简单得多的直接除法[①],而且也因为,如果做除法时余数不为 0,那么在应用第二个方法时,利用所得的余数能够有很大的好处. 例如,如果要把数 314 159 265 分解因数,那么它被 3 可整除 2 次,以及往后可被 5 和 7 整除. 因此我们有 $314\ 159\ 265 = 9 \times 5 \times 7 \times 997\ 331$,所以只要用更巧妙的方法去研究 997331. 类似的,若给定数 43 429 448,则可以提出因数 8,然后再用更巧妙的方法去研究 5 428 681.

330.

第一个方法是基于以下的定理:每个正数或负数,如果它是另外某个数 M 的二次剩余,那么它也是 M 的各个除数的剩余. 大家知道,如果 M 不能被任意一个不超过 $\sqrt{M}$ 的素数整除,那么 M 一定是素数;此外,如果不超过这个上界的整除 M 的全部素数是 $p,q,\cdots$,那么数 M 或者是**仅被**这些素数(及它们的方幂)整除,或者是可能还**仅被一个**大于 $\sqrt{M}$ 的素数整除,而这个素数可以通过 M 去除以 $p,q,\cdots$ 后来找到. 因此,如果我们把所有不超过 $\sqrt{M}$ 的素数(除去那些我们已经知道不能整除 M 的数)的全体记作 Ω,那么显然我们只要去找那些属于 Ω 的 M 的素除数. 如果我们还知道某个(非平方数)r 是模 M 的二次剩余,那么我们就能断定,没有一个以 r 为其非剩余的素数能整除 M;因此我们能从 Ω 中删除所有这样的素数(它们常常要占到 Ω 中的个数的一半左右). 此外,如果还知道另一个非平方数 r' 是 M 的剩余,那么,显然我们可以从第一次删除后在 Ω 中剩下的素数中,再删除以 r' 为其非剩余的那些素数. 只要剩余 r 和 r' 是互相独立的,即它们中的一个数一定不是所有这样的数的剩余,这些数是以另一个数为其剩余(当 rr' 是平方数时会出现这种情形),我们就可以从第一次删除后在 Ω 中留下的数中,再删除大约一半的数. 如果我们

① 尤其是因为,在任意给定的 6 个数中,一般说来,很少会出现每个数都不能被 2,3,5,…,19 中的任意一个数整除的情形.

还知道模 M 的另外的剩余 r'', r''', …,它们中的每一个和其余的都是独立的①,那么我们就可以对它们中的每一个分别进行类似的删除. 这样,Ω 中的数的个数将迅速减少,最后,或者是直到它们完全被删去,在这种情形 M 一定是素数,或者是留下很少几个(显然所有 M 的素除数将在其中,如果 M 有这样的素除数的话),利用它们来做除法就不会有太多困难. 对于一个不超出大约百万的数,通常进行 6 或 7 次删除就足够了;对于一个有 8 位或 9 位数字的数,进行 9 或 10 次删除就一定够了. 这样一来,现在还留下两件事情要做,**第一**,去找出模 M 的足够多个合适的剩余;**第二**,用最方便的方法来实行这种删除. 但是,我们将先讨论第二个问题,因为它的答案将告诉我们哪些剩余是最适合于我们的目的.

331.

在第四篇我们已经详细地指出,对给定的 r(我们可假定它不能被平方数整除),如何去判别以 r 为其剩余的素数和以 r 为其非剩余的素数,或者说,如何去判别表示式 x^2-r 的除数与非除数;这就是,前者包含在某些形如 $rz+a$, $rz+b$, …,或形如 $4rz+a$, $4rz+b$, … 的型中,而后者包含在另一些类似的型中. 如果 r 是足够小的数,那么我们能借助于这些型满意地实现删除;例如,当 $r=-1$ 时需删除所有形如 $4z+3$ 的数;当 $r=2$ 时需删除所有形如 $8z+3$, $8z+5$ 的数,等等. 但是,因为寻求给定的数 M 的这样的剩余并不总在我们的能力范围之内,以及对于大的值 r 甚至这些型的应用也是很不方便的,所以,如果我们事先有这样一张**表**,它包含了足够多的不被平方数整除的正的和负的数 r,根据这张表,对每个 r 我们能够判别哪些素数以 r 为其剩余,哪些素数以 r 为其非剩余,那么我们将获益良多,且所要做的删除也将大大简化. 这样的一张表可以像本书末所附的样表(我们在上面已经描述了)来编制;但是为了对我们现在的目的有用,表中的素数(模)应该连续列出至很大,即至少要到 1 000 或 10 000;此外,如果把合数和负数也列在表的上端,那么将是更加方便的,虽然正如在第四篇所指出的,这不是绝对必需的. 如果这样来组成这张表,那么这张表可以最大限度地方便于所有的应用:它的每个竖的列是由可以分开和组合的铁条或木条(类似于 Napier 表那样)组成,使得在每一种情形所需要的那些列,即对应于要分解为因数的给定的数的剩余 r, r', r'', … 的列,我们可以单独拿出来讨论. 如果以**正确的**方式将它们摆放在表的第一列(它包含了模)之后,即将每一木条中对应于第一列中同一个素数的位置,摆放在与这个素数同一直线方向,换句话说,就是放在同一水平线上,那么在对 Ω 作了相应于剩余 r, r', r'', … 的删除以后,仍留下的那些素数显然可以直接通过观察看出;这就是说,它们是第一列中的这样的数,与其邻接的**所有**木条处都有一个短划(-),相反的,只要在**任意一块**木条处出现空位,这样的数就必须删除. 通过一个例子可把这样的做法充分解释清楚. 如果我们通过某种办法知道了数 -6, $+13$, -14,

① 如果任意多个数 r, r', r'', … 的乘积是一个平方,那么它们中的每一个,例如 r,就将是任意一个这样的素数的剩余,这个素数不整除它们中的任意一个且以所有其他的 r', r'', … 为其剩余. 因此对互相独立的剩余来说,它们中的 2 个的乘积,或 3 个的乘积,… 一定不能是平方数.

+ 17, + 37, - 53 是模997 331 的剩余,那么我们将把第一列(在这一情形,第一列中的数要延伸到997,即到比$\sqrt{997\ 331}$ 小的最大素数) 和顶端的数为 - 6, + 13,… 的那些列联合在一起. 这里,我们给出的是这张表的一部分:

	- 6	+ 13	- 14	+ 17	+ 37	- 53
3	—	—	—		—	—
5	—		—			
7	—		—		—	
11	—				—	
13		—	—	—		—
17		—		—		—
19			—	—		—
23		—	—			—
			⋮			
113		—	—			—
127	—	—	—	—	—	—
131	—	—	—			
			⋮			

这样通过观察就可看出,在按所有的剩余 - 6, + 13,… 进行了删除之后,在**这张表的这一部分所包含的**素数仅有 127 仍留在 Ω 内,而延伸到数 997 的完整的表将告诉我们没有任何其他的数还留在 Ω 内;我们试一下就可发现 127 的确整除 997 331. 这样,我们就找到了这个数的素因数分解是 127 × 7 853. ①

这个例子十分清楚地阐明了,那些不很大的剩余或者至少可分解为不很大的素因数的剩余是特别有用的,因为这张辅助表的直接应用限于在它的顶端可找到的那些数,而一般地,这张表可以应用于所有这样的数 —— 它可以被分解为包含在这张表中的因数.

① 作者为了自己的应用构造了一张这里所说的大表,而且他将很高兴发表这张表,如果这种小的数,它对某些人是有用的,能够满足证明这样的任务的需要. 如果有热衷于算术的人,他理解所涉及的原理并想要自己构造这样一张表,那么作者将会非常乐意地写信告诉他自己所用的所有程序和方法.

332.

为了寻找给定的数 M 的剩余,我们将给出三个不同的方法,但是在介绍它们之前我们要给出两点注记,这将有助于我们在已有的一些剩余不太合适时去确定较简单的剩余. **第一**,如果被平方数 k^2(我们假定它与 M 互素)整除的数 ak^2 是 M 的剩余,那么 a 也是剩余;因此,被大的平方数整除的剩余能够归结为一个小的剩余,以及我们假定,由下面所说的方法找出的剩余,将立刻去除它的平方因数. **第二**,如果两个或更多个数都是剩余,那么它们的乘积也是剩余. 如果把这个注记与前一个相结合,那么我们经常会发现,可能从若干个不都是足够简单的剩余来得到另一个新的十分简单的剩余,只要这些剩余有许多公因数. 因此,我们获得这样的一些剩余是十分有用的,它们都是由较多个不大的因数合成,而且立刻可以适当地按照它们的因数来分别结合这些剩余. 通过例子和经常的应用要比一些法则能更好地理解这些注记的作用.

Ⅰ. 对那些通过经常实践获得了某些经验的人来说,最简单最方便的方法是把数 M,或更一般地,把它的某个倍数分解为两项之和:$kM=a+b$(这两项可以都是正的,也可以是一正一负);因为 $-ab\equiv a^2\equiv b^2 \pmod M$,所以这两项的乘积取负号将是模 M 的剩余,因此 $-abRM$. 这两个数 a,b 应该这样来取,使得它们的乘积被一个大的平方数整除,而同时,所得的商或者是小的数,或者至少是总能不难得到它的因数分解且因数不是太大. 特别要推荐的是,取 a 是一个平方数,或者是平方数的两倍,三倍,…,而它与 M 之差或是一个小数,或至少是能分解为合适的因数的数. 例如,我们可以找到 $997\,331=999^2-2\times5\times67=994^2+5\times11\times13^2=2\times706^2+3\times17\times3^2=3\times575^2+11\times31\times4^2=3\times577^2-7\times13\times4^2=3\times578^2-7\times19\times37=11\times299^2+2\times3\times5\times29\times4^2=11\times301^2+5\times12^2,\cdots$. 由此,我们就得到了以下的剩余:$2\times5\times67$, -5×11, $-2\times3\times17$, $-3\times11\times31$, $3\times7\times13$, $3\times7\times19\times37$, $-2\times3\times5\times11\times29$;最后一个分解产生的剩余 -5×11 前面已经有了. 剩余 $-3\times11\times31$, $-2\times3\times5\times11\times29$ 可以分别用 $3\times5\times31$, $2\times3\times29$ 来代替,这是由前者与 -5×11 相结合而生成的.

Ⅱ. 第二和第三个方法是基于这样的事实:如果两个具有相同的行列式 M,或 $-M$,或更一般 $\pm kM$ 的二元型 (A,B,C),(A',B',C') 属于同一个族,那么数 AA',AC',$A'C$ 是模 kM 的剩余;由此不难确定,其中的一个型的每一个特征数 m 也是另一个型的特征数,所以 mA,mC,mA',mC' 都是模 kM 的剩余. 因此,如果 (a,b,a') 是具有正行列式 M(或更一般的有 kM)的既约型,以及如果 (a',b',a''),(a'',b'',a'''),… 是其周期中的型,因而它们将与其等价且一定与它属于同一个族,那么所有的数 aa',aa'',aa''',… 将都是模 M 的剩余. 利用第 187 目中的算法,我们可以十分容易的计算这样的周期中的大量的型;最简单的剩余通常可从设 $a=1$ 得到;以及我们可以不要那些有过大因数的剩余. 下面是型 $(1,998,-1\,327)$ 和 $(1,1\,412,-918)$ 的周期中开始的一些型,这两个型的行列式分别为 997 331 和 1 994 662:

(1,998, -1 327)	(1,1 412, -918)
(-1 327,329,670)	(-918,1 342,211)
(670,341, -1 315)	(211,1 401, -151)
(-1 315,974,37)	(-151,1 317,1 723)
(37,987, -626)	(1 723,406, -1 062)
(-626,891,325)	(-1 062,656,1 473)
(325,734, -1 411)	(1 473,817, -901)
(-1 411,677,382)	(-901,985,1 137)
(382,851, -715)	
⋮	⋮

因此,所有的数 -1 327,670,… 都是模997 331 的剩余;如果从中舍去那些有过大因数的数,那么就剩下这样一些剩余:$2\times5\times67,37,13,-17\times83,-5\times11\times13,-2\times3\times17,-2\times59,-17\times53$;前面我们已经找到了剩余 $2\times5\times67$ 及 -5×11,后一个可以从这里的第三和第五个组合产生.

Ⅲ. 如果某个类 C,它不是主类,具有有负行列式 $-M$,或更一般地,$-kM$ 的型,以及 $2C,3C,\cdots$ 是这个类的周期(第 307 目),那么,类 $2C,4C,\cdots$ 属于主族;而类 $3C,5C,\cdots$ 与 C 属于同样的族. 因此,如果 (a,b,c) 是 C 中(最简单的) 型,及 (a',b',c') 是这个周期中的某个类(比如说,nC) 中的任意一个型,那么 a' 或 aa' 将是 M 的剩余,分别相应于 n 是偶数或奇数(而且,显然在前一情形 c' 也是剩余,在后一情形 ac',ca' 及 cc' 也是剩余). 当 a 很小,特别是 $a=3$(当 $kM\equiv2\pmod 3$ 时,这总是可以允许的) 时,周期的计算,即它的类中的最简单的型的计算是出人意料的容易. 下面是包含型(3,1,332 444) 的类的周期的开头的几个型

C	(3,1,332 444)	$6C$	(729, -209,1 428)
$2C$	(9, -2,110 815)	$7C$	(476,209,2 187)
$3C$	(27,7,36 940)	$8C$	(1 027,342,1 085)
$4C$	(81,34,12 327)	$9C$	(932, -437,1 275)
$5C$	(243,34,4 109)	$10C$	(425,12,2 347)

由此得到以下的剩余(舍去无用的那些后):3×476,1 027,1 085,425,或(如果去除平方因数)$3\times7\times17,13\times79,5\times7\times31,17$,以及,如果我们适当地把这些剩余与在Ⅱ中找到的八个剩余相结合,那么我们就可得到以下 12 个剩余: $-2\times3,13,-2\times7,17,37,-53,-5\times11,79,-83,-2\times59,-2\times5\times31,2\times5\times67$. 这前 6 个与我们在第 331 目所用的那些相同. 如果我们利用Ⅰ中找到的剩余,还可以添加剩余 19 和 -29;那里的其他剩余都依赖于这里所找到的.

333.

将给定的数 M 分解因数的第二个方法,是讨论形如$\sqrt{-D}\pmod M$ 的表示式的值,以及基于下面的考察.

Ⅰ. 如果 M 是素数或(奇的且不整除 D 的) 素数的方幂,那么 $-D$ 将是模 M 的剩余或非剩余,相应于 M 是属于表示式 x^2+D 的除数型或非除数型,以及在前一情形表示式 $\sqrt{-D}\pmod M$ 仅有两个互为相反数的值.

Ⅱ. 如果 M 是合数,比如说,它等于 $pp'p''\cdots$,其中 $p,p',p''\cdots$ 是(两两不同的奇的且不整除 D 的) 素数或是这样的素数的方幂,那么 $-D$ 将是模 M 的剩余,仅当它是 $p,p',p''\cdots$ 中的每个数的剩余,即当所有这些数都是属于表示式 x^2+D 的除数型. 如果我们把表示式$\sqrt{-D}$ 对模 $p,p',p''\cdots$ 的值分别记为 $\pm r$, $\pm r'$, $\pm r''$,$\cdots$,那么,当我们求出了这样的数,它对模 p 同余于 r 或 $-r$,对模 p' 同余于 r' 或 $-r'$,$\cdots$,就可得到这个表示式对模 M 的所有的值,这些值的个数等于 $2^{(\mu)}$,这里 μ 是因数 $p,p',p''\cdots$ 的个数. 如果这些值是R, $-R$, R', $-R'$,R'',$\cdots$,那么,$R\equiv R$ 显然对所有的模 $p,p',p''\cdots$ 成立,但是 $R\equiv -R$ 对它们中的每一个都不成立,因此,M 是 M 和 $R-R$ 的最大公约数,以及 M 和 $R+R$ 的最大公约数等于 1;但是,每两个既不相等也不是相反数的值,例如 R 和 R',一定对模 $p,p',p''\cdots$ 中的一个或若干个(但不能是所有的) 模同余,而对其余的模有 $R\equiv -R'$;因此,前面这些模的乘积是 M 和 $R-R'$ 的最大公约数,而后面这些模的乘积是 M 和 $R+R'$ 的最大公约数. 由此容易看出,如果我们求出了表示式$\sqrt{-D}\pmod M$ 的各个值与某个给定值的差和 M 的所有最大公约数,那么这些数的全体就包含了数 $1,p,p',p''\cdots$,以及这些数中的所有两个数的乘积,三个数的乘积,$\cdots$. **这样一来,由此就可从所说的表示式的值确定数 $p,p',p''\cdots$.**

但是,因为第 327 目的方法是把这些值归结为形为$\frac{m}{n}\pmod M$ 的表示式的值,这里分母 n 与 M 互素,所以为了我们现在的目的就不必要去算出这些值. 这是因为,数 M 与 R 和 R'(它们对应于$\frac{m}{n}$ 和$\frac{m'}{n'}$) 的差的最大公约数,显然也就是 M 与 $nn'(R-R')$ 的最大公约数,而这就等于 M 与 $mn'-m'n$ 的最大公约数,因为后者对模 M 同余于 $nn'(R-R')$.

334.

以上的考察能以两种方式应用于我们现在的问题;第一种方法不仅能判断 M 是素数还是合数,而且在后一种情形还能找出它的因数;第二种方法的优点是在于在大多数情形只需要更简单的计算,但是,如果不多次应用这种方法就不能给出合数本身的因数,而只能由此判断出它们不是素数.

Ⅰ. 找出是 M 的二次剩余的负数 $-D$;为此目的,可以利用第 332 目的方法Ⅰ和Ⅱ. 虽然,一般来说,选择什么样的剩余都一样,可是与上述方法不同的是,这里全然不需要 D 是小的数;但是,当在行列式为 $-D$ 的每个真本原族中所包含的二元型的类的个数比较小时,要作的计算就较短,所以,特别有利的是这样的剩余,它属于第 303 目中所列出的 65 个中. 因此,对 $M=997\ 331$ 来说,-102 是上面找到的所有负剩余中最合适的. 现在来求表示式$\sqrt{-D}\pmod{M}$的所有不同的值;如果只有两个(相反的),那么M一定是素数或素数幂;如果有许多个,比如说$2^{(\mu)}$个,那么M将是由μ个素数或素数幂所合成,而这些因数可利用上一目中的方法来求得. 无论这些因数是素数还是素数幂,不仅都能容易直接确定,而且用以找到表示式$\sqrt{-D}\pmod{M}$的值的方法将直接指出这样的素数,它的某个大于1的方幂整除M. 这就是说,如果M被素数π的平方整除,那么所作的计算一定会产生数M的至少一个这样的表示$M = am^2 + 2bmn + cn^2$,其中数m,n的最大公约数等于π(因为在这种情形$-D$也是$\frac{M}{\pi^2}$的剩余). 如果不存在m,n有公约数[Ⅲ.6]的这样的表示时,那么就无疑的表明了M不能被平方数整除,因此所有的数$p,p',p'',\cdots$都是素数.

例 利用上面所给的方法,我们可发现表示式$\sqrt{-408}\pmod{997\ 331}$有4个值,它们和表示式$\pm\frac{1\ 664}{113}$, $\pm\frac{2\ 824}{3}$的值相同;可以求出997 331与$3\times 1\ 664 - 113\times 2\ 824$及与$3\times 1\ 664 + 113\times 2\ 824$(或与314 120及与324 104)的最大公约数,分别是7 853及127,所以$997\ 331 = 127\times 7\ 853$,与以前所得相同.

Ⅱ. 取某个负数$-D$使得M是属于表示式$x^2 + D$的除数型. 就其本身来说,任意选取这种类型的数是没有区别的;但是,为了方便起见首先需要把注意力转向这样的数,使得在行列式为$-D$的种中的类的个数尽可能的少. 顺便说一下,求这样的数不会遇到什么困难,只要我们利用尝试法来寻找;实际上,在大多数情形,在有足够多的尝试数时,对于这些数,出现数M是除数形式和非除数形式的个数大约一样多. 因此,总是考虑用第303目中的65个数开始尝试(从最大的数开始),仅当它们中没有一个是合适的时(但是,一般说来,在16 384次中才会遇到一次),我们就应转向其他这样的数,对于这种数每个族包含两个类. 然后,我们讨论表示式$\sqrt{-D}\pmod{M}$的值,如果找到了它的一个值,那么就能用同上面一样的方法,从它导出数M的因数;但是,如果不能得到这样的值,即$-D$是M的非剩余,那么显然就意味着M既不可能是素数也不可能是素数幂. 如果是后一种情形,我们想要找出它们的因数,那么我们就应该用其他的值作为D来重复同样的运算,或试用另外的方法.

例如,如果我们要讨论数997 331,那么可发现它属于表示式$x^2 + 1\ 848$, $x^2 + 1\ 365$, $x^2 + 1\ 320$的非除数型,但是是$x^2 + 840$的除数型;作为表示式$\sqrt{-840}\pmod{997\ 331}$的值,我们可得到表示式$\pm\frac{1\ 272}{163}$, $\pm\frac{3\ 288}{125}$,以及从这些值我们可得到和上面一样的因数. 希望有其他例子的人,可去看第328目,那里的第一个例子证明了$5\ 428\ 681 = 307\times 17\ 683$,第二个例子证明了4 272 943是素数,第三个例子指出了997 331一定是由若干个素数组成的合数.

但是,限于本书的篇幅,在这里我们只能介绍每个求因数方法的基本原理;附有大量辅助表及其他辅助手段的更详细的研究,我们将放在另外的场合.

第七篇　分圆方程　第 335 ~ 366 目

335.

在由近代学术著作所增添的最辉煌的数学成就中,与圆有关的函数的理论无疑占有特别突出的位置.关于这个值得注意的类型的量,我们经常会在各种极为不同的研究中涉及它,以及整个数学没有一部分可以不在某种形式上利用它.由于近代杰出的数学家们,如此孜孜不倦地把自己的勤勉和睿智,专注于当代数学的这一最重要的方向,并建立了如此丰富的理论,所以人们几乎不能期望这个理论的任何一部分,尤其是它的最本源和完全初等的部分,还能够再作有意义的更重要的推进.我所关注的是相应于其长与圆周长是可公度的弧的三角函数理论,或**正多边形理论**;对这一理论知道得还很少,本篇将要证明至今的研究还不知道的它的若干内容.将这一研究放在本书中,读者可能会觉得奇怪,初看起来,本书根本上是致力于讨论与这些问题完全无关的课题;但是研究本身将充分清楚的显示,这些问题与高等算术之间有着密切的联系.

虽然,我们现在要来阐明的这个理论的原理,实际上可以比它在这里所展开的推进得更远得多,实际上,它们不仅能够应用于圆函数,而且也能应用于许多其他的超越函数.例如,应用于与积分$\int \frac{\mathrm{d}x}{\sqrt{1-x^4}}$有关的那些超越函数,此外,还可应用于各种类型的同余方程;但是,由于对所说的超越函数我们计划要写内容丰富的专著,而关于同余方程我们将在今后的算术研究中作详细的讨论,所以,我们决定这里只考虑圆函数.虽然对这些函数我们能在其一般的意义上来讨论,但是借助于下一目中的方法就会知道它们可归结为最简单的情形,这一方面是为了使得讨论简单,另一方面也为了这样或许能更容易阐明和理解这一理论的新原理.

§94　讨论可归结为把圆分为素数份的最简单情形　第 336 目

336.

如果我们以P表示整个圆周即4倍的直角,m,n是整数,以及n是两两互素的因数a,$b,c,\cdots$的乘积,那么,由第310目可知,角$A=\frac{mP}{n}$可以表为$A=\left(\frac{\alpha}{a}+\frac{\beta}{b}+\frac{\gamma}{c}+\cdots\right)P$,利用已知的方法,这个角的三角函数可以用各个角$\frac{\alpha P}{a},\frac{\beta P}{b},\cdots$的三角函数来求出.这样一

来,因为我们可取 $a,b,c,\cdots$ 是素数或素数幂,所以显然只要讨论把圆分为素数份或素数幂份就足够了,而 n 边形立即能够从 a 边形,b 边形,c 边形,$\cdots$ 来得到. 然而,在这里将把我们的讨论限于把圆分为(奇)素数份的情形,作这样的假定首先是由于下面的原因:大家知道,通过解一个 p 次方程我们就可以从角 $\frac{mP}{p}$ 的圆函数来推出角 $\frac{mP}{p^2}$ 的圆函数,以及再通过解一个同样次数的方程我们就可从这些值来推出角 $\frac{mP}{p^3}$ 的圆函数,$\cdots$. 所以,如果我们已经有了一个正 p 边形,那么为了确定正 $p^{(\lambda)}$ 边形,就需要去解 $\lambda-1$ 个 p 次方程. 虽然,下面的理论同样也能应用于这种情形,但是用这种方法我们无法避免如此多个 p 次方程,以及当 p 是素数时也无法降低它们的次数. 例如,下面将证明17边形是可以用几何作图法作出的,但是为了得到289边形就无法避免去解一个17次方程.

§95 关于弧(它由整个圆周的一份或若干份组成)的三角函数的方程;把三角函数归结为方程 $x^n-1=0$ 的根 第337 ~ 338目

337.

大家知道,所有形如 $\frac{kP}{n}$ 的角的三角函数可由 n 次方程的根来表示,这里 k 遍历数 $0,1,2,\cdots,n-1$;**正弦**由以下方程的根表示:

$$\text{I}.\ x^n-\frac{1}{4}nx^{n-2}+\frac{1}{16}\frac{n(n-3)}{1\times 2}x^{n-4}-\frac{1}{64}\frac{n(n-4)(n-5)}{1\times 2\times 3}x^{n-6}+\cdots\pm\frac{1}{2^{(n-1)}}nx=0;$$

余弦由以下方程的根表示:

$$\text{II}.\ x^n-\frac{1}{4}nx^{n-2}+\frac{1}{16}\frac{n(n-3)}{1\times 2}x^{n-4}-\frac{1}{64}\frac{n(n-4)(n-5)}{1\times 2\times 3}x^{n-6}+\cdots\pm\frac{1}{2^{(n-1)}}nx-\frac{1}{2^{(n-1)}}=0;$$

以及**正切**由以下方程的根表示:

$$\text{III}.\ x^n-\frac{n(n-1)}{1\times 2}x^{n-2}+\frac{n(n-1)(n-2)(n-3)}{1\times 2\times 3\times 4}x^{n-4}-\cdots\pm nx=0.$$

一般说来,这些方程对每个奇数值 n 成立(方程 II 对偶数值也成立),如果设 $n=2m+1$,就可把这些方程简化为 m 次方程;这就是,对于方程 I 和 III,需要两边先除以 x 再设 $x^2=y$;对于方程 II,它显然有根 $x=1(=\cos 0)$,而其余的根可以分为两两相等的对 $\left(\cos\frac{P}{n}=\cos\frac{(n-1)P}{n},\cos\frac{2P}{n}=\cos\frac{(n-2)P}{n},\cdots\right)$,因此,方程的左边被 $x-1$ 整除,以及所得的商是一个完全平方式;如果我们从这完全平方式中取出它的平方根,那么方程 II 就被简化为下面的方程

$$x^m+\frac{1}{2}x^{m-1}-\frac{1}{4}(m-1)x^{m-2}-\frac{1}{8}(m-2)x^{m-3}+\frac{1}{16}\frac{(m-2)(m-3)}{1\times 2}x^{m-4}+\frac{1}{32}\frac{(m-3)(m-4)}{1\times 2}x^{m-5}-\cdots=0,$$

它的根是角$\frac{P}{n},\frac{2P}{n},\frac{3P}{n},\cdots,\frac{mP}{n}$的余弦. 到目前为止,当 n 是素数的情形,对这些方程还没有任何进一步的简化.

然而,这些方程没有一个像方程 $x^n-1=0$ 那样便于讨论,且适合于我们的目的,因为我们知道,这个方程的根以直接的形式与上面所说的那些方程的根有着密切的联系. 这就是说,如果为简单起见以 i 表示虚量$\sqrt{-1}$,那么方程 $x^n-1=0$ 的根就可表为以下形式

$$\cos\frac{kP}{n}+\mathrm{i}\sin\frac{kP}{n}=r,$$

这里需要取所有的数$0,1,2,\cdots,n-1$作为k. 但因为$\frac{1}{r}=\cos\frac{kP}{n}-\mathrm{i}\sin\frac{kP}{n}$,所以,方程 I 的根可表为$\frac{1}{2\mathrm{i}}\left(r-\frac{1}{r}\right)$或$\mathrm{i}\frac{1-r^2}{2r}$的形式,方程 II 的根可表为$\frac{1}{2}\left(r+\frac{1}{r}\right)=\frac{1+r^2}{2r}$的形式,最后,方程 III 的根可表为$\frac{\mathrm{i}(1-r^2)}{1+r^2}$的形式. **鉴于这样的理由,我们将把我们的研究基于讨论方程 $x^{(n)}-1=0$**,以及假定 n 是奇素数. 为了以后的讨论能不间断地进行,我们先来研究下面的辅助问题.

338.

问题　设给定方程

$$z^{(m)}+Az^{(m-1)}+\cdots=0, \qquad (W)$$

要求这样一个方程(W'),使得它的根是方程(W)的根的 λ 次幂,这里的 λ 是给定的正整数指数.

解答　如果我们以 $a,b,c,\cdots$ 表示方程(W)的根,那么方程(W')的根是 $a^{(\lambda)},b^{(\lambda)},c^{(\lambda)},\cdots$. 利用熟知的 Newton 定理,由方程($W$)的系数可求出这些根 $a,b,c,\cdots$ 的任意次幂的和. 因而,就求出了和

$$a^{(\lambda)}+b^{(\lambda)}+c^{(\lambda)}+\cdots,a^{2\lambda}+b^{2\lambda}+c^{2\lambda}+\cdots,\cdots,$$

直至

$$a^{m\lambda}+b^{m\lambda}+c^{m\lambda}+\cdots,$$

然后,同样的,利用这同一个定理,由这些和就可定出方程(W')的系数. 这就解决了所提出的问题. 同时,由此推出,如果方程(W)的系数是有理数,那么方程(W')的系数也都是有理数. 用另外的方法甚至可以证明,如果第一个方程的系数是整数,那么第二个方程的系数也是整数. 但是,我们将不再在这里讨论这个定理,因为这对于我们的目的不是必需的.

关于方程 $x^n - 1 = 0$ 的根的理论（假定 n 是素数） 第339～354目

§96 若不计根1，则全部其余的根(Ω)是属于方程 $X = x^{n-1} + x^{n-2} + \cdots + x + 1 = 0$ 第339～340目

339.

方程 $x^n - 1 = 0$（我们总假定 n 是奇素数）仅有一个实根 $x = 1$；其余的 $n-1$ 个根由方程

$$x^{n-1} + x^{n-2} + \cdots + x + 1 = 0$$

给出且都是虚根；我们把虚根的全体记作 Ω，以 X 表示函数

$$x^{n-1} + x^{n-2} + \cdots + x + 1.$$

这样一来，如果 r 是 Ω 中的任意一个根，那么就有 $1 = r^{(n)} = r^{2n} = \cdots$，一般地对任意正的或负的整数 e 有 $r^{en} = 1$；由此显然推出，如果 λ, μ 是对模 n 同余的整数，那么就有 $r^{(\lambda)} = r^{(\mu)}$. 相反的，如果 λ, μ 对模 n 不同余，那么 $r^{(\lambda)}, r^{(\mu)}$ 就不相等；这是因为，这时可找到这样的整数 v 使得 $(\lambda - \mu)v \equiv 1 \pmod n$，由此推出 $r^{(\lambda-\mu)v} = r$，所以 $r^{\lambda-\mu}$ 一定不等于1. 显然，r 的任意次幂也是方程 $x^n - 1 = 0$ 的根；因为所有的量 $1(=r^0), r, r^2, \cdots, r^{(n-1)}$ 是各不相同的，所以它们就给出了方程 $x^n - 1 = 0$ 的所有的根，因而，$r, r^2, \cdots, r^{(n-1)}$ 组成的总体与 Ω 相同. 一般地，由此我们容易推出，Ω 与任意的 $r^{(e)}, r^{2e}, r^{3e}, \cdots, r^{(n-1)e}$ 组成的总体相同，这里 e 是任意一个不被 n 整除的正的或负的整数. 因此有

$$X = (x - r^{(e)})(x - r^{2e})(x - r^{3e}) \cdots (x - r^{(n-1)e}),$$

以及由此推出

$$r^{(e)} + r^{2e} + r^{3e} + \cdots + r^{(n-1)e} = -1,$$

及

$$1 + r^{(e)} + r^{2e} + r^{3e} + \cdots + r^{(n-1)e} = 0.$$

对于这样的一对根，r 和 $\frac{1}{r}(=r^{(n-1)})$，或一般地，$r^{(e)}$ 和 r^{-e}，我们将称之为是**互反（互为倒数）的**. 显然，两个单因式 $x - r$ 和 $x - \frac{1}{r}$ 的乘积是实的，且等于 $x^2 - 2x\cos\omega + 1$，其中角 ω 等于角 $\frac{P}{n}$ 或它的某个倍数.

340.

因为通过指定 Ω 中的一个根为 r，我们就可以用 r 的方幂来表出方程 $x^n - 1 = 0$ 的全部根，所以这个方程的若干个根的乘积可以用 $r^{(\lambda)}$ 来表示，这里的 λ 等于0或是正的且小于 n. 因此，如果我们以 $\varphi(t, u, v, \cdots)$ 表示未知数 $t, u, v, \cdots$ 的这样的有理整代数函数，它

是形如 $ht^{\alpha}u^{\beta}v^{\gamma}\cdots$ 的项之和,那么显然可知,若以 $x^n-1=0$ 的根来代替 $t,u,v,\cdots$,比如说,设 $t=a,u=b,v=c,\cdots$,则 $\varphi(a,b,c,\cdots)$ 可化为如下形式

$$A+A'r+A''r^2+A'''r^3+\cdots+A^{(n-1)}r^{(n-1)},$$

其中系数 $A,A',\cdots$(它们中的某几个可以不出现,即等于0)是确定的量,此外,当 $\varphi(t,u,v,\cdots)$ 的所有常数系数,即所有的 h,是整数时,所有这些系数都是整数. 此后,如果我们以 $a^2,b^2,c^2,\cdots$ 分别代替 $t,u,v,\cdots$,那么原来变为 $r^{-\sigma}$ 的每一项 $ht^{\alpha}u^{\beta}v^{\gamma}\cdots$ 就将变为 $r^{-2\sigma}$,因而

$$\varphi(a^2,b^2,c^2,\cdots)=A+A'r^2+A''r^4+A'''r^6+\cdots+A^{(n-1)}r^{2(n-1)},$$

一般地,对任意整数 λ 就将有

$$\varphi(a^{(\lambda)},b^{(\lambda)},c^{(\lambda)},\cdots)=A+A'r^{(\lambda)}+A''r^{2\lambda}+A'''r^{3\lambda}+\cdots+A^{(n-1)}r^{(n-1)\lambda}.$$

这个定理是十分重要的,它是以后讨论的基础. 进而,由此推出

$$\varphi(1,1,1,\cdots)=\varphi(a^{(n)},b^{(n)},c^{(n)},\cdots)=A+A'+A''+\cdots+A^{(n-1)},$$

以及

$$\varphi(a,b,c,\cdots)+\varphi(a^2,b^2,c^2,\cdots)+\varphi(a^3,b^3,c^3,\cdots)+\cdots+\varphi(a^{(n)},b^{(n)},c^{(n)},\cdots)=nA,$$

因此,当 $\varphi(t,u,v,\cdots)$ 中的所有常数系数都是整数时,这个和总是被 n 整除的整数.

§97　函数 X 不能分解为系数均为有理数的因式的乘积　第341目

341.

定理　**如果函数 X 可被较低次的函数**

$$P=x^{\lambda}+Ax^{\lambda-1}+Bx^{\lambda-2}+\cdots+Kx+L$$

整除,那么系数 $A,B,\cdots,L$ 不能全为有理数.

证明　假设 $X=PQ$,$\mathfrak{P}$ 是方程 $P=0$ 的根的全体,$\mathfrak{Q}$ 是方程 $Q=0$ 的根的全体,因此 Ω 就由 $\mathfrak{P}$ 和 $\mathfrak{Q}$ 组成. 进而,设 $\mathfrak{R}$ 是 $\mathfrak{P}$ 中的根的倒数所给出的根的全体,$\mathfrak{S}$ 是 $\mathfrak{Q}$ 中的根的倒数所给出的根的全体,再设 $\mathfrak{R}$ 中包含的根是方程 $R=0$(容易看出,它就是 $x^{\lambda}+\frac{K}{L}x^{\lambda-1}+\cdots+\cdots+\frac{A}{L}x+\frac{1}{L}=0$)的根,以及 $\mathfrak{S}$ 中包含的根是方程 $S=0$ 的根. 显然,$\mathfrak{R}$ 和 $\mathfrak{S}$ 中的根合在一起就和总体 Ω 相同,以及有 $RS=X$. 现在我们要分四种情形.

Ⅰ. $\mathfrak{P}$ 与 $\mathfrak{R}$ 相同,因此 $P=R$. 在这种情形,显然 $\mathfrak{P}$ 中的根是两两互为倒数,所以 P 是 $\frac{\lambda}{2}$ 个配对而成的形如 $x^2-2x\cos\omega+1$ 的因式的乘积;因为这样的因式等于 $(x-\cos\omega)^2+\sin^2\omega$,所以对任意的实值 x,显然 P 一定是正的实值. 假设全部根分别为 $\mathfrak{P}$ 中的所有的根的平方,立方,4 次方,$\cdots$,$n-1$ 次方所满足的方程,相应的是 $P^{(2)}=0,P^{(3)}=0,P^{(4)}=0,\cdots,P^{(n-1)}=0$,再设 $x=1$ 时 $P=P^{(1)},P^{(2)},P^{(3)},P^{(4)},\cdots,P^{(n-1)}$ 所取的值分别是 $p=p^{(1)},p^{(2)},p^{(3)},p^{(4)},\cdots,p^{(n-1)}$;这时,由上所说可知,$p$ 是一个正的量,以及由类似的理由知,$p^{(2)},p^{(3)},\cdots$,也是正的. 然而,因为 $p^{(1)}$ 是函数 $(1-t)(1-u)(1-v)\cdots$ 在以 $\mathfrak{P}$ 中的根替代 t,

$u,v,\cdots$ 时所取的值,$p^{(2)}$ 是这同一个函数在以 $\mathfrak{P}$ 中的根的平方替代 $t,u,v,\cdots$ 时所取的值,…,再因为当 $t=1,u=1,v=1,\cdots$ 时,显然这函数的值等于 0,所以$p^{(1)}+p^{(2)}+p^{(3)}+\cdots+p^{(n-1)}$ 的和是被 n 整除的整数[1]. 此外,容易看出,$P^{(1)}\cdot P^{(2)}\cdot P^{(3)}\cdot\cdots\cdot P^{(n-1)}=X^{(\lambda)}$,所以$p^{(1)}\cdot p^{(2)}\cdot p^{(3)}\cdot\cdots\cdot p^{(n-1)}=n^{(\lambda)}$.

现在,如果 P 的系数都是有理数,那么由第 338 目可知,$P^{(2)},P^{(3)},\cdots$ 的系数也都是有理数. 但是,由第42 目可知,所有这些系数应该都是整数,所以$p^{(1)},p^{(2)},p^{(3)},\cdots$也将都是整数. 再因为它们的乘积是 $n^{(\lambda)}$,而它们的个数是 $n-1>\lambda$,所以它们中的某几个(至少 $n-1-\lambda$ 个)必须等于1,而其他的等于 n 或 n 的方幂. 如果它们中的 g 个等于1,那么,显然有和$p^{(1)}+p^{(2)}+\cdots\equiv g\pmod n$,所以这个和一定不被$n$整除. 因此,所作的假设不成立.

Ⅱ. $\mathfrak{P}$ 与 $\mathfrak{R}$ 虽不相同,但有某些公共的根. 设这些根的全体为 $\mathfrak{T}$,以及以它们为其根的方程是 $T=0$. 这时,(由方程论可知)T 是函数 P 和 R 的最大公因式. 显然,$\mathfrak{T}$ 中的根是两两互为倒数,所以根据刚才所证明的,T的系数不能全为有理数. 但是,如果P的系数都是有理数,因而R的系数也都是有理数,那么 T 的系数就一定全是有理数(从求最大公因式的运算的性质就能推出这结论). 因此和我们的假设矛盾.

Ⅲ. $\mathfrak{Q}$ 与 $\mathfrak{S}$ 或者相同或者至少有公共的根. 这时我们能用完全同样的方法,证明 Q 的系数不能全为有理数;但是当 P 的系数都是有理数时,Q 的系数一定全为有理数. 所以这也是不可能的.

Ⅳ. 最后,$\mathfrak{P}$ 与 $\mathfrak{R}$ 没有公共根,以及 $\mathfrak{Q}$ 与 $\mathfrak{S}$ 也没有公共根. 这时 $\mathfrak{P}$ 中所有的根都在 $\mathfrak{S}$ 中,$\mathfrak{Q}$ 中所有的根都在 $\mathfrak{R}$ 中,所以有 $P=S$ 及 $Q=R$,因而 $X=PQ$ 就是 P 和 R 的乘积,即

$$x^{\lambda}+Ax^{\lambda-1}+Bx^{\lambda-2}+\cdots+Kx+L \text{ 和 } x^{\lambda}+\frac{K}{L}x^{\lambda-1}+\cdots+\cdots+\frac{A}{L}x+\frac{1}{L}$$

的乘积. 令 $x=1$,由此推出

$$nL=(1+A+B+\cdots+K+L)^2.$$

但是,如果 P 的系数都是有理数,因而由第 42 目可知也都是整数,那么,L 应整除函数 X 的最后一项系数,即整除1;所以 L 必等于 ±1,以及 n 将是平方数. 这与假设矛盾,所以这也不可能.

因此,由这定理显然可看出,如果 X 可分解因式,那么它们至少都有部分系数是无理数,即要由高于 1 次的方程来确定这些系数.

§98　进一步讨论的目的的说明　第 342 目

342.

进一步讨论的目的,用几句话来说明它似乎不是没有意义的,**是在于:逐步地把 X 分解为越来越多个因式,而且使得它们的系数能用次数尽可能低的方程来确定**,一直到我们不能再用这样的方法来得到单因式,即 Ω 中的根的本身时为止. 这就是,我们将证明,

如果数 $n-1$ 用任意的方法分解为整因数 $\alpha,\beta,\gamma,\cdots$(可以假定它们都是素数),那么 X 就能分解为 α 个次数为 $\frac{n-1}{\alpha}$ 的因式,其系数由一个 α 次方程确定;进而,借助于一个 β 次方程,这每一个因式同样的又将被分解为 β 个次数为 $\frac{n-1}{\alpha\beta}$ 的因式,$\cdots$. 因而,如果设因数 α, $\beta,\gamma,\cdots$ 的个数为 ν,那么确定 Ω 中的根就归结为要去解次数分别为 $\alpha,\beta,\gamma,\cdots$ 的 ν 个方程. 例如,当 $n=17$ 时,$n-1=2\times2\times2\times2$,所以要解 4 个二次方程;当 $n=73$ 时,就要解 3 个二次方程和 2 个三次方程.

在以后,我们常常要考虑根 r 的这样的方幂,其指数仍是一个方幂,而这种表示式在印刷时是十分困难的;所以为了方便印刷我们将利用以下的省略符号. 我们将把 r,r^2, $r^3\cdots$ 分别记为 $[1],[2],[3],\cdots$,以及一般的把 $r^{(\lambda)}$ 记为 $[\lambda]$,这里的 λ 是任意整数. 这种表示式不是完全确定的,但是当我们从 Ω 中取定一个特殊的根作为 r,即 $[1]$,那么它就完全确定了. 一般地,$[\lambda],[\mu]$ 相等或不相等就相应于 λ 和 μ 对模 n 同余或不同余;进而有 $[0]=1$;$[\lambda]\cdot[\mu]=[\lambda+\mu]$;$[\lambda]^{(\nu)}=[\lambda\nu]$;以及 $[0]+[\lambda]+[2\lambda]+\cdots+[(n-1)\lambda]$ 等于 0 或 n 相应于 n 整除或不整除 λ.

§99 Ω 中的所有的根可分为若干个类(周期) 第 343 目

343.

如果数 g 对于模 n 来说就是我们在第三篇中所说的原根那种数,那么 $1,g,g^2,\cdots$, $g^{(n-2)}$ 这 $n-1$ 个数对模 n 就同余于(可能以不同的次序)数 $1,2,3,\cdots,n-1$,即第一组中的每一个数一定同余于第二组中的一个数. 由此立即推出:$[1],[g],[g^2],\cdots,[g^{(n-2)}]$ 这些根与 Ω 相同,一般地,任意的根

$$[\lambda],[\lambda g],[\lambda g^2],\cdots,[\lambda g^{(n-2)}]$$

组成的总体也同样与 Ω 相同,这里的 λ 是任意不被 n 整除的整数. 进而,由 $g^{(n-1)}\equiv 1(\bmod n)$ 容易看出,$[\lambda g^{(\mu)}],[\lambda g^{(\nu)}]$ 将是相同或不同就相应于 μ,ν 对模 $n-1$ 同余或不同余.

因此,如果 G 是另一个原根,那么 $[1],[g],[g^2],\cdots,[g^{(n-2)}]$ 这些根和 $[1],[G]$, $[G^2],\cdots,[G^{(n-2)}]$ 这些根除了次序外也是相同的. 此外,还容易证明:如果 e 是 $n-1$ 的除数,并设 $n-1=ef,g^{(e)}=h,G^{(e)}=H$,那么 f 个数 $1,h,h^2,\cdots,h^{f-1}$ 对模 n(不计次序)同余于 $1,H,H^2,\cdots,H^{f-1}$. 这是因为,如果我们设 $G\equiv g^{\omega}(\bmod n)$,$\mu$ 是任意小于 f 的正数,及 ν 是 $\mu\omega$ 对模 f 的最小剩余,那么就有 $\nu e\equiv\mu\omega e(\bmod n-1)$,因而 $g^{\nu e}\equiv g^{\mu\omega e}\equiv G^{\mu e}(\bmod n)$ 或 $H^{(\mu)}\equiv h^{(\nu)}$,即第二组数 $1,H,H^2,\cdots$ 中的每一个数一定同余于第一组数 $1,h,h^2,\cdots$ 中的一个数,且反过来也成立. 由此推出,全部 f 个根 $[1],[h],[h^2],\cdots,[h^{f-1}]$ 的总体与全部根 $[1],[H],[H^2],\cdots,[H^{f-1}]$ 的总体相同,以及更一般地,容易看出以下两组数

$$[\lambda],[\lambda h],[\lambda h^2],\cdots,[\lambda h^{f-1}] \text{ 和 } [\lambda],[\lambda H],[\lambda H^2],\cdots,[\lambda H^{f-1}]$$

是相同的. **我们以 (f,λ) 表示 f 个这样的根的和:$[\lambda]+[\lambda h]+[\lambda h^2]+\cdots+[\lambda h^{f-1}]$**,

因为取不同的原根g不会改变这个和,所以一定是与g无关的,**而这些根的总体我们称之为周期(f,λ)**,而且不考虑这些根的次序①. 为了列出这样一个周期,方便合适的方式是把每个根化为它的最简形式,即把数$\lambda,\lambda h,\lambda h^2,\cdots,\lambda h^{f-1}$代之以它们对模$n$的最小剩余,且按照这些剩余的大小来排列这些项.

例 对$n=19$,当取数2作为原根时,周期$(6,1)$由根[1],[8],[64],[512],[4 096],[32 768]组成,或由根[1],[7],[8],[11],[12],[18]组成. 类似地,周期$(6,2)$由根[2],[3],[5],[14],[16],[17]组成. 周期$(6,3)$与前者相同. 周期$(6,4)$包括根[4],[6],[9],[10],[13],[15].

§100 关于Ω中根组成的周期的几个定理 第344 ~ 351目

344.

关于这些周期我们可以立即给出下面几点注记.

Ⅰ. 因为$\lambda h^f\equiv\lambda,\lambda h^{f+1}\equiv\lambda h,\cdots(\bmod n)$,所以,$(f,\lambda h),(f,\lambda h^2),\cdots$显然都和$(f,\lambda)$一样是由同样的根组成;因此,如果$[\lambda']$表示周期$(f,\lambda)$中的任意一个根,那么这个周期就和周期$(f,\lambda')$完全相同. 所以,如果两个有同样多个根的周期(这样的两个周期我们称之为是同级的)有一个公共的根,那么它们一定是相同的. 所以不可能出现这样的情形:两个根同时属于一个周期,而它们中只有一个属于另一个同级的周期;进而,如果两个根$[\lambda],[\lambda']$属于同一个有f项的周期,那么表示式$\frac{\lambda'}{\lambda}(\bmod n)$的值显然同余于$h$的某个方幂,即我们可假设$\lambda'\equiv\lambda g^{\nu e}(\bmod n)$.

Ⅱ. 如果$f=n-1,e=1$,那么周期$(f,1)$显然与Ω相同;而在所有其他的情形,Ω则是由周期$(f,1),(f,g),(f,g^2),\cdots,(f,g^{(e-1)})$组成. 所以,这些周期是完全不同的,以及显见,任意另外一个同级的周期(f,λ)一定与它们中的一个相同,只要$[\lambda]$属于Ω,即λ不被n整除. 周期$(f,0)$或(f,kn)显然是由f个1构成. 还容易看出,如果λ是任意一个不被n整除的数,那么e个周期$(f,\lambda),(f,\lambda g),(f,\lambda g^2),\cdots,(f,\lambda g^{(e-1)})$的总体也和$\Omega$相同. 因此,例如,对$n=19,f=6,\Omega$由三个周期$(6,1),(6,2),(6,4)$组成,以及除$(6,0)$以外的任意一个同级的周期一定与它们中的一个相同.

Ⅲ. 如果$n-1$是三个正数a,b,c的乘积,那么每个有bc项的周期显然是由每个有c项的b个周期所组成. 也就是说,(bc,λ)是由$(c,\lambda),(c,\lambda g^a),(c,\lambda g^{2a}),\cdots,(c,\lambda g^{ab-a})$所组成. 因此,我们就说后面这些周期是被包含在前面这个周期中. 例如,对$n=19$,周期$(6,1)$由三个周期$(2,1),(2,8),(2,7)$组成,其中第一个周期包含根r,r^{18},第二个包含根r^8,r^{11},以及第三个包含根r^7,r^{12}.

---

① 在不会混淆的情况下,下面我们也把这个和称为是这个周期的数值,或简称为周期.

345.

定理 设(f,λ)，(f,μ)是两个同级的，相同或不同的周期，再设(f,λ)由根$[\lambda]$，$[\lambda']$，$[\lambda'']$，$\cdots$组成. 那么，(f,λ)和(f,μ)的乘积是f个同级的周期的和，即等于

$$(f,\lambda+\mu)+(f,\lambda'+\mu)+(f,\lambda''+\mu)+\cdots=W.$$

证明 如前一样，设$n-1=ef$，g是模n的原根，及$h=g^{(e)}$. 根据上面所指出的，我们有$(f,\lambda)=(f,\lambda h)=(f,\lambda h^2)$，$\cdots$，以及所要求的乘积等于

$$[\mu]\cdot(f,\lambda)+[\mu h]\cdot(f,\lambda h)+[\mu h^2]\cdot(f,\lambda h^2)+\cdots,$$

即等于

$$\begin{aligned}&[\lambda+\mu] &&+[\lambda h+\mu] &&+\cdots+[\lambda h^{f-1}+\mu]\\ +&[\lambda h+\mu h] &&+[\lambda h^2+\mu h] &&+\cdots+[\lambda h^{f}+\mu h]\\ +&[\lambda h^2+\mu h^2] &&+[\lambda h^3+\mu h^2] &&+\cdots+[\lambda h^{f+1}+\mu h^2]\\ +&\cdots,\end{aligned}$$

上式中共有f^2个根. 如果在上式中先按各列分别相加，那么显然就得到

$$(f,\lambda+\mu)+(f,\lambda h+\mu)+\cdots+(f,\lambda h^{f-1}+\mu).$$

容易看出，这一表示式和W相同，因为根据假设，数$\lambda,\lambda',\lambda'',\cdots$对模$n$同余于数$\lambda,\lambda h,\lambda h^2,\cdots,\lambda h^{f-1}$（这里不考虑次序），因此，数

$$\lambda+\mu,\lambda'+\mu,\lambda''+\mu,\cdots$$

也同余于

$$\lambda+\mu,\lambda h+\mu,\cdots,\lambda h^{f-1}+\mu.$$

我们对这一定理来给出若干补充.

Ⅰ. 设k是整数，则$(f,k\lambda)$和$(f,k\mu)$的乘积等于

$$(f,k(\lambda+\mu))+(f,k(\lambda'+\mu))+(f,k(\lambda''+\mu))+\cdots.$$

Ⅱ. 因为组成W的项中的单独的每一项，要么与和$(f,0)$相同，它就等于f，要么与和$(f,1)$，(f,g)，(f,g^2)，$\cdots$，$(f,g^{(e-1)})$中的一项相同，所以W可化为以下的形式

$$W=af+b(f,1)+b'(f,g)+b''(f,g^2)+\cdots+b^{(e-1)}(f,g^{(e-1)}),$$

这里系数$a,b,b',\cdots$是正整数（其中某些可为0）. 进而，$(f,k\lambda)$与$(f,k\mu)$的乘积显然就等于

$$af+b(f,k)+b'(f,kg)+b''(f,kg^2)+\cdots+b^{(e-1)}(f,kg^{(e-1)}).$$

例如，对$n=19$，和$(6,1)$与自身的乘积，即这个和的平方等于$(6,2)+(6,8)+(6,9)+(6,12)+(6,13)+(6,19)=6+2(6,1)+(6,2)+2(6,4)$.

Ⅲ. 因为W中的单独的一项与上面所讨论的同级的周期(f,ν)相乘可表为类似的形式，所以，三个周期(f,λ)，(f,μ)，(f,ν)的乘积显然可表为如下的形式：$cf+d(f,1)+d'(f,g)+d''(f,g^2)+\cdots+d^{(e-1)}(f,g^{(e-1)})$，其中系数$c,d,d',\cdots$是正整数（或为0），此外，对任意整数$k$有

$$(f,k\lambda)\cdot(f,k\mu)\cdot(f,k\nu)=cf+d(f,k)+d'(f,kg)+d''(f,kg^2)+\cdots+d^{(e-1)}(f,kg^{(e-1)}).$$

这个定理可以推广到任意多个同级的周期的乘积的情形，而且无论这些周期是全不相

同,或部分相同,或全都相同,都没有差别.

Ⅳ. 由此可推出,如果在有理整代数函数 $F=\varphi(t,u,v,\cdots)$ 中,未知数 $t,u,v,\cdots$ 分别以同级的周期 $(f,\lambda),(f,\mu),(f,\nu),\cdots$ 代入,那么它的值可表为如下的形式

$$Af+B(f,1)+B'(f,g)+B''(f,g^2)+\cdots+B^{(e-1)}(f,g^{(e-1)}),$$

而且其系数 $A,B,B',\cdots$ 将全是整数,只要 F 中的系数全是整数;同样的,如果未知数 $t,u,v,\cdots$ 分别以 $(f,k\lambda),(f,k\mu),(f,k\nu),\cdots$ 代入,那么 F 的值有如下的形式

$$Af+B(f,k)+B'(f,kg)+B''(f,kg^2)+\cdots+B^{(e-1)}(f,kg^{(e-1)}).$$

346.

定理 **设 λ 是不被 n 整除的数,以及,为简单起见,把 (f,λ) 记作 p. 那么,任一与 (f,λ) 同级的周期 (f,μ),这里的 μ 也不被 n 整除,可以表为如下的形式**

$$\alpha+\beta p+\gamma p^2+\cdots+\theta p^{(e-1)},$$

其中 $\alpha,\beta,\cdots$ 是确定的有理值.

证明 为了简单起见,把周期 $(f,\lambda g),(f,\lambda g^2),(f,\lambda g^3),\cdots,(f,\lambda g^{(e-1)})$ 表为 $p',p'',p''',\cdots$,这些周期共有 $e-1$ 个,且它们中必有一个和周期 (f,μ) 相同. 这样,我们就立即得到等式

$$0=1+p+p'+p''+p'''+\cdots. \tag{Ⅰ}$$

如果按照上一目中的规则来计算数 p 的直到 $e-1$ 次的各次方幂,那么我们还可得到以下 $e-2$ 个等式

$$0=p^2+A+ap+a'p'+a''p''+a'''p'''+\cdots, \tag{Ⅱ}$$
$$0=p^3+B+bp+b'p'+b''p''+b'''p'''+\cdots, \tag{Ⅲ}$$
$$0=p^4+C+cp+c'p'+c''p''+c'''p'''+\cdots, \tag{Ⅳ}$$
$$\vdots$$

这里所有的系数 $A,a,a',\cdots;B,b,b',\cdots;\cdots$ 都是整数且与 λ 无关(这本身是显然的,同样也可由上一目直接推出);因此,不管我们取 λ 为什么值,所说的这些等式同样成立;显然,只要 λ 不被 n 整除,这对等式(Ⅰ)也成立.

我们假定 $(f,\mu)=p'$,因为容易看出,如果 (f,μ) 与其他的周期 $p'',p''',\cdots$ 中的某一个相同,那么下面的讨论完全可以同样应用. 因为等式(Ⅰ),(Ⅱ),(Ⅲ),$\cdots$ 的个数是 $e-1$,所以用已知的方法,可从它们中消去 $e-2$ 个量 $p'',p''',\cdots$,从而得到没有这些量的以下形式的等式

$$0=\mathfrak{A}+\mathfrak{B}p+\mathfrak{C}p^2+\cdots+\mathfrak{M}p^{(e-1)}+\mathfrak{N}p', \tag{Z}$$

而且顺便可得出,所有系数 $\mathfrak{A},\mathfrak{B},\cdots,\mathfrak{N}$ 都是整数且至少有一个不为 0. 如果现在,例如,$\mathfrak{N}$ 不等于 0,那么由此就推出,用这样的方法确定的 p' 确有定理所断言的形式. 这样一来,剩下的我们只要来证明 $\mathfrak{N}$ 不能等于 0.

如果我们假定 $\mathfrak{N}=0$,那么 (Z) 就将变为:$\mathfrak{M}p^{(e-1)}+\cdots+\mathfrak{B}p+\mathfrak{A}=0$,因为它的次数显然不超过 $e-1$,所以不能有多于 $e-1$ 个不同的值 p 满足这个等式. 但是,因为推出 (Z) 的那些等式是和 λ 无关的,所以显然 (Z) 也和 λ 无关,即不管把什么样的不被 n 整除的整

数取作为 λ，它也一定成立. 所以，和 $(f,1)$，(f,g)，(f,g^2)，(f,g^3)，…，$(f,g^{(e-1)})$ 中的任意一个都将满足这个等式，由此就将立即推出这些和不是全不相同的，它们中至少有两个必须相等. 假设这些相等的和中的一个包含根 $[\zeta]$，$[\zeta']$，$[\zeta'']$，…，以及另一个包含根 $[\eta]$，$[\eta']$，$[\eta'']$，…，我们将假定（这是许可的）所有的数 $\zeta,\zeta',\zeta'',\cdots,\eta,\eta',\eta'',\cdots$ 都是正的且小于 n；显然所有这些数是各不相同的，且均不为0. 如果以 Y 表示函数

$$x^{\zeta}+x^{\zeta'}+x^{\zeta''}+\cdots-x^{\eta}-x^{\zeta'}-x^{\zeta''}-\cdots,$$

它的最高次项的方幂不会超过 x^{n-1} 的方幂，那么，当 $x=[1]$ 时显然 $Y=0$；因此 Y 包含因式 $x-[1]$，而且这个因式是 Y 与前面我们以 X 所表示的函数的公因式. 但容易指出这是不可能的. 事实上，如果 Y 和 X 有公因式，那么 X 和 Y 的最大公因式（它的次数小于 $n-1$，因为 Y 被 x 整除）的系数将全为有理数，这个结论可以利用求两个系数全为有理数的函数的最大公因式的算法的性质推出. 但是在第 341 目中我们已经证明 X 没有次数小于 $n-1$ 的系数为有理数的因式. 所以假定 $\mathfrak{N}=0$ 不能成立.

例　对 $n=19$，$f=6$，我们有 $p^2=6+2p+p'+2p''$. 由此及 $0=1+p+p'+p''$ 可推出 $p'=4-p^2$，$p''=-5-p+p^2$. 因此有

$$(6,2)=4-(6,1)^2,\quad (6,4)=-5-(6,1)+(6,1)^2,$$
$$(6,4)=4-(6,2)^2,\quad (6,1)=-5-(6,2)+(6,2)^2,$$
$$(6,1)=4-(6,4)^2,\quad (6,2)=-5-(6,4)+(6,4)^2.$$

347.

定理　**如果 $F=\varphi(t,u,v,\cdots)$ 是 f 个变数 $t,u,v,\cdots$ 的对称有理整代数函数①，将这些变数以周期 (f,λ) 中的 f 个根代入，那么根据第 340 目的规则，F 的这个值可表为**

$$A+A'[1]+A''[2]+\cdots=W$$

以及在这个表达式中，那些属于同一个由 f 项组成的周期的根有相同的系数.

证明　设 $[p]$，$[q]$ 是属于同一个由 f 项组成的周期中的两个根，且假定 p,q 都是正的及小于 n；这时就需要证明在表示式 W 中 $[p]$ 和 $[q]$ 有相同的系数. 设 $q\equiv pg^{\nu e}\pmod n$；再设 (f,λ) 中的根是 $[\lambda]$，$[\lambda']$，$[\lambda'']$，…，这里我们假定 $\lambda,\lambda',\lambda'',\cdots$ 都是正的且小于 n；最后设数 $\lambda g^{\nu e},\lambda' g^{\nu e},\lambda'' g^{\nu e},\cdots$ 对模 n 的最小剩余分别是 $\mu,\mu',\mu'',\cdots$，这些数显然与数 $\lambda,\lambda',\lambda'',\cdots$ 是相同的，仅可能次序不一样. 这样，从第 340 目容易推出

$$\varphi([\lambda g^{\nu e}],[\lambda' g^{\nu e}],[\lambda'' g^{\nu e}],\cdots)=I$$

有如下的形式

$$A+A'[g^{\nu e}]+A''[2g^{\nu e}]+\cdots \text{或} A+A'[\theta]+A''[2\theta']+\cdots=W',$$

其中 $\theta,\theta',\cdots$ 分别是 $g^{\nu e},2g^{\nu e},\cdots$ 对模 n 的最小剩余，由此可看出，$[q]$ 在 W' 中的系数和 $[p]$ 在 W 中的系数相同. 但是，容易看出，展开表达式 I 和展开表达式 $\varphi(\mu,\mu',\mu'',\cdots)$ 所得到的结果是一样的，因为 $\mu\equiv\lambda g^{\nu e}\pmod n$，$\mu'\equiv\lambda' g^{\nu e}\pmod n$，…；而后一表达式将和

---

① 对称函数是指这样的函数，在这个函数中以同样的形式包含所有的变数，或更明确地说，是指这些变数无论做怎样的置换都不会改变的函数；例如，所有变数的和，所有变数的乘积，所有可能的变数的两两乘积之和，等.

表达式$\varphi(\lambda,\lambda',\lambda'',\cdots)$给出同样的结果,因为数$\mu,\mu',\mu'',\cdots$与数$\lambda,\lambda',\lambda'',\cdots$只是排列次序的不同,而这对于对称函数是没有影响的. 由此推出,W'和W是完全相同的,所以在W中$[q]$和$[p]$有相同的系数.

因此,W显然可表为这样的形式

$$A+a(f,1)+a'(f,g)+a''(f,g^2)+\cdots+a^{(e-1)}(f,g^{(e-1)}),$$

这里的系数$A,a,\cdots,a^{(e-1)}$是确定的量,此外,当F中的所有有理系数都是整数时它们也都是整数. 例如,若$n=19,f=6,\lambda=1$,以及函数φ是这些变数的两两乘积之和,则φ的值可表为$3+(6,1)+(6,4)$.

进而,容易看出,如果我们将$t,u,v,\cdots$再以另一个周期$(f,k\lambda)$中的根来代入,那么F的值将等于

$$A+a(f,k)+a'(f,kg)+a''(f,kg^2)+\cdots.$$

348.

因为在每一个方程

$$x^f-\alpha x^{f-1}+\beta x^{f-2}-\gamma x^{f-3}+\cdots=0$$

中,系数$\alpha,\beta,\gamma,\cdots$是它的根的对称函数,这就是,$\alpha$是所有的根的和,$\beta$是所有可能的两个根的乘积之和,$\gamma$是所有可能的三个根的乘积之和,…,所以,在一个其根为周期(f,λ)中的根的方程中,第一个系数等于(f,λ),而其余的每个系数可表为

$$A+a(f,1)+a'(f,g)+a''(f,g^2)+\cdots+a^{(e-1)}(f,g^{(e-1)}),$$

其中所有的数$A,a,a',\cdots$是整数. 此外,容易看出,其根为另一周期$(f,k\lambda)$中的根的方程,可以利用上面所说的方程这样来推出:在它的每个系数中以(f,k)代替$(f,1)$,以(f,kg)代替(f,g),以及一般地以(f,kp)代替(f,p). 这样一来,我们能够指出,根分别是属于$(f,1),(f,g),(f,g^2),\cdots$中的根的$e$个方程$z=0,z'=0,z''=0,\cdots$,只要我们知道了$e$个和$(f,1),(f,g),(f,g^2),\cdots$,或者甚至只要找出这些和中的一个就可以,因为由第346目可知,从它们中的一个就能利用有理运算来推出所有其余的. 在这样做的同时,我们就得到了函数X表为e个f次幂的因式的分解式;实际上,函数$z,z',z''\cdots$的乘积显然就等于X.

例 对$n=19$,周期$(6,1)$中的所有的根之和等于$(6,1)=\alpha$;这些根的所有两个根的乘积之和等于$3+(6,1)+(6,4)=\beta$;类似的可得,所有三个根的乘积之和等于$2+2(6,1)+(6,2)=\gamma$;所有四个根的乘积之和等于$3+(6,1)+(6,4)=\delta$;所有五个根的乘积等于$(6,1)=\varepsilon$;以及所有的根的乘积等于1. 因此,方程

$$z=x^6-\alpha x^5+\beta x^4-\gamma x^3+\delta x^2-\varepsilon x+1=0$$

就包含$(6,1)$中所有的根. 现在,如果在系数$\alpha,\beta,\gamma,\cdots$中,我们分别以$(6,2),(6,4),(6,1)$代替$(6,1),(6,2),(6,4)$,那么就得到方程$z'=0$,它包含$(6,2)$中所有的根. 如果再做一次同样的置换,那么就得到方程$z''=0$,它包含$(6,4)$中所有的根,以及乘积$zz'z''=X$.

349.

在大多数情形,特别是当f是一个大数时,利用 Newton 定理从根的方幂和来求出系数$\beta,\gamma,\cdots$是方便的. 这就是,显然直接可得,(f,λ)中的根的平方和等于$(f,2\lambda)$,三次方和等于$(f,3\lambda),\cdots$. 因此,如果为了简单起见,把$(f,\lambda),(f,2\lambda),(f,3\lambda),\cdots$分别记为$q$,$q',q'',\cdots$,那么就有

$$\alpha=q,2\beta=\alpha q-q',3\gamma=\beta q-\alpha q'+q'',\cdots,$$

而且,根据第345目,两个周期的乘积可立刻变为周期的和. 这样,在我们的例子中,如果以p,p',p''分别表示$(6,1),(6,2),(6,4)$,那么$q,q',q'',q''',q'''',q'''''$就分别等于$p,p',p',p'',p',p''$;所以有

$$\begin{aligned}&\alpha=p,\\&2\beta=p^2-pp'=6+2p+2p'',\\&3\gamma=(3+p+p'')p-pp'+p'=6+6p+3p',\\&4\delta=(2+2p+p')p-(3+p+p'')p'+pp'-p''=12+4p+4p'',\\&\quad\vdots\end{aligned}$$

可以看出,我们只需要利用这样的方法来计算一半的系数;因为,不难证明与两端等距的系数是相等的,就是说,最后一个系数等于1,倒数第二个等于α,倒数第三个等于$\beta,\cdots$,即从后数起的系数可相应地由从头数起的系数这样来得到:在后者的表示式中把$(f,1)$,$(f,g),\cdots$分别以$(f,-1),(f,-g),\cdots$或$(f,n-1),(f,n-g),\cdots$来代替,这里当f是偶数时第一种情形成立,当f是奇数时第二种情形成立;而最后一个系数总等于1. 这一事实的证明是建立在第79目的定理之上,但是,为简略起见我们在这里就不讨论了.

350.

定理 **设$n-1$是三个正整数α,β,γ的乘积;再设具有$\beta\gamma$项的周期$(\beta\gamma,\lambda)$是由β个具有γ项的较小的周期$(\gamma,\lambda),(\gamma,\lambda'),(\gamma,\lambda''),\cdots$所组成;我们还假定,如果在具有第347目中所指出的性质的β个未知数的函数中,即在$F=\varphi(t,u,v,\cdots)$中,把未知数$t,u,v,\cdots$分别以和$(\gamma,\lambda),(\gamma,\lambda'),(\gamma,\lambda''),\cdots$代入,那么按第345目Ⅳ中的规则,它的值可表为**

$$A+a(\gamma,1)+a'(\gamma,g)+\cdots+a^{(\zeta)}(\gamma,g^{\alpha\beta-\alpha})+\cdots+a^{(\theta)}(\gamma,g^{\alpha\beta-1})=W.$$

这时,我断言,如果F是对称函数,那么在W中的这样的周期有相同的系数,这些周期是包含在同一个有$\beta\gamma$项的周期中,即,一般地,形如$(\gamma,g^{(\mu)})$和$(\gamma,g^{\alpha\nu+\mu})$的周期有相同的系数,这里的$\nu$是任意整数.

证明 因为周期$(\beta\gamma,\lambda g^{\alpha})$与$(\beta\gamma,\lambda)$相同,所以构成前者的较小的周期$(\gamma,\lambda g^{\alpha}),(\gamma,\lambda' g^{\alpha}),(\gamma,\lambda'' g^{\alpha}),\cdots$必须和构成后者的那些较小的周期相同,只是次序不一样. 这样一来,如果假定把$t,u,v,\cdots$分别以上面的这些量代入时,函数F变为W',那么W'与W相同. 但根据第347目

$$\begin{aligned}W'&=A+a(\gamma,g^{\alpha})+a'(\gamma,g^{\alpha+1})+\cdots+a^{(\zeta)}(\gamma,g^{\alpha\beta})+\cdots+a^{(\theta)}(\gamma,g^{\alpha\beta+\alpha-1})\\&=A+a(\gamma,g^{\alpha})+a'(\gamma,g^{\alpha+1})+\cdots+a^{(\zeta)}(\gamma,1)+\cdots+a^{(\theta)}(\gamma,g^{\alpha-1}).\end{aligned}$$

同时,因为这个表示式应和 W 相同,所以在 W 中(从 a 算起)的第1个系数,第2个系数,第3个系数,… 一定和第 $\alpha+1$ 个系数,第 $\alpha+2$ 个系数,第 $\alpha+3$ 个系数,… 相同,由此容易推出,一般地,周期 $(\gamma,g^{(\mu)})$,$(\gamma,g^{\alpha+\mu})$,$(\gamma,g^{2\alpha+\mu})$,…,$(\gamma,g^{\nu\alpha+\mu})$ 的系数一定彼此相等,这些周期是位于第 $\mu+1$ 项,第 $\alpha+\mu+1$ 项,第 $2\alpha+\mu+1$ 项,…,第 $\nu\alpha+\mu+1$ 项. 这就是所要证明的.

由此推出,W 可表为

$$A+a(\beta\gamma,1)+a'(\beta\gamma,g)+\cdots+a^{(\alpha-1)}(\beta\gamma,g^{\alpha-1}),$$

当 F 的所有的常系数为整数时,其中的系数 $A,a,\cdots$ 都是整数. 进而容易看出,此后如果把函数 F 中的未知数代之以这样的 β 个(有 γ 项的)周期,它们包含于另一个由 $\beta\gamma$ 项组成的周期中,例如,$(\beta\gamma,\lambda k)$ 中,这时这 β 个周期显然就是 $(\gamma,\lambda k)$,$(\gamma,\lambda' k)$,$(\gamma,\lambda'' k)$,…,那么所得到的值将是

$$A+a(\beta\gamma,k)+a'(\beta\gamma,gk)+\cdots+a^{(\alpha-1)}(\beta\gamma,g^{\alpha-1}k)$$

此外,定理显然在 $\alpha=1$ 即 $\beta\gamma=n-1$ 时仍然成立;在这种情形,W 中的所有系数都相等,因此 W 可表为 $A+a(\beta\gamma,1)$.

351.

这样,如果我们沿用上目的所有符号,那么,显然可知,其根为 β 个和 (γ,λ),(γ,λ'),(γ,λ''),… 的方程的各个系数可表为这样的形式

$$A+a(\beta\gamma,1)+a'(\beta\gamma,g)+\cdots+a^{(\alpha-1)}(\beta\gamma,g^{\alpha-1}),$$

以及所有的数 $A,a,\cdots$ 都是整数;由这个方程我们就可得到其根是包含在另一周期 $(\beta\gamma,\lambda k)$ 中的 β 个有 γ 项的周期的方程,只要在它的每个系数中我们以 $(\beta\gamma,k\mu)$ 代替每个周期 $(\beta\gamma,\mu)$. 因此,如果 $\alpha=1$,那么所有有 γ 项的这 β 个周期将由一个 β 次方程来确定,这个方程的各个系数有 $A+a(\beta\gamma,1)$ 这样的形式,所以是**已知的量**,这是因为周期 $(\beta\gamma,1)=(n-1,1)=-1$. 如果 $\alpha>1$,那么,以属于一个给定的 $\beta\gamma$ 项的周期中的所有有 γ 项的周期为其根的方程的系数,也将是已知的,只要所有有 $\beta\gamma$ 项的 α 个周期的数值都是已知的. 而且,这些方程的系数的计算,特别当 β 不是很小时,常常是很容易的,首先去求出根的方幂和,再利用**Newton** 定理由这些和来推出系数的值,正如我们在前面第349目中所做的一样.

例. Ⅰ **对 $n=19$,求其根为和 $(6,1)$,$(6,2)$,$(6,4)$ 的方程.** 如果我们以 p,p',p'' 表示这些根,所要求的方程表为

$$x^3-Ax^2+Bx-C=0,$$

那么有

$$A=p+p'+p'',B=pp'+pp''+p'p'',C=pp'p''.$$

所以

$$A=(18,1)=-1;$$

进而有

$$pp'=p+2p'+3p'',pp''=2p+3p'+p'',p'p''=3p+p'+2p'',$$

因此

$$B = 6(p + p' + p'') = 6(18,1) = -6;$$

最后

$$C = (p + 2p' + 3p'')p'' = 3(6,0) + 11(p + p' + p'') = 18 - 11 = 7.$$

因此,所要求的方程是

$$x^3 + x^2 - 6x - 7 = 0.$$

如果这里利用另一个方法,那么我们有

$$p + p' + p'' = -1,$$

$$p^2 = 6 + 2p + p' + 2p'', p'^2 = 6 + 2p' + p'' + 2p, p''^2 = 6 + 2p'' + p + 2p',$$

所以

$$p^2 + p'^2 + p''^2 = 18 + 5(p + p' + p'') = 13,$$

以及类似可得

$$p^3 + p'^3 + p''^3 = 36 + 34(p + p' + p'') = 2.$$

由此利用 Newton 定理,就推出与前面相同的方程.

Ⅱ. **对 $n = 19$,求其根为和(2,1),(2,7),(2,8)的方程.** 如果我们分别以 q, q', q'' 表示这些根,那么可得

$$q + q' + q'' = (6,1), qq' + qq'' + q'q'' = (6,1) + (6,4), qq'q'' = 2 + (6,2),$$

因此,如果利用上一目同样的符号,那么所要求的方程就是

$$x^3 - px^2 + (p + p'')x - 2 - p' = 0.$$

这样,其根是包含在(6,2)中的和(2,2),(2,3),(2,5)的方程,可从以上的方程这样来得到:把其中的 p, p', p'' 分别替换为 p', p'', p,以及如果再作同样的替换,那么就得到其根是包含在(6,4)中的和(2,4),(2,6),(2,9)的方程.

§101 基于以上讨论解方程 $X = 0$ 第 352 ~ 354 目

352.

以上这些定理及它们的推论包含了整个理论的基本要点,因此,现在可以用不多的话来讨论求 Ω 中的根的方法.

首先,我们需要选取一个数 g,它是模 n 的原根,以及求出直到 $g^{(n-2)}$ 的 g 的各次方幂对模 n 的最小剩余. 将 $n-1$ 分解因数,而且,如果要把问题化为最低可能次数的方程,那么就要将 $n-1$ 分解为素因数;设这些因数(它们的次序是任意的)是 $\alpha, \beta, \gamma, \cdots \zeta$;并令

$$\frac{n-1}{\alpha} = \beta\gamma\cdots\zeta = a, \frac{n-1}{\alpha\beta} = \gamma\cdots\zeta = b, \cdots$$

我们要将 Ω 中所有的根分为 α 个有 a 项的周期,这些周期中的每一个再分为 β 个有 b 项的周期,以及再将这些周期中的每一个分为 γ 个周期,…. 如同上一目中一样,我们可以确定一个 α 次方程(A),它的根是这 α 个由 a 项组成的和;这样,通过求解这个方程,就可知道所说的这 α 个和的值.

但是,这里出现了一个困难,因为哪一个和应该等于方程(A)的哪一个根看来好像是不确定的,即哪一个根应该由$(a,1)$表示,哪一个根应该由(a,g)表示,……. 这一困难可以用下面的办法来克服. 我们可以指定方程(A)的任意一个根以$(a,1)$来表示;事实上,因为这个方程的每一个根都是Ω中的a个根之和,而且取Ω中的哪一个根作为[1]是完全没有差别的,所以,显然可以假定[1]是表示这些根(方程(A)的这个指定的根就是由这些根组成)中间的任意指定的一个,这样就使得方程(A)的这个根就是$(a,1)$. 但是,这个根[1]还不是完全确定的,因为在组成$(a,1)$的那些根中间我们选取哪一个作为[1]还是完全任意的(即不确定的). 当$(a,1)$确定后,由它可推出所有其余的由a项组成的和(第346目). 由此立即推出,在解所说的方程时,我们仅需要求出它的任意一个根.

为这同样的目的,我们还能利用以下的较为不直接的方法. 取某个确定的根作为[1],即设$[1]=\cos\frac{kp}{n}+\mathrm{i}\sin\frac{kp}{n}$,这里的整数$k$可任意选取但不被$n$整除;这样做后,[2],[3],… 也是确定的根,因而和$(a,1)$,(a,g),… 是确定的值. 如果利用一张有足够精确度的正弦表来算出这些值,使得我们能判定哪些和是较大的以及哪些和是较小的,那么在如何标明方程(A)的每个根的问题上,就不留下任何不确定性.

在找到了所有α个有a项的和后,用上一目中相应的方法,就可求出β次方程(B),其根是由包含在周期$(a,1)$中的根所构成的β个有b项的和;这个方程的所有系数是已知的. 由于包含在$(a,1)$中的$a=\beta b$个根,哪一个被指定为[1]在目前还是任意的,所以方程(B)的任意一个根可以表示为$(b,1)$,因为,显然可从这个方程的b个根中选取某一个作为[1]. 于是,通过解方程(B)求出它的任意一个根,并以$(b,1)$表示这个根,以及按照第346目,从它可推出所有其余的有b项的和. 在这方面,我们同时还有一个判别计算正确性的方法,因为所有这些有b项的和(它们都属于同一个具有a项的周期中)加在一起就应该等于已知的和.

在多数情形,同样容易去建立其他的$\alpha-1$个β次方程,它们中的每一个方程的根是这样的β个和,每个和有b项,且所有这些项是相应地分别包含在其余的有a项的周期(a,g),(a,g^2),…中,以及通过解这些方程和方程(B)来求出**所有的**根;同时,利用和上面同样的方法并借助于正弦表,我们就能够确定哪一个由b项组成的周期与哪一个用这样的方法所求出的根是相等的. 虽然为了这个目的可以利用其他一些方法,但是我们不能在这里详细介绍了;我们仅对$\beta=2$的情形介绍一个方法以作说明,这个方法特别重要,这里不做一般的介绍了,在下面的例子中我们将利用这个方法,通过实例要比理论上的抽象讨论更容易阐明它.

在我们用这样的方法找到了所有的$\alpha\beta$个和(每个和有b项)的值之后,我们就可用完全同样的方法,借助于γ次方程由它们来得到所有的$\alpha\beta\gamma$个和(每个和有c项). 这就是,**要么**我们能够根据第350目,仅求出**一个**γ次方程,它的根是这样的γ个和,每个和有c项,且这些项都属于$(b,1)$;然后解这个方程求出它的一个根,并设它等于$(c,1)$;最后利用第346目的方法由此推出所有其余类似的和,**要么**需要求出所有的$\alpha\beta$个γ次方程,它们的根分别是这样的 γ 个和,每个和有 c 项,且这些项都是包含在相应的各个有 b 项的周期中,然后解这些方程求出所有的根的值,最后,如前所做的那样,借助于正弦表,或者,对 $\gamma = 2$ 的情形,利用下面例子中所说明的方法,来确定这些根的分布次序.

如果我们继续用这样的方法,那么最后显然将得到所有的$\frac{n-1}{\zeta}$个每个有 ζ 项的和;以及,如果我们按照第348目的方法求出了这样的 ζ 次方程,其根是 Ω 中的属于$(\zeta,1)$的 ζ 个根,那么这个方程的系数将是已知量;如果解这个方程求得其任何一个根,那么就可以设它等于[1],以及 Ω 中所有其余的根就是它的方幂. 如果我们乐意,也可解出这个方程**所有的根**,然后,去求解其余的$\frac{n-1}{\zeta}-1$个 ζ 次方程,它们中的每一个方程的根是属于各个有 ζ 项的周期中的 ζ 个根,来得到 Ω 中所有其余的根.

可以看出,当我们解出了第一个方程(A),即得到了所有这 α 个和(每个和有 a 项)的值之后,按照第348目,我们也就得到了函数 X 被分解为 α 个 a 次因式的分解式,以及进而再解方程(B),即求得所有这 $\alpha\beta$ 个和(每个和有 b 项)的值之后,这些因式中的每一个将被再分解为 β 个因式,即 X 被分解为 $\alpha\beta$ 个 b 次因式,….

353.

第一个例子 $n=19$. 因为这里 $n-1=3\times3\times2$,所以求解所有的根 Ω 归结为解两个三次方程和一个二次方程. 这个例子较易理解,因为所需运算的绝大部分在上面已经讨论过了. 如果我们取2作为原根,那么它的各次幂将有如下的最小剩余(第一行写的是各次幂的指数,在它下面的第二行是最小剩余)

0	1	2	3	4	5	6	7	8	9	10	11	12	13	14	15	16	17
1	2	4	8	16	13	7	14	9	18	17	15	11	3	6	12	5	10

由此根据第344,345目,容易求出 Ω 中所有的根在三个周期(每个周期由6项组成)中的分布;这三个周期中的每一个又可分成三个周期(每个周期由2项组成),我们同时也求出 Ω 中的根在这样的每个周期中的分布,具体分布如下

$$\Omega=(18,1)\begin{cases}(6,1)\begin{cases}(2,1)\cdots[1],[18]\\(2,8)\cdots[8],[11]\\(2,7)\cdots[7],[12]\end{cases}\\(6,2)\begin{cases}(2,2)\cdots[2],[17]\\(2,16)\cdots[3],[16]\\(2,14)\cdots[5],[14]\end{cases}\\(6,4)\begin{cases}(2,4)\cdots[4],[15]\\(2,13)\cdots[6],[13]\\(2,9)\cdots[9],[10]\end{cases}\end{cases}$$

以和$(6,1),(6,2),(6,4)$为根的方程(A)是 $x^3+x^2-6x-7=0$,它的一个根近似等于 $-1.221\,876\,162\,3$. 如果我们取这个根作为$(6,1)$,那么有

$$(6,2)=4-(6,1)^2\approx 2.507\,018\,644\,1,$$
$$(6,4)=-5-(6,1)+(6,1)^2\approx -2.285\,142\,481\,8.$$

于是,X 可分解为三个 6 次因式,它们可根据第 348 目来得到.

下面的方程

$$x^3-(6,1)x^2+[(6,1)+(6,4)]x-2-(6,2)=0$$

就是以和(2,1),(2,7),(2,8) 为根的方程(B),或者,近似地是

$$x^3+1.221\,876\,162\,3x^2-3.507\,018\,644\,1x-4.507\,018\,644\,1=0;$$

我们可求出它的一个根 $\approx -1.354\,563\,143\,3$,把它作为(2,1). 利用第 346 目的方法我们可得到以下各式,为了简单起见把(2,1) 记作 q

$$(2,2)=q^2-2,(2,3)=q^3-3q,(2,4)=q^4-4q^2+2,$$
$$(2,5)=q^5-5q^3+5q,(2,6)=q^6-6q^4+9q^2-2,(2,7)=q^7-7q^5+14q^3-7q,$$
$$(2,8)=q^8-8q^6+20q^4-16q^2+2,(2,9)=q^9-9q^7+27q^5-30q^3+9q.$$

在所给的情形,利用以下的讨论,要比用第 346 目的规则能够更方便地得到这些式子. 设

$$[1]=\cos\frac{kP}{19}+\mathrm{i}\sin\frac{kP}{19},$$

这时有

$$[18]=\cos\frac{18kP}{19}+\mathrm{i}\sin\frac{18kP}{19}=\cos\frac{kP}{19}-\mathrm{i}\sin\frac{kP}{19},$$

因而

$$(2,1)=2\cos\frac{kP}{19};$$

以及一般地,同样有

$$[\lambda]=\cos\frac{\lambda kP}{19}+\mathrm{i}\sin\frac{\lambda kP}{19},$$

因而

$$(2,\lambda)=[\lambda]+[18\lambda]=[\lambda]+[-\lambda]=2\cos\frac{\lambda kP}{19}.$$

因此,如果$\frac{1}{2}q=\cos\omega$,那么$(2,2)=2\cos 2\omega$,$(2,3)=2\cos 3\omega$,$\cdots$,由此,从已知的关于各倍角的余弦关系式,可推出与上面同样的关系式. 从最后的这些关系式,我们可得以下的数值

$(2,2)\approx -0.165\,158\,690\,9$	$(2,6)\approx 0.490\,970\,974\,3$
$(2,3)\approx 1.578\,281\,018\,8$	$(2,7)\approx -1.758\,947\,502\,4$
$(2,4)\approx -1.972\,722\,606\,8$	$(2,8)\approx 1.891\,634\,483\,4$
$(2,5)\approx 1.093\,896\,316\,2$	$(2,9)\approx -0.803\,390\,849\,3$

(2,7),(2,8) 的值也可从方程(B) 来求出,它们是方程(B) 的其余两个根,而且它们中哪一个是(2,7),哪一个是(2,8) 的问题可以这样来解决:或者根据上面所给的关系

式作近似计算,或者利用正弦表,在自己作这样的检查后可看出,如果设 $\omega = \frac{7}{19}P$,则有 $(2,1) = 2\cos\omega$,因而得

$$(2,7) = 2\cos\frac{49P}{19} = 2\cos\frac{8P}{19} \text{ 及 } (2,8) = 2\cos\frac{56P}{19} = 2\cos\frac{P}{19}.$$

同样地,从方程

$$x^3 - (6,2)x^2 + [(6,1) + (6,2)]x - 2 - (6,4) = 0$$

可求出和(2,2),(2,3),(2,5),它们是这方程的根,而关于需把哪个根作为等于这些和中的哪一个的疑问,可用前面同样的方法来解决;类似的,利用方程

$$x^3 - (6,4)x^2 + [(6,2) + (6,4)]x - 2 - (6,1) = 0$$

可求出和(2,4),(2,6),(2,9).

最后,[1] 和[18] 是方程 $x^2 - (2,1)x + 1 = 0$ 的根,它们中的一个等于

$$\frac{1}{2}(2,1) + \mathrm{i}\sqrt{1 - \frac{1}{4}(2,1)^2} = \frac{1}{2}(2,1) + \mathrm{i}\sqrt{\frac{1}{2} - \frac{1}{4}(2,2)},$$

另一个等于

$$\frac{1}{2}(2,1) - \mathrm{i}\sqrt{\frac{1}{2} - \frac{1}{4}(2,2)},$$

由此得到它们的数值近似等于 $-0.677\,281\,571\,6 \pm 0.735\,723\,910\,7\mathrm{i}$.

通过计算其中任意一个根的方幂,或者通过解另外 8 个类似的方程,就可以求出剩下的 16 个值. 在应用第二个方法时,为了确定两根中哪个根的虚部取正号,哪个根的虚部取负号,我们可以利用正弦表或者利用在下面例子中说明的方法. 用这样的方法我们将求得以下的值,其中上面的符号对应于第一个根,下面的符号对应于第二个根

$$
\begin{aligned}
&[1]\text{ 和}[18] \approx -0.677\,281\,571\,6 \pm 0.735\,723\,910\,7\mathrm{i}\\
&[2]\text{ 和}[17] \approx -0.082\,579\,345\,5 \mp 0.996\,584\,493\,0\mathrm{i}\\
&[3]\text{ 和}[16] \approx 0.789\,140\,509\,4 \pm 0.614\,212\,712\,7\mathrm{i}\\
&[4]\text{ 和}[15] \approx -0.986\,361\,303\,4 \pm 0.164\,594\,590\,3\mathrm{i}\\
&[5]\text{ 和}[14] \approx 0.546\,948\,158\,1 \mp 0.837\,166\,478\,3\mathrm{i}\\
&[6]\text{ 和}[13] \approx 0.245\,485\,487\,1 \pm 0.969\,400\,265\,9\mathrm{i}\\
&[7]\text{ 和}[12] \approx -0.879\,473\,751\,2 \mp 0.475\,947\,393\,0\mathrm{i}\\
&[8]\text{ 和}[11] \approx 0.945\,817\,241\,7 \mp 0.324\,699\,469\,2\mathrm{i}\\
&[9]\text{ 和}[10] \approx -0.401\,695\,424\,7 \pm 0.915\,773\,326\,7\mathrm{i}
\end{aligned}
$$

354.

第二个例子 $n = 17$. 这时 $n - 1 = 2 \times 2 \times 2 \times 2$,所以计算 Ω 中的根归结为解 4 个二次方程. 这里可取 3 作为原根,它的各次幂对模 17 的剩余是

0	1	2	3	4	5	6	7	8	9	10	11	12	13	14	15
1	3	9	10	13	5	15	11	16	14	8	7	4	12	2	6

由此得到整个 Ω 的以下的各种划分:各有 8 项的 2 个周期;各有 4 项的 4 个周期;各有 2 项

的 8 个周期

$$\Omega=\begin{cases}(8,1)\begin{cases}(4,1)\begin{cases}(2,1)\cdots[1],[16]\\(2,13)\cdots[4],[13]\end{cases}\\(4,9)\begin{cases}(2,9)\cdots[8],[9]\\(2,15)\cdots[2],[15]\end{cases}\end{cases}\\(8,3)\begin{cases}(4,3)\begin{cases}(2,3)\cdots[3],[14]\\(2,5)\cdots[5],[12]\end{cases}\\(4,10)\begin{cases}(2,10)\cdots[7],[10]\\(2,11)\cdots[6],[11]\end{cases}\end{cases}\end{cases}$$

由第 351 目的规则可得,以和(8,1),(8,3) 为根的方程是 $x^2+x-4=0$,它的根是

$$-\frac{1}{2}+\frac{1}{2}\sqrt{17}\approx 1.561\,552\,812\,8 \text{ 及 } -\frac{1}{2}-\frac{1}{2}\sqrt{17}\approx -2.561\,552\,812\,8,$$

我们设其中的第一个根等于(8,1),那么第二个根一定是(8,3).

进而,得到以和(4,1),(4,9) 为根的方程(B) 是:$x^2-(8,1)x-1=0$;它的根是

$$\frac{1}{2}(8,1)\pm\frac{1}{2}\sqrt{4+(8,1)^2}=\frac{1}{2}(8,1)\pm\frac{1}{2}\sqrt{12+3(8,1)+4(8,3)};$$

我们把平方根前是正号的那个根作为(4,1),它的值 $\approx 2.049\,481\,177\,7$,这样一来,平方根前是负号的另一个根就自动地应设为(4,9),它的值 $\approx -0.487\,928\,364\,9$. 有 4 项的其余 2 个和,即(4,3) 与(4,10) 可以用两种方法来确定. **第一个方法**是利用第 346 目的方法,它给出下面的关系式,为简单起见记(4,1) 为 p

$$(4,3)=-\frac{3}{2}+3p-\frac{1}{2}p^3\approx 0.344\,150\,731\,4,$$

$$(4,10)=\frac{3}{2}+2p-p^2-\frac{1}{2}p^3\approx -2.905\,703\,544\,2.$$

这个方法同样可给出关系式 $(4,9)=-1-6p+p^2+p^3$,由此可得到与上面一样的值. **第二个方法**是通过求解以它们为根的方程来确定和(4,3) 与(4,10). 这个方程是 $x^2-(8,3)x-1=0$,所以它的根是

$$\frac{1}{2}(8,3)\pm\frac{1}{2}\sqrt{4+(8,3)^2},$$

即

$$\frac{1}{2}(8,3)+\frac{1}{2}\sqrt{12+4(8,1)+3(8,3)} \text{ 及 } \frac{1}{2}(8,3)-\frac{1}{2}\sqrt{12+4(8,1)+3(8,3)};$$

这两个根之中哪个是(4,3) 哪个是(4,10) 的不确定性,我们可以用下面的方法来消除,它在第 352 目中已经提到. 计算(4,1) $-$(4,9) 与(4,3) $-$(4,10) 的乘积,这个乘积经变换后等于 $2(8,1)-2(8,3)$①;显然,这个表示式的值是正的,等于 $+2\sqrt{17}$,此外,因为这

① 这个方法的实质是在于,我们能事先看出,这个乘积在展开后的形式中,不包含由 4 项组成的和,而仅由 8 项组成的和来表示;为了简单起见我们在这里略去它的理由,这对有经验的读者来说是明显的.

乘积的第一个因子也是正的,即$(4,1)-(4,9)=+\sqrt{12+3(8,1)+4(8,3)}$,所以第二个因子$(4,3)-(4,10)$一定应是正的,因而推出$(4,3)$应等于平方根前是正号的第一个根,而$(4,10)$是第二个根.由此将得到与上面一样的数值.

在求出了所有这些均由4项所组成的和之后,我们来求那些均由2项所组成的和.以和$(2,1)$与$(2,13)$(它们属于$(4,1)$)为根的方程(C)是$x^2-(4,1)x+(4,3)=0$;它的根是

$$\frac{1}{2}(4,1)\pm\frac{1}{2}\sqrt{-4(4,3)+(4,1)^2}\text{ 或 }\frac{1}{2}(4,1)\pm\frac{1}{2}\sqrt{4+(4,9)-2(4,3)}.$$

我们假定平方根前是正号的那个根是$(2,1)$,它近似等于1.864 944 458 8,因此另一个根就是$(2,13)$,它近似等于0.184 536 718 9.如果我们想要利用第346目的方法来得到其余的由两项组成的和,那么,对于$(2,2),(2,3),(2,4),(2,5),(2,6),(2,7),(2,8)$,我们可利用在上个例子中对类似的量所用的同样的关系式,这就是说,$(2,2)$[或$(2,15)$]$=(2,1)^2-2,\cdots$.如果我们愿意通过解二次方程来成对的求得这些和,那么对$(2,9),(2,15)$就得到方程$x^2-(4,9)x+(4,10)=0$,它的根是

$$\frac{1}{2}(4,9)\pm\frac{1}{2}\sqrt{4+(4,1)-2(4,10)}$$

而这里区分两个符号的问题可以用前面同样的方法来解决,这就是,计算$(2,1)-(2,13)$与$(2,9)-(2,15)$的乘积,可得$-(4,1)+(4,9)-(4,3)+(4,10)$;因为这个表示式显然是负的,而因子$(2,1)-(2,13)$是正的,所以$(2,9)-(2,15)$一定是负的,因而,对$(2,15)$应取上面的正号,对$(2,9)$应取下面的负号.由此得到$(2,9)=-1.965\,946\,199\,4$,$(2,15)=1.478\,017\,834\,4$.同样的,$(2,1)-(2,13)$与$(2,3)-(2,5)$的乘积等于$(4,9)-(4,10)$,是一个正的量,所以因子$(2,3)-(2,5)$一定是正的.通过与上面类似的计算,我们得到

$$(2,3)=\frac{1}{2}(4,9)+\frac{1}{2}\sqrt{4+(4,10)-2(4,9)}\approx 0.891\,476\,711\,6,$$

$$(2,5)=\frac{1}{2}(4,3)-\frac{1}{2}\sqrt{4+(4,10)-2(4,9)}\approx -0.547\,325\,980\,1.$$

最后,利用完全类似的运算可得

$$(2,10)=\frac{1}{2}(4,10)-\frac{1}{2}\sqrt{4+(4,3)-2(4,1)}\approx -1.700\,434\,271\,5,$$

$$(2,11)=\frac{1}{2}(4,10)+\frac{1}{2}\sqrt{4+(4,3)-2(4,1)}\approx -1.205\,269\,272\,8.$$

现在,我们应该来求出Ω自身中的根了.我们得到以[1]和[16]为根的方程(D)是$x^2-(2,1)x+1=0$,所以它的根是

$$\frac{1}{2}(2,1)\pm\frac{1}{2}\sqrt{(2,1)^2-4},$$

即

$$\frac{1}{2}(2,1)\pm\frac{1}{2}\mathrm{i}\sqrt{4-(2,1)^2}\text{ 或 }\frac{1}{2}(2,1)\pm\frac{1}{2}\mathrm{i}\sqrt{2-(2,15)}.$$

我们把取上面符号的作为[1],取下面符号的作为[16]. 为求出其他的14个根,我们可以通过计算[1] 的方幂,也可以通过解7个二次方程,它们中的每个方程将给出两个根,此外,平方根前的符号的确定,可以用前面我们所用过的同样的方法来解决. 因此,例如,[4] 和[13] 是方程 $x^2-(2,13)x+1=0$ 的根,所以等于

$$\frac{1}{2}(2,13)\pm\frac{1}{2}\mathrm{i}\sqrt{2-(2,9)},$$

而[1] - [16] 和[4] - [13] 的乘积等于(2,5) - (2,3),是负的实值;再因为[1] - [16] = i $\sqrt{2-(2,15)}$,是虚量 i 和**正的**实值的乘积,所以由 $\mathrm{i}^2=-1$ 知,[4] - [13] 一定也是 i 和**正的**实值的乘积. 因此,对[4] 要取上面的符号,对[16] 要取下面的符号. 类似的,我们可求出根[8] 和[9] 是

$$\frac{1}{2}(2,9)\pm\frac{1}{2}\mathrm{i}\sqrt{2-(2,1)}$$

而且,因为[1] - [16] 和[8] - [9] 的乘积等于(2,9) - (2,10) 是负的,所以对[8] 要取上面的符号,对[9] 要取下面的符号. 如果我们同样计算其余的根,那么就可得到下面的数值,这里对第一个根取上面的符号,对第二个根取下面的符号

[1] 和[16] ≈ 0.932 472 229 4 ±0.361 241 666 2i
[2] 和[15] ≈ 0.739 008 917 2 ±0.673 695 643 6i
[3] 和[14] ≈ 0.445 738 355 8 ±0.895 163 291 4i
[4] 和[13] ≈ 0.092 268 359 5 ±0.995 734 176 3i
[5] 和[12] ≈ - 0.273 662 990 1 ±0.961 825 643 2i
[6] 和[11] ≈ - 0.602 634 636 4 ±0.798 017 227 3i
[7] 和[10] ≈ - 0.850 217 135 7 ±0.526 432 162 9i
[8] 和[9] ≈ - 0.982 973 099 7 ±0.183 749 517 8i

到现在为止,所作的讨论完全足以去解出方程 $x^{(n)}-1=0$,因而也完全足以去求出对应于这样的弧长的三角函数,它与圆周长是可公度的;但是,这个课题是如此重要,使得我们不能就此结束研究,而不去指出对这个宝库的若干观察,这种观察能使我们对这个课题及与它有关的一些问题看得更清楚. 同时,我们将特别选择那些不需要引进新的高深的工具就能解决的内容,把它们看做是讨论这个庞大的理论的几个例子,而这个理论在以后必须做详细的研究.

进一步讨论根的周期 第355 ~ 360 目

§102 有偶数项的和是实数 第355 目

355.

因为总假定 n 是奇数,所以2总出现在 $n-1$ 的因数中,以及 $\frac{n-1}{2}$ 个均由两项组成的

周期合成总体 Ω. 形如$(2,\lambda)$的周期是由根$[\lambda]$和$[\lambda g^{\frac{n-1}{2}}]$所构成,其中的 g,如前一样,是模 n 的某个原根. 但是 $g^{\frac{n-1}{2}}\equiv -1$,所以,$\lambda g^{\frac{n-1}{2}}\equiv -\lambda$(见第 62 目),由此得$[\lambda g^{\frac{n-1}{2}}]=[-\lambda]$. 因此,如果假定$[\lambda]=\cos\frac{kP}{n}+i\sin\frac{kP}{n}$,因此$[-\lambda]=\cos\frac{kP}{n}-i\sin\frac{kP}{n}$,那么和$(2,\lambda)=2\cos\frac{kP}{n}$. 在这里我们只推出了这样的结论:每一个由两项组成的和的值是实值. 因为每一个由偶数项(设为 $2a$ 项)组成的周期可以分解为 a 个均由两项组成的周期,所以容易看出,一般地,每一个由偶数项组成的和的值也总是实值. 因此,如果在第 352 目中,我们保留一个因数2放在所有的因数$\alpha,\beta,\gamma,\cdots$的最后,那么所有的运算都是实数运算,到最后变为由两项组成的和,以及当从这些和转到考虑这些根本身时,我们才需要引入虚量.

§103 把(Ω)中的根分为两个周期的方程 第356目

356.

我们要对这样的辅助方程给以特别的关注,通过它对每个值 n,我们可以确定构成总体 Ω 的所有的和;这些方程以令人惊奇的形式与数 n 的最深奥的性质相联系. 但是,在这里我们将限于讨论以下两种情形. **首先**,我们讨论**其根是由$\frac{1}{2}(n-1)$项组成的和的二次方程**,**其次**,当 $n-1$ 被 3 整除时,我们讨论**其根是由$\frac{1}{3}(n-1)$项组成的和的三次方程.**

如果,为了简单起见,我们把$\frac{1}{2}(n-1)$记作 m,以及 g 表示模 n 的某个原根,那么总体Ω就由两个周期$(m,1)$与(m,g)组成,第一个包含根$[1],[g^2],[g^4],\cdots,[g^{(n-3)}]$,第二个包含根$[g],[g^3],[g^5],\cdots,[g^{(n-2)}]$. 如果以 $R,R',R'',\cdots$ 表示数 $g^2,g^4,\cdots,g^{(n-3)}$ 的最小正剩余(不计次序),以及以 $N,N',N'',\cdots$ 表示数 $g,g^3,\cdots,g^{(n-2)}$ 的最小正剩余(也不计次序),那么,组成周期$(m,1)$的根与$[1],[R],[R'],[R''],\cdots$相同,以及组成周期$(m,g)$的根与$[N],[N],[N'],[N''],\cdots$相同. 显然,所有的数$1,R,R',R'',\cdots$都是模 n 的**二次剩余**,因为它们都小于 n 且两两不同,以及它们的个数等于$\frac{1}{2}(n-1)$,即等于所有小于 n 的正剩余的个数,所以这些数就和所说的全部剩余完全相同. 由此立即推出,$N,N',N'',\cdots$一定和所有小于 n 的模 n 的**二次非剩余**相同,因为它们是两两不同的,且与$1,R,R',R'',\cdots$也各不相同,而且它们合在一起就是所有的数$1,2,3,\cdots,n-1$. 现在,如果假定以和$(m,1)$与(m,g)为根的方程是

$$x^2-Ax+B=0,$$

那么有

$$A=(m,1)+(m,g)=-1,B=(m,1)\cdot(m,g).$$

由第 345 目可知,和$(m,1)$与和(m,g)的乘积等于

$$(m,N+1)+(m,N'+1)+(m,N''+1)+\cdots=W,$$

以及可表为$\alpha(m,0)+\beta(m,1)+\gamma(m,g)$的形式. 为了确定系数$\alpha,\beta,\gamma$,**第一**,我们注意到$\alpha+\beta+\gamma=m$(因为在$W$中和的个数等于$m$);**第二**,$\beta=\gamma$(这可由第350目推出,因为乘积$(m,1)\cdot(m,g)$是和$(m,1)$与和$(m,g)$的对称函数,更大的和$(n-1,1)$是由和$(m,1)$与和$(m,g)$所合成的);**第三**,因为所有的数$N+1,N'+1,N''+1,\cdots$是严格地在下界2与上界$n+1$之内(不包括上下界本身),所以,显然可看出,**要么**在W中没有一个和可化为$(m,0)$(所以$\alpha=0$),当$n-1$不出现在数$N,N',N'',\cdots$中时就是这种情形,**要么**有一个和,设为(m,n)可化为$(m,0)$,当$n-1$出现在数$N,N',N'',\cdots$中时就是这种情形,这时有$\alpha=1$. 因此,在前一种情形有$\alpha=0,\beta=\gamma=\frac{m}{2}$,在后一种情形有$\alpha=1,\beta=\gamma=\frac{1}{2}(m-1)$;同时,因为$\beta$和$\gamma$必须是整数,所以由此推出,当$m$是偶数,即$n$是$4k+1$型的数时,前一种情形成立,也就是说$n-1$(或者,同样的,$-1$)不是模$n$的非剩余;而当$m$是奇数,即$n$是$4k+3$型的数时,后一种情形成立,也就是说$n-1$或$-1$是模$n$的非剩余①. 因为,$(m,0)=m$及$(m,1)+(m,g)=-1$,所以,由此推出,在前一种情形所求的乘积等于$-\frac{m}{2}$,在后一种情形等于$\frac{1}{2}(m+1)$. 因而,在前一种情形,方程是$x^2+x-\frac{n-1}{4}=0$,其根为$-\frac{1}{2}\pm\frac{1}{2}\sqrt{n}$,在后一种情形,方程是$x^2+x+\frac{n+1}{4}=0$,其根为$-\frac{1}{2}\pm\mathrm{i}\frac{1}{2}\sqrt{n}$.

这样一来,不管把Ω中的哪一个根取作为$[1]$,和$\sum[\mathfrak{R}]$与和$\sum[\mathfrak{N}]$之差,等于$\pm\sqrt{n}$,当$n\equiv1$;等于$\pm\mathrm{i}\sqrt{n}$,当$n\equiv3\pmod 4$,这里取所有小于n的模n的正剩余作为$\mathfrak{R}$,取所有小于n的模n的正的非剩余作为$\mathfrak{N}$. 由此容易看出,如果整数k不被n整除,那么,对$n\equiv1\pmod 4$有

$$\sum\cos\left[\frac{k\mathfrak{R}P}{n}\right]-\sum\cos\left[\frac{k\mathfrak{N}P}{n}\right]=\pm\sqrt{n}$$

及

$$\sum\sin\left[\frac{k\mathfrak{R}P}{n}\right]-\sum\sin\left[\frac{k\mathfrak{N}P}{n}\right]=0;$$

而对$n\equiv3\pmod 4$则有第一个差等于0,第二个差等于$\pm\sqrt{n}$;这些定理非常优美. 我们要指出,当k等于1,或一般地,等于模n的某个二次剩余时,总是要取上面的符号,而当k是模n的二次非剩余时则取下面的符号. 这些定理能够推广到n是合数的情形,它们不仅没有受到损害而且变得更为优美;但是这些问题需要更深入的研究,我们这里将不涉及它们而留在另外的场合讨论.

---

① 这样我们就得到了下面定理的一个新证明:-1是所有$4k+1$形式的素数的剩余,以及是所有$4k+3$形式的素数的非剩余. 在上面(第108,109,262目)我们已经用几个不同的方法证明了个定理. 如果在这里事先假定这个定理是已知的,那么在这条件下就不需要区分这两种情形,因为β,γ本身已是整数.

§104 第四篇中提到的一个定理的证明 第357目

357.

如果以周期$(m,1)$中的m个根为其根的m次方程是

$$z=x^m-ax^{m-1}+bx^{m-2}-\cdots=0$$

那么$a=(m,1)$及其余的系数$b,\cdots$有形式$\mathfrak{A}+\mathfrak{B}(m,1)+\mathfrak{C}(m,g)$,其中$\mathfrak{A},\mathfrak{B},\mathfrak{C}$是整数(第348目);如果我们同时以$z'$表示这样的函数:把在$z$中各处的$(m,1)$均以$(m,g)$来代替,$(m,g)$均以$(m,g^2)$来代替(或者,同样的,均以$(m,1)$来代替)时,$z$就变为$z'$,那么方程$z'=0$的根就是$(m,g)$中的根,以及

$$zz'=\frac{x^n-1}{x-1}=X.$$

因此,z可以表为$R+S(m,1)+T(m,g)$的形式,其中R,S,T是x的整函数,它们所有的系数同样是整数.由此我们可得

$$z'=R+S(m,g)+T(m,1).$$

为简单起见,如果我们把$(m,1)$与(m,g)分别记为p与q,那么由此推出

$$2z=2R+(S+T)(p+q)-(T-S)(p-q)=2R-S-T-(T-S)(p-q),$$

以及类似的有

$$2z'=2R-S-T+(T-S)(p-q).$$

所以,如果我们设

$$2R-S-T=Y,T-S=Z,$$

那么就有$4X=Y^2-(p-q)^2Z^2$,由于$(p-q)^2=\pm n$,因此就得到

$$4X=Y^2\mp nZ^2,$$

而且,当n是$4k+1$型数时需取上面的符号,当n是$4k+3$型数时需取下面的符号.这就是我们在前面(第124目)允诺要证明的定理.容易看出,在函数Y中最高次的两项总是$2x^m+x^{m-1}$,而在函数Z中的最高次项总是x^{m-1};它们所有其余的系数显然都是整数,这些系数与数n的各种性质有关,而且不能给出一个一般的解析表达式.

例 对于$n=17$,按照第348目的规则可得,以所有属于$(8,1)$中的8个根为根的方程是

$$x^8-px^7+(4+p+2q)x^6-(4p+3q)x^5+(6+3p+5q)x^4-$$
$$(4p+3q)x^3+(4+p+2q)x^2-px+1=0,$$

由此得到

$$R=x^8+4x^6+6x^4+4x^2+1,$$
$$S=-x^7+x^6-4x^5+3x^4-4x^3+x^2-x,$$
$$T=2x^6-3x^5+5x^4-3x^3+2x^2,$$

所以

$$Y=2x^8+x^7+5x^6+7x^5+4x^4+7x^3+5x^2+x+2,$$

$$Z = x^7 + x^6 + x^5 + 2x^4 + x^3 + x^2 + 2.$$

下面是若干其他的例子

n	Y	Z
3	$2x + 1$	1
5	$2x^2 + x + 2$	x
7	$2x^3 + x^2 - x - 2$	$x^2 + x$
11	$2x^5 + x^4 - 2x^3 + 2x^2 - x - 2$	$x^4 + x$
13	$2x^6 + x^5 + 4x^4 - x^3 + 4x^2 + x + 2$	$x^5 + x^3 + x$
19	$2x^9 + x^8 - 4x^7 + 3x^6 + 5x^5 - 5x^4 - 3x^3 + 4x^2 - x - 2$	$x^8 - x^6 + x^5 + x^4 - x^3 + x$
23	$2x^{11} + x^{10} - 5x^9 - 8x^8 - 7x^7 - 4x^6 + 4x^5 + 7x^4 + 8x^3 + 5x^2 - x - 2$	$x^{10} + x^9 - x^7 - 2x^6 - 2x^5 - x^4 + x^2 + x$

§105　把(Ω)中的根分为三个周期的方程　第358目

358.

现在我们要来讨论这样的三次方程，当 n 是 $3k+1$ 型时，利用它可以确定三个均由 $\frac{1}{3}(n-1)$ 项组成的和，所有这些项合起来构成总体 Ω. 设 g 是模 n 的某个原根，以及 $\frac{1}{3}(n-1)=m$(m 是偶整数). 这时，合成 Ω 的这三个和是 $(m,1)$，(m,g)，(m,g^2)，我们把它们分别记为 p,p',p''. 显然，第一个和包含根$[1]$，$[g^3]$，$[g^6]$，…，$[g^{n-4}]$，第二个和包含根$[g]$，$[g^4]$，…，$[g^{(n-3)}]$，以及第三个和包含根$[g^2]$，$[g^5]$，…，$[g^{(n-2)}]$. 如果假设所求的方程是

$$x^3 - Ax^2 + Bx - C = 0,$$

那么有

$$A = p + p' + p'', B = pp' + p'p'' + pp'', C = pp'p'',$$

由此立刻推出 $A=-1$. 设数 $g^3, g^6, \cdots, g^{n-4}$ 对模 n 的最小正剩余是 $\mathfrak{A},\mathfrak{B},\mathfrak{C},\cdots$(不计次序)，以及它们与1组成的总体记作 $\mathfrak{K}$；类似地，设数 $g, g^4, g^7, \cdots, g^{(n-3)}$ 对模 n 的最小正剩余是 $\mathfrak{A}',\mathfrak{B}',\mathfrak{C}',\cdots$，以及它们的总体记作 $\mathfrak{K}'$；最后设数 $g^2, g^5, g^8, \cdots, g^{(n-2)}$ 对模 n 的最小正剩余是 $\mathfrak{A}'',\mathfrak{B}'',\mathfrak{C}'',\cdots$，以及它们的总体记作 $\mathfrak{K}''$；这样，$\mathfrak{K},\mathfrak{K}',\mathfrak{K}''$ 中所有的数是各不相同的，且它们合在一起恰好取所有的数 $1,2,3,\cdots,n-1$. 首先，这里我们必须指出的是，$n-1$ 一定在 $\mathfrak{K}$ 中，因为容易看出它是数 $g^{\frac{3m}{2}}$ 的剩余. 由此也容易推出，形如 h 和 $n-h$ 的

一对数总是应该属于 $\mathfrak{K}$, $\mathfrak{K}'$, $\mathfrak{K}''$ 这三个总体中的同一个，因为如果一个数是数 $g^{(\lambda)}$ 的剩余，那么另一个数就是数 $g^{\lambda+\frac{3m}{2}}$ 或数 $g^{\lambda-\frac{3m}{2}}$（若 $\lambda > \frac{3m}{2}$）的剩余. 我们以 $(\mathfrak{K}\mathfrak{K})$ 表示数列 1, 2, 3, …, $n-1$ 中所有这样的数的个数，它们本身及每个数加 1 都属于 $\mathfrak{K}$；以 $(\mathfrak{K}\mathfrak{K}'')$ 表示这同一数列中所有这样的数的个数，它们本身属于 $\mathfrak{K}$ 但它们中每个数加 1 都属于 $\mathfrak{K}'$；符号 $(\mathfrak{K}\mathfrak{K}'')$, $(\mathfrak{K}'\mathfrak{K})$, $(\mathfrak{K}'\mathfrak{K}')$, $(\mathfrak{K}'\mathfrak{K}'')$, $(\mathfrak{K}''\mathfrak{K})$, $(\mathfrak{K}''\mathfrak{K}')$, $(\mathfrak{K}''\mathfrak{K}'')$ 有类似的意义. 这样，**首先**，我们可断言 $(\mathfrak{K}\mathfrak{K}') = (\mathfrak{K}'\mathfrak{K})$. 这是因为，如果我们假设 $h, h', h'', \cdots$ 表示数列 1, 2, 3, …, $n-1$ 中所有这样的数，它们本身属于 $\mathfrak{K}$，而同时 $h+1, h'+1, h''+1, \cdots$ 属于 $\mathfrak{K}'$，由定义知它们的个数等于 $(\mathfrak{K}\mathfrak{K}')$，那么显然所有的数 $n-h-1, n-h'-1, n-h''-1, \cdots$ 都属于 $\mathfrak{K}'$，而比它们各大 1 的数 $n-h, n-h', n-h'', \cdots$ 都属于 $\mathfrak{K}$；再因为所有这样的数总共有 $(\mathfrak{K}'\mathfrak{K})$ 个，所以一定不能有 $(\mathfrak{K}'\mathfrak{K}) < (\mathfrak{K}\mathfrak{K}')$，同样可证不能有 $(\mathfrak{K}\mathfrak{K}') < (\mathfrak{K}'\mathfrak{K})$，所以这两个数一定相等. 用完全同样的方法可以证明 $(\mathfrak{K}\mathfrak{K}'') = (\mathfrak{K}''\mathfrak{K})$, $(\mathfrak{K}'\mathfrak{K}'') = (\mathfrak{K}''\mathfrak{K}')$. **其次**，因为除了最大的数 $n-1$ 外，$\mathfrak{K}$ 中的每个数加 1 后，一定或者属于 $\mathfrak{K}$，或者属于 $\mathfrak{K}'$，或者属于 $\mathfrak{K}''$，所以和 $(\mathfrak{K}\mathfrak{K}) + (\mathfrak{K}\mathfrak{K}') + (\mathfrak{K}\mathfrak{K}'')$ 一定等于 $\mathfrak{K}$ 中所有数的个数减 1，即等于 $m-1$，由同样的理由可得

$$(\mathfrak{K}'\mathfrak{K}) + (\mathfrak{K}'\mathfrak{K}') + (\mathfrak{K}'\mathfrak{K}'') = (\mathfrak{K}''\mathfrak{K}) + (\mathfrak{K}''\mathfrak{K}') + (\mathfrak{K}''\mathfrak{K}'') = m.$$

作了这些准备之后，利用第 345 目的规则，我们可把乘积 pp' 表为 $(m, \mathfrak{A}'+1) + (m, \mathfrak{B}'+1) + (m, \mathfrak{C}'+1) + \cdots$，这个表示式容易化为 $(\mathfrak{K}'\mathfrak{K})p + (\mathfrak{K}'\mathfrak{K}')p' + (\mathfrak{K}'\mathfrak{K}'')p''$. 根据第 345 目的 Ⅰ，我们可由乘积 pp' 的表示式来得到乘积 $p'p''$ 的表示式，只要把其中的 $(m,1)$, (m,g), (m,g^2) 分别以 (m,g), (m,g^2), (m,g^3) 来代替，即以 p', p'', p 分别代替 p, p', p''. 因此我们有 $p'p'' = (\mathfrak{K}'\mathfrak{K})p' + (\mathfrak{K}'\mathfrak{K}')p'' + (\mathfrak{K}'\mathfrak{K}'')p$，完全类似地，有 $p''p = (\mathfrak{K}'\mathfrak{K})p'' + (\mathfrak{K}'\mathfrak{K}')p + (\mathfrak{K}'\mathfrak{K}'')p'$. 由此立即推出，**第一**

$$B = m(p + p' + p'') = -m,$$

第二，因为类似于表示 pp' 的方法，我们也可把 pp'' 表为 $(\mathfrak{K}''\mathfrak{K})p + (\mathfrak{K}''\mathfrak{K}')p' + (\mathfrak{K}''\mathfrak{K}'')p''$，而这个表示式必须和上面指出的 pp'' 的表示式相同，所以一定有 $(\mathfrak{K}''\mathfrak{K}) = (\mathfrak{K}'\mathfrak{K}')$ 及 $(\mathfrak{K}''\mathfrak{K}'') = (\mathfrak{K}'\mathfrak{K})$. 现在如果设

$$(\mathfrak{K}'\mathfrak{K}'') = (\mathfrak{K}''\mathfrak{K}') = a,$$
$$(\mathfrak{K}''\mathfrak{K}'') = (\mathfrak{K}'\mathfrak{K}) = (\mathfrak{K}\mathfrak{K}') = b,$$
$$(\mathfrak{K}'\mathfrak{K}') = (\mathfrak{K}''\mathfrak{K}) = (\mathfrak{K}\mathfrak{K}'') = c,$$

那么，从以上所说可推出 $m-1 = (\mathfrak{K}\mathfrak{K}) + (\mathfrak{K}\mathfrak{K}') + (\mathfrak{K}\mathfrak{K}'') = (\mathfrak{K}\mathfrak{K}) + b + c$ 及 $a + b + c = m$，即 $(\mathfrak{K}\mathfrak{K}) = a - 1$. 这样，这 9 个未知量就简化为 3 个，即 a, b, c，或者又因为 $a + b + c = m$，更可简化为 2 个. 最后，数 p 的平方显然可表为 $(m, 1+1) + (m, \mathfrak{A}+1) + (m, \mathfrak{B}+1) + (m, \mathfrak{C}+1) + \cdots$；在这个表示式的被加项中有 (m,n)，它等于 $(m,0)$，即等于 m，同时容易看出，其余的各被加项可化为 $(\mathfrak{K}\mathfrak{K})p + (\mathfrak{K}\mathfrak{K}')p' + (\mathfrak{K}\mathfrak{K}'')p''$；所以我们有 $p^2 = m + (a-1)p + bp' + cp''$.

这样一来，综上所述我们就得到了 4 个等式

$$
\begin{aligned}
p^2 &= m + (a-1)p + bp' + cp'', \\
pp' &= bp + cp' + ap'', \\
pp'' &= cp + ap' + bp'', \\
p'p'' &= ap + bp' + cp'',
\end{aligned}
$$

这里的3个未知量 a,b,c 满足关系

$$a + b + c = m, \tag{Ⅰ}$$

此外,它们显然一定都是整数.由此推出

$$C = pp'p'' = ap^2 + bpp' + cpp'' = am + (a^2 + b^2 + c^2 - a)p + (ab + bc + ac)p' + (ab + bc + ac)p''.$$

但是,因为 $pp'p''$ 是和 p,p',p'' 的对称函数,所以在以上表示式中,这些和所乘的系数一定应该相等(第350目),因而我们有新的关系式

$$a^2 + b^2 + c^2 - a = ab + bc + ac, \tag{Ⅱ}$$

由此得到 $C = am + (ab + bc + ac)(p + p' + p'')$,或者(由关系式(Ⅰ)及 $p + p' + p'' = -1$)

$$C = a^2 - bc. \tag{Ⅲ}$$

现在,虽然 C 依赖于3个未知量,我们仅有它们之间的2个关系式,然而利用 a,b,c 都是整数的条件,这就足以完全确定 C.为此,我们把关系式(Ⅱ)表为

$$12a + 12b + 12c + 4 = 36a^2 + 36b^2 + 36c^2 - 36ab - 36ac - 36bc - 24a + 12b + 12c + 4.$$

由关系式(Ⅰ)知,左边等于 $12m + 4 = 4n$,而右边可化为

$$(6a - 3b - 3c - 2)^2 + 27(b - c)^2,$$

或者,若把 $2a - b - c$ 记为 k,则可化为 $(3k-2)^2 + 27(b-c)^2$.由此推出,数 $4n$(即每个形如 $3m+1$ 的素数的4倍)可以表为 $x^2 + 27y^2$ 的形式,当然这也可以毫无困难地由二次型理论推出,但是值得注意的是,这样一个分解与数值 a,b,c 有关.而且,数 $4n$ 总能以唯一的形式分解为一个平方与另一个平方的27倍之和,我们的证明如下①.若设

$$4n = t^2 + 27u^2 = t'^2 + 27u'^2,$$

那么,**第一**,

$$(tt' - 27uu')^2 + 27(tu' + t'u)^2 = 16n^2,$$

第二,

$$(tt' + 27uu')^2 + 27(tu' - t'u)^2 = 16n^2,$$

第三,

$$(tu' + t'u)(tu' - t'u) = 4n(u'^2 - u^2);$$

因为 n 是素数,从第三式推出 n 整除数 $tu' + t'u, tu' - t'u$ 中的一个;但是从第一和第二式显然可推出,这两个数都小于 n,所以被 n 整除的那一个数一定等于0,因此 $u'^2 - u^2 = 0$,由此得 $u'^2 = u^2$ 和 $t'^2 = t^2$,即这两个分解不是不同的.因此,如果假定数 $4n$ 分解为一个平

① 基于第五篇的原理可以给出这个定理的更直接的证明.

方数与另一个平方数的27倍之和是已知的(这可由第五篇的直接方法或第323,324目的间接方法来做到),即假定$4n = M^2 + 27N^2$,那么平方数$(3k - 2)^2$,$(b - c)^2$就已被确定,以及将有两个关系式来代替关系式(Ⅱ). 而且,容易看出,不仅平方数$(3k - 2)^2$而且数$3k - 2$本身也被完全确定;这是因为,它一定等于$+M$或$-M$,所以符号的不确定性可由k必须是整数的条件来消除. 这就是说,相应于M是$3z + 1$或$3z + 2$型的数①,我们就有$3k - 2 = +M$或$-M$. 现在因为$k = 2a - b - c = 3a - m$,所以有$a = \frac{1}{3}(m + k)$,$b + c = m - a = \frac{1}{3}(2m - k)$,因而

$$\begin{aligned} C &= a^2 - bc = a^2 - \frac{1}{4}(b + c)^2 + \frac{1}{4}(b - c)^2 \\ &= \frac{1}{9}(m + k)^2 - \frac{1}{36}(2m - k)^2 + \frac{1}{4}N^2 \\ &= \frac{1}{12}k^2 + \frac{1}{3}km + \frac{1}{4}N^2, \end{aligned}$$

用这样的方法就求出了所有的系数. 这个公式还可进一步简化,如果用由关系式$(3k - 2)^2 + 27N^2 = 4n = 12m + 4$所得到的$N^2$的值代入,那么经相应的计算后可得

$$C = \frac{1}{9}(m + k + 3km) = \frac{1}{9}(m + kn).$$

这个数值还可以表为$(3k - 2)^2N^2 + k^3 - 2k^2 + k - km + m$,虽然这个表示式用处不多,但它直接指出了$C$是整数,这正是它所应该是的.

例 对$n = 19$,我们有$4n = 49 + 27$,所以$3k - 2 = +7$,$k = 3$,$C = \frac{1}{9}(6 + 57) = 7$,以及所求的方程是$x^3 + x^2 - 6x - 7 = 0$,和前面(**第351目**)所得的一样. 类似的,对$n = 7$,13,31,37,43,61,67,相应的k的值是1,-1,2,-3,-2,1,-1,所以,$C = 1$,-1,8,-11,-8,9,-5.

虽然在本目中解决的问题有点复杂,但是我们不想删去它,这不仅是因为这个解法优美,也因为它为利用各种精巧方法提供了的机会,而这些方法在其他研究中也是广为利用的②.

---

① 显然,M不能是$3z$型的数,因为这时$4n$将被3整除. 关于必须有$b - c = N$还是$= -N$的不确定性,这里不需要考虑这个问题,而且这个事情本身是不能确定的,因为这依赖于原根g的选择,对某些原根这个差$b - c$是正的,而对另一些原根这个差是负的.

② 推论. 如果ε是方程$x^3 - 1 = 0$的根,那么$(p + \varepsilon p' + \varepsilon^2 p'')^3 = \frac{n}{2}(M + N\sqrt{-27})$. 如果设$\frac{M}{\sqrt{4n}} = \cos\varphi$,$\frac{N\sqrt{27}}{\sqrt{4n}} = \sin\varphi$,那么$p = -\frac{1}{3} + \frac{2}{3}\cos\frac{1}{3}\varphi\sqrt{n}$,$M \equiv +1 \pmod 3$,$1 \equiv M(1 \times 2 \times 3 \times \cdots \times m)^3 \pmod n$. 如果设$3x + 1 = y$,那么有等式$y^3 - 3ny - Mn = 0$成立.

§106 把求 Ω 中的根的方程化为最简方程 第 359 ~ 360 目

359.

以上讨论的是关于辅助方程的**发现**,现在**我们要来阐明关于它们的解的最值得注意的性质**. 大家知道,所有最杰出的数学家都在寻求高于 4 次的方程的一般解法,或者(更正确的说)是在寻求如何把**任意的方程简化为最简方程**,但至今没有取得成功. 因而恐怕不能对以下的看法表示怀疑:这个问题不仅超出当代分析的能力,而且一般说来是无法解决的(参看 *Demonstra. nova etc. art.* 9 中对这一理由所作的说明). 尽管如此,肯定有非常多的任意次的复杂方程可以化为最简方程,同时我们确信,如果我们能指出,我们的辅助方程总是属于这一类,那么数学家们将会对此感到喜悦. 但是,由于这个讨论很长,我们在这里仅介绍为了证明这种简化的可能性所必需的基本原理,而对这个课题所值得做的更详细的研究将留在其他地方. 首先,我们要对方程 $x^{(e)}-1=0$ 的根给出若干一般注记,这里也包括 e 是合数的情形.

Ⅰ. 这些根(正如从初等教科书中所知道的)是由 $\cos\frac{kP}{e}+\mathrm{i}\sin\frac{kP}{e}$ 给出,这里作为 k 需取 e 个数 $1,2,3,\cdots,e-1$,或取任意另外的对模 e 同余于这些数的 e 个数. 对应于 $k=0$ 或任一被 e 整除的 k 的根等于 1;而所有其他的值 k 对应的根与 1 不同.

Ⅱ. 因为$\left(\cos\frac{kP}{e}+\mathrm{i}\sin\frac{kP}{e}\right)^{(\lambda)}=\cos\frac{\lambda kP}{e}+\mathrm{i}\sin\frac{\lambda kP}{e}$,所以容易看出,如果 R 是这样的一个根,它所对应的值 k 与 e 互素,那么在数列 $R,R^2,R^3,\cdots$ 中仅有第 e 项是首次等于 1,而所有前面的值都不同于 1. 由此立即推出,所有 e 个值 $1,R,R^2,R^3,\cdots,R^{(e-1)}$ 是两两不相等的,且因为它们都满足方程 $x^{(e)}-1=0$,所以它们给出了这方程的全部的根.

Ⅲ. 最后,在同样的假定下,对任意不被 e 整除的整数 λ,有以下等式成立

$$1+R^{(\lambda)}+R^{2\lambda}+\cdots+R^{\lambda(e-1)}=0;$$

事实上,左边的和显然等于$\frac{1-R^{\lambda e}}{1-R^{(\lambda)}}$,这个分数的分子等于 0 而分母不等于 0. 如果 λ 被 e 整除,那么这个和显然等于 e.

360.

如同我们在各处的假定一样,设 n 是素数,g 是模 n 的原根,以及 $n-1$ 是 3 个正整数 α,β,γ 的乘积. 为了简单起见,这里将包括 α 或 γ 等于 1 的情形;如果 $\gamma=1$,那么就需要取根 $[1],[g],\cdots$ 作为和 $(\gamma,1),(\gamma,g),\cdots$. 现在我们要指出,从所有均由 $\beta\gamma$ 项组成的 α 个和 $(\beta\gamma,1),(\beta\gamma,g),(\beta\gamma,g^2),\cdots,(\beta\gamma,g^{\alpha-1})$ 都是已知的假定出发,要去求均由 γ 项组成的和的问题,可以利用一个次数相同的最简方程来求解,而这个问题我们在前面已归结为去解一个 β 次方程. 为简单起见,我们把属于 $(\beta\gamma,1)$ 中的和

$$(\gamma,1),(\gamma,g^{\alpha}),(\gamma,g^{2\alpha}),\cdots,(\gamma,g^{\alpha\beta-\alpha})$$

分别记为 $a,b,c,\cdots,m$;把属于$(\beta\gamma,g)$ 中的和

$$(\gamma,g),(\gamma,g^{\alpha+1}),(\gamma,g^{2\alpha+1}),\cdots(\gamma,g^{\alpha\beta-\alpha+1})$$

分别记为 $a',b',c',\cdots,m'$;以及把和

$$(\gamma,g^2),(\gamma,g^{\alpha+2}),\cdots(\gamma,g^{\alpha\beta-\alpha+2})$$

分别记为 $a'',b'',\cdots,m''$,等,一直到属于$(\beta\gamma,g^{\alpha-1})$ 中的那些和.

Ⅰ. 设 R 是 $x^\beta-1=0$ 的任意一个根,以及根据第 345 目的规则,假定函数

$$t=a+Rb+R^2c+\cdots+R^{\beta-1}m$$

的 β 次幂是

$$N+Aa+Bb+Cc+\cdots+Mm+A'a'+B'b'+C'c'+\cdots+M'm'+$$
$$A''a''+B''b''+C''c''+\cdots+M''m''+\cdots\cdots=T,$$

这里所有的系数 $N,A,B,A'\cdots$ 都是 R 的有理整函数. 进而,如果假定另外两个函数

$$u=R^\beta a+Rb+R^2c+\cdots+R^{\beta-1}m,$$
$$u'=b+Rc+R^2d+\cdots+R^{\beta-2}m+R^{\beta-1}a$$

的 β 次幂分别是 U 和 U',那么,因为 u' 是在 t 中由和 $a,b,c,\cdots,m$ 分别以和 $b,c,d,\cdots,a$ 来代替所生成的,所以根据第 350 目容易得到

$$U'=N+Ab+Bc+Cd+\cdots+Ma+A'b'+B'c'+C'd'+\cdots+$$
$$M'a'+A''b''+B''c''+C''d''+\cdots+M''a''+\cdots.$$

进而因为 $u=Ru'$,所以显然有 $U=R^\beta U'$;因此,由 $R^\beta=1$ 知 U 与 U' 中对应的系数相等;最后,容易看出,因为 t 和 u 的差别仅在于,在 t 中和 a 被乘以 1 而在 u 中和 a 被乘以 R^β,所以在 T 与 U 中所有对应的系数(即对同样的和的那些系数)都相等,因而在 T 与 U' 中对应的系数也相等. 最后,由此推出 $A=B=C=\cdots=M,A'=B'=C'=\cdots=M',A''=B''=C''=\cdots=M'',\cdots$,所以 T 可化为这样的形式

$$N+A(\beta\gamma,1)+A'(\beta\gamma,g)+A''(\beta\gamma,g^2)+\cdots,$$

这里系数 $N,A,A',\cdots$ 中的每一个都有如下的形式

$$pR^{\beta-1}+p'R^{\beta-2}+p''R^{\beta-3}+\cdots$$

而且 $p,p',p'',\cdots$ 是给定的整数.

Ⅱ. 如果我们取 $x^\beta-1=0$(假定我们已经有了它的解)的某个确定的根作为 R,而且使得它的低于 β 次的幂都不等于 1,那么 T 也是一个确定的值,以及由此可以通过解最简方程 $t^\beta-T=0$ 来得到 t. 但是,因为这个方程有 β 个根:$t,Rt,R^2t,\cdots,R^{\beta-1}t$,所以可能不清楚的是应该选取哪一个根. 然而,这是完全没有区别的,这一点可以这样来解释:我们必须记住,在确定了所有由 βγ 项组成的和之后,根[1] 仅是在这样的意义下定义的,属于$(\beta\gamma,1)$ 中的 βγ 个根中的一个应该用它来表示,所以组成和$(\beta\gamma,1)$ 的 β 个和中哪一个被指定为 a 是完全没有区别的. 现在,如果在这些和中的一个被指定为 a 之后,我们假定 $t=\mathfrak{T}$,那么容易看出,若把以前表为 b 的那个和现在表为 a,则那些以前表为 $c,d,\cdots,a,b$ 的和现在就被表为 $b,c,\cdots,m,a$,因而 t 的值这时就等于 $\frac{\mathfrak{T}}{R}=\mathfrak{T}R^{\beta-1}$. 类似的,如果我们让 a 来表示一开始由 c 表示的那个和,那么 t 的值就变为等于 $\mathfrak{T}R^{\beta-2}$,以及一般地,t 可以作为

等于 $\mathfrak{T}, \mathfrak{T}R^{\beta-1}, \mathfrak{T}R^{\beta-2}, \cdots$ 中的任意一个值，即方程 $x^{\beta}-T=0$ 的任意一个根，这对应于我们把属于 $(\beta\gamma,1)$ 的那些和中的哪一个表为 $(\gamma,1)$.

Ⅲ. 在用这样的方法确定了 t 的值之后，我们必须确定另外这样的 $\beta-1$ 个值，它们可由 t 这样来得到：依次以 $R^2, R^3, R^4, \cdots, R^{\beta}$ 来代替 t 中的 R，即

$$t'=a+R^2b+R^4c+\cdots+R^{2\beta-2}m,$$
$$t''=a+R^3b+R^6c+\cdots+R^{3\beta-3}m,$$
$$\vdots$$

而且，我们已经知道其中的最后一式，因为它显然就是 $a+b+c+\cdots+m=(\beta\gamma,1)$；其余的可用下面的方法来得到. 如果我们按照第 345 目的规则，正如在Ⅰ中表示 t^{β} 一样去表示乘积 $t^{\beta-2}t'$，那么，利用完全类似于上面的方法，可以证明所得结果可表为如下的形式

$$\mathfrak{N}+\mathfrak{A}(\beta\gamma,1)+\mathfrak{A}'(\beta\gamma,g)+\mathfrak{A}''(\beta\gamma,g^2)+\cdots=T',$$

这里 $\mathfrak{N}, \mathfrak{A}, \mathfrak{A}', \cdots$ 是 R 的有理整函数，所以 T' 是已知量，以及由此可得 $t'=\frac{T't^2}{T}$. 进而，如果假定由计算乘积 $t^{\beta-3}t''$ 求出了函数 T''，那么这个表示式同样的可表为类似的形式，以及从而由 $t''=\frac{T''t^3}{T}$ 得到 t'' 的值；同样的由等式 $t'''=\frac{T'''t^4}{T}$ 得到 t''' 的值，这里 T''' 是已知量，……

如果 $t=0$，那么就不能应用这个方法，因为这时将有 $T=T'=T''=\cdots=0$；但是，可以证明这是不可能的，不过，这个证明是如此之长，我们在这里必须略去它. 还有一些特殊技巧可以把分数 $\frac{T'}{T}, \frac{T''}{T}$ 转化为 R 的有理整函数，以及在 $\alpha=1$ 的情形有更简单的方法去求出 $t', t'', \cdots$；但是所有这些我们在这里应该不去考虑了.

Ⅳ. 最后，在我们求出了 $t, t', t'', \cdots$ 后，由上目的注记Ⅲ，我们立即推出 $t+t'+t''+\cdots=\beta\alpha$，由这就确定了 a 的值，以及利用第346目，由此推出所有其余的均有 γ 项组成的和的值. $b, c, d, \cdots$ 的值同样的可从以下的等式求出，这些等式的正确性对每个细心的读者来说应该是显然的

$$\beta b=R^{\beta-1}t+R^{\beta-2}t'+R^{\beta-3}t''+\cdots,$$
$$\beta c=R^{2\beta-2}t+R^{2\beta-4}t'+R^{2\beta-6}t''+\cdots,$$
$$\beta d=R^{3\beta-3}t+R^{3\beta-6}t'+R^{3\beta-9}t''+\cdots,$$
$$\vdots$$

在对以上的讨论我们所能做出的许多说明中，这里我们只强调一点. 关于最简方程 $x^{\beta}-T=0$ 的解，因为显然在大多数情形 T 是有虚值 $P+\mathrm{i}Q$，所以，正如所知道的，这个方程一方面与某个角（它的正切等于 $\frac{Q}{P}$）等分为 β 份有关，而另一方面与求出某个比（1 与 $\sqrt{P^2+Q^2}$ 之比）的 β 次根有关. 对此最值得注意的是，$\sqrt[\beta]{P^2+Q^2}$ 的值总是可以由已经知道的量来有理表示（这里不详细讨论），因此，除了求平方根之外，为了解方程**仅需**要做的事是去等分某个角，例如对 $\beta=3$，只要三等分一个角.

最后,因为没有不允许我们取 $\alpha=1,\gamma=1$,而这时有 $\beta=n-1$,所以解方程 $x^n-1=0$ 显然一定可化为解一个 $n-1$ 次最简方程 $x^\beta-T=0$,这里 T 由方程 $x^{n-1}-1=0$ 的根确定. 由此借助于上面所做的注记可以推出,为把整个圆周 n 等分就需要:1) 把整个圆周 $n-1$ 等分;2) 把某个另外的弧分为 $n-1$ 等分,而这个弧在第一个等分实现后就可构造出来;3) 求出唯一的一个平方根,而且可以证明这个根总是$\sqrt{n}$.

以上研究在三角函数中的应用　第361 ~ 364目

§107　求对应于(Ω)中每个根的角的方法　第361目

361.

现在我们还要来仔细讨论 Ω 中的根与角$\frac{P}{n},\frac{2P}{n},\frac{3P}{n},\cdots,\frac{(n-1)P}{n}$的三角函数之间的关系. 我们用以求 Ω 中的根的方法还不能使我们识别(如果在上面所说的方法的计算过程中不利用正弦表,然而,利用正弦表是较不直接的方法)对应于每一个所给出的角的是哪一个根,即哪一个根等于 $\cos\frac{P}{n}+\mathrm{i}\sin\frac{P}{n}$,哪一个根等于 $\cos\frac{2P}{n}+\mathrm{i}\sin\frac{2P}{n},\cdots$. 然而,这种不确定性是容易消除的,只要我们注意到角$\frac{P}{n},\frac{2P}{n},\frac{3P}{n},\cdots,\frac{(n-1)P}{2n}$的余弦总是递减的(如果考虑正负号),而这些角的正弦都是正的;角$\frac{(n-1)P}{n},\frac{(n-2)P}{n},\frac{(n-3)P}{n},\cdots,\frac{(n+1)P}{2n}$的余弦相应地和第一组角的余弦分别相等,而第二组角的正弦都是负的,但按绝对值来说它们相应地和第一组角的正弦分别相等. 所以,在 Ω 的根中有最大实部(它们彼此相等)的两个根所对应的角是$\frac{P}{n},\frac{(n-1)P}{n}$,而且,第一个角对应于虚量 i 乘以一个正值的那个根,而第二个角对应于虚量 i 乘以一个负值的那个根. 在其余的 $n-3$ 个根中,有最大实部的根对应于角$\frac{2P}{n},\frac{(n-2)P}{n}$,等. 如果角$\frac{P}{n}$所对应的根已经知道,那么由此就也可这样来确定对应于其他角的根:若记所说的根为[λ],则角$\frac{2P}{n},\frac{3P}{n},\frac{4P}{n},\cdots$ 显然对应于根[2λ],[3λ],[4λ],…. 因此,在第353目的例中立刻可看出,除了[11]外角$\frac{P}{19}$不能对应于任意其他的根,而角$\frac{18P}{19}$除了[8]外不能对应于任意其他的根;同样的,角$\frac{2P}{19},\frac{17P}{19},\frac{3P}{19},\frac{16P}{19},\cdots$相应地对应于根[3],[16],[14],[5],…. 在第354目的例中,显然,角$\frac{P}{17}$对应于根[1],角$\frac{2P}{17}$对应于根[3],…. 这样一来,就完全确定了角$\frac{P}{n}$,

$\frac{2P}{n}$,⋯ 的余弦和正弦.

§108　不用除法从正弦与余弦导出正切,余切,正割及余割　第 362 目

362.

关于这些角的其余的三角函数,当然可以用通常熟知的方法相应地从正弦和余弦来得到. 因此,正割和正切可以相应地由 1 和正弦被余弦去除来求得;余割和余切可以相应地由 1 和余弦被正弦去除来求得. 但是,**在大多数情形,更方便的是利用下面的公式来确定这些函数,在这些公式中不出现除法而仅有加法**. 设 ω 是角 $\frac{P}{n},\frac{2P}{n},\frac{3P}{n},\cdots,\frac{(n-1)P}{n}$ 中的一个,及 $\cos\omega+\mathrm{i}\sin\omega=R$,所以 R 是 Ω 中的一个根;这时有

$$\cos\omega=\frac{1}{2}\left(R+\frac{1}{R}\right)=\frac{1+R^2}{2R},\sin\omega=\frac{1}{2}\left(R-\frac{1}{R}\right)=\frac{\mathrm{i}(1-R^2)}{2R}.$$

由此得

$$\sec\omega=\frac{2R}{1+R^2},\tan\omega=\frac{\mathrm{i}(1-R^2)}{1+R^2},\csc\omega=\frac{2R\mathrm{i}}{R^2-1},\cot\omega=\frac{\mathrm{i}(R^2+1)}{R^2-1}.$$

现在我要来指出,这四个分数的分子可以这样来变形,使得它可被分母整除.

Ⅰ. 由于 $R=R^{(n+1)}=R^{2n+1}$,故有 $2R=R+R^{2n+1}$,而这个表示式显然可被 $1+R^2$ 整除,因为 n 是奇数. 由此得到

$$\sec\omega=R-R^3+R^5-R^7+\cdots+R^{2n-1},$$

因而有(因为 $\sin\omega=-\sin(2n-1)\omega,\sin 3\omega=-\sin(2n-3)\omega,\cdots$,所以显然可推出 $\sin\omega-\sin 3\omega+\sin 5\omega-\cdots+\sin(2n-1)\omega=0$)

$$\sec\omega=\cos\omega-\cos 3\omega+\cos 5\omega-\cdots+\cos(2n-1)\omega,$$

或者,最后可得(因为 $\cos\omega=\cos(2n-1)\omega,\cos 3\omega=\cos(2n-3)\omega,\cdots$)

$$\sec\omega=2[\cos\omega-\cos 3\omega+\cos 5\omega-\cdots\mp\cos(n-2)\omega]\pm\cos n\omega,$$

这里相应于 n 是 $4k+1$ 型或 $4k+3$ 型的数分别取上面或下面的符号. 显然,这个公式也可表为

$$\sec\omega=\pm[1-2\cos 2\omega+2\cos 4\omega-\cdots\pm 2\cos(n-1)\omega].$$

Ⅱ. 如果类似的以 $1-R^{2n+2}$ 代替 $1-R^2$,那么可得

$$\tan\omega=\mathrm{i}(1-R^2+R^4-R^6+\cdots-R^{2n}),$$

或者(因为 $1-R^{2n}=0,R^2-R^{2n-2}=2\mathrm{i}\sin 2\omega,R^4-R^{2n-4}=2\mathrm{i}\sin 4\omega,\cdots$)

$$\tan\omega=2[\sin 2\omega-\sin 4\omega+\sin 6\omega-\cdots\mp\sin(n-1)\omega].$$

Ⅲ. 因为 $1+R^2+R^4+\cdots+R^{2n-2}=0$,所以有

$$\begin{aligned}n&=n-1-R^2-R^4-\cdots-R^{2n-2}\\&=(1-1)+(1-R^2)+(1-R^4)+\cdots+(1-R^{2n-2}),\end{aligned}$$

以及上式中每个括号都被 $1-R^2$ 整除. 因此

$$\frac{n}{1-R^2}=1+(1+R^2)+(1+R^2+R^4)+\cdots+(1+R^2+R^4+\cdots+R^{2n-4})$$
$$=(n-1)+(n-2)R^2+(n-3)R^4+\cdots+R^{2n-4}.$$

上式两边乘以 2,然后减去

$$0=(n-1)(1+R^2+R^4+\cdots+R^{2n-2}),$$

再两边乘以 R,得到

$$\frac{2nR}{1-R^2}=(n-1)R+(n-3)R^3+(n-5)R^5+\cdots-(n-3)R^{2n-3}-(n-1)R^{2n-1},$$

由此立即推出

$$\csc\omega=\frac{1}{n}[(n-1)\sin\omega+(n-3)\sin 3\omega+\cdots-(n-1)\sin(2n-1)\omega]$$
$$=\frac{2}{n}[(n-1)\sin\omega+(n-3)\sin 3\omega+\cdots+2\sin(n-2)\omega]$$

这个公式也可表为

$$\csc\omega=-\frac{2}{n}[2\sin 2\omega+4\sin 4\omega+6\sin 6\omega+\cdots+(n-1)\sin(n-1)\omega].$$

Ⅳ. 如果在上面给出的$\frac{n}{1-R^2}$的值上乘以 $1+R^2$,然后减去

$$0=(n-1)(1+R^2+R^4+\cdots+R^{2n-2}),$$

那么就得到

$$\frac{n(1+R^2)}{1-R^2}=(n-2)R^2+(n-4)R^4+(n-6)R^6+\cdots-(n-2)R^{2n-2}$$

由此立刻推出

$$\cot\omega=\frac{1}{n}[(n-2)\sin 2\omega+(n-4)\sin 4\omega+(n-6)\sin 6\omega+\cdots-$$
$$(n-2)\sin(n-2)\omega]=\frac{2}{n}[(n-2)\sin 2\omega+$$
$$(n-4)\sin 4\omega+\cdots+3\sin(n-3)\omega+\sin(n-1)\omega],$$

而且这个公式还可表为

$$\cot\omega=-\frac{2}{n}[\sin\omega+3\sin 3\omega+\cdots+(n-2)\sin(n-2)\omega].$$

§109 逐次降低关于三角函数的方程次数的方法 第 363,364 目

363.

当 $n-1=ef$ 时,如果已知所有均由 f 项组成的 e 个和的值,那么函数 X 可分解为 e 个 f 次因式的乘积(第 348 目). 与此相同,如果我们假定 $Z=0$ 是一个 $n-1$ 次方程,其根是

角$\frac{P}{n},\frac{2P}{n},\frac{3P}{n},\cdots,\frac{(n-1)P}{n}$的正弦或任意其他三角函数,那么我们也可以把函数 Z 分解为 e 个 f 次因式的乘积. 这个方法的基本要点如下.

假设 Ω 由以下 e 个均有 f 项的周期组成:$(f,1)=P,P',P'',\cdots$,以及周期 P 由根$[1]$,$[a]$,$[b]$,$[c]$,$\cdots$ 组成,周期 P' 由根$[a']$,$[b']$,$[c']$,$\cdots$ 组成,周期 P'' 由根$[a'']$,$[b'']$,$[c'']$,$\cdots$ 组成,……. 进而,设根$[1]$ 对应于角 ω,因而根$[a]$,$[b]$,$\cdots$ 就对应于角 $a\omega$,$b\omega$,$\cdots$,根$[a']$,$[b']$,$\cdots$ 就对应于角 $a'\omega$,$b'\omega$,$\cdots$,以及根$[a'']$,$[b'']$,$\cdots$ 就对应于角 $a''\omega$,$b''\omega$,$\cdots$,等. 这时容易看出,所有这些角合在一起与角$\frac{P}{n},\frac{2P}{n},\frac{3P}{n},\cdots,\frac{(n-1)P}{n}$全体相重合,确切地说,第一组角的这个三角函数与第二组角的这个三角函数相重合①. 因此,如果把我们所考虑的三角函数记为在角的值之前放置字母 φ,假定因式

$$x-\varphi(\omega),x-\varphi(a\omega),x-\varphi(b\omega),\cdots$$

的乘积等于 Y,因式 $x-\varphi(a'\omega)$,$x-\varphi(b'\omega)$,$\cdots$ 的乘积等于 Y',以及因式 $x-\varphi(a''\omega)$,$x-\varphi(b''\omega)$,$\cdots$ 的乘积等于 Y'',等,那么显然有 $YY'Y''\cdots=Z$. 剩下还需要指出的只是函数 $Y,Y',Y'',\cdots$ 的所有系数可表为以下形式

$$A+B(f,1)+C(f,g)+D(f,g^2)+\cdots+L(f,g^{(e-1)})$$

因为它们显然可以认为是已知的,只要已知所有均由 f 项组成的和的值. 我们用以下的方法来证明这一点.

正如

$$\cos\omega=\frac{1}{2}[1]+\frac{1}{2}[1]^{(n-1)},\sin\omega=-\frac{1}{2}\mathrm{i}[1]+\frac{1}{2}\mathrm{i}[1]^{(n-1)}$$

一样,由上一目可知,角 ω 的所有其余的三角函数可以表为这样的形式:$\mathfrak{A}+\mathfrak{B}[1]+\mathfrak{C}[1]^2+\mathfrak{D}[1]^3+\cdots$,以及直接可以看出,若 k 是某个整数,则 $k\omega$ 的这个函数将等于 $\mathfrak{A}+\mathfrak{B}[k]+\mathfrak{C}[k]^2+\mathfrak{D}[k]^3+\cdots$. 但因为 Y 中的各个系数是 $\varphi(\omega)$,$\varphi(a\omega)$,$\varphi(b\omega)$,$\cdots$ 的对称有理整函数,所以,如果我们对这些量以它们的值来代入,那么显然各个系数将变为是$[1]$,$[a]$,$[b]$,$\cdots$ 的对称有理整函数,因此根据第347目,它们可化为 $A+B(f,1)+C(f,g)+\cdots$ 的形式. 完全同样的理由,也可把函数 $Y',Y'',\cdots$ 的所有系数都化为类似的形式.

364.

关于上一目中的问题,我们还要添加几个注记.

Ⅰ. 因为,正如周期 P 中的根的函数给出了 Y 中的各个系数一样,Y' 中的各个系数是周期 P'(它可以表为(f,a'))中的根的相应的函数,所以,从第347目显然可推出,在把 Y 中各处的$(f,1)$,(f,g),(f,g^2),$\cdots$ 分别以(f,a'),$(f,a'g)$,$(f,a'g^2)$,$\cdots$ 来代替,就得到 Y'; 同样的, 在把 Y 中各处的$(f,1)$, (f,g), (f,g^2),$\cdots$ 分别以(f,a''), $(f,a''g)$,

① 两个角相同是在这样的意义下,如果它们的差等于全圆周或它的整数倍;如果我们在推广的意义上利用同余这一术语的话,这样的角我们可称为是对全圆周同余.

$(f, a''g^2)$,… 来代替,就得到 Y'';等等. 所以,如果找到了函数 Y,那么其余的函数 Y', Y'',… 就立刻可由它得到.

Ⅱ. 如果我们假定

$$Y = x^f - \alpha x^{f-1} + \beta x^{f-2} - \cdots$$

那么,系数 α, β,… 就分别等于方程 $Y=0$ 的根的和,即量 $\varphi(\omega), \varphi(a\omega), \varphi(b\omega)$,… 的和,这些量的两两乘积之和,…. 但是在大多数情形,利用类似于第 349 目的方法去求这些系数可以容易得多,这就是,首先去求根 $\varphi(\omega), \varphi(a\omega), \varphi(b\omega)$,… 的和,这些根的平方和,…,然后利用 Newton 公式来得到这些系数. 当 φ 表示正切,正割,余切,或余割时,我们还有其他的辅助方法(简化这一过程的方法),但是我们不在这里讨论了.

Ⅲ. 对 f 是偶数的情形值得单独考虑,因为这时周期 P, P', P'',… 中的每一个都是由 $\frac{1}{2}f$ 个均有两项的周期所组成. 如果周期 P 是由周期 $(2,1), (2,\mathfrak{a}), (2,\mathfrak{b}), (2,\mathfrak{c})$,… 所组成,那么数 $1, \mathfrak{a}, \mathfrak{b}, c$,… 和数 $n-1, n-\mathfrak{a}, n-\mathfrak{b}, n-\mathfrak{c}$,… 合在一起就是全部的数 $1, a, b, c$,…,或者至少(在这里这是一样的)与后一组数对模 n 同余. 但是 $\varphi((n-1)\omega) = \pm\varphi(\omega), \varphi((n-\mathfrak{a})\omega) = \pm\varphi(\mathfrak{a}\omega)$,…,在这里当 φ 表示余弦或正割时要取上面的符号,而当 φ 表示正弦,正切,余切或余割时要取下面的符号. 由此推出,在前 2 种情形,构成 Y 的因式将是两两相等的,因此 Y 是一个平方,即 $Y = y^2$,这里 y 等于以下因式的乘积

$$x - \varphi(\omega), x - \varphi(\mathfrak{a}\omega), x - \varphi(\mathfrak{b}\omega), \cdots.$$

在同样的情形,其余的函数 Y', Y'',… 也都是平方,而且,如果设 P' 是由 $(2,\mathfrak{a}'), (2,\mathfrak{b}'), (2,\mathfrak{c}')$,… 所组成;$P''$ 是由 $(2,\mathfrak{a}''), (2,\mathfrak{b}''), (2,\mathfrak{c}'')$,… 所组成; 等等, 以及设因式 $x - \varphi(\mathfrak{a}'\omega), x - \varphi(\mathfrak{b}'\omega), x - \varphi(\mathfrak{c}'\omega)$,… 的乘积等于 y',因式 $x - \varphi(\mathfrak{a}''\omega), x - \varphi(\mathfrak{b}''\omega), x - \varphi(\mathfrak{c}''\omega)$,… 的乘积等于 y'',等等,那么就有 $Y' = y'^2, Y'' = y''^2$,等等. 进而,函数 Z 也是一个平方(参看第 337 目),即是乘积 $yy'y''\cdots$ 的平方. 同样容易看出,如同在注记 Ⅰ 中所指出的,$Y', Y''\cdots$ 可以由 Y 来得到一样,y', y'',… 也可以由 y 来得到;y 的各个系数可表为

$$A + B(f,1) + C(f,g) + \cdots$$

的形式,因为方程 $y=0$ 的根的各次幂的和显然等于方程 $Y=0$ 的根的相同次幂的和的一半,所以可表为这样的形式.

在后四种情形,Y 是以下因式的乘积

$$x^2 - (\varphi(\omega))^2, x^2 - (\varphi(\mathfrak{a}\omega))^2, x^2 - (\varphi(\mathfrak{b}\omega))^2, \cdots,$$

所以有以下的形式

$$Y = x^f - \lambda x^{f-2} + \mu x^{f-4} - \cdots,$$

显然系数 λ, μ,… 可以由根 $\varphi(\omega), \varphi(\mathfrak{a}\omega), \varphi(\mathfrak{b}\omega)$,… 的平方和,四次方和等来得到;同样的结论对函数 $Y', Y''\cdots$ 也成立.

例 Ⅰ 假定 $n=17, f=8$,及 **φ 表示余弦**. 这时

$$Z = \left(x^8 + \frac{1}{2}x^7 - \frac{7}{4}x^6 - \frac{3}{4}x^5 + \frac{15}{16}x^4 + \frac{5}{16}x^3 - \frac{5}{32}x^2 - \frac{1}{32}x + \frac{1}{256}\right)^2$$

以及需要把$\sqrt{Z}$ 分解为两个 4 次因式 y,y'. 周期 $P=(8,1)$ 由$(2,1)$,$(2,9)$,$(2,13)$,$(2,15)$ 组成,所以 y 是因式

$$x-\varphi(\omega),x-\varphi(9\omega),x-\varphi(13\omega),x-\varphi(15\omega)$$

的乘积.

如果以$\frac{1}{2}[k]+\frac{1}{2}[n-k]$ 代 $\varphi(k\omega)$,我们可得

$$\varphi(\omega)+\varphi(9\omega)+\varphi(13\omega)+\varphi(15\omega)=\frac{1}{2}(8,1);$$

$$(\varphi(\omega))^2+(\varphi(9\omega))^2+(\varphi(13\omega))^2+(\varphi(15\omega))^2=2+\frac{1}{4}(8,1);$$

同样可得,3 次方的和等于$\frac{3}{8}(8,1)+\frac{1}{8}(8,3)$,4 次方的和等于$1\frac{1}{2}+\frac{5}{16}(8,1)$. 由此利用 Newton 定理确定 y 的系数,我们得到

$$y=x^4-\frac{1}{2}(8,1)x^3+\frac{1}{4}[(8,1)+2(8,3)]x^2-\frac{1}{8}[(8,1)+3(8,3)]x+\frac{1}{16}[(8,1)+(8,3)];$$

只要在上式中交换$(8,1)$ 和$(8,3)$,就由 y 得到 y'. 现在,如果$(8,1)$ 与$(8,3)$ 以 $-\frac{1}{2}+\frac{1}{2}\sqrt{17}$ 与 $-\frac{1}{2}-\frac{1}{2}\sqrt{17}$ 代入,那么就得到

$$y=x^4+\left(\frac{1}{4}-\frac{1}{4}\sqrt{17}\right)x^3-\left(\frac{3}{8}+\frac{1}{8}\sqrt{17}\right)x^2+\left(\frac{1}{4}+\frac{1}{8}\sqrt{17}\right)x-\frac{1}{16},$$

$$y'=x^4+\left(\frac{1}{4}+\frac{1}{4}\sqrt{17}\right)x^3-\left(\frac{3}{8}-\frac{1}{8}\sqrt{17}\right)x^2+\left(\frac{1}{4}-\frac{1}{8}\sqrt{17}\right)x-\frac{1}{16}.$$

类似的方法可把$\sqrt{Z}$ 分解为四个 2 次因式,这些因式中的第一个是$(x-\varphi(\omega))(x-\varphi(13\omega))$,第二个是$(x-\varphi(9\omega))(x-\varphi(15\omega))$,第三个是$(x-\varphi(3\omega))(x-\varphi(5\omega))$,第四个是$(x-\varphi(10\omega))(x-\varphi(11\omega))$,以及这些因式的所有系数可用四个和$(4,1)$,$(4,9)$,$(4,3)$,$(4,10)$ 来表示. 显然,第一和第二个因式的乘积等于 y,第三和第四个因式的乘积等于 y'.

例 Ⅱ 如果以φ **表示正弦**,而所有其余的都不变,这样就有

$$Z=x^{16}-\frac{17}{4}x^{14}+\frac{119}{16}x^{12}-\frac{221}{32}x^{10}+\frac{935}{256}x^8-\frac{561}{512}x^6+\frac{357}{2\,048}x^4-\frac{51}{4\,096}x^2+\frac{17}{65\,536}$$

需要分解为两个 8 次因式 y,y' 的乘积,那么 y 是四个 2 次因式

$$x^2-(\varphi(\omega))^2,x^2-(\varphi(9\omega))^2,x^2-(\varphi(13\omega))^2,x^2-(\varphi(15\omega))^2$$

的乘积. 但因为 $\varphi(k\omega)=-\frac{1}{2}\mathrm{i}\,[k]+\frac{1}{2}\mathrm{i}\,[n-k]$,所以

$$(\varphi(k\omega))^2 = -\frac{1}{4}[2k] + \frac{1}{2}[n] - \frac{1}{4}[2n-2k] = \frac{1}{2} - \frac{1}{4}[2k] - \frac{1}{4}[2n-2k].$$

由此我们可求出,根 $\varphi(\omega)$,$\varphi(9\omega)$,$\varphi(13\omega)$,$\varphi(15\omega)$ 的平方和的值是 $2-\frac{1}{4}(8,1)$,它们的 4 次方和的值是 $\frac{3}{2}-\frac{3}{16}(8,1)$,它们 6 次方和的值是 $\frac{5}{4}-\frac{9}{64}(8,1)-\frac{1}{64}(8,3)$,以及它们的 8 次方和的值是 $\frac{35}{32}-\frac{27}{256}(8,1)-\frac{1}{32}(8,3)$. 由此推出

$$y = x^8 - \left(2-\frac{1}{4}(8,1)\right)x^6 + \left(\frac{3}{2}-\frac{5}{16}(8,1)+\frac{1}{8}(8,3)\right)x^4 - \left(\frac{1}{2}-\frac{9}{64}(8,1)+\frac{5}{64}(8,3)\right)x^2 + \frac{1}{16}-\frac{5}{256}(8,1)+\frac{3}{256}(8,3),$$

在上式中交换(8,1) 和(8,3) 就由 y 得到 y',所以,代入这些和的值就得到

$$y = x^8 - \left(\frac{17}{8}-\frac{1}{8}\sqrt{17}\right)x^6 + \left(\frac{51}{32}-\frac{7}{32}\sqrt{17}\right)x^4 - \left(\frac{17}{32}-\frac{7}{64}\sqrt{17}\right)x^2 + \frac{17}{256}-\frac{1}{64}\sqrt{17},$$

$$y' = x^8 - \left(\frac{17}{8}+\frac{1}{8}\sqrt{17}\right)x^6 + \left(\frac{51}{32}+\frac{7}{32}\sqrt{17}\right)x^4 - \left(\frac{17}{32}+\frac{7}{64}\sqrt{17}\right)x^2 + \frac{17}{256}+\frac{1}{64}\sqrt{17}.$$

同样的,Z 可分解为四个因式,它们的系数可用那些均由 4 项组成的和表示,而且其中两个因式的乘积等于 y,另外两个因式的乘积等于 y'.

§110 利用解二次方程或几何作图方法可实现的圆周的等分 第 365,366 目

365.

这样一来,通过上面的讨论,当 n 是素数时我们把圆周 n 等分的问题归结为去解若干个方程,方程的个数就等于 $n-1$ 所分解的因数的个数,而方程的次数由因数的值确定. 如果 $n-1$ 是 2 的方幂,当 $n=3,5,17,257,65\ 537,\cdots$ 时就是这样的情形,那么圆周的等分就归结为只要去解二次方程,以及角 $\frac{P}{n},\frac{2P}{n},\cdots$ 的三角函数可以通过多少有点复杂的(依赖于 n 的大小)二次根式来表示. 因此,在这些情形,圆周分为 n 等分或作正 n 边形就可以用几何作图方法来实现①. 例如,对 $n=17$,由第 354,361 目我们可得到角 $\frac{1}{17}P$ 的余弦的表示式

$$-\frac{1}{16}+\frac{1}{16}\sqrt{17}+\frac{1}{16}\sqrt{34-2\sqrt{17}}+\frac{1}{8}\sqrt{17+3\sqrt{17}-\sqrt{34-2\sqrt{17}}-2\sqrt{34+2\sqrt{17}}}.$$

这个角的倍数的余弦有类似的形式,但正弦的表示式将多一重平方根号. 最为美妙而令

① 1796 年 3 月 30 日,发现了可用几何方法将圆周作 17 等分.——Gauss 手写的注.

人惊奇的是，虽然在Euclid时代就已经知道，可以用几何方法将圆分为三份和五份，但是两千多年来，没有任何进一步的发现，而且，所有数学家都认为，除了所说的这些等分，以及可由它们直接导出的等分，即分为15，$3 \times 2^{(\mu)}$，$5 \times 2^{(\mu)}$，$15 \times 2^{(\mu)}$ 及 $2^{(\mu)}$ 等分之外，没有其他的等分可由几何作图来实现. 容易证明：如果 $n = 2^{(m)} + 1$ 是素数，那么指数 m 除了2以外不能有其他的素因数，因而它等于1，或2，或2的更高次幂；事实上，如果 m 被某个奇数 ζ（大于1）整除，使得 $m = \zeta\eta$，那么 $2^{(m)} + 1$ 将被 $2^{\eta} + 1$ 整除，所以一定是合数. 这样一来，仅能导致二次方程的所有 n 的值都是 $2^{2^{v}} + 1$ 的形式；因此，如果取 $v = 0,1,2,3,4$ 或 $m = 1,2,4,8,16$，那么就得到3，5，17，257，65 537. 但是，圆周的几何等分并不能对**所有**这种形式的数来实现，而只能对这种形式的素数来实现. 的确，从归纳的考虑，Fermat 断言所有这种形式的数一定是素数；但是 Euler 第一个指出了，对 $v = 5$ 或 $m = 32$ 这个法则是不成立的，因为数 $2^{32} = 4\ 294\ 967\ 297$ 有因数641.

如果除了2以外，$n - 1$ 还有其他的素因数，那么总将导致更高次的方程，这就是说，如果3在 $n - 1$ 的素因数中出现一次或若干次，那么就将有一个或若干个三次方程；如果 $n - 1$ 被5整除，那么就将有五次方程；等. **我们能够完全严格地证明：用任何方法都既不能避开这些较高次的方程，也不能把它们化为较低次的方程**，虽然限于本书的篇幅这里不能给出这个证明，但是，我们要给出这样的忠告，任何人都不要指望利用几何作图去实现不同于我们的理论所提出的那些等分，例如，分割为7，11，13，19，… 等份，以免无效地浪费他的时间.

366.

如果要将圆周分为 a^{α} 份，这里 a 是素数，那么当 $a = 2$ 时，显然这总是可用几何方法来实现，但对任意其他的值 a，只要 $\alpha > 1$，这是不可能的；因为，这时除了为分成 a 份所需的那些方程以外，还必须去解另外的 $\alpha - 1$ 个 a 次方程；而这些方程不可能用任何方法来避开或简化. 所以，所需的方程的次数总是等于数 $(a - 1)a^{\alpha-1}$ 的素因数（也包括 $\alpha = 1$ 的情形）.

最后，如果要将圆周等分为 $N = a^{\alpha}b^{\beta}c^{\gamma}\cdots$ 份，这里 $a, b, c, \cdots$ 是不相等的素数，那么去实现将圆周分为 $a^{\alpha}, b^{\beta}, c^{\gamma}, \cdots$ 份就足够了（第336目）；所以，为了知道为此目的所需要的方程的次数，我们必须考虑数

$$(a - 1)a^{\alpha-1}, (b - 1)b^{\beta-1}, (c - 1)c^{\gamma-1}, \cdots$$

的素因数，或者同样地考虑它们乘积的素因数. 要指出的是，这些数的乘积是表示与 N 互素且小于 N 的数的个数（第38目）. 因此，仅当这个数是2的方幂时，才能够用几何方法来实现这种等分；如果这个数还有不等于2的素因数，设为 $p, p', \cdots$，那么就不可避免要出现次数为 $p, p', \cdots$ 的某种形式的方程. 由此，一般地，我们可断言，为了用几何方法将圆周等分为 N 份，那么 N 必须，**要么**是2或2的高次幂；**要么**是形如 $2^{(m)} + 1$ 的素数，或几个这种形式的不同的素数的乘积；**要么**是一个或几个这种不同的素数的乘积再乘以2或2的高次幂. 简单地说，N 必须既不包含不是 $2^{(m)} + 1$ 形式的奇素因数，也不包含任意 $2^{(m)} +$

1 型素数的高于 1 次幂的因数. 不超过 300 的这种 N 有以下的 38 个值

2,3,4,5,6,8,10,12,15,16,17,20,24,30,32

34,40,48,51,60,64,68,80,85,96,102,120,128

136,160,170,192,204,240,255,256,257,272①

---

① 如果所有形如$2^{2^{(m)}}+1$的数都是素数的话,那么对于小于给定的数M所讨论的这种数(N)的个数的足够精确的表达式是$\frac{1}{2}\left(\frac{\log M}{\log 2}\right)^{2}$. ——Gauss 手写的注.

补　记

关于第 28 目

不定方程 $ax = by \pm 1$ 的解法不是首先由杰出的 Euler 所得到的(如原文所说),而是由十七世纪的数学家,Diophantus 的有名的编者和注释者 Bachet de Meziriac 所给出的.是著名的 Lagrange 认定这一荣誉属于 Euler(见《*Add. à l'Algèbre d'Euler*》, p. 525,文中同时指出了这方法的本质). Bachet 在他的著作《*Problèmes plaisans et délectables qui se font par les nombres*,1624》的第二版中发表了他的发现. 在我只见过的该书的第一版(Lyon,1612)中,并不包括这一发现,虽然提及了它.

关于第 151,296,297 目

著名的 Legendre 在他的精彩著作《*Essai d'une théorie des nombres*》中(第214页及其后)再一次发表了他的证明,但是没有本质上的改变,所以我们在第297目中对他的方法所提出的异议仍然有效. 虽然在该书中(第 12 页及其后)对如下定理(一个假定就是建立在它的基础上)作了更详细的讨论:若 l 和 k 没有公约数,则在算术数列 $l, l+k, l+2k, \cdots$ 中必有素数,可是在数学严格性的意义上看还是做得不够充分. 然而,即使完全证明了这个定理,他还有另外一个假定(一定存在 $4n+3$ 型素数,使得给定的正的 $4n+1$ 型素数是它的二次非剩余),我不知道,不以已经知道基本定理为前提,能否给出它的严格的证明. 但是,应该指出,Legendre 对作这第二个假定,既没有默认也没有把他的注意力集中于它(第 221 页).

关于第 288 ~ 293 目

关于这个问题(在这里它作为三元型理论的一个特殊应用加以研究,而且这个问题应该这样来透彻地加以研究,以使得在严格性与一般性方面达到如此完美的程度,我们不能再有更多的奢求.),Legendre 在他的著作的第三部分(第 321 ~ 400 页)相当充分地进行过研究* 他所用的原理与方法与我们的迥然不同,但他在其中也遇到了许多困难,这些困难阻碍他未能对这些非同寻常的定理给出严格的证明. 他坦率地指出了这些困难;但是,如果我们没有弄错的话,它们可以用比上面提及的定理(以"在任意一个算术级数中 …"开头的那一个定理)的研究中更容易地获得解决(第 371 页的足注).

---

* 虽然我们没有指出,读者也不应该将我们所说的三元型与 Legendre 所谓的 forme trinaire d'unnombre 相互混淆. 他的这个表达方式的含义是将一个数表示成三个平方数之和.

关于第 306 目的 Ⅷ

在第三千个负的判别式中有 37 个是非正则的;其中有 18 个的非正则指数是 2,另外 19 个的非正则指数是 3.

关于第 306 目的 Ⅹ

不久以前我们有幸完全解决了这里提出的问题;我们最有可能在这本书的续集中发表这项研究,它以令人惊叹的方式描述了高等算术以及分析中的许多问题. 结果在于:第 304 目中的系数 m 等于 $\gamma\pi = 2.3458847616$,其中 γ 是与第 302 目中同样的量,而 π 则是半径为 1 的圆的周长的一半.

附　表

表 1

		2	3	5	7	11	13	17	19	23	29	31	37	41	43	47	53	59	61	67	71	73	79	83	89
3	2	1																							
5	2	1	3																						
7	3	2	1	5																					
9	2	1	*	5	4																				
11	2	1	8	4	7																				
13	6	5	8	9	7	11																			
16	5	*	3	1	2	1	3																		
17	10	10	11	7	9	13	12																		
19	10	17	5	2	12	6	13	8																	
23	10	8	20	15	21	3	12	17	5																
25	2	1	7	*	5	16	19	13	18	11															
27	2	1	*	5	16	13	8	15	12	11															
29	10	11	27	18	20	23	2	7	15	24															
31	17	12	13	20	4	29	23	1	22	21	27														
32	5	*	3	1	2	5	7	4	7	6	3	0													
37	5	11	34	1	28	6	13	5	25	21	15	27													
41	6	26	15	22	39	3	31	33	9	36	7	28	32												
43	28	39	17	5	7	6	40	16	29	20	25	32	35	18											
47	10	30	18	17	38	27	3	42	29	39	43	5	24	25	37										
49	10	2	13	41	*	16	9	31	35	32	24	7	38	27	36	23									
53	26	25	9	31	38	46	28	42	41	39	6	45	22	33	30	8									
59	10	25	32	34	44	45	23	14	22	27	4	7	41	2	13	53	28								
61	10	47	42	14	23	45	20	49	22	39	25	13	33	18	41	40	51	17							
64	5	*	3	1	10	5	15	12	7	14	11	8	9	14	13	12	5	1	3						
67	12	29	9	39	7	61	23	8	26	20	22	43	44	19	63	64	3	54	5						
71	62	58	18	14	33	43	27	7	38	5	4	13	30	55	44	17	59	29	37	11					
73	5	8	6	1	33	55	59	21	62	46	35	11	64	4	51	31	53	5	58	50	44				
79	29	50	71	34	19	70	74	9	10	52	1	76	23	21	47	55	7	17	75	54	33	4			
81	11	25	*	35	22	1	38	15	12	5	7	14	24	29	10	13	45	53	4	20	33	48	52		
83	50	3	52	81	24	72	67	4	59	16	36	32	60	38	49	69	13	20	34	53	17	43	47		
89	30	72	87	18	7	4	65	82	53	31	29	57	77	67	59	34	10	45	19	32	26	68	46	27	
97	10	86	2	11	53	82	83	19	27	79	47	26	41	71	44	60	14	65	32	51	25	20	42	91	18

表 2

	-1	+2	+3	+5	+7	+11	+13	+17	+19	+23	+29	+31	+37	+41	+43	+47	+53	+59	+61	+67	+71	+73	+79	+83	+89	+97
3			—		—		—		—			—	—		—				—	—		—	—			—
5	—			—		—			—		—	—		—				—	—		—		—		—	
7		—			—	—				—	—		—		—		—			—	—		—			
11			—	—		—				—		—	—			—	—	—		—	—				—	—
13	—		—				—	—		—	—				—		—		—				—			
17	—	—					—	—	—						—	—	—	—		—				—	—	
19				—	—	—		—	—	—					—	—			—			—		—		
23		—	—				—			—	—	—		—		—		—			—	—				
29	—			—	—		—			—	—						—	—		—	—			—		
31		—		—	—				—			—		—		—		—		—	—					—
37	—		—		—	—							—	—		—	—			—	—	—		—		
41	—	—		—						—		—	—	—	—			—	—			—		—		
43						—	—	—		—		—		—	—	—	—	—		—			—	—		—
47		—	—		—			—					—			—	—	—	—		—		—	—	—	—
53	—				—	—	—	—			—		—		—	—	—	—							—	—
59			—	—	—			—	—		—			—			—	—			—		—			
61	—		—	—			—		—					—		—			—			—		—		—
67								—	—	—	—		—			—		—		—	—	—		—	—	
71		—	—	—					—		—		—		—						—	—	—	—	—	
73	—	—	—						—	—			—	—					—	—	—	—	—		—	—
79		—		—		—	—		—	—		—								—		—	—	—	—	—
83			—		—	—		—		—	—	—	—	—				—	—					—		
89	—	—		—		—		—								—	—			—	—	—	—		—	—
97	—	—	—			—						—			—	—	—		—			—	—		—	—

表 3

3	(0)..3;(1)..6.
7	(0)..142857.
9	(0)..1;(1)..2;(2)..4;(3)..8;(4)..7;(5)..5.
11	(0)..09;(1)..18;(2)..36;(3)..72;(4)..45.
13	(0)..076923;(1)..461538.
17	(0)..0588235294 117647.
19	(0)..0526315789 47368421.
23	(0)..0434782608 0695652173913.
27	(0)..037;(1)..074;(2)..148;(3)..296;(4)..592;(5)..185.
29	(0)..0344827586 2068965517 24137931.
31	(0)..032280645 16129;(1)..5483870967 74193.
37	(0)..027;(1)..135;(2)..675;(3)..378;(4)..891;(5)..459;(6)..297;(7)..486;(8)..432;(9)..162;(10)..810;(11)..054.
41	(0)..02439;(1)..14634;(2)..87804;(3)..26829;(4)..60975;(5)..65853;(6)..95121;(7)..70731.
43	(0)..0232558139 5348837209 3;(1)..6511627906 9767441860 4.
47	(0)..0212765957 4468085106 3829787234 0425531914 893617.
49	(0)..0204081632 6530612244 8979591836 7346938775 51.
53	(0)..0188679245 283;(1)..4905660377 358;(2)..7547169811 320;(3)..6226415094 399.
59	(0)..0169491525 4237288135 5932203389 8305084745 7627118644 06779661.
61	(0)..0163934426 2295081967 2131147540 9836065573 7704918032 7868852459.
67	(0)..0149253731 3432835820 8955223880 597;(1)..1791044776 1194029850 7462686567 164.
71	(0)..0140845070 4225352112 6760563380 28169;(1)..8732394366 1971830985 9154929577 46478.
73	(0)..01369863; (1)..06849315; (2)..34246575; (3)..71232876; (4)..56164383; (5)..80821917;(6)..04109589;(7)..20547945;(8)..02739726.
79	(0)..0126582278 481;(1)..3670886075 949;(2)..6455696202 531;(3)..7215189873 417;(4)..9240506329 113;(5)..7974683544 303.
81	(0)..012345679;(1)..135802469;(2)..493827160;(3)..432098765;(4)..753086419;(5)..283950617.
83	(0)..0120481927 7108433734 9397590361 4457831325 3; (1)..6024096385 5421686746 9879518072 2891566265 0.
89	(0)..0112359550 5617977528 0898876404 4943820224 7191; (1)..3370786516 8539325842 6966292134 8314606741 5730.
97	(0)..0103092783 5051546391 7525773195 87628865979 381443298 9690721649 4845360824 7422680412 3711340206 185567.

译者注

译注按各篇分别编号,以[x] 表示第 x 个译注. 注中所引的参考书《初等数论》是潘承洞、潘承彪著,北京大学出版社出版的第二版.

第一篇

[1] 本篇拉丁文原题是"DE NUMERORUM CONGRUENTIA IN GENERE",其中的 congruentia 为阴性名词,英语解释为

1. Accordance,consistency,2. An appropriate manner,3. Similarity,likeness,Symmetry,good proportion.

congruentia 的中译名似可取:相合、相宜、相称、相似、相当、相配、相匹、相符,甚至可取:合同、同类.

俄译本篇题译为:"О СРАВНИМОСТИ ЧИСЕЛ ВООБЩЕ",德译本篇题译为:"Von der congruenz der Zahlen im Allgemeinen",均与拉丁文一致.

原篇题的中文直译应是"一般的数的 congruentia" 或"数的一般的 congruentia",这看来应该是 Gauss 提出这一现在我们称之为"同余" 的概念时的想法,这里我们就直接译为"数的同余".

法译本译为:"Des Nombres congru en general". 英译本译为"CONGRUENT NUMBERS IN GENERAL",其中 congruentia 被分别译为 congrus,congruent,都是形容词,改了词性.

第 1 目

[2] 除模以外,其他的数当然也可取 0.

第 2 目

[3] 这里的"mod." 是 Gauss 原用符号,现在通用的是"mod",省去了缩写号".",以后我们将用后者.

第 4 目

[4] 这里要注意的是 Gauss 说的"最小剩余" 的含意,除 0 以外有两种可能. 以后,Gauss 把正的那些称为最小正剩余,把负的那些称为最小负剩余. 此外,以后在具体问题中 Gauss 说到"最小剩余" 时,根据具体情况可以确定他指的是 $0,1,2,\cdots,m-1$ 还是 $0,-1,-2,\cdots,-(m-1)$. 他似乎是把前一组数称为最小正剩余,后一组数称为最小负

剩余.

第 11 目

[5] 这是要证明的,可以利用后面第 19 目中的结论来证.

[6] 作者在序言中作了说明,他原计划的《探索》包含八篇,第八篇讨论高次同余方程,已经基本完成.但在付印时,为了减少篇幅,Gauss 决定删去第八篇.

第二篇

第 16 目

[1] 这也是需要证明的,例如,可参看……

第 18 目

[2] 这应该是指 Euclid 算法.用它可求两个数的最大公约数,以及进而利用最大公约数的性质来求多个数的最大公约数.在第 27 目讨论了用 Euclid 算法来求解二元一次不定方程.

第 25 目

[3] Gauss 这里所说的"包含未知数的同余式",现在通常称为同余方程.此后,我们将用这一术语.而对不包含未知数的同余关系表示式称为同余式.

[4] 同余方程的次数还应和模有关,参看第 43,44 目.

第 28 目

[5] Gauss 后来发现不定方程 $ax = by \pm 1$ 的解法不是首先由 Euler 得到的.参看书末补记中的注记.

第 36 目

[6] 十五年历(indiction)是:古罗马的财政年度.由 9 月 1 日起算.8 世纪晚期查理曼采用后,这一历法传入法国.16 世纪以后不再采用,但在某些历书中仍然出现.这里的 A 就是十五年历的周期数等于 15.金号码(golden number)是:在纪年法中,太阳年或历年在一个默冬周(Metonic cycle)里的位置的序数.一个默冬周为 19 年.经过一个默冬周后,月球重新回复到相同的月相.这样一来,金号码就用来确定复活节的日期.它的次序以 1 月 1 日正好是新月的那一年开始.这里的 B 就是一个默冬周数等于 19.太阳活动周(solar cycle)是:几种重要太阳活动重复发生的时间间隔.这一周期平均为 22 年,它包含两个 11 年的太阳黑子周期,….太阳黑子的 11 年基本周期(有时也称太阳活动周)是德国业余天文学家施瓦贝(Schwabe,Samuel Heinrich,1789 ~ 1875)于 1843 年宣布发现的.但在 Gauss 的时代太阳活动周的周期认为是 28 年,所以 C 等于 28.儒略周期(Julian period)(它同儒略历(Julian calendar)是不同的两回事)现在主要是天文学家使用的一种记日系统,自公元前 4713 年 1 月 1 日起连续计日.它是由一位名为 J·J·斯卡里格的学者在 1582 年设计出来的.他提出了一个计算日期的 7 980 年周期,用来确定以不同的纪年法、纪元或历法所记录的不同历史事件之间所经过的时间.选择 7 980 年的长度是因为它是 $15 \times 19 \times 28$ 的积(15,19 和 28 的意义就是上面所说的).选择公元前 4713 年作为历

元或起算点,是因为它在过去年代中是这三个周期一同开始的最近一年. 儒略年份(Julian year)就是该年在儒略周期中的序数. 以上说明摘编自《简明不列颠百科全书》(中国大百科全书出版社,1986).

第 37 目

[7] Gauss 所说的"没有公约数"的意思是它们只有显然的公约数 1,即它们是互素的.

第 38 目

[8] Gauss 原来的符号是 φA,现在都用 $\varphi(A)$,所以这里作了改动.

第 40 目

[9] 在拉丁文原版中,这一段译文的原文是这样写的:共有两段,一段讨论三个数的情形,一段讨论四个数的情形,但在这两段正文中没有完全严格的证明,而在讨论三个数的情形的一段中 Gauss 加了注,给出了严格的证明. 此外,在后面还有 Gauss 手写的注. 译文是根据俄文版,把这些结合起来改写的. 德文版、英文版也都是这样写的,但法文版未改.

第三篇

第 52 目

[1] Gauss 原来的符号是 ψd,现在都用 $\psi(d)$,所以这里作了改动.

第 53 目

[2] 对模 p 属于指数 d 的数 a,通常也说 a 对模 p 的指数为 d.

第 57 目

[3] 当然,指标不仅和模 p 有关,也和所取的作为基的原根 a 有关,通常是说,e 是 b 关于模 p 的以原根 a 为基(或底)的指标(见第 64 目),并记作 $e = \mathrm{Ind}_{p,a}b$;在不会混淆时,称 e 是 b 的指标,并简记为 Ind b. 作者事先对此符号没有明确说明,而在后面直接用了符号 Ind. b. 为简单起见,现在都把 Ind 后的缩写号"."省略了.

第 58 目

[4](i)在表 1 的第 1 列中,可以见到奇素数幂 9,25,27,49,81 等. 作者在第 82 ~ 89 目才讨论了奇素数幂的原根;(ii)在表 1 的第 1 列中,可以见到 2 的方幂 16,32,64 等. 这些数没有原根,表中相应的值的意义在第 91 目中有说明;(iii)在第 92 目中总结前面的讨论后将指出当且仅当模 m 等于 $2,4,p^a,2p^a$ 时有原根,其中 p 为奇素数.

第 63,64 目

[5] 这一结论是需要证明的,可以利用原根、指标的性质来证,也可以不利用.

第 66 目

[6] 这里是指有大于 1 的公约数.

第 68 目

[7] 原文把这里的 31 误写为了 6.

第 70 目

[8] 这里原文和各译本都有笔误,说“t 就等于 k 与 $p-1$ 的最大公约数”,我们作了改正.

第 78 目

[9] 证明可参看《初等数论》第三章 §4 及其后的习题四第 11 题.

[10] 可参看《初等数论》第五章 §3 的最后一段所指出的证明.

第 81 目

[11] 一个是 A 的周期,另一个是 A^a 的周期,而 A^a 属于指数 $a^{\alpha-1}$.

第 91 目

[12] Gauss 在这里所阐述的对模 $2^{(n)}$ 的类似原根的思想,就是现在所采用的表示所有对模 $2^{(n)}$ 两两不同余且与 $2^{(n)}$ 互素的数的方法,可参看《初等数论》第五章 §3 式(20)和(21).

第 92 目

[13] 后来,对于一般的合数模 m,表示所有对模 m 两两不同余且与 m 互素的数的方法是利用指标组的概念,可参看《初等数论》第五章 §3 定理 1.

第四篇

第 99 目

[1] 顶部的这行的第一个数是 -1,随后才是依次的各个素数. 这里说的“素数”也包括 -1.

第 102 目

[2] 注意:这里是讨论合数模,所以 $n>1$.

第 128 目

[3] 这可以这样来证明:设 $a\equiv h^2 \pmod p$. 若 $a-h^2$ 不能被 $2p$ 整除,则$\frac{a-h^2}{p}$ 为奇数;我们取 $r=\frac{p}{2}+h$,注意到 h 是奇数及$\frac{p}{4}$ 为偶数,所以有 $a-r^2$ 被 $2p$ 整除,即 a 也是 $2p$ 的剩余.

第 145 目

[4] 请注意,这个 e 和上面的 e 意义不同.

第五篇

第 173 目

[1] 这里“外项”一词指的是二次型的第一和第三项的系数,以下同此.

第 190 目

[2] 引理中的结论“ν 将大于 n 和 n'” 应是指“ν 的绝对值将大于 n 和 n' 的绝对值”. 为清楚理解这一证明,应作以下无妨一般性的假定:(i) n,ν,n' 都是正整数,(ii) $\frac{m'}{n'} < \frac{m}{n}$. 在这样的假定下就有 $mn' - nm' = 1$. 可以猜测 Gauss 写证明时默认了这些假定.

第 200 目

[3] 仅在这四个表示式和等式[1] 中 e 表示幂的指数;在所有其他情形,写在右上角的字母都只表示指标.

[4] 此处原拉丁文版以及俄文版均误写成了 3 532 618 098,正确的结果应该是 3 532 638 098.

第 256 目

[5] 这一小段的内容俄文版与原著拉丁文版有不同,为了尊重高斯原著,我们在正文中保留了拉丁文本中的内容,而在这个注解中给出俄文版中相应的内容,供读者参考:“例如,小于 1 000 且形如 $8n + 5$ 的数共有 125 个. 对其中 31 个行列式第一种情形成立;也就是说,正常本原层中类的个数是反常本原层中类的个数的三倍,这 16 个行列式是 37,101,141,189,197,269,325,333,349,373,381,389,405,485,557,573,677,701,709,757,781,813,829,877,885,901,909,925,933,973,997;对于剩下的 94 个行列式第二种情形成立,即在两个层中类的个数相等.”—— 译者注.

[6] 此处俄文版中给出的数字是 1,2,4,5,6,7,比原来的拉丁文版多了一个数字 7.

第六篇

第 313 目

[1] 这里的 k 的意义同上目,即 n 是十进制的 k 位数但不等于 10 的方幂.

第 316 目

[2] 这样的情形可见下面例中求$\frac{45}{53}$ 的周期.

[3] 这里的译文“二次非剩余 $a',b',c',\cdots$,以及进而得到相应的同余方程的根 $\alpha',\beta',\gamma',\cdots$”,在所有文本中均为“二次非剩余 $\alpha',\beta',\gamma',\cdots$”,但 $\alpha',\beta',\gamma',\cdots$ 并非二次非剩余,似应作这样改动.

[4] 这里的译文“$a,b,c,\cdots$”,在所有文本中均为“$\alpha,\beta,\gamma,\cdots$”,似应作这样改动.

322 目

[5] 这里及下面要用到了第 101,102 目的结论.

[6] 这里要利用第 103 目的结论.

第七篇

[1] 这应该是利用第 340 目的结论推出的. 在第 340 目中取 $\varphi(t,u,v,\cdots)=(1-t)\cdot(1-u)(1-v)\cdots$,当 $t,u,v,\cdots$ 以 $\mathfrak{P}$ 中的根代入时,系数 $A,A',\cdots$ 都是整数. 由第 340 目的最后一式可知 $p+p'+p''+\cdots+p^{(n-1)}=nA$.

附录　高斯——数学王者　科学巨人

沈永欢

如果上帝有一天突发奇想,把古往今来名垂青史的大数学家召集起来举行殿试,结果会怎样?最近一百多年的数学家比较一致的看法会是:阿基米得、牛顿和高斯应当位列一甲.这三位都在纯粹数学和应用数学两大领域掀起创造狂澜,他们在伟大数学家中处于最伟大的同一档次.我们这些平凡之人似乎不应当试图再去分出状元、榜眼和探花.

高斯1777年生于德意志不伦瑞克,生前就已头戴"数学之王"的桂冠.当时的德意志虽然经济落后、政治保守,但在文化上却处于德意志文化史上最辉煌的时期.高斯诞生时,文学巨人歌德已开始创作《浮士德》;而7年之前,乐圣贝多芬来到世间.有意思的是,这两位在各自领域中也都位居前三名:通常把莎士比亚、但丁和歌德列为欧洲诗剧作家前三位;而除了瓦格纳的狂热崇拜者外,音乐家和音乐爱好者都同意贝多芬、莫扎特和巴赫是他们心中的音乐顶峰.

高斯生活在一个迅猛变化的时代,一个政治和社会发展的非常时期.革命与反动迭起,战争与和平交替.当他12岁时,法国大革命爆发;随着拿破仑称帝和入侵德意志,神圣罗马帝国在他29岁时寿终正寝.38岁时拿破仑倒台,神圣同盟建立,普鲁士崛起.刚过70岁,1848年革命席卷欧洲大陆主要国家.同时,高斯生活的时代也是第一次工业革命的时代,工农业生产、科学技术和人们的日常生活都发生了深刻的变化,其影响极其广泛持久.

1　德国情势

如果按"国家"的通常定义,即占有一定地域、拥有一个不依赖于外部势力的权威政府的有组织社会,那么在高斯诞生时,并没有"德国"这样一个"国家";有的是"德意志",在其地域里大大小小邦国林立.当然也有一个"帝国",即"神圣罗马帝国".16世纪宗教改革运动后,它陷入天主教邦国与新教邦国之间的内部斗争.在一系列冲突之后,爆发了三十年战争(1618 ~ 1648).战争使德意志满目疮痍,使它成为一个几乎没有军队、没有岁入、没有政府机关的"三无""帝国".诚如伏尔泰所说,它"既不神圣,也不罗马,更非帝国"[1].歌德在《浮士德》第一部第五场(写于高斯诞生前3年)中就借大学生之口发出这样的感慨:

"亲爱的神圣罗马帝国,
怎样才能撑得住?"[2]

在第二部第一幕第二场"皇帝的宫殿"中,他更辛辣地讥讽了这个帝国君不君、臣不臣、分崩离析、互相残杀的情景.[3]

三十年战争后德意志拥有主权的邦国的数目,由于计算方法不同而差别很大,大致在300到2 000之间.比较流行的统计是314个邦,1 475个庄园[4].总数倒不难记:到1789年法国大革命爆发时,德意志土地上恰有1 789个拥有程度不同主权的政权.这314个邦能做某些独立的行动,其中包括自由市,修道院长,主教和大主教,伯爵,侯爵,公爵,以及仅有的一位国王即波希米亚国王.级别最高的是7位"选帝侯",即莱茵河的特殊伯爵,萨克森公爵,勃兰登堡侯爵,波希米亚国王和科隆、美因茨、特里尔的大主教.巴伐利亚和汉诺威分别于1648和1692年成为选帝侯."帝国"以合法的形式维系邦国之间的联合.

高斯出生的不伦瑞克,据传说其前身小镇是由撒克逊公爵布罗诺和丹克瓦尔德兄弟于861年建立的.他们在奥克河边建造了一座城堡,取名为不伦瑞克.亨利(雄狮)公爵11世纪后半叶定居于此使城镇大大扩张.亨利的领地包括不伦瑞克和吕内堡的大部,后归其孙奥托公爵.腓特烈二世于1235年赠以不伦瑞克－吕内堡公爵称号,以不伦瑞克为首府.后经无数次分合,到1671年鲁道尔夫·奥古斯特公爵征服不伦瑞克,使它大获繁荣,成为仅次于莱比锡和法兰克福的贸易中心.1690年城里开设剧院,莱辛的《爱米丽亚·迦洛蒂》就是1772年在此首演的.1735年开始,卡尔一世公爵统治此地,文化和经济又有发展,建立了卡洛琳学院,即现在的不伦瑞克理工大学的前身.1736年它成为不伦瑞克－沃尔芬比特尔邦首府,1750年时人口两万.如同德意志其他小邦一样,不伦瑞克－沃尔芬比特尔邦的经济支柱是农业,它是政府财政收入的主要来源.曾试图仿照法国和普鲁士搞工业,但不成功.王室还颁布了几道法令,禁止使用机械织布机,以保护组织得很好的纺织行会.坚固的古老社会秩序似乎毫无动摇,也似乎没有根本变革的迹象,但这只是像剧烈暴风雨到来之前的窒闷天气.取得真正进步的领域不多,国民教育是其中之一.尽管义务教育尚未严格推行,但大多数人都能读会写并会做四则运算,有些地方甚至还教基本的拉丁文.随着类似卡洛琳学院的一批学校的建成,教会失去了教育中的部分领地,在新教各邦中也失去了对大学的控制.

卡尔一世于1780年去世,由长子费迪南德公爵继位.按当时标准,费迪南德算得上颇有文化素养,并有能力和远见.他的老师是卡洛琳学院的奠基者,以启蒙运动和理性基督教精神教育费迪南德.他于1766年游历英格兰、法兰西和意大利,研究文化和艺术.费迪南德还与狄德罗和米拉波通信,任命莱辛为沃尔芬比特尔图书馆馆长.七年战争中他建立军功,成为腓特烈大帝最喜欢的侄子.

从经济上看,费迪南德公爵的开明专制主义对不伦瑞克好处不大,它未能缩小甚至还扩大了正在上升的第三阶层——未来的资产阶级同大多数贫困的农工和学徒之间的差距.像18世纪德意志其他邦国一样,不伦瑞克在18世纪中财富并未增加,生产力没有多少发展.中产阶级升起是以社会其他群体下降为代价实现的.

不过从文化上看,当时德意志正处于启蒙运动和古典人文主义这一德意志文化史上最光辉灿烂的时期.一般认为这个时期起自莱辛诞生的1729年,终于歌德逝世的

1832 年. 这个时期德意志文化科学界英才辈出,群星璀璨,德意志音乐、德意志诗歌、德意志哲学、德意志科学声誉远播全球,永远成为人类文明不朽的纪念碑.

这是一个反抗文化领域中猥琐、褊狭和市侩作风的时期. 歌德就曾自豪地说:“你们可以像为布吕歇尔(在 1813 年 10 月莱比锡战役中率领普鲁士军队打败拿破仑的将军 —— 引用者)塑像一样为我树立一座纪念碑,他把你们从法国人手中解放出来,我把你们从市侩作风中解放出来.”[5]

这个时期促成了从宗教和来世价值标准到世俗和现世观念的重大转变. 它崇拜人,崇拜作为个体的个人和作为集体的人类,认为充分实现每个人的个性是社会的最高目标,推崇人性中自强不息的一面. 歌德的《浮士德》第一部于 1790 年出版,整部作品完成于他去世前一年,好像是古典人文主义的终曲. 第一部反映了狂飙突进时期的某些叛逆性格,第二部则展开了不断前进、无尽追求人生完美的信念,这正是现代文明最突出的特征之一.

总的来说,这一时期的作家和思想家都不大关心政治,但有着人类大同和世界公民的观念,以“世界公民”的称号为豪. 席勒说:“我作为一个不替任何君王服务的世界公民写作. 我早就丢掉祖国,用它来换取全世界.”[6] 拿破仑战争时期,德意志民族主义已占支配地位,但歌德仍拒绝让他写作仇恨法国的诗歌的要求. 1830 年埃克曼对他说:“人们都责怪您,说您当时没有拿起武器,至少是没有以诗人的身份去参加斗争.”歌德回答说:“我心里没有仇恨,怎么能拿起武器? …… 本来没有仇恨,怎么能写表达仇恨的诗歌呢? …… 我并不仇恨法国人,…… 对我来说,只有文明和野蛮之分才重要”.[7] 关于普遍和平和人类兄弟友爱的观念是古典人文主义的根本理想之一. 席勒的《欢乐颂》表达了这种观念,而贝多芬在其第九交响曲中则把它谱成世代传唱的激动人心的乐曲.

在 18 世纪,科学从形而上学的桎梏和神学的浪漫主义中解放了出来,取得了空前崇高的地位. 数学方面,代数学得到扩展和系统化,解析几何原理得到比较一般的表述,画法几何初露端倪,微积分学迅速发展并被用来解决几何、力学和物理学中的问题,建立了函数的一般理论,提出了方程和无穷级数理论. 力学方面,一些基本原理得到了概括,数学分析系统地应用于力学问题,流体力学研究有所进展,气体分子运动论开始出现. 天文学方面,在牛顿力学基础上构造了庞大的动力学体系,三体问题得到研究,望远镜有了改进,发明了消色差透镜和量日仪,康德和拉普拉斯提出了太阳系起源的理论. 物理学方面,各个分支中都取得可观进步,尤其是电和磁的研究进步飞快. 化学、气象学、地质学、地理学、大地测量学、生物学、医学等都有很大进展. 技术方面也取得了巨大进步,农业上发明了打谷机和切草机,纺织工业中发明了纺织辊、水力纺纱机、各种新式织机和新的漂染方法,道路桥梁建造大有进步,火车、蒸汽车和轮船开始出现,酸和碱开始大规模生产,还出现了煤气照明灯.

当然也要指出,在古典人文主义中发展起来的唯心主义哲学所提出的精神世界与现实世界的分裂,对德意志的自由主义和民主主义运动产生了麻痹作用. 另外古典人文主义传统的体现者最关心美学和美的领域,这种唯美主义在精神上必定是贵族的,因而必定会加强反民主潮流.

2 贫寒之家

高斯这个姓在不伦瑞克北部很普遍，拼法不下七、八种，有 Gauss，Gooss，Goos 等. 由于博赫搜寻了教堂纪事和账簿，到 20 世纪 20 年代末，已经有了关于高斯祖先的精确资料[8]. 高斯的家谱与名门望族无缘. 他的曾祖父欣里希・高斯，住在弗尔肯罗德，结婚三次，生有 12 个子女. 高斯的祖父于根是欣里希第三位夫人所生的第二子.

新公民记录本显示，高斯祖父于 1739 年 1 月 23 提交申请，定居不伦瑞克. 他在离开弗尔肯罗德前结婚. 在不伦瑞克市政厅的记录中，于根登记的身份是零工，以泥瓦匠和屠宰工应招.

1739 年，于根住进骑士街 10 号的房子. 与房东订的契约规定于根每年应付给房东 5 塔勒（德意志15至19世纪的银币，1塔勒值3马克）100 芬尼；房东去世后此房即归他所有. 房子很狭小，附近居民称它为"姜饼片". 夫妻俩在此生育了 3 个儿子，1 个女儿. 1751 年 于根买下位于文登格拉本街 100 号（后改为威廉街 30 号）的房子，议定售价 900 塔勒. 他当时付了 400 塔勒，其余 500 塔勒作为向市长的抵押贷款. 于根 1774 年 7 月 5 日去世，死于肺癌.

高斯的父亲格布哈德・迪特里希是于根的长子，生于 1744 年. 格布哈德 1768 年结婚，结婚时太太带来了 150 塔勒的嫁妆. 1769 年，长子约翰・格奥尔格・海因里希出生. 1775 年他同两兄弟达成分家协议，房子作价给他，他则相应付一笔钱给两兄弟. 他从市长那里抵押借贷了 125 塔勒，加上积蓄，付清了该给的钱.

格布哈德的第一任妻子殁于1775 年，时年30 岁，死于肺痨. 1776 年，他与邻近村庄的石匠女儿多萝特娅・本察结婚，她带来了 100 塔勒的嫁妆. 多萝特娅生于1743 年，没有上过学校，不能写，也几乎不能读. 1777 年4 月30 日，未来的数学王者、科学巨人卡尔・弗里德里希・高斯出生于格布哈德的小屋之中.

格布哈德的头衔是水工师傅，但干过许多活计. 他当过园丁，照管过运河，做过砌砖工. 他最后的职业是园艺工，也协助一个商人打理他在不伦瑞克和莱比锡的事务. 他能写会算，所以也在一家公司管管账. 格布哈德诚实正派，受人尊重. 他坚持不懈地劳作，使家境有所改善，不过生活从来没有达到舒适的水平. 他在家里很粗暴，对孩子很严厉，下手很重. 高斯后来说其父"在许多方面值得尊敬，也确实受人尊重，但在家里却独断专横，粗野而无教养. "[9]

高斯的母亲婚前当过 7 年女仆. 从高斯口中我们得知她与高斯父亲婚后生活不甚愉快，"主要因素是物质生活条件，同时也是由于两人性格不合. " 高斯说他母亲是一位"非常杰出的女性"[10]，小时候他对母亲比对父亲要亲密得多. 高斯是多萝特娅唯一的儿子，顽固的父亲曾力图让高斯走他的老路，亏得母亲总是站在高斯一边，想方设法呵护他，终于战胜了他的父亲. 我们真得对这位伟大的女性鞠躬致敬，没有她可能就不会有后来的高斯，数学发展的损失就会难以估量. 高斯19 岁时，多萝特娅曾问高斯的好友 W・波尔约她儿子会不会有出息. 当她听到回答，说高斯会是"欧洲最伟大的数学家" 时，不禁喜极而泣. 从此儿子一直是她的骄傲. 她身体很好,虽然最后4年失明,但活到97岁高龄. 高斯很孝顺母亲,当母亲失明后,他不让别人照料她,只由他一人侍候,在她病时一直护理着她. 母亲同爱子在格廷根住宅中一起生活了22年,于1839年仙逝.

1886年时高斯出生地的照片
此建筑于1944年10月毁于空袭

现在威廉街30－34号悬挂的
作为高斯出生地的纪念铜牌

不伦瑞克属于新教地区,尽管那时宗教在日常生活中仍起很大作用,但高斯的双亲宗教倾向不甚强烈,不像他们所属那个阶层的多数人那样狂热笃信基督教.

在高斯的长辈中,值得一提的是高斯的舅父即多萝特娅的弟弟约翰·弗里德里希·本察. 他聪颖非凡,机敏能干,专心致志于编织,竟然无师自通,达到艺术织锦师的水平. 聪明的舅舅在外甥身上发现了类似的特点,尽自己所能以好奇的观察来唤醒孩子敏捷的逻辑能力. 随着舅舅的不时指点,两人感情不断加深. 本察于1809年英年早逝,使高斯十分伤心,哀叹"一位天生的天才就这样去了!"[11]

3　心算神童

对于高斯的童年和少年时代,我们只知道少量典型的有意思的事情. 这方面的主要来源是高斯本人,他在晚年时喜欢回忆他童年的故事. 这些轶事很多已难于证实,比较可靠的当是萨托里乌斯写的《回忆高斯》[12]和《高斯》[13]. 萨托里乌斯是格廷根大学地质学教授,高斯的学生和挚友,在高斯葬礼上第二位致悼词者,所说所写应当是比较靠得住的.

高斯幼年时就显得智力超常,问了家里人字母的发音后,在上小学前已自己学会阅读. 他的心算能力更是异乎寻常. 他父亲夏天时干砌砖活,手下有一些砖瓦工,每到星期天得发工资. 一天他父亲算完准备发钱时,突然听到3岁的小高斯尖声说:"爸,您算错了,应当是…….”这里高斯说了一个数. 核对下来,孩子说得一点不错. 后来高斯常开玩笑说自己在会说话之前就已会算数.

高斯还回忆过童年时有一次险些丧命. 那时他家边上有一条小河连着奥克河，春天河水暴涨，水冲到他家小屋旁，一下把正在玩耍的小高斯冲进河里，淹得够呛. 亏得正巧有一个工人在那里，把他救了起来. 我们也得感谢这位无名氏，没有他见义勇为，高斯就会小命不保，数学就会蒙受不可弥补的损失.

高斯7岁时进圣・卡塔琳纳小学. 学校由一位名叫比特纳的人掌管. 教室潮湿低矮，地板高低不平，一边能看到教堂两座高高的哥特式尖塔，另一边则对着马厩和贫民窟. 教室里坐着上百名学生，比特纳手执教鞭走来走去. 一次他布置了一道算术题，让孩子们把1到100这100个数加起来. 老师刚说完题，小高斯就把石板放到讲桌上，用不伦瑞克方言说“就是它！”老师嘲讽地瞟了他一眼，但当算得最慢的学生交上石板，他一块一块翻到最后高斯的石板时，惊讶地发现上面只写着正确答案“5 050”. 问他答案怎么来的，回答说“1加100得101，2加99也得101，3加98还得101，一共有50对101，所以得5 050.”后交的孩子一步一步往前加，都算错了，挨了鞭子. 高斯年老时对此事津津乐道，非常得意. 这件事也使比特纳意识到这个9岁孩子天赋非凡，自掏腰包从汉堡定购了较好的算术教科书送给高斯. 孩子很快学完了这本书，比特纳只得说：“他已超过我，我再也没有东西可教他了！”

幸运的是比特纳有一位助手巴特尔斯，对数学极感兴趣. 他很快发现了高斯的天才，与高斯产生了热烈的友情. 两人一起学习，互相帮助，扩充手头拥有的代数和分析入门书上的证明. 这样，高斯在11岁时已独立掌握一般形式的二项式定理，开始了解无穷级数理论. 比特纳和巴特尔斯还请高斯父亲去学校讨论如何进一步教育孩子的问题. 父亲问怎样才能让小高斯获得继续学习的机会，回答是争取地位很高的人物资助. 顽固的父亲终于让步，答应孩子再也不用每晚织出规定数量的亚麻. 据说小高斯回家知道这事后立即把纺车搁到后院，后来把它砍了当引火柴.

1788年，由于比特纳的帮助，高斯进了国民学校. 该校教学老式，课程即使按当时标准也很陈旧，而且不太平衡，过分强调古代语文尤其是拉丁文. 不过这倒使高斯打下了坚实的拉丁文基础，还学会了运用高地德语（即路德翻译《圣经》所用的德语）. 高斯很用功. 冬天晚上，为了节省，父亲总是让孩子早早上床睡觉. 小高斯就在芜菁中间挖个洞，塞进粗布卷，倒上一点油作为灯，在阁楼上凭借着这暗淡的“灯”光苦读到半夜，直到又冷又困才睡.

巴特尔斯于1788年进卡洛琳学院. 他向不伦瑞克的几位显贵人物特别是学院的数学、物理和自然史教授齐默尔曼介绍了高斯的才能. 齐默尔曼地位很高，1786年被授予枢密顾问头衔，后来还是费迪南德公爵的私人顾问. 齐默尔曼看出高斯在科学上前程远大，建议费迪南德公爵召见高斯. 据说听差到高斯家时，开门的是高斯的哥哥约翰. 他眼泪汪汪，不肯让听差进门. 当得知要见的是他弟弟，那个“老把鼻子钉在破书上的小饭桶”，这才让进门. 高斯后来举世闻名时，兄长还是终年辛劳、默默无闻的工人. 这位仁兄后来说：“早知如此，我现在就会是教授了. 本来是让我去的，但我不想去那城堡.”

4　学院三载

十四岁的高斯初次晋见费迪南德公爵时有点腼腆，显得局促不安. 公爵很快看出了高斯的才能. 高斯回家不几天后，国务大臣就送来一份对数表. 1791 年 6 月 28 日，公爵办公厅颁发命令，“支付齐默尔曼顾问官5塔勒，为一位名叫高斯的青年购置数学设备.”从管家的账本上看，每年还给高斯 10 塔勒，另外还支付齐默尔曼别的相应开销. 齐默尔曼对高斯的帮助和影响持续到拿破仑摧毁不伦瑞克 – 沃尔芬比特尔邦的 1806 年. 从高斯与奥尔伯斯的通信中可以看出，高斯对齐默尔曼一直心怀尊敬和感激，两人的友谊持续到齐默尔曼去世(1815 年).

由于得到公爵资助，高斯于1792 年2 月18 日注册于卡洛琳学院. 在第462 名下，登记着不伦瑞克的 Johann Carl Friedrich Gauss. 此后他从未再用 Johann 之名，所有论著都用 Carl Friedrich Gauss 的大名. 1792 年6 月 12 日，正式规定前面说到的“款项在其就读卡洛琳学院期间不间断地予以支付”. 公爵还额外从自己手里拨给高斯不少钱.

卡洛琳学院

高斯入学时，学院声誉已臻顶峰. 这类学院其实就是预科学校，介于现代的高级中学和综合性大学之间. 未来的政府官员、建筑师、工程师、机械师、商人、农场主等可以在此得到培训，以适应将来职业和生活的需要. 卡洛琳学院讲授的课程有古典和现代语言，哲学，通史、教会史和文学史，统计学，国家法和教会法，数学、物理学和自然史，解剖学，德文诗词和雄辩术，美学，绘画、音乐、舞蹈，击剑、骑马，玻璃抛光、车工实习等. 学院不只着眼于实用,而是重在培养学生成为新文化的载体. 学院延聘了一批名师,学术界盛赞学院培养的青年以其知识广博、勤勉努力和道德完善而显著处别于他人,学院被认为是优秀青年的摇篮.

高斯入学时的科学和文学修养已远远超过同龄人. 他熟练掌握了初等几何、代数和分析知识,经常在学到之前已发现这些学科中的一些重要定理. 他脑中蕴藏着大量算术信息,具有很深的数论洞察力. 他广泛进行计算,列出表格,观察计算结果. 这使他非常熟悉许多个别的数,并拓展自己的计算能力.

高斯在卡洛琳学院勤奋地学习古代和现代语言,同时也刻苦钻研高等数学,认真研读牛顿、欧拉和拉格朗日的著作,尤其为牛顿的伟大精神所吸引. 他对牛顿很敬仰,也很熟悉牛顿的方法. 这时他已确立了终生的探索模式:通过广泛的经验考察作出猜想,得到新的省悟,再把它用来指引进一步的实验和考察. 通过这种模式,他独立发现了关于行星距离的波得定则和有理指数的二项式定理,发现了素数分布规律即现称的素数定理,产生了非欧几何的想法,发现了数论中的二次互反律,独立发明了最小二乘法,研究了算术 - 几何平均.

波得定则是太阳与行星之间距离的经验公式. 提丢斯于 1766 年提出此公式,但到柏林天文台台长波得于 1772 年公布后才为公众熟知. 以 n 表示行星序号,a_n 表示第 n 行星到太阳的距离(天文单位,地球与太阳之间的距离为 1 天文单位),则现代把该定则表述为

$$a_n = 0.4 + 0.3 \times 2^{n-2}.$$

对水星取 $n=-\infty$. 这样,对水星($n=-\infty$),金星($n=2$),地球($n=3$),火星($n=4$),木星($n=6$),土星($n=7$),分别得 $a_n=0.4, 0.7, 1.0, 1.6, 5.2, 10.0$,而它们到太阳实际距离(天文单位)顺次为 0.39,0.72,1.00,1.52,5.20,9.54,符合得很好. 高斯独立发现此定则表明他很早就对天文学有浓厚兴趣. 后来在 $n=5$($a_n=2.8$)处发现小行星带,其中发现的第一颗小行星谷神星同高斯有密切关系(按 2006 年 8 月 24 日国际天文学联合会大会的决议,现在应称谷神星为矮行星),我们会在后面第 10 节中详细谈论这件事. $n=8$($a_n=19.6$)处发现天王星,但对海王星,$n=9$,$a_n=38.8$,而实际距离为 30.06,此定则失效.

二项式定理讨论的是 $(1+x)^\alpha$ 的展开式. 当 α 为自然数时,中国宋代杨辉(约 13 世纪中叶)已经得到,就是著名的"杨辉三角". 法国的帕斯卡于 17 世纪中叶对此也有深入研究. 但当 α 不是自然数时,展开二项式就得无穷级数

$$(1+x)^\alpha = 1 + \frac{\alpha}{1}x + \frac{\alpha(\alpha-1)}{2!}x^2 + \frac{\alpha(\alpha-1)(\alpha-2)}{3!}x^3 + \cdots,$$

对此高斯以前的数学家就没有进行细致的分析,以致还产生过($x=-2$,$\alpha=-1$)

$$-1 = 1 + 2 + 2^2 + 2^3 + \cdots$$

这样的"悖论". 高斯和巴特尔斯一起探讨这个问题时,对 α 不是自然数时的所谓"证明"很不满意. 对于数学证明,高斯后来在致奥尔伯斯的信中作过生动的解释:"对于证明这个词,我指的不是律师所用的含意,他们把两个一半的证明合成一个整个的证明. 我指的

是数学家所用的含意,对于他们 1/2 的证明等于 0! 对于证明要求任何怀疑都成为不可能."[14] 高斯对 α 为有理数的情形给出了一个证明,其崭新之处在于确定(用现代语言)右边的无穷级数收敛的条件,这样他就成为数学分析严格化的最早开拓者,随同柯西和魏尔斯特拉斯等人的工作,使得其后的数学分析与牛顿、欧拉和拉格朗日时代的数学分析迥然不同.

在卡洛琳学院学习期间,高斯不断进行算术试验. 有一次,他通过巧妙的展开和插值,用两种方法把一个平方根求到50位. 他14岁时在公爵派人送来的对数表的最后一页上,用德文写着

$$\text{Primezahlen unter } a(=\infty)\, a/\ln a.$$

这当然就是著名的素数定理:小于给定正整数 a 的素数个数当 a 趋于 ∞ 时渐近于 $a/\ln a$,勒让德此前已接近于发现这个规律. 1792 至 1793 年间,高斯通过考察以一千个相邻整数为一段中的素数个数,作出了更精确的发现:对于大的 a,素数的"平均分布密度"是 $1/\ln a$. 奇怪的是高斯把这条优美的定理留给自己珍藏,不予发表. 直到五十六、七年之后,1849 年 12 月 24 日,他才在致恩克的信中提及此事[15]. 至于这一定理的严格证明,则要等到一个世纪之后:1896 年,阿达玛和瓦莱 - 布桑各自独立地证明了素数定理.

在学院的最后一年里,高斯硕果累累. 他发现了"欧几里得几何不真的假定"下成立的某些结果. 这是非欧几里得几何的肇始,我们在下面专有一节(第 18 节)讨论.

高斯通过归纳发现了后来被他称为"算术宝石"的二次互反律. 欧拉已归纳地接近过这一命题;勒让德曾试图证明它,但忽略了一个难点. 高斯同时引进了他在数论概念和记号方面的革命性发明 —— 同余. 他首次给出了二次互反律的严格证明,有关详情我们将在后面叙述.

高斯还发明了"最小二乘法",这种方法能使不可避免的观测误差对计算结果的影响尽可能减少. 1750 年前后,某些间接的天文观测导致一些观测方程,从而提出了如何由此得到"最可能的解"这一问题. 英国的辛普森于 1757 年首次提出正、负误差应当是等可能的. 拉普拉斯于 1774 年提出,从 n 个观测方程中确定 q 个未知量应基于这样的条件:偏差的代数和为零且偏差的绝对值之和为最小. 由此他能把 n 个方程减为 q 个,从而解出 q 个未知量. 这一方法被用于从子午线弧段的测量确定地球的形状. 勒让德于 1805 年发表了这一方法并提出了"最小二乘法"这个名称. 高斯于 1795 年导出了误差概率律,独立开发了最小二乘法. 但他发表较晚,首次发表是在《天体沿圆锥曲线之绕日运动理论》的第二篇第三章中(在后面第 14 节中对此书有比较详尽的讨论).

高斯在卡洛琳学院期间还研究了算术 - 几何平均,不过有关情况大都只能从他手写的一些注记中获得一鳞半爪,很可能最早的兴趣来自他对此进行的数值计算. 算术 - 几何平均的定义如下:给定两个正数 m,n,其算术平均为 $m'=(m+n)/2$,几何平均为 $n'=\sqrt{mn}$. 不断进行这两种平均,即令 $m''=(m'+n')/2, n''=\sqrt{m'n'}$,…,得到两个数列 $m', m'', \cdots; n', n'', \cdots$,它们有相同的极限 $M(m,n)$,高斯称它为 m,n 的"算术 - 几何平均". 这个名称出现于一个笔记中,施莱辛格认为写作时间很可能早于 1797 年,绝对不会晚于 1798 年. 这个笔记中讨论了 $M(1,1+x)$ 的级数展开,还计算了它的反函数,建立了两种

级数的联系. 后来的笔记还讨论了算术 - 几何平均与椭圆积分的联系.

高斯在卡洛琳学院时结识了一些年轻人并建立了深厚友谊,其中有埃森伯格和伊德. 埃森伯格的父亲是该院教师,曾翻译过莎士比亚的一些剧本,受到当时德意志最著名诗人的赞赏. 他是高斯的终生挚友,后来成为普鲁士政府的高官. 伊德后来成为数学家、天文学家,在俄国一所大学执教,可惜英年早逝. 还有一位梅耶霍夫,几年后帮助高斯润色其《算术探索》的拉丁文.

5　大学攻读

1795 年 8 月 21 日,费迪南德公爵办公厅发布命令,"对即将赴格廷根的名为高斯的大学生每年支付158 塔勒作为奖学金,并为他提供免费伙食. "1795 年10 月11 日,高斯离开不伦瑞克,10 月15 日在格廷根大学注册入学. 格廷根位于不伦瑞克以南约105 公里,属汉诺威邦,对不伦瑞克而言它已是"外国",因此高斯去格廷根有点违反费迪南德公爵的意愿,后者想让他进当地的海尔姆斯台特大学. 但公爵仍慷慨资助高斯,1801 年起每年的资助提高到400 塔勒,1803 年更提高到600 塔勒,此外还提供免费公寓. 高斯后来说,他想去格廷根的主要原因是那里有很好的图书馆.

德意志在同一时代建立了 3 所大学 —— 哈雷大学、格廷根大学和埃朗根大学. 格廷根大学于 1737 年由英格兰国王和汉诺威选帝侯乔治二世创建并给予资助,很快就在德意志大学中处于领先地位,直至 19 世纪末. 它从建校伊始就强调学术独立和思想自由,是一个活跃的文化科学中心. 该校当时占有显著地位的学科是语言、神学、法律和医学. 德意志各地尤其是西部和南部出身显贵的青年,只要有志于文化和学术的,都云集此地. 外国尤其是英国也很关注格廷根,也有来自北欧的学生. 校园里弥漫着自由研究和独立探索的气氛,在这样的环境中高斯当然如鱼得水.

格廷根大学拥有不少名教授,高斯入学时最有名的是海涅,一位纯粹的古典主义者,认为古代语文和古典文学作品是训练心智真善美的手段. 听他课的不仅有学语文的,还有全校各系的学生特别是学法律的学生.

年轻的高斯初到格廷根时住在戈特马尔街 11 号. 一开始他拿不定主意将来搞语文学还是搞数学. 成为语文学家生活前景更有保障,前程更加辉煌,所以有一段时间他听海涅的课. 事实上海涅的课也确实比数学教授卡斯滕纳的课更有吸引力. 卡斯滕纳 1756 年成为格廷根大学数学教授,著有《数学史》(4 卷),这是出自著名学者的第一本数学史著作;还有关于代数、几何和流体力学等的论著. 他写的论文和书籍并不出色,作为数学家整体来看比较平庸. 可以想见以高斯的数学天才,对他肯定不会满意. 高斯晚年时还提到过卡斯滕纳. 1845 年 12 月 22 日他在致舒马赫的信[16] 中写道:"卡斯滕纳具有天生的突出理解力,不过十分奇怪,他是在数学之**外**的所有问题上具有这种能力. 他甚至在一般地谈论数学时也具有这种能力,但在数学之**内**,这种能力却常常完全丧失. " 物理学教授利赫滕贝格也对高斯有吸引力,因为后者称他为"格廷根最耀眼的光彩".

高斯时代的格廷根大学

现在的格廷根旧市中心鸟瞰

1796 年 3 月出现了戏剧性转折. 作为系统研究分圆方程的副产品,高斯得出可用直尺圆规作出的正多边形的条件,并得以宣布正 17 边形能用直尺圆规作出(见下节"出手不凡"). 这是两千年来尺规作图问题的首次重大突破,也使高斯决心投身数学和自然科学. 高斯把自己的发现告诉了卡斯滕纳,但后者毫不关注,甚至加以嘲讽. 由于卡斯滕纳炫耀过自己的诗集,所以高斯就称他为"诗人中最好的数学家,数学家中最好的诗人"[17]. (这似乎从富斯的一句话演化而来,富斯说欧拉的《音乐新理论原理》"对音乐家而言几何学过多而对几何学家而言则音乐过多")不过公平地说,卡斯滕纳也不是对高斯毫无影响,他是有经验的教师,不错的数学史家,对平行公设也有兴趣,似乎也有平行公设独立于欧几里得几何其他公理的想法,这对 W·波尔约和高斯可能起过作用.

高斯在格廷根大学贪婪地阅读数学经典著作和期刊以及其他学科的许多书刊. 由于大学图书馆很好地保存了学生借书的记录,使我们能知道高斯在大学期间(除一个学期外)读些什么. 下面是高斯读大学3年里借阅图书的分类统计(多卷本著作和科学期刊一卷均作一本,1795 ~ 1796 下学期的借书登记单佚失).

门类 本数 学期	科学总论	数学	天文学	力学和物理学	历史和哲学	文学和语言学	音乐	科学期刊	其他	合计
1795 ~ 1796 上学期		1	2		1	15		16		35
1796 ~ 1797 上学期	3	6	9	1		4		23	1	47
1796 ~ 1797 下学期	3	6	1	3	1	5	1	13	2	35
1797 ~ 1798 上学期		3	1	1	1	1	3	41	1	52
1797 ~ 1798 下学期		1	2	1	3	4		13		24
合计	6	17	15	6	6	29	4	106	4	193

可以看出,高斯读书面很广,文理兼及,数量颇多,平均每月读 8 本. 从所读书目看,他开始时确实还没有选定自己的未来.

高斯非常重视选读经典著作. 数学方面,光欧拉就读了 6 本,包括其著作集、《微分学原理》、《积分学原理》、《音乐新理论原理》等;还读了牛顿和费马的著作集. 力学方面,读了拉格朗日的《分析力学》以及克莱罗、拉朗德的著作. 这为他当时和以后的研究打下了坚实基础. 文学方面,他读了古罗马政治家、演说家、哲学家西塞罗和古希腊作家卢奇安的著作,还读了法国作家勒萨日的《吉尔 · 布拉斯》,英国作家理查逊的《克拉丽莎》,意大利诗人梅塔斯塔齐奥的《著作集》,席勒的《塔里娅》等. 他甚至还读过关于钢琴的书.

高斯很关注科学的新近进展. 在其所读的书中,期刊占了一半以上,可见他在当大学生时已十分关心科学各个部门的进展情况,为其研究开辟了广阔的视野.

高斯在 3 年大学生涯中取得了丰硕的研究成果,下面是一张按时间顺序开列的不完全清单.

1795 年 10 月,应用自己开发的最小二乘法.

1796 年 3 月 30 日,发现圆内接正 17 边形能尺规作图.

4 月 8 日,证明 -1 是所有形如 $4n+1$ 的素数的二次剩余,是所有形如 $4n+3$ 的素数的二次非剩余. 作出二次互反律的第一个证明.

4 月 29 日,推广二次互反律.

7 月 10 日,发现每个正整数是 3 个三角形数之和.

6 月 22 日,开始研究二元二次型.

7 月 27 日,开始二次互反律的第二个证明.

1797 年 1 月 8 日,开始研究双纽线函数.

3 月 21 日,作出关于双纽线的重大发现.

2 月 4 日,关于 2 作为二次剩余或二次非剩余的素数特征的定理的第二个证明.

7 月 22 日,证明两个最高次项系数为 1 的有理系数多项式之积,其所有系数不可能全是整数.

10 月 1 日,发现证明代数基本定理所依据的原理.

1798 年 4 月,作出关于二次型的发现.

高斯 1796 ~ 1798 年在格廷根的住所

高斯在格廷根大学求学时交友很少. 和他私交较好的有前面提到过的伊德,他也得到费迪南德公爵资助,比高斯晚半年入学,读了 5 年. 他于 1803 年去莫斯科当数学教授,不幸因不适应俄国气候而于 1806 年去世. 1797 年,前面提到过的埃森伯格也从不伦瑞克来格廷根求学,使高斯多了一个老熟人.

在高斯的朋友小圈子中还有布兰德斯,他后来是布雷斯劳大学和莱比锡大学数学教授;艾赫霍恩,攻读法律,后任普鲁士宗教大臣;本岑贝格,高斯后来帮助过他写作关于重力、空气阻力和地球转动的论著.

高斯那时最亲密的朋友是 W · 波尔约,匈牙利一个古老贵族的后裔. 波尔约年幼时安静内向,极少与小学同伴一起玩耍,但特别喜爱语言、诗歌和算术,被视为神童. 1796 年 9 月 他陪同一位男爵来格廷根,很快与高斯结下深厚友谊. 他后来写道:

"我们来到格廷根,…… 逐渐与那时是那里的大学生高斯熟悉起来. 时至今日,尽管已远不能同他相比,我仍是他的朋友. 他极度谦逊,从不显山露水. 不像同柏拉图相处三天就能看出他的伟大,同高斯相处甚至几年仍不能认识到他的伟大. 我未能弄清怎样才能打开这本静谧的'无题之书'并读懂它,这是怎样的耻辱! …… 热爱数学(没有外在表露)和道德一致把我们紧密联结在一起. 我们经常外出散步,常常一两个小时不开口,但两人心里都知道对方在想什么."[18]

高斯也说过 W · 波尔约是唯一能理解他关于数学基础的观点的人. 两人初次邂逅时,波尔约向高斯提到他关于直线的定义以及证明欧几里得第五公设的几种途径,高斯听后大喜,迸出这么一句话:"你是天才! 你是我的朋友!" 高斯还送给波尔约他作出正 17 边形可以尺规作图发现的拍纸簿作为纪念. 1797 年两人一起步行到不伦瑞克. 波尔约拜访了高斯父母,前面第 2 节中说到高斯之母听到波尔约盛赞高斯后流下热泪,就是这时发生的事.

1798 年 9 月 28 日高斯回不伦瑞克,波尔约留在格廷根直到次年 6 月. 波尔约曾动情地谈到他们分别的情形:

"离别时我哭得像个孩子. 我禁不住往回走,但最终还是控制住自己. 从最后一座能看到格廷根的小山顶,我又一次回头凝视.这个离别景象永远刻在我心头."

"我于1799年5月25日陪他爬上面向不伦瑞克的一个小山顶.再也不能相见的感觉难以用言语形容,即使用眼泪汪汪这样的话也不能表达.未来之书闭上了.我们几乎无言地痛苦地握手告别.我们之间的区别在于,他在命运和荣耀之神带领下回不伦瑞克,而渺小得多的我,虽然问心无愧地平静地回格廷根,嗣后却只能作为许多价值不大的人组成的队伍的一员继续为真理献身."[19]

两人尔后再未谋面,但仍不断鸿雁往返.两人之间的书信(包括分别前的)共有48封,其中W·波尔约写给高斯的有26封,高斯写给W·波尔约的有22封.高斯最后一封信写于1848年4月20日.

6 出手不凡

在1796年4月的《文献通报》上,刊载着下列通告[20]:

"粗通几何学的人都熟知,多种正多边形,即正3角形、正4边形、正5边形、正15边形以及不断加倍上述图形边数的正多边形,都能几何作图.

"这在欧几里得时代已经得到;一般地说,看来此后初等几何领域没有什么进一步的发展:至少据我所知,在这方面还没有超越上述限制的成功努力.

"因此我想……发现除了上述这些正多边形外,还有许多正多边形,例如正17边形,能够几何作图,是值得关注的.这一发现实际上只是一个较大的总括性理论的特殊结果,这一理论现在尚未完成,一旦完成即将公布于世.

卡尔·弗里德里希·高斯
在格廷根攻读数学的大学生

"应当提出,高斯先生年方十八岁,在此地即在不伦瑞克致力于哲学、古典文学和高等数学,各方面都取得同样成就.

E·W·A·齐默尔曼,教授
1796年4月18日"

这是高斯发表的第一篇东西.他后来谈到在格廷根大学研读欧拉和拉格朗日的著作时说:"我满怀激情和活力,变得生气勃勃,踏着他们的足迹,我感到充满了勇气,决心把这门广阔的学科推向前进."[21]他作出这个伟大发现是在1796年3月30日,这从根本上决定了他未来的方向.那一晚的情景一直活生生地铭刻在他心底.高斯作出这个发现之时,也是拿破仑率领他的"意大利方面军"离开巴黎出发之日.正是通过意大利战役,拿破仑的声誉才如日中天.高斯常向朋友提及这一点,认为这有特殊意义.

从上述通告我们首先可以看出,高斯非常清楚自己发现的意义.高斯曾向W·波尔约表示,要在自己的墓碑上饰以正17边形.这表明他十分珍爱自己的这一发现,为它感到自豪.但后来在不伦瑞克建高斯纪念碑时,石匠说所有人都会把刻的正17边形看做圆,因此在纪念碑基座背面刻了 17 点的星形. 这使人联想起阿基米得墓碑上刻着球内切于圆柱面的图形. 雅各布·伯努利也曾要求在其墓碑上镌刻对数螺线 $r = a^{\theta}$,并刻上墓志铭“EADEM MUTATA RESURGO”(“世事虽变兮余如初”). W·波尔约曾说,在高斯墓上不应当建纪念碑,只应当种一颗苹果树,以纪念 3 个苹果. 第一个指伊甸园的禁果,第二个指据说导致牛顿发现万有引力的苹果,第三个指高斯的发现. 可能波尔约不知道,正是高斯辛辣地嘲讽了这第二个苹果:“蠢呀! 一个好管闲事的笨伯去问牛顿他是怎么发现万有引力定律的,牛顿看到他得与一个只具儿童智力水平的人打交道,又想摆脱烦恼,就说一只苹果掉下来,打在他鼻子上. 那人听完非常高兴,心满意足地走了. ”[22]

从上述通告我们还可以看出,高斯并不是用直尺和圆规“具体地”作出正17边形,事实上也没有什么资料可以使我们追溯高斯究竟是怎样得到这个结论的,但《算术探索》(后面第 9 节专门介绍此书)第七篇完整系统地解决了分圆问题,即通过根式求解一般方程

$$x^n - 1 = 0$$

的可能性这个问题. 从通告的语气我们有理由认为高斯那时已经基本开发出这个“总括性理论”,而正17边形能尺规作图只不过是它的一个简单推论. 另外,高斯于1819 年元月 6 日致格林的信[23] 中对作出这个发现的情形有这样的描述:“在不伦瑞克度假期间,我通过算术推理集中精力分析(方程 $x^{n-1} + x^{n-2} + \cdots + x + 1 = 0$ 的)所有根之间的联系,这一天起床之前,我清楚地找到了这种联系,使得我能把它特别应用到 17 边形并能立即从数值上进一步加以肯定. ”

学过平面几何的人都知道,二次方程的根可以通过直尺、圆规作出. 高斯在《算术探索》第七篇第354 目中列了一张 $n = 17$ 情形的表,从这张表可以设想,高斯关于正17 边形能够尺规作图的基本思想,就是把用直尺圆规作出

$$x^{17} - 1 = 0$$

除 1 之外的根这个问题,转化为一系列二次方程的求解问题,从而断定它能用直尺圆规作出. 这实际上是现代极其流行的“存在性证明”. 顺便说一下,在德国第一个提供正 17 边形的具体作图方法的是厄金格尔,他于 1825 年向格廷根王家学会提交了相应论文.

7 科学随记

正是在发现正 17 边形能够尺规作图的那个夜晚即 1796 年 3 月 30 日夜晚,高斯开始以速记甚至近于密码的方式记下他的一些想法和发现. 这就是被称为“Wissenschaftliches Tagebuch ”(“科学日记”),“Mathematisches Tagebuch”(“数学日记”)或“Notizenjournal”(“日志”)的资料. 它们总共有 22 张对折的八开本纸,但其中 8 个半张是空白的. 从高斯记录的断续情形以及写下的内容和方式看,笔者认为称它为“科学随记”可能更加贴切. “随记”虽然篇幅不算很大,但却称得上是数学发展中最奇特的文献,也是科学发展中最珍贵的文献之一.

这本“随记”直到高斯去世43年后即1898年才为数学家所知晓. 本来这份资料存放在高斯的一个孙子手里,1898年格廷根王家学会把它借出来供专家研究评论. 后来高斯的孙子同意把它保存在高斯档案中,这些档案主要存放在不伦瑞克和格廷根. 1901年,克莱因在纪念格廷根科学协会建立150周年专刊上首次把它发表[24].《高斯全集》第十卷上编刊载了它的摹印本,还附有几位专家对其内容所作的详尽分析[25].

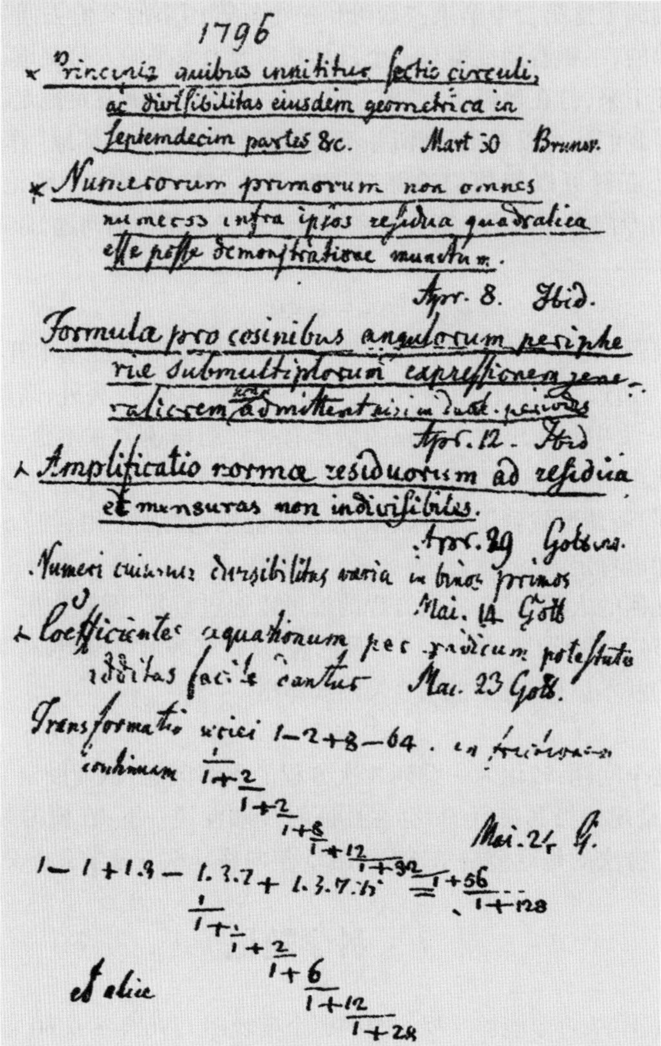
1796
Principia quibus innititur sectio circuli, ac divisibilitas eiusdem geometrica in septemdecim partes &c. Mart 30 Brunsv.
Numerorum primorum non omnes numeros infra ipsos residua quadratica esse posse demonstratione munitum. Apr. 8. Ibid.
Formula pro cosinibus angulorum peripheriae submultiplorum expressionem generaliorem non admittentis in duas periodos Apr. 12. Ibid
Amplificatio normae residuorum ad residua et mensuras non indivisibiles. Apr. 29 Gotting.
Numeri cuiusvis divisibilitas varia in binos primos Mai. 14 Gott.
Coefficientes aequationum per radicum potestatum summas facile dantur Mai. 23 Gott.
Transformatio seriei 1−2+8−64 . in fractionem continuam Mai. 24 G.
et alia

“科学随记”第1张

1976年,“科学随记”的德文译本出版[26]. 2005年更出了此书的增订第5版[27],篇幅大大增加. 最前面是比尔曼写的历史导引;在第25到63页中,把高斯写的摹印在左边,右边则是印刷体的拉丁文;在第65到131页中,左边是拉丁文本,右边则是德文译文. 后面还有武辛和诺伊曼写的评注.

“科学随记”共有146条,第一条记于1796年3月30日,写的是正17边形能够几何作图. 1796 年记得最多,共有 49 条. 1797 年记了 33 条. 以后逐年递减,但从 1796 年到 1801 年具有一定的连续性. 后来就很不连贯,例如 1802 到 1804 年一条都没有记;最后一条记于 1815 年 1 月 2 日. 随记中也有个别不属于自然科学的内容.

"随记"中有两条很难揣摩. 1796 年 10 月 21 日有这样密码式的一行:

"Vicimus GEGAN."

这一天高斯脑海里涌现了什么? 1799 年 4 月 8 日写的是

REV. GALEN

这又是什么意思? 看来这两条的意义已无法猜透. 幸运的是,其余 144 条的意思都已经弄清楚.

"随记"中涉及数论的有 48 条,其中关于二次剩余计有 12 条,关于二次型、三次型 11 条,关于同余 9 条,关于三次、四次剩余 8 条,其他 8 条.

"随记"中涉及代数的有 30 条,其中关于分圆问题计有 16 条,关于一般代数式的变形和分解 6 条,关于消元法 2 条,关于根的存在 2 条,关于根的幂和 2 条,关于可除整函数 1 条,关于一次不定式 1 条.

"随记"中涉及分析的有 56 条,其中关于无穷级数计有 17 条,关于双纽线积分、双纽线函数 13 条,关于算术-几何平均 9 条,关于一般椭圆积分和椭圆函数 5 条,关于积分学 5 条,关于插值和机械求积 3 条,关于连分数 3 条,关于微分学 1 条.

"随记"中涉及几何的有 4 条,涉及概率的有 2 条,涉及力学的有 5 条.

"随记"中涉及天文学的有 14 条,其中关于行星轨道计有 6 条,关于彗星轨道 4 条,关于确定复活节日子 2 条,关于月球运动 1 条,关于视差 1 条.

这里没有必要详细讨论各条的内容,不过有些条可以抽出来说说.

1796 年 7 月 10 日写的是

"EYPHKA! Num = △ + △ + △."

前面用的是阿基米得洗澡时发现浮力定律光着身子出来高呼的"Eyphka!"("我发现了!")后面说的是每个正整数是 3 个三角形数(即形如 $n(n+1)/2$ 的数)之和. 此命题也可表述为形如 $8n+3$ 的数是 3 个平方数之和,其证明并不简单.

1796 年 4 月 8 日写的是:

"Numerorum primorum non omnes numeros infra ipsos residua quadratica esse posse demonstratione munitum."

熟谙拉丁文的人认为这表明高斯当时的拉丁文尚未达到经典水平. 很多数学家认为此条说的是并非每个小于给定素数的数都是模该素数的二次剩余. 这不是一个深刻的结论,高斯此前应当已经知道这一点. 不过也有人认为这说明高斯在这一天已证明出二次互反律.

关于三次和四次互反律的研究,"随记"中似乎有点混乱. 1807 年 1 月 21 日、2 月 15 日、2 月 22 日和 2 月 24 日写的 4 条表明他于 1806 至 1807 年的冬季发现了这方面的主要结果(可能有些并无证明),这与他 1807 年 4 月 30 日致热尔曼的信一致. 但按照他发表的关于四次剩余的第一篇论文,高斯在 1805 年已得到这些主要结果.

1813 年 10 月 23 日(这天他最小的儿子出生)写的第 144 条说到,在 7 年毫无成果的努力之后,他获得了四次剩余理论的一般基础.

1797 年 3 月 19 日和 3 月 21 日写的两条十分重要. 前一条谈到了用于分割双纽线的方程,后一条说可以用直尺和圆规把双纽线分为 5 等分. 这两条看来漫不经心的注记表明高斯在 1801 年之前已相当了解椭圆函数的性质并已发现它的双周期性. 从 1800 年 5 月6 日至6 月 3 日写的 4 条则表述了这一领域的一些一般概念. 要知道,椭圆函数理论是 19 世纪数学的主要领域之一,雅可比和阿贝尔这两位伟大数学家二十多年后才发现椭圆函数的双周期性并开发其一般理论. 这是高斯在椭圆函数理论上的优先权的铁证,而有些同时代的数学家当时并不相信高斯心中早已建起这一理论. 1800 年时高斯才 23 岁,他只要及时发表椭圆函数的双周期性,即可名扬天下,但他却一直没有发表.

这里自然产生一个问题:高斯干吗藏着他的伟大发现? 鲍尔在其所著《数学简史》中说,高斯曾在 1800 年把他第一部杰作《算术探索》的大部分呈交巴黎科学院,但“被拒绝发表,并被评审者不公正地嘲笑为毫无价值;高斯深受伤害,他嗣后不想发表自己的研究也许应部分地归于这一不幸事件.”[28] 这一说法颇有传奇色彩,后来有些书也沿袭了这种说法,例如 M·克莱因的名著《古今数学思想》[29]. 不过这个说法靠不住. 法国科学院官员在 1935 年仔细查阅了科学院有关记录,结论是该书稿从未到过科学院,更谈不上拒绝了!

其实高斯本人对此作过间接解释. 首先,高斯说他进行科学研究只是出于内心深处的需要,是否发表只占据第二位. 他在1808 年致 W·波尔约的信[30] 中就曾写过:“能获得最大乐趣的不是知识,而是学习的实践;不是占有,而是取得它的劳作. 每当我澄清和详尽地论述了一个主题之后,我就离它而去,为的是再进入黑暗之中.” 其次,他还曾对友人说过,他在 20 岁之前,新想法成群结队,纷至沓来,汹涌澎湃,势不可挡,以至难于控制,甚至没有时间记下来,只能用快捷的方式写下一部分. 可以想见,“随记” 这种方式很适合当时的情形,很可能有些东西还没有写下. 最后,由于高斯写作要发表的论著时总是精雕细刻,十分苛求,因此他的写作速度不算快. 他说:“…… 我写得慢. 这主要是因为除非我能以尽可能少的话说清楚, 我就决不会满意. 写得短比写得长要花多得多的时间.”[31]

1800 年 5 月 16 日和 1801 年 4 月 1 日写的两条也颇有意思,它涉及高斯发明的计算每年复活节在何月何日的公式. 高斯在 1800,1802,1807 和 1816 年发表过 4 篇文章讨论这个问题. 由于1800 年那篇是高斯发表的第三篇论文[32](第二篇是下节的主题即他的博士论文),同时也由于这是表明高斯天才计算能力的有趣小例子,我们在下面对此作一比较详细的介绍.

复活节是基督教的重大节日,纪念耶稣在十字架上受刑死后于第三天复活. 325 年,尼斯会议决定复活节应为 3 月 21 日(春分节) 当天或其后满月后的第一个星期日;如果此满月恰发生于星期日,则复活节定为下一星期日. 开始时复活节恰为犹太逾越节,为避免相重,查士丁尼教宗时代的教会决定调整日历,使两个节日极少重合. 按此规定,复活节可能在3 月 22 日至4 月 25 日之间. 一般人显然只能凭日历或教堂通告得知本年哪天是复活节,自己是算不出来的. 高斯于 1800 年想出了确定 1582 年至 2000 年每年哪天是复活节的简单办法. 假设要确定复活节日子的年份为公元 N 年,先按下表选定 m,n:

年份	m	n
1582 ~ 1699	22	2
1700 ~ 1799	23	3
1800 ~ 1899	23	4
1900 ~ 2000	24	5

分别以 a,b,c 记 N 除以 4,7,19 的余数,以 d 记 $19c+m$ 除以 30 的余数,以 e 记 $2a+4b+6d+n$ 除以 7 的余数,则 N 年的复活节是 3 月 $(22+d+e)$ 日(如果 $d+e\leqslant 9$) 或 4 月 $(d+e-9)$ 日(如果 $d+e>9$). 由此不难算出,例如,2000 年的复活节应为 4 月 23 日. 高斯没有发表上述公式的严格证明,最早的严谨证明是汉布格于 1896 年发表的.

8 博士论文

1798 年 10 月,高斯首次去海尔姆斯台特,主要目的是解决学位问题. 高斯于是在年底致 W · 波尔约的信中谈到费迪南德公爵希望他成为哲学博士,但他想推迟这件事直到写完《算术探索》之后. 他在 11 月 29 日致 W · 波尔约的信[33] 中说到在海尔姆斯台特受到普法夫和图书馆工作人员的很好接待,说"普法夫正如我期望的那样,正确无误地显示出他的天才,决不丢下什么,直到尽可能把所有东西都挖出来为止. "他还谈到普法夫"非常大度地允许我使用他的藏书". 1799 年年底高斯曾再赴海尔姆斯台特以利用那里的图书馆,同样受到热情接待. 他在普法夫住所里租了一间房子,不间歇地奋发研究,只是在黄昏时才出来同普法夫一起散步,谈论数学.

1799 年 7 月,海尔姆斯台特大学哲学系同意授予高斯博士学位,并可免去大部分繁文缛节. 由于费迪南德公爵的资助,高斯的学位论文得以在 8 月付印(铜版印刷). 高斯的博士论文题为"单元有理整代数函数皆可分解为一次或二次实式之定理的新证明"[34],这是通称的"代数基本定理" 的第一个严谨的证明.

"代数基本定理" 这个名称是高斯起的,它断言 n 次实(或复) 系数代数方程

$$x^n+a_1x^{n-1}+a_2x^{n-2}+\cdots+a_{n-1}x+a_n=0$$

恒有 n 个复根(重根按其重数计算个数),其等价表述就是 n 次多项式可分解为一次或二次多项式之积. 这条定理历史颇为悠久.

1608 年,罗思提出,n 次方程至多有 n 个根. 1629 年,吉拉德首次提出 n 次方程有 n 个根,但他只举了一些例子,没有给出证明. 笛卡儿在《几何学》最后一篇即第三篇中提出"如果一多项式在 c 处为零,则它恒能被 $(x-c)$ 整除" 这一重要定理,并阐述了现称的"笛卡儿符号规则". 莱布尼茨于 1702 年提出是否每个实多项式可分解为一次或二次因子之积的问题. 他的答案是否定的,并举了

$$x^4 + a^4 = (x + a\sqrt{i})(x - a\sqrt{i})(x + a\sqrt{-i})(x - a\sqrt{-i})$$

这个例子. 大概他认为$\sqrt{i}$,$\sqrt{-i}$不能写成$\alpha + \beta i$的形式,没有看出

$$\sqrt{i} = \frac{\sqrt{2}}{2}(1 + i), \sqrt{-i} = \frac{\sqrt{2}}{2}(1 - i).$$

欧拉在1742年明确写下了实多项式可分解为一次或二次实因子之积这一定理,但说他不能完全证明. 他严格证明了$n \leqslant 6$的情形;对一般情形也提出了一些想法. 1748年,达朗贝尔发表了一个证明,其基本想法是适当选取自变量的值,使多项式的绝对值达到极小. 证明中用了一个辅助命题,此命题直到1851年才由皮瑟证明,而且还用到了代数基本定理! 拉格朗日于1772年提出了一个基于根的置换的证明,可是证明过程中得求助于假设的根. 拉普拉斯于1795年试图以不同方法证明基本定理,其方法涉及多项式的判别式,可是他仍假定多项式的根“在理论意义上存在”.

高斯在1799年12月16日致W·波尔约的信[35]中说到,他的博士论文中大约只有1/3的篇幅用于证明基本定理,其余部分“的主要内容是历史情形和对其他数学家就同一论题所写著作的批评……,还有对主导现今数学的浅薄所作的种种评论.”高斯的批评集中在一点,就是先前所有“证明”都预先假定方程的根存在,再指明可以用复数得到这些根. 他的批评当然一针见血! 他在论文第一节中所作的历史性的批判性的评论,为嗣后此类表述树立了典范.

高斯证明的基本路线如下. 考虑实多项式

$$X = x^m + Ax^{m-1} + Bx^{m-2} + \cdots + Lx + M,$$

证明它存在一次实因式意味着证明它有实根$\pm r(r > 0)$,存在不可分解的二次因式意味着证明它有复根$r(\cos\varphi \pm i\sin\varphi)$,从而相应的二次因式可写为

$$x^2 - 2xr\cos\varphi + r^2.$$

把$r(\cos\varphi \pm i\sin\varphi)$代入方程$X = 0$,分出实部、虚部,可得

$$U = r^m\cos m\varphi + Ar^{m-1}\cos(m-1)\varphi + \cdots + Lr\cos\varphi + M = 0,$$

$$T = r^m\sin m\varphi + Ar^{m-1}\sin(m-1)\varphi + \cdots + Lr\sin\varphi = 0.$$

他把这两个方程解释为极坐标系中的曲线方程,设法证明这两条曲线至少有一个交点.

考虑这两条曲线同半径为R的圆的交点. 高斯证明,对于充分大的R,以原点为中心,以R为半径的圆恰与曲线$U = 0$有$2m$个交点,也恰与$T = 0$有$2m$个交点,而且每个第一类交点位于两个第二类交点之间. 接着他说,“易见”如果R变大或变小一点儿,这$4m$个交点也变动得很小(用现代语言,就是这些交点的坐标是R的连续函数). $T = 0$对应于$\varphi = \pi$的分支是负x轴,他把所说圆与负x轴的交点记为0,然后按顺时针方向依次记所说交点为$1, 2, \cdots, 4m - 1$. 奇数表示与曲线$U = 0$的交点,偶数表示与曲线$T = 0$的交点.

接着高斯断言,如果代数曲线的一个分支进入某区域,它必定在某处离开该区域. 对此他写了下面的脚注:“看来能很好地证明一条代数曲线既不会突然中断(超越曲线$y = 1/\log x$会发生这种情形),也不会在绕一个点转无穷次后近于消失(如代数螺线那样). 据我所知无人怀疑此点. 不过如果任何人需要,我承担在别的场合提供不容置疑的证明.”从现代标准看,需要严格证明这个断言. 应当说这是高斯证明中的一个欠缺.

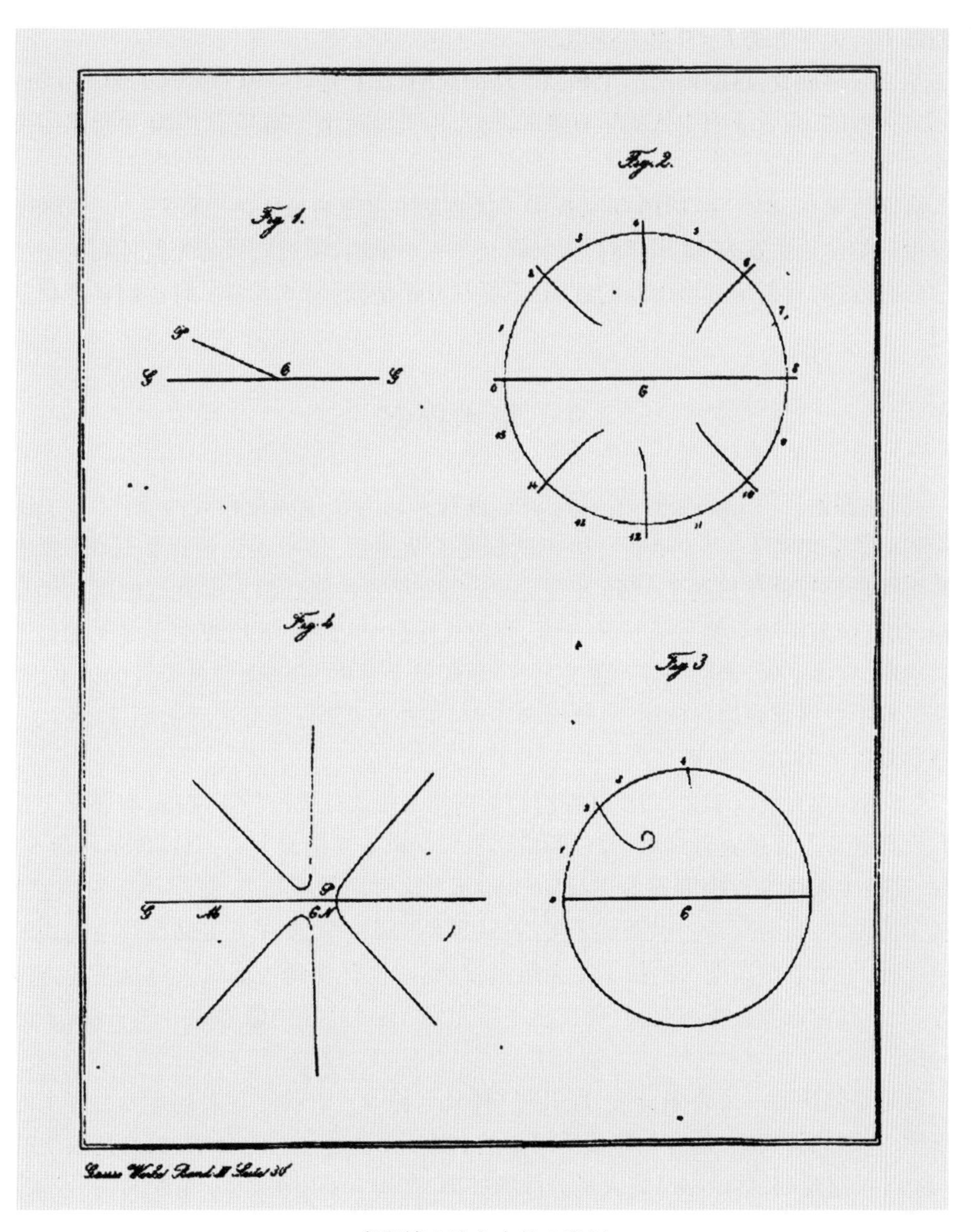

高斯博士论文中的4张图

基于上述断言，每个偶数点必由曲线 $T=0$ 的一个分支与至少另一个偶数点连接，每个奇数点必由曲线 $U=0$ 的一个分支与至少另一个奇数点连接. 这样就能证明曲线 $U=0$ 与曲线 $T=0$ 有交点. 假定两者没有交点. 点0与点 $2m$ 由 x 轴相连，点1不能与 x 轴另一侧的点相连而与该轴不相交(其实高斯在这里又用了几何直观而没有给出严格证明). 因此，如果点1与奇数点 n 相连，则必有 $n<2m$. 同样，如果点2与点 n' 相连，必有 $n'<n$. 由于 n' 为偶数，$n'-2$ 也是偶数. 依次往下，会有一个点 h 与点 $h+2$ 相连. 于是，在点 $h+1$ 处进入所说圆的分支必定会与连接点 h 与点 $h+2$ 的分支相交. 这与先前的假定矛盾，因

此曲线 $U=0$ 与曲线 $T=0$ 必有交点.

从当时标准看,这的确是一个相当严格的证明,说它是代数基本定理的第一个证明,是当之无愧的. 高斯证明中依赖于直观的两处,由奥斯特洛夫斯基于 1920 年给出了严格证明[36].

高斯后来在 1815 年,1816 年又提供了代数基本定理的另外两个证明[37][38]. 1849 年庆祝他的学位论文发表 50 周年时,他又提交了一个证明,不过它只是先前证明的另一形式. 高斯喜欢对重要定理给出新的证明. 下面在介绍他的《算术探索》时我们还要谈到这一点.

9　算术探索

《算术探索》[39] 是高斯的第一部杰作,也有人认为是他的最伟大的著作. 有关此书的最初信息来自他于 1797 年底写给齐默尔曼的两封信,信中谈到他正在写作《算术探索》. 此书前四篇的草稿写于 1796 年或更早,1797 年即在格廷根大学就读的第二年写出定稿. 第五篇最早的草稿写于 1796 年夏,修改几次后,于 1798 至 1799 年的冬季加进了三元二次型,完成定稿. 最后两篇可能完成于 1800 年上半年. 费迪南德公爵资助该书出版. 印制进程中曾因篇幅超过预想,导致经费不够,工作停顿. 公爵得知后追加了所需资金,使该书得以于 1801 年出版.

《算术探索》用拉丁文写就. 高斯曾请梅耶霍夫修改此书的拉丁文稿. 梅耶霍夫在古代和现代语言上受过完善训练,曾得到格廷根大学拉丁文论文大奖,但对数学一窍不通. 例如,高斯本人就说过梅耶霍夫连“algorithmus” 这个词都不知道. 按照高斯的学生 M · 康托尔的说法,高斯写得一手好拉丁文,如果西塞罗懂数学,除了几处高斯故意使用的习惯语气外,他也会对高斯写的拉丁文无所指责. 高斯也曾谈到梅耶霍夫对这些地方做了修改,至于其他地方是否有改动,现在已不得而知. 不过高斯的谦逊和一丝不苟,于此可见一斑.

数论是数学的一个古老分支,欧几里得《几何原本》中就已有素数有无穷多个的严格证明. 高斯热爱数论,他有一句众所周知的名言:数学是科学的女皇,数论是数学的女皇. 到 18 世纪晚期,数论中已有大量分散的成果,有些结果还很辉煌. 高斯的《算术探索》系统地总结了在此之前数论中的工作,引进了标准化的概念和记号,解决了其中最难的一些问题,对已有的问题和方法进行了分类,提出了新的方法,为后世数学家研究数论树立了典范,从而开创了数论研究的新纪元.

《算术探索》共 7 篇. 第一篇开宗名义讨论“数的同余”,第一句是“若数 a 是数 b 和 c 的差的除数,则称 b 和 c 对于 a 同余;在相反的情形,则称 b 和 c 对于 a 不同余. ” 然后他对“b 和 c 对于 a 同余” 引进了记号“$b \equiv c \pmod a$”. 这是现代数学中无处不在的等价和分类概念出现在代数中的最早的意义重大的例子. 第二篇讨论一次同余方程,其中严格证明了算术基本定理,重新证明了已由拉格朗日建立的模为素数 p 时 m 次同余方程

DISQUISITIONES

ARITHMETICAE

AUCTORE

D. CAROLO FRIDERICO GAUSS.

LIPSIAE

IN COMMISSIS APUD GERH. FLEISCHER JUN.

1801.

《算术探索》的封面

$$Ax^m + Bx^{m-1} + Cx^{m-2} + \cdots + Mx + N \equiv 0$$

当p不整除A时不可能有多于n个互不同余的解. 第三篇讨论幂剩余,其中用同余式术语给出了费马小定理的一个证明. 此篇详细讨论了高次同余式

$$x^n \equiv a(\bmod m),$$

其中a与m互素. 把现代初等数论教科书的相应内容与这三篇略加比较,能发现现代教材在用语和记号上与高斯没有很大差别,由此人们不得不惊叹高斯著作的深邃和无比旺盛的生命力.

第四篇"二次同余方程"意义非同寻常,因为第135目到144目包含了二次互反律的第一个严谨证明,其标题为"基本定理的严格证明". 设p是素数,a不是p的倍数,如果存在数x,使得$x^2 \equiv a(\bmod p)$,就称a是p的二次剩余,否则称为二次非剩余. 用勒让德符号,前者记为$\left(\frac{a}{p}\right)=1$,后者记为$\left(\frac{a}{p}\right)=-1$. 对于不同的奇素数$p,q$,二次互反律断言,只要$p$与$q$不同时为形如$4n+3$的素数,则$p$对$q$与$q$对$p$同为二次剩余或二次非剩余,而

在 p 为形如 $4n+3$,q 为形如 $4m+3$ 的素数的情形,则 p 对 q 与 q 对 p 二者中有一为二次剩余,另一为二次非剩余. 这可用公式简洁地表示为

$$\left(\frac{p}{q}\right)\left(\frac{q}{p}\right)=(-1)^{\frac{p-1}{2}\cdot\frac{q-1}{2}}$$

同时还有补充关系式

$$\left(\frac{-1}{p}\right)=(-1)^{\frac{p-1}{2}},$$

$$\left(\frac{2}{p}\right)=(-1)^{\frac{p^2-1}{8}}.$$

二次互反律实际上解决了二次剩余的判别问题,是同余理论的基本定理,高斯称它为算术中的宝石. 它是同余理论的核心,在数论后来的发展中起着重要作用,华罗庚恰当地称它为“数论中的酵母”.

欧拉在 1783 年的论文“分析短论” 中已经陈述了二次互反律,但正如高斯在 151 目中所说,还没有人像他那样以如此简洁的形式提出这个命题. 高斯参考了欧拉的其他著作,还参考了勒让德 1785 年的著作. 他正确地批评这些著作中的证明都不完整.

高斯是在经过了相当长时间的艰苦努力后于 1796 年春完成第一个证明的. 当时他还不能在更一般的理论框架中考察这一定理,因此探索这个证明花费了他巨大的精力. 其中关键之点是证明形如 $4n+1$ 的大于 5 的素数 p 总是某个小于 p 的素数的二次非剩余,此点对 $p\equiv 5 \pmod 8$ 易于证明,但对 $p\equiv 1 \pmod 8$ 则很难证明. 高斯整整花了一年才证明了后一情形. 克罗内克说这个证明是高斯天才的试金石. 不少人认为,只是证明二次互反律这一项工作,就足以使高斯位于第一流数学家之列.

高斯一生给出了二次互反律的 8 个证明. 上面说的第一个证明最初等,方法直接,但比较复杂,因而篇幅也比较长. 第二个证明出现于《算术探索》第262 目,实际得到应追溯到 1796 年 6 月 7 日. 这个证明是二次型理论的一部分,形式上比较容易. 他于 1808 和 1817 年 向格廷根王家学会提交了另外4 个证明[40][41][42]. 第六个证明的重要性在于用了高斯和. 第四个证明用了分圆理论,可追溯到 1801 年 5 月 15 日. 第五个证明用了高等同余理论. 还有两个证明是高斯去世后才发表的[43][44],它们应当是在 1796 年9 月 2 日前得到的.

关于对数论中重要定理寻求新证明的意义,高斯曾有过自传式的深刻阐述. 他写道:

“高等算术的特点在于,它最优美的定理可以通过归纳毫不费力地发现,然而往往它们的证明就在手边什么地方,却要借助深入分析和天赐幸运的合成并经历许多毫无成果的探索才能得到. 这个值得注意的现象源于这一数学分支中不同内容的神奇的错综复杂的联结,也源于这一分支中常常发生的下述情形:许多定理的证明经过多年探求,仍然徒劳无功,后来却以各种不同的方法得到. 一旦通过归纳发现了新的结果,首要的考虑就应当是通过任何可能的手段寻求证明. 即使在好运到来得到证明之后,在高等算术中也不应当把打算寻求别的证明的探讨看做多此一举,没有意义. 因为人们有时一开始并未得到最优美、最简单的证明,这样的证明只有在洞察高等算术各种原理之间神奇的错综复杂的联结后才能得到,而这种联结恰恰是研究它的主要吸引力之所在,往往能导致新定

理的发现. 因此,为已知定理寻求新的证明通常至少与发现这些定理同等重要."[45]

有人统计[46],到21世纪初,二次互反律的证明已经超过200种,提供新证明的人中有下面这样一些数学家中耳熟能详的姓氏:柯西,雅可比,迪利克雷,艾森斯坦,刘维尔,库默尔,克罗内克,戴德金,瓦莱-布桑,希尔伯特,弗罗贝尼乌斯,斯蒂尔切斯,M·里斯,韦伊. 这大概是连高斯也没有想到的.

《算术探索》第五篇是"二次型和二次不定方程",讨论表示式 $ax^2+2bxy+cy^2$,其中 a,b,c 是整数,它称为二元二次型. 问题是求出能为给定的型或型类表示的数,其逆问题是,给定 M 和 a,b,c 或一类 a,b,c,求出能表示 M 的 x,y. 欧拉在这方面已得到一些结果,而拉格朗日则作出了一个关键性发现:如果一个数能被一个型表示,则它也能被与之等价的型(指能通过变量替换 $x=\alpha x'+\beta y'$,$y=\gamma x'+\delta y'$,$\alpha\delta-\beta\gamma=1$ 互相变换的型)表示. 他指出,给定行列式(高斯称为行列式)b^2-ac,存在有限个型,使得具有相同判别式的型等价于其中之一. 高斯在篇幅很大的第五篇中系统建立并大大扩展了二次型的理论. 值得特别指出的是,他提出了二次型的合成的概念,给出了二次型 F 是二次型 f 和 f' 的合成的定义,证明如果二次型 f 与 f' 属于同一类,二次型 g 与 g' 也属于同一类,则由 f 和 f' 合成的型与由 g 和 g' 合成的型也属于同一类,即 F 的类由 f 和 f' 的类唯一决定,于是二次型的合成产生二次型类的合成. 用现代数学语言陈述,就是具有给定行列式的本原二次型(即 a,b,c 没有公因数的二次型)类连同合成构成一个有限交换群. 这些理论是"群"这一重要现代数学概念的来源之一. 高斯在这一篇中关于二次型的特征和族的研究,标志着群特征标理论的肇始. 这样高斯就成为群论的先驱者之一. 他在这一篇中还指出可以用型的理论证明数论中许多定理,包括欧拉和拉格朗日等人已证明的一些重要定理. 本篇还讨论了三元二次型. 这一篇充满了不少成为以后数学家一系列重要研究起点的论题.

第六篇把前面的理论应用到各种特殊情形,例如 $mx^2+ny^2=A$ 的整数解. 第335目尤其值得注意,高斯在其中提出,他的方法可应用到圆函数(即三角函数)之外的许多其他函数,特别是依赖于积分 $\int\frac{\mathrm{d}x}{\sqrt{1-x^4}}$ 的超越函数,他还注意到这种函数对于双纽线恰如三角函数对于圆那样重要.

第七篇是"分圆方程",不少人认为此篇是《算术探索》的顶峰. 篇中讨论代数方程 $x^n-1=0$,n 是奇素数. 这个方程是作正 n 边形或把圆分为 n 个相等部分这一几何问题的代数表述. 高斯证明,此方程除以 $(x-1)$ 所得的方程

$$X=x^{n-1}+x^{n-2}+\cdots+x+1=0$$

不可分解为低次的有理系数方程之积. 然后他证明了一个主要命题:如果 $n-1$ 是 $\alpha,\beta,\gamma,\cdots$ 之积,则方程 $X=0$ 能通过解次数为 $\alpha,\beta,\gamma,\cdots$ 的方程来解出. 例如,当 $n=17$,有 $n-1=16=2^4$,因此 $x^{17}-1=0$ 能通过解4个二次方程解出. 由于二次方程的根能用直尺、圆规作图,所以正17边形能用尺规作图. 更一般地说,如果

$$n=2^{2^m}+1,$$

且 n 是素数,则正 n 边形能用尺规作图. 对于 $m=0,1,2,3,4$,$n=3,5,17,257,65\,537$,这

5 个数都是素数,因此正 3 边形,正 5 边形,正 17 边形,正 257 边形,正 65 537 边形都能尺规作图. 但到 21 世纪初,仍然不知道这种形式的数中有没有其他素数. 高斯在最后两目中断言,正 n 边形能用尺规作图当且仅当 $n=2^l p_1 p_2 \cdots p_m$,其中 $p_1, p_2, \cdots, p_m$ 是如上形式的不同素数. 这个命题的充分性易于从高斯先前的论述中导出,但必要性并不显然,高斯也没有给出证明. 旺策尔于 1837 年首次给出了必要性的证明[47].

《算术探索》当时对于数学家也很难读,它曾被称为"七印封严之书"[48]. 后来迪利克雷作了详细注释. 此书简洁完美的风格多少减慢了它的传播速度,而最终当富有才华的年轻人开始深入研读它时,由于出版商破产,又买不到了,甚至高斯最喜欢的学生艾森斯坦也从未能拥有一本. 有些学生不得不从头到尾抄录全书. 迪利克雷有一本,他旅行时带着这本书,睡觉时放在枕头下面. 在上床之前,他总要艰苦地读上几段,希望醒来后重读时能完全弄明白.

按照原来的计划,《算术探索》还有第八篇,高斯打算在该篇中写关于同余的一般理论. 他在通信和其他论著中也不止一次提到要续写《算术探索》,但一直未能如愿. 后来发现了一些有关的草稿和手稿,它们似乎写于1797 和1798 这两年中,其中的观点与后来戴德金和伽罗瓦的观点有紧密联系.

《算术探索》很快为作者赢得了荣誉. 拉格朗日毫不吝啬赞美之词,他于1804 年5 月31 日写信给高斯说:"你的《探索》已立即把你提到了第一流数学家的行列之中. 我认为最后一篇包含最美的分析发现,…… 请相信,先生,没有人比我更真挚地为你的成功喝彩."[49] 即使勒让德,他早于高斯在 1798 年出版了《数论试论》,起初曾怀疑高斯未能公正对待他,但在此书第二版(1808 年) 的前言中,也赞扬《算术探索》具有高度价值,内容丰富,很有独创性.

到19 世纪末,《算术探索》的声名臻于顶峰,几乎达到近于神话的地步. 例如,克鲁内克在其逝世那年即 1891 年所作关于数的概念的讲座中尊崇《算术探索》为"众书之书"("des Buch aller Bücher"). 卢卡在其所著《数论》(巧得很, 也是在其逝世那年 ——1891 年出版的) 中说《算术探索》是不朽的纪念碑,它显现了人类心智无尽无际的广度和令人惊呆的深度.

10　一算成名

19 世纪第一天很不平凡:意大利天文学家皮亚齐于 1801 年元旦在巴勒莫发现了后来命名的谷神星. 他于1801 年元月 24 日致信柏林的波得、米兰的奥里阿尼和巴黎的拉朗德,说他发现了一颗很小的没有彗尾和包层的彗星. 拉朗德于二月把此事通知塞贝格天文台台长察赫,但未指明它的位置,因此察赫只得等待进一步的信息. 皮亚齐致波得的信路上走了71 天,信中说了元月 1 日和23 日两次观测到的位置. 波得立即把有关信息送交给察赫,他是《地球和天体科学进展月报》的编辑. 察赫毫不拖延地在《月报》上登载了一篇详尽的文章,标题为"关于我们太阳系中的一颗长期猜测、现可能已发现的新主要行星之报导"[50].

波得和奥里阿尼很快认定这是一颗运行于火星和木星之间的小行星，并决定建立“由散布在欧洲的24位实践天文学家组成的专门协会”来研究它. 在已有数据基础上，法国的布尔克哈特在《月报》7月号上发表了他计算所得的一个椭圆轨道. 整个这一期冠以“关于新主要行星之连续报导”的标题.

皮亚齐从元月1日到2月11日的完整观测发表在《月报》9月号上，这样高斯就能得到这些数据. 在《月报》10月号上，察赫报告说，从8月中旬到9月底，几乎所有天文学家都试图再找到这颗星，但均以失败告终. 这段时间天气不好是一个障碍；另外布尔克哈特计算的椭圆轨道也不可靠. 奥尔伯斯也开始计算一个椭圆轨道，但他像布尔克哈特一样错误地假定此行星在发现时离近日点或远日点不远，实际上（如高斯后来所指出的）它差不多处于中点位置.

这段时间高斯住在不伦瑞克，在读到《月报》后，对这颗新行星产生了兴趣. 他放下了正在进行的数学和月球理论方面的研究，转而探究这颗行星的轨道. “科学随记”第118和119条表明他于1801年九、十月份想出了解决问题的方法. 他认为必定有一个椭圆轨道符合皮亚齐41天的观测，由此就能预测它的位置. 在他十一月份笔记的第一页上，明确地写着他认为自己已完全解决这个问题. 高斯的基本想法是通过平均观测建立该行星到太阳距离和到地球距离之间的方程，这里他用了自己开创的最小二乘法. 他后来解释过，从3个观测来计算一个天体的轨道依赖于两个问题的解，首先是以任何一种方法求出近似轨道，其次是修正这一轨道使之尽可能符合已有观测. 1801年12月，高斯算出了轨道诸元素，察赫和其他人在这个月按高斯计算的星历表开始寻找谷神星，因天气恶劣未获成功. 1801年12月31日到1802年元旦那个夜晚，察赫终于观察到了谷神星. 奥尔伯斯也于1802年元旦发现了这颗新星，恰与高斯的星历表相符. 察赫写信给高斯报告了这一喜讯，同时高斯也从报纸上得知了奥尔伯斯的发现，并于元月18日写信给奥尔伯斯以求得到他的观察结果，由此开始了两人终生的亲密友谊.

察赫在《月报》1802年2月号上向全世界宣告：由于高斯的计算，谷神星已被重新发现. 这个爆炸性消息一下子把高斯推上了全球最高级理论天文学家的位置. 由于高斯没有公布他所用的方法，就更加使这件事笼罩着一种令人觉得深不可测的神秘气氛. 这位名不见经传的年轻人，一无天文仪器，二无别人帮忙，只靠深邃的内省力和神奇的数学才能，伏案算算就如此精确地定出了一颗已经消失的星星！他本人才真正是一颗耀眼的新星！情形多少有点像十年后拜伦在其长诗《恰尔德·哈洛尔德游记》前两章发表后所说的那样：“美好拂晓，一觉醒来，我发现自己已名扬四海.”[51]

皮亚齐当然比别人更加高兴. 他写道：“我要向高斯先生表示最高的赞颂和最深的谢忱，他免去了我们许多痛苦和辛劳；没有他，我的发现就不能得到证实.”[52] 波得等许多学者也以类似方式表达了他们的感受. 高斯自然也很高兴，但他非常谦虚，说没有牛顿的《原理》（即《自然哲学之数学原理》）他就不可能建立新方法. 他说全部事情中最好之处在于这再次肯定了牛顿的万有引力定律.

俄国对高斯的成就最早作出公开反应：圣彼得堡科学院于1802年1月31日选举高斯为通讯院士. 俄国国务大臣冯富斯写信给高斯正式通知此事，两人嗣后不断通信，建立了友谊. 1802 年 9 月 5 日,俄国政府提出聘任高斯为圣彼得堡天文台台长. 1803 年 1 月 20 日,高斯决定谢绝俄国的聘请,留在不伦瑞克. 冯富斯给高斯的最后一封信写于 1824 年 3 月24 日,有意思的是这封信又是通知高斯圣彼得堡科学院对他的提名,不用说这次是要请他当院士. 两年后冯富斯去世,高斯对此深感悲痛.

1801 年底,费迪南德公爵为使高斯留在不伦瑞克,同时也为了表示对《算术探索》的赏识,把高斯年收入提高到 400 塔勒. 当齐默尔曼告诉高斯这一喜讯时,高斯说:"可是我实在还不配,我还没有为国家做什么事情. "[53] 他决定自掏腰包买一台六分仪. 1803 年 1 月25 日公爵签发了下面的命令:"为本市回绝圣彼得堡聘请的高斯博士每年增加 200 塔勒,外加4 考得(1 考得约合 3. 6 立方米 —— 引用者) 山毛榉木材和 8 考得木柴作为木材补贴,每年再发 50 塔勒作为免费公寓的补偿. ……" 公爵曾打算在不伦瑞克为高斯建一座天文台,由于拿破仑的入侵,此项计划未能实现.

事实上,从"科学随记" 第 120 条("Theoram motos Lunae aggressi sumus") 看,在计算谷神星轨道之前,高斯在 1801 年已开始他在天文学领域中的第一项重大研究,就是关于月球运动的理论. 为修正已有的月历表,巴黎科学院于 1798 年悬奖征解"由大量(数目至少为 500) 最好的、可靠的新旧观测数据确定月球轨道远地点和向天顶上升交点平均长度的历元". 伯格于 1800 年获奖,他用了三千多个观测数据. 同时拉普垃斯也开始阐述他的月球运动理论. 巴黎科学院于 1800 年再次悬奖,要求得奖者完成:(1) 通过对大量优良观测的比较更精密地确定月球变动系数,给出月球长度、宽度和视差的更精密、更完整的公式;(2) 由这些公式设计可靠的便于计算的月球表.

巴黎科学院没有为此次悬奖设定时间限制. 或许是这一点导致高斯着手搞月球表. 他以真实长度为自变量,导出了倒缩短径向量、平均长度(或平均时间) 和宽度正切的微分方程,这些方程与欧拉所用的不同,但与克莱罗、达朗贝尔以及后来拉普拉斯、普兰纳等人所用的类似. 高斯通过按偏心度和切线斜率之幂的展开近似求解所得微分方程,给出的结果本质上与后来普兰纳于 1832 年提出的理论一致. 但高斯只做完了宽度的扰动就停了下来,原因如他 1842 年 1 月 23 日致舒马赫的信[54] 中所说:"1801 年夏,我恰恰在进行关于月球的类似研究,但当我刚开始准备性的理论工作 …… 时,皮亚齐谷神星观测的新闻把我推向一个完全不同的方向. " 高斯的这项工作是他身后在其遗留的笔记中发现的,载于 1906 年出版的《高斯全集》第七卷中.

重新发现谷神星后不久,命运之神又给高斯带来一次机会. 1802 年3 月 28 日,奥尔伯斯在观测室女星座时看到一颗亮度大约为 7 等的星体,它不见于已有的星体目录中. 次日的观测使他肯定自己发现了另一颗小行星(他后来把它命名为智神星,这是人类发现的第二颗小行星). 4 月 3 日再次观测后,他写信告诉了察赫,后者在次日观测后确信奥尔伯斯正确无误. 奥尔伯斯把观测数据寄给年轻的朋友高斯,请他进行计算. 高斯于 4 月 18 日 完成计算,据说只用了 3 个小时,而且十分精确. 关键在于高斯用了新的方法. 先前欧拉做类似计算时,别人要用好几个月,他只用 3 个星期,那时人们就已啧啧称奇. 要知道,欧拉的计算能力也非常惊人,而且如果要推举人类历史上在排行榜上位居第四的数学家,那么欧拉是有力的候选人. 高斯后来谈到他能在一小时内算出欧拉用老方法得用

3 个整天才能算出彗星的轨道,而欧拉因计算用眼过度失明时曾说:“确实,如果我一直用老方法三天三天地算,我的眼睛可能也会瞎掉.”[55]

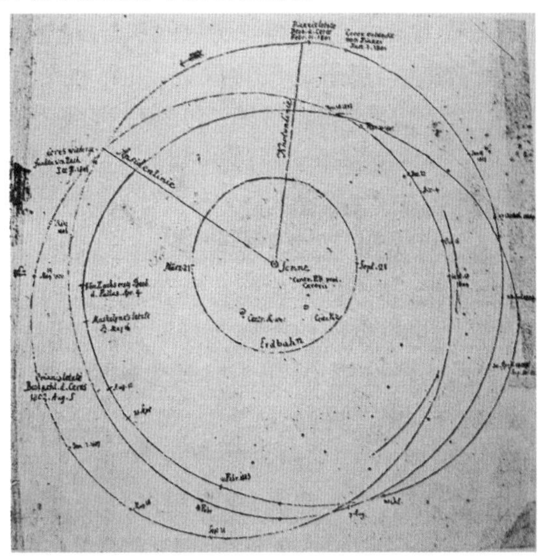

高斯手绘的谷神星和智神星轨道图

据说拉普拉斯在高斯确定智神星轨道后曾说:“不伦瑞克公爵在他的国家里做得比发现一颗行星还要多:他在一个人身上发现了一颗天上的心灵!”几年后他还提请拿破仑在法军进入德意志时对格廷根大学予以特别关照,“因为这个时代最重要的数学家住在那里”[56]. 拉普拉斯对高斯评价极高,当洪堡问拉普拉斯谁是德国最伟大的数学家时,后者答道:“普法夫”. 洪堡惊讶地问:“那么高斯呢?”拉普拉斯答道:“噢,高斯是全世界最伟大的数学家!”[57]

施瓦茨 1803 年画了高斯年轻时唯一一张彩色蜡笔素描像
格廷根天文台展示的是这张像的复制油画

在不伦瑞克的后面几年(1803 ~ 1806),高斯开始从数学家向同时成为天文学家和物理学家过渡. 从研读牛顿的《原理》起,高斯就对天文学产生了兴趣,在格廷根读书时已开始天文观测. 确定谷神星位置一方面显示出他的才能,另一方面也显示出天文发现远比数学成就更能引起公众巨大的兴趣;再则职业天文学家教学任务比较少,高斯一向对教书不大热心,而且这也能使他有更多时间投入研究. 高斯 1803 年6 月 20 日在致 W·波尔约的信[58]中吐露:“天文学和纯粹数学是两个磁极,我的心灵磁针总是转向这两极.”这几年中高斯在天文学领域主要研究由木星引力引起的谷神星和智神星的扰动. 在高斯档案中保存着许多带有不少计算的剪贴簿,其中还隐含着他打算今后仔细研究的论题. 这些论题与他关于椭圆积分和超几何级数的研究有紧密联系. 其中一个有趣的发现是木星与智神星平均运动之比为 7 : 18,这表明木星对智神星的影响类似于地球对月球运动的影响.

高斯用两种方法计算行星的扰动. 首先是把扰动元展开为级数,再用所得级数的第一项. 拉普拉斯等已用过这种方法,但由于高斯熟知并熟练运用许多无穷级数,所以他做得更好. 在这种方法行不通时,高斯就运用和发明数值积分. 他往往视情况不同决定用何种方法. 对于谷神星,高斯还把扰动展开为三角级数,由此利用三角函数表进行数值积分. 这里他所做的已相当类似于后来傅里叶 1807 和 1811 年关于热传导的论文中所做的著名工作.

11　恋爱结婚

高斯的母亲结婚前曾在一个姓里特的人那儿打工,里特还是高斯的教父,高斯小时常去他家玩. 高斯从格廷根回不伦瑞克后,仍不时到里特家作客,因为这个家庭气氛融洽,也有较好的文化氛围. 在这个圈子里,高斯于 1803 年邂逅了约翰娜·奥斯多夫.

约翰娜生于 1780 年 5 月 8 日,父亲是制革工头,经济情况在这一行里位于中等水平. 约翰娜虽不十分漂亮,但生性开朗,童心未泯,有点调皮,可非常善良,对人体贴. 有她在场,气氛就会愉快欢乐. 高斯 1804 年 6 月 28 日写信给 W·波尔约说:

"在这里我相识的人多了,朋友圈子也扩大了. 最美好的是我同一个了不起的女孩的友谊,她正是我衷心向往的可作为终身伴侣的女孩. 美丽动人的面容,能反映出灵魂平和、健康、仁慈且多少有点浪漫的眼睛,身材完美(这很要紧),谈话时很有才智和理解力(这也重要),最出色的是一颗祥和、快乐、谦逊、纯洁的天使般不会伤害任何人的心灵. 矫揉造作、轻浮卖弄、激情过度与她无缘. 但在我没有看到能使她获得应得的幸福的前景之前,我不会对这位造物主创造的秀丽女性放任自己的感情. 单方面的快乐根本不是幸福."[59]

经过一年的相处和追求,高斯意识到同约翰娜结合应是他个人生活的最高目标. 他于 1804 年 7 月 12 日写信给她,敞开了自己的心扉. 这封信写得如此情真意切,诚挚动人,以致我们忍不住要大段译录:

"我最亲爱的朋友,请允许我在这封信中对一件重大事情向你倾吐心声,迄今为止我一直没有恰当机会向你表白.

"我终于以我整个心灵说,我的内心想望着你沉静的天使般的美德,我的目光凝视着你高贵的面容,你的脸庞是一面反映你的美德的真正的镜子. 亲爱的纯洁的灵魂,你是如此地远离空虚无聊,以致不能认识到自己的价值,不知道上天是多么慷慨仁慈地赋予了你什么,但是我的内心知道你的价值. 我的心已有很长时间属于你,你不会拒绝吧? 你能把你的心给我吗? 亲爱的,你能高兴地握住我伸过来的手吗? 我的幸福系于你对这个问题的回答. 确实,眼下我还不能向你提供富裕和显贵,然而亲爱的,我不会看错你美丽的心灵 —— 你肯定像我一样不计较富裕和显贵. 不过我现在有的已经超过我一个人的需要,即使不考虑未来的前景,也足够两个年轻人开始过轻松惬意的生活. 我能献给你的最好的东西是我的心,充满了对你真挚热烈的爱的一颗心.

“问问你自己，我深爱的朋友，这颗心能否使你完全满意？你能否用同样真诚的感情来响应？你是否甘愿与我手挽手共度生命的旅程？快快决定吧！

“我的爱，我用朴实直率的言词把我心中的愿望呈现在你面前. 我本来可以用完全不同的言词. 我本来可以描绘你的妩媚，它决不会有任何地方不真实，但你会把它看做献殷勤；我可以用炽热的色彩向你描绘我的爱 —— 确实，我只要任凭我的感情自由驰骋就能做到；描绘等待在我前面的是天堂之乐还是郁郁寡欢，就由你接受或拒绝我的渴望而定. 但我不想这样做. 至少不要玷污了我无私纯真的爱. 我不想用诱饵来让你作决定. 在关乎你一生的重大问题上，你不应该允许外在的影响. 你不应当为我的幸福作出牺牲. 你个人的幸福必须由你的决定来指引. 是的，最亲爱的人，我忠贞不渝地热烈地爱你，只有同你结合(如果你同意)才能使我幸福.

“最亲爱的人，我向你呈献了我的心，我热烈地、急切地等待着你的决定.”[60]

约翰娜三个月没有回信，原因不是她还不能肯定自己的感情，其实她爱高斯也已有一段时间，但高傲的性格和周围的气氛使她不能立即表达. 不过天遂人愿，四个多月后，1804 年 11 月 22 日，两人终于订婚. 三天后高斯写信[61]给 W·波尔约说：“三天前，那位天使，那位在这地球上几乎是高居天国的女性，成了我的未婚妻. 我极度快乐. …… 噢，她比我好得多！上帝啊，她心中的坚冰终于在我爱情的烈焰中熔化. 当她贞洁的身体依偎在我胸口，还有那充满热情的眼睛，温暖柔软光洁的双手，那少女的娇贵的嘴唇，羞怯地纯洁地诉说着爱意，这使我多么快乐！生活在我面前就像是闪耀着新的光彩的永恒的春天 ……”

1805 年 10 月 9 日，两人在圣卡塔琳纳教堂举行婚礼，一对恋人终成伉俪.

12　公爵之死

1806 年 8 月 21 日，高斯的长子约瑟夫出生. 正当高斯在不伦瑞克过着平静愉快生活的时候，德意志的局势却大大不妙. 1799 年 11 月，拿破仑发动雾月政变，出任法兰西共和国第一执政. 为对付这一年建立的第二次反法同盟，拿破仑采取稳住普鲁士的中立地位、争取俄国退出、全力摧毁奥地利军队的方针，次年奥军大败. 1801 年 2 月签订和约，奥地利承认法国对莱茵河左岸、比利时和意大利北部中部地区的占领，普鲁士乘机占领汉诺威. 1803 年英法再度开战，1804 年 4 月英俄缔约，5 月拿破仑称帝，8 月弗兰西斯二世宣布成立奥地利帝国. 1805 年奥英签订盟约，第三次反法同盟形成. 10 月，拿破仑在乌尔姆全歼奥军，11 月攻占维也纳，12 月与奥军在奥斯特利茨决战中大捷. 1806 年，拿破仑在德意志建立以杜塞尔多夫为中心的贝格大公国，以其妹夫缪拉元帅为大公. 他把符腾堡和巴伐利亚升为王国，把巴登升为大公国. 7 月，他更将德意志南部和西部 14 个(后增至 16 个)邦组成“莱茵邦联”，自任“保护人”. 接着莱茵邦联退出德意志帝国，使得已存在 9 个世纪之久的神圣罗马帝国终于解体，弗兰西斯二世不得不放弃神圣罗马帝国皇帝称号.

拿破仑在德意志的扩张使保持中立已达10年之久的普鲁士感到极大威胁. 威廉三世于1806年1月派费迪南德公爵出使俄国，试探建立联盟. 公爵于3月回不伦瑞克后，把高斯年俸提到600塔勒. 高斯在4月30日生日那天得知这一决定，5月他被公爵召见，这是两人最后一次会面.

1806年7月，普鲁士与俄国签订密约. 年已70的费迪南德公爵被任命为普军总司令，但他麾下只有57 000人，其中不少人还是刚刚招募未经训练的新兵. 10月1日威廉三世向法国发出最后通牒，要求法军撤出莱茵河右岸. 10月8日，拿破仑率军离开巴黎. 费迪南德指挥普军穿过萨克森缓慢向西移动，企图威胁拿破仑与西欧的交通. 拿破仑神速挺进，10月14日在耶拿全歼普军一部，同时达武指挥的法军在耶拿以北20多公里处的奥尔施泰特击溃费迪南德公爵指挥的另一部普军，费迪南德受致命重伤. 普军全线瓦解，在俄国尚未行动之前，拿破仑已完全征服普鲁士. 10月27日，拿破仑在4位元帅簇拥下进入柏林. 11月8日，最后一支普军投降.

费迪南德公爵受伤后即退向家乡. 高斯非常伤感地谈到，10月25日早晨，他从住所向窗外看去，只见两匹马拖着一辆车驶出对面城堡的院子，受了重伤奄奄一息的公爵躺在车里. 马车驶向阿尔托那，这样至少能使他在自由状态中死去. 高斯目睹他的保护人离去，虽然什么也没有说，但巨大的痛苦压在他心头. 他憎恨入侵德意志的人；由于他尊敬和深爱的资助人最后陷入如此悲惨的境地，对拿破仑个人的憎恶也不可抑制地从他心中升起.

几天后马车抵达阿尔托那. 公爵于11月10日死于一家小旅馆里. 随着公爵的去世，高斯的经济条件完全改变了. 好在由于洪堡等人的奔走，1807年7月9日，高斯收到格廷根大学的招聘. 这时他正在不来梅访问奥尔伯斯. 在同好友商量之后，他接受了聘请. 对高斯来说，格廷根是一个非常合适的工作场所. 格廷根大学具有独立地位，不受教会监管和政府干预. 它强调自然科学，财政上也很充裕，这使它在德意志各大学中处于首屈一指的地位. 还有一点值得重视，就是格廷根王家科学学会（相当于科学院）与格廷根大学联系紧密，这与法国和俄国情况很不相同.

费迪南德公爵

1807年11月21日，高斯一家抵达格廷根. 从高斯太太12月6日写给她密友的信中可以看出，哈定教授在他们到来前已经做了周到安排. 他们安顿好后每天走访一两户人家；看来高斯在此地很受人尊重. 高斯太太虽然未曾涉足过上流社会，但她觉得此地人们友善亲切，可以信赖. 信中还提到“我的约瑟夫”已变成漂亮小孩，几乎能自己到处跑动，不过跑时让人看着害怕. 1808年2月29日，约翰娜生下一个女儿，取名威廉敏，这是为向奥尔伯斯致敬，他答应做孩子的教父. 家里人称这孩子为明娜，她长得同母亲十分相像.

实践天文学和理论天文学在19世纪初经历了革命性的进展，但在高斯抵达时，格廷根天文台变化很小.已有建设新天文台的计划,但此时刚刚打好地基.动乱的时局使建成的希望渺茫.高斯去后一段时间在旧天文台工作.

高斯就任台长时的格廷根旧天文台

按照1807年7月签订的和约,普鲁士丧失了易北河以西的全部领土.拿破仑把其中大部分与不伦瑞克、黑森－卡塞尔、汉诺威一部分以及格廷根等合并,建立了威斯特法利亚王国,以其幼弟热罗姆为国王.拿破仑还决定向失败方征收"战争献金".作为教授和天文学家,高斯被列入应纳贡2 000法郎这一等级.此时高斯刚到格廷根大学任天文台台长,还没有从学校拿到一分钱.这笔钱数目过大,超出了高斯的负担能力.不久奥尔伯斯来信,装有罚金总数,并表达了对此事的愤慨之情.高斯感谢友人的慷慨和同情,但婉言谢绝了赠金.

退回奥尔伯斯赠金后不久,高斯收到拉普拉斯一封短信.信中说拉普拉斯已在巴黎为全世界最伟大的数学家支付了这笔钱,并说他认为能从他朋友肩上除去这个不应有的负担是他的光荣.由于钱已付出,高斯无法退还,但他仍不愿接受.这件事流传了出去,很快高斯收到了法兰克福一位匿名者通过银行汇来的1 000弗罗林.由于没有姓名地址,高斯当然无从退回.这样高斯就偿还了拉普拉斯付的钱.后来他得知这笔款子来自法兰克福大公爵冯达尔贝格,它来自公共资金,主要是作为对高斯工作的赞颂而非私人友谊.

令天文学家兴高采烈的是伟大的1811年彗星不期而至.高斯在8月22日第一次观察到它,由于天气条件不好和旧天文台北面被建筑物阻挡,所以未能立即进行实际观测.但八月初察赫的观测结果已经送到,高斯根据这些数据计算出它的轨道.彗星重新出现时,欧洲很多迷信的人以敬畏的目光注视着它明亮地在天空扫过,把它看做上天的警告.托尔斯泰在《战争与和平》中有着生动的描写.那是善良的皮埃尔向娜塔莎表达爱情之晚,"在阿尔巴特广场的入口,一大片灰暗的星空展现在皮埃尔眼前.几乎是在这片天空的中央,在圣洁林荫道上方,悬着一颗巨大的明亮的一八一二年彗星,据说这是一颗预示着各种灾难和世界末日的彗星,它周围被撒满了的星斗拱卫着,它不同于众星的是它低垂地面,放射白光,高高地翘起长尾巴.…… 它以无法形容的速度,沿着抛物线在无限的空间飞驰,忽然间,就像一支射向地球的利箭,在黑暗的天空中刺入它选定的地点就停住了,强劲地翘起尾巴,在无数闪烁的星星中间,炫耀着它的白光.”[62] 但对高斯而言,这只是证明他的计算完全正确.

在长期拖延之后,威斯特法利亚政府于1810年决定分5年拨出20万法朗建造新天文台.1816年秋新天文台竣工.它东西长约36米,进深约14米,东西两翼各有向北延伸的作为教授之家的两层楼公寓.高斯于这一年迁入新天文台的西公寓居住,直至去世.

新建的格廷根天文台

13 丧妻再娶

女儿降生给高斯增添了欢乐,他在1808年9月2日写给W·波尔约的信[63] 中说:“由于家庭日常生活不变的进程,日子过得很快活.女儿出了一颗新牙或儿子学了一些新词,都会像发现一颗新星或一项新真理那样重要.” 1809年9月10日,第三个孩子来到人世,取名路德维希,以纪念婚神星发现者哈定.家里人都叫孩子为路易斯,他爸爸还要加上形容词,叫他“可怜的小路易斯”.可惜路易斯不幸早夭,于一岁半时去世.

约翰娜生明娜时难产,受了不少罪.生下路易斯一个月后,1809年10月11日,她就与世长辞.高斯极度悲痛,次日写信[64] 给奥尔伯斯说:“昨天晚上八时,我阖上了我的天使的双眼,五年来我在这对眼睛中发现了天堂.” 下葬后不久,高斯去不来梅访问了奥尔伯斯,又去阿尔托那访问了舒马赫,回格廷根时顺路去不伦瑞克同一些老朋友相叙.

现在的格廷根天文台

高斯居住的天文台西公寓

1927 年,高斯的一个孙子在他祖父的文件中发现了他为已故妻子写的悼词,共有两张半对开纸,上面明显有泪痕. 悼词分两部分,第二部分注着 10 月 25 日(不来梅). 第一部分用粗羽毛笔写就,墨水颜色比第二部分深,但没有注时间地点. 悼词中写道:

“我深爱的灵魂,你看到我的眼泪吗? 只要我称你为我的,除了我的痛苦外,你不知道别的痛苦.你为自己的幸福所需要的只是看到我幸福,此外别无所求.那幸运的日子! 我这傻子本来以为这样的欢乐会是恒久的,盲目地以为你这天使的化身会命定在我整个生命过程中陪我承受各种琐碎的负担.我怎么能配得上你? 你不需要尘世的生活来使你变得更好.你来到世间只是为了为我们树立楷模.啊! 我是幸运的人,神秘的命运驱使你出现,以你的爱,以你最温柔、最纯洁的爱照亮漆黑一团的道路.我敢把自己与你相提并论吗? 亲爱的人,你自己并不知道你是多么的无与伦比.你以天使般的温柔容忍我的过失.啊! 如果说已仙逝者仍在我们这些可怜人周边徘徊但我们无法看见,那么不要抛弃我.你的爱会转瞬即逝吗? 你会对这可怜的心灵减弱他视为最大财富的你的爱吗? 最善良的人啊,一直待在我心灵周围吧! 你的神圣安详的心灵帮助你忍受同你亲爱的人的分离,让这颗心同我交流,帮助我越来越配得上你! 啊,对于我们爱情的珍贵的产物,有什么可以代替你,代替你慈母的关爱,代替你的训导? 只有你才能使我更坚强、更崇高地为他们活着,而不致在悲痛中沉沦.

“10 月 25 日 —— 孤单寂寞,快乐的人群在这里包围着我,我却偷偷躲避.如果有时候他们让我忘了自己的悲痛,那么后来悲痛又以双倍的力量回到我心头.对他们愉快的面容,我毫无回报.我能对你逐渐冷淡吗? 这是你不应得到的.甚至明亮的天空也使我更加悲伤.亲爱的,现在你本来应该起床,现在你本来应该挽着我的手臂散步,我的手里则抱着我们可爱的孩子,你本来应该为你恢复健康高兴,为我们各自在对方眼神中看出的幸福感到高兴.我们憧憬着美好的未来.妒忌的恶魔 —— 不,不是妒忌的恶魔,而是不可捉摸的命运,不愿意让这实现.啊! 升入天国的灵魂,现在你已经清楚地看到,神秘的力量已经来临,它要砸碎我的幸福.你会不允许在我孤独凄凉的心头注入些许(甚至在你活着的时候你也非常富有的)慰藉和顺从吗? 你是这样地爱我.你是多么渴望同我待在一起! 我不应该过度悲伤,这几乎是你最后的嘱咐.啊! 我怎样才能减少悲痛? 啊! 求求上帝 —— 他能拒绝你的请求吗? 只有一件事,求求上帝,让你无穷无尽的仁慈永远伴随在我身边,帮助我这地上可怜的人尽我所能以你为榜样努力奋斗.”[65]

尽管高斯丧妻后十分悲痛,但为了继续进行科学工作,为了年幼的孩子,为了摆脱无法忍受的孤独,他还是决定尽快再婚.高斯选中了明娜·瓦尔德克,她生于 1788 年,父亲是格廷根大学的法学教授,属于贵族阶层.明娜是约翰娜在格廷根期间最好的朋友.高斯在 1810 年 3 月 27 日给明娜写了求婚信,写信前他征询了明娜父母的意见,得到了他们的鼓励.信中说:

“当我写这封我生活幸福所系的信时,心在激烈地跳动.当你读到它时,就会知道我的愿望.最好的人,你能接受它吗? 丧失热爱的配偶半年还不到,我就想再结良缘,会不会使我在你面前处于不利地位? 你会不会因此认为我感情不专甚至更坏?

“我希望你不会这样. 如果我不能使自己相信,我在你心中有着很好的印象,不会认为我会有使自己感到羞耻的动机,我怎么会有勇气来争取获得你的心?

“我极其尊重你. 我不想向你隐瞒,我只有一颗破碎的心奉献给你,在这颗心中那亲爱的灵魂的形象永远不会消逝. 不过如果你知道你是这样完美,我的亡妻是怎样地爱你、推崇你,你就会理解在这个重要时刻,在我问你能否下决心接替她留下的位置这个时刻,我就看见她活生生地站在我面前,对我的愿望许以高兴的笑容,并祝愿我和孩子们快乐幸福.

“但是,我亲爱的人,我不想在你生命的最严肃的事情上诱惑你. 仙逝者会以真挚的欢乐看着我的愿望实现;令堂 —— 我已告诉她,她会告诉你是什么驱使我这样做 —— 和令尊 —— 他通过令堂得知这一切 —— 都赞成我的想法并希望我们由此得到幸福;我 —— 从开始认识起你就对我很亲切 —— 也会由此得到极度的欢乐,我提这些只是为了恳求你,不必考虑这些,只需想你自己的幸福,只需考虑你自己的心. 你应当拥有完全纯粹的幸福,不应当受到在我禀性之外的任何次要因素的影响. 我还要向你坦陈,不管我在生活的别的方面的要求是多么一般,多么容易满足,但在最狭小、最亲密的家庭关系上,却不能有中间情况,要么极度幸福,要么非常不幸;如果你不能通过同我结合得到完全的幸福,那也不会使我幸福.

“亲爱的人,问问你自己,你是否能给我再多些. 如果你发现你不能,不要犹豫,向我宣布你的判决. 然而,如果你允许我称呼自己比‘你最诚挚的朋友’更美丽的词汇,那我就无法用语言来形容我的幸福.

你最诚挚的朋友

卡尔 · 弗里德里希 · 高斯”[66]

高斯第二任妻子明娜的肖像

很大程度上由于双亲的影响,明娜接受了高斯. 1810 年 4 月 1 日两人订婚. 1810 年 8 月4 日,在格廷根圣约翰教堂举行了婚礼. 明娜持家有方,对约翰娜所生孩子视如己出,呵护关爱,孩子们也很爱她. 她同高斯生了 3 个孩子:欧根,生于1811 年7 月29 日;威廉,生于1813年10月23日;女儿特蕾丝,生于1816年6月9日. 可惜新婚欢乐没有持续很久,1818 年起明娜健康状况下降,得了肺结核,疾病几乎不停,不能参加作为教授夫人的社会活动. 明娜于 1831 年9 月 12 日去世,时年43 岁. 此前发生的欧根突然移民美国引起的伤感无疑也加速了她病情的恶化.

14 天文著作

1809 年,高斯的第二部大著作出版,书名为《天体沿圆锥曲线绕日运动之理论》[67]. 这本书最初是用德文写的,后应出版商要求译为拉丁文出版. 此书的法文节译本出版于 1855 年,全译本出版于 1864 年;英译本出版于 1857 年,1963 年出了重印本;德文本出版于 1865 年.

这部著作的主题是不用任何多余的、没有事实根据的假定,从数目最小的观测来确定行星和彗星的轨道. 高斯在序言中提到谷神星的例子,它的发现促进了书中所用方法的发展. 此书共两卷,上卷是初步材料,下卷是一般问题的解. 它是高斯直接从开普勒定律导出计算天体轨道的方法的第一部严格论述. 值得注意的是同年在《地球和天文科学月报》九月号上发表的"为确定两颗新发现的主要行星轨道所用方法之概览"[68],林德垴说他1803 年访问高斯时看到过此文手稿. 这表明高斯在6 年前已提炼出他的主要方法并使之数学化,其主要因素是插值和逐步改进取值.

此书上卷讨论描绘天体绕日运动的不同参数之间的关系. 第一章给出要用到的大多数概念如径向量、近点角、偏心度等的定义,并给出为描绘给定天体在其轨道上给定点处的位置所需的三角公式. 这一章中还讨论了如何对对数表进行外插,如何以椭圆和双曲线逼近抛物线.

第二章论述把一个天体的地心轨道确定为 3 个坐标的函数. 高斯从定义诸如黄道、交点等特征参数开始,到确定刻画天体运动的 7 个要素,推导并讨论了这些要素之间的三角关系式. 如同第一章,本章还讨论了辨别不同圆锥曲线的准则. 最后高斯建立了在地心坐标系中天体运动的微分方程,并把它用于实际例子.

第三章论述由几个观测即空间中几个点计算轨道的问题,这里的推导都是初等的,级数展开也只有前几项,而且没有讨论收敛性,对连分数展开也是这样处理. 这章特别讨论了由两个要素确定轨道并给出了许多例子.

第四章讨论几个观测点都与太阳位于同一平面的情形,其中又推导了一些三角关系式. 特别有意义的是关于太阳位于顶点的棱锥模型的讨论.

下卷处理本书的主要问题 —— 由实际观测确定天体的轨道. 高斯分两步解决这个问题:先从数目最小的三、四个观测得到近似解,再借助其他观测数据来改进前一步得到的结果.这卷第一、二两章处理第一步,第三、四两章处理第二步.

第一章讨论对于为确定轨道所必须计算的7个要素,怎样从数目最小的3个观测来近似其中的6个;至于第七个要素质量,则必须单独确定.每次观测得到两个独立参数——黄经和黄纬,这就是3个观测已足够的道理;除非观测轨道位于或非常接近位于黄道上,此时需要4个独立参数.高斯在本章中导出了这些要素满足的精确方程.由于这些方程太复杂,高斯考察了不同要素的天文学意义,引进了由两个径向量确定的扇形和三角形面积之比(这是一个具有重大意义的新想法),由此进行迭代,得到数值结果.最后高斯举了几个例子并讨论了误差限.本章很长,篇幅占全书1/4,但用的都是代数和球面三角这样的初等工具.

第二章考虑4个独立观测的情形,它涉及天体轨道位于或接近位于黄道上,此时如果只用3个观测值,那么观测的微小误差也会产生巨大影响.高斯还用了灶神星(其轨道接近于黄道)的数值例子.

最后两章论述如何改进用前两章中的方法得到的近似解.高斯在第三章中首次发表了他的最小二乘法,它是改进轨道计算的最合适、最有效的工具.他把这一方法的基本原理表述为:“观测量与计算所得量之差的平方之和应为最小”.他在计算谷神星轨道时用的其实就是这一方法.

在第四章中,高斯对大行星引起的椭圆轨道的扰动作了一些评注.他强调这个问题很重要,事实上他对此也思考多年,不过书中并未进行详细讨论.

在数学上值得特别注意的是高斯在这本书中提出了误差的正态分布思想.这种思想还总结在他1823年发表的关于最小观测误差理论的两篇论文中[69][70],文中阐述了他关于最小二乘法与概率演算之间唯一合适的联系的观点.他说他的出发点与拉普拉斯相同,但在发展这一理论中用了不同的方式.1826年9月16日,他又递交了两文的增补[71],此文是他大地测量工作(第16节中会有介绍)的直接结果.

他认为,对于一个给定的行星,如果我们想以最大的概率找到它的轨道,就应当先弄清楚随着误差增大,误差概率如何变小的数学关系.他假定一个误差由一些基本误差组成,而观测值的算术平均是要测的量的最可能值.他确定观测误差概率的公式为

$$\frac{h}{\sqrt{\pi}}\mathrm{e}^{-h^2},$$

其中 $h = 1/\sqrt{2}(S.D.)$,$S.D. = \sqrt{\frac{1}{N}\sum_{k=1}^{N}(x_k - \bar{x})^2}$ 为标准离差,$x_1, x_2, \cdots, x_N$ 为 N 个观测值,$\bar{x} = \frac{1}{N}\sum_{k=1}^{N} x_k$.现在常称正态分布曲线为高斯曲线,其源盖出于此(不过棣莫弗于1733年已描绘过这种曲线).此后正态分布曲线及其统计应用不断开拓到越来越广泛的领域.

《天体沿圆锥曲线绕日运动之理论》在天文学中是划时代的经典性著作.有趣的是它正好在开普勒的名著《新天文学》出版200周年时出版.它写得简洁优美,完全可以用作教科书,但又具有独创性和完整性.大约过了40年,书中的方法才成为广大天文学家

的共同财富. 书中发表的球面三角学的4个公式,现称德朗布尔 - 高斯相似(德朗布尔已于1807年发现这些公式,但发表也在1809年).

高斯的书很快得到科学界的高度评价和普遍赞美. 高斯本人也自豪地写过:"此书花费了我几年的劳作,对于它的正确性,我给予这样的评价:如果我没有错的话,甚至在几个世纪之后,它仍将得到研究."[72] 冯达尔贝格大公爵为此书授予高斯金质奖章,伦敦皇家学会也向他颁发了奖章. 1810年,法兰西研究院向高斯颁发由拉朗德建立的奖金,以表彰他"在天文学领域最好的论著和观测". 但高斯不想接受来自法国的钱,因此奖金一直未发. 法兰西研究院的秘书把奖金的一部分买了一台摆钟送给高斯,它一直放在他的房间里. 德国皇家天文学会在高斯去世时发表的讣告中对这本书作了这样的评论:"《天体沿圆锥曲线绕日运动之理论》会永远列入伟大著作之列,它的出版构成了它所涉及的学科的一个时代. 书中详尽论述中的原创性和完整性,绝不亚于作者表达上的简明优美的形式. 实际上它还可以用作本世纪德国天文学家所研究的精致的、强有力的方法的教科书."[73]

15 辉煌十年

在19世纪的第二个十年中,高斯在数学各个领域中出现了喷涌想法的第二个高潮,而且这段时间他在不同分支的许多问题上同时工作. 克莱因称这十年为高斯的"英雄岁月". 从发表论著的数量看,这也确实是他最辉煌的十年:1796 ~ 1800,3篇;1801 ~ 1810,58篇(部);1811 ~ 1820,116篇(部);1821 ~ 1830,54篇(部);1831 ~ 1840,50篇(部);1841 ~ 1850,35篇(部);1851和1852年,4篇. 就是说这十年的发表数占一生发表总数320种的1/3以上.

在数论领域,1811年发表《奇异级数之求和》[41],其中讨论的"奇异级数",就是现称的"高斯和"即形如

$$W = \sum_{v=0}^{p-1} e^{\frac{2\pi i}{p}v^2}$$

的表示式. 它在高斯本人的工作中起的作用不算大,但在数论嗣后的发展中却占有重要位置,不过其重要性只是到20世纪20年代末才开始明显起来. 文中建立了一系列和式[74]. 高斯用的都是初等工具,推算过程复杂,但不算困难. 文中有不少数值例子,还有一些关于他的想法的解释. 最后一节是二次互反律的一个新证明以及他称之为"二次互反律的补充"的一些定理.

这里还可以谈一下高斯对费马大定理的看法. 巴黎科学院于1816年把证明(或否定证明)费马大定理作为1816 ~ 1818年的悬赏问题. 奥尔伯斯于1816年3月7日写信给高斯怂恿他参赛. 3月21日高斯回信[75]说:"我承认,费马定理作为一条孤立的定理,对我来说兴趣很小,因为可以容易地建立大量这类定理,人们既不能证明也不能否定. 然而它又一次激励我想起大大拓展数论的一些老想法. 当然这种理论属于这样的范围,人们不能预期在达到远处朦胧地徘徊的目标中会取得何种程度的成功. 幸运之星必须占上

风,而我的情形和那么多分散精力的业务当然不允许我从事如同我在 1796 ~ 1798 年间创建《算术探索》主要论题时那些愉快岁月里那样的思索.不过我相信,如果能有比我期望还多的好运气,并使我能在这一理论上成功地取得某些进展,那么甚至费马定理也将只是意义不大的推论之一."

高斯关于拓展数论的老想法,指的无疑是后来由库默尔、戴德金和克罗内克开发的代数数论.高斯上面这些话不由得使我们想起 20 世纪初有人问希尔伯特为何不尝试证明费马大定理时的回答.希尔伯特说,在开始着手之前,他得用 3 年的时间作深入的研究,但他没有那么多时间浪费在一件可能会失败的事情上.两位大数学家的反应竟如此相似!

大家知道,费马大定理已被怀尔斯于 1995 年证明,关键一步是证明"谷山 - 志村猜想",这个猜想在椭圆曲线和模形式这两个不同的数学领域之间建立了深刻的联系,而费马大定理不过是一个推论.现在回过头去看高斯说的话,虽然并非"句句是真理",但他观察的深刻和预见的独到(大理论的一个推论),确实令人折服.

前面提到过,按高斯原来的计划,《算术探索》还有第八篇,但一直没有写.可以肯定的是这一篇中会讨论高次同余并寻求相应的互反律即 $x^n \equiv p \pmod q$ 和 $x^n \equiv q \pmod p$ 可解或不可解之间的关系.后来在 1828 和 1832 年发表的论文"双二次剩余理论"[76][77]中,他又以伟大开拓者的勇气,指出有理整数对陈述四次互反性已不合适,为此需引进新的整数类型,即形如 $a+ib$(其中 a,b 是有理整数)的整数,这就是现称的高斯整数或复整数.这从概念上为简单优美地解决许多数论问题提供了基本框架.他详尽地讨论了复整数的算术可除性和唯一分解定理,从而揭开了代数数论的序幕.高斯通过复整数相当简单地陈述了四次剩余的互反定理,但没有给出证明;最早的证明是雅可比于 1836 ~ 1837 年 给出的.对于三次互反性,高斯也有研究,不过是他去世后在其遗作中发现的.

在分析领域,1813 年发表的《无穷级数 $1+(\alpha\beta)/(1\cdot\gamma)x+\text{etc.}$ 之一般研究》[78],首次对无穷级数的收敛性进行了深入严密的探究,开辟了现代研究无穷级数的新方向,体现了他是分析严格化潮流的先驱者.文中研究级数

$$F(\alpha,\beta,\gamma,z)=1+\frac{\alpha\beta}{1\cdot\gamma}z+\frac{\alpha(\alpha+1)\beta(\beta+1)}{1\cdot2\cdot\gamma(\gamma+1)}z^2+\cdots+\frac{\alpha(\alpha+1)\cdots(\alpha+m-1)\beta(\beta+1)\cdots(\beta+m-1)}{1\cdot2\cdot\cdots\cdot m\cdot\gamma(\gamma+1)\cdots(\gamma+m-1)}z^m+\cdots,$$

普法夫把它称作"超几何级数".欧拉曾研究过它,但高斯才是第一个深入掌握这类级数的学者.文章一开头就说:

"我们的级数中幂 z^m 与 z^{m+1} 的系数相互之间犹如 $1+(\gamma+1)/m+\gamma/m^2$ 对 $1+(\alpha+\beta)/m+\alpha\beta/m^2$,因而当 m 增加时其比趋于 1.因此,如果对第四个元 z 给予固定的值,则级数收敛或发散将依赖于此.对于其大小(即绝对值 —— 引用者)小于 1 的任何(正或负的)实值 z,此级数必定收敛,如果不是从一开始,那也至少从某一点之后它会趋向一个有限的、确定的和.对于形如 $x+iy$ 的复数,如果 $x^2+y^2<1$,同样论断也成立.然而,对于大于 1 的实值 z,或者对于满足 $x^2+y^2>1$ 的形如 $x+iy$ 的复数,此级数将发散,…… 因而就不能谈论其和.最后,对于值 $z=\pm1$(或更一般的对于形如 $x+iy$ 的值,其

中$x^2+y^2=1$),此级数的收敛或发散就将依赖于α,β,γ.…… 由于我们的函数定义为级数之和,因此显然由其本性就决定此项研究应限制于级数确实收敛的情形,而问当$|z|>1$时级数取什么值就是不合适的.然而,从第四部分起,我们将以另一定义为基础(指通过微分方程来定义 —— 引用者)讨论我们的函数,这就可以有更广的应用."

在第三部分中,高斯写道:

"…… 以所有可能的严格性,我们将证明:

"第一,如果$\alpha+\beta-\gamma-1$为正,则系数无穷递增,除非级数终止.

"第二,如果$\alpha+\beta-\gamma-1=0$,则系数连续收敛到一个有限的极限;

"第三,如果$\alpha+\beta-\gamma-1$为负,则系数无穷递减;

"第四,对于$z=1$,尽管在第三种…… 情形,但当$\alpha+\beta-\gamma$为正或零时此级数之和为无穷.

"第五,如果$\alpha+\beta-\gamma$为负,则此级数之和为有限."

下面高斯推广了前面的研究,实际上建立了关于级数敛散性的"高斯判别法".最后高斯指出$F(\alpha,\beta,\gamma;z)$是微分方程

$$0=\alpha\beta P-(\gamma-(\alpha+\beta+1)z)\frac{\mathrm{d}P}{\mathrm{d}z}-(z-z^2)\frac{\mathrm{d}^2P}{\mathrm{d}z^2}$$

的通解.

高斯去世后,在他遗留的文档中发现了此文的续篇(载于《全集》第三卷).续篇从定义超几何函数的微分方程开始,从中可看到高斯对复平面上的积分运用自如,但没有解析延拓和单值性概念.

从高斯1850年9月1日致舒马赫信[79]中的一段话,可以看出他关于分析以至数学严格化的看法.信中说:

"现代数学的特征(与古代数学相反)在于,通过我们的记号和术语系统,我们有了一个杠杆,使用它最复杂的论断也能划归为某种机械步骤,科学因之获得了无限的丰富性、优美性和坚实性.然而当事情如同常规般进行时,它恰恰也丧失了很多东西.多少次这根杠杆只是被机械地拿来使用,尽管在绝大多数情形它的正确性隐含着某些未曾言明的假设.我要求,在运用记号系统时,在应用概念时,都应当自觉地明确最初的条件,决不能把机械操作得到的越出清晰正确范围的任何产物看做财富.…… 这类情形在发散级数上出现得非常之多.级数,当它收敛时,具有清楚明白的意义;当这条件不具备时,这种清楚明白的意义就没有了,不管人们是否用'和'或者'值'这个词,本质上什么也改变不了."

高斯驱散了笼罩在复数上的神秘迷雾,确立了它在数学中的地位.16世纪意大利数学家卡尔达诺在解三次方程时发现,即使方程的根是实数,求出它时也不能避开复数,但他和其他一些数学家仍认为它很"玄".笛卡儿起了"虚数"这个名称,这很能表明他的看法.甚至牛顿都认为复数根没有意义,莱布尼茨也说复数是圣灵超凡的显示,介于存在与不存在之间的两栖物.挪威测量员韦塞尔于1798年把平面上向量解释为复数,但他的文章一百年后才广为人知.瑞士会计师阿尔冈于1806年把$\sqrt{-1}$解释为平面上旋转一直

角,但他写的小册子没有什么影响.

高斯在1796年时已有把复数解释为复平面上的点的想法. 1801年他已用i代替$\sqrt{-1}$. 1811年他在给贝塞尔的信[80]中写道:"…… 正如人们能把实量的整个区域设想为无穷直线所表示那样,所有的量——实数,同样还有复数——的完整区域能设想为一个无穷平面,其上的点由横坐标a和纵坐标b确定,它同样表示量$a+ib$." 至迟到1815年,高斯已有复数几何表示的完整理论,不过完全发表却是在1832年关于双二次剩余的论文[41]中. 在这篇论文的概述里,他清楚地阐明了自己的观点,首次引进了"复数"这个名词. 他这样描述前代和同代数学家对复数的态度:"然而这些作为与实的量对立的虚数——过去甚至现在还不时被称作不可能的数,尽管这个称呼并不适当——只不过得到容忍,而不是赋予充分的同等存在的权利. 于是这就更像是玩毫无内容的符号游戏,绝对避免归之以任何可以想象和显现的基础." 对于仍然笼罩在复数上的神秘气氛,他写道:"如果说这个论题迄今为止仍是从错误观点来考虑,因而为神秘和黑暗所包围,那么很大程度上不适当的术语应承担责任. 要是$+1$, -1, $\sqrt{-1}$不称之为正单位、负单位、虚单位(更糟的,不可能单位),而称之为,譬如说,原向单位、反向单位、侧向单位,那就不会有这类费解存身之处了." 前一年他还写过:"现在虚数的原理已经真实地显露,它们像负数一样有很好的实在的客观意义已经得到揭示".

高斯的权威终于使复数在数学中取得与实数同等的地位. 1849年不伦瑞克卡洛琳学院在高斯学位论文发表50周年时所致祝词中有"你使不可能成为可能"这句话,指的就是此事.

在复变函数论领域,高斯最早陈述了它的基本定理即现称的"柯西积分定理". 他在上面提到的1811年写给贝塞尔的信中指出,对于积分$\int\varphi(x)\mathrm{d}x$,还有必要考虑积分限为复数的情形. 他写道:"当上限为$a+bi$时$\int\varphi(x)\mathrm{d}x$的意义应当是什么? 显然,如果要求具有清楚的概念,那就必须假定x取小的增量,从使积分为零的x值到x为$a+ib$的值,再将所有$\varphi(x)\mathrm{d}x$加起来……. 但是在复平面上从x的一个值到另一个值的连续过程发生在一条曲线上,所以通过许多条路径是可能的. 现在我断言,即使通过不同的路径,只要在两条路径所围的空间内$\varphi(x)$是单值的,并且不变为无穷,那么积分$\int\varphi(x)\mathrm{d}x$只有一个值. 这是一条很美妙的定理,它的证明并不难,我将在一个适当的机会给出这个证明." 高斯还说,如果$\varphi(x)$变为无穷,那么$\int\varphi(x)\mathrm{d}x$可以有许多值,取决于所取闭路径围绕$\varphi(x)$变为无穷的点为一次、二次或更多次. 高斯没有给出他所说的"并不难"的证明,从他手稿和笔记中也无从发现这个证明的思路. 1825年,柯西在一篇关于积分限为虚数的定积分的论文中作了类似的陈述,并给出了一个证明. 复变函数论是19世纪中方法和技巧发展得最精致、最优美的数学分支,如果高斯系统地发表他的想法,无疑又会在数学发展中树立一座里程碑. 皮卡对此做过这样的分析:"人们不大可能认为高斯没有抓住高度重要的事物;然而,忠于他的'少而精'的原则,他无疑一直在等待以使他的作品更加成

熟,而柯西这时却公布了自己的发现”.[81]

高斯从事的大地测量工作(见下节)促使他于1813年写出关于位势理论的最早重要论文“以新的方法讨论均匀椭球体的吸引力”[82].这篇论文实际上还包含他在数学分析中的一个重大发现即现称的高斯散度定理(也称高斯公式或高斯-奥斯特洛格拉茨基公式).不过应当指出,拉格朗日其实在1764年已发现这个公式,当然高斯并不知道这一点.关于他在位势理论方面的工作,下面“物理研究”一节中还要讨论.

大地测量也提出了把地表椭球面映射到球面和平面上的问题.这个难题导致他于1816年表述并解决了共形映射的一般问题:把一曲面映射到另一曲面上,使得两者“在其很小部分相似”.1822年,丹麦科学院悬赏征求导出可以用来绘制地图的所有可能的投影这一问题的解.这促使他写下自己的研究即论文“把给定曲面的一部分映射到另一曲面上,使得映射的很小部分相似于被映射曲面的对应部分这个问题之一般解”[83].此文荣获大奖并于1825年发表.这个问题的特解——球极平面投影以及墨卡托映射,老早就已知道.球面到平面的相应问题也已被兰伯特一般的解决.高斯在其论文中给出了一般问题完整的解和共形性的一般判断准则,其出发点是“从前一区域一个点出发并完全包含于其内的无穷小线段正比于另一区域的对应线段;其次,前一区域一个点出发的两线段之间的夹角与另一区域对应的角相等.”文中使用的分析工具是现称的柯西-黎曼方程和简化线元平方所需的积分变换.此文还有两曲面可以互相贴合展开的简单条件,实际上这就是等距映射的基本原理.文章最后讨论了3个特例:平面到平面、球面到平面和旋转椭球面到球面的共形映射.顺便说一句,“共形”这个词就是高斯在1843年提出的.

必须特别指出的是,高斯在这一时期除了理论天文学的研究外,还做了大量天文观测,尤其是小行星和彗星的观测.大体说来,1816至1817年是分界线,他在这两年结束了理论天文学研究,此后他的天文学活动属于观测和球面天文学范畴.高斯在格廷根大学天文台的观测有相当完整的记录,共有两大卷和一本小的四开笔记本,大都按时间顺序记录,其标题为“在格廷根天文台所作天文观测之日志”,现仍保存在该天文台.第一卷从1808年11月3日到1822年4月,中间有些空缺.1822年4月后高斯只做些特殊记录,因此不够完整.小笔记本记的是1808年元旦到7月31日的观测.高斯还亲自采购天文仪器,1818年4月10日一台雷普瑟尔德制造的子午仪运抵天文台,1818年5月1日高斯开始记一本新日志,标题为“在雷普瑟尔德子午仪上所作观测之日志”.这本日志直到1927年才引起人们注意.他的观测工作一般从中午或下午开始,直到黄昏,每天大概观测10到15颗星.

16 大地测量

从1816年起,高斯对大地测量发生了浓厚兴趣.1817年,高斯准备就绪,开始转向大地测量.在其后十几年中,大地测量竟成为他的头号工作,事实上也成为他的一大重荷.

由于地球呈球形，而球面上连接给定两点的所有曲线中以大圆弧的长度为最短，因此在大地测量中，两地之间的距离就由连接两点的较短大圆弧的长度确定. 地面上两点之间直线段之长与(较短)大圆弧之长的差别，约为每公里0.8厘米. 当距离较小时，显然平面测量已经足够；但当距离较大时，就不能忽略这个差别.

在进行精确的大范围测量时，测绘人员通常在开阔的平坦空间选定一条基线加以精确测量，以此作为基准. 从基线的两个端点瞄准一个点，并测量出角度，由此可通过三角学算出这样作出的三角形的另外两条边. 接着又可把这两条边作为基线，确定增添的另外两个三角形的边. 不断重复上述过程，整个区域就能得到测量. 这就是通称的"三角测量术"，通常由二、三十个三角形构成测量的三角网.

其实高斯很早就对测量感兴趣. 1803 至 1805 年间，他就已用从察赫那里借来的六分仪和望远镜在不伦瑞克附近进行测量实践. 1804 年 8 月他与奥尔伯斯在雷布格矿泉相会时，两人一起测量了汉诺威、布罗肯与明登之间的角度.

1816 年 6 月，舒马赫写信给高斯，说丹麦国王已为测量斯卡根到劳恩堡的经线弧和哥本哈根到日德兰半岛的经度拨出资金. 他问高斯如何改进通常的测量方法，并问高斯是否有兴趣把这种测量扩展到巴伐利亚. 高斯在回信中表现出热情，但没有立即表示参加此项工作，主要原因是他缺乏这方面的实际经验和助手，申请经费也是一大棘手问题. 亏得舒马赫直接向格廷根大学董事长冯阿恩斯瓦尔德男爵提出申请并得到后者的大力协助，1818 年 9 月高斯获得在劳恩堡进行测量的委任. 1820 年春，大不列颠和汉诺威国王乔治四世批准在整个汉诺威王国进行测量. 这年 9 月 12 日到 10 月 25 日，高斯参加了汉堡东北 12 公里处布拉克的测量. 1820 年底，高斯为以后的测量做准备工作，其间遇到的困难不计其数，常弄得他大发脾气. 实际三角测量工作于 1821 年至 1823 年间进行，高斯亲自在严酷的野外条件下进行测量，这使他十分疲惫，健康状况下降. 高斯在致舒马赫的信中就提到工作中"困难难以言表"，住处"根本不知道许多给人方便的设施"，庆幸那些天他"总算挺过来了". 1823 年 3 月他还从马背上摔了下来，幸好伤得不重，一周后他写信给奥尔伯斯说眼睛下方五彩缤纷的小块是这次事故留下的唯一痕迹. 1823 年 5 月，汉诺威行政当局批准高斯扩大测量的计划，这年 5 月底他开始夏季测量工作，到 10 月中旬才结束. 由于三角网相当复杂，一共有 26 个三角形，所有角他都亲自观测，因此工作量很大，他常要忙到深夜.

为了加速测量，高斯发明了日光回照器. 据他儿子欧根说，高斯同他一起散步时，注意到落日阳光从远处窗户反射过来，使他萌生利用日光反射让测量人员"看见"远处某个点的想法. 他发现 4 厘米 × 6 厘米的镜子反射的阳光相当于一等星的亮度，于是设计了一种简单的仪器. 它的主要装置是一面直径为 15 至 20 厘米的镜子，能沿水平轴和铅直轴旋转. 把它置于需观测的地点，使它反射的日光进入观测地点的望远镜，观测者通过望远镜凝视，就能确定两个地点的方向. 1821 年 7 月，第一架日光回照器制成. 现在格廷根大学地球物理学院仍保留有这样的装置. 日光回照器一直是高斯喜爱的发明.

高斯发明的日光回照器

高斯 1822 年 7 月测量时用做基点的一块石头,人称“高斯石”

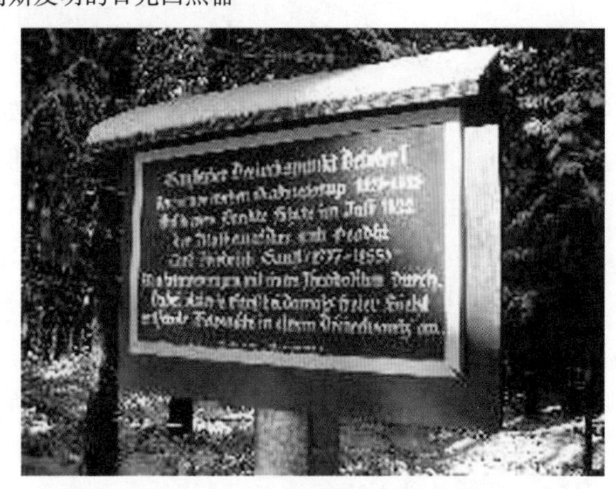

关于高斯 1821 ~ 1823 年在此地进行大地测量的告示牌

1824 年 4 月 18 日测量工作又开始进行,这时他有了一位不错的助手,并用上了 4 台日光回照器. 这段时间里柏林大学曾作出多方努力聘请高斯,也有不少朋友劝他去柏林,但他还是决定留下. 这年汉诺威国王批准提高了他的年薪,部分原因也是对他的测量工作表示满意. 1825 年 4 月他又开始野外测量. 由于助手生病,他甚至不得不自己动手擦拭仪器. 4 月 25 日马车在过一条沟时翻了,经纬仪箱子压着他的大腿. 幸亏车速不快,伤得不重,仪器也无损坏. 这一年工作中仪器常出毛病,食宿条件也很差,使他健康受损. 他曾说他一生中从未有过像这样工作如此紧张而收获如此稀少的时期.

1827 年春,高斯开始计算已测的三角网,它共有 32 个点,51 个三角形,146 个方向角. 是年春,为确定阿尔托那与格廷根之间的纬度差,高斯又开始测量,工作很辛苦,常常延续到凌晨四、五点钟. 不过他做测量时每天能获得 5 塔勒的津贴;测量完成后还能得到 1 000 金塔勒的额外奖励. 1828 年 3 月 28 日,乔治四世发布命令,由高斯领导,把三角测量扩展到整个汉诺威王国. 高斯于每年春季提交夏季工作计划,到秋季则加以总结,报告进展.野外工作结束后,高斯得花几个星期来计算,没有助手帮忙.计算结果共有 6 大卷,至今仍保存着.1828 年后,高斯再也不参加野外测量工作.1828 年9 月他去柏林参加一个科学会议,在洪堡家作客3 周.此后除1854 年参加铁路开通典礼外,他从未离开格廷根一天以上.但 1828 年后他仍花大量时间进行计算,他自己估计计算中用的数据超过百万个.他在大地测量中革新了方法,尤其是发明了日光回照器,改进了测量角的过程,发现最小二乘法在此项工作中有广泛应用.在数学方面,这项工作促进了他关于共形映射和曲面理论的研究.前者已在上节提到,后者我们要在下节细加讨论.

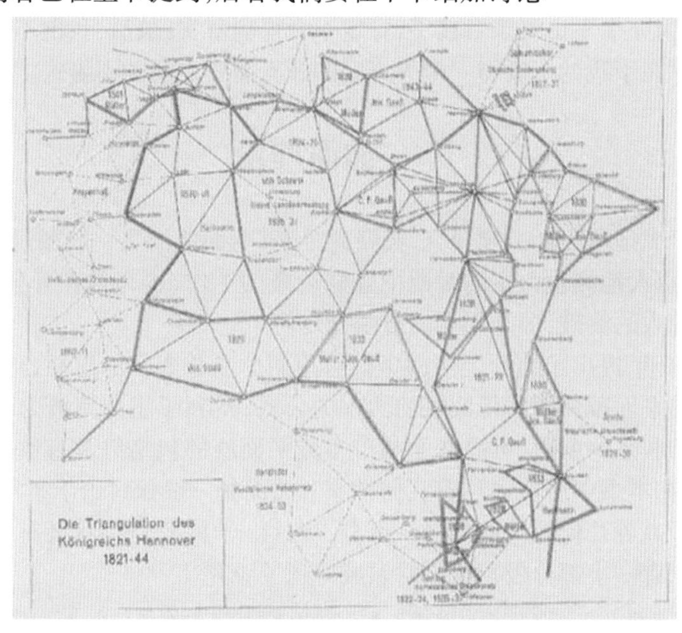

汉诺威 1821 至 1844 年间进行的大地测量

确定阿尔托那与格廷根之间的纬度差的测量导致高斯在 1828 年发表与此有关的著作[84].此书灵活运用了最小二乘法,还讨论了地球表面的不规则性.高斯还在 1845 和 1847 年发表关于高等大地测量的两篇论文[85][86].其中第一篇讨论椭球面到球面的共形映射,还给出了汉诺威和瑞士的测量这两个数值例子.这一篇最后讨论的是由球面三角形一边之长、一顶点之方位及其地理纬度确定另一端的方位、它的地理长度以及两点之间的经度差.第二篇对椭球面上的三角形讨论前一篇最后提出的问题.高斯导出了 6 个公式,由此借助他篇末附录中的数值表即可进行计算.他的方法直到 19 世纪末还在大地测量中广泛使用.高斯曾打算写一本关于大地测量的著作,但真正做得很少,他去世后在其遗文中只发现了一篇大纲和第一章导言的手稿.

高斯是否有必要花这么多时间搞大地测量,当时就有人提出疑问.贝塞尔认为这类工作应由水平较低的数学家去做,高斯做这类工作并没有多大重要性.高斯是这样回答贝塞尔的:

“在这世界上所有的测量都不比使得体现永恒真理的科学真正前进的一条定理更有价值.然而你所判断的不是绝对价值,而是相对价值,而同我的三角网相关连的测

量 …… 无疑具有这种价值. 不管你怎样低估这种工作,在我看来它比它所打断的那些工作更高些. 在这里我确实远不是我的时间的主人. 我必须在教学(我对它总有反感,白白扔掉时间的感觉始终伴随着我的教学活动)与实际天文工作之间划分时间. 我总是非常高兴地这样做,当得知一个人在许许多多细枝末节上得不到任何帮助,浪费时间的感觉只能被自觉到正在追求极其重要的目标来冲走,你就会同意我的想法. ……

"…… 事情在于,我不能拒绝这样的任务,虽然它会招来许多抱怨,可能影响我强壮的身体,但它确实有用;当然它也可以由别人来干,但我有有利条件,会使某些事情做得更好些,这些事情如果不由我亲自接手,肯定不会得到落实. 最后,我也不应当向你隐瞒,它多少能平衡存在于我的工资与一个大家庭的开支需要之间的不等式. "[87]

17 曲面理论

作为植根于大地测量的一项研究,高斯的论著《弯曲曲面之一般探讨》[88] 于 1828 年发表. 这是他在以大地测量为主的时期中登峰造极的工作,也是他在开创数学研究新方向上最后一次惊人的突破,即开创了内蕴微分几何.

欧拉于 1760 年提出了曲面上点的坐标可用两个参数表示的思想,他导出了过曲面上一点处法线的平面截曲面所得截线的曲率的公式,得到了主曲率概念. 蒙日研究了空间曲线及与之相联系的曲面、可展曲面与单参数平面族的包络以及直纹面的一般表示. 但是,正如高斯在本书中所写:"尽管几何学家对曲面的一般探讨给予了很多关注而且他们的结果涉及了高等几何领域的相当一部分,但这一学科非但仍然没有探究完,而且可以说迄今为止只有一小部分极富成果的领域得到了研究. "

对于曲面 $\boldsymbol{r}=\boldsymbol{r}(u,v)$ 或 $x=x(u,v)$, $y=y(u,v)$, $z=z(u,v)$,高斯(他用 p,q 记参数)把弧长元素写成

$$\mathrm{d}s^2 = E\mathrm{d}u^2 + 2F\mathrm{d}u\mathrm{d}v + G\mathrm{d}v^2,$$

其中 $E=x_u^2+y_u^2+z_u^2$, $F=x_ux_v+y_uy_v+z_uz_v$, $G=x_v^2+y_v^2+z_v^2$,这就是现称的第一基本型或第一基本形式. 他导出了曲面上过同一点的两条曲线之间的夹角通过 E,F,G 表达的公式. 接着他研究曲面的曲率. 在曲面上点 $P(u,v)$ 处,高斯引进了现称的"高斯标架"($\boldsymbol{r}_u$, $\boldsymbol{r}_v$, $\boldsymbol{n}$),其中 $\boldsymbol{r}_u=\dfrac{\partial \boldsymbol{r}}{\partial u}$, $\boldsymbol{r}_v=\dfrac{\partial \boldsymbol{r}}{\partial v}$, $\boldsymbol{n}=\dfrac{\boldsymbol{r}_u\times\boldsymbol{r}_v}{|\boldsymbol{r}_u\times\boldsymbol{r}_v|}$,还引进了曲面的"球面表示"或现称的"高斯映射":取一单位球面,令 P 对应于从球心出发的向量 $\boldsymbol{n}$ 的端点,记此映射为 ζ. 他定义曲面在点 P 处的曲率(现称全曲率或"高斯曲率")为

$$K(P)=\lim_{\varepsilon\to 0}\frac{\mathrm{area}(\zeta(D_\varepsilon))}{\mathrm{area}(D_\varepsilon)},$$

其中 D_ε 为曲面上含点 P 的直径为 ε 的一个小区域,$\zeta(D_\varepsilon)$ 为 D_ε 在高斯映射下的象. 他进行了大量微分运算,得到了一个基本结果[89]. 高斯导出了用 $\dfrac{\partial \boldsymbol{r}}{\partial u}$, $\dfrac{\partial \boldsymbol{r}}{\partial v}$, $\boldsymbol{n}$ 和第一、第二基本型的系数表示 $\dfrac{\partial \boldsymbol{r}}{\partial u}$, $\dfrac{\partial \boldsymbol{r}}{\partial v}$ 的微分的公式,就是现称的高斯公式;还导出了联系两个基本型系数

的一组偏微分方程,就是现称的高斯方程,它们与柯达奇方程一起构成曲面的基本方程.更加令人惊奇的是,接下来高斯证明全曲率只依赖于 $E,F,G,$[90]. 这个结果的几何意义总结于他所称的著名的"绝妙定理"之中:

"如果欧几里得空间中的一片曲面能贴合(就是现称的'等距映射'—— 引用者)到另一片曲面上,则对应点处的全曲率相等."

他还写道:

"这些定理导致看待弯曲曲面理论的新途径,开辟了广阔的、完全没有开拓的研究领域.如果不把这些面片解释为立体的边界,而解释为小 1 维的可以弯曲但不能伸展的曲面,就能看出必须考虑两类根本不同的关系,即依赖于空间中曲面的某种特定形状的关系和独立于曲面形状的关系.后者正是这里所讨论的.根据前面的讨论,曲率度量即为其中之一.容易看出,曲面上曲线的长度,曲线之间的夹角,它们的面积以及全曲率,点与点之间的最短连线等属于同一范畴.所有这些研究都基于这样的事实:曲面的性质由形如 $\sqrt{E\mathrm{d}p^2+2F\mathrm{d}p\mathrm{d}q+G\mathrm{d}q^2}$ 的不定线元给定."此前他在 1825 年 12 月 11 日致汉森的信[91]中还说过:"关于曲面的研究深深影响许多其他事情;我甚至要说,它们涉及空间几何学的本质."

这就是高斯关于微分几何的影响深远的伟大规划,即研究曲面的只依赖于第一基本型或线元的几何性质即现称的内蕴性质.这里可以看出高斯与他以前的数学家在观念上的一个根本区别:高斯之前的数学家把曲面看做由无数条曲线组成;高斯则把曲面看做一个整体,把它看做一个 2 维流形,这就开辟了通向研究多维流形的道路.从计算曲面全曲率的两种方法也可看到两者的差别:一种是求出曲面的主方向,计算相应的曲率线的法曲率之积,这种方法本质上欧拉已经知道,它是外在的;另一种则是运用高斯"绝妙定理",这是内蕴的.高斯微分几何研究的另一重要特点是他能洞察具有本质意义的东西.例如,欧拉已有球面映射的想法,罗德里格已发现曲面上小区域的面积与它在球面映射下的象的面积之比的极限,然而正是高斯首次认识到这个极限的重要性并用它来定义全曲率.

在上面这些重要研究之后,高斯讨论了曲面上测地线的性质,其中含有证明曲面上存在正交曲线网的"高斯预备定理".高斯还指出曲面上由测地线围成的"测地三角形"的全曲率等于其内角和与平面角之差.这个著名论断就是现称的高斯 - 博内定理的最早形式.最后,高斯推广了勒让德关于球面三角形内角之间关系的定理,并对非球面三角形研究了类似的关系.

高斯 1828 年时的素描像

本书所用的方法是解析的、直接的,非常一般但又十分简明.书中一系列的概念和定理充分地、完整地反映了高斯的微分几何观念.他远远超越了欧拉在这一领域所做的工作,决定了这一学科以后的发展方向.爱因斯坦说:"高斯为我们提供的最好的东西好像是独一无二的产品.如果他没有创造作为黎曼理论基础的曲面几何,就很难想象任何别人能发现这一理论."[92] 陈省身说:"微分几何的始祖是 C. F. Gauss(1777—1855). 他的曲面论建立了曲面的第一基本形式所奠定的几何,并把欧氏几何推广到曲面上'弯曲'的几何."[93] 这是对高斯在这一学科中开创性贡献的扼要精辟的总结.

18 非欧几何

从数学思想创新的角度看,在 19 世纪,分析领域最伟大的事件是分析的严格化潮流,几何领域最伟大的事件是非欧几何的开创,代数领域最伟大的事件是群论的建立. 应当说其中最伟大的革命性发现是非欧几何,事实上它也是人类思想史上最惊人的革命性发现之一. 前面已经指出,高斯是分析严格化的最早开拓者和代表人物,也是群论的先驱者之一. 在这一节中,我们会看到高斯最早提出了非欧几何的思想.

大家知道,完成于公元前 300 年前后的欧几里得《原本》(《几何原本》),从若干定义、公理和公设出发,推导和证明出一系列的几何命题,成为严格逻辑演绎的最早完美典范. 两千多年的初等几何教材,实际上都是《原本》的翻版. 西方人普遍认为,《圣经》和《原本》是西方世界发行量最大的两本书.

《原本》第一卷开头给出23 个定义,最后第23 个定义是:"平行直线是在同平面内的直线,向两个方向无限延长,在不论哪个方向它们都不相交." 接着是 5 条"公设":"1. 由任意一点到任意一点可作直线. 2. 一条有限直线可以继续延长. 3. 以任意点为心及任意的距离可以画圆. 4. 凡直角都相等. 5. 同平面内一条直线和另外两条直线相交,若在某一侧的两个内角和小于二直角,则这两直线经无限延长后在这一侧相交." 然后有 5 条显见的"公理",后面就是一系列命题,每个命题都依据前述定义、公设和公理以及此前已经证明的命题给予证明.

直到18 世纪末,所有数学家都认为欧几里得几何是物质空间和空间中图形性质的唯一正确的刻画,很多数学家还想把算术、代数和分析建立在欧几里得几何之上. 康德认为欧几里得的原理和推论先于经验,是所谓"先验综合真理". 然而,《原本》中的第五公设,虽然无人怀疑它的真理性,却有不少数学家觉得它过于复杂. 即使欧几里得本人,也直到证明命题 29(第一卷共有 48 个命题) 时才首次使用这个公设. 仔细读一下上段引文不难看出,第五公设确实与其他 4 个公设不同,它似乎不那么"自明",很像是一条定理. 一些数学家设法以比较"显然" 的等价公设来代替它,最为人熟知的就是下述"平行公设" 或"平行公理":过已给直线外一个已知点能且只能作一条直线平行于所给直线. 不少数学家则试图由其他 4 条公设以及 5 条公理和已证明的命题来证明第五公设. 这样的数学家人数很多,简直可以组成数学家队伍中的一支方面军. 可是他们的"证明" 都经不起严格的逻辑检验,因为他们都不自觉地隐含地使用了等价于第五公设的假定或断言. 尽管这些人都以失败告终,但其中有的人已经站到否定欧几里得几何是唯一可能的几何的门槛上.

意大利数学家萨凯里在去世前几个月出版的一本小书中,首次试图用归谬法证明第五公设. 他从《原本》第一卷前28个命题(如前所说,它们的证明不用第五公设)出发,研究等腰双直角四边形即两邻角为直角且这两角所夹的两对边相等的四边形. 容易证明这四边形的另外两个角相等. 如果利用第五公设,不难证明这两个角都是直角. 萨凯里不这样做. 他提出这两个角为直角、钝角和锐角这三种假定,分别称为直角假定、钝角假定和锐角假定. 他想通过证明后两个假定不真来证明只有直角假定成立,而这等价于第五公设,于是第五公设就得到了证明.

萨凯里证明了一系列重要结果. 例如,他证明在直角假定下,三角形内角和等于两直角,过给定直线外一点有且只有一条直线与所给直线不相交;在钝角假定下,三角形内角和大于两直角,过给定直线外一点没有直线与所给直线不相交;在锐角假定下,三角形内角和小于两直角,过给定直线外一点有无穷多条直线与所给直线不相交. 现在看来,下一步很容易:只要承认这三种假定都可能成立,他就发现了非欧几里得几何. 可是当时要跨出这一步确实很难. 萨凯里隐含假定直线为无限长,由此否定了钝角假定;他又用毫无说服力的"矛盾"否定锐角假定,终于与非欧几何擦身而过. 距离是如此之近,可又显得那么遥远.

兰伯特在1766年写的《平行线理论》(1788年才出版)中也进行了类似的研究,不过他的出发点是三直角四边形,然后对第四个角作直角、钝角和锐角三种假定. 他证明了比萨凯里更多的结果,例如在钝角假定下三角形内角和超出两直角的盈量和在锐角假定下三角形内角和小于两直角的亏量都与三角形的面积成正比. 他还猜测由锐角假定推出的几何能在虚半径的球面上证实. 可惜他同样用直线为无限长否定钝角假定,又用含糊的推理否定锐角假定.

勒让德在试图证明第五公设上或许保持了坚持年头最长的纪录. 他关于平行公设的最后论文发表于他逝世那年即1833年. 他考虑某个三角形内角和等于、大于或小于两直角的三种假定,通过隐含承认直线的无限性,他否定了第二个假定. 他多次尝试否定第三个假定,但都得引进别的假定,例如过小于60°角内的一点总能作一直线交此角的两条边,而这一点等价于第五公设.

现在高斯登场了. 根据他1846年11月28日致舒马赫的信[94],我们知道早在1792年15岁时,他已设想过一种几何,"当欧几里得几何不真时,它会出现而且应当出现." 当然,这里指的只是一种想法的闪现. 在1846年10月2日写给格林的信[95]中,他说在每种不依赖于平行线公理的几何中,关于多边形面积正比于外角和与360度之差的定理是"这种几何理论的首要定理(就像它的大门),这点我1794年已认识到其必然性." 1831年5月17日他告诉舒马赫,他已开始写下关于平行线的某些思索,其中有些部分已有40年之久. 这都表明他关于平行公设的想法萌芽于1792 ~ 1794年,而且一开始就有欧几里得几何不是唯一可能的几何这样的想法.

在格廷根大学攻读伊始,高斯已看到欧几里得几何的弱点,并考虑过拒绝平行公设对多边形面积所产生的结果. 当时格廷根大学有不少人对平行线问题感兴趣. 卡斯滕纳热心收集这方面的文献. 他于1763年指导克吕格尔写作先前关于证明平行公设的努力的学位论文. 但他认为头脑正常的人不会否定欧几里得几何. 普法夫相信唯一可做的事是以更简单的公理来代替平行公设. 维尔德开设了一门关于平行线理论的试验讲座，1800 年他还给出了平行公设的 3 个“证明”. 天文学教授塞费于 1801 年发表了关于证明平行公设的两篇评论，他的结论是，如果没有新的公理帮助，要证明平行公设是十分可疑的，或许是不可能的. 高斯与塞费相当亲近，从 1795 至 1827 年，高斯在给别人的信件中提到塞费计有 26 次，两人谈话时应当会涉及平行公设. 事实上高斯就是在塞费家里邂逅他日后的终生挚友 W · 波尔约的，平行线理论是两人共同感兴趣的主要问题之一. 1799 年 5 月 两人分别，W · 波尔约回匈牙利后把自己的平行线理论写信告诉高斯，后者于 1799 年 12 月 16 日的回信中遗憾地说他抽不出时间来进一步检验 W · 波尔约关于几何基础的工作. 他说他在这方面走得很远，但没有工夫把它真正搞出来. 他对此前别人所做的工作都不满意，认为他们的所谓证明都是失败的.

W · 波尔约于 1804 年当了数学 − 物理教授，又有时间拣起他的平行线理论. 他把它修订了一下，于 9 月 16 日寄给高斯一个概要征求他的意见，并请他转交有声望的学会予以审查. W · 波尔约认为平行公理不是独立的，它是欧几里得其他公理的推论. 他的论证的核心是在一给定直线上作等距、等长的垂线，把这些垂线的端点连接起来. 在欧几里得几何中，这样做得到给定直线的一条平行线. W · 波尔约试图证明否定这个结论就会得到矛盾. 11 月 25 日高斯写了回信[96]，信中说他为寄来的短文的真正的精妙感到高兴，文中思路与他自己的思路相似，但他还未能完全解决这个问题. 他指出 W · 波尔约的论证中有一根本缺陷，即把隐含平行公理的无穷作图代之以隐含平行公理的有限作图. 高斯在信中没有明白陈述自己的想法. 他写道：“ 我的想法是你的方法还不能使我满意. 我将尽我所能试图使一个关键之处清楚明白. 这个关键点属于同一类型的障碍，它使得我的努力徒劳无功. 我仍然希望在我有生之年最终能够飞越这些悬崖. 可是我现在忙于别的事情，根本分不开身. ” 高斯的信使 W · 波尔约大受鼓舞，他于 1808 年 12 月 27 日寄给高斯一个增补，但后者没有回复. 两人之间的通信中断了 8 年之久.

高斯 1813 年写的一个注记中有这样的话：“在平行线理论上，我们现在比起欧几里得来毫无进步. 这是数学的耻辱，它或迟或早会有不同的形式. ”[97]

1816 年，高斯发表了对施瓦布写的关于欧几里得几何的教材和梅特尼赫写的关于平行线理论的书的评论[98]，文章的口气已经不同，出现了“徒劳无功地用虚假证明的薄纱来掩盖人们不可能填补的缺陷” 这样的词句，明显地暗示他认为平行公理不可能证明. 不料这篇文章不但没有获得他所预期的成功，反而招致非难. 很可能从这时起他决定再也不公开发表自己在这方面的观点和工作.

1817 年 4 月 28 日，高斯写信给奥尔伯斯，信中明确地说：“我越来越确信，我们的几何的必然性是不能证明的，至少不能被人类的智慧证明或者对人类的智慧是不能证明的. 或许对空间本质的另一种内省可以使我们达到另一种存在，它现在对我们还是不可达到的. 到那时人们就不会把几何列入算术（它处于先验的地位）而近似地列入力学之中. ”[99] 他写给格林和舒马赫的一些信中也暗示他“倾向于” 空间是非欧几里得的. 他在 1830 年 4 月 9 日致贝塞尔的信中写道：“我们必须非常谦恭地承认，尽管数只是我们心智的产物，然而空间则具有超越心智的实在性，我们不能完全指定它的法则. ”[100] 这是多么深刻的思想,简直与爱因斯坦遥相呼应！爱因斯坦本人于1950年明确指出,“高斯对于现代物理理论的发展,尤其是对于相对论数学基础的重要性实际上是无与伦比的.”[101]

法学家施韦卡尔特在1807年出过关于平行理论的书,书中反对在平行线解释中引进无穷远,并要求从正方形存在性出发构造几何学.他于1812至1816年间不用第五公设发展了一种几何,他称之为“星形几何”.1819年他请格林向高斯转交他关于“星形几何”的纲要.高斯回信说纲要中所写几乎都像出自他的笔端.施韦卡尔特的侄子陶里努斯也是法学家,但同样醉心于平行线理论,1824年10月他寄给高斯一篇尝试证明的文章.11月8日高斯回了一封长信[102],阐述了他关于平行公设的观点,但嘱咐收信者不得公开使用这封私人信件,不得有任何可能导致此信公开的做法.高斯在信中写道：

“假定(三角形的)三内角之和小于180°导致一种与我们的几何很不相同的特殊几何,它是绝对和谐的.我已相当满意地开发了这种几何,可以解决其中所有问题,只有一个常数的确定除外,它是不能先验地找出来的.假定这一常数越大,这种几何就越接近欧几里得几何,在它取无穷值时,两种几何就是一致的.如果非欧几里得几何是真实的几何,而这一常数与我们在地球或天空中的测量有某种关系,那么它就可以后验地找出.”

陶里努斯在1825年出版了《平行线理论》一书,书中无条件地相信平行公理,但也开发了拒绝平行公理所产生的一些结果,其中包括非欧几何独有的那个常数.次年他还出版了《初等几何学》,其中开发了非欧三角学公式(高斯于1816年已建立非欧三角学).两本书都寄赠给了高斯,但高斯并未致谢,原因或许是两书序言中都提到了高斯,使他感到不快.

高斯的信件表明他在1827年后几个月又开始对几何基础——他称之为“空间的形而上学学说”——进行某些深入细致的研究.迪利克雷这年访问高斯时曾同他讨论非欧几何.在这年写的一个笔记中,高斯称曳物线绕轴所生成的负常曲率曲面为“类球面”(现在称为伪球面),并有下述结果:在类球面上可以通过旋转移动测地三角形.次年高斯写过,他在40年前已经首次研究这些基础理论,但可能活不到成功地发表完整的结果,主要原因是担心要是他完整地说出如此革命性的内容,“那些蠢材就会穷嚷嚷.”在1828年11月写的一篇短小笔记中,高斯不用第五公设证明三角形内角之和不可能大于两直角.1831年4月他开始写下他的某些研究,这些笔记后来发表于他的《全集》第八卷中.这年7月21日他写给舒马赫的信中还提到在非欧几何中没有相似性所引起的结果.

W·波尔约的儿子J·波尔约于1818年入维也纳军事工程科学院,1820年他写信给父亲说想证明平行公设.老波尔约十分惊恐,以激动的言辞恳求儿子放弃:“不要在这上面浪费一小时.它带不来任何回报,它会危害你整个生命.”但儿子不为所动,继续研究.1823年11月3日他写信给父亲说他“已从虚无中创造了一个全新的、不同的世界”.1825年2月他向父亲交了一份概要.1831年6月,父亲同意把儿子的论文作为附录发表于他写的《数学原理》中.高斯于次年2月看到了该书,3月6日他写信给W·波尔约说:“如果我一开头就说我不敢赞扬这样一本论著,您当然会吓一跳;但我只能这样做:赞扬这一论著等于赞扬我自己.因为这一论著的整个内容,令郎所采取的途径,以及他所作出的结论,几乎同我本人的思索 —— 大约 30 至 35 年前它已萦绕在我脑际 —— 完全一致.”[103] 他在信中还提到自己研究的一个例子,即非欧几何中三角形面积正比于其内角和与180°之差这一定理的简单证明,他还敦促J·波尔约研究空间中的相应问题.高斯认为年轻的J·波尔约是“头等天才”.

差不多与此同时,俄国的罗巴切夫斯基于1826年2月2日向喀山科学学会提交了一项研究,肯定存在一种不需要平行公设的无矛盾的几何学.他的工作非常深远,可以解析地处理问题,并给出计算弧长、曲面面积和体积等的一般规则.这项研究3年后才在《喀山通讯》上发表,1835至1838年他又发表了一些后续论文.1840年高斯读到罗巴切夫斯基的论著.在1844年2月8日致格林的信中,他称赞罗巴切夫斯基的《几何学研究》.在1846年11月28日致舒马赫的信[104] 中除赞扬外还说罗巴切夫斯基的途径与他本人的途径不同,但很巧妙,具有真正的几何精神,他读时觉得“赏心悦目,十分愉快”.信中还说:“你知道我持有同样信念已有54年(从1792年起)之久,这种信念还伴之以后来的某种扩展,对此我不想在这里提及.”这种“扩展”是什么,是不是类似于他的学生黎曼后来所做的工作,现在已无法揣摩.放在高斯家里的《几何学研究》这本书中还夹着一张纸,上面写有推导非欧三角公式的概要,这些公式相当于半径为 $1/k$ 的球面的球面三角方程.对 k 赋以纯虚值,就能导出非欧三角方程.1842年11月23日,高斯向格廷根王家学会提名罗巴切夫斯基为通讯会员,后者立即当选.

综上所述,不难作出下列结论:首先,高斯是真正预见并具有相当完整的非欧几何思想的第一人;第二,高斯具有创造非欧几何的智慧和非凡的勇气,但却没有面对凡人反对的胆略,否则他无疑会成为非欧几何的最早发表者;最后,高斯对非欧几何的创造者J·波尔约和罗巴切夫斯基没有什么影响,但他十分赞赏两人的工作.

19 物理研究

大约从1825年起,高斯开始考虑开辟新方向.他的薪金在1824年得到可观的增加,1825年还从大地测量工作获得一笔额外收入,使得他的经济压力大大减轻.驱使他从事大地测量的其他动机逐渐淡化,而身体健康的负面因素却日渐增长.他毫不松懈地工作,弦一直绷得很紧,到19世纪20年代,出现过度疲劳的迹象.1821年的信件中他就说自己感到很累,一度想迁居柏林,使生活闲暇一些.1825年冬季大部分时间里他都病着,出现今天应诊断为心脏病和哮喘病的症候.

高斯当然首先想到专心致志回到数学,但发现自己已难于得到令人满意的结果.1826年2月19日他在写给奥尔伯斯的信[105] 中抱怨自己“从未干得这么艰苦而成果却如此之少”,使他觉得应当进入另一个方向.毫无疑问,烦恼困惑、工作过度和灰心丧气使他低估了自己那些年间在数学上的巨大成就,但他的确需要新的鼓舞.转向物理研究无疑是正确的选择.

前面提到过,1828年,洪堡说服高斯参加了在柏林举行的一次科学会议,他想让高斯卷入他本人已经持续了二十多年的筹建世界范围的地磁观测站的努力之中.高斯在洪堡的别墅里呆了3周,主人的科学设备促使高斯做出抉择.正如高斯后来写给洪堡的信中所说,他对磁学已有将近30年的兴趣.他在这一学科上未能及时开展研究的部分原因是缺乏测量手段.在柏林期间还发生了一件对他的物理研究具有重大意义的事:邂逅韦伯,一位卓越的年轻实验物理学家,高斯日后物理研究的亲密合作者.

1829年,高斯开始研究物理学特别是力学、毛细作用、声学和晶体学中的问题,第一项成果是发表于《克雷尔杂志》上的"关于力学的一条新的一般基本定律"[106],其中陈述了最小约束原理,把它作为等价于达朗贝尔原理的新表述.其基本思想是:系统的运动偏离无约束运动尽可能小,这里偏离由质量乘以它与无约束运动路径的距离平方之积的和来度量[107].这是分析力学中的普遍微分变分原理之一,对一阶线性或非线性约束系统都适用.它不仅具有普遍性,而且有很大实用价值.例如,现在在机器人设计和分析中常用的一种方法就是从高斯原理出发,在电子计算机中直接建立约束函数变分问题,用优化算法和动态规划求解机器人的运动和约束反力.容易看出,这项工作同他关于最小二乘法的研究有关,但他本人在1829年1月31日写给奥尔伯斯的信中说它受到研究毛细作用和其他物理问题的启示.1832年他发表"平衡状态下流体形态理论的一般原理"[108],这是他对毛细作用研究的一个贡献,同时也是关于变分法的一篇重要论文,文中首次解决了涉及二重积分、边界条件和变动积分限的变分问题.高斯在1831年还突然对晶体学发生很大兴趣,他用一台12英寸的经纬仪测量晶体,对一些困难的形状进行计算和描绘.1831年6月30日他写信给格林说:"近来我忙于研究晶体学,以前我对它相当陌生.我觉得……眼下所用的测角仪似乎不怎么样,我想出了一种非常简单的仪器并且做了一台,可以用它把晶体紧固在经纬仪的望远镜上,从而可以十分精确地让它保持正确的位置,我很好奇用它做实验会发现什么,希望这样不用重复就能容易地尽可能精确地测定两曲面之间的角,从而审视一系列晶体."[109] 高斯对晶体系数之比为有理数或无理数很有兴趣,他所用的晶体学符号体系基本上就是晶体学家米勒后来于1838年发明的体系,不过后者更简练.奇怪的是,在一段短时间后,他把有关的文献、观测、计算和图表扔到一旁,再也不去动它们.他也没有对自己的晶体研究发表任何东西.

1830年11月30日,由于梅耶去世,格廷根大学物理学教席空缺.汉诺威内阁主管大学事务的大臣立即征求高斯对填补这一缺位的意见.高斯于1831年2月27日答复道,格廷根大学坚持这样的观点:它不只是一个培育学生、储备科学知识的学校,也应当是发展作为人类共同财富的科学的中心.沿着这条道路,格廷根才能保持它的档次,跻身世界重要学府的行列.他接着说,新来的物理学家必须教给学生各种背景知识和预备知识,必须以很好的实验来说明他讲授的内容,必须精通物理学各个分支,必须有很好的数学训练.他强调一个完全意义上的物理学家应当有很好的数学高等领域的基础.高斯接着举出5位他认为满足上述要求的候选人,细致比较了他们的基础、训练、经验和能力,并且特别注意到他们的年龄差别.他说,如果学校当局特别考虑富有天才和未来能有丰硕创造成果的研究者,那么他选韦伯.[110]4月29日,韦伯获得聘任.9月15日,在高斯妻子去世两天后,韦伯来到格廷根,那时他才27岁,而高斯已54岁,但两人很快结成忘年之交.尽管韦伯显示了高度的理论修养和创造性,但在合作中他分担实验工作.

1832 年初,高斯全力投入磁学研究. 2 月前他成功地把地磁强度归结为绝对单位. 这时他产生了写一本关于磁学的大书的想法,但决定先分开发表讨论地磁强度的一小部分,这就是12月15日在格廷根王家学会宣读并于次年发表的"地磁力强度归结为绝对度量单位"(拉丁文本发表于 1841 年)[111]. 此文把所有磁学量归结为质量、长度和时间这 3 个基本单位. 高斯首次认识到,为合理度量磁学量,有必要这样做. 为纪念高斯,许多年中磁场强度的单位(每单位磁极 1 达因)称为高斯,直到 1932 年的一次国际会议上此单位才被改称为厄斯特. 现在 CGS 电磁系单位制中的磁感应强度的单位称为高斯. 文中还注意到温度对磁力的影响. 关于地球的磁力,文中简短讨论了磁偏角的变化并给出了数学表述. 虽然此文由高斯单独署名,但他在文中感谢韦伯的帮助.

受到法拉第 1831 年发现感应电流的启迪,高斯和韦伯一起研究电流现象. 高斯于 1832 年以更一般的形式表述了库仑定律,并且表述了前面提到过的散度定理. 高斯和韦伯于 1833 年得到基尔霍夫定律(基尔霍夫是在 1845 年发现关于支路电流的定律的),并且先于他人作出了静力学、热学和摩擦电等方面的各种发现,例如基尔霍夫后来于 1848 年 建立的最小热量原理,证明摩擦产生的电与电原电池和温差电流力产生的电相等. 或许因为当时他们的兴趣集中于地磁学,因而这些发现并未发表. 可是这一年他们却有一项重大发明 —— 在人类历史上建立第一个可操作的电报装置.

他们有过磁强计也可用作电流计的想法,这促使他们想到也许可以利用电流发送信号. 高斯在 1833 年 11 月 20 日致奥尔伯斯的信[112] 中首次描述了他们的装置:

> "我记得以前从未向你提起过我们发明的神奇的机械,它由流经电线的伽伐尼电路组成. 这条电线伸展在空中,最高处在圣约翰教堂尖塔,越过房屋建筑向下连接天文台和物理实验室,这是在韦伯指导下完成的. 电线全长约 8 000 英尺(2 400 米 —— 引用者),两端连着倍加器,我这端有 170 线圈,韦伯那端有 70 线圈,绕在一个按我发明的方法悬挂着的一磅重磁铁上. 用一个简单的装置 —— 我称它为交换器 —— 我能把电流即时反送回去. 仔细操作我这儿的伏打电池组,我能使韦伯实验室里的指针激烈运动以至敲打一个铃,发出隔壁房间里都能听到的声音. 它现在只用来逗乐. 我们的目标是以最高的精确度显现指针的运动. 我们已把这一装置用于电报实验,并已成功地传送整个词组和短语. 这个方法有不依赖白天黑夜或气候条件的优点;接收者可以待在房间里,只要他愿意,还可以拉下百叶窗. 我觉得用足够牢固的电线,可以确信,只要轻轻一击,就能把电报信号从格廷根发送到汉诺威或从汉诺威发送到不来梅."

关于这个电报装置的首次公开报导发表于1834 年8 月9 日的《格廷根科学通报》[113]上,其中详细介绍了格廷根大学物理实验室与天文台之间的这一"伟大的伽伐尼电路",强调这个"独特装置" 应归功于韦伯. 据说在他们发明的电报上传送的第一个句子是"Michelman kommt". ("米希尔曼(在两人之间跑腿的仆人 —— 引用者) 来了")

1835 年2 月15 日,高斯在格廷根王家学会所作的讲演中,对电报装置的改进提供了更详细的说明,特别提到可以用他的新设备产生感应电流. 在 1835 年 8 月 6 日致舒马赫的信[114] 中,高斯对电报的未来非常乐观. 他写道:

> "在比我的条件更加有利的条件下,无疑能作出这个方法的重要应用,使社会获益,使大众惊讶激动. 对于一年只有 150 塔勒预算的天文台和磁学实验室(我告诉你这一点,务请严守秘密),不可能做大的实验. 要是在这上面花上几千美元,我相信电磁电报能完善一个国家,其程度会非常惊人. 如果两头用足够强固的铜电线连接起来并装置强有力的电池,再配备训练有素的工作人员,俄罗斯帝国就能从圣彼得堡在一分钟内把命令发至敖德萨而不要任何中间站."

高斯和韦伯的电报曾在德国引起很大注意. 可惜因为费用巨大,普遍应用的计划搁置了起来,使德国失去了首先使用实用电报的荣誉. 韦伯指导下架设的电报电线也于 1845 年 12 月 16 日毁于雷击,他们的发明也几乎被人遗忘. 要是这两位生活在一个大城市(当时格廷根居民不足万人,直到 1854 年才通铁路),也许这项伟大发明的命运会完全不同. 不管怎样,高斯和韦伯是首先把电流用于通信的科学家. 在 1873 年维也纳和 1893 年芝加哥世界博览会上,他们的电报装置也得到适当的展示.

高斯与韦伯的电报装置(1833 年复活节)

在地磁研究方面,高斯有一个广泛的计划,想把磁偏角、磁倾角、磁偏差等所有磁元都测量到与水平强度相同的精确度. 他还想研究温度对这些因素的影响. 1833 年元月 29 日,他向格廷根大学董事会提交正式备忘录,建议建立地磁观测站. 建议很快得到批准,这年秋天观测站即投入使用. 观测站正建筑呈长方形,正确地位于地理子午线上,面向东,长约 10 米,宽约 4.5 米,门窗都为双重,通常建筑中用的铁都代之以铜. 站里装备有经纬仪、天文钟、地磁仪. 每天上午 8 时、下午 1 时进行记录,以确定不同年、月、日的磁偏角及其变化. 有些日子还每隔 5 至 20 分钟进行连续观测和记录. 格廷根的磁学研究引起广泛关注,德国各地和外国科学家纷纷来访,格廷根成为全球磁学研究中心. 1837 年德国建立了磁学会. 从1837年至1841年,高斯和韦伯主编出版了每年一卷的《联合磁学观测结果》,共6卷. 这6卷中发表了高斯写的15篇文章,韦伯写的23篇文章. 两人的文章占全部篇幅的2/3. 在他们的影响下,世界各地建立了不少仿效格廷根的磁学观测站.

格廷根大学中展示的
高斯与韦伯的素描头像

1837年,高斯与韦伯合作发明了双线地磁仪,同年他们在《联合磁学观测结果》上发表文章,报导此项新设备的发明,并阐明其用途. 他们的主要想法是用两条线挂起一个物体,当受到一定指向的力时,它从平衡位置发生偏转,由此即可测定磁力的大小.

1838年冬天,高斯终于实施写作磁学论著的计划. 在1839年的《联合磁学观测结果》第3卷中,登载了高斯的《地磁学通论》[115]. 高斯在这一论著中利用球面调和函数得出了地磁场的数学表达式,从而奠定了地磁学的数学物理基础[116]. 高斯把他的理论应用到实际观测中,结果表明计算结果与观测相当一致. 1841年美国人威尔克斯发现南磁极与高斯所计算的点相差很小. 后来还发现北磁极与高斯计算的位置只差3°30′. 这都使高斯大喜过望.

高斯分析的结果显示,地面磁场的绝大部分来源于地球内部,外源磁场只占千分之几. 因此,除了给出地磁场的严格数学表述外,高斯的工作还从理论上证明了地磁场主要来源于地球内部这个多年来的假说.

在结束地磁学一般理论时,高斯计算了磁轴的方向即地球磁矩的指向及大小. 他发现地球的磁化很弱. 他的计算误差只有2%. 高斯在结尾部分还宣布了一条重要定理:对于一个空间体,其内部的任何磁流分布,都可以用其表面上的磁流分布来代替,使得对于体外任何一点,其效果都相同.

1840年,在戈尔德施密特协助下,高斯和韦伯出版了基于高斯地磁学理论的全面的地磁地图[117].

从某种意义上说,发表在1840年《联合磁学观测结果》上的"关于按反比于距离平方作用的吸引和排斥力的一般命题"[118],标志着高斯磁学研究的结束. 此文是受到他磁学工作的启发而写的,文中首次把某类函数称作"位势". 其实1839年10月他已在一篇笔记中用过这个名词,但这篇笔记直到高斯去世后才发表. 英国数学家、物理学家格林在1828年已使用位势一词,但他的论文即使在英国也几乎不为人知,更不用说高斯了. 现在已经知道,丹尼尔·伯努利早在约一个世纪前就已用过此词,不过高斯和格林肯定都不知道.

此文的基本定理在高斯1813年关于均匀椭球体吸引力的论文中已经建立,很可能

1810年时他已得到这一定理. 文中还建立了位势论的另外一些重要定理,例如下述命题:对于一曲面,在其上有且只有给定质量的一种分布,使得此质量在该曲面上各点处的位势取预先给定的值.

历史的作弄使高斯的大名以另一方式与磁学相联系. 在第二次世界大战中,为防止在公海上航行的船舰被德军的磁性水雷炸毁,必须对其进行消磁(degauss). 对此美国一份报纸在其社评里写道:"高斯,这位热爱和平的德国数学家、物理学家,德国科学和哲学想象力为世界提供的最伟大的献礼之一,会发现他的姓氏永久地同一种古怪残酷的威胁联结在一起,它使一个世纪后商船和军舰得用特殊的装置来摆脱,这真是一个讽刺. 正是由于高斯在磁学中的基本研究,磁力单位才以他的姓命名;现在,因为他的国人把西方科学知识的这一伟大发现用于野蛮的毁灭事业,船只必须消去高斯! (degauss,英文前缀 de 有'取消'之意 —— 引用者)"[119]

高斯一直对电磁感应深有兴趣. 1834 年他制作了一个感应线圈,并认识到线圈中振动的磁性的衰减是感应电流导致的结果. 1835 年,他表述了诺伊曼后来于 1845 年给出的感应定律的数学表示式,陈述了电动力学中的高斯定律. 应当说这是他在这方面工作的顶峰. 高斯后来还想推广库仑定律,可惜正如麦克斯韦所指出的,高斯表述的定律对感应现象失效. 高斯一直想寻求适用于所有电磁现象的令人满意的理论,从他 1845 年写给韦伯的信可以看出,后来高斯接近于法拉第的场作用观点. 但他坦率承认未能解决这个问题,因此一直没有发表任何东西.

高斯在物理学领域同时也是他科学研究的最后一项重大成就是 1840 年 12 月 10 日向格廷根王家学会提交,发表于 1843 年的"屈光学研究"[120]. 这篇论文建立了光线满足近轴条件时理想光学关系的系统理论,以至现在仍称这个光学分支为高斯光学,是研究各种实际光学系统的基础. 高斯说过,1800 年时他已拥有这些理论,因认为过于初等而未发表,但在高斯手稿中没有发现这方面的佐证. 不过应当指出,天文学研究逼使高斯很早就关注屈光学问题,它是由当时望远镜不完善引起的,主要问题是消色差计算和设计无球面偏差的望远镜. 1807 年时汉堡著名光学工厂主雷普瑟尔德就向高斯提出制造无色差双物镜问题,后者于 1809 年提供了一些建议. 1810 年10 月 高斯对更厚的透镜进行了计算. 1817 年他还发表过论文"关于消色差尤其涉及完全消除色散的双物镜"[121],文中得出结论:可以计算出一个物镜,能把所有在距轴一特定距离(或无穷远) 处相汇的两种确定颜色的光线合并于同一点. 43 年后,慕尼黑一家工厂成功地制成了高斯物镜. 他 1814 至 1817 年写的一些笔记也与光学研究有密切关系. 高斯还于 1829 年 11 月向格廷根王家学会提出涉及星体测光方位的悬奖问题,此问题直到 1920 年 才获解决.

高斯的学生利斯廷于 1832 年画的高斯素描像

20　教学工作

高斯常被人指责不爱教书,这点需要分情况加以分析.他的确不喜欢教初等课程,当发现他的绝大多数学生对高等课程准备很差时他也不喜欢教高等课程.1802 年 10 月 26 日,他写信给奥尔伯斯说:

"我真是讨厌讲课.数学教授的常年工作只是教这门学科的 ABC;没有什么学生能前进一步,通常他们只能不断收集些信息,变成半吊子,一知半解.比较少有的天才并不需要通过课程讲授来教育,而是自我培训.在我杰出的朋友普法夫家里,我看到他在公共和私人授课、准备这些课程以及与教授职务相关联的其他工作之余,只剩下一些支离破碎的时间从事自己的研究.经验似乎也证明了这一点.我不知道除了伟大的梅耶之外,有什么教授真在科学上做了许多工作,可是梅耶被列为差的教授.与之相似,正如我们的朋友察赫常说的那样,在天文学中做得最好的不是拿薪水的大学教师,而是所谓的半吊子,医生,法学家等."[122]

1808 至 1809 学年上学期,高斯在格廷根大学首次开课.1808 年 12 月 4 日他在致贝塞尔的信[123]中说:"这个冬季我首次开的课属于特别分散精力的活,它占用了比我所喜欢的多得多的时间.同时我希望第二次时耗费的时间将少得多,否则我会再也不能适应."1810 年元月 7 日的另一封信[124]中说:"这个冬季我正在教 3 个学生两门课,其中一位只有中等程度,另一位谈不上中等程度,第三位程度和能力都差.这是数学职业的麻烦."1811 年冬高斯曾教一个学生一门课,他称该生为"最迟钝的".他在 1808 年 10 月 2 日致舒马赫的信[125]中又一次怀疑讲课对有才能学生的作用:"在我看来,对于并不是需要搜罗大量知识而主要有志于训练自己能力的人,讲授是非常无的放矢的.对于这样的人,不需要手把手地领着他到达目的地,而只需不时提供建议,以便让他循最短途径自己到达目的地."

有一则故事说高斯一次瞧见一名学生在格廷根大街上踉踉跄跄走着.看见教授走近,他想挺起身来,可是力不从心,出尽洋相.高斯凝视着他,用手指着他说:"年轻的朋友,我希望科学也能像格廷根好啤酒那样使你沉醉!"

虽然高斯不喜欢讲课,但他很愿意向任何登门求教的积极上进、富有钻研兴趣的人提供建议.从他与舒马赫的通信中,人们能发现许许多多高斯不厌其烦反复释疑的例子.高斯希望他的学生能独立思考和工作,认为学生本人的努力而不是他们的教授的讲解才是教学的中心.这种观点今天能得到普遍理解,但却与当时直至 19 世纪末流行的教育模式大相径庭.许多批评高斯的教学态度的人其实是用那种标准来看待大学教育的.

高斯在格廷根大学讲课并不少.从 1808 ~ 1809 学年上学期到 1851 ~ 1852 学年下学期,除 1821 ~ 1822,1822 ~ 1823,1823 ~ 1824,1824 ~ 1825,1825 ~ 1826 五学年上学期

因进行大地测量没有讲课,1824 ~ 1825 学年下学期没有记录外,高斯共宣布开设课程170 门次,其中有 9 个学期为 1 门,58 个学期为 2 门,15 个学期为 3 门,平均算来每学期超过 2 门. 在高斯讲授的课程中,天文学共 123 门次,占总数的 72%. 天文学课程中,实践天文学有 67 次,超过天文学总门次的一半. 以下依次为:彗星运动,15 次;一般天文学(包括理论天文学),12 次;天文学初阶,11 次;天体运动,6 次;日食月食计算,6 次;行星摄动计算,4 次;天文学计算论题,2 次. 高斯开设数学课程 29 门次,其中最小二乘法 18 次,概率论应用 8 次,数论 1 次,曲面论 1 次,数值方程 1 次. 高斯开设大地测量方面的课程 12 次;物理学方面的课程 6 次,其中地磁学 5 次,流体力学 1 次.

从上述简略清单容易看出,高斯讲授的绝大多数都是初等课程. 高斯最希望讲授他正在从事的研究,可是他在数学中最得意并且出版了系统论著的数论和曲面理论,都只讲过一次. 数论是在 1809 ~ 1810 学年下学期刚到格廷根大学时讲授的,曲面论是在 1827 ~1828 学年上学期他的大作《弯曲曲面之一般探讨》出版时讲授的. 阳春白雪,曲高和寡,令人扼腕! 这样看来,高斯对教学有厌烦情绪,并不难于理解.

高斯的课讲得怎样? 不妨听听亲历者的回忆. 后来成为著名数学史专家的 M · 康托尔 1849 年到格廷根大学就读,半个世纪之后,1899 年 11 月 14 日,他在讲课中这样谈到高斯:

> “1850 ~ 1851 学年下学期,高斯讲授了所定的关于最小二乘法的课程,我听了这门课. …… 在我看来讲课地方像一间办公室. 我们这些听课者围着一张大书桌坐着,桌上摆满了书. 高斯坐在书桌边的一把扶手椅中,边上有一黑板架,上面放着一块中等大小的黑板,高斯就用粉笔在这块黑板上演算. …… 由于每个听课者可供利用的空间太小,所以没法用墨水,但是高斯甚至不喜欢我们用铅笔记笔记. 每当我们想记笔记,他就说:‘这里不许记笔记,更好地专心听讲!’ 容易理解,即使心无旁骛,全神贯注,记忆力特强,也不可能在课后完成精确的笔记,人们课后只能把一些特别精巧的、分散的推导补写下来. 更有甚者,刻在记忆里的这类讲话和插入的评论往往与科学无关,而是凸现了讲话者的个性. …… 还有一次,桌上摆满了对数表,高斯按照纸张的颜色、数的组成形式、它们的大小是否相同、是否突出在一行上下等来解释它们之间的差别. 他说到表中数的位数及其计算,然后非常严肃地说:‘你们根本不知道对数表计算中有多少诗意.’”[126]

听这门课的共有 9 个学生,其中有后来大名鼎鼎的戴德金. 他回忆道:

> “高斯头戴黑帽,身穿咖啡色上衣,黑裤子,通常舒坦地坐着,目光向下,身子略向前倾,双手放在腿上. 他说话没有什么拘束,非常清楚,简单明了;但当他想强调一个新观点时,他就会用特别能刻画的词,并且会突然抬起头,转向邻近的某个人,用他那美丽的、深邃的蓝眼睛看着这个人. 这是令人难以忘怀的. …… 如果他要对数学公式解释某些原理,他就会站起来,以平静挺直的体

态在旁边的黑板上用他那特别优美的书法写些东西,而且总能成功地在挺小的地方有目的地、经济地安排妥帖,写下要写的内容……

"1851 年元月 24 日,高斯讲完课程的第一部分,使我们掌握了最小二乘法的本质.接着他特别清楚地开发了概率论的基本概念和主要定理,并用原始例子加以解释,作为建立这种方法的第二种或第三种方式的引导,…… 我们似乎感到,高斯本人虽然早先对讲这门课表现出很小兴趣,但在教学过程中也感受到了某种乐趣.就这样到了 3 月 13 日最后一堂课,高斯站了起来,我们都跟着站起来,他以友好的词句告别:'我得感谢诸位毫不缺席地、专注地来听我这门或许应当称为相当枯燥的课.'从那时起已经过去了半个世纪,然而我始终忘不了这门据说是枯燥的课,这是我所听过的最好的课程之一."[127]

21 政治风波

1837 年,格廷根大学隆重庆祝建校 100 周年.为此新建了一座古希腊风格的大楼,内有大礼堂,周围陈列着大学历史上重要人物的油画像.大楼前面竖立着汉诺威国王威廉四世的塑像.盛大庆典从 9 月 12 日开始,持续到 20 日.9 月 17 日,镇上所有教堂钟声齐鸣,国王也出席庆典.18 日开始学术庆祝,很多著名学者与会,最重要的当然是洪堡,他作客高斯家中.在下午的王家科学学会公开会议上,应洪堡特邀,高斯就其发明的双线地磁仪发表演讲.9 月 19 日,在骑术学院举行有两千多人参加的盛大舞会.高斯不喜欢官方庆典活动.他在 9 月 26 日写信[128] 给奥尔伯斯说:"在我们的百年庆典高峰过后,我必须给你一个信息:我还活着.事实上,我本来也很少会碰到与格申同样的命运,他于前天去世,很可能是庆典的牺牲品.…… 我先前身体不太好,因此决定不参加教堂和大楼里的活动,去那里得穿乏味的让人透不过气的官服 —— 修道士穿的大氅.…… 即使在图书馆里举行的集会,一百人挤在一间房子里,…… 我几乎晕了过去.…… 终了回家时我都被汗水湿透了,不得不赶快换衣服 …… 我相信我之所以逃脱格申的命运,只是由于我次日待在家中,不参加所有活动 ……"

庆典的荣耀和欢乐很快消逝,一场巨大的政治灾难袭来.1833 年 9 月 28 日,在一次政治起义中,威廉四世签署了一项宪法修正令,使人民的一些权利得到保障.1837 年 6 月威廉四世去世,由英格兰国王乔治三世之五子奥古斯特继位.11 月 1 日,新王颁布第一项法令,撤销前国王的自由法令,恢复 1819 年宪法.一般认为,新王所以这样做是由于 1833 年新宪法规定身心有病的王位继承人不得承袭王位,而新王的独子双目失明,只有废除新宪法才能使其子合法继位.格廷根大学历史学和政治学教授达赫尔曼在大学理事会中建议学校采取步骤,提请新王注意他的计划的危险性.由于恰逢百年校庆前夕,所以无甚反响.新王很快颁布法令,按 1819 年宪法进行新的选举.他同时解散内阁,随即又任命原内阁成员为各部部长,其目的是解除臣民忠于 1833 年宪法的誓言.大部分国民强烈反对新王的举措,但抗议毫无效果,反而使这位意志坚定而又脾气暴躁的老头更加飞扬跋扈,他宣称如果人民拒绝接受他提供的宪法,那就让他们根本没有宪法.

这时格廷根大学的7位教授向新王呈上抗议信,宣布他们仍受忠于1833年宪法的誓言的约束."格廷根七君子"名单如下:达赫尔曼,埃瓦尔德,韦伯,格林兄弟(德意志民间文学研究者,著名的"格林童话"即《儿童与家庭童话集》等的作者),法学教授阿尔布雷希特和历史学、文学教授格菲努斯.这七人中达赫尔曼和埃瓦尔德是带头人,而埃瓦尔德是高斯的东床快婿,他与高斯的女儿明娜于1830年9月结为伉俪.信件很快广为传播,新王十分愤怒.内阁试图使七君子收回抗议信未果.学校校长和理事会觐见国王,接着校长发表声明称七人信件为"令人不愉快的事件".政府广泛散发此声明,制造全校反对七君子的印象.于是有6位著名教授发表声明,表明他们不会批评他们的7位同事的行动.

1837年12月12日,七君子被解除教授职务.达赫尔曼、J·格林和格菲努斯被勒令3天内离开汉诺威王国,其余4人只要"循规蹈矩",保持沉默,可以留在格廷根.同时军队调动到格廷根,以防止学生举行示威.但被流放的3人走时,仍有很多大学生先行抵达达岑豪森迎接,并在那里举行了同情七君子的示威.

这件事影响深远.整个德意志激起了对"格廷根七君子"的巨大同情,为被流放的3人募集捐款,柯尼斯堡大学还授予阿尔布雷希特名誉学位,此后德国大学教授被更多地推入公众和政治生活的中心.

高斯没有在6位著名教授的声援信上签名,自然会受到指责.达赫尔曼曾认定高斯会签上大名,结果很失望.高斯的朋友们相信,他会以温和抗议者的姿态离开格廷根,因为当时流传高斯要去巴黎的说法,他在写给奥尔伯斯的信中也说过巴黎是他会去的最后一个场所.高斯为何不签名?对此他本人没有作过说明,不过原因似乎不难寻求.当时高斯已年届花甲,在格廷根呆了很长时间,其母已达九十五岁高龄,双目失明,根本离不开他.这种情形下要去巴黎,几无可能.

深层次的缘由,当然应从高斯的政治态度和哲学观点上来探求.他的恩人费迪南德公爵惨死后,高斯的政治哲学观点定型.对他而言,拿破仑是革命危险的化身,不伦瑞克公爵则是开明君主制的典型,他喜欢有才智的、仁慈的独裁者专断统治.高斯终生是坚定的民族主义者和保王党人,保守倾向十分明显.民族主义甚至驱使他从不用法文发表任何东西,在同不认识的法国人交谈时假装听不懂,其实他懂法语.他讨厌任何政治激进活动,不赞成"七君子"的抗议行为.高斯深知自己作为一个科学家的影响,但对在政治上发挥作用毫无兴趣——"政治歌曲,令人讨厌!"[129]

还有一点值得提出,就是高斯认为他的同事的作为会对学校有损.在这一点上高斯似乎是对的,这一事件对格廷根大学打击不小."七君子事件"对高斯也有很大打击,埃瓦尔德和韦伯名列其中对他损害尤为沉重.两人在事件后去了伦敦,埃瓦尔德在英格兰呆了半年,主要研究梵文和用阿拉伯文写的犹太著作.1838年5月他出任图宾根大学东方学教授,这就使高斯不得不同爱女明娜分开.明娜患有肺病,于两年后去世.1847年汉诺威国王恢复了1833年宪法,埃瓦尔德于次年重返格廷根执教.

韦伯于1838年8月回格廷根.在他离开格廷根这段时间,高斯为韦伯复职多方努力,还曾特别请求洪堡帮忙.洪堡确实也帮了忙,但上面要韦伯承认错误,以此来换取复职.这一点连高斯都反对,他说在同样的境遇下他也不会公开认错.国王根本不把学者尊严当回事,他曾在一次宴会上对洪堡说:“以我拥有的财富而言,我想要多少,就能有多少芭蕾舞演员、妓女和教授.” 最后韦伯的职务由高斯的学生利斯廷接替. 直到1849年,韦伯才返回格廷根大学.

高斯的生活在19世纪30年代经历了许多痛苦. 他与儿子欧根关系不好. 欧根在高斯孩子中最有才华,特别在数学和语文方面,其父对他曾寄予厚望. 但后来父亲不想让孩子搞数学,可能是觉得他们都超不过他. 欧根中学毕业后想学哲学,可是高斯要他学法律,于是孩子就读于格廷根大学法学院. 欧根在大学里贪图享乐,尤其好赌. 一次他设豪宴款待同学,把账单交给父亲,遭到痛斥. 欧根突然决定离德去美,不告而别,1830年底到达纽约,其时年纪20岁还差一点. 此后父子天各一方,未再见面,此事成为高斯多年隐痛. 1831年9月,第二任妻子去世,死时年仅43岁. 高斯的次子威廉也于1837年去美国,但不像欧根,他在美国一直过得不愉快. 接着又有前面提到的女婿埃瓦尔德被迫离开格廷根和女儿病逝. 这些都使高斯陷入深深的沮丧之中. 1839年高斯身体不好,常患黏膜炎,又经常头痛失眠. 他的母亲于这年以97岁高龄谢世,高斯对其母去世悲痛欲绝. 那时他越来越从宗教中寻求慰藉. 高斯在宗教方面具有很大的包容性,对于人们因世间苦难寻找精神寄托和在不幸日子里寻求精神避难所而产生的信仰,他总是强调对此加以滋扰是非正义的. 他似乎相信存在灵魂世界,因为他说过:“即使没有严格的科学基础,仍有那么多证据表明在这个物质世界之外,存在另一个纯粹是精神的世界,它也具有像我们生活的世界那样的多样性 —— 我们会到那个世界去.”[130] 作为一个科学家,他当然会对信仰问题产生迷惘和困惑. 他在晚年对与他有过多次谈话的瓦格纳说过:“我必须说,早先当我看到下层人民、简单体力劳动者能全心全意地信仰,我常常会妒忌他们.” 他还对瓦格纳说:“你说信仰是一宗天赋的礼物,或许这是我们对此能说的最正确的话.”[131]

1840年夏,丹麦画家延森受沙皇之命来格廷根为高斯画像,他一共画了3张油画像,其中之一归于萨托里乌斯,保留于格廷根. 这是高斯最广为人知的一幅画像,高斯在其下方选用莎士比亚《李尔王》中的一句诗作为他的座右铭:“大自然,你是我的女神,我愿在你的法律之前俯首听命.”[132]

延森画的高斯像

高斯保守的政治态度在1848年革命中表现得更加强烈. 他对革命感到不可名状的恐惧. 1848年12月14日他在写给恩克的信中说这一年3月18日到12月6日是“一段令人伤心的日子”,说他“只能以痛苦的感受想到”普鲁士国王,说国王所有措施都出于好意,可是“得到的总是如此可耻的忘恩负义的回报.” 信里还提到“很高兴格廷根教职工中只有少数人崇拜这类偶像(指持激进政治观点者 —— 引用者)”.[133]1849年5月17日他写信[134] 给舒马赫说:“有时我似乎觉得,不仅是圣保罗教堂,而且几乎整个德意志都成了疯人院.”

在1848年革命中,市政当局安排身体好的教授执行巡逻和维持秩序的任务. 当时的一位古典语文学教授的儿子施奈德芬后来在1927年(那时他已84岁) 回忆说,那年他

6岁,惊奇地看到父亲穿了件很像制服的黑外套,佩着大肩带,家里书架边还搁着一支长矛.一天下午父亲要同几位同事一起去“执行任务”,突然听说高斯来了,这几位教授立刻列队“持枪敬礼”.为反对革命,格廷根建立了一个称为“文学博物院”的社团兼图书馆,其中陈列着不少具有保守倾向的书报刊物,以团聚教授和大学生,后来它改名为“文学俱乐部”,高斯参加了这个团体.

与政治态度有关的是他的哲学观点.哲学研究对高斯很有吸引力,但他是以一般自然科学家的角度来看待哲学中的一些重大问题的.他说过:“有一些问题,我要把它们的解答置于比数学问题的解答高得无与伦比的价值之上,例如,关于伦理学,关于我们与上帝的关系,关于我们的命运和未来;不过这些问题的解答远在我们可以达到的范围之上,远在科学领域之外.”[135]

高斯藏书中有休谟、培根、康德、笛卡儿、洛克、沃尔弗、马勒伯朗士、弗里斯等人的著作并仔细读过.他在写给弗里斯的信中说过“我总是很喜欢做哲学沉思”.康德的《纯粹理性批判》他读过5遍,据说到第五遍时他不断说“现在我终于明白起来了”.高斯对康德构成其空间概念的方式很感兴趣,他似乎不否认空间的先验性.他否认空间只是我们外部感觉的形式,但也不坚持不依赖于我们感觉的实在空间的存在性.他曾有一次公开批评谢林的某些著作.即使对于伟大的哲学家,例如康德,他也认为他们的概念中有一些混乱.他在1844年11月1日写给舒马赫的信[136]中说:“你认为职业哲学家在概念和定义中能没有混乱,这几乎使我大感惊讶.这类事情在非数学家的哲学家中比任何地方都更无拘束,…… 环顾今日的哲学家,诸如谢林、黑格尔、冯埃森贝克等,你读到他们的定义的末尾,不会毛骨悚然吗?读读古代哲学史,看看那时的人们,如柏拉图及其他人(我把亚里士多德除外)给出定义的类型.甚至康德也常常好得不多;在我看来,他关于分析定理和综合定理的区别不是废话连篇就是错误的.”他尝试把严格的数学标准用于哲学,不过他极不愿意表达自己的哲学想法.

22 晚年生活

从19世纪40年代起,高斯活动的节奏开始放慢,强度也明显减弱,发表的东西大都是老论题的变种、评论、报导或一些小问题的解.他对库麦尔1845年关于理想的重要研究与亚当斯、勒威耶和伽勒1846年发现海王星没有反应,这说明他的确同这个世界有点隔膜了.不过这并不意味着他处于消极状态.他继续进行天文观测,40年代中还对汉诺威大地测量进行最后计算.

1849年7月16日,高斯的一群朋友、敬慕者和学生齐聚格廷根,庆祝他获得博士学位50周年,其中有雅可比、迪利克雷、格林等人.他接受了新的学位证书,还有金质奖章和勋章.更使他高兴的是他被授予不伦瑞克和格廷根的荣誉市民称号.在大学大礼堂里举行了王家科学学会会议,会上高斯发表了“关于代数方程理论”[137]的演讲,这是他提供的代数基本定理的第四个证明,其基本原理与第一个证明中提供的相同.

从他女儿次年写的信中可以看出,其实高斯本人非常反对突出庆祝这一天,但学校当局背着他准备了一切. 这封信里还有这样的话:“在那荣耀的一天,那么多陌生人聚集到这里,但是他亲爱的儿子却一个也不能来,这多么令人伤心!”[138]

晚年高斯沉溺于他的爱好之一 —— 经济事务. 1845 年初,学校委托高斯研究并重建格廷根大学教授遗孀基金. 他投入了巨大精力,花了很多时间把它置于精算基础之上,自己计算各种表格,从濒于破产中挽救了这项基金. 他还写了长文,讨论管理这类基金的基本原理(此文在他逝世后刊载于 1873 年出版的《全集》第四卷中). 对此柯朗有过这样的评价:“格廷根大学要求高斯调查寡妇和孤儿抚恤金的管理并使改革建议得以运转. 他对这一任务完成得如此彻底,以至他有关的备忘录成为现代保险精算数学的肇始.”[139] 他紧跟当前的财政新闻,在投资上显露巨大才干. 他的一些朋友认为他可以当出色的财政大臣. 他理财的成功可从其遗产看出,他去世时财产总计约为 170 000 塔勒. 高斯年薪才 1 000 塔勒左右,再加从学生那里收取的学费及各种津贴几百塔勒,年收入通常不会超过 2 000 塔勒. 尽管他生活俭朴,但如果不是广泛投资,操作得法,获利丰厚,绝不可能攒下这么一大笔财富. 在他去世后,人们才发现他投资范围极广,遍及德国、奥地利、俄罗斯、瑞典、挪威等国的股票、公债、矿业等,利息从 2.5% 到 5% 不等,到期日期最晚竟到 1893 年,最后一笔交易是在他逝世前 3 周做的!

在高斯晚年,同世界各地的朋友和亲戚通信占去他很多时间. 关于高斯通信的状况,我们在下面第 24 节“人际关系”中还要谈到.

虽然高斯逐渐对繁长的算术运算有些厌烦,但通常他仍从计算中获得乐趣. 他计算时很少出错,并且有很多检验结果的灵活方法. 对于表中的错误他总是极感兴趣,因为这为他提供了改正已有数值表的机会. 他乐于简化冗长的演算或分析,把一个星期的工作结果压缩在一张八开纸上鉴赏. 他定期与几位朋友玩惠斯特 —— 一种类似于桥牌的游戏,每次他都要记下各人手中“爱司”的数目,为的是验证某些概率计算法则.

高斯一直遵循严格的生活起居饮食制度,从大地观测野外作业那些日子之后,应当说他的身体一直不错,没有十分严重的疾病困扰. 他不相信医生,多年来自我诊断自己的失眠、胃部不适、充血、支气管炎、鸡眼疼痛、呼吸短促和心率过快症以及一些衰老迹象,使其不致有严重发作. 不过在他第一任妻子去世后,他未能成功地遏制日渐严重困扰他的慢性疑病症和抑郁症. 在他晚年科学笔记中,冒出过“死亡比这样活着更好”的字句.

1850 年后,由于心脏病的侵扰,高斯逐步限制他的活动. 他于 1851 年 74 岁时作了最后一次天文观测,同年稍后首肯黎曼关于复分析的学位论文. 次年他仍弄一些数学小问题,还改进了佛科摆,不过这年和下一年冬天他不断抱怨身体不好. 他患有由痰和黏液引起的充血,不得不凌晨 3 时起床,喝一点矿泉水和热牛奶. 1854 年 6 月他听取了黎曼的讲师就职演讲. 高斯一直对铁路修筑和运营有浓厚兴趣,虽然他已有 20 多年没有离开格廷根一个晚上,但当卡塞尔到格廷根铁路修筑时,他还是离开格廷根前去进行了几天考察. 其间由于拉车的马脱缰,高斯从马车中摔了出来,幸好伤得不重. 1854 年 7 月 31 日火车抵达格廷根时,他兴趣盎然地参加了首驶典礼,这是高斯生命中最后的身心愉快的一天.

随着最后岁月的逼近,高斯显得有点宿命论. 例如,他相信他没有接受圣彼得堡的职位因而没有成为纯粹数学家是命运使然. 命运的另一戏弄是他几乎偶然地发现谷神星,使他在一个非常适宜的时刻引起世人注意,几乎不由自主地使他成为天文学家. 他说其实在此之前他已发明最小二乘法,但有意保密,就在这时鬼使神差让他用上了,一下子就使他超越了别的同行. 他说这些偶然事件让人感到“一只高高在上的手的作用”.

高斯 1850 年时的像

高斯 1854 年时的像

高斯在格廷根天文台(画像)

23　业余爱好

笔者写下这个小标题时颇费踌躇,因为对于像高斯这样凡事都认真探究的科学家,只要做一件事情,这事就成了他的“业”,他也许没有什么“业余”. 我们权且把自然科学和工程技术以外的一些东西作为他的“业余”吧.

高斯从科学研究中转移出来的少数消遣之一是在人类知识的不同领域广泛阅读. 他浏览与自己研究领域毫无干系的科目,例如簿记、速记(偶尔还用于笔记之中). 在古典作家中他读过其作品的不下四、五十位，其中有亚里士多德、柏拉图、西塞罗、色诺芬、塔西佗、修昔底德、希罗多德、恺撒、李维、欧里庇得斯、阿那克利翁、贺拉斯、维吉尔、奥维德、卢奇安等.

高斯最喜欢的德意志作家是保尔. 保尔原名里赫特，因崇拜让 · 雅克 · 卢梭而以让 · 保尔为笔名. 他是 19 世纪早期德意志最畅销的幽默作家，不过其作品现在几乎已无人再读. 高斯不怎么赏识歌德，不喜欢歌德的风格和思维方式，两人从未谋面，也无书信往来. 高斯嫌恶席勒的哲学观点，称席勒的有些诗作亵渎上帝、道德败坏. 不过他喜欢席勒的一些短诗. 对于席勒的伟大剧作《华伦斯坦》三部曲，他高度评价《华伦斯坦军营》，但对另外两部非常冷淡，因为对其中的英雄人物毫无兴趣.

英文是高斯掌握得最流利的外语，他的藏书中有不少英文文学作品. 他最喜欢的英国作家是司各特，熟知司各特的全部著作.《肯纳尔沃尔斯堡》的悲剧结尾使他十分痛苦. 他饶有兴趣地读了司各特写的《拿破仑传》，极其满意. 这里可以说一件他认真读司各特的小趣事. 一天他读到司各特写的一本书中“月亮从广阔的西北方升起” 时，哈哈大笑. 他把能找到的各种版本都找来加以比较，看看是不是手民误植，最后肯定是作者本人的错，然后在边上加了注. 他不喜欢拜伦，对拜伦作品或受其影响的德国文学作品里愤世嫉俗、悲观忧郁的倾向深恶痛绝. 他也不大喜欢莎士比亚，觉得生活中已经有太多悲剧，莎翁剧作中的悲剧成分对他过多了. 晚年他很爱读吉本的《罗马帝国衰亡史》和麦考利的《英国史》. 在他的两个儿子移居美国后，高斯对美国文学也颇为关注，对小说《汤姆叔叔的小屋》尤感兴趣，因为他的一个儿子在奴隶买卖中受了损失.

这么看来，尽管高斯受到坚实的古典文学教育，具有广博的知识，但在科学之外，他似乎未能摆脱小布尔乔亚的平庸. 甚至可以说在科学技术领域以外，他的天才戛然而止，不见得比他周围的人有更高的品位和更深的洞察力.

高斯挺喜欢音乐，尤其是声乐. 当他听到一首好听的歌，就会把它记下来. 他会写得十分工整，简直像印刷品似的. 他在当大学生时读过钢琴教程和巴赫关于钢琴演奏艺术的书，不过没有证据表明他会演奏什么乐器. 他欣赏过在格廷根举行的音乐演出，包括韦伯指挥的音乐会，李斯特和帕格尼尼的独奏音乐会. 大作曲家勃拉姆斯和小提琴演奏大师约希姆当时都在格廷根大学求过学，不清楚他们是否认识高斯.

年轻时熟练掌握语言的本领终身与高斯相伴. 在自然科学之外，他在外语学习上显示了最大的才能. 他能读以欧洲各种现代语文写的书，并能相当准确地说、写其中的主要语种. 童年时他就熟悉古代语文，并精通其文学作品. 他发表的主要论著都是用拉丁文写的，有关权威对他的拉丁文风赞扬备至. 不用说他的德文近乎完美.

高斯在 62 岁时决定学一种新语言或一门新学科，以使自己的智力保持活跃. 有一段时间他曾想搞植物学，因身体原因放弃. 后来想学梵文，很快因不喜欢而扔下. 1838 年春，他转向俄文. 1839 年 8 月 17 日他写信给舒马赫说：“去年春初，由于需要某种诸如返老还童的新感觉，我开始投身于俄语之中，发现乐趣极多. ”[140] 信中还说这一年5 月后他几乎中止了学俄文，但他让舒马赫弄一些俄文书给他，因为他想接着再学. 1841 年 12 月 29 日的信中他说只能找到很少的时间学俄文. 高斯藏书中有75本俄罗斯文学作品,其中包括普希金的8卷文集. 他学俄文没有要任何人帮助,两年后就能相当流利地阅读俄文散文和诗歌,而且用俄文同圣彼得堡科学界朋友通信. 访问格廷根的俄国人,包括俄国国务大臣在内,都认为他俄语说得很好. 有过这样的说法:高斯学俄文是为了直接阅读罗巴切夫斯基的原著,情况似乎并非如此,当然这或许是可能的动机之一. 著名数学家中在语言才能方面超过高斯的或许只有哈密顿,他在13岁前已熟练掌握拉丁文、希腊文、希伯来文、阿拉伯文、波斯文、梵文、意大利文、法文,还熟悉6种东方语文.

高斯学俄语这件事使我们联想到他的同胞,伟大的思想家、革命家卡尔·马克思. 马克思也是在五十多岁才学的俄文,学得也很好,不过动机并不相同. 对于马克思,一门外语是一种"斗争工具",而对于高斯,自娱的成分居多.

高斯另一个业余爱好是关心时事. 晚年高斯几乎每天上午11时到中午1时去前面说到过的"文学博物院" 阅读,这段步行也几乎成为他唯一的体力活动. 他在那里浏览各种报纸,从《泰晤士报》到当地的报纸,了解政治、财经、文学和科学新闻,有时还记下他觉得有趣的东西. 他喜欢把他想读的最近的报纸收集起来,为防有人在他看前取走,他把它们按日期排列叠好,放在自己的椅子上,然后坐在上面,细心地一份一份抽出来看,看完再传给学生. 学生通常敬畏地站着,如果有哪位学生想看高斯正想浏览的报纸,高斯会瞥他一眼,这位仁兄立刻就会把它交给高斯. 学生背后都称他"报纸老虎". 尽管他以相当大的兴趣关注政治事件,但如前所说,他决不卷入其中.

24　人际关系

高斯在数学领域一直卓尔不群,终其一生未能找到分享他最精辟思想的人. 他利用已故的伟大数学家和同时代的法国数学家的论著,但超然于他那时的数学活动之外. 据说高斯年轻时就忧伤地感觉到,他没有一个具有同等天才的朋友,可以与之讨论数学问题. 不过应当指出,那时德国数学界互不交流的习惯根深蒂固,加之高斯性格保守,多少有点孤僻,偏偏他的数学思想又往往如此超前,出现这种情形其实不难理解. 下面我们选择一些有代表性的与高斯同时代的数学家,谈谈他们的关系.

普法夫　前面第8节中提到过,高斯于1798年9月去海尔姆斯台特大学,在那里结识了当时德意志最著名的数学家普法夫并住在其家中. 两人黄昏时一起散步,谈论数学. 高斯夸奖普法夫,不仅因为他数学上干得好,而且因为他为人纯朴,性格开朗. 他在1799年12月16日写给W·波尔约的信[141] 中说:"我在此地住在普法夫家中,作为一位卓越的几何学家,同时也作为一个好人,我的一位热情的朋友,我尊敬他;他具有率真的、孩子般的性格,从不发脾气." 不过或许是由于高斯谦逊,他似乎并未对普法夫吐露自己的研究.

施陶特　以关于综合几何和射影几何方面的工作而广为人知的施陶特是高斯的学生,于1818至1822年就读于格廷根大学. 高斯指导他研读天文学,他关于1821年彗星的计算受到高斯赞扬，在此项工作的基础上他于1822年获得埃尔朗根大学博士学位. 高斯在1826年12月15日致贝塞尔的信中曾盛赞施陶特. 在学校时，每当施陶特交给高斯他指定的问题的解答，高斯总要拿出自己的答案，开玩笑说他料想双方都会满意.

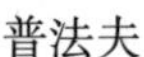

普法夫

施陶特

迪利克雷　迪利克雷于1826年5月写信给高斯，寄上他关于数论的第一篇论文，请求给予指导. 高斯直到9月13日才回信，信中只给予一般的鼓励，劝告他寻求有可供研究的时间的职位. 不过此前他在6月8日致恩克的信中说对迪利克雷的"突出天才"印象深刻，但不打算同其合作. 迪利克雷对高斯极其崇拜，曾深入钻研《算术探索》. 正是由于他对《算术探索》的详细注疏，此书才得以逐渐为广大数学家理解. 在庆祝高斯博士论文发表50周年时，迪利克雷对高斯说，他比任何人都更多地研读过高斯的论著，后者的答复是他已远超过自己. 会议上还发生过一件趣事，就是当高斯正要拿《算术探索》的一张手稿点烟斗时，迪利克雷眼明手快，赶快把它抢了下来，以后终生当宝贝似的保存着.

艾森斯坦　1844年6月，洪堡写信给高斯，高度赞扬并推荐才华横溢的年轻数学家艾森斯坦. 艾森斯坦出生于柏林一个犹太商人家庭，1844年暑假用洪堡给的100塔勒作为旅费访问高斯. 艾森斯坦很崇拜高斯，而高斯则深为艾森斯坦的天才吸引，待他如同己出. 1848年革命中，艾森斯坦去了几次"民主俱乐部"，高斯听到消息后十分焦急，对他的关怀于此可见一斑. 从1843年起，艾森斯坦在短短9年里发表了关于数论和椭圆函数的50篇论文. 1847年他的《数学论文集》出版，高斯为之作序. 艾森斯坦在音乐上也极有才华. 1852年他因患肺结核英年早逝，高斯对此非常伤心. 高斯1846年4月14日写给洪堡的信中称艾森斯坦属于"大自然在每个世纪只产生几位的人物".[142] 据M·康托尔说，高斯曾说过，古今只有3位划时代的数学家，那就是阿基米得、牛顿和艾森斯坦. 当然，最后这个位置应由高斯本人占有. 会不会高斯说这话时实际上也是在自我评价？高斯晚年在同瓦格纳谈话中也说过艾森斯坦"是古往今来最伟大的天才之一，他做的某些工作表明他具有最精致、最罕见的概念."[143]

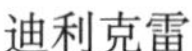

迪利克雷

艾森斯坦

黎曼　1845 至 1846 学年下学期，黎曼在格廷根大学注册，攻读神学和哲学，同时也听数学课程. 当时格廷根数学教育不怎么样，于是他于 1847 年去柏林大学，那里有一群学生团聚在迪利克雷周围. 1849 年他返回格廷根，1851 年 11 月在高斯指导下完成著名的学位论文“单复变函数一般理论之基础”. 高斯对它给予了极高评价：“黎曼先生提交的博士论文提供了可信的证据，说明作者在其论文所讨论的主题的大部分所进行的充分、完全和深入的研究显示出一个创新的、活跃的、真正数学的头脑以及了不起的富有成果的创造性. 文章清楚、简洁，有的地方很漂亮，…… 它不仅符合博士论文所要求的各项标准，而且远远超出了这些标准.”[144]

接着黎曼为取得“无薪讲师”资格做准备. 1853 年底他为此递交了关于三角级数的“就职论文”，又为“就职演讲”提交了 3 个论题，其中的第三个“论作为几何学基础的假设”与前两个题目相反，是他不经意地提出的，没有什么准备. 可是高斯对此已思考了 6 年之久，他指定了这个题目. 高斯的睿智为数学后代留下了一篇杰作. 这两篇文章都是在黎曼身后才发表，但关于几何学基础的那一篇在 20 世纪成为数学经典典籍之一.

1854 年 6 月 10 日是数学史上值得大书特书的一天. 年轻腼腆的黎曼当着神话般的、年老的高斯（他已活不过次年春天了）讲述他的想法. 高斯此时必定感到十分欣慰，因为他会意识到，他默默耕耘的思想终于后继有人了. 韦伯后来回忆，在他们回家路上，高斯以罕见的热情高度评价黎曼的观念.

戴德金　1850 年复活节，戴德金注册于格廷根大学. 1850 至 1851 学年下学期他听了高斯讲授的最小二乘法课程，我们在前面第 20 节中引用过他有关的生动回忆. 下一学年上学期他听了高斯开的高等测地学课程. 他于 1852 年在高斯指导下完成学位论文“关于欧拉积分的理论”. 高斯的评语是：“戴德金先生准备的论文是关于积分学的一项研究，它决不是一般的. 作者不仅显示出对有关领域具有充分的知识，而且这种独创性也预示他未来的成就. 作为批准考试的试验论文，我对它完全满意.”[145] 兰道在 1917 年格廷根召开的纪念戴德金的演讲中说戴德金“是他那个伟大时代的最后一位英雄，高斯的最后

一位学生”.[146]

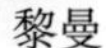

黎曼

戴德金

热尔曼　这大概是高斯人际关系中最有趣的故事,也是数学史上的一则佳话. 在《算术探索》出版3年后,高斯收到一封从巴黎寄来的信. 这年他在致奥尔伯斯的信中说他很高兴收到巴黎一位年轻的几何学家勒布朗的信,这位青年以极大兴趣通晓高等算术并证明自己深入地钻进了《算术探索》之中. 由于高斯在这类事情上很谨慎,这样的赞美之词是非同寻常的.

1806年11月27日,占领不伦瑞克法军的一个军官来到高斯家中,说布雷斯劳地区法军的某某将军应巴黎苏菲·热尔曼小姐之托,向高斯问候并祝他健康,将军命令他必要时对高斯给予保护. 高斯一头雾水,惊诧莫名,因为他既不认识这位将军大人,也不认识巴黎的什么热尔曼小姐. 三个月后真相大白:热尔曼写信告诉高斯,开始她怕他对女性有偏见,所以用了勒布朗这个男性假名. 高斯写信给奥尔伯斯说:“这位勒布朗只不过是一位年轻小姐苏菲·热尔曼的化名,这一定使你像我一样地惊讶.”[147] W·波尔约后来写信给高斯取笑道:“一次你在信中说到巴黎苏菲之事,如果我是嫂夫人,可不会愉快. 告诉我更多关于她的事.”[148]

高斯于次年4月30日致信热尔曼,感谢她的关怀,感谢她谴责刚发生的战争. 信中写道:“当我看到我尊敬的通信者勒布朗变为这么一位杰出人物,她树立了我难以相信的光辉范例,我不知道怎样才能描述自己的惊奇和钦佩. 一般地说对于抽象科学,特殊地说对于数的秘密的鉴赏力是极度稀罕的,人们对此并不奇怪:这门神圣科学令人着魔的魅力只对勇于深入到它内部的人才会显现. 不过当一位按照我们的习惯和偏见必定会比男性在这类充满荆棘的研究中遇到更多不可比拟困难的异性人物,能在克服障碍、深入到其中最隐蔽部分中取得成功,那么毫无疑问她必定具有崇高的勇气、异乎寻常的才能和超人的天赋. 真的,正如您以对这门学科的热爱使它增光生辉,再没有什么东西能以相当直截了当令人喜爱的方式向我证明,这门以如此多的欢乐充实了我的生活的学科的吸引力并非是虚幻的.”[149] 高斯在信中同热尔曼讨论数学,在信的结尾特别注明写信那天为“我的生日”. 他在这年7月21日写给奥尔伯斯的信[150]中说到,“拉格朗日对天文学和高等算术有浓厚兴趣,我在早些时候的信中告诉他两条试验定理(对怎样的数 2 是三次和双二次剩余),他认为是'最优美和最难于证明的事情之一'. 然而热尔曼向我提供了两者的证明;我还未加以审查,但我相信它是好的,至少她是从正确的方向着手解决……".

1808 年后两人通信中断. 后来在高斯推荐下,格廷根大学决定授予热尔曼名誉学位,并于 1837 年 9 月建校 100 周年时向她颁发证书. 可惜热尔曼已于 1831 年 6 月因患乳腺癌去世,不可能来领取证书. 她与高斯也从未见过一面,这使高斯深以为憾.

勒让德 勒让德于 1806 年发表了最小二乘法,而高斯在 1809 年出版的《天体沿圆锥曲线绕日运动之理论》中提到他从 1795 年起就用自己发明的最小二乘法,这使勒让德愤慨,他写信给高斯,实际上指责他不诚实. 高斯不想争论,只说他在 1802 年致奥尔伯斯的信中告诉后者"全部事情",如果勒让德怀疑,可以问奥尔伯斯,后者手里有信件原本.

在此以前,高斯在 1801 年出版的《算术探索》中把二次互反律归于自己,而勒让德于 1785 年陈述了这个命题. 这当然使勒让德不快. 其实从各自的立场看,双方都没有什么错:高斯认为,一条定理应归于他,如果是他首次严格证明了它;而比高斯年长 25 岁的勒让德在数学的严格性方面则没有那么高的标准.

也许是勒让德运气不好,在他辛勤耕耘的大部分领域中,老是被比自己更富想象力的年轻数学家,如高斯、雅可比、阿贝尔等超越,使他所做的研究显得有点多余. 高斯在写给舒马赫的一封信中也感叹过似乎是命运使然,他的一些数学工作都同勒让德相重. 其实,如我们已指出的,高斯在数学上有许多先于他人但没有公开宣布或发表的伟大发现.

热尔曼

勒让德

柯西 当柯西发表关于复变函数的辉煌论著时,高斯没有什么反应,显得相当冷漠. 原因不难解释:如我们在第 15 节中所说,早在 1811 年,高斯已进入这一领域的核心,发现了单复变函数论中现称为"柯西积分定理"的基本定理. 似乎柯西也不喜欢高斯. 柯西发表东西既多又快,他喜欢教书,他在综合工科学校的教材成了分析严格化的最早范本,使得他和魏尔斯特拉斯成为分析严格化的主要代表;但正如我们前面指出的,高斯在逻辑严密性上树立的标准其实是很高的,他是分析严格化当之无愧的先驱.

阿贝尔 阿贝尔于1825年去德国时,原打算访问高斯,那时他还不大为人所知. 他把证明一般5次方程不可解的论文寄给了高斯,但高斯把此文放在一边,在他死后发现它还没有裁开. 阿贝尔在1825年写的一封信中说:“据我所知,柏林的年轻数学家,整个德国的年轻数学家几乎都崇拜高斯;他是数学优点的象征. 然而,即使假定他是伟大的天才,也可以肯定他的表述是不好的. 克雷尔说高斯的所有作品都如此晦涩,以致几乎无法理解. …… 据我所听到的,可能德国没有一个地方会对我更有利. 确实,格廷根有很好的图书馆,但仅此而已,因为唯一理解一切事物的高斯绝对是难以接近的. ”[151] 其实阿贝尔一直很想与高斯会面. 1826年底他写的信中还有这样的话:“我很快将离开巴黎,因为在这里再也没有什么得益了. 我要去格廷根,主要去见高斯,要是他不被骄傲自大强烈地拒人于门外的话. ”[152]

1827年9月,阿贝尔发表长文“关于椭圆函数的研究”,提出研究椭圆积分反函数的思想,使这一领域的面貌出现根本改变. 贝塞尔写信给高斯,认为高斯在椭圆函数论中的工作经历很长时期,必定会是经典模型,敦促他至少拿出一部分,以确保优先权. 几个月后高斯回答道:“很可能我不会很快写下我关于超越函数的研究 —— 对此我已拥有许多年,从1798年起,因为我有许多别的事情必须清理掉. 现在,据我所知,阿贝尔先生已先于我并解除了我在这方面负担的三分之一,他以极大的严格性和优美性实现了所有这些进展. 他的道路恰恰是我1798年所走的道路,我们的结果如此相似,毫不足怪. 使我惊奇的是,这种相似性还拓展到形式,甚至部分记号的选择,好多次他的公式就像我的公式的复制品那样出现. 但为避免任何误解,我必须说我不记得曾把这些研究告知过任何人. ”[153] 克雷尔也曾希望高斯发表关于椭圆函数的工作,后者以同样的语气回答:“由于阿贝尔在表达上显示了如此多的优美性和洞察力,我觉得自己已绝对免除表述这些观念的必要. ”[154] 要是阿贝尔看到这些信,他还会像上面叙述的那样谈论高斯吗?

柯西

阿贝尔

1828年底,克雷尔倾其全力,促使教育部决定聘任阿贝尔为柏林大学教授. 洪堡大力支持,他从许多学者那里征集到推荐,其中包括高斯和勒让德. 不幸天才薄命,阿贝尔于次年4月告别人世. 阿贝尔始终未能与高斯谋面,诚为数学史上一大憾事. 5月19日,高斯写信给舒马赫说:“我没有从任何报纸上看到阿贝尔的死讯,他的去世对科学是极大损失. 如果有关这位极其杰出、有极高才智人物的生平的东西出版并传到你手里,求你告诉我. 如果哪里有他的画像,我也想得到一张. ”[155] 阿贝尔地下有知,当可为这些真情的话感到欣慰.

雅可比 雅可比出生于富裕的犹太银行家家庭,20 岁时就成为柏林大学的无薪讲师,1826 年去了柯尼斯堡. 他对数学各个分支都有兴趣,在数论领域也做了研究,并把结果告知高斯. 高斯很感兴趣,写信给也在柯尼斯堡执教的老友贝塞尔,了解雅可比的情况.

1827 年夏,当阿贝尔《关于椭圆函数之研究》等待发表时,雅可比在椭圆函数论上也有了新的想法. 他分别于 6 月 13 日、8 月 2 日寄了两篇短文给舒马赫,想发表在后者主编的《天文学通报》上. 第一篇提供了椭圆积分的某些特殊变换,第二篇提供了一个一般公式,但都没有证明. 舒马赫把文章寄给高斯征求意见. 高斯的反应有点奇怪,他肯定雅可比得到的结果是合适的,而且可从他自己的结果中直接导出. 然后他写道,如果舒马赫再收到此类文章并对发表有所犹豫,请不要再寄来. 舒马赫对这个多少有点粗暴的回答感到惊讶,但仍回信说会尊重高斯的意愿. 高斯在下一封信中对此作了解释:“ 雅可比先生 …… 的结果只是我本人广泛研究的一个片断,在将来某个时候,我想把我的研究汇集为一部综合性的著作,如果上苍继续给我生命、力量和平静的话. 到那时我就能不在乎有人指责书的某些部分是我通过私人通信知道的. ”[156] 有趣的是,勒让德得知有关消息后反应非常激烈,他于这年写信给雅可比说:“高斯怎么敢说你的大部分定理他都知道而且早在 1808 年已发现? 对于这样一位具有充分的个人价值,不必窃取别人的发现的人物,这种厚颜无耻真令人难以置信. ”[157]

1827 年 9 月,阿贝尔的长文和雅可比的两篇文章发表,许多数学家认识到,这是椭圆函数论研究中的革命性变化,高斯当然也在其中. 1828 年克雷尔向高斯征求椭圆函数文稿,高斯答道,雅可比的研究已把他的工作包括进去,雅可比的研究“具有深刻的洞察力,非常优美,因而我相信可以不必发表自己的研究. ”[158]

1829 年雅可比造访高斯,在两人的交流中,似乎高斯保留的东西多得多. 雅可比尽管对高斯的性格有所批评,但确认他的智力至高无上. 1840 年雅可比又一次访问高斯,后来他写信给其兄弟说:“要是实际天文学不分散他(指高斯 —— 引用者)辉煌生涯中无比巨大的天才,那数学现在就完全会呈现另一种面貌. ”[159] 如前(第 22 节)所说,雅可比参加了 1849 年庆祝高斯学位论文发表 50 周年的活动. 这年 9 月 21 日,他在写给其兄弟的信中说:“你或许知道我与迪利克雷一起参加了高斯 50 周年庆典. 我光荣地坐在高斯旁边并发表了一篇相当长的演讲. 你知道 20 年来他从未引用过我和迪利克雷,但这次在几杯甜葡萄酒后,他激动不已,对迪利克雷 —— 他对高斯说,他比任何人都更多地研读高斯的论著 —— 说,他不只是研读,他已远远超越这些著作. …… 为了在某种程度上显示数学的荣耀,这次旅行是重要的. ”[160]

在科学技术的其他领域,情形则与数学领域迥然有别,高斯在这些领域有不少朋友、合作者和学生. 现存的高斯发出和收到的信件在 7 000 封以上,其中大多是同这些人的书

雅可比

信来往,无疑这些现存信件还只是高斯平生通信的一部分.与高斯通信最多的是舒马赫,从1808年至1850年后者去世,舒马赫写给高斯808封,高斯去信596封.其次是奥尔伯斯,从1802至1839年(奥尔伯斯去世于1840年)写给高斯383封,高斯去信329封.在朋友中通信很多的还有:格林,从1812至1854年写给高斯284封,后者从1810至1853年写给对方166封;林德瑙,从1804至1849年写给高斯228封以上,后者从1808至1823年写给对方33封(有一封日期不明);恩克,从1813至1854年写给高斯146封,后者从1814至1851年写给对方80封;贝塞尔,从1804至1844年(贝塞尔去世于1846年)写给高斯119封,后者同期写给对方76封;哈定,从1803至1815年写给高斯111封,后者从1803至1811年写给对方51封.虽然高斯通常回信较少,热情往往不如对方,但信件中给出的信息却更多.除贝塞尔算得上是一位数学家(但他首先是天文学家)外,上面这些人都不是数学家.下面我们挑选别的领域中的几位,简单谈谈他们与高斯的关系.

洪堡 洪堡是一位声名显赫、很有影响的人物,他奖掖后进,对富有天赋的年轻人非常热情,把年轻学者看做"自己的孩子".在他关爱的许多年轻人中,就有艾森斯坦和迪利克雷.洪堡是在1804年美国之行回巴黎时听到高斯大名的,他听到科学界对高斯赞誉有加.1805年,普鲁士国王要求洪堡进入柏林科学院以增添科学院的光彩,洪堡回复道,他去不去并不重要,能为柏林科学院赋予新的荣誉的唯一一个人是卡尔·弗里德里希·高斯.1807年两人开始通信,到1854年他写给高斯的信有31封,后者回信计有22封.正是洪堡说服高斯参加1828年在柏林召开的科学会议,这是高斯生平参加的唯一一次大型科学会议.高斯在客居洪堡府邸的3周中仔细参观了府里的磁学装置,促使他下决心进入磁学研究.洪堡在磁学领域耕耘多年,虽然并不容易,但他还是认识到他得让位于更富创造力的高斯.不过洪堡对高斯的性格颇有微词.高斯离开柏林后,洪堡于1828年10月18日写信给舒马赫说高斯对不认识的人"冷若冰霜",不关心他最接近的圈子以外的事.1837年10月1日他在写给贝塞尔的信中说高斯"故意离群索居",说他习惯于突然控制一个小的研究领域,把此前所有研究结果看做其一部分,并拒绝考虑任何别的东西.

韦伯 前面提到过,韦伯能去格廷根大学执教,高斯的推荐功不可没.1831年9月韦伯到格廷根后,很快就在私人生活和科学事业两方面同高斯建立了亲密友谊.两人经常在对方家里作客,共进晚餐.高斯与之友谊这么深的朋友,除此之外也只有W·波尔约了,但后者从1798年后就再也没有与高斯见面.韦伯的一个姐妹为他操持家务,1832年6月她在一封信中说:"只要高斯愿意,威廉喜欢高斯每天都来.高斯生活很孤单,威廉随时都受欢迎.高斯是受到这样社会生活训练的人,只要我在场,他就闭口不谈学术上的事情,而且他也要求我在场.他会同我们谈论各种事情,从12点一直谈到5点.最近三天威廉连续请高斯一起用晚餐(高斯女儿外出了).”[161]

高斯把韦伯作为卓越的科学家、平等的研究伙伴、志同道合的亲密合作者. 高斯总称呼韦伯为“韦伯友”,他的信件表明,此后6年中,韦伯不在时高斯就感到不快. 韦伯促进高斯在物理学中的研究,他更多是一位实验物理学家,而高斯则更多在数学方面工作,进行理论开发,两人真是相辅相成,珠联璧合. 考虑到两人见面时韦伯年方二十七,而高斯时年五十四,两人年龄正好为1∶2,设想高斯父亲般地对待韦伯,应当不会有大错.

前面(第21节)说过,“七君子事件”后,韦伯离开了格廷根. 后来高斯为韦伯重返做了许多努力,1849年韦伯恢复原职,使高斯很高兴. 但这时高斯年事已高,不可能再搞什么合作研究. 韦伯活到87岁高龄,在最后岁月中有点痴呆,常说要回格廷根,别人告诉他这里就是格廷根,他总回答说:“不,这不是高斯的格廷根.”

洪堡

韦伯

奥尔伯斯 奥尔伯斯比高斯年长19岁,1781年在格廷根大学获得医学学位,但从1779年起就对天文学极有兴趣,1780年独立地发现了一颗彗星. 前面第10节中说到过,1802年元旦,他在高斯计算的位置附近再次捕捉到谷神星,从此开始了他与高斯的终生友谊. 1802年夏高斯走访住在不来梅的奥尔伯斯,在他家里住了3个星期. 两年后两人在汉诺威附近再次相叙. 这两次旅行以及1803年造访察赫的旅行成为高斯后来对年轻时代的美好回忆. 前面(第12节)也说过,高斯接受格廷根大学聘任前,曾同奥尔伯斯作过仔细讨论. 法国占领当局要高斯交纳贡金时,是奥尔伯斯首先汇给高斯这笔钱(后者未接受). 1819年8月高斯又一次访问奥尔伯斯,度过了愉快的5天. 1824年夏进行大地测量时高斯也访问过时年66岁的奥尔伯斯,为他身体仍很健康深感高兴. 从这些片断不难看出两人友谊很深.

贝塞尔 奥尔伯斯1804年时就向高斯提到贝塞尔,1807年高斯与贝塞尔在不来梅见面,高斯对贝塞尔印象很深,从此开始了两人长达42年的友谊. 高斯送给贝塞尔一本

《算术探索》,后者非常用功地研读此书,以致书都散了架,还得重新装订.贝塞尔视高斯为师,高斯认为贝塞尔是位天才、伟大的天文学家.

在1807至1825年间,两人从未见面,但通信频繁,信的内容也很广泛,不限于天文学,也讨论数学,还包括一些私人生活问题,例如高斯高兴地同意设法让贝塞尔及其弟免服法国兵役,高斯同意贝塞尔出任柯尼斯堡天文台台长后关注他能免除考试和学位论文而在格廷根大学获得博士学位,等.

高斯这样谈论贝塞尔:“没有人能像贝塞尔那样把天体的性质融入到自身精神之中,没有人能像贝塞尔那样在观测和使用仪器方面如此得心应手.奥尔伯斯对天文学作出了极大贡献,然而他的最大贡献在于他在贝塞尔天才萌芽阶段就充分认识到他的天才.”[162]

奥尔伯斯

贝塞尔

舒马赫 1807年舒马赫在格廷根大学获得一个有薪水的职务,同时在高斯指导下研读天文学,从此开始了两人之间的终生友谊.在格廷根一年多中,他把同高斯的谈话做了详细笔记,这对后来的学者很有用.两人之间的通信由佩特斯编辑于1860至1865年出版,整整6卷[163].高斯写给舒马赫的大量信件表明,尽管在科学上他只是给予方而非受益方,他仍然非常有耐心,循循善诱,不嫌其烦地用多数人能够接受的方式解释科学问题,使对方能很快进入问题的核心.舒马赫对高斯也提了许多忠告,不过他对高斯也有微词,例如他曾在致贝塞尔的信中说高斯是“古怪家伙”,对他最好是“保持彬彬有礼,不做任何不必要的事情”.[164]

舒马赫

25 工作风格

高斯年轻时就打定主意,追随阿基米得和牛顿的伟大榜样,只给世界贡献尽善尽美的精致艺术品,增一分显多,减一分嫌少. 他的方法的逻辑特征在格廷根就读时臻于成熟,即采纳古希腊数学严格性的精髓 —— 坚持明晰的定义、明确的假设和无懈可击的完满证明,但不用它的几何形式. 他用欧拉的方式数值地、代数地思考,又是欧几里得式严格性推广到分析的化身. 他能使大量的经验探索同深入细致的思考和严密的理论构造互相推动,完美结合. 他不断润色自己的作品,使它尽可能地严谨、完美、简洁、具有说服力,不留任何为达到它所进行的劳作的痕迹. 萨托里乌斯说:“高斯总是竭尽全力使其研究取得完美艺术品的形式. 不到一件作品成功,他绝不止歇. 因此在一篇著作达到他所希冀的形式之前,他决不会发表. 他常说,一座精美的建筑建成后,就不应当再看见脚手架.”[165]他的纹章上刻的是一棵树,上面没有几颗果实,并刻有铭言“Panca sed matura”(“少而精”).

他的朋友曾力劝他多多发表自己的想法,不必过于拘泥论著严格的形式. 1825 年 12 月 2 日舒马赫在信中恳请高斯:“关于你对你的论著所提的原则,我希望,为了科学我希望,你不要坚持得过于严格,这样我们就能比现在更多地得到你无穷无尽的丰富思想,而对我来说,主要内容似乎比这些内容所能取得的最完整的形式更重要. 不过我写这些意见时十分惶恐,因为你一定从正反两方面考虑过很长时间.”[166] 次年 2 月 12 日高斯回信道:“由于你没有解释,我好像觉得你认为如果我满足于提供一块块的建筑石材、砖瓦等等,而不是一座座建筑(因为在某种程度上建筑只是砖材的形式),不管它是神殿还是小屋,那我就能为科学完成得更多. 不过即使我对外部装饰关注很少,我也不喜欢竖起一座建筑,却没有主要部分.”[167] 在 1832 年 8 月 18 日致恩克的信中他说得更明确:“我知道,我的一些朋友希望我能较少地以这种精神工作,但这样的事决不会发生. 不完整我就没有一点实在的乐趣,而从事无乐趣的工作对我只不过是一种折磨.”[168] 在 1827 年元月 15 日致舒马赫的信中,高斯谈到他关于曲面的著作时说:“我发现了许多困难,虽然在人们可以正确地称之为填补或形式上耽搁并不明智,然而这其实是内在错综复杂真理的一致性的体现,而除非读者不再能辨认出研究过程中付出的巨大努力,这样的论著就不算成功. …… 有时我试着只给公众一些关于这个或那个主题的暗示,然而它们或是无人留意,或是如一本书评中的某些言论那样被人泼上污泥弄脏. 因此,只要是讨论重要的主题,那就要么是本质

高斯的纹章

上完整的东西,要么什么也不出."[169] 高斯在这里说的暗示,大概只有第一流数学家才能捕捉和理解,如《算术探索》第335目中的提示对阿贝尔和雅可比研究椭圆函数的影响那样,别的暗示怕是没有此种幸运. 至于高斯说的第二种情形,正是他极少几次谈到不可能证明平行公设中的一次,后来一直影响着高斯不肯发表关于非欧几何的革命性观念(参阅第18节).

高斯晚年时在1850年2月5日写给舒马赫的信中对他坚持论著的严谨性作了最确切的说明:"如果你认为我的意思只是有关语言和优雅表述的最后润色,那你可就大错特错了. 这些相对来说只花掉不多的时间. 我所指的是内在的完美性. 在我的许多论著中,正是这方面耗费我多年的沉思,而在其后紧凑的表述中,没有人注意到必须首先克服的困难."[170] 再清楚不过了:高斯追求的目标是深入到数学各个领域的内在的、本质的、构成核心的基本概念和定理及其联系,而不是一些表面现象. 他曾明确地提出,"尽管在循序渐进的科学培训和对个人的教育方面,很合适的次序是容易的先于困难的,简单的先于复杂的,特殊的先于一般的,然而在心智方面,一旦达到较高的观点,就要求相反的顺序……."[171]

对于高斯的写作风格,阿贝尔有过这样生动的描述:"他像一只狐狸,用自己的尾巴抹去留在沙子上的一切踪迹."[172] 克罗内克也说过:"高斯《算术探索》的表述方式,如同他通常的论著那样,是欧几里得式的. 他在其中细心地抹去导致他得到这些结论的所有思考痕迹. 这种说教的方式肯定是他的论著在很长时间里不为人所理解的原因".[173] 高斯的传授式写作方式对后世数学论著的写法有决定性的影响,后来的数学文献,都是用这种模式写就的. 这对数学的发展有没有什么不利的影响,似乎是一个可以讨论的问题. 当然我们也应当看到,高斯也会有一些启发式的讨论,也常会举一些数值例子. 再说"到底怎么想出来的"其实也往往是一件难以讲得清楚的事情.

高斯对数学中名词、定义甚至个别字母的选择都非同寻常地煞费苦心,前面曾提到过高斯拟定的一些数学名词,这里再举一个小例子,来说明高斯在这类事情上多么认真. 他在1811年11月21日写信写贝塞尔说:"$\sin^2\phi$ 每次都让我恼火,尽管拉普拉斯也这样用. 如果人们担心 $\sin\phi^2$ 会有混淆,那好,让我们写 $(\sin\phi)^2$ 而非 $\sin^2\phi$,后者按相似原则应当是 $\sin(\sin\phi)$."[174]

关于高斯丰富的想象力,关于他的严格性,关于他耸入云天的高度,史密斯和库默尔有过深刻的论述. 史密斯在出任皇家学会主席的就职演说中说:

> "如果我们不算伟大的牛顿(高斯本人也会十分高兴地把这一姓氏排除在外),很可能任何时代、任何国家的数学家,在发明的丰富多产并能予以绝对严谨的证明上都不能超过高斯,这一点是古希腊人也会妒忌的. 承认像欧拉和柯西这样卓越的数学家,他们在创造丰富多彩的知识财富中是如此具有征服力,他们是如此强烈地为自己达到的成果所吸引,以致不大注意腾出时间来按照严格的逻辑顺序来安排他们的观念,或者用不可辩驳的证明来建立他们本能地感觉到的、几乎能看出其正确性的命题,这丝毫没有贬低他们的伟大. 高斯的情形却迥然不同. 但是,正是在努力达到逻辑形式的完美之后,却使得他的著作遭到

晦涩和不必要地艰难的指责. 这看来似乎矛盾,却可能是实情. 事实上,只要我们像聪明的学生读欧几里得几何时那样抱着唯唯诺诺百依百顺的态度来读高斯的著作,那么里面就没有晦涩也没有艰难,每个论断都有充分的证明,论断恰如完美的类推次序一个接着一个. 到此为止,没有任何可抱怨之处. 但当这样读完之后,我们立刻会觉得工作才开始,我们仍然站在神庙门口,仍然有秘密隐藏在幕后 …… 没有任何迹象显示结论得以达到的过程,甚至没有任何迹象显示证明的相继步骤是如何考虑的. 高斯不止一次地说过,为简短起见,他只给出了综合而隐瞒了对命题的分析. …… 另一方面,如果我们转向欧拉的论文,会发现那里有某种自由丰富的优美的整体表现,它告诉我们欧拉在其研究的每一步中必定会有的平静的喜悦;然而面对标志高斯巨大努力的严肃壮观的设计,我们会自觉到同它有无限的距离. ……

"…… 高斯 …… 以渊博的鉴赏力充分深入到这门科学的同时,恰恰又在其每个部分坚持了最大的严格性,决不忽略任何一个难点,好像它不存在似的,也决不在实实在在地证明之外接纳一条定理. "[175]

库默尔说:"高斯所有长篇鸿制或短小论文,没有一件不是凭借新的方法和新的结果在所涉领域中开辟了根本性的进步. 它们都是具有经典特征的杰作,它们必定会被各个时代的人们勤勉地研读和运用,它们不仅是作为科学历史发展的纪念碑而被保存下来,而且是作为所有国家未来各代数学家更深入钻研的基础和富有想象力的观念的丰富源泉. …… 在相当长一段时间里,他孤独地站在超群绝伦的顶端;他具有如此巨大的权威,以至极少觉得需要别人注意自己或去教导别人. "[176]

高斯的数学工作是无与伦比的创造才智与革命性的批判能力的罕见结合. 大胆的想象为他带来源源不断的独创观念和崭新方法,难能可贵的是它们又总是与坚持高标准、力争理想、完满和彻底的强烈追求紧密联结在一起. 高斯在 1808 年 9 月 17 日写给舒马赫的信[177] 中曾说:"只有当我预期有关的想法和结果能巧妙地联结起来,而这些想法和结果又是由其优美性和一般性引入时,我才会对数学论题突发奇想,感到强烈的兴趣. "

高斯认为他的研究能出丰富成果是由于他坚持不懈地、深入地、专注地、反复地思考问题. 甚至在同友人交谈时他也会突然沉默,对周围一切不闻不问,这是因为他脑海中浮现各种想法,难以控制. 稍后他会控制自己的思路,自觉地把全部精力集中到难点,直到征服它才罢休. 他说过:"别人只要像我那样连续不断地深入地思索数学真理,他们也会作出我的发现. "[178] 当然在我们这些平常人看来,天赋和机遇恐怕也是不可或缺的因素. 这里可以举一个高斯苦苦思索的极好例证,就是《算术探索》第 356 目的公式中有一个正负号,1805 年 9 月 3 日,高斯写信给奥尔伯斯说:

"你或许记得 …… 我向你抱怨过一条定理,对于它寻求一个满意证明的所有试图均告失败. 这条定理在我所著《算术探索》第 636 页①(《全集》第一卷的

① 此处指英文版原书. —— 编校注.

442～443页——引用者)上,它只不过是要确定一个根的正负号,却老是折磨着我.这个不足一直使我寝食难安.整整四年中,几乎没有一个星期不是伴以解决这个问题的这样那样徒劳无功的尝试度过的,但所有冥思苦想、艰难探索都以失败告终,每次我只得伤心地放下铅笔.几天前我终于成功——我或许要说这不是我长期搜寻的结果而是上帝的恩赐.谜团像闪电一击那样解决了;我自己都不能说出在我先前知道的东西与凭借它我最后的尝试得以成功的东西之间如何过渡的线索.非常奇怪的是,这个谜团现在显得比许多别的没有让我驻足多日的问题更容易些.可以肯定,当我在某天对此论题进行讲授时,没有人能想象出我为此付出了多大的努力."[179]

高斯也常有思考多时却一无所获的情形.例如,他在1826年致贝塞尔的一封信中就提到,有时他在一个问题上花了好几个月,但徒劳无功.

由于要求极高,写东西所需的时间很长,他常常抽不出时间写下他的想法,也缺乏时间来探究次要分支或他的观念的所有产品.据曼的统计[180],高斯一生有记录的重大创新想法总共有404项,但发表的只有178项,占总数的44%.他常有这样的感觉,他会把自己的许多劳作带进坟墓,因为他完成不了,但又不想把未完成品转交给旁人.

时间对于高斯来说是一个大问题.在1839年2月28日致贝塞尔的信[181]中,高斯近于呼号:为完成研究,他需要"时间,更多的时间,比你所能想象的多得多的时间,而我的时间通常总是有限的,非常有限."在高斯写的信中经常可以看到这种缺乏理论研究时间的抱怨.或许他最快乐的时光是1799到1807年,那时他在费迪南德公爵慷慨资助下可以自由地做研究.老年时他常满怀深情和感激回忆那些年份.天文台台长的职责确实使高斯负担沉重.1820年6月28日他在写给贝塞尔的信[182]中说:"我热爱天文学,但我感到实践天文学家的负担常常过重.最痛苦的事是我很难从事连贯的理论研究."1845年2月15日,他在写给恩克的信中谈到艾森斯坦由于普鲁士国王的支持正在从事数学研究,"他现在能恣意发挥他的天才,不必受某些外部事务滋扰,过着愉快的时光.我生动地记得我多年前生活在类似条件下的情景.另一方面,正是纯数学思考需要不受侵占和连续不断的时间."[183]这些都从另一侧面说明高斯为自己的成果付出了多么巨大和艰辛的智力劳动.

高斯处事井井有条,即使对一些文件做摘录,也总是十分整洁,有条不紊.他有许多小笔记本,一行一行工整地记着临时想到的事.他有一个索引,记着许多著名人物和自己的已去世的朋友在世的时间,精确到天数.在逝世前3天的晚上9时,他算下自己已活了多少天,并把这个数据记在他多年用的一本保险精算本上.他记下从格廷根天文台到常去的各个地方的步行步数.他记下各年发生雷电的日期和次数.他记下汉诺威铁路每月的收入.他记下自己孩子的出生日子、接种牛痘的日子、长出前8颗牙齿的日子、开始走路的日子并注明当时孩子多大(以天计算).他画下天文台房间和家里房间钥匙的图样,十分精确.人们当可从这些小事窥见高斯在工作中会如何严肃认真、一丝不苟.

高斯的记忆力很好.他在1841年2月12日写给舒马赫的信[184]中实际上揭示了自己记忆的奥秘:"我的记忆力有这样的弱点(而且老是这样),我读的每样东西,除非在阅读时就把它同某件有直接兴趣的事联结在一起,就会很快消失得无影无踪."

高斯具有超人计算力是人所共知的.舒马赫曾经想挖出高斯独特的计算秘密,对此高斯回答道(1842年元月6日的信[185]):"我干高等算术几乎已有50年之久,这使我在数值计算上具备这样的才能,即在计算中经常出现的许多数值关系会不自觉地刻在我的记忆里.例如,像 $13 \times 29 = 377$,$19 \times 53 = 1\ 007$ 等类似的关系我根本不用想就会直接出现,而许多别的关系又能从这些关系稍稍想一下几乎不自觉地立即得出.除此之外我没有刻意去弄什么技巧,否则无疑会更进一大步;我认为这些技巧毫无价值,除非它是手段而不是目的."

高斯在公开出版的论著中竭力避免涉及可能引起争论的主题.早在他的学位论文中,他就对运用虚数及其几何解释十分谨慎,尽管其实他在1799年已拥有这种思想,但在1831年前一直压着不发表.如我们在第18节中所说,他关于非欧几何的观念更是如此.这节提到的1816年的一篇书评中关于平行公设的话所引起的不快经历更加促使他下定决心避开争论.他在1818年8月25日写给格林的信[186]中说:"你触动一下蜂窝,这些黄蜂就会绕着你的脑袋飞转."另外,高斯对他同时代的大多数数学家评价不高,他在1799年12月16日致W·波尔约的信[187]中说:"我越来越相信,真正的几何学家为数惊人之少,他们中绝大多数人既不能判断这样的工作(指W·波尔约关于平行公设的研究——引用者)困难之所在,甚至也不能理解它们."在1832年3月6日就J·波尔约关于非欧几何的工作写给W·波尔约的信[188]中他说:"绝大多数人对其中涉及什么没有正确的观念,在我同其通信的人们中,我发现极少有人以特殊兴趣接纳我所说的.为做到这一点,人们必须非常强烈地感觉到什么东西正实实在在地失去,而绝大多数人对此却还处在黑暗之中."

高斯其实是一位很谦虚的人.他知道自己在科学中所居的极高地位,但始终保持谦逊态度,除了汉诺威国王来格廷根那一次外,他从不佩戴授予他的各种奖章和勋章.当同他尊重的科学家有不同意见时,他决不自以为是.他说过,如果涉及一个他没有透彻研究过的论题,那么他不大相信自己的观点.但当涉及他已严格证明的数学事实时,他也会坚持真理,不过不一定公开发表.在纯科学事务上,当碰到愚蠢、狂妄自大和虚假时,他在私下会非常尖锐.例如他曾说某位先生"似乎是在睡梦中写书的".慕尼黑一位天文学教授宣称他在月球上发现了城市和公路,高斯说只要拿起他的任何一篇著作,就只能期望看到胡说八道.

这位神奇人物从外表看是怎样一个人?按照他的学生的说法,他个儿不算高,但敦实健壮,外貌给人以深刻印象,晚年满头银发,蓝眼睛目光清澈深邃,尤其令人敬畏.他前额很高,似乎是巨大智慧的标志.他步态优雅,语音悦人,和蔼可亲,彬彬有礼.他的眉毛比较浓,并且具有实践天文学家的特点,即右眉明显高于左眉.他老是戴着那顶黑丝绒无檐便帽,眼睛近视,得不时戴上眼镜,但视觉和听觉都很锐利精确,具有训练有素的敏锐观察力.他做什么事都中庸适度,即使抽烟斗、喝葡萄酒都如此.他的物质生活出奇简朴.尽管在他一生中有过很多不如意甚至痛苦,他始终能安详宁静,离群索居,耽于沉思,淡泊守志.

这么看来,在高斯身上又一次印证了蒲丰的名言:风格即其人.

格廷根大学展示的高斯经常戴的帽子

26 溘然长逝

最后日子 1854 年秋季,高斯的病不断恶化. 双腿肿胀越来越严重,再也不能步行到博物院,只能待在家里. 哮喘日渐加剧,在房间里走动都很吃力. 1854 年 12 月 7 日晚情况严重,医生甚至觉得他活不过那个晚上. 幸运的是高斯挺过来了. 后来水肿加剧,与人谈话变得很困难,但他仍广泛阅读,甚至还写些东西,不过他优美整洁的书法已变得颤颤巍巍. 这年 12 月他立下遗嘱. 在最后的时日里,由于哮喘,他只能坐在大安乐椅上. 1855 年2 月 22 日心脏病最后一次发作. 下午似乎好些,要了一杯水,还问谁在屋里,可是心跳越来越慢,2 月 23 日凌晨 1 时 5 分,呼吸终于停止,高斯平静地与世长辞.

高斯的亲密友人闻讯立即赶到他的寓所. 他们发现高斯坐在那把大安乐椅中,双手搁在膝上,两脚伸开,布满银发的庄严脑袋低垂在胸部,那种安详平和的景象使他们的心灵备受震撼. 特蕾丝绺开他的银发,哭着亲吻他的前额,好像要把他的生命唤回来. 这种情景使在场的人极度感动,他们也都潸然泪下.

第二天在家属同意下对尸体进行了解剖,在场的有医生、利斯廷、瓦格纳以及其他3 位教授. 瓦格纳后来说高斯大脑丰富的很深的脑回是他所观察到的最引人注目的大脑,前脑回尤其令人印象深刻,但其重量不比常人重很多,连同脑膜总重 1 492 克,去掉脑膜、渗水和某些血管后重量为 1 410 克. 高斯的大脑保存在格廷根大学生理学系. 专门从汉诺威请来了雕塑家黑泽曼,做了整个头部和颅骨内表面的面模和铸型. 后来还请他为格廷根大学图书馆制作了大理石胸像. 洪堡认为这座像最像高斯本

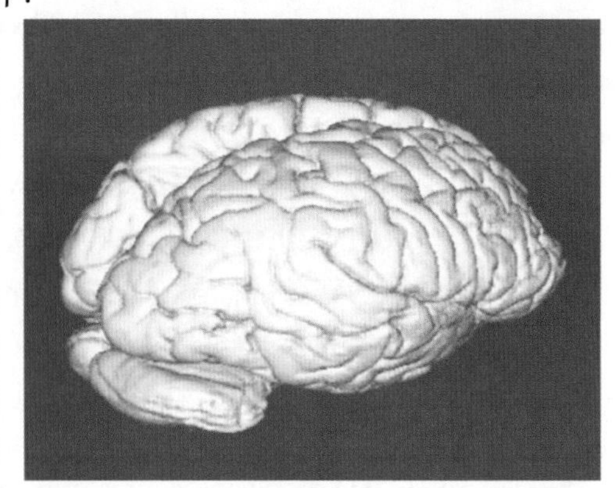

高斯的大脑

人.同时还请来了当地摄影师用达盖尔银版法拍了4张照片,现已佚失3张.

高斯去世一天后的遗像

黑泽曼塑的高斯胸像,置于格廷根大学图书馆

从2月26日早晨起,尸体置放在格廷根天文台圆形大厅.教堂钟声齐鸣,告诉人们这个市镇最伟大的儿子即将安葬.许多素不相识的人前来向这位伟大学者告别.九时整,12名大学生抬着灵柩走出大厅,这12人中有后来成为卓越数学家的戴德金.这不禁使我们联想到这一年的28年前一幅相似的场景:伤心的人群向贝多芬致最后的敬礼,而在扶灵者中,有后来举世公认的大作曲家舒伯特.有意思的是,戴德金极有音乐天赋,弹得一手好钢琴,大提琴也拉得很好,还为其兄的一个脚本谱写了歌剧.可惜舒伯特不懂数学,要不然可真是一大历史巧合了.

高斯被安葬于圣阿尔班斯墓园.他的女婿埃瓦尔德和他的学生兼挚友萨托里乌斯相继在墓前发表了悼词.

生前荣誉 如前所说,高斯在科学众多领域的许多成就,生前即已得到高度评价,他由此得到各种学术荣誉,是理所当然之事.以高斯淡泊名利的高风亮节,我们不必一一列举他获得的荣誉;但摘要举其大者,对认识高斯的贡献,也是必要的.

高斯生前是几十个著名科学院或学会的成员,其中有:巴黎科学院,法兰西研究院,伦敦皇家学会(即通称的英国皇家学会),剑桥哲学学会,柏林科学院,维也纳皇家科学院,都灵王家科学院,那不勒斯科学院,维洛那意大利科学学会,圣彼得堡科学院,丹麦王家科学学会,瑞典王家科学院,荷兰王家科学、文学和艺术学院,西班牙科学院,爱丁堡皇家学会,爱尔兰皇家科学院,美国艺术和科学学院,格廷根王家科学学会,慕尼黑王家科学院.

高斯获得过不少勋章,其中有:威斯特法利亚王冠骑士勋位,汉诺威一级爵士十字勋章,柏林科学和艺术勋章(普鲁士国王在这方面授予的最高荣誉),瑞典北极星勋章,雄狮亨利高级十字勋章,汉诺威一级十字勋章,巴伐利亚艺术和科学十字勋章等.

前面提到过,高斯于1810年获巴黎科学院拉朗德奖,1822年获哥本哈根科学院奖,1838年获伦敦皇家学会科普利奖.他还在1849年分别获得不伦瑞克和格廷根荣誉市民的称号.

身后哀荣 1859年,高斯的子女在墓地建立了纪念碑.汉诺威国王乔治五世下令颁发金质奖章,上刻铭文"汉诺威之王乔治五世致数学之王,格奥尔基·奥古斯塔学院永恒之荣耀"(格奥尔基·奥古斯塔学院是格廷根大学的另一名称).国王于1865年4月27日访问格廷根天文台时,下令在高斯去世的房间大门上镶嵌铜匾,上刻铭文如下:

"卡尔·弗里德里希·高斯于1855年2月23日在本室——他四十年活动的场所终止了尘世生活.从这里他不朽的灵魂升上天国,为的是在永恒圣灵的光辉之下思考纯粹真理;他在这里神圣地、严肃地致力于从苍穹群星踪迹中辨释其神秘的意义.为使他活动与仙逝的场所荣耀地作为纪念,国王乔治五世于1865年4月27日访问时敕令建立此匾."

格廷根的高斯墓地

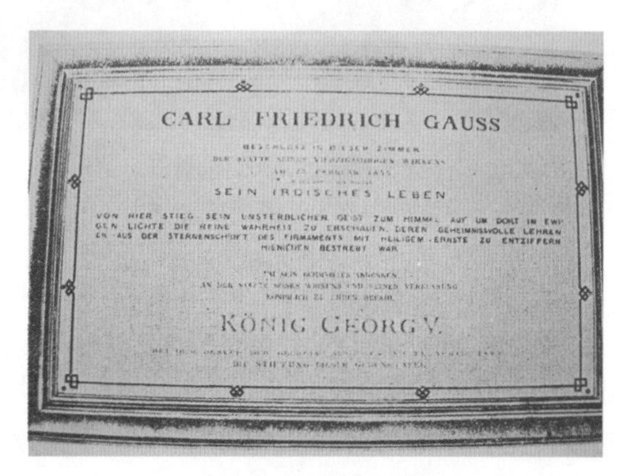

乔治五世为高斯立的铜匾

1877年,为纪念高斯诞辰一百周年,在高斯的故乡不伦瑞克现称作高斯堡的圆丘脚下,竖立起由德国最伟大的雕塑家沙佩尔制作的壮丽纪念碑.花岗石底座上刻着如下铭文:

"满怀感激的后代,在这位崇高的思想家诞生于不伦瑞克一百周年之际,敬献此碑.这位思想家揭示了关于数量和空间的科学的最艰深的奥秘,洞察了地球和天体自然现象的规律,并使其服务于人类福祉."

不伦瑞克的高斯纪念碑

高斯诞生的房子一直作为博物馆,1944年10月15日毁于盟军空袭.幸运的是里面的东西空袭前已搬出,现连同高斯的手稿保存在不伦瑞克市图书馆.不伦瑞克有一条街道、一座桥梁和一所学校以高斯命名.不伦瑞克科学学会每年颁发一枚高斯金质奖章,以表彰该市最杰出的科学家.在高斯就读过的卡洛琳学院即现在的不伦瑞克理工大学,有高斯的油画像和胸像.1955年2月23日高斯百年忌日之际,设在不伦瑞克老市政大厅的高斯博物馆正式开馆.

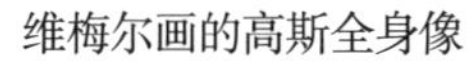
维梅尔画的高斯全身像

格廷根大学的高斯与韦伯纪念碑

慕尼黑的德意志博物院有一张维梅尔画的高斯全身油画像，下方有天文学教授布伦德尔写的铭文：

“他的心智刺透数、空间和自然最深的奥秘；

“他测得星体的行程，地球的形状和力量；

“他推进即将来临的世纪中数学科学的进展.”

格廷根大学于1899年建立了由哈策尔制作的高斯和韦伯的纪念碑，它表现两位科学家正在讨论的情景，十分精彩. 不过它也有瑕疵，就是看起来两人年龄相仿，不像差了27岁.

格廷根大学建立了高斯档案馆，收藏他的书信、手稿和图书. 大学图书馆置放着由黑泽曼创作的大理石胸像. 在柏林有由耶纳施创作的高斯塑像，这也是一座很出色的塑像.

1911年，在离格廷根几公里处霍亨哈根山（高斯进行大地测量时一个三角形的顶点）上，建成了壮观的高斯塔. 塔高36米，顶部为红色，塔内有埃伯莱茵创作的高斯大理石胸像，附近有一块石头，是高斯在测量中用过的，人称“高斯石”（其照片见第16节），常有人来此旅游瞻仰.

柏林的高斯塑像

1955 年,当时还处在分裂状态的两个德国 —— 德意志联邦共和国和德意志民主共和国都发行了高斯纪念邮票. 德意志联邦共和国的一种 10 马克的纸币上印着高斯的头像. 还有一些国家发行了高斯纪念邮票.

在高斯诞生225年之际,2002年4月30日,德国数学联盟与国际数学联盟共同决定设立高斯奖,奖项包括一枚奖章和一万欧元奖金,以奖励其数学研究工作在数学以外领域(技术、商业或人们日常生活) 产生巨大影响的科学家. 2006 年 8 月,在马德里召开的国际数学家大会上,首次颁发了高斯奖,时年 90 高龄的日本数学家伊藤清荣获首届高斯奖,伊藤清把奖金捐赠给国际数学联盟,资助青年数学家.

霍亨哈根山上的高斯塔

高斯塔内的高斯大理石胸像

为纪念高斯发行的纸币和邮票

高斯奖章

伊藤清

27 高斯全集

高斯的所有论著都重新刊载于12卷的《高斯全集》中,由格廷根王家科学学会出版[189].高斯去世后,其子约瑟夫同意不搬走高斯写有边注的图书.《高斯全集》的编辑者对这些边注进行了透彻的研究,有不少发现.《全集》中收入了高斯对自己的论文所作的评论,还收入了他未发表的大量笔记、文章、有关的信件和评论,同时还有专家对他在各个领域中所做研究的全面广泛的分析.《全集》前7卷由谢林编辑.他于1852年入格廷根大学,从1858年至去世一直在该校讲授数学.这7卷按主题编排:

第一卷,《算术探索》(1863年出版,第二版出版于1870年,附有评注);

第二卷,高等算术即数论(1863年出版,第二版出版于1876年,收入了未发表的《算术探索》第八篇以及增补);

第三卷,分析学(1866年出版,第二版有小的变动,于1876年出版);

第四卷,概率论,几何学,大地测量学(1873年出版,第二版于1880年出版,几乎没有变动);

第五卷,数学物理(1867年出版,第二版于1877年出版,没有变动);

第六卷,天文学论著(1874年出版);

第七卷,理论天文学(1871年出版,第二版于1906年出版,增加了以前未发表的高斯手稿和布伦德尔写的新评论).

谢林去世后,克莱因继续雄心勃勃地领导《全集》的编辑工作.他组织了搜集材料的运动并征集各个领域的专家研究这些材料.从1898至1920年,他征得了14篇报告,以"高斯论著出版情况报告"[190]为题发表于格廷根王家科学院的《通报》上,《数学年刊》和《数学和天文学通报》都予以全文转载.这项工作使得格廷根的高斯档案得到大大扩充,出版了一些书籍,还出版了《全集》的后5卷:

第八卷,关于数论、代数、数值计算、分析、几何和概率(最小二乘法)的论著,包括信件和

以前未发表的材料(1900 年出版);

第九卷,大地测量学,第四卷的增补,被忽略的已发表的有关论著,除信件外的未发表材料,包括各种笔记和手稿(1903 年出版);

第十卷上编,纯粹数学领域的增补,包括"科学随记"(1917 年出版,下编是关于高斯生平与工作的一些论文);

第十一卷上编,物理学、年代学、天文学领域的增补以及一些报告(1927 年出版,下编仍是关于高斯生平与工作的一些论文);

第十二卷,杂集,包括高斯1840 年出版的地磁图以及其他一些报告和文章(1929年出版).

按照计划,还要出版《全集》第十三卷,收入关于高斯的进一步的传记材料、参考文献和索引. 二十多年前就曾有报导说此卷已近完成,但迄今(2005 年) 未见出版.

1973 年,希尔德斯海姆的奥尔姆斯出版社出了上述 12 卷的重印本[191].

高斯的手稿、信件、笔记本和藏书都保存得很好. 他在科学方面的未发表遗著装了满满200 盒,藏于格廷根图书馆手稿室. 有人多年来致力于整理这些材料并编纂目录. 高斯的个人材料集中收藏于不伦瑞克市图书馆,其中包括高斯博物馆的收藏,那是第二次世界大战期间高斯故居被毁前从那里运过来的. 高斯的个人藏书成为格廷根大学图书馆的一个特别收藏. 他的科学藏书放在格廷根天文台图书馆中. 高斯的少量手稿、信件和备忘录散放在世界各地的大学、天文台和私人收藏中.

让我们以克莱因一段生动优美的文字结束关于数学王者、科学巨人高斯一生粗略的描述:

"高斯划分了历史时代:他结束过去,他是过去的最高展示;同时他又开辟崭新的未来,以比那时人们或许鲜明意识到的更彻底、更强烈的最后剩下的光芒深入其基础之中. 请允许我用一个比喻:对于我来说,高斯犹如我们巴伐利亚群山全景图中从北方看过来的祖格峰. 群峰从东方蜿蜒上升,在巨大的科洛苏斯达到顶点,然后陡峭而下,到达新的低谷,而其山坡则向远方伸展,水流由此喷涌而出,产生新的生命. "[192]

致谢　叶中豪先生首先建议写作高斯传略并加插图. 潘承彪、张明尧、刘培杰三位先生对本文初稿提出了许多宝贵的修改意见;刘培杰先生还把它发表于由他主编的《数学奥林匹克与数学文化》一书中. 这次在《算术探索》付印前,笔者又作了不少修改. 张鸿林先生一直关注本文的写作. 对以上各位,笔者谨致衷心的谢忱.

注

[1] 参阅 Will Durant,世界文明史・拿破仑时代,东方出版社,1998:602.

[2] Goethe,J. W. von,浮士德,钱春绮译. 上海:上海译文出版社,1989:110.

[3] 参阅上述译本,也可参阅:浮士德,第二部,郭沫若译. 北京:人民文学出版社,1978:10-24.

[4] 参阅 S. P. Koppel,德国近现代史,商务印书馆,1987:第 14 页;Martin Kitchen,剑桥插图德国史,世界知识出版社,2005:2-3.

[5] 转引自 S. P. Koppel,《德国近现代史》,商务印书馆,1987:24.

[6] 同上,第 29 页.

[7] 歌德谈话录. 北京:人民文学出版社,1982:212-214.

[8] Borch,R. ,Ahnentafel des Mathematikers C. F. Gauss,Ahnentafeln bermter Deutscher,Leipzig,1929,Lieferung 1.

[9] 转引自 G. W. Dunnington,Carl Friedrich Gauss Titan of Science,New York:Exposition Press, 1955:10.

[10] 同上.

[11] 同[9],9.

[12] Sartorius von Waltershausen,W. ,Gausszum Gedchtniss,Leipzig:S. Hirzel,1856.(英译本:Gauss,A Memorial,Colorado:Colorado Springs,1966.)

[13] Sartorius von Waltershausen,W. ,C. F. Gauss,Gottinger Professoren,205-229,Gotha:F. A. Perthes 1872.

[14] 转引自 G. F. Simmons,Calculus Gems,New York:McGraw – Hill,1992.

[15] Gauss,C. F. ,Werke,vol. 2,444-447.

[16] Peters,C. A. F. ed. , Briefwechsel zwischen C. F. Gauss und H. C. Schumacher,vol. 5,no. 1030,Altona:Gustav Esch.

[17] 同[9],24.

[18] 同[9],27.

[19] 同[9],30-31.

[20] Allgemeine Literaturzeitung. Inttelligenzblatt,no. 66;Werke,vol. 10,pt. 1,3.

[21] 同[9],27-28.

[22] 转引自 E. T. Bell,Men of Mathematics,New York:Simon & Schuster,1937,255.

[23] Schaefer,C. ,ed. ,Briefwechsel zwischen Carl Friedrich Gauss und Christian Ludwig Gerling,Berlin:Otto Elster,no. 111;Werke,vol. 10,pt. 1,121-126.

[24] Klein, F. ,Gauss' Wissenschaftliches Tagebuch 1796 ~ 1814,Festschrift zur Feier des Hundertfünfzigfährigen Besttehens der Køniglichen Gesellschaft der Wissenschaften zu Göttingen (Berlin,1901):1-44.

[25] Gauss,C. F. ,Werke,vol. 10,pt. 1:485-574.

[26] Gauss,C. F. ,Mathematisches Tagebuch 1796 ~ 1814,E. Schumann,Oswalds Klassiker der exakten Wissenschaften,Band 256,Leipzig:Akademische Verlagsgesellschaft Geest & Portig,1976.

[27] Gauss,C. F. ,Mathematisches Tagebuch 1796 ~ 1814,Oswalds Klassiker der exakten Wissenschaften,Band 256,Verlag Harri Deutsch,2005.

[28] Ball,R. S. ,A Short Story of the History of Mathematics,London Macmillan,1888: 451-452.

[29] M·克莱因,古今数学思想(第三册).上海:上海科学技术出版社,1980:218.

[30] Schmidt,F. & Staeckel,P. ,Briefwechsel zwischen C. F. Gauss und Wofgang Bolyai, Leipzig:B. G. Teubner,1899, no. 29.

[31] 同[14].

[32] Gauss,C. F. ,Berechnung des Osterfestes,Monatliche Correspoondenz zur Befoerderung der Erd – und Himmelskunde 2(1800),121-130;Werke,vol. 6,73-79.

[33] 同[30],no. 5.

[34] Gauss,C. F. ,Demonstratio nova Theorematis, Omnem Functionen Algebraicam Rationalem Integram Unius Variabilis in Factores Reales Primi vel Secundi Gradus Resolvi Posse;Werke,vol. 3:1-30.

[35] 同[30],no. 18.

[36] Ostrowski,A. ,Zum ersten und vierten Gaussschen Beweise des Fundamentalsatzes der Algebrta,Nachrichte von der Koeniglichen Gesllschaft der Wissenschaften zu Goettingen, Mathematisch – Physikalische Klasse,1920,Beiheft: 50-58.

[37] Gauss,C. F. ,Demonstratio nova Altera Theorematis Omnem Functionen Algebraicam Rationalem Integram Unius Variabilis in Factores Reales Primi vel Secundi Gradus Resolvi Posse,Commentationes Societatis Regiae Scientiarun Gottingensis Recentiores 3(1816):Cl. math. 107-134;Werke,vol. 3:31-56.

[38] Gauss,C. F. ,Theorematis de Resolubilitate Functionum Algebraicarum Integrarum in Factores Reales Demonstratio Tertia,Commentationes Societatis Regiae Scientiarun Gottingensis Recentiores 3(1816):135-142;Werke,vol. 3:57-64.

[39] Gauss,C. F. ,Disquisitiones Arithmeticae,Leipzig:Fleischer,1801;Werke, vol. 1.

[40] Gauss,C. F. ,Theorematis Arithmetici Demonstratio Nova,Commentationes Societatis Regiae Scientiarum Gottingensis 16(1808);Werke,vol. 2: 1-8.

[41] Gauss,C. F. ,Summatio Quarundam Serierum Singularium,Commentationes Societatis Regiae Scientiarun Gottingensis Recentiores 1(1811):Cl. math. ,1-40;Werke,vol. 2: 9-45.

[42] Gauss,C. F. ,Theorematis Fundamentalis in Doctrina de Residuis Quadraticis Demonstrationes et Ampliationes Novae,Commentationes Societatis Regiae Scientiarun Gottingensis Recentiores 4(1820):Cl. math. ,3-20;Werke,vol. 2: 47-64.

[43] Gauss, C. F., Werke, vol. 2:233.

[44] Gauss, C. F., Werke, vol. 2:234.

[45] Gauss, C. F., Werke, vol. 2:159-160.

[46] http://www.rzuser.uni - heidelberg.dl/ ~ hb3/fchrono.html.

[47] Wantzel, L., Recherches sur les moyens de reconnaitre si un problme de gomtrie peut se rsoudre avec rgle et le compas, Journal de Mathmatiques 2(1837):366-372.

[48] 这是西方人对难解之书喜用的词,近于中国人所谓的"天书".典出《圣经·启示录》第五章第一节:"我看见坐宝座的右手中有书卷,里外都写着字,用七印封严了."歌德的《浮士德》第一部第一场中就有"那些过去的时代,对我们是七印封严的书卷"之诗句.

[49] 同[22],236.

[50] Zach F. X. G. von, Fortgesetzte Nachrichten ueber den laengst vermutheten neuen Haupt-Planeten unseres Sonnensystems, Monatliche Correspoondenz zur Befoerderung der Erd-und Himmelskunde 4(Dec. 1801),638-649.

[51] 参阅拜伦诗选,上海:上海译文出版社,1982:3-4.

[52] 同[9],58.

[53] 同[9],60.

[54] 同[16],vol. 4,no. 762.

[55] 同[9],55.

[56] 同[9],44.

[57] 同[22],242.

[58] 同[30],no. 23.

[59] 同[30],no. 25.

[60] Haenselmann, Eine Erinnerung an C. F. Gauss Braunschweigische Anzeigen no. 278(28 Nov.):3367-3368;英译文见[9],63-64.

[61] 同[30],no. 27;Werke, vol. 8:160-162.

[62] Tolstoy, L., 战争与和平. 北京:人民文学出版社,1990:二,437.

[63] 同[30],no. 30.

[64] Schilling, C. Briefwechsel zwischen Olbers und Gauss, Hildesheim & New York, 1976, no. 224.

[65] 同[9],94-95.

[66] 同[9],101-102.

[67] Gauss, C. F., Theoria Motus Corporum Coelestium in Sectionibus Conicis Solem Ambientium, Humburg: F. Perthes & I. H. Besser, 1809; Werke, vol. 7, 1-280.

[68] Gauss, C. F., Summarische Uebersicht nder zur Bestimmung der Bahnen der beiden neuen Hauptplaneten angewandten Methoden, Monatliche Correspoondenz zur Befoerderung der Erd - und Himmelskunde 20(Sep. 1809):197-224; Werke, vol. 6:148-165.

[69] Gauss, C. F., Theoria Combinationis Observationum Erroribus Minimis Obnoxiae,

Pars Prior, Commentationes Societatis Regiae Scientiarun Gottingensis Recentiores 5(1823): Cl. math. :33-62; Werke, vol. 4:1-26.

[70] Gauss, C. F., Theoria Combinationis Observationum Erroribus Minimis Obnoxiae, Pars Posterior, Commentationes Societatis Regiae Scientiarun Gottingensis Recentiores 5(1823): Cl. math. :63-90; Werke, vol. 4:27-53.

[71] Gauss, C. F., Supplementum theoriae combinationis observationum erroribus minimis obnoxiae, Commentationes Societatis Regiae Scientiarun Gottingensis 6, 57-98(1828); Werke vol. 4:55-93.

[72] 同[9], 252.

[73] 同[9], 345.

[74] 主要有下列和式:设p是素数(高斯原文中用n),以a表示0到$p-1$之间所有可能的模p二次剩余,b表示0到$p-1$之间所有可能的二次非剩余,以ω表示$2\pi/p$,以k表示任何不能整除p的自然数,则当p形如$4m+1$时,有

$$\sum \cos ak\omega = -\frac{1}{2} \pm \frac{1}{2}\sqrt{p},$$

$$\sum \cos bk\omega = -\frac{1}{2} \mp \frac{1}{2}\sqrt{p}.$$

因之有

$$\sum \cos ak\omega = -\frac{1}{2} \mp \frac{1}{2}\sqrt{p},$$

$$\sum \cos ak\omega = 0,$$

$$\sum \cos bk\omega = 0.$$

当p形如$4m+3$时,有

$$\sum \cos ak\omega = -\frac{1}{2},$$

$$\sum \cos bk\omega = -\frac{1}{2},$$

$$\sum \sin ak\omega = \pm\frac{1}{2}\sqrt{p},$$

$$\sum \sin bk\omega = \mp\frac{1}{2}\sqrt{p},$$

$$\sum \sin ak\omega - \sum \sin bk\omega = \pm\sqrt{p}.$$

[75] 同[64], no. 321; Werke, vol. 10:75-76.

[76] Gauss, C. F., Theoria Residuorum Biquadraticorum, Commentatio Prima, Commentationes Societatis Regiae Scientiarun Gottingensis Recentiores 6(1828):27-56; Werke, vol. 2:65-92.

[77] Gauss, C. F., Theoria Residuorum Biquadraticorum, Commentationes Secunda, Commentationes Societatis Regiae Scientiarun Gottingensis Recentiores 7(1832): Cl. math.,

89-148;Werke,vol. 2:93-148.

[78] Gauss,C. F. ,Disquisitiones generales circa seriem infinitam $1 + (\alpha\beta)/(1 \cdot \gamma)x +$ etc. Pars prior,Commentationes Societatis Regiae Scientiarun Gottingensis 2(1813);Werke, vol. 3:123-162.

[79] 同[16],vol. 6,no. 1307;Werke,vol. 10:434-436.

[80] Briefwechsel zwischen Gauss und Bessel,Leipzig:Wilhelm Engelmann,1880,no. 60; Werke,vol. 8:90-92.

[81] Picard,C. ,Sur le dveloppement de l'analyse et ses rapports avec diverses sciences, Paris,1905.

[82] Gauss,C. F. ,Theoria Attractionis Corporum Sphaeroidicorum Ellipticorum Homogeneorum Methodo Nova Tractata,Commentationes Societatis Regiae Scientiarun Gottingensis Recentiores 2(1813);Werke,vol. 5:1-22.

[83] Gauss,C. F. ,Allgemeine Aufloesung der Aufgabe die Theile einer gegebnen Flaeche so abzubilden, dass die Abbildung dem Abgebildeten in den kleinsten Theilen aehnlich wird, AstronomischeAbhandlungen,no. 3(1825):1-30;Werke,vol. 4:189-216.

[84] Gauss,C. F. ,Bestimmung des Breitenunterschiedes zwischen den Sternwarten von Goettingen und Altona durch Beobachtungen am Ramsdenschen Zenithsector,Goettingen: Vandenhoeck & Ruprecht,1828;Werke,vol. 9:1-58.

[85] Gauss,C. F. ,Untersuchungen ueber Gegenstaende der hoeheren Geodaesie,Erste Abhandlung,Abhandlungen der Koeniglichen Geselschaft der Wissenschaften zu Goettingen 2(1845):3-45;Werke,vol. 4:259-300.

[86] Gauss,C. F. ,Untersuchungen ueber Gegenstaende der hoeheren Geodaesie,Zweite Abhandlung,Abhandlungen der Koeniglichen Geselschaft der Wissenschaften zu Goettingen(von den Jahre 1845 ~ 1847)3:3-43;Werke,vol. 4:301-340.

[87] 同[9],120-121.

[88] Gauss,C. F. ,Disquisitiones Generales circa Superficies Curvas,Commentationes Societatis Regiae Scientiarun Gottingensis Recentiores 6(1828),Cl. math. ,99-146;Werke,vol. 4:217-258.

[89] 即

$$K = \frac{LN - M^2}{EG - F^2}$$

其中

$$L = \begin{vmatrix} x_{uu} & y_{uu} & z_{uu} \\ x_u & y_u & z_u \\ x_v & y_v & z_v \end{vmatrix}, M = \begin{vmatrix} x_{uv} & y_{uv} & z_{uv} \\ x_u & y_u & z_u \\ x_v & y_v & z_v \end{vmatrix}, M = \begin{vmatrix} x_{vv} & y_{vv} & z_{vv} \\ x_u & y_u & z_u \\ x_v & y_v & z_z \end{vmatrix}$$

这就是现称的第二基本型的系数.

[90] 即

$$K = \frac{1}{(EG-F^2)^2}\left(\begin{vmatrix} -\frac{1}{2}G_{uu}+F_{uv}-\frac{1}{2}E_{vv} & \frac{1}{2}E_u & F_u-\frac{1}{2}E_v \\ F_v-\frac{1}{2}G_u & E & F \\ -\frac{1}{2}G_v & F & G \end{vmatrix} - \begin{vmatrix} 0 & \frac{1}{2}E_v & \frac{1}{2}G_u \\ \frac{1}{2}E_v & E & F \\ \frac{1}{2}G_u & F & G \end{vmatrix} \right).$$

[91] Gauss, C. F., Werke, vol. 12, 6-9.

[92] 同[9],350.

[93] 陈省身,微分几何的过去与未来//微分几何讲义.北京:北京大学出版社,1983:1.

[94] 同[16],no. 1118;Werke, vol. 8:238-239.

[95] 同[23],no. 360;Werke, vol. 8:266.

[96] 同[30],no. 27;Werke, vol. 8:160-162.

[97] Gauss, C. F., Werke, vol. 8:166.

[98] Gauss, C. F., Review of J. C. Schwab's Commentatio in Primum Elementorum Euclidis Librum …Berlin and Metternich's Vollstaendige Theorie der Parallellinien 1815, Goettingen Gelehrte Anzeigen, no. 63(1816):617-622;Werke, vol. 8:170-174.

[99] 同[64],no. 332;Werke, vol. 8:177.

[100] 同[80],no. 166;Werke, vol. 8:201.

[101] 同[9],349-350.

[102] Gauss, C. F., Werke, vol. 8:186-188.

[103] 同[30],no. 35;Werke, vol. 8:220.

[104] 同[16],vol. 5, no. 1118;Werke, vol. 8:238-239.

[105] 同[64],no. 549.

[106] Gauss, C. F., Ueber ein neues allgemeines Grundgesetz der Mechanik, Journal fuer die reine und angewandte Mathematik 4(1829),232-235;Werke, vol. 5:23-28.

[107] 具体地说,设质点系$\{m_1,m_2,\cdots,m_n\}$在理想的一阶约束或完整约束以及主动力$\{\boldsymbol{F}_1,\boldsymbol{F}_2,\cdots,\boldsymbol{F}_n\}$作用下从某一时刻和某一可能状态出发,则对于符合约束的各种可能的加速度$\{\ddot{\boldsymbol{r}}_1,\ddot{\boldsymbol{r}}_2,\cdots,\ddot{\boldsymbol{r}}_n\}$可建立约束函数

$$Z=\sum_{i=1}^{n}\frac{1}{2}m_i(\ddot{\boldsymbol{r}}_i-\boldsymbol{F}_i/m_i)^2$$

以δ_G记符合约束的可能加速度变分,则质点系真实运动满足

$$\delta_G Z=\sum_{i=1}^{n}(m_i\ddot{\boldsymbol{r}}_i-\boldsymbol{F}_i)\cdot\delta_G\ddot{\boldsymbol{r}}_i=0.$$

[108] Gauss, C. F., Principia Generalia Theoriae Figurae Fluidorum in Statu Aequilibrii, Commentationes Societatis Regiae Scientiarun Gottingensis Recentiores 7(1832), Cl. math., 39-88;Werke, vol. 5:29-77.

[109] 同[23],no. 200.

[110] 参阅[9],139-141.

[111] Gauss,C. F. ,Die Intensitaet der erdmagnetischen Kraft zur ueckgefuehrt auf absolutes Maass,Annalen der Physik und Chemie 28(1833),no. 6,241-273 & no. 8, 591-615;其拉丁文本发表于 Commentationes Societatis Regiae Scientiarun Gottingensis Recentiores 8(1841),3-44;Werke,vol. 5:79-118.

[112] 同[64],no. 678.

[113] Gauss,C. F. ,Announcement concerning the establishment of the magnetic observatory at Goettingen,Goettingen gelehrte Anzeigen,no. 128(9 Aug,1834), 1265-1274;Werke,vol. 5:519-525.

[114] 同[16],vol. 2,no. 487;Werke,vol. 11:100-101.

[115] Gauss,C. F. ,Allgemeine Theorie des Erdmagnetismus, Resultate aus den Beobachtungen des magnetischen Vereins im Jahre 1838: 1-57 & tables;Werke,vol. 5: 119-193.

[116] 高斯提出,磁势 W 应满足拉普拉斯方程,其解可表为 $W = \alpha\sum_{n=1}^{\infty}\sum_{m=0}^{n}\left(\left(\frac{\alpha}{r}\right)^{n+1}(g_{ni}^{m}\cos m\lambda + h_{ni}^{m}\sin m\lambda) + \left(\frac{r}{\alpha}\right)^{n}(g_{ne}^{m}\cos m\lambda + h_{ne}^{m}\sin m\lambda)\right)P_{n}^{m}(\cos\theta)$,其中 r 是径向距离,α 是地球半径,λ 是经度,θ 是余纬;$P_n^0(\cos\theta) = P_0(\cos\theta)$,对 $m \geqslant 1$

$$P_n^m(\cos\theta) = \sqrt{\frac{2(n-m)!}{(n+m)!}}\sin^m\theta\,\frac{\mathrm{d}^m P_n(\cos\theta)}{\mathrm{d}(\cos\theta)^m},$$

$P_n(\cos\theta)$ 是勒让德函数. g_{ni}^m, h_{ni}^m 称为内源场高斯系数,g_{ne}^m, h_{ne}^m 称为外源场高斯系数.

由磁势与磁场的关系可以得到地磁场北向强度 X,东向强度 Y 和垂直强度 Z 的表达式. 取 $r = \alpha$,即可得到地面磁场强度的表达式. 由球面调和函数的正交性可得到

$$ng_{ne}^m - (n+1)g_{ni}^m = \frac{2n+1}{4\pi}\int_0^{\pi}\int_0^{2\pi} ZP_n^m(\cos\theta)\cos m\lambda\sin\theta\,\mathrm{d}\theta\,\mathrm{d}\lambda,$$

$$nh_{ne}^m - (n+1)h_{ni}^m = \frac{2n+1}{4\pi}\int_0^{\pi}\int_0^{2\pi} ZP_n^m(\cos\theta)\sin m\lambda\sin\theta\,\mathrm{d}\theta\,\mathrm{d}\lambda.$$

由地磁场的北向强度和东向强度可得到类似的公式. 这样,由地面磁场强度的实测值通过上述公式就能求出各阶高斯系数.

[117] Gauss,C. F. & Weber,W. Atlas des Erdmagnetismus, nach den Elementen der theorie entworfen, Resultate aus den Beobachtungen des Magnetischen Vereins. Supplement. Leipzig:Weidmann,1840;Werke,vol. 12:335-408.

[118] Gauss,C. F. Allgemine Lehrsaetze in Beziehung auf die im verkehrten Verhaeltnisse des Quadrats der Entfernung wirkenden Anziehungs - undAbstossungs - Kraefte, Resultate aus den Beobachtungen des Magnetischen Vereins im Jahre 1839:1-51; Werke,vol. 5:195-242.

[119] 转引自 W. L. Schaaf,Carl Friedrich Gauss Prince of Mathematics,New York: Franklin Watts,1964:126-127.

[120] Gauss,C. F. ,Dioptrische Untersuchungen, Abhandlungen der Koeniglichen

Gesellschaft der Wissenschaften zu Goettingen(von der Jahren 1838 ~ 1841),Abh. der Math. Cl. :1-34;Werke,vol. 5:243-276.

[121] Gauss,C. F. ,Ueber die achromatischen Doppelobjective besonders in Ruecktticht der vollkommenern Aufhebung der Farbenzerstreuung,Zeitschrift fuer Astronomie und verwandte Wissenschaften 4:30(Dec. 1817), 345-351;Werke,vol. 5:504-508.

[122] 同[64],no. 44;Werke,vol. 7:378.

[123] 同[80],no. 42.

[124] 同[80],no. 46.

[125] 同[16],vol. 1,no. 4.

[126] 同[9],257-258.

[127] 同[9],260-261.

[128] 同[64],no. 700.

[129] Goethe,J. W. von,《浮士德》,钱春绮译,上海译文出版社,1989,110.

[130] 同[9],301.

[131] 同[9],305.

[132]《莎士比亚全集》,人民文学出版社,1978,第 9 卷,160.

[133] 同[9],245

[134] 同[16],vol. 6,no. 1253.

[135] 同[9],298.

[136] 同[16],no. 944.

[137] Gauss,C. F. ,Beitrage zur Theorie der algebraischen Gleichungen,Abhandlungen der Koeniglichen Gesellschaft der Wissenschaften zu Goettingen 4(1850);Werke, vol. 3:71-102.

[138] 同[9],277.

[139] Courant,R. ,Gauss and the Present Situation of the Exact Sciences,载于 The Spirit and the Uses of the Mathematical Sciences,1969.

[140] 同[16],vol. 3,no. 641.

[141] 同[30],no. 18;Werke,vol. 8:159-160.

[142] Biermann,K. -R. ,Briefwechsel zwischen Allexander von Humboldt und Carl Friedrich Gauss,Berlin:Akademie-Verlag,1977,no. 39.

[143] 同[9],308.

[144] 转引自胡作玄,黎曼,载于吴文俊主编,世界著名数学家传记. 北京:科学出版社,1995:1027.

[145] 转引自胡作玄,戴德金,载于吴文俊主编,世界著名数学家传记. 北京:科学出版社,1995:1052-1053.

[146] 同上,1060.

[147] 同[9],68.

[148] 同[9],69.

[149] 同[22],262.

[150] 同[64],no. 183;Werke,vol. 10:74-75.

[151] Ore,O. ,Niels Henrik Abel:Mathematician Extraordinary, New York:Chelsea,1957:91.

[152] 同上,217.

[153] 同[80],no. 158.

[154] 同[151],215.

[155] 同[16],vol. 2,no. 364.

[156] 同[16],vol. 2,no. 312.

[157] Itard,J. ,Legendre,载于 Dictionary of Scientific Biography,New York:Charles Scribner's Sons,1972,vol. 6:137.

[158] May,K. O. ,Gauss,载于 Dictionary of Scientific Biography,New York:Charles Scribner's Sons,1972,vol. 5:304.

[159] 同[9],252.

[160] 同[9],276-277.

[161] 同[9],142.

[162] 同[9],77.

[163] Peters,C. A. F. ed. ,Briefwechsel zwischen C. F. Gauss und H. C. Schumacher,Altona:Gustav Esch. vol. 1,1860,vol. 2,1860,vol. 3,1861,vol. 4,1862,vol. 5,1863,vol. 6,1865.

[164] 同[158],308.

[165] A Dictionary of Quotations in Mathematics,North Carolina & London:McFarland,2002,117-118.

[166] 同[16],vol. 2,no. 264.

[167] 同[16],vol. 2,no. 265.

[168] 同[9],215.

[169] 同[16],vol. 2,no. 293;Werke,vol. 9:471.

[170] 同[16],vol. 6,no. 1274;Werke,vol. 10:433.

[171] Gauss,C. F. ,Werke,vol. 5:25-26.

[172] 同[14].

[173] Kronecker,L. Vorlesungen,vol. 2:42.

[174] 同[80],no. 59.

[175] Smith,H. J. S. ,Presidential Address,Proceedings of the London Math. Soc. ,Ⅷ,18.

[176] Kummer,E. E. ,Rektoratsrede, Berlin Univ. ,August 3,1869:8-9.

[177] 同[16],vol. 1,no. 2;Werke,vol. 10:243-245.

[178] 转引自 J. R. Newman, ed., The World of Mathematics, New York: Simon & Schuster, 1956.

[179] 同[64], no. 133; Werke, vol. 10: 24-25.

[180] 同[158], 300.

[181] 同[80], no. 176; Werke, vol. 8: 146-147.

[182] 同[80], no. 120; Werke, vol. 11: 323-326.

[183] 同[9], 212.

[184] 同[16], vol. 4, no. 735.

[185] 同[16], vol. 4, no. 760; Werke, vol. 8: 293-294.

[186] 同[23], no. 109; Werke, vol. 8: 179.

[187] 同[30], no. 18; Werke, vol. 8: 159-160.

[188] 同[30], no. 35; Werke, vol. 8: 220.

[189] Gauss, C. F., Werke, Königliche Gesrllschaft der Wissenschaften zu Göttingen, Leipzig - Berlin, 1863-1933.

[190] Klein, F., Bericht ueber den Stand der Herausgabe von Gauss's Werk. 14 Bericht. Nachrichten von der Koeniglichen Gesellschaft der Wissenschaften zu Goettingen, Philologisch - historische Klasse 1920: 44-48.

[191] Gauss, C. F., Werke, 1-12, Hildesheim: G. Olms.

[192] Klein, F., Vorlesungen ber die Entwicklung der Mathematik im 19 Jahrhundert, Berlin: Springer, 1926: 26.

人名索引

阿贝尔(Abel,Niels Henrik;1802—1829)　挪威数学家

阿达玛(Hadamard,Jacques;1865—1963)　法国数学家

阿尔布雷希特(Albrecht,Wilhelm Eduard;1800—1876)　格廷根大学法学教授,“格廷根七君子”之一

阿尔冈(Argand,Jean Robert;1768—1822)　瑞士数学家

阿基米得(Archimedes;公元前287—公元前212)　古希腊数学家、物理学家

阿那克利翁(Anacreon;公元前570?—公元前480?)　古希腊诗人

埃伯莱茵(Eberlein,Gustav;1847—1926)　德国雕塑家

埃克曼(Eckermann,Johann Peter;1792—1854)　德国作家

埃森贝克(Esenbeck,Nees von;1776—1858)　德国哲学家

埃森伯格(Eschenburg,Arnold Wilhelm;1778—1861)　高斯之友、大学同学

埃瓦尔德(Ewald,Georg Heinrich August von;1803—1875)　格廷根大学东方语文学教授,高斯的女婿,“格廷根七君子”之一

艾赫霍恩(Eichhorn,Johann Albreht Friedrich;1779—1856)　高斯的大学同学,后任普鲁士宗教大臣

艾森斯坦(Eisenstein,Ferdinand Gotthold Max;1823—1852)　德国数学家

爱因斯坦(Eisenstein,Albert;1879—1955)　德裔美籍物理学家

奥尔伯斯(Olbers,Heinrich Wilhelm Matthias;1758—1840)　德国医学家、天文学家

奥古斯特(August,Ernst;1771—1851)　汉诺威国王

奥里阿尼(Oriani,Barnabus;1752—1832)　意大利天文学家

奥斯特洛夫斯基(Ostrowski,Alexander;1893—1986)　波兰数学家

奥斯特洛格拉茨基(Ostrogradsky,Mihail Vasilievich;1801—1862)　俄国数学家、力学家

奥维德(Ovid;公元前43—公元17)　古罗马诗人

巴赫(Bach,Johann Sebastian;1685—1750)　德国作曲家

巴特尔斯(Bartels,Johann Christian Martin;1769—1836)　高斯少年时的辅导老师和朋友

柏拉图(Plato;公元前427—公元前347)　古希腊哲学家

拜伦(Byron,George Gordon;1788—1824)　英国诗人

鲍尔(Ball,Walter William Rouse;1850—1925)　英国数学家

贝多芬(Beethoven,Ludwig van;1770—1827)　德国作曲家

本岑贝格(Benzenberg,Johann Friedrich;1777—1846)　高斯在卡洛琳学院的同学

比尔曼(Biermann,Kurt-R.)　德国当代数学(史)家

比特纳(Büttner,J. G.) 高斯的小学老师

波得(Bode,Johhan Elert;1747—1826) 德国天文学家

波尔约,J.(Bolyai,Jonos;1802—1860) 匈牙利数学家

波尔约,W.(Bolyai,Wolfgang(Farkas);1775—1856) 匈牙利数学家

伯格(Bürg,Johann Tobias;1766—1835) 奥地利天文学家

勃拉姆斯(Brahms,Johannes;1833—1897) 德国作曲家

布尔克哈特(Burckhardt,Johann Karl;1773—1825) 法国天文学家

布兰德斯(Brandes,Heinrich Wilhelm;1777—1834) 高斯在格廷根大学的同学,莱比锡大学数学教授

布吕歇尔(Blucher,Gebhard Leberecht von;1742—1819) 普鲁士将军

布伦德尔(Brendel,Otto Rudolf Martin;1862—1939) 德国天文学家

察赫(Zach,Franz Xavier G. von;1754—1832) 德国天文学家

陈省身(Chern,Shiing - Shen;1911—2004) 美籍华裔数学家

达赫尔曼(Dahlmann,Friedrich Christoph;1785—1860) 格廷根大学历史学、政治学教授,"格廷根七君子"之一

达朗贝尔(Alembert,Jean le Rond d';1717—1783) 法国物理学家、数学家

达武(Davout,Louis - Nicolas;1770—1823) 法国将军

戴德金(Dedekind,Richard;1831—1916) 德国数学家

丹尼尔·伯努利(Bernoulli,Daniel;1700—1782) 瑞士医学家、数学家、物理学家

但丁(Dante;1265—1321) 意大利诗人,文艺复兴运动先驱

德朗布尔(Delambre,Jean - Baptiste Josephl;1749—1822) 法国天文学家、测地学家

狄德罗(Diderot,Denis;1713—1784) 法国哲学家、文学家

迪利克雷(Dirichlet,Gustav Peter Lejeune;1805—1859) 德国数学家

笛卡儿(Descartes,René;1596—1650) 法国哲学家、数学家、物理学家

棣莫弗(Moivre,Abraham de;1667—1754) 法国 - 英国数学家

多萝特娅·本察·高斯(Gauss,Dorothea Benze;1743—1839) 高斯之母

厄金格尔(Erchinger,Johannes) 德国数学家

恩克(Encke,Johann Franz;1791—1865) 德国天文学家、高斯的学生

法拉第(Faraday,Michael;1791—1867) 英国化学家、物理学家

腓特烈二世(Frederick Ⅱ;1194—1250) 神圣罗马帝国皇帝

费迪南德公爵(Ferdinand,Carl Wilhelm;1735—1806) 不伦瑞克统治者,高斯的资助人

费马(Fermat,Pierre de;1601—1665) 法国数学家

冯阿恩斯瓦尔德(Arnswaldt,Baron Karl Friedrich Alexander von;1768—1845) 1816至1838年格廷根大学董事长

冯达尔贝格(Dalberg,Karl Theodor Anton Maria von;1744—1817) 法兰克福大公爵

冯富斯(Fuss,Nikolaus von;1755—1826)　俄国国务大臣

弗里斯(Fries,Jacob Friedrich;1773—1843)　德国哲学家

弗罗贝尼乌斯(Frobenius,Georg Ferdinand;1849—1917)　德国数学家

伏尔泰(Voltaire;1694—1778)　法国思想家、作家、哲学家

伽勒(Galle,Johann Gottfred;1812—1910)　德国天文学家

伽罗瓦(Galois,Evariste;1811—1832)　法国数学家

戈尔德施密特(Goldschmidt,C. W. B. ;1807—1851)　德国天文学家

歌德(Goethe,Johann Wolfgang von;1749—1832)　德国诗人、作家、自然科学家

格布哈德·迪特里希·高斯(Gauss,Gebhard Dietrich;1744—1808)　高斯之父

格菲努斯(Gervinus,Georg Gottfried;1805—1871)　格廷根大学历史学、文学教授,“格廷根七君子”之一

格林(Gerling,Christian Ludwig;1788—1864)　德国物理学家、天文学家,高斯的学生和挚友

格林(Green,George;1793—1841)　英国数学家、自然哲学家

格林兄弟(Grimm,J. L. C. (1785 ~ 1863)& Grimm,W. C. (1786—1859))　德国民间文学家、语言学家,《格林童话》的作者,“格廷根七君子”之二

格申(Göschen,J. F. L. ;1778—1837)　格廷根大学法学教授

哈策尔(Hartzer,Ferdinand;1838—1906)　德国雕塑家

哈定(Harding,Carl Ludwig;1765—1834)　德国天文学家

哈密顿(Hamilton,William Rowan;1805—1865)　英国数学家、物理学家

海涅(Heyne,Christian Gottlob;1729—1812)　德国古典文学家

汉布格(Hamburger,M.)　德国数学家

贺拉斯(Horace;公元前 65— 公元前 8)　古罗马诗人

黑格尔(Hegel,Georg Wilhelm Friedrich;1770—1831)　德国哲学家

黑泽曼(Hesemann,Christian Heinrich;1815—1856)　德国雕塑家

亨利(雄狮) 公爵(Henry the Lion;1129/1130—1195)　萨克森公爵和巴伐利亚公爵

洪堡(Humboldt,Friedrich Wilhelm Heinrich Alexander von;1767—1835)　德国自然科学家

华罗庚(1910—1985)　中国数学家

怀尔斯(Wiles,Andrew;1953—)　英国数学家

基尔霍夫(Kirchhoff,Gustav Robert;1824—1887)　德国物理学家

吉本(Gibbon,Edward;1737—1794)　英国历史学家

吉拉德(Girard,Albert;1595—1632)　法国数学家

卡尔·弗里德里希·高斯(Gauss,Carl Friedrich;1777—1855)　德国数学家、物理学家

卡尔达诺(Cardano, Girolamo;1501—1576)　意大利医学家、数学家、物理学家、哲

学家

卡斯滕纳(Kästner,Abraham Gotthelf;1719—1800)　德国数学家

开普勒(Kepler,Johannes;1571—1630)　德国数学家、物理学家

恺撒(Caesar,Julius;公元前100—公元前44)　古罗马统帅、政治家

康德(Kant,Immanuel;1724—1804)　德国哲学家

康托尔,M.(Cantor,Moritz Benedikt;1829—1920)　德国数学(史)家

柯朗(Courant,Richard;1888—1972)　德国数学家

柯西(Cauchy,Augustin - Louis;1789—1857)　法国数学家、物理学家

克莱罗(Clairaut,Alexis - Claude;1713—1765)　法国数学家、物理学家

克莱因(Klein,Christian Felix;1849—1925)　德国数学家

克雷尔(Crelle,August Leopold;1780—1855)　德国数学家、土木工程师

克吕格尔(Klügel,Georg Simon;1739—1812)　德国数学家、物理学家

克罗内克(Kronecker,Leopold;1823—1891)　德国数学家

库默尔(Kummer,Ernst Eduard;1810—1893)　德国数学家

拉格朗日(Lagrange,Joseph Louis;1736—1813)　法国物理学家、数学家、天文学家

拉朗德(Lalande,Joseph - Jérôme Lefrançais de;1732—1807)　法国天文学家

拉普拉斯(Laplace,Pierre - Simon,Marquis de;1749—1827)　法国天体力学家、数学家、物理学家

莱布尼茨(Leibniz,Gottfried Wilhelm;1646—1716)　德国数学家、哲学家

莱辛(Lessing,Gotthold Ephraim;1729—1781)　德国文艺理论家、剧作家

兰伯特(Lambert,Johhan Heinrich;1728—1777)　法国数学家、物理学家、天文学家、哲学家

兰道(Landau,Edmund;1877—1938)　德国数学家

勒让德(Legendre,Adrien - Marie;1752—1833)　法国数学家

勒萨日(Lesage,Alain René;1668—1747)　法国作家

勒威耶(Le Verrier,Urbain Jean Joseph;1811—1877)　法国天文学家、天体力学家、气象学家

雷普瑟尔德(Repsold,Johann Georg;1771—1830)　德国光学仪器制造商

黎曼(Riemann,Georg Friedrich Bernhard;1826—1866)　德国数学家

李斯特(Liszt,Franz;1811—1886)　匈牙利钢琴家、作曲家

李维(Livius, Titus;公元前59—公元17)　古罗马历史学家

里赫特(Richter,Jean Paul Friedrich;1763—1825)　德国作家

里斯(Riesz,Marcel;1886—1969)　匈牙利数学家

理查逊(Richardson,Samuel;1689—1761)　英国作家

利赫滕贝格(Lichtenberg, Georg Christoph;1744—1799)　德国物理学家

利斯廷(Listing,Johann Benedict;1808—1882)　德国数学家

林德坳(Lindenau,Bernhard August von;1799—1854)　德国天文学家

刘维尔(Liouville, Joseph;1809—1882)　法国数学家
卢卡(Lucas, Francois-Edouard-Anatole;1842—1891)　法国数学家
卢奇安(Lucian;120—180)　古希腊作家
卢梭(Rousseau,Jean - Jacques;1712—1778)　法国思想家、文学家
鲁道尔夫·奥古斯特(Rudolf August;1627—1740)　不伦瑞克 - 沃尔芬比特尔公爵
罗巴切夫斯基(Lobachevskii,Nikolai Ivanovich;1792—1856)　俄国数学家
罗德里格(Rodrigues,Olinde;1749—1851)　法国数学家
罗思(Roth,Peter;卒于 1617 年)　德国数学家
洛克(Locke,John;1632—1704)　英国哲学家
马克思(Marx,Karl;1818—1883)　德国思想家、革命家
马勒伯朗士(Malebranche,Nicolas de;1638—1715)　法国哲学家
麦考利(Macaulay,Thomas Babington;1800—1859)　英国历史学家
曼(May,Kenneth O. ;1915—1977)　加拿大数学(史)家
梅塔斯塔齐奥(Metastasio,Pietro;1698—1782)　意大利诗人、剧作家
梅耶(Mayer,Johann Tobias;1723—1762)　德国地图学家、天文学家
梅耶霍夫(Meyerhoff,Johann Heinrich;1770—1812)　德国语文学家
蒙日(Monge,Gaspard;1746—1818)　法国数学家、机械理论家
米拉波(Mirabeau,Comte de;1749—1791)　法国革命家、演说家
米勒(Miller, William Hallows;1808—1880)　英国晶体学家、矿物学家
明娜(Gauss,(Minna)Wilhelmine;1808—1840)　高斯之女
明娜·瓦尔德克(Gauss,Minna Waldeck;1788—1831)　高斯的第二任妻子
莫扎特(Mozart,Wolfgang Amadeus;1756—1791)　奥地利作曲家
拿破仑(Napoleon;1769—1821)　法兰西第一帝国皇帝
牛顿(Newton,Issac;1642—1727)　英国数学家、物理学家
诺伊曼(Neumann,Franz Ernst;1798—1895)　德国矿物学家、物理学家、数学家
诺伊曼(Neumann,Olaf)　德国当代数学(史)家
欧根(Gauss,Peter Samuel Marius Eugenius;1811—1896)　高斯之子
欧拉(Euler,Leonhard;1707—1783)　瑞士数学家、物理学家、天文学家
欧里庇得斯(Euripides;公元前 485— 公元前 406)　古希腊悲剧作家
帕格尼尼(Paganini,Nicolo;1782—1840)　意大利小提琴家、作曲家
帕斯卡(Pascal,Blaise;1623—1662)　法国数学家、物理学家、哲学家
培根(Bacon,Francis;1561—1626)　英国哲学家
佩特斯(Peters,Christian August Friedrich;1806—1880)　高斯与舒马赫通信集的编者
皮卡(Picard,Charles émile;1856—1941)　法国数学家
皮瑟(Puiseau,Victor;1820—1883)　法国数学家、物理学家
皮亚齐(Piazzi,Joseph;1746—1826)　意大利天文学家

蒲丰(Buffon,Georges Louis Leclerc;1707—1788)　法国博物学家

普法夫(Pfaff,Johann Friedrich;1765—1825)　德国数学家

普兰纳(Plana,Giovanni;1781—1864)　意大利数学家、天文学家

齐默尔曼(Zimmermann,Eberhard August Wilhelm;1743—1815)　卡洛琳学院数学、物理学、自然史教授

热尔曼(Germain,Sophie;1776—1831)　法国数学家

萨凯里(Saccheri,Gerolamo;1667—1733)　意大利数学家

萨托里乌斯(Sartorius von Waltershausen,Wolfgang;1809—1876)　德国地质学家

塞费(Seyffer,Carl Felix;1762—1822)　格廷根大学天文学教授

色诺芬(Xenophon;公元前431—公元前355?)　古希腊历史学家、将领

沙佩尔(Schaper,Fritz;1841—1919)　德国雕塑家

莎士比亚(Shakespeare,William;1564—1616)　英国剧作家、诗人

施莱辛格(Schlesinger,L.)　德国数学家

施韦卡尔特(Schweikart,F. C.;1780—1859)　德国法学家、数学家

史密斯(Smith,Henry John Stephen;1826—1883)　英国数学家

司各特(Scott,Sir Walter;1771—1832)　英国作家、诗人

斯蒂尔切斯(Stieltjes,Thomas Jan;1856—1894)　荷兰数学家

斯陶特(Staudt,Karl Georg Christian von;1798—1867)　德国数学家

塔西佗(Tacitus;55?—120?)　古罗马历史学家

陶里努斯(Taurinus,Franz Adolph;1794—1874)　德国法学家、数学家

特蕾丝(Gauss,Henritte Wilhelmine Caroline Therese;1816—1864)　高斯之女

提丢斯(Titus,Johann Daniel;1729—1796)　德国天文学家、物理学家、生物学家

托尔斯泰(Tolstoy,Lev;1828—1910)　俄国作家、思想家

瓦格纳(Wagner,Richard;1813—1883)　德国作曲家

瓦格纳(Wagner,Rudolf;1805—1864)　德国生理学家、动物学家

瓦莱-布桑(Vallée-Poussin,Charles Jean de la;1866—1962)　法国数学家

旺策尔(Wantzel,Pierre L.;1814—1848)　德国数学家

威尔克斯(Wilkes,Charles;1798—1877)　美国探险家

威廉(Gauss,Wilhelm August Carl Matthias;1813—1879)　高斯之子

韦伯(Weber,Wilhelm Eduard;1804—1891)　德国物理学家

韦塞尔(Wessel, Caspar;1745—1818)　挪威测量员、数学家

韦伊(Weil,André;1906—1998)　法国数学家

维尔德(Wildt,J.;1770—1844)　德国数学家

维吉尔(Vergil;公元前70—公元前19)　古罗马诗人

维梅尔(Wimmer,R.)　德国画家

魏尔斯特拉斯(Weierstrass,Karl Theodor Wilhelm;1815—1897)　德国数学家

沃尔弗(Wolff,Christian von;1679—1754)　德国哲学家、数学家

武辛(Wussing,Hans)　德国当代数学(史)家

西塞罗(Cicero,Marcus Tullius;公元前106—公元前43)　古罗马政治家、演说家、哲学家

希尔伯特(Hilbert,David;1862—1943)　德国数学家

希罗多德(Herodotus;公元前484? —公元前430/420)　古希腊历史学家

席勒(Schiller,Johann Christoph Friedrich;1759—1805)　德国诗人、剧作家、历史学家、文艺理论家

谢林(Schelling, Fiedrich Wilhelm Joseph von;1775—1854)　德国哲学家

谢林(Schering,Ernst Christian Julius;1833—1897)　德国数学家

辛普森(Simpson,Thomas;1710—1761)　英国数学家

欣里希·高斯(Gooss,Hinrich)　高斯的曾祖父

休谟(Hume,David;1711—1776)　英国哲学家、经济学家、历史学家

修昔底德(Thucydides;约公元前460以前—公元前404以后)　古希腊历史学家

雅各布·伯努利(Bernulli,Jacques;1654—1705)　瑞士数学家、力学家、天文学家

雅可比(Jacobi,Carl Gustav Jacob;1804—1851)　德国数学家

亚当斯(Adams,John Couch;1819—1892)　英国天文学家、数学家

亚里士多德(Aristotle;公元前384—公元前322)　古希腊哲学家、科学家

延森(Jensen,Christian Albrecht;1792—1870)　丹麦画家

杨辉(约13世纪中叶)　中国数学家

耶纳施(Jenensch,Gerhard;1860—1933)　德国雕塑家

伊德(Ide,Johann Joseph Anton;1775)　高斯大学同学,莫斯科大学数学教授

伊藤清(Ito,Kiyosi;1915—2008)　日本数学家

于根·高斯(Goos,Jürgen)　高斯的祖父

约翰·弗里德里希·本察(Benze,Johann Friedrich;卒于1809年)　高斯的舅父

约翰·格奥尔格·海因里希·高斯(Gauss,Johann Georg Heinrich;1769—1854)　高斯(同父异母)之兄

约翰娜·奥斯多夫(Gauss,Johanna Elizabeth Rosina Osthoff;1780—1809)　高斯的第一任妻子

约瑟夫·高斯(Gauss,Joseph;1806—1873)　高斯之子

约希姆(Joachim,Joseph;1831—1907)　匈牙利小提琴家

人名译名表

Abel,Niels Henrik　阿贝尔(1802—1829)
Adams,John Couch　亚当斯(1819—1892)
Albrecht,Wilhelm Eduard　阿尔布雷希特(1800—1876)
Alembert,Jean le Rond d'　达朗贝尔(1717—1783)
Anacreon　阿那克利翁(公元前570?—公元前480?)
Archimedes　阿基米得(公元前287—公元前212)
Argand,Jean Robert　阿尔冈(1768—1822)
Aristotle　亚里士多德(公元前384—公元前322)
Arnswaldt,Baron Karl Friedrich Alexander von　冯阿恩斯瓦尔德(1768—1845)
August,Ernst　奥古斯特(1771—1851)
Bach,Johann Sebastian　巴赫(1685—1750)
Bacon,Francis　培根(1561—1626)
Ball,Walter William Rouse　鲍尔(1850—1925)
Bartels,Johann Christian Martin　巴特尔斯(1769—1836)
Beethoven,Ludwig van　贝多芬(1770—1827)
Benze,Johann Friedrich　约翰·弗里德里希·本察(卒于1809年)
Benzenberg,Johann Friedrich　本岑贝格(1777—1846)
Bernoulli,Daniel　丹尼尔·伯努利(1700—1782)
Bernulli,Jacques　雅各布·伯努利(1654—1705)
Biermann,Kurt - R.　比尔曼
Bode,Johann Elert　波得(1747—1826)
Bolyai, Jonos　J·波尔约(1802—1860)
Bolyai,Wolfgang(Farkas)　W·波尔约(1775—1856)
Brahms,Johannes　勃拉姆斯(1833—1897)
Brandes,Heinrich Wilhelm　布兰德斯(1777—1834)
Brendel,Otto Rudolf Martin　布伦德尔(1862—1939)
Blucher,Gebhard Leberecht von　布吕歇尔(1742—1819)
Burckhardt Johann Karl　布尔克哈特(1773—1825)
Buffon,Georges Louis Leclerc　蒲丰(1707—1788)
Bürg,Johann Tobias　伯格(1766—1835)
Büttner,J. G.　比特纳
Byron,George Gordon　拜伦(1788—1824)
Caesar,Julius　恺撒(公元前100—公元前44)
Cantor,Moritz Benedikt　M·康托尔(1829—1920)

Cardano, Girolamo　卡尔达诺(1501—1576)
Cauchy, Augustin - Louis　柯西(1789—1857)
Cicero, Marcus Tullius　西塞罗(公元前106—公元前43)
Clairaut, Alexis - Claude　克莱罗(1713—1765)
Courant, Richard　柯朗(1888—1972)
Crelle, August Leopold　克雷尔(1780—1855)
Dahlmann, Friedrich Christoph　达赫尔曼(1785—1860)
Dalberg, Karl Theodor Anton Maria von　冯达尔贝格(1744—1817)
Dante　但丁(1265—1321)
Davout, Louis - Nicolas　达武(1770—1823)
Dedekind, Richard　戴德金(1831—1916)
Delambre, Jean - Baptiste Joseph　德朗布尔(1749—1822)
Descartes, René　笛卡儿(1596—1650)
Diderot, Denis　狄德罗(1713—1784)
Dirichlet, Gustav Peter Lejeune　迪利克雷(1805—1859)
Eberlein, Gustav　埃伯莱茵(1847—1926)
Eckermann, Johann Peter　埃克曼(1792—1854)
Eichhorn, Johann Albreht Friedrich　艾赫霍恩(1779—1856)
Einstein, Albert　爱因斯坦(1879—1955)
Eisenstein, Ferdinand Gotthold Max　艾森斯坦(1823—1852)
Encke, Johann Franz　恩克(1791—1865)
Erchinger, Johannes　厄金格尔
Eschenburg, Arnold Wilhelm　埃森伯格(1778—1861)
Esenbeck, Nees von　埃森贝克(1776—1858)
Euler, Leonhard　欧拉(1707—1783)
Euripides　欧里庇得斯(公元前485—公元前406)
Ewald, Georg Heinrich August von　埃瓦尔德(1803—1875)
Faraday, Michael　法拉第(1791—1867)
Ferdinand, Carl Wilhelm　费迪南德公爵(1735—1806)
Fermat, Pierre de　费马(1601—1665)
Frederick Ⅱ　腓特烈二世(1194—1250)
Fries, Jacob Friedrich　弗里斯(1773—1843)
Frobenius, Georg Ferdinand　弗罗贝尼乌斯(1849—1917)
Fuss, Nikolaus von　冯富斯(1755—1826)
Galle, Johann Gottfred　伽勒(1812—1910)
Galois, Evariste　伽罗瓦(1811—1832)
Gauss, Carl Friedrich　卡尔·弗里德里希·高斯(1777—1855)

Gauss, Dorothea Benze　多萝特娅·本察·高斯(1743—1839)
Gauss, Henritte Wilhelmine Caroline Therese　特蕾丝(1816—1864)
Gauss, Johann Georg Heinrich　约翰·格奥尔格·海因里希·高斯(1769—1854)
Gauss, Johanna Elizabeth Rosina Osthoff　约翰娜·奥斯多夫(1780—1809)
Gauss, Joseph　约瑟夫·高斯(1806—1873)
Gauss, Minna Waldeck　明娜·瓦尔德克(1788—1831)
Gauss, Peter Samuel Marius Eugenius　欧根(1811—1896)
Gauss, Wilhelm August Carl Matthias　威廉(1813—1879)
Gauss, (Minna) Wilhelmine　明娜(1808—1840)
Gauss, Gebhard Dietrich　格布哈德·迪特里希·高斯(1744—1808)
Gerling, Christian Ludwig　格林(1788—1864)
Germain, Sophie　热尔曼(1776—1831)
Gervinus, Georg Gottfried　格菲努斯(1805—1871)
Gibbon, Edward　吉本(1737—1794)
Girard, Albert　吉拉德(1595—1632)
Goethe, Johann Wolfgang von　歌德(1749—1832)
Goldschmidt C. W. B.　戈尔德施密特(1807—1851)
Goos, Jürgen　于根·高斯
Gooss, Hinrich　欣里希·高斯
Göschen, J. F. L.　格申(1778—1837)
Green, George　格林(1793—1841)
Grimm, J. L. C. (1785—1863) & Grimm, W. C. (1786—1859) 格林兄弟
Hadamard, Jacques　阿达玛(1865—1963)
Hamburger, M.　汉布格
Hamilton, William Rowan R.　哈密顿(1805—1865)
Harding, Carl Ludwig　哈定(1765—1834)
Hartzer, Ferdinand　哈策尔(1838—1906)
Hegel, Georg Wilhelm Friedrich　黑格尔(1770—1831)
Henry the Lion　亨利(雄狮)公爵(1129/1130—1195)
Herodotus　希罗多德(公元前484?—公元前430/420)
Hesemann, Christian Heinrich　黑泽曼(1815—1856)
Heyne, Christian Gottlob　海涅(1729—1812)
Hilbert, David　希尔伯特(1862—1943)
Horace　贺拉斯(公元前65—公元前8)
Humboldt, Alexander von　洪堡(1767—1835)
Hume, David　休谟(1711—1776)
Ide, Johann Joseph Anton　伊德

Ito, Kiyosi　伊藤清(1915—2008)
Jacobi, Carl Gustav Jacob　雅可比(1804—1851)
Jenensch, Gerhard　耶纳施(1860—1933)
Jensen, Christian Albrecht　延森(1792—1870)
Joachim, Joseph　约希姆(1831—1907)
Kant, Immanuel　康德(1724—1804)
Kästner, Abraham Gotthelf　卡斯滕纳(1719—1800)
Kepler, Johannes　开普勒(1571—1630)
Kirchhoff, Gustav Robert　基尔霍夫(1824—1887)
Klein, Christian Felix　克莱因(1849—1925)
Klügel, Georg Simon　克吕格尔(1739—1812)
Kronecker, Leopold　克罗内克(1823—1891)
Kummer, Ernst Eduard　库默尔(1810—1893)
Lagrange, Joseph Louis　拉格朗日(1736—1813)
Lalande, Joseph - Jérôme Lefrançais de　拉朗德(1732—1807)
Lambert , Johhan. Heinrich　兰伯特(1728—1777)
Landau, Edmund　兰道(1877—1938)
Laplace, Pierre - Simon, Marquis de　拉普拉斯(1749—1827)
Legendre, Adrien - Marie　勒让德(1752—1833)
Leibniz , Gottfried Wilhelm　莱布尼茨(1646—1716)
Lesage, Alain René　勒萨日(1668—1747)
Lessing, Gotthold Ephraim　莱辛(1729—1781)
Le Verrier, Urbain Jean Joseph　勒威耶(1811—1877)
Lichtenberg, Georg Christoph　利赫滕贝格(1744—1799)
Lindenau, Bernhard August von　林德瑙(1799—1854)
Liouville, Joseph　刘维尔(1809—1882)
Listing, Johann Benedict　利斯廷(1808—1882)
Liszt, Franz　李斯特(1811—1886)
Livius, Titus　李维(公元前 59— 公元 17)
Lobachevskii, Nikolai Ivanovich　罗巴切夫斯基(1792—1856)
Locke, John　洛克(1632—1704)
Lucas, Francois-Edouard-Anatole　卢卡(1842—1891)
Lucian　卢奇安(120—180)
Macaulay, Thomas Babington　麦考利(1800—1859)
Malebranche, Nicolas de　马勒伯朗士(1638—1715)
Marx, Karl　马克思(1818—1883)
May, Kenneth. O.　曼(1915—1977)

Mayer, Johann Tobias　梅耶(1723—1762)
Metastasio, Pietro　梅塔斯塔齐奥(1698—1782)
Meyerhoff, Johann Heinrich　梅耶霍夫(1770—1812)
Miller, William Hallows　米勒(1808—1880)
Mirabeau, Comte de　米拉波(1749—1791)
Moivre, Abraham de　棣莫弗(1667—1754)
Monge, Gaspard　蒙日(1746—1818)
Mozart, Wolfgang Amadeus　莫扎特(1756—1791)
Napoleon　拿破仑(1769—1821)
Neumann, Franz Ernst　诺伊曼(1798—1895)
Neumann, Olaf　诺伊曼
Newton, Issac　牛顿(1642—1727)
Olbers, Heinrich Wilhelm Matthias　奥尔伯斯(1758—1840)
Oriani, Barnabus　奥里阿尼(1752—1832)
Ostrogradsky, Mihail Vasilievich　奥斯特洛格拉茨基(1801—1862)
Ostrowski, Alexander　奥斯特洛夫斯基(1893—1986)
Ovid　奥维德(公元前 43— 公元 17)
Paganini, Nicolo　帕格尼尼(1782—1840)
Pascal, Blaise　帕斯卡(1623—1662)
Pfaff, Johann Friedrich　普法夫(1765—1825)
Peters, Christian August Friedrich　佩特斯(1806—1880)
Piazzi, Joseph　皮亚齐(1746—1826)
Picard, Charles émile　皮卡(1856—1941)
Plana, Giovanni　普兰纳(1781—1864)
Plato　柏拉图(公元前 427— 公元前 347)
Puiseau, Victor　皮瑟(1820—1883)
Repsold, Johann Georg　雷普瑟尔德(1771—1830)
Richter, Jean Paul Friedrich　里赫特(1763—1825)
Riemann, Georg Friedrich Bernhard　黎曼(1826—1866)
Riesz, Marcel　里斯(1886—1969)
Richardson, Samuel　理查逊(1689—1761)
Rodrigues, Olinde　罗德里格斯(1749—1851)
Rousseau, Jean - Jacques　卢梭(1712—1778)
Roth, Peter　罗思(? —1617)
Rudolf August　鲁道尔夫·奥古斯特公爵(1627—1740)
Saccheri, Gerolamo　萨凯里(1667—1733)
Sartorius von Waltershausen, Wolfgang　萨托里乌斯(1809—1876)

Schaper, Fritz　沙佩尔(1841—1919)
Schelling, Fiedrich Wilhelm Joseph von　谢林(1775—1854)
Schering, Ernst Christian Julius　谢林(1833—1897)
Schiller, Johann Christoph Friedrich　席勒(1759—1805)
Schlesinger, L.　施莱辛格
Schweikart, F. C.　施韦卡尔特(1780—1859)
Scott, Sir Walter　司各特(1771—1832)
Seyffer, Carl Felix　塞费(1762—1822)
Shakespeare, William　莎士比亚(1564—1616)
Simpson, Thomas　辛普森(1710—1761)
Smith, Henry John Stephen　史密斯(1826—1883)
Staudt, Karl Georg Christian von　斯陶特(1798—1867)
Stieltjes, Thomas Jan　斯蒂尔切斯(1856—1894)
Tacitus　塔西佗(55？—120？)
Taurinus, Franz Adolph　陶里努斯(1794—1874)
Thucydides　修昔底德(约公元前460以前—约公元前404以后)
Titus, Johann Daniel　提丢斯(1729—1796)
Tolstoy, Lev　托尔斯泰(1828—1910)
Vallee - Poussin, Charles Jean de la　瓦莱-布桑(1866—1962)
Vergil　维吉尔(公元前70—公元前19)
Voltaire　伏尔泰(1694—1778)
Wagner, Richard　瓦格纳(1813—1883)
Wagner, Rudolf　瓦格纳(1805—1864)
Wantzel, Pierre L.　旺策尔(1814—1848)
Weber, Wilhelm Eduard　韦伯(1804—1891)
Weierstrass, Karl Theodor Wilhelm　魏尔斯特拉斯(1815—1897)
Weil, André　韦伊(1906—1998)
Wessel, Caspar　韦塞尔(1745—1818)
Wildt, J.　维尔德(1770—1844)
Wiles, Andrew　怀尔斯(1953—)
Wilkes, Charles　威尔克斯(1798—1877)
Wimmer, R.　维梅尔
Wolff, Christian von　沃尔弗(1679—1754)
Wussing, Hans　武辛
Xenophon　色诺芬(公元前431—公元前355？)
Zach, Franz Xavier G. von　察赫(1754—1832)
Zimmermann, Eberhard August Wilhelm　齐默尔曼(1743—1815)

◎ 编辑手记

在美国加利福尼亚利佛摩尔市消防队第六分局的一只4瓦的小灯泡自1901年起点亮之后，迄今已连续使用了110年，并且依然在正常发光，在长达110年中，它只因为搬家熄灭过22分钟.

高斯的这本《算术探索》自从1801年出版后，迄今已经210年了，它从未离开过数论学者和广大“斯丝”(高斯的粉丝)的视线，它指引着众多数论名家从一个高峰奔向另一个高峰. 本书的出版终于结束了这本数论圣经没有中文版的历史.

罗兰·斯特龙伯格教授(Roland N. Stromberg)在其颇具影响的著作《西方现代思想史》的导论中第一句就引用了伏尔泰的话:“了解前人是如何思想的，比了解他们如何做的更重要.”

高斯最受人称颂的是他的书和论文件件是精品. 可谓字字珠玑，篇篇锦绣，但他广受后来数学跟随者诟病的也是这一点. 它太完美了，以至完全看不出它是如何想出来的.“它像一只狡猾的狐狸用尾巴扫去了雪地上的痕迹让猎人无法追踪.”当然高斯自己的解释是为了追求完美，在拆除了脚手架后才将建筑示人. 由于本书是高斯最早写就的成名作，所以细细研读从中我们还是可以寻到一丝高斯天才想法的蛛丝马迹.

任何历史学家在阅读史料的过程中都是有选择的,著名历史学家萧公权先生所倡导的“以学心读,以平心取,以公心述”并不是一个容易达到的境界.

这本书历经200余年其叙述风格及格式已与今天有较大的差距.所以要想用它当做课本学习数论并不是最有效率的,但是把它当做经典进行细细研读或是把它当成史料去品味,则既可以领略大师的思考艺术又可以管窥几百年数论研究热点及风格的演变.如果你足够聪明再加上运气好的话还可以发现一点高斯遗漏的珍珠.

1949年,为庆祝爱因斯坦七十大寿,《在世哲学家文库》准备出一本专辑《阿尔伯特·爱因斯坦:哲学家——科学家》.主编希欧普(P. A. Schilpp)邀请哥德尔也写一篇文章.哥德尔突发奇想,决定要为专辑写一篇关于广义相对论的论文,于是重操物理旧业,开始认真研究广义相对论.让人不得不服气的是,他居然发现了爱因斯坦方程 的一个不为人知的新解——这个解对应于一个“没有时间的世界”.当然如果你不能有所创造,单是欣赏数学之美也应该家藏一编的.

杜威1934年曾经写过一本《艺术作为一种体验》,他认为,艺术不是作为一种人造物而存在,相反艺术存在于人们的参与中,“艺术产品——庙宇、绘画、雕塑、诗歌——不是艺术作品.当一个人与该产品产生协作,结果他因为产品的开放性和有序的特性而获得某种欣赏体验,这时艺术作品才算发生了.”这种纯粹的审美体验也可以移植到今天我们对数学美的认识上;数学之美不是作为一种人造物而存在,数学之美存在于人们的参与中,爱读才会赢.高斯的这本书历代数论学者都奉为经典一读再读.以与高斯同时代的人为例.

如迪利克雷,他曾深入钻研《算术探索》,正是由于他对《算术探索》的详细注疏,此书才得以逐渐为广大数学家理解.在庆祝高斯博士论文发表50周年大会上高斯正要拿《算术探索》的一张手稿点烟斗时,迪利克雷手疾眼快,赶紧抢了下来,并终生珍藏.他旅行时带着,睡觉时放到枕下,上床之前,总要读几段,希望醒来后重读时能完全明白.

如贝塞尔,当高斯送给贝塞尔一本《算术探索》时,贝塞尔非常用功地研读此书,以致书都散了架,还得重新装订.

如热尔曼,她是在深入钻研了《算术探索》之后,化名勒布朗与高斯通信,并在费马猜想中取得了一项有意义的成果.

如艾森斯坦,由于出版商的破产,他从来未能拥有一本,所以不得不从头到尾抄录了全书.

这本书的读者群应该是大学师生,因为他们是生产数学和消费数学的最大群体.

北京大学校长周其凤(其作词的《化学是你.化学是我》近日走红网络)在谈到关于如何在大学阶段做学问,做研究时引用了蔡元培先生当年提出的“闳约深美”的境界.这四个字用在研究数论,效仿高斯,攻读《算术探索》是再合适不过了.

1914至1919年在哥廷根讲授19世纪数学发展的Fleix Klein在其讲座中曾这样评价高斯:如果我们现在询问这个人不同寻常和独一无二的品质,回答一定是:在每一个所从事的领域内所取得的最伟大的个人成就与最宽广的多才多艺的结合;在数学上的创造性,追寻数学发展的力度和对其实际应用的敏感的完美结合,这包括精确无误的观察和测量;最后是对这种伟大的自我创造财富的最精炼的表达.有人说:感情太滥我们发明了浅交往.资讯太滥我们发明了浅阅读.在信息泛滥的时代我们确实很难找到让我们全身心投入具有绝对权威的人物及作品.这时我们可以负责任地告诉广大读者:高斯《算术探索》值得拥有.因为古往今来的数学家仅有两个人的天赋可以与他相比.Archimedes 和 Newton,而高斯活得更久,从而取得更加充分的个人成就.Archimedes 代表了古代的科学成就,Newton 是高等数学的创立者,而 Gauss 则代表了数学上一个新时代的来临.

美国新泽西州唯一的一位物理学家众议员拉什·霍尔特在最近的《科学》杂志上发表署名社论强调:"科学是国家对未来最明智的投资."今天,这个观点比过去任何时候都更为重要.

其实在高斯的传记中我们发现一个真正的数学家是不可能贫困的,据 G. M. Rassias 撰文介绍:可能是由于保险统计工作的刺激,高斯养成了从报刊、书籍和日常的观察中收集各种统计数据的习惯.毫无疑问,这些数据帮助他获得相当于年薪 200 倍的金融投机.如他的父亲对他的称呼,这位"星空的凝观者"取得了令他的那些"只讲实用"的亲戚们难以置信的经济状况.

虽然高斯在当时可以算上巨富,但对今天中国社会颇有教育意义的是:奢侈从来没有吸引过这位数学王子,他的一生从 20 岁开始就真挚地贡献给了科学,正如他的朋友 Sartorius von waltershausen 写道"从青年到老年,高斯都是一个真实而简单的人,一间小书房,一张铺着绿色台布的工作台,一张白色的写字桌,一个窄沙发,70 岁以后又添了一把手扶椅和一架带灯罩的台灯,一张床,简单的食物,一件长外衣,一顶天鹅绒便帽.这些东西是他一生的需求."而高斯却拥有约6千册的藏书(这在大规模工业化印刷时代之前是相当巨大的).包括希腊文、拉丁文、英文、法文、俄文、丹麦文,当然还有德文的书籍.

中国数学家今天可能不太需要再钻读高斯的《算术探索》了,但高斯淡泊明志,宁静致远的精神境界我们太需要学习了.

高斯在西方已不仅是作为著名数学家而被圈内人知晓,其人其事是作为类似公众人物一样在大众中广泛流传.

巴黎第六大学博士,曾获法国政府颁发的"法兰西教育骑士荣誉勋章",希腊雅典学院数学教授特福科洛斯·米哈伊里迪斯有一本小说被译成中文叫做《毕达哥拉斯谜案》(姚人杰,译,新星出版社,2010 年),这本小说非常成功,哈佛大学数学教授巴里·梅休尔评价:是一起不可思议的谋杀谜案,令人想起20 世纪 初那场数学界、艺术界和社会形态发生的巨变.核心故事是一宗构思精妙的知识冲动犯罪,古老传说的现代演绎.牛津大学数学教授马库斯·杜·桑托伊评价其:作者聪明地将许多和数学有关的趣味故事编织进小说里,他对 20 世纪初的巴黎与希腊生活的描写更是令人神往.在这本以数学史为题材的小说中有三处大段涉及高斯.一处是第 18 页提到高斯的座右铭为"Pauca sed matura"(少而精).并说高斯最喜欢说的一句话是:"数学推导就像在造楼,当建筑完工后,不会把脚手架留在原地."在中译本的 96 ~ 97 页涉及了高斯对阿贝尔论文的漠视及与波尔约非欧几何优先权之争.从畅销书的制作规律看数学一般是不适宜进入的,除非是极其著名和重要的人物和事件.由此可见高斯已脱离数学圈进入了更广阔的公共领域.

随着欧元的诞生,最后一张印有数学家头像的货币已经消失(欧拉是先消失的,最后一个是印有高斯头像的德国马克).但由于潘承彪、张明尧、沈永欢三教授的努力,高斯又重新出现在国人的视野中,历时5载,实属不易.作为策划编辑唯一感到遗憾的是没能为其争取到与其贡献相匹配的报酬.

乔布斯的去世在中国引起的惋惜与反思绝不亚于他的家乡美国.但很少有人能领会乔布斯代表的企业家精神的精髓.北京锡恩企业管理顾问有限公司董事长姜汝祥看的很到位.他认为:乔布斯认为真正受益于民众的不是表面的低价,而是"市场交易的制度设计",在iphone与ipad赢利所设计的价值链结构中,最重要的贡献在于对"免费逻辑"的突破,在苹果体系中,一切软件甚至一切知识创造都是要收费的,也就是说,是有"价格"的.中国的出版业生态完全被民营书商的低价策略破坏了,市场充斥着"柠檬",一个知道自身价格的高水平作者的理智选择就是撤出这个市场.于是低质作品横行市场,读者表面上享受了低价优惠,实质是以丧失了内容品质为代价而且基本上锹除了有可能产生高品质作品的土壤.想当年严济慈凭一本《几何证题法》小册子的版税就可悠然去法国留学度日,而笔者前些日子收到一家大社寄来的一笔版税尚不敌一本原版数学书的价钱,所以在中国仅靠版税生活绝无可能,那谁又能潜心写作呢?

笔者在写此手记的空闲去哈工大图书馆看了一个中国图书进出口总公司举办的原版书展,好书很多,同去的郭梦舒博士问笔者为什么国外的数学书就那么好,笔者回答说:"无它,唯高价尔!".高书价吸引高水平作者进入,最后读者受益,免费与低价是对读者潜在利益的最大伤害,为心爱的书籍付费是硬道理,在此理念的作用下笔者也选购了一本剑桥大学出版社的新书.RANJAN ROY的《SOURCES IN THE DEVELOPMENT OF MATHEMATICS—Series and Products from the Fifteenth to the Twenty-first Century》,价格是99美元,念笔者是其老主顾,一番让利后以500元人民币成交.笔者抱着书走回工作室的路上心中充满向往,中国版的数学书能有如此高价之时,则作者幸甚,编辑幸甚,最终读者幸甚!

刘培杰

2011年**10**月**20**日于哈工大

刘培杰数学工作室
已出版(即将出版)图书目录——初等数学

书　　名	出版时间	定　价	编号
新编中学数学解题方法全书(高中版)上卷(第2版)	2018—08	58.00	951
新编中学数学解题方法全书(高中版)中卷(第2版)	2018—08	68.00	952
新编中学数学解题方法全书(高中版)下卷(一)(第2版)	2018—08	58.00	953
新编中学数学解题方法全书(高中版)下卷(二)(第2版)	2018—08	58.00	954
新编中学数学解题方法全书(高中版)下卷(三)(第2版)	2018—08	68.00	955
新编中学数学解题方法全书(初中版)上卷	2008—01	28.00	29
新编中学数学解题方法全书(初中版)中卷	2010—07	38.00	75
新编中学数学解题方法全书(高考复习卷)	2010—01	48.00	67
新编中学数学解题方法全书(高考真题卷)	2010—01	38.00	62
新编中学数学解题方法全书(高考精华卷)	2011—03	68.00	118
新编平面解析几何解题方法全书(专题讲座卷)	2010—01	18.00	61
新编中学数学解题方法全书(自主招生卷)	2013—08	88.00	261
数学奥林匹克与数学文化(第一辑)	2006—05	48.00	4
数学奥林匹克与数学文化(第二辑)(竞赛卷)	2008—01	48.00	19
数学奥林匹克与数学文化(第二辑)(文化卷)	2008—07	58.00	36′
数学奥林匹克与数学文化(第三辑)(竞赛卷)	2010—01	48.00	59
数学奥林匹克与数学文化(第四辑)(竞赛卷)	2011—08	58.00	87
数学奥林匹克与数学文化(第五辑)	2015—06	98.00	370
世界著名平面几何经典著作钩沉——几何作图专题卷(共3卷)	2022—01	198.00	1460
世界著名平面几何经典著作钩沉(民国平面几何老课本)	2011—03	38.00	113
世界著名平面几何经典著作钩沉(建国初期平面三角老课本)	2015—08	38.00	507
世界著名解析几何经典著作钩沉——平面解析几何卷	2014—01	38.00	264
世界著名数论经典著作钩沉(算术卷)	2012—01	28.00	125
世界著名数学经典著作钩沉——立体几何卷	2011—02	28.00	88
世界著名三角学经典著作钩沉(平面三角卷Ⅰ)	2010—06	28.00	69
世界著名三角学经典著作钩沉(平面三角卷Ⅱ)	2011—01	38.00	78
世界著名初等数论经典著作钩沉(理论和实用算术卷)	2011—07	38.00	126
世界著名几何经典著作钩沉(解析几何卷)	2022—10	68.00	1564
发展你的空间想象力(第3版)	2021—01	98.00	1464
空间想象力进阶	2019—05	68.00	1062
走向国际数学奥林匹克的平面几何试题诠释.第1卷	2019—07	88.00	1043
走向国际数学奥林匹克的平面几何试题诠释.第2卷	2019—09	78.00	1044
走向国际数学奥林匹克的平面几何试题诠释.第3卷	2019—03	78.00	1045
走向国际数学奥林匹克的平面几何试题诠释.第4卷	2019—09	98.00	1046
平面几何证明方法全书	2007—08	35.00	1
平面几何证明方法全书习题解答(第2版)	2006—12	18.00	10
平面几何天天练上卷·基础篇(直线型)	2013—01	58.00	208
平面几何天天练中卷·基础篇(涉及圆)	2013—01	28.00	234
平面几何天天练下卷·提高篇	2013—01	58.00	237
平面几何专题研究	2013—07	98.00	258
平面几何解题之道.第1卷	2022—05	38.00	1494
几何学习题集	2020—10	48.00	1217
通过解题学习代数几何	2021—04	88.00	1301
圆锥曲线的奥秘	2022—06	88.00	1541

刘培杰数学工作室
已出版(即将出版)图书目录——初等数学

书　　名	出版时间	定　价	编号
最新世界各国数学奥林匹克中的平面几何试题	2007－09	38.00	14
数学竞赛平面几何典型题及新颖解	2010－07	48.00	74
初等数学复习及研究(平面几何)	2008－09	68.00	38
初等数学复习及研究(立体几何)	2010－06	38.00	71
初等数学复习及研究(平面几何)习题解答	2009－01	58.00	42
几何学教程(平面几何卷)	2011－03	68.00	90
几何学教程(立体几何卷)	2011－07	68.00	130
几何变换与几何证题	2010－06	88.00	70
计算方法与几何证题	2011－06	28.00	129
立体几何技巧与方法(第2版)	2022－10	168.00	1572
几何瑰宝——平面几何500名题暨1500条定理(上、下)	2021－07	168.00	1358
三角形的解法与应用	2012－07	18.00	183
近代的三角形几何学	2012－07	48.00	184
一般折线几何学	2015－08	48.00	503
三角形的五心	2009－06	28.00	51
三角形的六心及其应用	2015－10	68.00	542
三角形趣谈	2012－08	28.00	212
解三角形	2014－01	28.00	265
探秘三角形:一次数学旅行	2021－10	68.00	1387
三角学专门教程	2014－09	28.00	387
图天下几何新题试卷.初中(第2版)	2017－11	58.00	855
圆锥曲线习题集(上册)	2013－06	68.00	255
圆锥曲线习题集(中册)	2015－01	78.00	434
圆锥曲线习题集(下册·第1卷)	2016－10	78.00	683
圆锥曲线习题集(下册·第2卷)	2018－01	98.00	853
圆锥曲线习题集(下册·第3卷)	2019－10	128.00	1113
圆锥曲线的思想方法	2021－08	48.00	1379
圆锥曲线的八个主要问题	2021－10	48.00	1415
论九点圆	2015－05	88.00	645
近代欧氏几何学	2012－03	48.00	162
罗巴切夫斯基几何学及几何基础概要	2012－07	28.00	188
罗巴切夫斯基几何学初步	2015－06	28.00	474
用三角、解析几何、复数、向量计算解数学竞赛几何题	2015－03	48.00	455
用解析法研究圆锥曲线的几何理论	2022－05	48.00	1495
美国中学几何教程	2015－04	88.00	458
三线坐标与三角形特征点	2015－04	98.00	460
坐标几何学基础.第1卷,笛卡儿坐标	2021－08	48.00	1398
坐标几何学基础.第2卷,三线坐标	2021－09	28.00	1399
平面解析几何方法与研究(第1卷)	2015－05	18.00	471
平面解析几何方法与研究(第2卷)	2015－06	18.00	472
平面解析几何方法与研究(第3卷)	2015－07	18.00	473
解析几何研究	2015－01	38.00	425
解析几何学教程.上	2016－01	38.00	574
解析几何学教程.下	2016－01	38.00	575
几何学基础	2016－01	58.00	581
初等几何研究	2015－02	58.00	444
十九和二十世纪欧氏几何学中的片段	2017－01	58.00	696
平面几何中考.高考.奥数一本通	2017－07	28.00	820
几何学简史	2017－08	28.00	833
四面体	2018－01	48.00	880
平面几何证明方法思路	2018－12	68.00	913
折纸中的几何练习	2022－09	48.00	1559
中学新几何学(英文)	2022－10	98.00	1562
线性代数与几何	2023－04	68.00	1633
四面体几何学引论	2023－06	68.00	1648

刘培杰数学工作室

已出版(即将出版)图书目录——初等数学

书　名	出版时间	定　价	编号
平面几何图形特性新析．上篇	2019－01	68.00	911
平面几何图形特性新析．下篇	2018－06	88.00	912
平面几何范例多解探究．上篇	2018－04	48.00	910
平面几何范例多解探究．下篇	2018－12	68.00	914
从分析解题过程学解题：竞赛中的几何问题研究	2018－07	68.00	946
从分析解题过程学解题：竞赛中的向量几何与不等式研究(全2册)	2019－06	138.00	1090
从分析解题过程学解题：竞赛中的不等式问题	2021－01	48.00	1249
二维、三维欧氏几何的对偶原理	2018－12	38.00	990
星形大观及闭折线论	2019－03	68.00	1020
立体几何的问题和方法	2019－11	58.00	1127
三角代换论	2021－05	58.00	1313
俄罗斯平面几何问题集	2009－08	88.00	55
俄罗斯立体几何问题集	2014－03	58.00	283
俄罗斯几何大师——沙雷金论数学及其他	2014－01	48.00	271
来自俄罗斯的5000道几何习题及解答	2011－03	58.00	89
俄罗斯初等数学问题集	2012－05	38.00	177
俄罗斯函数问题集	2011－03	38.00	103
俄罗斯组合分析问题集	2011－01	48.00	79
俄罗斯初等数学万题选——三角卷	2012－11	38.00	222
俄罗斯初等数学万题选——代数卷	2013－08	68.00	225
俄罗斯初等数学万题选——几何卷	2014－01	68.00	226
俄罗斯《量子》杂志数学征解问题100题选	2018－08	48.00	969
俄罗斯《量子》杂志数学征解问题又100题选	2018－08	48.00	970
俄罗斯《量子》杂志数学征解问题	2020－05	48.00	1138
463个俄罗斯几何老问题	2012－01	28.00	152
《量子》数学短文精粹	2018－09	38.00	972
用三角、解析几何等计算解来自俄罗斯的几何题	2019－11	88.00	1119
基谢廖夫平面几何	2022－01	48.00	1461
基谢廖夫立体几何	2023－04	48.00	1599
数学：代数、数学分析和几何(10－11年级)	2021－01	48.00	1250
直观几何学：5—6年级	2022－04	58.00	1508
几何学：第2版．7—9年级	2023－08	68.00	1684
平面几何：9—11年级	2022－10	48.00	1571
立体几何．10—11年级	2022－01	58.00	1472
谈谈素数	2011－03	18.00	91
平方和	2011－03	18.00	92
整数论	2011－05	38.00	120
从整数谈起	2015－10	28.00	538
数与多项式	2016－01	38.00	558
谈谈不定方程	2011－05	28.00	119
质数漫谈	2022－07	68.00	1529
解析不等式新论	2009－06	68.00	48
建立不等式的方法	2011－03	98.00	104
数学奥林匹克不等式研究(第2版)	2020－07	68.00	1181
不等式研究(第三辑)	2023－08	198.00	1673
不等式的秘密(第一卷)(第2版)	2014－02	38.00	286
不等式的秘密(第二卷)	2014－01	38.00	268
初等不等式的证明方法	2010－06	38.00	123
初等不等式的证明方法(第二版)	2014－11	38.00	407
不等式・理论・方法(基础卷)	2015－07	38.00	496
不等式・理论・方法(经典不等式卷)	2015－07	38.00	497
不等式・理论・方法(特殊类型不等式卷)	2015－07	48.00	498
不等式探究	2016－03	38.00	582
不等式探秘	2017－01	88.00	689
四面体不等式	2017－01	68.00	715
数学奥林匹克中常见重要不等式	2017－09	38.00	845

刘培杰数学工作室
已出版(即将出版)图书目录——初等数学

书　　名	出版时间	定　价	编号
三正弦不等式	2018－09	98.00	974
函数方程与不等式:解法与稳定性结果	2019－04	68.00	1058
数学不等式.第1卷,对称多项式不等式	2022－05	78.00	1455
数学不等式.第2卷,对称有理不等式与对称无理不等式	2022－05	88.00	1456
数学不等式.第3卷,循环不等式与非循环不等式	2022－05	88.00	1457
数学不等式.第4卷,Jensen不等式的扩展与加细	2022－05	88.00	1458
数学不等式.第5卷,创建不等式与解不等式的其他方法	2022－05	88.00	1459
同余理论	2012－05	38.00	163
[x]与{x}	2015－04	48.00	476
极值与最值.上卷	2015－06	28.00	486
极值与最值.中卷	2015－06	38.00	487
极值与最值.下卷	2015－06	28.00	488
整数的性质	2012－11	38.00	192
完全平方数及其应用	2015－08	78.00	506
多项式理论	2015－10	88.00	541
奇数、偶数、奇偶分析法	2018－01	98.00	876
不定方程及其应用.上	2018－12	58.00	992
不定方程及其应用.中	2019－01	78.00	993
不定方程及其应用.下	2019－02	98.00	994
Nesbitt不等式加强式的研究	2022－06	128.00	1527
最值定理与分析不等式	2023－02	78.00	1567
一类积分不等式	2023－02	88.00	1579
邦费罗尼不等式及概率应用	2023－05	58.00	1637
历届美国中学生数学竞赛试题及解答(第一卷)1950－1954	2014－07	18.00	277
历届美国中学生数学竞赛试题及解答(第二卷)1955－1959	2014－04	18.00	278
历届美国中学生数学竞赛试题及解答(第三卷)1960－1964	2014－06	18.00	279
历届美国中学生数学竞赛试题及解答(第四卷)1965－1969	2014－04	28.00	280
历届美国中学生数学竞赛试题及解答(第五卷)1970－1972	2014－06	18.00	281
历届美国中学生数学竞赛试题及解答(第六卷)1973－1980	2017－07	18.00	768
历届美国中学生数学竞赛试题及解答(第七卷)1981－1986	2015－01	18.00	424
历届美国中学生数学竞赛试题及解答(第八卷)1987－1990	2017－05	18.00	769
历届中国数学奥林匹克试题集(第3版)	2021－10	58.00	1440
历届加拿大数学奥林匹克试题集	2012－08	38.00	215
历届美国数学奥林匹克试题集	2023－08	98.00	1681
历届波兰数学竞赛试题集.第1卷,1949～1963	2015－03	18.00	453
历届波兰数学竞赛试题集.第2卷,1964～1976	2015－03	18.00	454
历届巴尔干数学奥林匹克试题集	2015－05	38.00	466
保加利亚数学奥林匹克	2014－10	38.00	393
圣彼得堡数学奥林匹克试题集	2015－01	38.00	429
匈牙利奥林匹克数学竞赛题解.第1卷	2016－05	28.00	593
匈牙利奥林匹克数学竞赛题解.第2卷	2016－05	28.00	594
历届美国数学邀请赛试题集(第2版)	2017－10	78.00	851
普林斯顿大学数学竞赛	2016－06	38.00	669
亚太地区数学奥林匹克竞赛题	2015－07	18.00	492
日本历届(初级)广中杯数学竞赛试题及解答.第1卷(2000～2007)	2016－05	28.00	641
日本历届(初级)广中杯数学竞赛试题及解答.第2卷(2008～2015)	2016－05	38.00	642
越南数学奥林匹克题选:1962－2009	2021－07	48.00	1370
360个数学竞赛问题	2016－08	58.00	677
奥数最佳实战题.上卷	2017－06	38.00	760
奥数最佳实战题.下卷	2017－05	58.00	761
哈尔滨市早期中学数学竞赛试题汇编	2016－07	28.00	672
全国高中数学联赛试题及解答:1981—2019(第4版)	2020－07	138.00	1176
2022年全国高中数学联合竞赛模拟题集	2022－06	30.00	1521

刘培杰数学工作室

已出版(即将出版)图书目录——初等数学

书　　名	出版时间	定　价	编号
20 世纪 50 年代全国部分城市数学竞赛试题汇编	2017－07	28.00	797
国内外数学竞赛题及精解:2018～2019	2020－08	45.00	1192
国内外数学竞赛题及精解:2019～2020	2021－11	58.00	1439
许康华竞赛优学精选集.第一辑	2018－08	68.00	949
天问叶班数学问题征解 100 题.Ⅰ,2016－2018	2019－05	88.00	1075
天问叶班数学问题征解 100 题.Ⅱ,2017－2019	2020－07	98.00	1177
美国初中数学竞赛:AMC8 准备(共 6 卷)	2019－07	138.00	1089
美国高中数学竞赛:AMC10 准备(共 6 卷)	2019－08	158.00	1105
王连笑教你怎样学数学:高考选择题解题策略与客观题实用训练	2014－01	48.00	262
王连笑教你怎样学数学:高考数学高层次讲座	2015－02	48.00	432
高考数学的理论与实践	2009－08	38.00	53
高考数学核心题型解题方法与技巧	2010－01	28.00	86
高考思维新平台	2014－03	38.00	259
高考数学压轴题解题诀窍(上)(第 2 版)	2018－01	58.00	874
高考数学压轴题解题诀窍(下)(第 2 版)	2018－01	48.00	875
北京市五区文科数学三年高考模拟题详解:2013～2015	2015－08	48.00	500
北京市五区理科数学三年高考模拟题详解:2013～2015	2015－09	68.00	505
向量法巧解数学高考题	2009－08	28.00	54
高中数学课堂教学的实践与反思	2021－11	48.00	791
数学高考参考	2016－01	78.00	589
新课程标准高考数学解答题各种题型解法指导	2020－08	78.00	1196
全国及各省市高考数学试题审题要津与解法研究	2015－02	48.00	450
高中数学章节起始课的教学研究与案例设计	2019－05	28.00	1064
新课标高考数学——五年试题分章详解(2007～2011)(上、下)	2011－10	78.00	140,141
全国中考数学压轴题审题要津与解法研究	2013－04	78.00	248
新编全国及各省市中考数学压轴题审题要津与解法研究	2014－05	58.00	342
全国及各省市 5 年中考数学压轴题审题要津与解法研究(2015 版)	2015－04	58.00	462
中考数学专题总复习	2007－04	28.00	6
中考数学较难题常考题型解题方法与技巧	2016－09	48.00	681
中考数学难题常考题型解题方法与技巧	2016－09	48.00	682
中考数学中档题常考题型解题方法与技巧	2017－08	68.00	835
中考数学选择填空压轴好题妙解 365	2017－05	38.00	759
中考数学:三类重点考题的解法例析与习题	2020－04	48.00	1140
中小学数学的历史文化	2019－11	48.00	1124
初中平面几何百题多思创新解	2020－01	58.00	1125
初中数学中考备考	2020－01	58.00	1126
高考数学之九章演义	2019－08	68.00	1044
高考数学之难题谈笑间	2022－06	68.00	1519
化学可以这样学:高中化学知识方法智慧感悟疑难辨析	2019－07	58.00	1103
如何成为学习高手	2019－09	58.00	1107
高考数学:经典真题分类解析	2020－04	78.00	1134
高考数学解答题破解策略	2020－11	58.00	1221
从分析解题过程学解题:高考压轴题与竞赛题之关系探究	2020－08	88.00	1179
教学新思考:单元整体视角下的初中数学教学设计	2021－03	58.00	1278
思维再拓展:2020 年经典几何题的多解探究与思考	即将出版		1279
中考数学小压轴汇编初讲	2017－07	48.00	788
中考数学大压轴专题微言	2017－09	48.00	846
怎么解中考平面几何探索题	2019－06	48.00	1093
北京中考数学压轴题解题方法突破(第 8 版)	2022－11	78.00	1577
助你高考成功的数学解题智慧:知识是智慧的基础	2016－01	58.00	596
助你高考成功的数学解题智慧:错误是智慧的试金石	2016－04	58.00	643
助你高考成功的数学解题智慧:方法是智慧的推手	2016－04	68.00	657
高考数学奇思妙解	2016－04	38.00	610
高考数学解题策略	2016－05	48.00	670
数学解题泄天机(第 2 版)	2017－10	48.00	850

刘培杰数学工作室
已出版(即将出版)图书目录——初等数学

书　　名	出版时间	定　价	编号
高中物理教学讲义	2018－01	48.00	871
高中物理教学讲义:全模块	2022－03	98.00	1492
高中物理答疑解惑 65 篇	2021－11	48.00	1462
中学物理基础问题解析	2020－08	48.00	1183
初中数学、高中数学脱节知识补缺教材	2017－06	48.00	766
高考数学客观题解题方法和技巧	2017－10	38.00	847
十年高考数学精品试题审题要津与解法研究	2021－10	98.00	1427
中国历届高考数学试题及解答.1949－1979	2018－01	38.00	877
历届中国高考数学试题及解答.第二卷,1980—1989	2018－10	28.00	975
历届中国高考数学试题及解答.第三卷,1990—1999	2018－10	48.00	976
跟我学解高中数学题	2018－07	58.00	926
中学数学研究的方法及案例	2018－05	58.00	869
高考数学抢分技能	2018－07	68.00	934
高一新生常用数学方法和重要数学思想提升教材	2018－06	38.00	921
高考数学全国卷六道解答题常考题型解题诀窍:理科(全 2 册)	2019－07	78.00	1101
高考数学全国卷 16 道选择、填空题常考题型解题诀窍.理科	2018－09	88.00	971
高考数学全国卷 16 道选择、填空题常考题型解题诀窍.文科	2020－01	88.00	1123
高中数学一题多解	2019－06	58.00	1087
历届中国高考数学试题及解答:1917－1999	2021－08	98.00	1371
2000～2003 年全国及各省市高考数学试题及解答	2022－05	88.00	1499
2004 年全国及各省市高考数学试题及解答	2023－08	78.00	1500
2005 年全国及各省市高考数学试题及解答	2023－08	78.00	1501
2006 年全国及各省市高考数学试题及解答	2023－08	88.00	1502
2007 年全国及各省市高考数学试题及解答	2023－08	98.00	1503
2008 年全国及各省市高考数学试题及解答	2023－08	88.00	1504
2009 年全国及各省市高考数学试题及解答	2023－08	88.00	1505
2010 年全国及各省市高考数学试题及解答	2023－08	98.00	1506
突破高原:高中数学解题思维探究	2021－08	48.00	1375
高考数学中的“取值范围”	2021－10	48.00	1429
新课程标准高中数学各种题型解法大全.必修一分册	2021－06	58.00	1315
新课程标准高中数学各种题型解法大全.必修二分册	2022－01	68.00	1471
高中数学各种题型解法大全.选择性必修一分册	2022－06	68.00	1525
高中数学各种题型解法大全.选择性必修二分册	2023－01	58.00	1600
高中数学各种题型解法大全.选择性必修三分册	2023－04	48.00	1643
历届全国初中数学竞赛经典试题详解	2023－04	88.00	1624
孟祥礼高考数学精刷精解	2023－06	98.00	1663
新编 640 个世界著名数学智力趣题	2014－01	88.00	242
500 个最新世界著名数学智力趣题	2008－06	48.00	3
400 个最新世界著名数学最值问题	2008－09	48.00	36
500 个世界著名数学征解问题	2009－06	48.00	52
400 个中国最佳初等数学征解老问题	2010－01	48.00	60
500 个俄罗斯数学经典老题	2011－01	28.00	81
1000 个国外中学物理好题	2012－04	48.00	174
300 个日本高考数学题	2012－05	38.00	142
700 个早期日本高考数学试题	2017－02	88.00	752
500 个前苏联早期高考数学试题及解答	2012－05	28.00	185
546 个早期俄罗斯大学生数学竞赛题	2014－03	38.00	285
548 个来自美苏的数学好问题	2014－11	28.00	396
20 所苏联著名大学早期入学试题	2015－02	18.00	452
161 道德国工科大学生必做的微分方程习题	2015－05	28.00	469
500 个德国工科大学生必做的高数习题	2015－06	28.00	478
360 个数学竞赛问题	2016－08	58.00	677
200 个趣味数学故事	2018－02	48.00	857
470 个数学奥林匹克中的最值问题	2018－10	88.00	985
德国讲义日本考题.微积分卷	2015－04	48.00	456
德国讲义日本考题.微分方程卷	2015－04	38.00	457
二十世纪中叶中、英、美、日、法、俄高考数学试题精选	2017－06	38.00	783

刘培杰数学工作室
已出版(即将出版)图书目录——初等数学

书　　名	出版时间	定　价	编号
中国初等数学研究　2009 卷(第 1 辑)	2009－05	20.00	45
中国初等数学研究　2010 卷(第 2 辑)	2010－05	30.00	68
中国初等数学研究　2011 卷(第 3 辑)	2011－07	60.00	127
中国初等数学研究　2012 卷(第 4 辑)	2012－07	48.00	190
中国初等数学研究　2014 卷(第 5 辑)	2014－02	48.00	288
中国初等数学研究　2015 卷(第 6 辑)	2015－06	68.00	493
中国初等数学研究　2016 卷(第 7 辑)	2016－04	68.00	609
中国初等数学研究　2017 卷(第 8 辑)	2017－01	98.00	712
初等数学研究在中国. 第 1 辑	2019－03	158.00	1024
初等数学研究在中国. 第 2 辑	2019－10	158.00	1116
初等数学研究在中国. 第 3 辑	2021－05	158.00	1306
初等数学研究在中国. 第 4 辑	2022－06	158.00	1520
初等数学研究在中国. 第 5 辑	2023－07	158.00	1635
几何变换(Ⅰ)	2014－07	28.00	353
几何变换(Ⅱ)	2015－06	28.00	354
几何变换(Ⅲ)	2015－01	38.00	355
几何变换(Ⅳ)	2015－12	38.00	356
初等数论难题集(第一卷)	2009－05	68.00	44
初等数论难题集(第二卷)(上、下)	2011－02	128.00	82,83
数论概貌	2011－03	18.00	93
代数数论(第二版)	2013－08	58.00	94
代数多项式	2014－06	38.00	289
初等数论的知识与问题	2011－02	28.00	95
超越数论基础	2011－03	28.00	96
数论初等教程	2011－03	28.00	97
数论基础	2011－03	18.00	98
数论基础与维诺格拉多夫	2014－03	18.00	292
解析数论基础	2012－08	28.00	216
解析数论基础(第二版)	2014－01	48.00	287
解析数论问题集(第二版)(原版引进)	2014－05	88.00	343
解析数论问题集(第二版)(中译本)	2016－04	88.00	607
解析数论基础(潘承洞,潘承彪著)	2016－07	98.00	673
解析数论导引	2016－07	58.00	674
数论入门	2011－03	38.00	99
代数数论入门	2015－03	38.00	448
数论开篇	2012－07	28.00	194
解析数论引论	2011－03	48.00	100
Barban Davenport Halberstam 均值和	2009－01	40.00	33
基础数论	2011－03	28.00	101
初等数论 100 例	2011－05	18.00	122
初等数论经典例题	2012－07	18.00	204
最新世界各国数学奥林匹克中的初等数论试题(上、下)	2012－01	138.00	144,145
初等数论(Ⅰ)	2012－01	18.00	156
初等数论(Ⅱ)	2012－01	18.00	157
初等数论(Ⅲ)	2012－01	28.00	158

刘培杰数学工作室
已出版(即将出版)图书目录——初等数学

书　　名	出版时间	定　价	编号
平面几何与数论中未解决的新老问题	2013-01	68.00	229
代数数论简史	2014-11	28.00	408
代数数论	2015-09	88.00	532
代数、数论及分析习题集	2016-11	98.00	695
数论导引提要及习题解答	2016-01	48.00	559
素数定理的初等证明.第2版	2016-09	48.00	686
数论中的模函数与狄利克雷级数(第二版)	2017-11	78.00	837
数论:数学导引	2018-01	68.00	849
范氏大代数	2019-02	98.00	1016
解析数学讲义.第一卷,导来式及微分、积分、级数	2019-04	88.00	1021
解析数学讲义.第二卷,关于几何的应用	2019-04	68.00	1022
解析数学讲义.第三卷,解析函数论	2019-04	78.00	1023
分析·组合·数论纵横谈	2019-04	58.00	1039
Hall 代数:民国时期的中学数学课本:英文	2019-08	88.00	1106
基谢廖夫初等代数	2022-07	38.00	1531
数学精神巡礼	2019-01	58.00	731
数学眼光透视(第2版)	2017-06	78.00	732
数学思想领悟(第2版)	2018-01	68.00	733
数学方法溯源(第2版)	2018-08	68.00	734
数学解题引论	2017-05	58.00	735
数学史话览胜(第2版)	2017-01	48.00	736
数学应用展观(第2版)	2017-08	68.00	737
数学建模尝试	2018-04	48.00	738
数学竞赛采风	2018-01	68.00	739
数学测评探营	2019-05	58.00	740
数学技能操握	2018-03	48.00	741
数学欣赏拾趣	2018-02	48.00	742
从毕达哥拉斯到怀尔斯	2007-10	48.00	9
从迪利克雷到维斯卡尔迪	2008-01	48.00	21
从哥德巴赫到陈景润	2008-05	98.00	35
从庞加莱到佩雷尔曼	2011-08	138.00	136
博弈论精粹	2008-03	58.00	30
博弈论精粹.第二版(精装)	2015-01	88.00	461
数学 我爱你	2008-01	28.00	20
精神的圣徒　别样的人生——60位中国数学家成长的历程	2008-09	48.00	39
数学史概论	2009-06	78.00	50
数学史概论(精装)	2013-03	158.00	272
数学史选讲	2016-01	48.00	544
斐波那契数列	2010-02	28.00	65
数学拼盘和斐波那契魔方	2010-07	38.00	72
斐波那契数列欣赏(第2版)	2018-08	58.00	948
Fibonacci 数列中的明珠	2018-06	58.00	928
数学的创造	2011-02	48.00	85
数学美与创造力	2016-01	48.00	595
数海拾贝	2016-01	48.00	590
数学中的美(第2版)	2019-04	68.00	1057
数论中的美学	2014-12	38.00	351

刘培杰数学工作室

已出版(即将出版)图书目录——初等数学

书　　名	出版时间	定　价	编号
数学王者　科学巨人——高斯	2015－01	28.00	428
振兴祖国数学的圆梦之旅:中国初等数学研究史话	2015－06	98.00	490
二十世纪中国数学史料研究	2015－10	48.00	536
数字谜、数阵图与棋盘覆盖	2016－01	58.00	298
时间的形状	2016－01	38.00	556
数学发现的艺术:数学探索中的合情推理	2016－07	58.00	671
活跃在数学中的参数	2016－07	48.00	675
数海趣史	2021－05	98.00	1314
玩转幻中之幻	2023－08	88.00	1682
数学解题——靠数学思想给力(上)	2011－07	38.00	131
数学解题——靠数学思想给力(中)	2011－07	48.00	132
数学解题——靠数学思想给力(下)	2011－07	38.00	133
我怎样解题	2013－01	48.00	227
数学解题中的物理方法	2011－06	28.00	114
数学解题的特殊方法	2011－06	48.00	115
中学数学计算技巧(第2版)	2020－10	48.00	1220
中学数学证明方法	2012－01	58.00	117
数学趣题巧解	2012－03	28.00	128
高中数学教学通鉴	2015－05	58.00	479
和高中生漫谈:数学与哲学的故事	2014－08	28.00	369
算术问题集	2017－03	38.00	789
张教授讲数学	2018－07	38.00	933
陈永明实话实说数学教学	2020－04	68.00	1132
中学数学学科知识与教学能力	2020－06	58.00	1155
怎样把课讲好:大罕数学教学随笔	2022－03	58.00	1484
中国高考评价体系下高考数学探秘	2022－03	48.00	1487
自主招生考试中的参数方程问题	2015－01	28.00	435
自主招生考试中的极坐标问题	2015－04	28.00	463
近年全国重点大学自主招生数学试题全解及研究.华约卷	2015－02	38.00	441
近年全国重点大学自主招生数学试题全解及研究.北约卷	2016－05	38.00	619
自主招生数学解证宝典	2015－09	48.00	535
中国科学技术大学创新班数学真题解析	2022－03	48.00	1488
中国科学技术大学创新班物理真题解析	2022－03	58.00	1489
格点和面积	2012－07	18.00	191
射影几何趣谈	2012－04	28.00	175
斯潘纳尔引理——从一道加拿大数学奥林匹克试题谈起	2014－01	28.00	228
李普希兹条件——从几道近年高考数学试题谈起	2012－10	18.00	221
拉格朗日中值定理——从一道北京高考试题的解法谈起	2015－10	18.00	197
闵科夫斯基定理——从一道清华大学自主招生试题谈起	2014－01	28.00	198
哈尔测度——从一道冬令营试题的背景谈起	2012－08	28.00	202
切比雪夫逼近问题——从一道中国台北数学奥林匹克试题谈起	2013－04	38.00	238
伯恩斯坦多项式与贝齐尔曲面——从一道全国高中数学联赛试题谈起	2013－03	38.00	236
卡塔兰猜想——从一道普特南竞赛试题谈起	2013－06	18.00	256
麦卡锡函数和阿克曼函数——从一道前南斯拉夫数学奥林匹克试题谈起	2012－08	18.00	201
贝蒂定理与拉姆贝克莫斯尔定理——从一个拣石子游戏谈起	2012－08	18.00	217
皮亚诺曲线和豪斯道夫分球定理——从无限集谈起	2012－08	18.00	211
平面凸图形与凸多面体	2012－10	28.00	218
斯坦因豪斯问题——从一道二十五省市自治区中学数学竞赛试题谈起	2012－07	18.00	196

刘培杰数学工作室
已出版(即将出版)图书目录——初等数学

书　　名	出版时间	定　价	编号
纽结理论中的亚历山大多项式与琼斯多项式——从一道北京市高一数学竞赛试题谈起	2012-07	28.00	195
原则与策略——从波利亚"解题表"谈起	2013-04	38.00	244
转化与化归——从三大尺规作图不能问题谈起	2012-08	28.00	214
代数几何中的贝祖定理(第一版)——从一道IMO试题的解法谈起	2013-08	18.00	193
成功连贯理论与约当块理论——从一道比利时数学竞赛试题谈起	2012-04	18.00	180
素数判定与大数分解	2014-08	18.00	199
置换多项式及其应用	2012-10	18.00	220
椭圆函数与模函数——从一道美国加州大学洛杉矶分校(UCLA)博士资格考题谈起	2012-10	28.00	219
差分方程的拉格朗日方法——从一道2011年全国高考理科试题的解法谈起	2012-08	28.00	200
力学在几何中的一些应用	2013-01	38.00	240
从根式解到伽罗华理论	2020-01	48.00	1121
康托洛维奇不等式——从一道全国高中联赛试题谈起	2013-03	28.00	337
西格尔引理——从一道第18届IMO试题的解法谈起	即将出版		
罗斯定理——从一道前苏联数学竞赛试题谈起	即将出版		
拉克斯定理和阿廷定理——从一道IMO试题的解法谈起	2014-01	58.00	246
毕卡大定理——从一道美国大学数学竞赛试题谈起	2014-07	18.00	350
贝齐尔曲线——从一道全国高中联赛试题谈起	即将出版		
拉格朗日乘子定理——从一道2005年全国高中联赛试题的高等数学解法谈起	2015-05	28.00	480
雅可比定理——从一道日本数学奥林匹克试题谈起	2013-04	48.00	249
李天岩-约克定理——从一道波兰数学竞赛试题谈起	2014-06	28.00	349
受控理论与初等不等式:从一道IMO试题的解法谈起	2023-03	48.00	1601
布劳维不动点定理——从一道前苏联数学奥林匹克试题谈起	2014-01	38.00	273
伯恩赛德定理——从一道英国数学奥林匹克试题谈起	即将出版		
布查特-莫斯特定理——从一道上海市初中竞赛试题谈起	即将出版		
数论中的同余数问题——从一道普特南竞赛试题谈起	即将出版		
范·德蒙行列式——从一道美国数学奥林匹克试题谈起	即将出版		
中国剩余定理:总数法构建中国历史年表	2015-01	28.00	430
牛顿程序与方程求根——从一道全国高考试题解法谈起	即将出版		
库默尔定理——从一道IMO预选试题谈起	即将出版		
卢丁定理——从一道冬令营试题的解法谈起	即将出版		
沃斯滕霍姆定理——从一道IMO预选试题谈起	即将出版		
卡尔松不等式——从一道莫斯科数学奥林匹克试题谈起	即将出版		
信息论中的香农熵——从一道近年高考压轴题谈起	即将出版		
约当不等式——从一道希望杯竞赛试题谈起	即将出版		
拉比诺维奇定理	即将出版		
刘维尔定理——从一道《美国数学月刊》征解问题的解法谈起	即将出版		
卡塔兰恒等式与级数求和——从一道IMO试题的解法谈起	即将出版		
勒让德猜想与素数分布——从一道爱尔兰竞赛试题谈起	即将出版		
天平称重与信息论——从一道基辅市数学奥林匹克试题谈起	即将出版		
哈密尔顿-凯莱定理:从一道高中数学联赛试题的解法谈起	2014-09	18.00	376
艾思特曼定理——从一道CMO试题的解法谈起	即将出版		

刘培杰数学工作室

已出版(即将出版)图书目录——初等数学 

书　　名	出版时间	定　价	编号
阿贝尔恒等式与经典不等式及应用	2018－06	98.00	923
迪利克雷除数问题	2018－07	48.00	930
幻方、幻立方与拉丁方	2019－08	48.00	1092
帕斯卡三角形	2014－03	18.00	294
蒲丰投针问题——从2009年清华大学的一道自主招生试题谈起	2014－01	38.00	295
斯图姆定理——从一道“华约”自主招生试题的解法谈起	2014－01	18.00	296
许瓦兹引理——从一道加利福尼亚大学伯克利分校数学系博士生试题谈起	2014－08	18.00	297
拉姆塞定理——从王诗宬院士的一个问题谈起	2016－04	48.00	299
坐标法	2013－12	28.00	332
数论三角形	2014－04	38.00	341
毕克定理	2014－07	18.00	352
数林掠影	2014－09	48.00	389
我们周围的概率	2014－10	38.00	390
凸函数最值定理:从一道华约自主招生题的解法谈起	2014－10	28.00	391
易学与数学奥林匹克	2014－10	38.00	392
生物数学趣谈	2015－01	18.00	409
反演	2015－01	28.00	420
因式分解与圆锥曲线	2015－01	18.00	426
轨迹	2015－01	28.00	427
面积原理:从常庚哲命的一道CMO试题的积分解法谈起	2015－01	48.00	431
形形色色的不动点定理:从一道28届IMO试题谈起	2015－01	38.00	439
柯西函数方程:从一道上海交大自主招生的试题谈起	2015－02	28.00	440
三角恒等式	2015－02	28.00	442
无理性判定:从一道2014年“北约”自主招生试题谈起	2015－01	38.00	443
数学归纳法	2015－03	18.00	451
极端原理与解题	2015－04	28.00	464
法雷级数	2014－08	18.00	367
摆线族	2015－01	38.00	438
函数方程及其解法	2015－05	38.00	470
含参数的方程和不等式	2012－09	28.00	213
希尔伯特第十问题	2016－01	38.00	543
无穷小量的求和	2016－01	28.00	545
切比雪夫多项式:从一道清华大学金秋营试题谈起	2016－01	38.00	583
泽肯多夫定理	2016－03	38.00	599
代数等式证题法	2016－01	28.00	600
三角等式证题法	2016－01	28.00	601
吴大任教授藏书中的一个因式分解公式:从一道美国数学邀请赛试题的解法谈起	2016－06	28.00	656
易卦——类万物的数学模型	2017－08	68.00	838
“不可思议”的数与数系可持续发展	2018－01	38.00	878
最短线	2018－01	38.00	879
数学在天文、地理、光学、机械力学中的一些应用	2023－03	88.00	1576
从阿基米德三角形谈起	2023－01	28.00	1578
幻方和魔方(第一卷)	2012－05	68.00	173
尘封的经典——初等数学经典文献选读(第一卷)	2012－07	48.00	205
尘封的经典——初等数学经典文献选读(第二卷)	2012－07	38.00	206
初级方程式论	2011－03	28.00	106
初等数学研究(Ⅰ)	2008－09	68.00	37
初等数学研究(Ⅱ)(上、下)	2009－05	118.00	46,47
初等数学专题研究	2022－10	68.00	1568

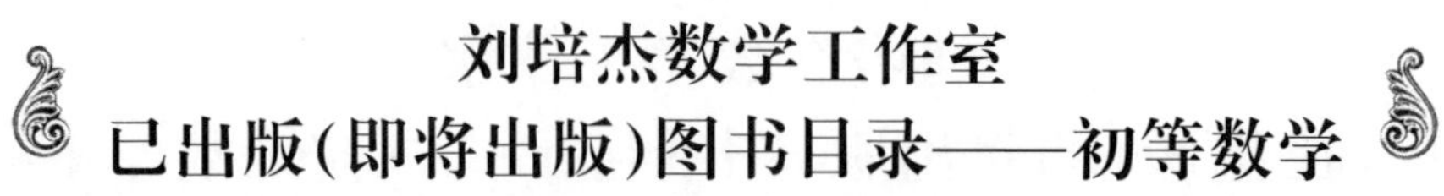

书　　名	出版时间	定　价	编号
趣味初等方程妙题集锦	2014－09	48.00	388
趣味初等数论选美与欣赏	2015－02	48.00	445
耕读笔记(上卷):一位农民数学爱好者的初数探索	2015－04	28.00	459
耕读笔记(中卷):一位农民数学爱好者的初数探索	2015－05	28.00	483
耕读笔记(下卷):一位农民数学爱好者的初数探索	2015－05	28.00	484
几何不等式研究与欣赏.上卷	2016－01	88.00	547
几何不等式研究与欣赏.下卷	2016－01	48.00	552
初等数列研究与欣赏·上	2016－01	48.00	570
初等数列研究与欣赏·下	2016－01	48.00	571
趣味初等函数研究与欣赏.上	2016－09	48.00	684
趣味初等函数研究与欣赏.下	2018－09	48.00	685
三角不等式研究与欣赏	2020－10	68.00	1197
新编平面解析几何解题方法研究与欣赏	2021－10	78.00	1426
火柴游戏(第2版)	2022－05	38.00	1493
智力解谜.第1卷	2017－07	38.00	613
智力解谜.第2卷	2017－07	38.00	614
故事智力	2016－07	48.00	615
名人们喜欢的智力问题	2020－01	48.00	616
数学大师的发现、创造与失误	2018－01	48.00	617
异曲同工	2018－09	48.00	618
数学的味道(第2版)	2023－10	68.00	1686
数学千字文	2018－10	68.00	977
数贝偶拾——高考数学题研究	2014－04	28.00	274
数贝偶拾——初等数学研究	2014－04	38.00	275
数贝偶拾——奥数题研究	2014－04	48.00	276
钱昌本教你快乐学数学(上)	2011－12	48.00	155
钱昌本教你快乐学数学(下)	2012－03	58.00	171
集合、函数与方程	2014－01	28.00	300
数列与不等式	2014－01	38.00	301
三角与平面向量	2014－01	28.00	302
平面解析几何	2014－01	38.00	303
立体几何与组合	2014－01	28.00	304
极限与导数、数学归纳法	2014－01	38.00	305
趣味数学	2014－03	28.00	306
教材教法	2014－04	68.00	307
自主招生	2014－05	58.00	308
高考压轴题(上)	2015－01	48.00	309
高考压轴题(下)	2014－10	68.00	310
从费马到怀尔斯——费马大定理的历史	2013－10	198.00	Ⅰ
从庞加莱到佩雷尔曼——庞加莱猜想的历史	2013－10	298.00	Ⅱ
从切比雪夫到爱尔特希(上)——素数定理的初等证明	2013－07	48.00	Ⅲ
从切比雪夫到爱尔特希(下)——素数定理100年	2012－12	98.00	Ⅲ
从高斯到盖尔方特——二次域的高斯猜想	2013－10	198.00	Ⅳ
从库默尔到朗兰兹——朗兰兹猜想的历史	2014－01	98.00	Ⅴ
从比勃巴赫到德布朗斯——比勃巴赫猜想的历史	2014－02	298.00	Ⅵ
从麦比乌斯到陈省身——麦比乌斯变换与麦比乌斯带	2014－02	298.00	Ⅶ
从布尔到豪斯道夫——布尔方程与格论漫谈	2013－10	198.00	Ⅷ
从开普勒到阿诺德——三体问题的历史	2014－05	298.00	Ⅸ
从华林到华罗庚——华林问题的历史	2013－10	298.00	Ⅹ

刘培杰数学工作室
已出版(即将出版)图书目录——初等数学

书　名	出版时间	定　价	编号
美国高中数学竞赛五十讲.第1卷(英文)	2014-08	28.00	357
美国高中数学竞赛五十讲.第2卷(英文)	2014-08	28.00	358
美国高中数学竞赛五十讲.第3卷(英文)	2014-09	28.00	359
美国高中数学竞赛五十讲.第4卷(英文)	2014-09	28.00	360
美国高中数学竞赛五十讲.第5卷(英文)	2014-10	28.00	361
美国高中数学竞赛五十讲.第6卷(英文)	2014-11	28.00	362
美国高中数学竞赛五十讲.第7卷(英文)	2014-12	28.00	363
美国高中数学竞赛五十讲.第8卷(英文)	2015-01	28.00	364
美国高中数学竞赛五十讲.第9卷(英文)	2015-01	28.00	365
美国高中数学竞赛五十讲.第10卷(英文)	2015-02	38.00	366

书　名	出版时间	定　价	编号
三角函数(第2版)	2017-04	38.00	626
不等式	2014-01	38.00	312
数列	2014-01	38.00	313
方程(第2版)	2017-04	38.00	624
排列和组合	2014-01	28.00	315
极限与导数(第2版)	2016-04	38.00	635
向量(第2版)	2018-08	58.00	627
复数及其应用	2014-08	28.00	318
函数	2014-01	38.00	319
集合	2020-01	48.00	320
直线与平面	2014-01	28.00	321
立体几何(第2版)	2016-04	38.00	629
解三角形	即将出版		323
直线与圆(第2版)	2016-11	38.00	631
圆锥曲线(第2版)	2016-09	48.00	632
解题通法(一)	2014-07	38.00	326
解题通法(二)	2014-07	38.00	327
解题通法(三)	2014-05	38.00	328
概率与统计	2014-01	28.00	329
信息迁移与算法	即将出版		330

书　名	出版时间	定　价	编号
IMO 50年.第1卷(1959-1963)	2014-11	28.00	377
IMO 50年.第2卷(1964-1968)	2014-11	28.00	378
IMO 50年.第3卷(1969-1973)	2014-09	28.00	379
IMO 50年.第4卷(1974-1978)	2016-04	38.00	380
IMO 50年.第5卷(1979-1984)	2015-04	38.00	381
IMO 50年.第6卷(1985-1989)	2015-04	58.00	382
IMO 50年.第7卷(1990-1994)	2016-01	48.00	383
IMO 50年.第8卷(1995-1999)	2016-06	38.00	384
IMO 50年.第9卷(2000-2004)	2015-04	58.00	385
IMO 50年.第10卷(2005-2009)	2016-01	48.00	386
IMO 50年.第11卷(2010-2015)	2017-03	48.00	646

刘培杰数学工作室

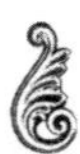

已出版(即将出版)图书目录——初等数学

书　　名	出版时间	定　价	编号
数学反思(2006—2007)	2020—09	88.00	915
数学反思(2008—2009)	2019—01	68.00	917
数学反思(2010—2011)	2018—05	58.00	916
数学反思(2012—2013)	2019—01	58.00	918
数学反思(2014—2015)	2019—03	78.00	919
数学反思(2016—2017)	2021—03	58.00	1286
数学反思(2018—2019)	2023—01	88.00	1593
历届美国大学生数学竞赛试题集.第一卷(1938—1949)	2015—01	28.00	397
历届美国大学生数学竞赛试题集.第二卷(1950—1959)	2015—01	28.00	398
历届美国大学生数学竞赛试题集.第三卷(1960—1969)	2015—01	28.00	399
历届美国大学生数学竞赛试题集.第四卷(1970—1979)	2015—01	18.00	400
历届美国大学生数学竞赛试题集.第五卷(1980—1989)	2015—01	28.00	401
历届美国大学生数学竞赛试题集.第六卷(1990—1999)	2015—01	28.00	402
历届美国大学生数学竞赛试题集.第七卷(2000—2009)	2015—08	18.00	403
历届美国大学生数学竞赛试题集.第八卷(2010—2012)	2015—01	18.00	404
新课标高考数学创新题解题诀窍:总论	2014—09	28.00	372
新课标高考数学创新题解题诀窍:必修1～5分册	2014—08	38.00	373
新课标高考数学创新题解题诀窍:选修2—1,2—2,1—1,1—2分册	2014—09	38.00	374
新课标高考数学创新题解题诀窍:选修2—3,4—4,4—5分册	2014—09	18.00	375
全国重点大学自主招生英文数学试题全攻略:词汇卷	2015—07	48.00	410
全国重点大学自主招生英文数学试题全攻略:概念卷	2015—01	28.00	411
全国重点大学自主招生英文数学试题全攻略:文章选读卷(上)	2016—09	38.00	412
全国重点大学自主招生英文数学试题全攻略:文章选读卷(下)	2017—01	58.00	413
全国重点大学自主招生英文数学试题全攻略:试题卷	2015—07	38.00	414
全国重点大学自主招生英文数学试题全攻略:名著欣赏卷	2017—03	48.00	415
劳埃德数学趣题大全.题目卷.1:英文	2016—01	18.00	516
劳埃德数学趣题大全.题目卷.2:英文	2016—01	18.00	517
劳埃德数学趣题大全.题目卷.3:英文	2016—01	18.00	518
劳埃德数学趣题大全.题目卷.4:英文	2016—01	18.00	519
劳埃德数学趣题大全.题目卷.5:英文	2016—01	18.00	520
劳埃德数学趣题大全.答案卷:英文	2016—01	18.00	521
李成章教练奥数笔记.第1卷	2016—01	48.00	522
李成章教练奥数笔记.第2卷	2016—01	48.00	523
李成章教练奥数笔记.第3卷	2016—01	38.00	524
李成章教练奥数笔记.第4卷	2016—01	38.00	525
李成章教练奥数笔记.第5卷	2016—01	38.00	526
李成章教练奥数笔记.第6卷	2016—01	38.00	527
李成章教练奥数笔记.第7卷	2016—01	38.00	528
李成章教练奥数笔记.第8卷	2016—01	48.00	529
李成章教练奥数笔记.第9卷	2016—01	28.00	530

刘培杰数学工作室
已出版(即将出版)图书目录——初等数学

书　　名	出版时间	定　价	编号
第19～23届"希望杯"全国数学邀请赛试题审题要津详细评注(初一版)	2014—03	28.00	333
第19～23届"希望杯"全国数学邀请赛试题审题要津详细评注(初二、初三版)	2014—03	38.00	334
第19～23届"希望杯"全国数学邀请赛试题审题要津详细评注(高一版)	2014—03	28.00	335
第19～23届"希望杯"全国数学邀请赛试题审题要津详细评注(高二版)	2014—03	38.00	336
第19～25届"希望杯"全国数学邀请赛试题审题要津详细评注(初一版)	2015—01	38.00	416
第19～25届"希望杯"全国数学邀请赛试题审题要津详细评注(初二、初三版)	2015—01	58.00	417
第19～25届"希望杯"全国数学邀请赛试题审题要津详细评注(高一版)	2015—01	48.00	418
第19～25届"希望杯"全国数学邀请赛试题审题要津详细评注(高二版)	2015—01	48.00	419
物理奥林匹克竞赛大题典——力学卷	2014—11	48.00	405
物理奥林匹克竞赛大题典——热学卷	2014—04	28.00	339
物理奥林匹克竞赛大题典——电磁学卷	2015—07	48.00	406
物理奥林匹克竞赛大题典——光学与近代物理卷	2014—06	28.00	345
历届中国东南地区数学奥林匹克试题集(2004～2012)	2014—06	18.00	346
历届中国西部地区数学奥林匹克试题集(2001～2012)	2014—07	18.00	347
历届中国女子数学奥林匹克试题集(2002～2012)	2014—08	18.00	348
数学奥林匹克在中国	2014—06	98.00	344
数学奥林匹克问题集	2014—01	38.00	267
数学奥林匹克不等式散论	2010—06	38.00	124
数学奥林匹克不等式欣赏	2011—09	38.00	138
数学奥林匹克超级题库(初中卷上)	2010—01	58.00	66
数学奥林匹克不等式证明方法和技巧(上、下)	2011—08	158.00	134,135
他们学什么:原民主德国中学数学课本	2016—09	38.00	658
他们学什么:英国中学数学课本	2016—09	38.00	659
他们学什么:法国中学数学课本.1	2016—09	38.00	660
他们学什么:法国中学数学课本.2	2016—09	28.00	661
他们学什么:法国中学数学课本.3	2016—09	38.00	662
他们学什么:苏联中学数学课本	2016—09	28.00	679
高中数学题典——集合与简易逻辑·函数	2016—07	48.00	647
高中数学题典——导数	2016—07	48.00	648
高中数学题典——三角函数·平面向量	2016—07	48.00	649
高中数学题典——数列	2016—07	58.00	650
高中数学题典——不等式·推理与证明	2016—07	38.00	651
高中数学题典——立体几何	2016—07	48.00	652
高中数学题典——平面解析几何	2016—07	78.00	653
高中数学题典——计数原理·统计·概率·复数	2016—07	48.00	654
高中数学题典——算法·平面几何·初等数论·组合数学·其他	2016—07	68.00	655

刘培杰数学工作室
已出版(即将出版)图书目录——初等数学

书名	出版时间	定价	编号
台湾地区奥林匹克数学竞赛试题.小学一年级	2017—03	38.00	722
台湾地区奥林匹克数学竞赛试题.小学二年级	2017—03	38.00	723
台湾地区奥林匹克数学竞赛试题.小学三年级	2017—03	38.00	724
台湾地区奥林匹克数学竞赛试题.小学四年级	2017—03	38.00	725
台湾地区奥林匹克数学竞赛试题.小学五年级	2017—03	38.00	726
台湾地区奥林匹克数学竞赛试题.小学六年级	2017—03	38.00	727
台湾地区奥林匹克数学竞赛试题.初中一年级	2017—03	38.00	728
台湾地区奥林匹克数学竞赛试题.初中二年级	2017—03	38.00	729
台湾地区奥林匹克数学竞赛试题.初中三年级	2017—03	28.00	730

书名	出版时间	定价	编号
不等式证题法	2017—04	28.00	747
平面几何培优教程	2019—08	88.00	748
奥数鼎级培优教程.高一分册	2018—09	88.00	749
奥数鼎级培优教程.高二分册.上	2018—04	68.00	750
奥数鼎级培优教程.高二分册.下	2018—04	68.00	751
高中数学竞赛冲刺宝典	2019—04	68.00	883

书名	出版时间	定价	编号
初中尖子生数学超级题典.实数	2017—07	58.00	792
初中尖子生数学超级题典.式、方程与不等式	2017—08	58.00	793
初中尖子生数学超级题典.圆、面积	2017—08	38.00	794
初中尖子生数学超级题典.函数、逻辑推理	2017—08	48.00	795
初中尖子生数学超级题典.角、线段、三角形与多边形	2017—07	58.00	796

书名	出版时间	定价	编号
数学王子——高斯	2018—01	48.00	858
坎坷奇星——阿贝尔	2018—01	48.00	859
闪烁奇星——伽罗瓦	2018—01	58.00	860
无穷统帅——康托尔	2018—01	48.00	861
科学公主——柯瓦列夫斯卡娅	2018—01	48.00	862
抽象代数之母——埃米·诺特	2018—01	48.00	863
电脑先驱——图灵	2018—01	58.00	864
昔日神童——维纳	2018—01	48.00	865
数坛怪侠——爱尔特希	2018—01	68.00	866
传奇数学家徐利治	2019—09	88.00	1110

书名	出版时间	定价	编号
当代世界中的数学.数学思想与数学基础	2019—01	38.00	892
当代世界中的数学.数学问题	2019—01	38.00	893
当代世界中的数学.应用数学与数学应用	2019—01	38.00	894
当代世界中的数学.数学王国的新疆域(一)	2019—01	38.00	895
当代世界中的数学.数学王国的新疆域(二)	2019—01	38.00	896
当代世界中的数学.数林撷英(一)	2019—01	38.00	897
当代世界中的数学.数林撷英(二)	2019—01	48.00	898
当代世界中的数学.数学之路	2019—01	38.00	899

刘培杰数学工作室
已出版(即将出版)图书目录——初等数学

书　　名	出版时间	定　价	编号
105 个代数问题:来自 AwesomeMath 夏季课程	2019-02	58.00	956
106 个几何问题:来自 AwesomeMath 夏季课程	2020-07	58.00	957
107 个几何问题:来自 AwesomeMath 全年课程	2020-07	58.00	958
108 个代数问题:来自 AwesomeMath 全年课程	2019-01	68.00	959
109 个不等式:来自 AwesomeMath 夏季课程	2019-04	58.00	960
国际数学奥林匹克中的 110 个几何问题	即将出版		961
111 个代数和数论问题	2019-05	58.00	962
112 个组合问题:来自 AwesomeMath 夏季课程	2019-05	58.00	963
113 个几何不等式:来自 AwesomeMath 夏季课程	2020-08	58.00	964
114 个指数和对数问题:来自 AwesomeMath 夏季课程	2019-09	48.00	965
115 个三角问题:来自 AwesomeMath 夏季课程	2019-09	58.00	966
116 个代数不等式:来自 AwesomeMath 全年课程	2019-04	58.00	967
117 个多项式问题:来自 AwesomeMath 夏季课程	2021-09	58.00	1409
118 个数学竞赛不等式	2022-08	78.00	1526
紫色彗星国际数学竞赛试题	2019-02	58.00	999
数学竞赛中的数学:为数学爱好者、父母、教师和教练准备的丰富资源.第一部	2020-04	58.00	1141
数学竞赛中的数学:为数学爱好者、父母、教师和教练准备的丰富资源.第二部	2020-07	48.00	1142
和与积	2020-10	38.00	1219
数论:概念和问题	2020-12	68.00	1257
初等数学问题研究	2021-03	48.00	1270
数学奥林匹克中的欧几里得几何	2021-10	68.00	1413
数学奥林匹克题解新编	2022-01	58.00	1430
图论入门	2022-09	58.00	1554
新的、更新的、最新的不等式	2023-07	58.00	1650
澳大利亚中学数学竞赛试题及解答(初级卷)1978～1984	2019-02	28.00	1002
澳大利亚中学数学竞赛试题及解答(初级卷)1985～1991	2019-02	28.00	1003
澳大利亚中学数学竞赛试题及解答(初级卷)1992～1998	2019-02	28.00	1004
澳大利亚中学数学竞赛试题及解答(初级卷)1999～2005	2019-02	28.00	1005
澳大利亚中学数学竞赛试题及解答(中级卷)1978～1984	2019-03	28.00	1006
澳大利亚中学数学竞赛试题及解答(中级卷)1985～1991	2019-03	28.00	1007
澳大利亚中学数学竞赛试题及解答(中级卷)1992～1998	2019-03	28.00	1008
澳大利亚中学数学竞赛试题及解答(中级卷)1999～2005	2019-03	28.00	1009
澳大利亚中学数学竞赛试题及解答(高级卷)1978～1984	2019-05	28.00	1010
澳大利亚中学数学竞赛试题及解答(高级卷)1985～1991	2019-05	28.00	1011
澳大利亚中学数学竞赛试题及解答(高级卷)1992～1998	2019-05	28.00	1012
澳大利亚中学数学竞赛试题及解答(高级卷)1999～2005	2019-05	28.00	1013
天才中小学生智力测验题.第一卷	2019-03	38.00	1026
天才中小学生智力测验题.第二卷	2019-03	38.00	1027
天才中小学生智力测验题.第三卷	2019-03	38.00	1028
天才中小学生智力测验题.第四卷	2019-03	38.00	1029
天才中小学生智力测验题.第五卷	2019-03	38.00	1030
天才中小学生智力测验题.第六卷	2019-03	38.00	1031
天才中小学生智力测验题.第七卷	2019-03	38.00	1032
天才中小学生智力测验题.第八卷	2019-03	38.00	1033
天才中小学生智力测验题.第九卷	2019-03	38.00	1034
天才中小学生智力测验题.第十卷	2019-03	38.00	1035
天才中小学生智力测验题.第十一卷	2019-03	38.00	1036
天才中小学生智力测验题.第十二卷	2019-03	38.00	1037
天才中小学生智力测验题.第十三卷	2019-03	38.00	1038

刘培杰数学工作室
已出版(即将出版)图书目录——初等数学

书　　名	出版时间	定　价	编号
重点大学自主招生数学备考全书:函数	2020—05	48.00	1047
重点大学自主招生数学备考全书:导数	2020—08	48.00	1048
重点大学自主招生数学备考全书:数列与不等式	2019—10	78.00	1049
重点大学自主招生数学备考全书:三角函数与平面向量	2020—08	68.00	1050
重点大学自主招生数学备考全书:平面解析几何	2020—07	58.00	1051
重点大学自主招生数学备考全书:立体几何与平面几何	2019—08	48.00	1052
重点大学自主招生数学备考全书:排列组合·概率统计·复数	2019—09	48.00	1053
重点大学自主招生数学备考全书:初等数论与组合数学	2019—08	48.00	1054
重点大学自主招生数学备考全书:重点大学自主招生真题.上	2019—04	68.00	1055
重点大学自主招生数学备考全书:重点大学自主招生真题.下	2019—04	58.00	1056
高中数学竞赛培训教程:平面几何问题的求解方法与策略.上	2018—05	68.00	906
高中数学竞赛培训教程:平面几何问题的求解方法与策略.下	2018—06	78.00	907
高中数学竞赛培训教程:整除与同余以及不定方程	2018—01	88.00	908
高中数学竞赛培训教程:组合计数与组合极值	2018—04	48.00	909
高中数学竞赛培训教程:初等代数	2019—04	78.00	1042
高中数学讲座:数学竞赛基础教程(第一册)	2019—06	48.00	1094
高中数学讲座:数学竞赛基础教程(第二册)	即将出版		1095
高中数学讲座:数学竞赛基础教程(第三册)	即将出版		1096
高中数学讲座:数学竞赛基础教程(第四册)	即将出版		1097
新编中学数学解题方法 1000 招丛书.实数(初中版)	2022—05	58.00	1291
新编中学数学解题方法 1000 招丛书.式(初中版)	2022—05	48.00	1292
新编中学数学解题方法 1000 招丛书.方程与不等式(初中版)	2021—04	58.00	1293
新编中学数学解题方法 1000 招丛书.函数(初中版)	2022—05	38.00	1294
新编中学数学解题方法 1000 招丛书.角(初中版)	2022—05	48.00	1295
新编中学数学解题方法 1000 招丛书.线段(初中版)	2022—05	48.00	1296
新编中学数学解题方法 1000 招丛书.三角形与多边形(初中版)	2021—04	48.00	1297
新编中学数学解题方法 1000 招丛书.圆(初中版)	2022—05	48.00	1298
新编中学数学解题方法 1000 招丛书.面积(初中版)	2021—07	28.00	1299
新编中学数学解题方法 1000 招丛书.逻辑推理(初中版)	2022—06	48.00	1300
高中数学题典精编.第一辑.函数	2022—01	58.00	1444
高中数学题典精编.第一辑.导数	2022—01	68.00	1445
高中数学题典精编.第一辑.三角函数·平面向量	2022—01	68.00	1446
高中数学题典精编.第一辑.数列	2022—01	58.00	1447
高中数学题典精编.第一辑.不等式·推理与证明	2022—01	58.00	1448
高中数学题典精编.第一辑.立体几何	2022—01	58.00	1449
高中数学题典精编.第一辑.平面解析几何	2022—01	68.00	1450
高中数学题典精编.第一辑.统计·概率·平面几何	2022—01	58.00	1451
高中数学题典精编.第一辑.初等数论·组合数学·数学文化·解题方法	2022—01	58.00	1452
历届全国初中数学竞赛试题分类解析.初等代数	2022—09	98.00	1555
历届全国初中数学竞赛试题分类解析.初等数论	2022—09	48.00	1556
历届全国初中数学竞赛试题分类解析.平面几何	2022—09	38.00	1557
历届全国初中数学竞赛试题分类解析.组合	2022—09	38.00	1558

刘培杰数学工作室
已出版(即将出版)图书目录——初等数学

书　　名	出版时间	定　价	编号
从三道高三数学模拟题的背景谈起:兼谈傅里叶三角级数	2023－03	48.00	1651
从一道日本东京大学的入学试题谈起:兼谈 π 的方方面面	即将出版		1652
从两道 2021 年福建高三数学测试题谈起:兼谈球面几何学与球面三角学	即将出版		1653
从一道湖南高考数学试题谈起:兼谈有界变差数列	即将出版		1654
从一道高校自主招生试题谈起:兼谈詹森函数方程	即将出版		1655
从一道上海高考数学试题谈起:兼谈有界变差函数	即将出版		1656
从一道北京大学金秋营数学试题的解法谈起:兼谈伽罗瓦理论	即将出版		1657
从一道北京高考数学试题的解法谈起:兼谈毕克定理	即将出版		1658
从一道北京大学金秋营数学试题的解法谈起:兼谈帕塞瓦尔恒等式	即将出版		1659
从一道高三数学模拟测试题的背景谈起:兼谈等周问题与等周不等式	即将出版		1660
从一道 2020 年全国高考数学试题的解法谈起:兼谈斐波那契数列和纳卡穆拉定理及奥斯图达定理	即将出版		1661
从一道高考数学附加题谈起:兼谈广义斐波那契数列	即将出版		1662
代数学教程.第一卷,集合论	2023－08	58.00	1664
代数学教程.第二卷,集合论	2023－08	68.00	1665
代数学教程.第三卷,集合论	2023－08	58.00	1666
代数学教程.第四卷,集合论	2023－08	48.00	1667
代数学教程.第五卷,集合论	2023－08	58.00	1668

联系地址:哈尔滨市南岗区复华四道街 10 号　哈尔滨工业大学出版社刘培杰数学工作室

网　　址:http://lpj.hit.edu.cn/

邮　　编:150006

联系电话:0451－86281378　　13904613167

E-mail:lpj1378@163.com